建筑信息模型BIM应用丛书

建筑装饰工程BIM技术应用

宋 强 编著

化学工业出版社
·北京·

内 容 简 介

本书主要内容包括业主方（甲方）装饰 BIM 项目管理的形式、组织、流程、审核、交付要求、协同管理，设计方装饰 BIM 模型设计的方案、创建与应用标准，施工方招投标、施工图深化设计、施工安排、竣工交付中的 BIM，基于 Revit 的建筑构件创建方法、BIM 装饰深化方法、定制化装饰族、装饰 BIM 模型应用和协同方法，以及其他 BIM 软件（建模大师、班筑、达索、ARCHICAD 和橄榄山）的装饰 BIM 整体解决方案等。

本书可作为建筑装饰 BIM 工程技术人员的参考用书，也可作为培训用书及大中专教辅用书。全书包含一部分建筑装饰 BIM 实践操作视频（二维码扫码观看）和相应的 BIM 源文件（在 www.cipedu.com.cn 下载）。

图书在版编目（CIP）数据

建筑装饰工程 BIM 技术应用 / 宋强编著. —北京：化学工业出版社，2022.12
（建筑信息模型 BIM 应用丛书）
ISBN 978-7-122-42476-1

Ⅰ. ①建…　Ⅱ. ①宋…　Ⅲ. ①建筑装饰-建筑设计-计算机辅助设计-应用软件　Ⅳ. ①TU238-39

中国版本图书馆 CIP 数据核字（2022）第 206540 号

责任编辑：潘新文
责任校对：刘曦阳　　　　装帧设计：刘丽华

出版发行：化学工业出版社（北京市东城区青年湖南街 13 号　邮政编码 100011）
印　　装：大厂聚鑫印刷有限责任公司
787mm×1092mm　1/16　印张 18¼　字数 489 千字　　2022 年 12 月北京第 1 版第 1 次印刷

购书咨询：010-64518888　　　　售后服务：010-64518899
网　　址：http: // www. cip. com. cn
凡购买本书，如有缺损质量问题，本社销售中心负责调换。

定　　价：**86.00 元**　　

建筑信息模型BIM应用丛书编委会

前　言

在建筑技术的不断发展下，传统的二维制图已经无法满足现阶段建设工程的发展要求，建筑信息模型（Building Information Modeling，BIM）的出现，引发了建筑行业的一场新革命，BIM技术已成为建筑领域各行各业发展的必然选择。2021年12月2日，人力资源和社会保障部正式颁布“建筑信息模型技术员国家职业技能标准”，规定了“装饰装修工程”方向的建筑信息模型技术员的工作内容、技能要求和相关知识要求。现阶段建筑装饰行业的BIM技术应用还不够普及，BIM技术人员较为缺乏，存在BIM技术认识不统一、BIM应用方法不明确、BIM操作标准不规范、BIM应用与装饰规范和现实流程不贴合等一系列问题，装饰业主方（甲方）、设计方、施工方对BIM技能不了解，或者设计人员设计了装饰BIM模型，然而装饰业主方（甲方）不会基于该模型进行装饰工程管控，施工人员也不会基于BIM模型进行施工管理。有鉴于此，编者基于十余年的BIM教育与工程经验编写本书，希望能对我国装饰BIM技术的应用起到一点推动作用。

本书分为两大部分。第一大部分阐述了装饰BIM应用的相关基础知识，包括第1章至第5章。该部分按照装饰工程的主要参与方进行分类研究，包括业主方（甲方）的装饰BIM研究、设计方的装饰BIM研究、施工方的装饰BIM研究，同时研究、归纳、总结了装饰BIM的工作标准，该标准包括装饰BIM的工作目标、资源准备、族库、建模规定和模型内审标准。第二大部分具体讲解建筑装饰BIM的技能应用操作，包括第6章至第10章。该部分按照BIM软件在装饰工程中的应用以及软件分类进行展开，包括BIM核心建模软件Revit的建筑构件创建方法、装饰深化方法、定制化装饰族、装饰BIM模型应用和协同方法，以及其他BIM软件的装饰BIM整体解决方案，包括建模大师、班筑、达索、ARCHICAD和橄榄山BIM软件的装饰BIM整体解决方案。该书含有以上软件应用的部分讲解视频和rvt设计文件，读者可从化学工业出版社网站下载。

本书在编写中严格遵循以下国家和行业标准:《建筑装饰装修工程BIM实施标准（T/CBDA_3—2016）》《建筑工程设计信息模型制图标准（JGJ/T448—2018）》《建筑信息模型设计交付标准（GB/T51301—2018）》，并参照“建筑信息模型技术员”国家职业技能标准编写。

本书由宋强编著，孔峰对文稿进行了审理。本书的编写工作得到了中国建筑第八工程局有限公司、苏州金螳螂建筑装饰股份有限公司、青岛建邦工程咨询有限公司等的大力支持，在此一并表示感谢!

本书亦是山东省职业教育技艺技能传承创新平台［酒店建筑信息模型（BIM）应用技能创新平台］的研究成果。

本书可供建筑装饰工程技术人员参考使用，也可作为公司培训用书和大专院校教辅书。

本书在编写过程中，编者力求使内容丰满充实、内容层次清晰，但受限于时间、经验和能力，书中难免有疏漏和错误之处，恳请广大读者批评指正。

编者

2022年11月

目　录

第 1 章　BIM 与建筑装饰

1.1　BIM 概述

1.1.1　BIM 的定义

2002 年，Autodesk 收购三维建模软件公司 Revit Technology，首次将 Building Information Modeling 三个单词的首字母连起来使用，即 BIM，其含义是基于三维几何数据模型，集成了建筑设施及其相关功能要求和性能要求等参数化信息，并通过开放式标准实现信息的共享和利用。

《建筑信息模型应用统一标准（GB/T 51212—2016）》和《建筑信息模型施工应用标准（GB/T51235—2017）》中对 BIM 的定义为：在建设工程及设施全生命周期内，对其物理和功能特性进行数字化表达，并依次设计、施工、运营的过程和结果的总称。

《建筑装饰装修工程 BIM 实施标准》（T/CBDA 3—2016）中的 BIM 定义为：运用数字信息仿真技术模拟建筑物所具有的真实信息，是建设工程全生命期或其组成阶段的物理特性、功能特性及管理要素的共享数字化表达。

国外较为典型的 BIM 定义是美国国家 BIM 标准委员会（National Building Information Modeling Standard，NBIMS）给出的：BIM 是设施物理和功能特性的数字表达；BIM 是一个共享的知识资源，是通过分享有关设施的信息，为该设施从概念到拆除的全生命周期中的所有决策提供可靠依据的过程；在项目不同阶段，不同利益相关方通过在 BIM 中插入、提取、更新和修改信息，协同工作，完成各自的职责。

综上，BIM 技术是一种应用于工程设计建造管理过程的信息化工具，通过参数化模型整合各项目相关信息，在项目规划、设计、施工、运营的全过程生命周期进行共享与传递，使工程技术人员能够基于准确的建筑信息高效应对出现的各种工程问题，为各专业设计与施工团队以及各参与方提供协同工作基础，在提高生产效率、节约成本与缩短工期等方面发挥重要作用。

BIM 的出现，正在改变建筑项目各参与方的协作和交付方式，使各方参建人员都能提高生产效率并获得收益，引发建筑行业的技术革命。

1.1.2　BIM 技术较 CAD 技术的优势

CAD 技术实现了工程设计领域的一次信息革命，将建筑师、工程师们从手工绘图解放出来，BIM 既是一种技术，也是一种方式和过程，既是建筑物全生命周期的信息模型，又是管理建设工程行为的模型，最终实现集成管理。BIM 技术较 CAD 技术的优势见表 1.1.1。

表 1.1.1　BIM 技术较 CAD 技术的优势

对象	BIM 技术	CAD 技术
基本元素	基本元素如墙、窗、门等，不但具有几何特性，同时还具有建筑物理特征和功能特征	基本元素为点、线、面，无专业意义
修改图元位置或大小	所有图元均为参数化建筑构件，附有建筑构件的信息属性；在“族”的概念下，只需要更改参数，就可以调节构件的尺寸、样式、材质、颜色等	需要再次画图，或者通过拉伸命令调整大小
各建筑元素间的关联性	各个构件是相互关联的，例如删除一面墙，墙上的窗和门跟着自动删除；删除一扇窗，墙上原来窗的位置会自动恢复为完整的墙	各个建筑元素之间没有相关性

续表

对象	BIM 技术	CAD 技术
建筑物整体修改	只需进行一次修改，则与之相关的平面、立面、三维视图、明细表等都自动修改	需要对建筑物各投影面依次进行人工修改
建筑信息的表达	包含了建筑的全部信息，不仅提供形象可视化的二维和三维图纸，而且提供工程量清单、施工管理、虚拟建造、造价估算等更加丰富的信息	提供的建筑信息非常有限，只能将纸质图纸电子化

1.1.3　BIM 的特点

① 可视化。可视化是指利用计算机图像处理和图形学技术，将数据转换为图形或图像，并可执行交互过程。BIM 技术可以有效地展示设计者的创造力，直观地显示建筑物模型和构件（图 1.1.1），显示复杂构造，基于模型快速生成渲染图或动画。BIM 还可以使施工方案和施工技术可视化，使构件之间的碰撞可视化，准确控制建设项目的整个施工过程。

（a）建筑专业BIM模型　（b）结构专业BIM模型　（c）机电专业BIM模型

图 1.1.1　建筑物 BIM 模型

② 参数化。BIM 技术支持设计人员根据工程关系和几何关系，通过参数建立各种约束关系，满足设计要求。基于参数化的方法，简单调整模型中的变量值就能建立和分析新的模型。由于参数化模型中存在各种约束关系，相关部分的几何关系可以关联变动，因而不用专门再修改，提高了模型的生成和修改速度。图 1.1.2 所示的 BIM 模型中，通过调整高度或宽度的参数值可以生成相应的橱柜模型并随参数变动。

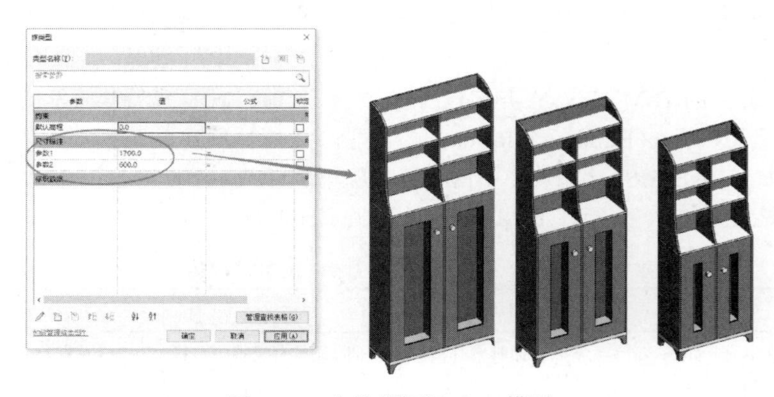

图 1.1.2　参数化橱柜 BIM 模型

③ 可出图性。利用 BIM 建模工具创建的模型，由于信息全面完整准确，因此可以快速直接从中导出和生成平面图、立面图，可以剖切生成相应的剖面图，如图 1.1.3 所示。BIM 可以综合建筑、结构、机电等各个专业，生成水、电、暖专业集成的综合布置图；对钢结构等专

业，可输入参数来直接生成预制构件模型以及其加工图。

（a）三维模型

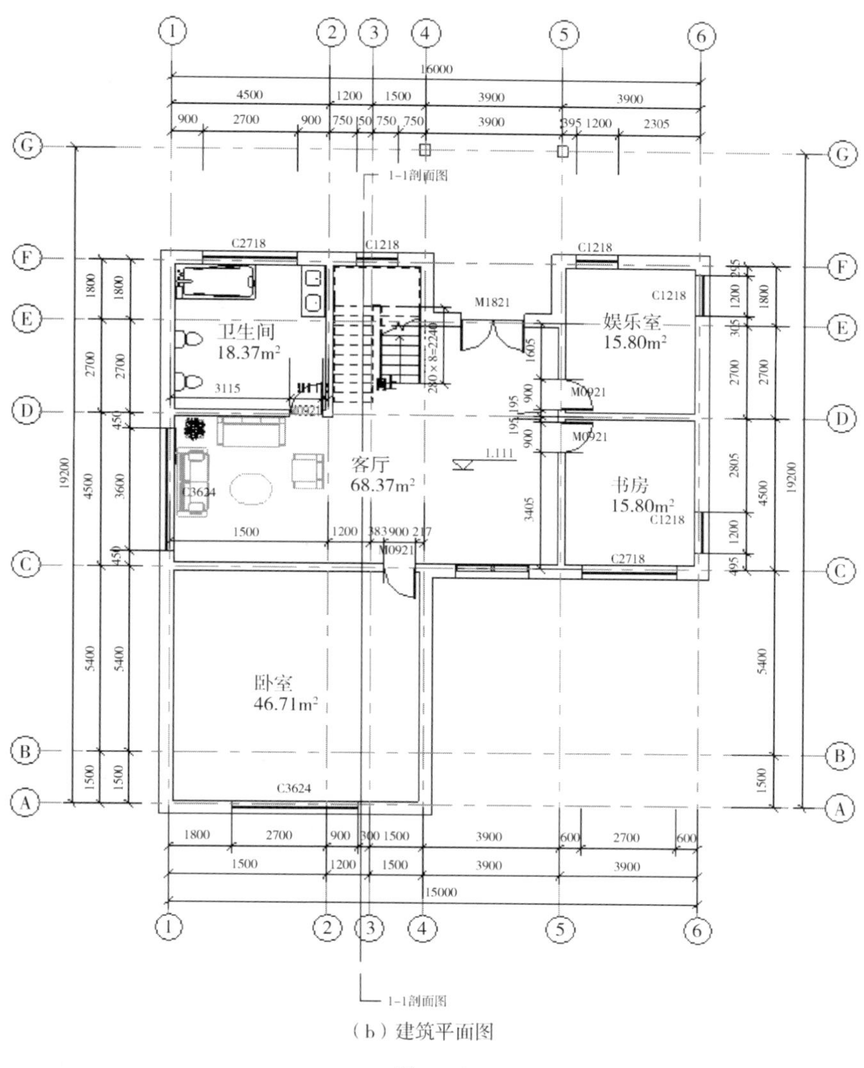

（b）建筑平面图

图 1.1.3

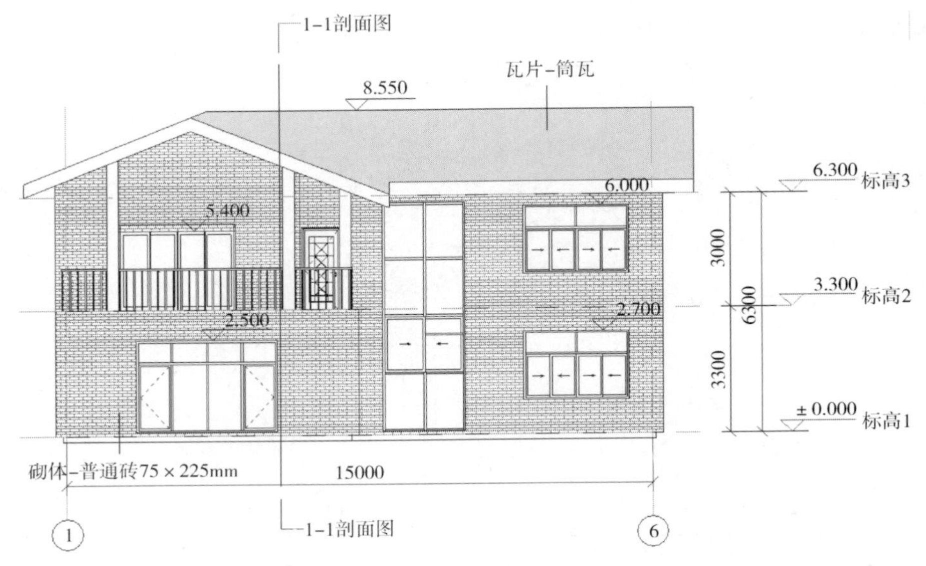

（c）建筑立面图

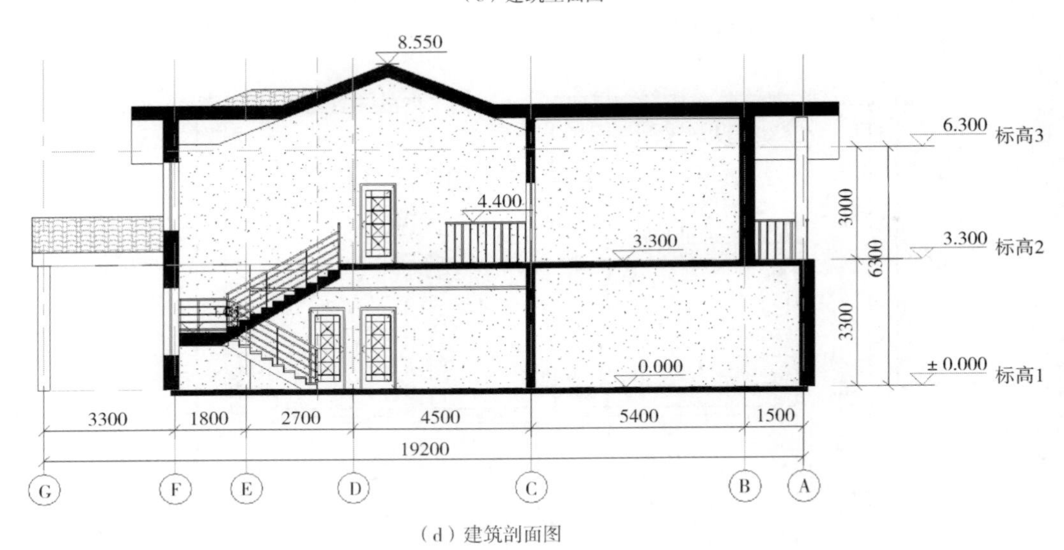

（d）建筑剖面图

图 1.1.3　建筑施工图出图

④ 模拟性。在设计阶段，对建筑物的能耗、照明、通风、采光、声学等进行仿真分析；在施工阶段，对施工方案、施工进度、施工工艺进行模拟；在运维阶段，对设备进行监控，对能源运行与建筑空间进行模拟管理。

如图 1.1.4 所示为采用 BIM 的 Navisworks 软件进行虚拟施工。在软件中进行施工进度设置、显示方式设置（正在施工的构件、施工结束的构件、实际施工时间提前于计划施工时间的构件、实际施工时间滞后于计划施工时间的构件显示不同的颜色），生成视频以模拟施工进度。

⑤ 优化性。通过各种 BIM 工具，找到 BIM 模型关键的几何、属性等信息进行分析。对水、电、暖、管道等专业，既能进行本专业内的碰撞检测、综合排布与优化（图 1.1.5），又可以使之与结构等专业进行全专业的碰撞检测，优化管线综合设计，保证建筑物净高，出具净高平面图（图 1.1.6）；对建筑项目实施过程中的设计方案、工程造价进行对比分析，找出合适方案；对比较烦琐的施工工艺，进行合理安排，改良、改进与简化。

名称	计划开始	计划结束	任务类型	附着的	状态	实际开始	实际结束	
F1柱	2017/3/1	2017/3/7	构造	集合->F1柱		2017/2/27	2017/3/9	0.00%
F2楼板	2017/3/8	2017/3/14	构造	集合->F2楼板		2017/3/8	2017/3/14	0.00%
F2柱	2017/3/15	2017/3/21	构造	集合->F2柱		2017/3/16	2017/3/22	0.00%
F3楼板	2017/3/22	2017/3/28	构造	集合->F3楼板		2017/3/20	2017/3/26	0.00%
F3柱	2017/3/29	2017/4/4	构造	集合->F3柱		2017/4/4	2017/4/4	0.00%

（a）施工进度设置

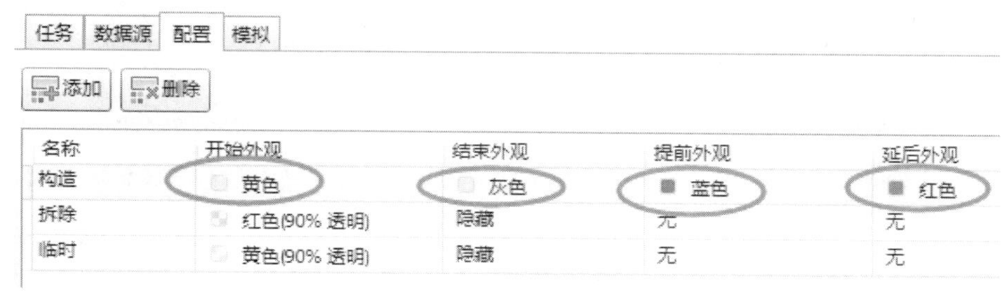

（b）显示方式设置

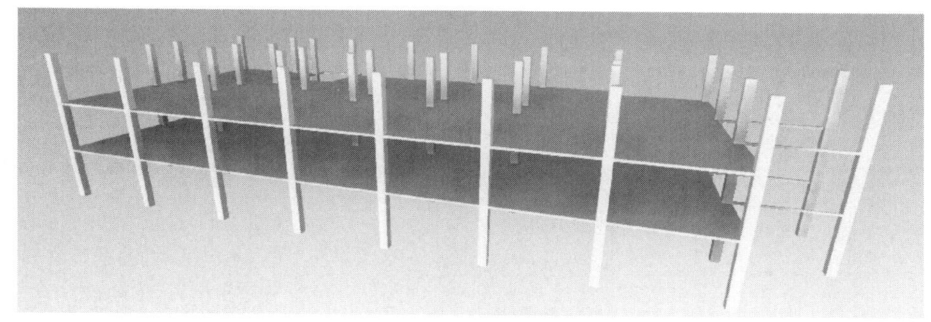

（c）施工模拟（正常施工中的展示）

（d）施工模拟（施工提前与延后的展示）

图 1.1.4　Navisworks 虚拟施工

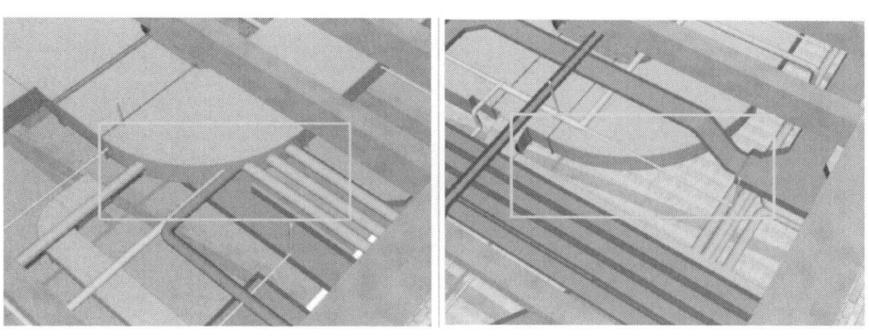

（a）产生碰撞　　（b）优化调整

图 1.1.5　碰撞检测与优化调整

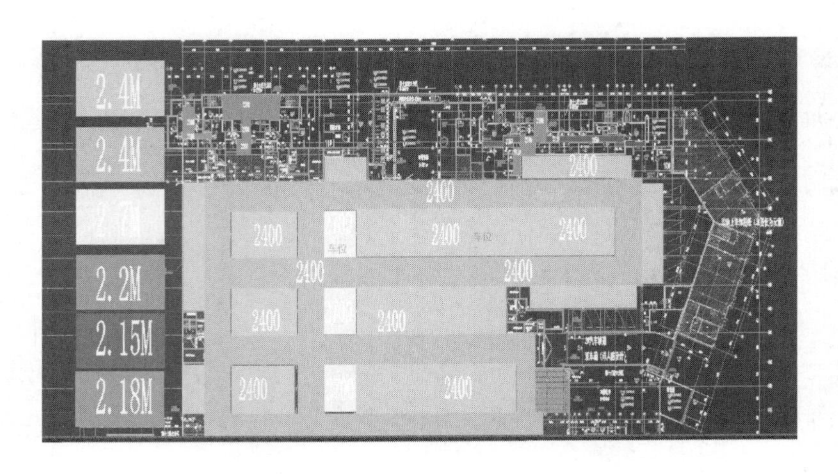

图 1.1.6　净高平面图

⑥ 协同性。应用 BIM 技术进行项目管理，有利于工程各参与方内部和外部组织协同工作。在设计阶段，通过 BIM 对建筑物建造前期进行碰撞检查、模拟分析，找出问题所在，生成并提供协调数据，提出修改方案；在施工阶段，对各方工程量、整体进度、各专业的各工种流水段、成品保护等进行规划协调（图 1.1.7）。

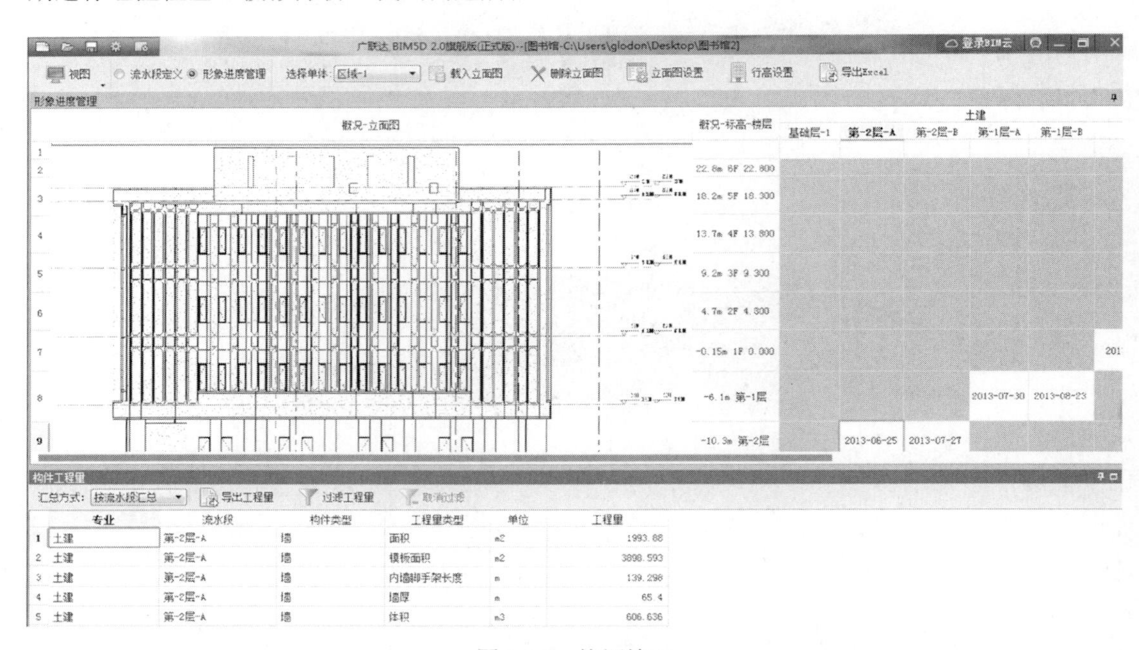

图 1.1.7　协调施工

⑦ 一体化。一体化指从规划、设计、施工到运维、拆除，贯穿工程项目的全生命期的一体化应用和管理。通过各阶段不同参与方不断地对模型更新，模型一直在流转，信息一直在扩充与演进，将项目的全过程信息包含在其中。这些信息提供给工程各参与方不同岗位的人员，能显著降低交流成本，提高整体利益。

⑧ 可拓展性。通过 BIM 技术对工程项目的几何信息、非几何信息及其相互关系进行描述，包含设计信息、施工信息和维护信息等。随着技术的发展，BIM 可纳入更多类型的信息，拓展各种应用，如利用三维扫描逆向建模、进行机器人全自动放线等，不断实现工程建设项目的绿色化、工业化、智能化、信息化。

1.1.4 BIM 的应用

美国 bSa（building SMART alliance）根据美国工程建设领域的 BIM 使用情况列出了 BIM 的 25 种常见应用，贯穿了建筑的规划、设计、施工与运营四大阶段，多项应用是跨阶段的，尤其是基于 BIM 的“现状建模”与“成本预算”，贯穿了建筑的全生命周期。具体见表 1.1.2。

在我国，BIM 应用已开始普及，国内建筑市场的 20 种典型 BIM 应用见表 1.1.3。

表 1.1.2 bSa 统计的 BIM 的 25 种常见应用

序号	应用名称	序号	应用名称
1	Existing Conditions Modeling 现状建模	14	Code Validation 规范验证
2	Cost Estimation 成本估算	15	3D Coordination 3D 协调
3	Phase Planning 阶段规划	16	Site Utilization Planning 场地使用规划
4	Programming 规划编制	17	Construction System Design 施工设计
5	Site Analysis 场地分析	18	Digital Fabrication 数字化建造
6	Design Review 设计方案论证	19	3D Control and Planning 3D 控制与规划
7	Design Authoring 设计创作	20	Record Model 记录模型
8	Energy Analysis 节能分析	21	Maintenance Scheduling 维护计划
9	Structural Analysis 结构分析	22	Building System Analysis 建筑系统分析
10	Lighting Analysis 采光分析	23	Asset Management 资产管理
11	Mechanical Analysis 机械分析	24	Space Management\Tracking 空间管理
12	Other Engineering Analysis 其他工程分析	25	Disaster Planning 防灾规划
13	LEED Evaluation 绿色建筑评估		

表 1.1.3 国内建筑市场的 20 种典型 BIM 应用

序号	应用名称	序号	应用名称
1	BIM 模型维护	11	施工组织模拟
2	场地分析	12	数字化建造
3	建筑策划	13	物料跟踪
4	方案论证	14	施工现场配合
5	可视化设计	15	竣工交付
6	协同设计	16	维护计划
7	性能化分析	17	资产管理
8	工程量分析	18	空间管理
9	管线综合	19	建筑系统分析
10	施工进度模拟	20	灾害应急模拟

① BIM 模型维护。BIM 模型维护是对建筑工程信息的维护，即使用 BIM 平台对各种项目信息进行汇总、整理，随时共享给建设相关单位；BIM 模型的精细程度是由 BIM 平台的用途决定的，在 BIM 平台中，设计、施工、进度、成本、制造、操作等项目采用“分布式”协作方法完成。以前的 BIM 模型是由项目的各参与方（包括设计单位、施工单位等）根据

自己的工作任务单独完成后，再由建设单位统一合并在一起使用，这加大了 BIM 建模标准、数据安全等信息管理的难度；现在很多业主委托专业的 BIM 服务机构统一代为管理整个项目的 BIM 应用过程，以确保 BIM 模型的准确性和安全性。

② 场地分析。场地分析主要是确定建筑物空间定位及其与周围环境的联系。影响设计决策的因素主要有场地的气候条件、植被、地貌特征等。利用 BIM 结合 GIS 系统进行场地模型创建，可快速得出准确的分析结果，为建设项目得出完美的场地规划布局和交通组织关系。

③ 建筑策划。建筑策划是以总体规划目标为依据，定量分析并得出设计依据的全过程。通过 BIM，可以为项目团队了解和分析复杂空间提供最佳解决方案，做出关键性决策。建筑师应用 BIM 技术可以快速检查设计成果能否满足业主方要求，通过 BIM 的持续信息传递和追踪，可大大减少后期设计修改所造成的巨大浪费。

④ 方案论证。在方案论证阶段，BIM 技术主要用于评估方案布局、安全、人体工程学、色彩、纹理等是否符合规范要求，还可考虑建筑物的局部细节，快速分析设计施工中可能需要处理的问题，并为项目投资者在方案论证阶段提供不同解决方案，根据分析得出不同方案的优缺点，以便于投资方快速得出更有利的投资方案，节省时间和成本。对于设计师来说，通过 BIM 对设计空间进行评估，可获得很好的互动效果，获得用户与业主的积极反馈。在 BIM 平台技术应用中，项目各相关单位可以快速就焦点问题达成共识，大大减少决策所需的时间。

⑤ 可视化设计。三维可视化设计软件如 3ds Max、SketchUp 等的出现，使得业主及用户更能直观了解建筑设计图纸，弥补了之前和设计师沟通交流的鸿沟，但这些软件不含有物体的真实属性信息。而 BIM 技术下创建的 BIM 模型不仅具有模型的色彩表皮信息，还含有真实属性信息，因此不但可以进行三维可视化设计，同时可以解决因技术壁垒造成的信息丢失，增强各方对项目设计的真实感受。

⑥ 协同设计。设计协同是 BIM 技术带来的新型设计方式，即不同专业的设计人员分布在不同地区，仍然可以通过网络共同完成同一项设计工作。协同设计是在建筑业环境发生深刻变化，传统的建筑设计方式必须得到改变的背景下出现的，是数字化建筑设计技术与快速发展的网络技术相结合的产物。BIM 技术的协同不再是文件参照那么简单，凭借工作集的指定、分发、签出等技术操作优势，其协同设计覆盖整个建筑全生命周期。

⑦ 性能化分析。在 CAD 时代，任何一种分析软件都需要手工输入相关数据信息才能展开分析计算，方案一旦调整，将有大量重复性工作，比如信息录入等，需要耗时耗力来完成，这使得建筑设计和数据分析严重脱节。BIM 技术解决了这一难题，因为工程师在 BIM 模型设计阶段已经将大量的模型信息注入相关性能软件中，通过软件分析得出分析结果，计算机自动完成原本需要人工费时费力的信息录入工作，提高了数据准确性和设计效率，为业主方提供专业化的服务。

⑧ 工程量统计。在以 CAD 技术为主的时代，因软件局限性，CAD 无法存储工程项目构件的信息属性以供计算机自动计算，必须依靠手动测量统计或使用专业成本计算软件重新建模，在调整设计方案时需要不断更新模型，否则会造成工程统计数据的失效。BIM 平台作为一个数据库，涵盖了大量的工程信息，可以快速准确地对构件信息统计分析，为造价管理提供真实的工程量数据，减少手动操作的失误，实现与设计方案的统一。BIM 技术下的工程量数据能为前期的成本估算提供依据，为业主进行建造成本估算提供了比较依据，并提供最终工程结算。

⑨ 管线综合。传统技术条件下设计单位的任务是建筑、结构、水、电、暖的单专业设计，只有重要的工程或在甲方的要求下设计单位才会对水、电、暖专业做“叠图”分析，在这种工作方式下无法直观地对设计模型进行交流，导致了线综合成为施工过程中业主最担心的技术问题。在 BIM 技术下，各个专业建立

BIM 模型，设计师可以通过三维可视化模型快速地发现设计中出现的碰撞冲突，提高了管线综合的效率，避免了施工过程中的碰撞和冲突，减少了大量的工程变更，在提高工程效率的同时降低工程成本，节约工期。

⑩ 施工进度模拟。建筑施工过程是一个动态发展过程，目前行业中经常使用横道图和网络图来表示进度计划，但其不够形象直观，无法标明各施工过程和进度间的关系，不能达到动态信息管理。BIM 技术可以将模型和施工进度计划相结合，在模型中涵盖了空间和时间信息，使得 BIM 模型由 3D 向 4D 转变，更加直观地反映整个施工进度过程。在投标阶段，4D 施工模拟技术能够使施工企业有效展示企业综合实力，发挥技术优势，提高中标率，在施工阶段能够帮助施工企业合理制定施工计划，准确掌握进度信息，优化施工资源，降低施工成本，缩短施工工期，提高施工质量。

⑪ 施工组织模拟。施工组织设计主要包括施工各个阶段的施工工作内容以及协调各过程中施工参与单位和各资源之间的关系，用于指导建设项目全过程的各种活动过程。通过 BIM 技术可对关键节点工作任务进行施工组织模拟、时间进度优化，项目管理人员可以更加直观地了解整个施工环节关键工序，把握施工关键节点。

⑫ 数字化建造。随着 BIM 技术和数字化制造技术的结合，建筑行业实现了部分建筑施工流程自动化。装配式建筑中的建筑构件可以通过不同厂家进行施工预制，这些预制构件采用了精密的数字加工技术，减少了施工误差，提高了施工效率，缩短了施工工期。

⑬ 物料跟踪。建筑中的很多构件通过工厂进行预制加工，然后运送到施工现场进行高效组装，整个建筑施工过程中影响施工进度计划的关键环节在于这些建筑构件、设备是否能够及时运到现场，安装位置是否准确，质量是否合格等；BIM 技术能将物料编码的 RFID 技术与含有建筑构件以及设备状态信息的模型相融合，解决了建筑行业物料信息方面的管理压力。

⑭ 施工现场配合。BIM 技术为建筑相关单位参与方提供了三维可视化的交流平台，使各施工参加方、物料提供方等能够更加直观、有效地配合。

⑮ 竣工交付。在项目完工阶段，需要对整个建筑项目进行 BIM 测试和信息调整，以确保物业管理部门能够得到完整真实的设备信息、材料安装状态以及后期运营维护所需资料等。通过 BIM 模型对施工过程中数据信息的记录和集成，对后续运营维护阶段中的物业管理提供便利，也为未来扩建、改造等提供历史信息。

⑯ 维护计划。在后期使用阶段，建筑物构件（柱、梁、板）以及设备管线等都需要持续维护。BIM 模型和运维管理系统结合，可以降低总体维护成本，提高维护效率，增加设备维护准确性，并可以制定合理的维护计划，减少突发事件。

⑰ 资产管理。建筑施工阶段和后期运维管理阶段的信息壁垒，使得建筑资产信息在前期需要人工自主操作录入，很容易造成数据录入错误。BIM 技术形成了一套资产管理系统，大量建筑信息可以导入系统中，提高了初始数据录入的准确性。BIM 结合 RFID 的资产标签芯片，使得建筑物中的资产信息和参数信息一目了然。

⑱ 空间管理。通过 BIM 对建筑空间进行管理，可以为用户提供良好的工作环境，处理用户对空间变更的需求，合理分配建筑空间，确保空间资源的合理利用。

⑲ 建筑系统分析。BIM 技术结合建筑物能源系统分析软件，可以有效地确定建筑系统参数的改造计划，提高建筑整体性能。

⑳ 灾害应急模拟。BIM 以及相应的灾害分析与模拟软件可用于模拟灾前灾害过程，分析灾害原因，制定应急预案。当灾害发生后，BIM 模型可以为救援人员提供应急点的准确信息，有效提高突发状况的应对措施。楼宇自动化系统与 BIM 模型结合，使得建筑物内应急位置和逃生路线等信息清晰可见，救援人员可根据以上信息做出正确处置方案。

1.1.5 BIM 软件

BIM 软件可以分为 BIM 核心建模软件、

BIM 专业应用软件和 BIM 平台软件。

BIM 核心建模软件主要有四种，分别为 Autodesk 公司的 Revit，Bentley 公司的 AECOsim BD，Graphisoft/Nemetschek AG 公司的 ArchiCAD 和 Dassault 公司的 Digital Project。

Autodesk 公司的 Revit 包含建筑专业、结构专业和机电专业，二次开发门槛低，社会普及程度高，教学资源丰富。是当前民用建筑领域普及率最高的一款软件。

Bentley 公司的 AECOsim BD 含建筑、结构、机电专业；建模能力强；模型轻量化，运行速度快。

Graphisoft/Nemetschek AG 公司的 Archi CAD 界面直观，具有大量的对象库，细部设计好（如装饰装修的细部设计）；有一些符合建筑师操作习惯与心理预期的工具；扩展性好。

Dassault 公司的 Digital Project 可处理较大规模的项目；可支持多种类型的模型表面；支持各种自定义参数；可做幕墙设计。

BIM 核心建模软件技术路线的确定可考虑如下原则：民用建筑可选用 Autodesk Revit；工厂设计和基础设施可选用 Bentley；单专业建筑事务所可选择 ArchiCAD、Revit、Bentley；异形建筑物可以选择 Digital Project。

BIM 核心建模软件和常用的 BIM 专业应用软件见图 1.1.8。其中 Autodesk Revit 软件还提供了生成二维图纸、硬碰撞检测、机电分析等功能，所以既是 BIM 核心建模软件，也可以作为 BIM 专业应用软件。

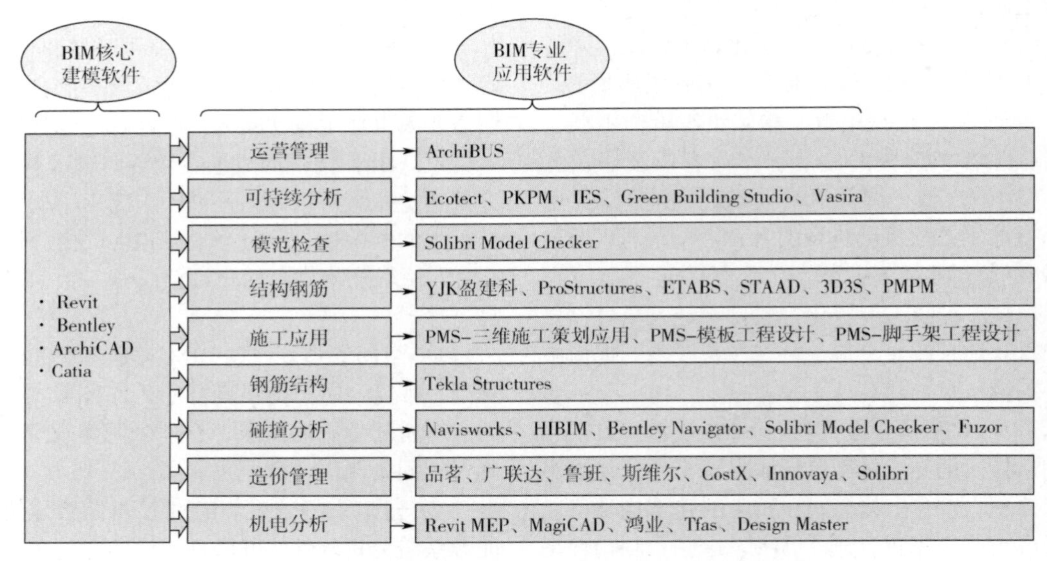

图 1.1.8 BIM 核心建模软件和常用的 BIM 专业应用软件

BIM 平台软件是支持建筑全过程生命周期的 BIM 数据共享的应用型软件，是单个应用类软件的集成，以协同与综合应用为主。通用平台软件有 Navisworks、广联达 BIM5D、鲁班 MC、Vico Office、iTWO 等；在项目管理层面，相关平台软件有 Autodesk BIM 360、Vault、Autodesk Buzzsaw、Trello、BDIP 等；在企业管理层面，BIM 平台着重于决策以及判断其特点，相关平台软件有宝智坚思 Greata、Dassault Enovia 等。

1.1.6 与 BIM 相关的术语

① BIM 协同管理（BIM Collaboration Management）。以建筑信息模型为媒介，将各专业、各阶段的 BIM 数据信息进行分析、存储和管理，使项目各相关参与方实现数据信息共享，从而满足不同需求。

② 任务信息模型（Task Information Model）。任务信息模型是指以建筑工程的分项工程为对象的、单一的子建筑信息模型。

③ 信息采集（Information Acquisition）。通过各种途径对相关数据信息进行搜索、归纳、整理，最终形成所需有效信息的过程，是创建建筑信息模型的直接基础和重要依据。

④ 模型构件（Model component）。构成建筑信息模型的基本对象或组件。

⑤ 几何信息（Geometrical Information）。反映建筑信息内外空间中的形状、大小及位置的信息统称。

⑥ 非几何信息（Non-Geometry Information）。反映建筑模型内外空间除几何信息之外的其他特征信息的统称。

⑦ 信息模型细度（Level Of Development，LOD）。指模型构件及其几何信息和非几何信息的详细程度。

⑧ 冲突检查（Collision Detection）。利用建筑信息模型3D可视化特性，检查建筑信息模型所包含的各类装饰构造或设施是否满足空间关系。在设计的早期阶段发现一些冲突和问题，进行优化处理。

⑨ 成果交付（Results Delivery）。包括但不限于各专业信息模型及基于信息模型生成的各类视图、分析表格、说明文件、辅助多媒体文件等。

1.2 建筑装饰业现状与BIM优势

1.2.1 行业现状

建筑装饰业为建筑业的四大组成部分之一，在工程建设行业占有重要地位。建筑装饰是指为保护建筑主体结构，提高建筑室内外使用功能与建筑物的物理性能，满足人们的审美要求，采用装饰材料或装饰物对建筑内外表皮与建筑空间进行艺术设计、装饰与加工的过程。其主要分项工程有地面、抹灰、门窗、吊顶、轻质隔墙、饰面板（砖）、幕墙、涂饰、裱糊与软包、细部，另外还包括随科技与工艺发展而不断变化的机电类、陈设类、局部景观等。不同用途建筑物的装饰在不同区域的功能要求、设备要求、环境要求、专业要求各具特点；随着装饰风格不断丰富，装饰工艺也越来越复杂，新材料、新工艺、新产品、新技术逐渐渗透到装饰工程中，对施工工艺提出了更高的要求。

在建筑装饰设计与施工过程中，设计方案往往需要不断修改与调整；施工过程中，从原材料生产到安装完工，往往多批工种混在一起；装饰构件的加工和安装往往存在于一个施工现场，很难进行专业分工，无法清楚区分生产车间与装配现场；另外施工工期通常会被压缩，使得建筑装饰过程充满了不确定性，往往对工程质量造成重大影响。目前的装饰工程作业多数仍然采用现场“量身裁衣”的作坊模式，缺乏系统化、标准化，在很大程度上影响了工程质量。建筑装饰工程的传统生产运行主要存在下列问题。

① 数据流转问题。装饰行业在生产经营过程中，作为主要生产依据的二维施工图信息不全，三维效果图与二维图分离；数据共享通用率低，设计、造价与施工人员不能有效协作，竣工需另外出竣工图或在施工图上修改，导致工作效率低下。

② 工作流程规划问题。传统装饰设计过程中，设计人员虽然已经比较熟悉相关软件与工作流程，但施工图与效果表现分开制作，分别使用不同的软件，由不同的制图人员来建模绘图，效率低下；施工图纸一旦有修改，常常需要重新绘制，耗费大量时间，而在施工过程中，各专业往往都在等待上游施工图设计的完善，这很容易造成工期紧张，设计修改与施工难以协调，造成时间、人力、物力上的浪费以及质量问题。

③ 装饰企业内部协作问题。装饰企业内部在工作过程中，施工图设计师、方案效果图制作人员容易沟通不畅，造价人员必须采用方案图与施工图进行人工算量，速度慢且准确率低，常发生合同签订时需要等造价部门报价的情况，而施工队伍不仅要等施工图，还要等合同。各内部流程协调时，参与协调工作的人数多，人力、时间浪费严重。

④ 初步设计性能分析问题。装饰项目有很大一部分属于既有建筑改造装饰工程。传统的装饰施工企业在改造装饰设计工作中，由于成本问题一般不进行性能分析，容易造成功能与性能设计不达标，而对已经建好装饰项目的拆除改造是一种巨大的浪费。目前只有少数装饰企业使用性能分析软件进行室内声学性能分析，这距离绿色建筑的要求相差较远。

⑤ 测量效率与精确率问题。装饰工程在土建结构完工后要对现场尺寸复核才可进行深化设计，测量工作量巨大，用传统设备测量效率较低，易出错，从而延误工期。

⑥ 多专业协同问题。由于二维设计的局限性，装饰设计对于其他专业如结构、机电的设计协同并不能很好地形成联动，往往会出现专业间碰撞冲突的问题，留下返工的隐患。具体表现有净高尺寸不足、局部专业冲突、结构基层与装饰面层不吻合等情况。

⑦ 放线效率低下问题。在施工现场，装饰专业有多种放线方式，不仅为装饰专业自己使用，也供其他专业使用；装饰施工分项工程多，造型复杂多变，往往需要重复进行二次放线。采用传统方式现场放线效率低，易出错，且容易拖延工期。

⑧ 饰面排版材料下单问题。装饰设计过程中要对板块装饰面层排版，传统方式只能手工排版编号或采用CAD填充图案的方式，物料统计工作烦琐，对于造型比较复杂的装饰面，只能手工制作材料加工图，效率低、易出错，在材料下单、加工环节耽误工期。

⑨ 装饰构件造型复杂问题。建筑装饰部品的风格多种多样，造型复杂的装饰部品通常必须由熟练工种操作完成，或者需专门制作模型或模具，施工工期较长，造成成本居高不下。

⑩ 各方协同问题。建筑装饰工程需要协调众多参与方，包括木工、瓦工、电工、焊工、油工、抹灰工以及材料部品供货安装方、陈设品供货方等；建筑装饰专业与其他专业在设计阶段与施工阶段要协同工作，在传统的建筑装饰生产运行方式下，这一系列协调工作往往运行不顺畅，甚至存在碰撞、矛盾问题。

⑪ 装饰项目管理问题。在新建、扩建、改建的装饰项目中，由于前期工程工期延误以及装饰深化设计图纸出图耗时较长的原因，装饰工程抢工期的情况较为普遍；装饰工程施工的细部收口需要足够的时间进行精细化设计与施工，这决定了建筑物的使用功能与装饰效果；此外，需要协调的分项工程与专业较多，成品保护任务繁重。以上种种问题容易对施工质量、成本造价、商务、施工安全等造成重大影响。

为实现最优设计效果，装饰设计师常要对陈设物进行选择与设计，室内装饰陈设品种类繁多，而传统设计中用到的模型往往并不存在真实产品，设计师对每种室内陈设分别进行造型设计时需配套制作，或陪同业主到市场、展会筛选后再建模，耗费很多精力与时间。

针对上述问题，在装饰装修工程的方案设计、施工图设计、深化设计、施工过程、竣工等各阶段不同环节与不同层面引入BIM信息化技术，提高装饰企业项目管理的设计、施工水平，是提高企业劳动生产率、增加企业效益、实现建筑装饰行业跨越式发展的重要途径。

1.2.2 BIM价值

如图1.2.1所示，在行业层面，BIM技术可以推动建筑装饰行业的全过程管理和信息化整合；在专业方面，BIM对于建筑装饰行业的主要价值包括全专业关联出图、模型可视化动态管理、精准造价和一模多用、信息共享等。

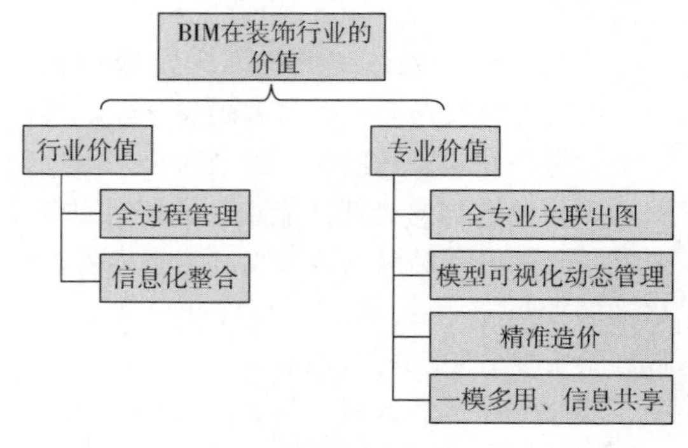

图1.2.1 BIM在装饰行业的价值

① 装饰行业的全过程管理。应用BIM技术，能够使装饰专业在工程建设的各个环节内

信息连贯，避免造成信息上的断点和管理上的断点，可覆盖前期的规划、设计阶段，中期的施工阶段和后期的竣工交付阶段、运营维护阶段、拆除阶段等，实现基于 BIM 模型的全过程管理；相关信息涵盖设计信息、成本信息、进度信息、质量信息、安全信息、协调信息等；在规划阶段创建的 BIM 模型可随着工程进度的进行不断优化、完善，并用于指导各阶段的工作，同时项目管理方面的信息也不断融入优化的 BIM 模型中。

② 装饰行业的信息化整合。BIM 能使各方在装饰完成前预先体验，产生一个职能完备的数据库，进行信息化整合，消除不完备的建造文档和设计图纸，避免产生不合规的数据，提高装饰工程管理水平。

③ 全专业关联出图。在传统的出图模式下，由于业主方的需要或者设计者自身的需要，图纸经常发生改动，水、暖、电、安装图纸也会变随之变动，最后可能引起全盘装饰设计的变动，这将带来很大的修改工作量。但如果在建好的 BIM 模型中融合各专业、各分部的分项工程，则只需修正模型，就可相应地自动改变各专业的图纸，做到图纸联动修改，大大提高了工作效率。同时，BIM 模型也可以方便地导出施工需要的各种图纸，如土建施工平面图、给水排水安装管线立面图、地面细部构造图等。

④ 模型可视化动态管理。设计师在 BIM 软件的支持下可实现 3D 可视化设计，形式多种多样，包括简单的透视图和轴测图、复杂的渲染图（图 1.2.2，图 1.2.3）、360°全景视图及动画等，装饰设计的细节部分，包括室内空间配置、饰面、材质等，都可以真实生动显现，实现“所见即所得”。

厨房墙砖地砖排砖及装修效果

客厅入户柜体设计模型及效果图

卧室设计模型及效果图

图 1.2.2　BIM 模型与渲染效果图

图 1.2.3　卫生间渲染图

⑤ 精准造价。造价控制是业主或者施工单位的重要任务之一。据统计，工程造价出现“两层皮”的情况在很大程度上是由施工中设计变更所导致。应用BIM技术，通过碰撞检查、预留洞口精确定位、综合管线优化排布、净高检测、成本动态对比等手段，可以节约项目成本，减少施工工程中的变更，使各项目主体利益最大化。

BIM技术运用到室内装饰设计中，会有详细的工程量数据记录，生成主材、辅材、零星材料等的材料一览表；机电工程的管线种类与数量、建筑工程的门窗个数等也能进行快速统计。在保证工程质量的前提下，能导出各种造价所需表格，这些表格都具有可追溯性。因此，采用BIM技术，整个工程项目的工程造价更加准确。

⑥ 一模多用、信息共享。在前期规划阶段，通过BIM模型，综合考虑空间利用率、采光、材料等因素，可以模拟业主和建筑师关心的要素，当完成初步设计后，业主可以决定最终采用哪种方案。在装饰设计阶段，采用BIM技术能够直观形象地修改设计图纸上存在的问题，同时还能够提供大量的相关信息；在规划阶段，通过BIM模型可快速准确地修改已有方案；在装饰施工阶段，通过BIM模型进行可视化施工模拟，随时直观、快速地将施工计划与实际进展进行对比；同时可进行碰撞检测，降低设计误差，减少返工；还可对施工阶段不同资源配置、实际工期进行分析，控制成本支出，真正达到成本、进度、质量控制、安全、合同、信息监管、各方信息协调共享。

1.3 建筑装饰装修工程BIM应用各阶段及其流程

建筑装饰装修工程BIM与结构工程BIM、幕墙工程BIM、机电工程BIM等专业信息模型组成完整的建筑信息模型体系。建筑装饰装修工程BIM应用覆盖工程项目的设计阶段、施工阶段、运维阶段和拆除阶段，可根据工程项目的实际情况应用于某些具体环境或任务。

在应用中，可结合BIM技术的特征（包含模拟性、可视化、出图性、优化性等）进行单项应用或综合应用，根据建筑信息模型所包含的各种信息资源进行协同工作，实现工程项目各专业、各阶段的数据信息有效传递并保持协调一致。

根据工程项目管理要求和工作流程，建筑装饰装修BIM模型可与企业信息管理系统进行集成应用，最大化发挥建筑信息模型的作用。

根据《建筑信息模型应用统一标准》（GB/T51212—2016）、《建筑信息模型施工应用标准》（GB/T51235—2017）、《建筑装饰装修工程BIM实施标准》（T/CBDA3—2016），建筑装饰BIM应用各阶段及主要模型成果见表1.3.1。

建筑装饰装修BIM应用各阶段主要环节及内容见表1.3.2。

表1.3.1 建筑装饰装修工程BIM应用各阶段及主要模型成果

阶　　段	主要模型成果
设计阶段	装饰方案设计模型
	装饰初步设计模型
	装饰施工图设计模型
施工阶段	装饰施工深化设计模型
	装饰施工过程模型
	装饰竣工交付模型
运维阶段	装饰运维模型
拆除阶段	装饰拆除模型

表 1.3.2　建筑装饰装修 BIM 应用各阶段主要环节及内容

阶段	主要环节	主要内容
设计阶段	方案设计	基于 BIM 的装饰方案设计主要工作内容包括：依据装饰设计要求，导入建筑、机电等专业的 BIM 模型或根据其他专业 CAD 施工图纸创建 BIM 模型，在三维环境中进行功能布局，划分室内空间，建立装饰方案设计模型，并以该模型为基础输出或利用渲染软件渲染效果图和漫游动态图，清晰表达装饰设计效果，装饰设计方案设计模型可为装饰设计后续阶段提供依据及指导性文件
	初步设计	装饰初步设计的目的是论证既有改造工程的装饰改造方案或新建改建扩建工程二次装饰设计方案的技术可行性和经济合理性，主要内容包括：利用 BIM 进行室内性能分析，如采光分析、通风分析、声学分析；协调装饰与其他各专业之间的技术矛盾，合理确定技术经济指标。本环节的工作内容需要与其他专业协同工作，共同完成
	施工图设计	装饰施工图设计 BIM 工作内容主要是对初步设计成果进行深化，是为了解决施工中的技术措施、工艺做法、用料等问题，为工程造价等提供初步的数据，同时达到施工图报批和装饰工程招投标应用的要求
施工阶段	施工深化设计	装饰施工深化设计 BIM 工作内容主要是依据现场测定结果对施工图设计成果进行深化，按照装饰工程的分项工艺和装饰隐蔽工程创建深化设计模型，其目的是指导现场施工，进行图纸会审、施工组织模拟、施工工艺模拟，进行样板管理，解决施工中的技术措施、工艺做法、饰面排版、用料问题，为施工交底、预制构件加工、安装、工程造价等提供完整的数据
	施工过程	装饰施工过程 BIM 应用的工作内容主要是基于施工深化设计模型创建装饰施工过程模型。其目的是对工程的施工过程进行管理，对设计变更、放线、材料下单、物料管理、进度管理、质量安全管理、工程成本管理、资料管理、辅助结算等进行全过程指导和处理
	竣工交付	装饰工程竣工 BIM 应用的工作内容主要是基于装饰施工交付模型创建装饰竣工交付模型。对设计变更进行全面整理、完善竣工信息、生成竣工图、辅助工程造价与结算
运维阶段	运营维护	装饰工程运营维护 BIM 应用的工作内容主要是基于装饰竣工交付模型创建装饰运营维护模型。进行空间管理、陈设资产管理、运维数据录入存储管理、装饰维修改造管理、设备维护管理、构件安全管理、运维成本管理、辅助工程造价等
拆除阶段	拆除	装饰工程拆除 BIM 应用的工作内容，是在建筑装饰物生命期完全结束的拆除阶段，基于装饰运营维护模型创建装饰拆除模型。进行拆除管理、拆除方案模拟、辅助工程造价等。与新建改建扩建装饰工程不同之处是在既有建筑改造工程的流程中，建筑装饰工程拆除应用是 BIM 应用的首个环节，可以对被拆除的部分进行拆除模拟并统计工程量、核算成本

1.4　建筑装饰 BIM 职业

1.4.1　建筑信息模型技术员（装饰装修工程方向）

“建筑信息模型技术员”（职业编码：4-04-05-04）国家职业技能标准于 2021 年 12 月 2 日正式发布，共设五个等级，分别为：五级/初级工、四级/中级工、三级/高级工、二级/技师、一级/高级技师。其中，三级/高级工、二级/技师分为建筑工程、机电工程、装饰装修工程、市政工程、公路工程、铁路工程六个专业方向，其余等级不分专业方向，如图 1.4.1 所示。

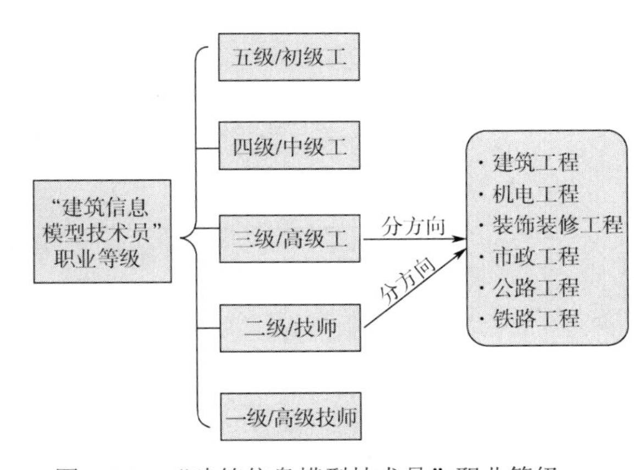

图 1.4.1　“建筑信息模型技术员”职业等级

三级/高级工、二级/技师的装饰装修工程方　向的工作内容和要求分别见表1.4.1和表1.4.2。

表1.4.1　三级/高级工 装饰装修工程方向的工作内容和要求

职业功能	工作内容	技能要求	相关知识要求
1.项目准备	1.1 建模环境设置	1.1.1 能根据建筑信息模型应用要求选择合适的软硬件 1.1.2 能独立安装建筑信息模型应用软件 1.1.3 能独立解决建筑信息模型应用软件安装过程中的问题	1.1.1 建筑信息模型应用软硬件选择方法 1.1.2 建筑信息模型应用软件安装知识 1.1.3 建筑信息模型应用软件安装出现问题的解决方法
	1.2 建模准备	1.2.1 能针对建模流程提出改进建议 1.2.2 能解读建模规则并提出改进建议 1.2.3 能审核相关专业建模图纸并反馈图纸问题	1.2.1 交付成果要求 1.2.2 建模流程要求 1.2.3 建模规则要求 1.2.4 建模图纸审核方法
2.模型创建与编辑	2.1 创建基准图元	2.1.1 能根据专业需求，创建符合要求的标高、轴网等空间定位图元 2.1.2 能根据创建自定义构件库要求，熟练创建参照点、参照线、参照平面等参照图元	2.1.1 相关专业制图基本知识 2.1.2 建模规则要求 2.1.3 基准图元类型选择与创建方法
	2.2 创建模型构件	2.2.1 能使用建筑信息模型建模软件创建楼地面和门窗模型构件，如：整体面层、块料面层、木地板、楼梯踏步、踢脚板、成品门窗套、成品门窗等，并完成楼地面饰面层排版，精度满足施工图设计及深化设计要求 2.2.2 能使用建筑信息模型建模软件创建吊顶模型构件，如：纸面石膏板、金属板、木质吊顶、吊顶伸缩缝、阴角凹槽构造节点、检修口、空调风口、喷淋、烟感等，并完成吊顶饰面板排版、内部支撑结构定位排布，精度满足施工图设计及深化设计要求 2.2.3 能使用建筑信息模型建模软件创建饰面模型构件，如：轻质隔墙饰面板、纸面石膏板、木龙骨木饰面板、玻璃隔墙、活动隔墙、各类饰面砖设备设施安装收口、壁纸、壁布等，并完成饰面板排版、支撑结构定位排布，精度满足施工图设计及深化设计要求 2.2.4 能使用建筑信息模型建模软件创建幕墙模型构件，如玻璃幕墙、石材幕墙、金属幕墙、玻璃雨檐、天窗、幕墙设备设施安装收口等，精度满足施工图设计及深化设计要求 2.2.5 能使用建筑信息模型建模软件创建家具及各类装饰模型构件，如固定家具、活动家具、淋浴房、洗脸盆、地漏、橱柜、抽油烟机、装饰线条等，精度满足施工图设计及深化设计要求	2.2.1 装饰装修工程制图基本知识 2.2.2 装饰装修工程建模规则要求 2.2.3 装饰装修专业知识 2.2.4 精度满足施工图设计及深化设计要求的装饰装修专业模型构件创建方法
	2.3 创建自定义参数化图元	2.3.1 能根据参数化构件用途选择和定义图元的类型 2.3.2 能创建用于辅助参数定位的参照图元 2.3.3 能运用参数化建模命令创建子构件图元 2.3.4 能对自定义参数化构件添加合适的参数 2.3.5 能删除自定义参数化构件参数 2.3.6 能将自定义构件的形体尺寸、材质等信息与添加的参数关联 2.3.7 能通过改变参数取值，获取所需的图元实例	2.3.1 相关专业制图基本知识 2.3.2 建模规则要求 2.3.3 相关专业基础知识 2.3.4 相关专业自定义参数化图元创建方法

续表

职业功能	工作内容	技能要求	相关知识要求
2.模型创建与编辑	2.3 创建自定义参数化图元	2.3.8 能保存创建好的自定义参数化图元 2.3.9 能在正确位置创建构件连接件，并使其尺寸与构件参数关联 2.3.10 能在项目模型中使用自定义参数化图元	——
3.模型更新与协同	3.1 模型更新	3.1.1 能根据设计变更方案在建筑信息模型建模软件中确定模型变更位置 3.1.2 能在变更位置根据设计变更方案对模型进行修改，形成新版模型	3.1.1 模型变更位置确定方法 3.1.2 模型更新完善方法
	3.2 模型协同	3.2.1 能通过链接方式完成专业模型的创建与修改 3.2.2 能导入和链接建模图纸 3.2.3 能对链接的模型、图纸进行删除、卸载等操作 3.2.4 能对同一专业多个拆分模型进行协同及整合 3.2.5 能对多个不同专业模型进行协同及整合	3.2.1 模型链接方法 3.2.2 模型协同及整合方法
4.模型注释与出图	4.1 标注	4.1.1 能定义不同的标注类型 4.1.2 能定义标注类型中文字、图形的显示样式	4.1.1 相关专业制图尺寸标注知识 4.1.2 相关专业图样规定 4.1.3 标注类型及标注样式设定方法 4.1.4 标注创建与编辑方法
	4.2 标记	4.2.1 能定义不同的标记与注释类型 4.2.2 能定义标记与注释类型中文字、图形的显示样式	4.2.1 相关专业图样规定 4.2.2 标记类型及标记样式设定方法 4.2.3 标记创建与编辑方法
	4.3 创建视图	4.3.1 能定义项目使用的视图样板 4.3.2 能设置平面视图的显示样式及相关参数 4.3.3 能设置立面视图的显示样式及相关参数 4.3.4 能设置剖面视图的显示样式及相关参数 4.3.5 能设置三维视图的显示样式及相关参数	4.3.1 相关专业制图基本知识 4.3.2 视图显示样式及相关参数设置方法
5.成果输出	5.1 模型保存	5.1.1 能根据生成模型文件的软件版本选择合适版本的建筑信息模型建模软件打开模型 5.1.2 能按照建模规则及成果要求使用建筑信息模型建模软件保存模型文件 5.1.3 能按照成果要求使用建筑信息模型建模软件输出不同格式的模型文件	5.1.1 不同软件版本模型打开方法 5.1.2 符合建模规则及成果要求的模型保存方法 5.1.3 使用建筑信息模型建模软件按成果要求输出不同格式模型文件方法
	5.2 图纸创建	5.2.1 能定义满足专业图纸规范的图层、线型、文字样式等内容 5.2.2 能创建相关专业图纸样板	5.2.1 相关专业制图基本知识 5.2.2 图纸布局要求 5.2.3 图纸样式要求
	5.3 效果展现	5.3.1 能使用建筑信息模型建模软件对模型进行精细化渲染及漫游 5.3.2 能使用建筑信息模型建模软件输出精细化渲染及漫游成果	5.3.1 使用建筑信息模型建模软件创建高质量渲染图和漫游动画方法 5.3.2 使用建筑信息模型建模软件输出高质量渲染图和漫游动画方法

续表

职业功能	工作内容	技能要求	相关知识要求
5.成果输出	5.4 文档输出	5.4.1 能辅助编制碰撞检查报告、实施方案、建模标准等技术文件 5.4.2 能编制建筑信息模型建模汇报资料	5.4.1 工程项目建设专业知识 5.4.2 建筑信息模型建模汇报资料编制要求
6.培训与指导	6.1 培训	6.1.1 能对四级/中级工及以下级别人员进行建筑信息模型建模培训 6.1.2 能制定建筑信息模型建模培训方案和计划 6.1.3 能编写建筑信息模型建模培训大纲和教材	6.1.1 建筑信息模型建模培训方案编写方法 6.1.2 建筑信息模型建模培训教材编写要求
	6.2 指导	6.2.1 能指导四级/中级工完成建筑信息模型建模软件安装 6.2.2 能指导四级/中级工编制相关技术文件 6.2.3 能指导四级/中级工梳理工作内容及要求 6.2.4 能评估四级/中级工的学习效果	6.2.1 培训质量管理知识 6.2.2 培训效果评估方法

表 1.4.2　二级/技师　装饰装修工程方向工作内容和要求

职业功能	工作内容	技能要求	相关知识要求
1.项目准备	1.1 建模环境设置	1.1.1 能根据建筑信息模型应用要求选择合适的软硬件 1.1.2 能独立安装建筑信息模型应用软件 1.1.3 能独立解决建筑信息模型应用软件安装过程中的问题	1.1.1 建筑信息模型应用软硬件选择方法 1.1.2 建筑信息模型应用软件安装知识 1.1.3 建筑信息模型应用软件安装出现问题的解决方法
	1.2 建模准备	1.2.1 能参与制定建模流程 1.2.2 能参与制定建模规则 1.2.3 能查找并解决建模图纸存在的问题	1.2.1 交付成果要求 1.2.2 建模流程制定方法 1.2.3 建模规则制定方法 1.2.4 建模图纸审核方法
2.模型创建与编辑	2.1 创建自定义参数化图元	2.1.1 能创建形体复杂的自定义参数化图元 2.1.2 能创建功能复杂的自定义参数化图元 2.1.3 能分辨自定义参数化图元的参数类型、参数变化形式，并解决参数化自定义过程中的各种问题 2.1.4 能规划、组织创建自定义参数化构件库	2.1.1 相关专业制图基本知识 2.1.2 建模规则要求 2.1.3 相关专业基础知识 2.1.4 相关专业自定义参数化图元创建方法 2.1.5 相关专业自定义参数化图元创建过程中出现问题的解决方法 2.1.6 自定义参数化构件库创建方法
	2.2 模型编辑	2.2.1 能对既有复杂参数化构件进行功能扩展 2.2.2 能对参数化构件中的参数进行编辑与修改 2.2.3 能对参数化构件进行批量或整体添加参数、设置材质、连接、替换等操作	2.2.1 参数化构件编辑方法 2.2.2 既有参数化构件参数编辑与修改方法
3.模型更新与协同	3.1 模型更新	3.1.1 能使用建筑信息模型应用软件对模型进行冲突性及合规性检查 3.1.2 能根据检查结果，对模型进行更新、完善，形成新版模型	3.1.1 模型检查方法 3.1.2 模型更新完善方法

续表

职业功能	工作内容	技能要求	相关知识要求
3.模型更新与协同	3.2 模型协同	3.2.1 能根据项目类型选择合适的模型协同方式 3.2.2 能利用建筑信息模型协同软件对同一专业多个拆分模型进行协同及整合 3.2.3 能利用建筑信息模型协同软件对多个不同专业模型进行协同及整合	3.2.1 模型协同方法 3.2.2 模型整合方法
4.专业应用	4.1 设计阶段应用	4.1.1 能使用建筑信息模型应用软件配合设计师深化初步设计成果，解决施工中的技术措施、工艺做法和用料问题 4.1.2 能使用建筑信息模型应用软件配合设计师进行可视化方案比选，完成装饰造型及装修效果图制作 4.1.3 能在初步设计模型基础上，进一步细化并创建关键部位构造节点 4.1.4 能将装饰模型与土建、机电等相关专业模型整合，进行碰撞检查及净空优化，从而形成装饰施工图设计模型 4.1.5 能基于装饰施工图设计模型生成施工图，输出主材统计表、工程量清单，并辅助造价工程师完成工程预算 4.1.6 能基于专业模型进行设计交底	4.1.1 建筑信息模型技术标准 4.1.2 装饰装修设计专业知识 4.1.3 装饰装修设计建筑信息模型应用要点
	4.2 施工阶段应用	4.2.1 能使用建筑信息模型应用软件进行可视化施工交底 4.2.2 能使用建筑信息模型应用软件和相关的硬件设备进行施工现场测量，获取相关数据，并与设计数据进行比对，为创建深化设计模型提供原始数据 4.2.3 能使用建筑信息模型应用软件创建装饰施工样板，进行饰面排版 4.2.4 能使用建筑信息模型应用软件辅助统计施工工程量 4.2.5 能使用建筑信息模型应用软件进行装配式内装预制件预拼装模拟 4.2.6 能使用建筑信息模型应用软件制作施工模拟动画	4.2.1 建筑信息模型技术标准 4.2.2 装饰装修工程施工专业知识 4.2.3 装饰装修工程施工建筑信息模型应用要点
	4.3 运维阶段应用	4.3.1 能创建竣工模型 4.3.2 能使用建筑信息模型应用软件添加运维信息，如：设备采购信息、制造信息、维保信息、空间位置信息等 4.3.3 能向运维管理平台传输相关运维信息	4.3.1 建筑信息模型技术标准 4.3.2 运维建筑信息模型应用要点
5.成果输出	5.1 效果展现	5.1.1 能使用建筑信息模型效果表现类软件进行精细化渲染及漫游 5.1.2 能使用建筑信息模型效果表现类软件输出精细化渲染及漫游成果	5.1.1 使用建筑信息模型效果表现类软件创建高质量渲染图和漫游动画方法 5.1.2 使用建筑信息模型效果表现类软件输出高质量渲染图和漫游动画方法
	5.2 文档输出	5.2.1 能编制碰撞检查报告、图纸问题报告、净高分析报告等技术文件 5.2.2 能编制建筑信息模型应用汇报资料	5.2.1 建筑信息模型技术标准 5.2.2 建筑信息模型应用汇报资料编制要求

续表

职业功能	工作内容	技能要求	相关知识要求
6.培训与指导	6.1 培训	6.1.1 能对三级/高级工及以下级别人员进行建筑信息模型应用培训 6.1.2 能制定建筑信息模型应用培训方案和计划 6.1.3 能编写建筑信息模型应用培训大纲和教材 6.1.4 能审核建筑信息模型建模培训方案和计划 6.1.5 能审核建筑信息模型建模培训大纲和教材	6.1.1 建筑信息模型应用培训方案编写方法 6.1.2 建筑信息模型应用培训教材编写要求 6.1.3 建筑信息模型建模培训方案审核知识 6.1.4 建筑信息模型建模培训教材审核知识
	6.2 指导	6.2.1 能指导三级/高级工完成建筑信息模型应用软件安装 6.2.2 能指导三级/高级工编制相关技术文件 6.2.3 能指导三级/高级工梳理工作内容及要求 6.2.4 能评估三级/高级工的学习效果	6.2.1 培训质量管理知识 6.2.2 培训效果评估方法

具备以下条件之一者，可申报三级/高级工：

① 取得本职业四级/中级工职业资格证书（技能等级证书）后，累计从事本职业工作 1 年（含）以上。

② 取得本职业四级/中级工职业资格证书（技能等级证书），并具有高级技工学校、技师学院毕业证书（含尚未取得毕业证书的在校应届毕业生）；或取得本职业四级/中级工职业资格证书（技能等级证书），并具有经评估论证、以高级技能为培养目标的高等职业学校本专业或相关专业毕业证书（含尚未取得毕业证书的在校应届毕业生）。

③ 取得本职业四级/中级工职业资格证书（技能等级证书），并具有大专及以上本专业或相关专业毕业证书（含尚未取得毕业证书的在校应届毕业生）。

具备以下条件者，可申报二级/技师：

取得本职业三级/高级工职业资格证书（技能等级证书）后，累计从事本职业工作 1 年（含）以上。

1.4.2 建筑装饰企业 BIM 与相关岗位的关系

① BIM 与技术员。利用 BIM 技术进行技术投标、设计方案技术交底，制作加工清单和加工图，解决现场技术问题，进行专业协调、质量检查，记录现场质量技术资料。

② BIM 与造价员。利用 BIM 技术辅助进行概算、预算、决算，提高计算准确性，避免因二维信息遗漏、不对称、不明确等引发错算、漏算等问题。

③ BIM 与施工员。利用 BIM 可视化信息进行项目讲解，掌握三维信息浏览能力，快速、直观了解建筑装饰项目情况，理解设计概念及施工方案，明确施工工艺要求，提高现场施工质量。

④ BIM 与质检员。通过 BIM 技术，将传统的经验检查及主要施工区域检查转变为全方位的三维可视、可测量的实时质量检查，大幅提高施工质量检查细度。

⑤ BIM 与安全员。利用 BIM 技术，辅助进行施工安全区域规划、施工安全动态分析及项目危险区域直观讲解，提高项目整体安全保障水平。

⑥ BIM 与材料员。利用 BIM 技术完成材料采购计划制定和采购账目管理，实现材料采购数量、批次、日期的动态管理；利用 BIM 完成材料进场扫描登记、材料标识张贴、材料防护等的数据化管理，对各类物资二维码标签跟踪管理，提高材料进货的及时性、材料清点堆放的准确性，减少项目材料与现场施工需求的脱节。

⑦ BIM 与资料员。通过 BIM 将传统的二维归档方式转变为基于三维平台的资料管理

方式，实现有序管理，权限明确，可实时检索和追溯，大幅减少资料查找时间，解决了实施过程中资料查找困难、资料遗失等一系列问题。

⑧ BIM 与计划员。通过 BIM 将三维模型与进度计划整合，形成可视化施工工序，并在计划制定过程中增加与其他相关人员的可视化交流，提高进度计划的精细度和可行性。

⑨ BIM 与设计负责人及技术负责人。BIM 可辅助设计负责人、技术负责人对设计、施工技术进行精准分析和把握，提高设计、施工工艺质量，辅助设计负责人、技术负责人进行高效沟通协调。

⑩ BIM 与施工经理及项目经理。BIM 能辅助施工经理、项目经理在质量、成本、进度、人力资源上统筹管理，包括辅助现场施工监督核查、材料统计、进度展示、项目人员安排等，便于管理人员直观、清晰地分析项目组织安排的合理性，对施工现场进行精准把控。

第 2 章　业主方的装饰 BIM

2.1　业主方 BIM 概述

2.1.1　业主方 BIM 的特点

在工程建设中，业主方（即甲方）指的是房地产开发商或政府平台公司等，是推动 BIM 技术应用与发展的主要力量，是 BIM 最大的受益者。业主方的 BIM 项目管理是以实施计划为依据，以交付物为指标，通过管理参与方 BIM 实施计划，推进、监督参与方的 BIM 实施，并将参与方 BIM 实施成果作为项目考核的依据。在建筑装饰工程中，业主方 BIM 具有以下特点：

① 满足业主方全过程管控的需求。作为项目投资主体，业主方对 BIM 应用进行统一规划，使得 BIM 技术能够通过数据流、管理流、业务流三条主线贯穿工程建设的每个阶段。应用 BIM 技术，业主方将 BIM 模型与过程信息绑定，精确把控建筑装饰工程进度节点，达到“事前能模拟，事中要管控，事后可回逆”。业主方 BIM 应用的核心价值在于 BIM 的管理价值，最终为业主方实现项目过程的精细化管控提供技术支持。其主要体现在：在设计阶段，通过对装饰设计各环节 BIM 模型数据参数提取，对室内设计空间与性能指标进行管控，从而实现业主方对装饰产品设计的管控；在施工阶段，基于 BIM 模型对施工质量、进度、安全关键节点的数据信息进行提取，实现业主方对装饰产品建造全过程的 BIM 数据管控。

② 满足业主方对建筑装饰的特定要求。如业主方采用 BIM 的目的是用于后期的物业维护，则在 BIM 管理中要重点关注 BIM 模型的精度能否满足未来物业管理与运维的需求，这就需要业主方对设计方、施工方等在建筑模型精度、功能空间划分等方面进行明确要求，业主方 BIM 才能真正发挥作用。

③ 满足业主方信息管理平台的要求。传统项目管理平台都不能很好地支持 BIM 数据。应用 BIM 成熟度最高的表现是 BIM 管理平台的研发与使用，此时装饰 BIM 的精度、工作流程等应满足 BIM 管理平台的要求，以达到业主方能够以 BIM 模型为管理数据进行项目过程精细化管理的目的。

2.1.2　业主方 BIM 的注意事项

业主方 BIM 应用需要从源头抓起，以明确的合同条款、规范的实施标准来管理各参建方 BIM 应用实施。

① 在招标阶段，通过招标条款明确要求各参建方的 BIM 技术水平，从源头保证参与者的 BIM 实施能力。

② 通过合同条款明确参建方实施 BIM 的应用价值点，以便管理与考核 BIM 实施成果，避免推诿扯皮，保障 BIM 应用价值实现。

③ 建立规范的实施标准体系，规范参与方实施行为，明确参与方实施成果，保证最终实施价值。

④ 建立统一的 BIM 数据平台，将各参建方的 BIM 实施成果在统一平台上进行管理。通过协同工作，将 BIM 应用的成果最大化。

2.1.3　业主方 BIM 应用分析

从业主的角度来看，BIM 投资仅占工程项目整体投资的很小一部分，却能给整个项目带来明显的收益。从装饰设计源头角度来看，利用 BIM 技术改善装饰设计质量，可从根本上保障项目品质与安全。从施工过程角度来看，通过 BIM 技术提高施工效率与现场管理水平，可为保障项目顺利竣工奠定基础。从运维角度来看，通过 BIM 技术，将为最终建筑使用方带来长久的运营维护的便利。现有设计 BIM、施工 BIM 主要强调通过 BIM 技术的可视化与参数化特性进行多专业综合和施工模拟，依靠计算机图形学及信息技术进行分析、计算，将模型测试与模拟成果应用于实际工程中，而业主 BIM 不同于设计 BIM、施工

BIM 与单纯的运维 BIM，它是以业主价值为导向，面向建造过程，实施精细化管理，以建筑品质提升为最终目标。业主 BIM 应用价值的真正实现是以业主 BIM 管理平台的成熟度为前提的。业主方通过管理参建方 BIM 实施计划，推进与监督参建方的 BIM 实施，并将参建方 BIM 应用点成果作为项目考核的依据，进行 BIM 实施管理。

2.2 业主方 BIM 项目管理形式与组织

2.2.1 业主方 BIM 项目管理形式

现阶段主流的业主方 BIM 项目管理有以下几种形式（见图 2.2.1）：

形式 1：业主聘请 BIM 咨询方完成独立的装饰 BIM 技术应用；

形式 2：装饰设计方与施工单位分别完成各自的 BIM 技术应用，由总包单位交付 BIM 竣工模型；

形式 3：装饰设计方实现设计阶段的 BIM 技术应用，并覆盖到施工阶段，由设计方交付 BIM 竣工模型；

形式 4：业主单位成立 BIM 研究中心或 BIM 部门，指导设计单位和施工单位实施 BIM 应用。这种方式可以聘请 BIM 咨询方为顾问方，帮助业主单位逐步具备 BIM 实力，逐渐形成以业主为主导的 BIM 技术应用。

以上四种 BIM 项目管理形式的优缺点见表 2.2.1 所示。

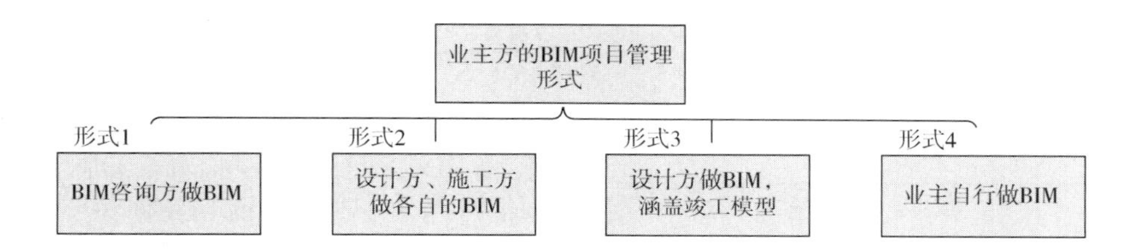

图 2.2.1 业主方的 BIM 项目管理形式

表 2.2.1 四种 BIM 项目管理形式的优缺点

形式	优点	缺点
形式 1	BIM 工作界面清晰，技术能力强	业主方是否能聘请到符合自身要求的 BIM 咨询方往往是成功的关键；往往需要驻场才能进行施工阶段的 BIM 管理
形式 2	成本可由设计方、施工单位自行分担，业主单位投入小	装饰设计 BIM 模型与施工 BIM 模型可能脱节，对业主方和总包单位的 BIM 协调和管理能力有一定要求
形式 3	能从设计统筹与概算的角度出发，帮助建设方解决建设目标不清晰的诉求	业主方须与设计方有良好的沟通，施工过程需要驻场
形式 4	便于业主方全方位把控	业主的成长成本和后期 BIM 部门的运营成本较高

2.2.2 业主方 BIM 的会议组织

在 BIM 应用的整个过程中，为保证 BIM 能够切实服务于项目，业主方可根据进度安排召开 BIM 启动会、过程技术讨论会、BIM 模型提交会、竣工模型交付会，结题会及周例会等。

以装饰 BIM 与机电 BIM 接驳处理为例，工作内容是把机电 BIM 模型与装饰 BIM 模型相链接，进行碰撞检测，消除装修构件和原建筑结构、机电设备等的碰撞冲突，在施工之前优化装修方案，减少由此产生的设计调整及返工现象。这里以业主聘请 BIM 咨询方完成独立的装饰 BIM 技术应用为例进行说明。

① BIM 启动会。启动会内容见表 2.2.2。

表 2.2.2　启动会内容

会议目的	为保证装饰 BIM 模型、机电 BIM 模型、建筑结构 BIM 模型相融合，对各方的需求进行交底
会议时长	0.5～1 天
参与人员	各参与方所有项目成员
准备工作	业主：会前整理 BIM 项目情况、施工图纸或设计方案、合同界面划分标准、启动会需求等资料
	BIM 咨询方：对图纸初设及施工图单位提出技术要求
	初设及施工图单位：会前梳理完成初步图纸的注意事项及规则，并交付给业主
	施工单位：各方的技术要求
会议内容	业主介绍项目情况和业务需求； 业主对设计方案或施工图纸进行交底； 业主对合同界面划分标准进行交底； 业主对项目计划与各方进行协商，达成一致； BIM 设计单位与图纸初设及施工图单位相互提技术要求； 讨论与答疑
会议成果	上述各项资料的成功交付

② 建模及碰撞报告会。根据 BIM 启动会要求与项目进度时间要求，召开建模以及碰撞报告会，对设计模型质量进行检查，对机电末端与装饰的接驳问题进行沟通解决，见表 2.2.3。

表 2.2.3　建模及碰撞报告会内容

<table>
<tr><td>会议目的</td><td colspan="2">对设计模型质量进行检查，对碰撞问题及难点进行讨论并解决</td></tr>
<tr><td>会议时长</td><td colspan="2">0.5～1 天</td></tr>
<tr><td>参与人员</td><td colspan="2">各参与方的所有项目成员</td></tr>
<tr><td rowspan="4">准备工作</td><td>业主</td><td>组织会议，安排会议流程</td></tr>
<tr><td>BIM 咨询方</td><td>准备建模及碰撞报告，提前与各方协商解决措施</td></tr>
<tr><td>初设及施工图单位</td><td>提前与 BIM 设计方进行协商，提出相应意见</td></tr>
<tr><td>施工单位</td><td>提前与 BIM 设计方进行协商，报告解决措施，提出相应意见</td></tr>
<tr><td>会议内容</td><td colspan="2">BIM 设计方介绍建模工作情况（进度、质量、碰撞出现的问题等）；针对模型碰撞问题进行讨论和答疑</td></tr>
<tr><td>会议成果</td><td colspan="2">接驳调整报告；确定最终解决措施</td></tr>
</table>

以图 2.2.2 为例，通过机电 BIM 模型与装饰 BIM 模型的碰撞检查，检测出以下问题：水管突出垫层，预留空间偏小，排水坡度不足，影响使用装饰效果。经碰撞报告会讨论，决定调整污废水管走向，不走面层，进行异层排水。

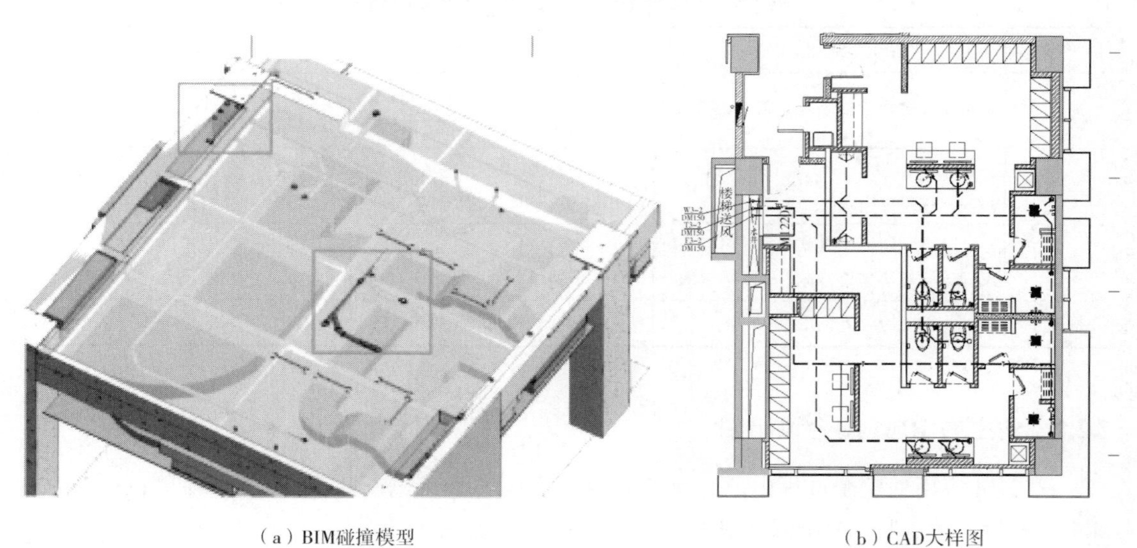

（a）BIM碰撞模型　　（b）CAD大样图

图 2.2.2　卫生间给排水图

③ BIM 模型提交会。当完成建模工作后，需要组织一次 BIM 模型提交会，见表 2.2.4。

表 2.2.4　BIM 模型提交会内容

会议目的	BIM 设计模型成果交付	
会议时长	1 天	
参与人员	各参与方的所有项目成员	
准备工作	业主	召集会议
	BIM 咨询方	针对会议内容准备相关资料
	初设及施工图单位	准备与模型匹配的图纸
	施工单位	无特别要求
会议内容	BIM 设计方对 BIM 设计模型进行详细交底，包括但不限于分业态/楼层的模型讲解、模型如何满足要求的说明等	
会议成果	会后交付满足算量与施工要求的 BIM 模型（100%完整度）	

④ 设计调改竣工模型交付会。在项目实际施工过程中，因项目条件的变化会出现一系列变更，为保证 BIM 模型的匹配度，需在项目中期及竣工前及时更新 BIM 模型，组织一次设计调改竣工模型交付会，见表 2.2.5。

表 2.2.5　设计调改竣工模型交付会管理内容

会议目的	BIM 设计模型成果交付	
会议时间	1 天	
参与人员	各参与方的所有项目成员	
准备工作	业主	召集会议
	BIM 咨询方	针对会议内容准备相关资料
	初设及施工图单位	至少提前 3 天核对模型，并准备与模型匹配的设计变更
	施工单位	至少提前 3 天核对模型及变更，对是否与现场一致做出判断
会议内容	对 BIM 模型进行详细交底，包括但不限于分业态/楼层的模型讲解、模型如何满足要求的说明等，主要明确何时、因何原因调整何内容	
会议成果	会后交付满足算量与施工要求的 BIM 模型（100%完整度）	

⑤ 周例会。在项目执行过程中定期召开周例会，周例会形式可采用视频会议、电话会议等。若受限于时间与场地，也可用周报的形式来代替。若采用周报的形式，则在下次会议举行时必须对周报的内容进行简要阐述。周例会内容见表 2.2.6。

表 2.2.6　周例会内容

会议目的	定期检查工作进度	
会议时长	2 小时左右	
参与人员	各参与方的所有项目成员	
准备工作	业主	召集会议
	BIM 咨询方	总结本周的工作成果、进度及计划
	初设及施工图单位	总结本周的工作成果、进度及计划
	施工单位	总结本周的工作成果、进度及计划
会议内容	BIM 设计咨询，算量咨询，本周的工作成果、进度及计划汇报	
会议成果	提交 BIM 咨询、算量咨询、施工咨询工作周报	

⑥ 结题会。项目所有工作完结后，召开结题会，见表 2.2.7。

表 2.2.7　结题会内容

会议目的	总结项目成果，进行验收	
会议时长	1 天	
参与人员	各参与方的所有项目成员	
准备工作	业主	召集会议，准备项目成果总结资料
	BIM 咨询方	准备碰撞管综模型成果总结资料
	初设及施工图单位	准备 BIM 配合结果总结资料
	施工单位	准备 BIM 配合结果总结资料
会议内容	业主对项目成果进行总结； BIM 设计对满足算量和施工要求的模型成果进行总结； 初设及施工图单位对 BIM 配合结果进行总结； 施工单位对 BIM 配合结果进行总结	
会议成果	项目验收报告； 项目成果后续归档	

2.3 业主方 BIM 项目管理的流程

业主单位作为项目的发起者，承担整个项目管理组织责任，主要从组织管理者的角度进行 BIM 项目整体管理。一般来说，业主方 BIM 项目管理应用流程如图 2.3.1 所示，业主 BIM 项目管理的阶段与内容如图 2.3.2 所示。

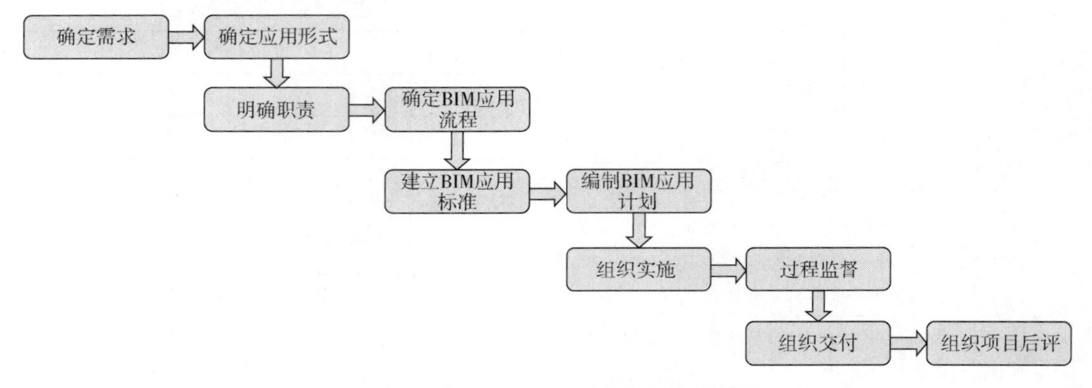

图 2.3.1 业主方 BIM 项目管理应用流程

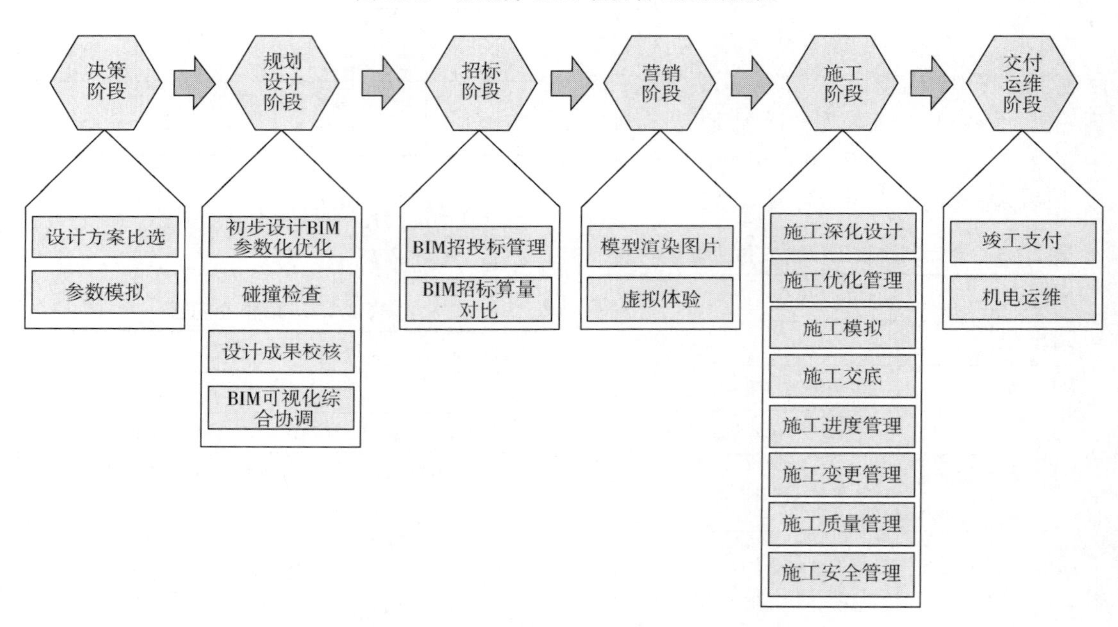

图 2.3.2 业主 BIM 项目管理的阶段与内容

2.3.1 决策阶段的 BIM 管理

决策阶段主要是运用 BIM 技术进行方案比选，相关内容有：

① 由决策层发起方案评选管理指令，项目策划部根据决策要求进行市场调研，并确定最终市场定位。根据以上信息确定相关方案指标，并将多方案评测指标上传到 BIM 数字化管理平台中（以下简称管理平台）。

② 相关的策划方案提交成功后，发起审核流程，相关审核任务流转到决策层，由决策层对方案是否符合预期进行审核。审核通过后，方案将在平台归档，供后续使用。审核不符合预期要求的，由策划部重新进行方案制定，直到任务完成。

③ BIM 技术部根据最终确定的方案，将数据下载到本地计算机，按项目指标，从项目资源库中筛选构件、功能空间、户型、标准层、

建筑单体等不同粒度资源，快速搭建符合方案指标要求的BIM模型。

④ BIM技术部将不同的BIM模型上传到管理平台中，由项目策划部审核是否符合项目策划指标。如果审核符合指标要求，将模型归档，供后续使用；如果审核不符合指标要求，BIM技术部将重新进行模型创建与调整。

⑤ 进入方案比选阶段，BIM技术部与项目策划部门协同，在基础模型上添加算量经济指标，并在平台中对模型进行概算统计，生成最终的算量方案。

⑥ 策划部根据算量指标，结合市场调研等数据，总结最终项目比选数据报告，并提交平台，由决策人员进行最终的项目决策。

⑦ 将符合项目决策的相关方案模型归档，供后续设计、施工、运维等阶段使用。

2.3.2 规划设计阶段的BIM管理

1）初步设计BIM参数化优化

① 由决策层就方案优化发起管理指令。

② 负责项目开发的产品设计部根据前期策划、产品定位、初期设计成果基础，提出具体的绿色性能分析指标要求，并提交到管理平台上。

③ 流程流转到设计方后，设计方根据模型、绿色分析指标，利用绿色分析软件进行分析，并将分析报告导出，上传到平台中。

④ 产品设计部对设计方提交的分析报告进行审核。审核未通过，流程将直接返回到设计方，要求进行重新分析。审核通过，通知设计方进入下一流程。

⑤ 设计部对审核通过的分析报告添加相应的优化指标，并将优化指标与绿色分析指标、模型一块绑定、归档，提交决策层就优化意见进行审核。

⑥ 决策层就绿色性能分析模型、优化指标通过平台实现可视化，对方案优化价值与意义进行决策。

⑦ 对决策层未通过的方案，由设计部重新优化提交，审核通过后，归档管理平台，并流转到设计方。

⑧ 设计方在管理平台上提交优化的模型和报告，由产品设计部进行审核。

⑨ 产品设计部对优化方案审核通过后，交由决策层进行审核。

⑩ 所有审核通过后，方案确定，项目归档。审核未通过的，将交由设计方重新走审核流程。

2）碰撞检查

① 产品设计部在平台上提交碰撞检查方案要求。

② 设计方根据碰撞检查指令对碰撞进行检查，在组织内部进行多专业综合，将基础模型分专业细化，形成可供分析软件进行碰撞检查的多专业综合模型。

③ 设计方根据碰撞检查方案要求对模型进行碰撞分析，发现碰撞问题进行修改，形成零碰撞模型与图纸（如图2.3.3），并随碰撞报告一并提交到管理平台中。

④ 产品设计部对碰撞检查报告及修改后的零碰撞模型与图纸进行审核，符合要求的将模型进行归档，不符合审核要求的将由设计方进行重新碰撞检查。

3）设计成果校核

① 由设计方通过平台提交最终BIM装饰模型（图2.3.4）和分类模型（图2.3.5）等设计成果。

② 产品设计部就相关模型下载后进行初步审核，然后通过开发的插件对模型进行校验，生成校验报告并上传，供设计方下载。

③ 设计方根据产品设计部提交的校核结果进行模型修改，将修改后的模型提交到平台上，由产品设计部进行终审。

④ 终审通过后，模型进入平台进行归档，终审没有通过的，将返回设计方重新进行修改，并继续走相关流程。

4）BIM可视化综合协调

① 设计方利用管理平台，就设计目的、设计指标、设计意图、模型创建说明、施工各方注意事项进行现场会议，结合可视化效果进行交底。

② 各参与方就本身交底内容进行讨论，并依托可视化进行标注、剖切、漫游等操作。

③ 根据各方交底，施工图模型进入施工阶段，交底完成。

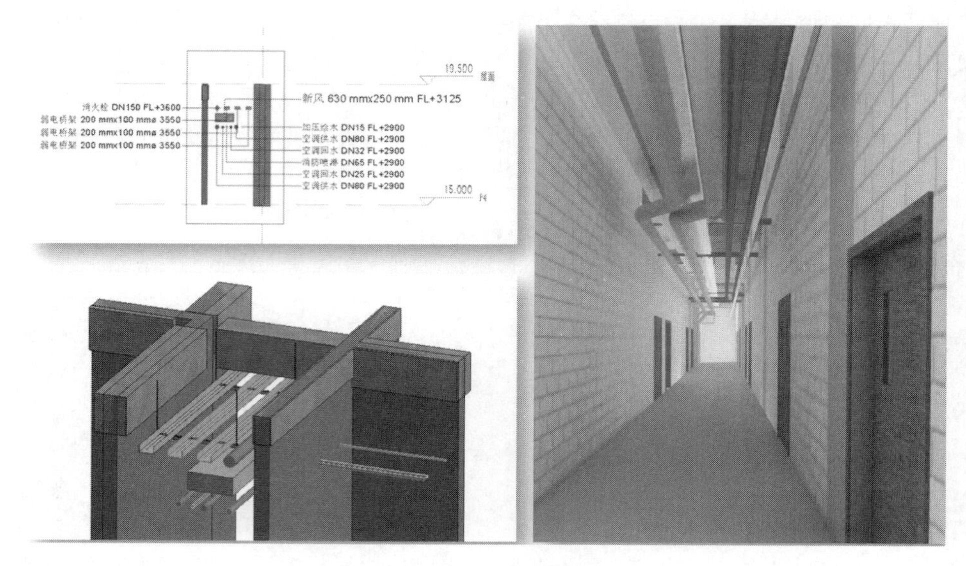

图 2.3.3 零碰撞模型与图纸

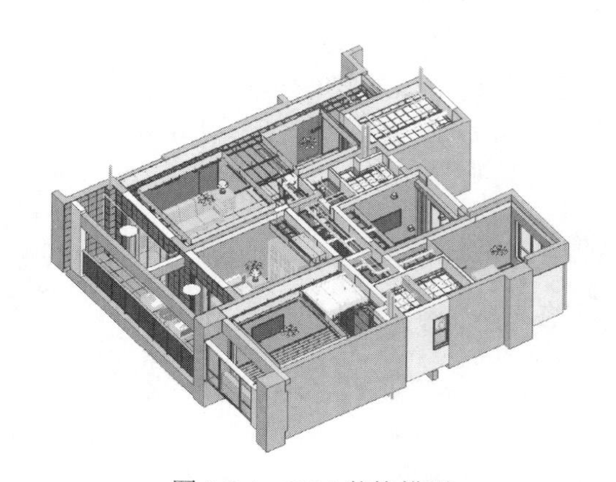

图 2.3.4 BIM 装饰模型

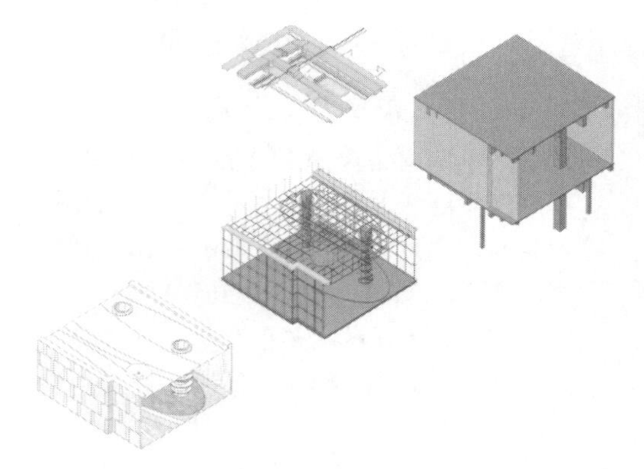

图 2.3.5 BIM 分类模型

2.3.3 招标阶段的 BIM 管理

1）BIM 招投标管理

① 由商务合约部发起招投标流程，将招投标文件、图纸、文档及已有设计施工图模型上传到平台中，并选择图纸中的一部分要求各投标方进行 BIM 建模，作为投标方 BIM 能力的考核指标。

② 投标方下载招标文件、图纸、文档，浏览平台已有标的模型，了解工程概况，结合现场勘察对项目进行精准报价。

③ 投标方按照招标文件要求制作局部区位的 BIM 模型，并依据模型应用要求进行模型创建工作。

④ 投标方将标书和模型按照指定时间、指定方式上传到管理平台中。

⑤ 招标方组织专家对投标方的投标文件、模型进行会审，并在平台中进行评分。

⑥ 招标方选出最优投标方，并在管理平台中告知中标方。

⑦ 中标方公布中标信息，招投标流程结束。

2）BIM 招标算量对比

招投标预算由业主方商务部发起。由 BIM 技术部根据方案阶段模型准备算量模型、算量清单标准、企业定额标准，在平台中将算量模型本身的构件分类体系与算量清单标准进行挂接，实现最终算量模型，将算出的工程量与定额进行挂接，最终生成符合清单标准的定额量，作为招投标商务阶段数量、价格的参考依据。

2.3.4 营销推广阶段的 BIM 管理

营销部提交 BIM 漫游的需求说明，将需求说明上传到管理平台中。BIM 技术部根据需求说明对模型进行加工，实现模型的轻量化，并针对真实感艺术表达要求，对轻量化后的模型添加相应的灯光、环境信息并进行渲染（图 2.3.6），针对虚拟漫游的市场定位要求，对局部专项进行制作，并添加相应的参数信息，向用户宣传产品定位和建筑产品特点，最后将最终制作完善的虚拟漫游模型导入管理平台进行发布。用户通过管理平台对产品进行虚拟漫游，感受产品信息。

（a）人造光下的渲染

（b）太阳光下的渲染

（c）室外渲染

图 2.3.6 渲染显示

2.3.5 施工阶段的 BIM 管理

1）施工深化设计

① 业主项目管理部发起施工深化流程。参建方下载施工图模型，根据合同标的对施工区域进行施工深化，根据施工模型出施工图纸，伴随施工相应的文档一并提交到管理平

台中。

② 项目管理团队对施工深化方案进行审核，对符合要求的深化方案进行归档，对不符合施工深化要求的，交给施工方继续进行深化，并重走相关流程。

2）施工优化管理

① 施工项目管理部发起施工优化流程。

② 参建方在施工深化模型基础之上，针对各专业情况分别进行优化，各方将最终优化报告提交到管理平台中。

③ 工程项目管理部对方案进行审核，对符合管理要求的进行归档，对不符合要求的，由参建方重新进行优化。

3）施工模拟

① 由工程项目管理部发起 BIM 施工进度模拟流程。

② 由各参建方将自身施工进度计划与施工模型进行挂接，形成施工进度模型。

③ 参建方将施工进度模型上传到施工管理平台中，管理平台解析施工进度信息与模型信息，实现动态的施工进度模拟。

④ 工程管理部对施工进度模拟进行审核把关，对符合预期的施工进度归档，作为最终项目施工进度计划；对不符合预期的，要求施工参与方重新进行施工。

4）施工交底

① 由工程项目管理部发起施工交底流程。各参建方准备好各自施工交底模型、交底视图、文档，将各自施工交底模型、资料上传到管理平台中，由项目管理部进行审核，符合要求的进入施工交底环节。

② 各参建方针对各自模型进行施工交底，针对施工过程中的问题进行沟通交流。

③ 施工交底结束，施工图、模型交由施工班组进行施工。

5）BIM 施工进度管理

① 由工程项目管理部发起进度管理流程；参建方制定各自实施计划，将施工进度计划与施工模型挂接，形成进度计划模型，将施工进度模型上传到数字化管理平台中。

② 监理方将项目实际进度时间与项目模型进行挂接，形成实际进度模型，并将实际进度模型与计划进度模型做比对，发现进度问题，并在系统中进行进度预警。

③ 管理方根据进度预警信息，在每周项目例会中向施工方通告进度延误状况。

6）施工变更管理

① 由变更方发起变更申请，将相应的变更模型随变更申请一块提交到管理平台中。

② 项目管理方对变更方的模型及其变更申请进行审核，利用 BIM 模型及其相应项目配套信息，审核变更的必要性。审核通过的，通知施工方进行变更，计入变更过程。不予通过的，退回施工方。

7）施工质量管理

① 由监理方发起质量管理流程。

② 监理方将质量问题与模型进行绑定，并上传到平台中。

③ 工程项目管理部对模型及其质量问题进行预览，确定质量严重等级，就严重质量问题召开质量专题会，责令施工方限时整改。质量问题不严重的，直接向施工方下达整改指令。

8）施工安全管理

① 由监理方发起安全管理流程。

② 监理方将质量问题与模型进行绑定，并上传到平台中。

③ 工程项目管理部对模型及其质量问题进行预览，确定安全严重等级，就严重质量问题召开质量专题会，责令施工方限时整改。

2.3.6 交付运维阶段 BIM 管理

① 由参建方发起流程，通过平台提交竣工交付模型。

② 监理方根据参建方的模型，进行实体比对，然后进行审核。

③ 工程项目管理部根据运维要求，对参建方模型进行审核，对审核通过后的模型进行归档。

2.4 BIM 模型的审核

2.4.1 模型审核目的

BIM 模型审核主要是指业主方对装饰

BIM 模型的有效性和准确性进行检查，具有系统性和独立性，系统性指涵盖审核的所有要素，独立性是指为了确保审核的公平、公正、客观，应独立于其他单位和部门。BIM 成功应用的关键因素是 BIM 模型的质量。高质量的装饰工程 BIM 模型，信息完整、数据准确、效果美观、方案优化，能够大幅度提高效率，节约材料与人工等。要获得高质量的模型，需要从首批制作 BIM 模型的设计团队开始抓起。在装饰工程 BIM 应用的各阶段，都应有各参与方的专业人员对模型进行评价审核，并形成报告和结果。

装饰工程 BIM 模型审核的主要目的是检查模型信息与已掌握的客观存在的信息是否对应。通过检查与审核，将误差降至最低，使模型成为高质量的 BIM 模型，大大减少设计阶段与现场施工阶段错误纠正所浪费的时间，精确地指导未来的建设。因此在 BIM 技术应用全过程的各阶段中，各关键环节的 BIM 模型都要由工程各参与方审核，经修改通过后才能进入下一阶段。

2.4.2 模型审核原则

1）信息是否完整

为了更方便、精确地计算构件数量，指导施工，需要获得全面的模型信息。在审查 BIM 模型之前，需要收集了解不同阶段的信息，如业主要求、建筑设计图纸、规范、现场尺寸、施工组织设计、设计变更等。依据这些信息，检查 BIM 模型构件数量是否足够，数据参数、属性是否全面，构件是否能满足当前阶段的应用需求，文件种类与数量是否正确，是否有外部参照与 Revit 链接文件等。

2）数据是否准确

首先要检查构件尺寸与位置是否准确；其次要看模型是否符合各种建筑设计规范；最后要看文件、构件的命名是否符合要求。

3）效果是否美观

装饰工程最重要的功能是保护建筑结构与美化建筑，模型是否美观是一项非常重要的指标。为了保证设计效果与施工质量，在检查时，首先要看建筑空间装饰的整体效果，检查装饰构件的材质、色彩、造型等是否符合美学要求；此外，还需要检查 BIM 文件的画质，构图、视点、标注等设置是否美观合理。

4）方案是否优化

优化是为了得到更合理的设计与施工方案，节省资金、场地、材料、能源、时间，提高效率，保护环境。审核的内容有：

① BIM 模型体现的建筑空间的功能、构造、施工组织、造价等是否达到最优；

② BIM 模型本身的一些设置，如样板、分区是否有助于实现高效建模；

③ BIM 模型是否能够达到高效协同。

2.4.3 模型审核方式

装饰工程 BIM 模型的审核方式有：

① 浏览检查：保证模型反映工程实际；

② 关联检查：检查不同模型构件之间是否有相互关系；

③ 标准检查：检查模型是否符合相应标准规定；

④ 信息核实：核实模型相关信息，保证 BIM 模型附属信息的准确性和可靠性。

2.4.4 模型审核流程

装饰 BIM 模型审核流程如图 2.4.1 所示。审核者在接收到模型时，注意先检查模型文件的版本与格式是否符合要求。

2.4.5 模型审核参与者

由于装饰工程中专业分包较多，因此需要有多方参与审核工作，需要做大量的协调工作。装饰工程 BIM 的审核分为内部审核与外部审核，其参与者也随着不同的阶段发生变化。

外部审核基本上由业主、监理、建筑设计院与其他专业分包商来承担；内部审核由项目内部 BIM 管理人员承担，另外还应有一些审核参与者，如装饰施工企业成本控制员、材料控制员、质检员等。

2.4.6 模型审核内容

建筑装饰工程 BIM 模型的审核内容见表 2.4.1。

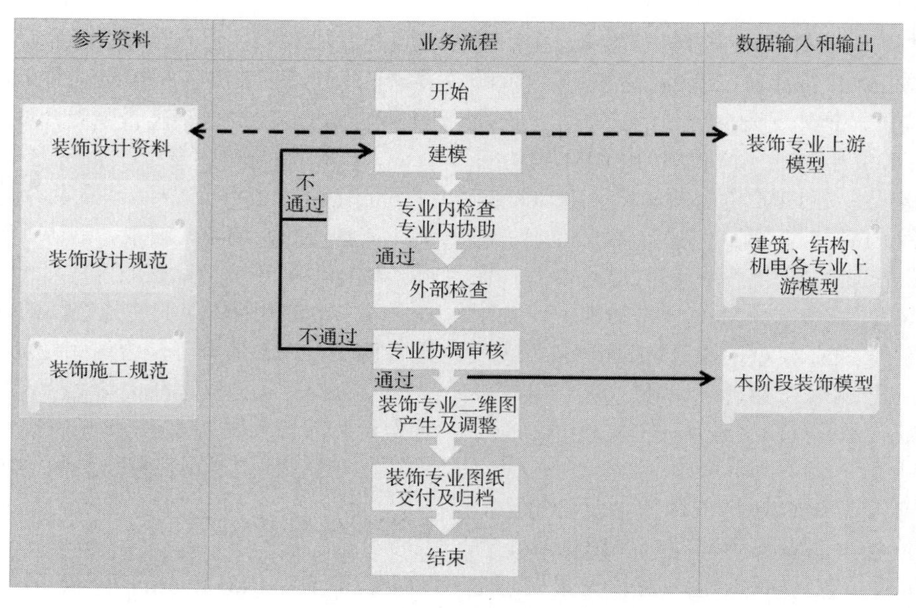

图 2.4.1 装饰 BIM 模型审核流程

表 2.4.1 建筑装饰工程 BIM 模型的审核内容

阶段	审核对象	审核内容	细度标准	审核成果
前期原始数据获取	上游各专业 BIM 模型	是否能形成有利于装饰设计的空间；上游模型是否提供了有利于装饰方案设计的条件	建筑方案设计模型，细度级别 LOD100	上游 BIM 模型审核报告
装饰方案设计	装饰专业设计方案 BIM 模型	是否有利于功能的实现，是否有利于施工； 效果检查：是否符合业主的要求	建筑装饰设计方案 BIM 模型，细度级别 LOD200	装饰设计方案 BIM 模型审核报告
装饰初步设计	装饰专业初步设计 BIM 模型	是否做了各种分析，建筑性能指标是否符合规范要求；是否做了优化修改	建筑装饰设计方案 BIM 模型，细度级别 LOD200	装饰初步设计 BIM 模型审核报告
装饰施工图设计	装饰专业施工图设计 BIM 模型、各专业的深化设计 BIM 模型	是否有错、漏、碰、缺，是否已经得到修正；是否符合施工图报审的规范和条件	建筑装饰施工图设计 BIM 模型，细度级别 LOD300	装饰施工图设计 BIM 模型审核报告
装饰深化设计	装饰深化设计 BIM 模型、各专业的深化设计 BIM 模型	细部检查：主要检查装饰表皮细化部分和隐蔽工程，是否可以实现设计方案的效果并指导施工； 工业化的构配件加工模型是否合理	深化设计 BIM 模型，细度级别 LOD350，预制构件 LOD400	装饰深化设计 BIM 模型审核报告
装饰施工过程	装饰专业施工 BIM 模型、各专业的施工 BIM 模型	是否把所有设计变更在模型中进行了准确的修改；是否补充并完善了施工信息	装饰施工 BIM 模型，细度级别 LOD400，预制构件 LOD400	装饰施工 BIM 模型审核报告
竣工阶段	装饰专业竣工 BIM 模型、各专业的竣工 BIM 模型	是否对模型作为竣工资料完善了信息；是否比对竣工现场修正了模型	装饰竣工 BIM 模型，细度级别 LOD500	装饰竣工 BIM 模型审核报告
运维阶段	各专业的运维 BIM 模型	根据使用情况修改的模型是否符合要求	装饰运维 BIM 模型，细度级别 LOD300-LQD500	运维 BIM 模型审核报告

以上各个阶段的装饰工程BIM模型质量审核工作，需要在BIM技术实施环境比较理想的状态下完成，但是在实践中常常达不到理想的状况，审核工作会存在各种问题，例如受当前软件以及硬件条件限制，审核工作量巨大，拥有审核能力的人很少，审核工作往往滞后，成为推进BIM技术应用工作的一个重要瓶颈；在实践中缺乏成熟、统一的审核规范标准；审核工作涉及众多单位与人员，使审核工作复杂化。但是，如果从BIM应用之初就能考虑到以上因素，充分重视装饰工程BIM模型的质量以及其审核工作，这些问题可以得到解决。

在审核建筑装饰工程BIM模型时，要注意进行以下各项检查：

①格式检查；②版本检查；③命名检查；④样板检查；⑤外部参照与导出文件检查；⑥效果检查；⑦规范功能检查；⑧碰撞检查；⑨细部检查；⑩设置检查；⑪明细表检查；⑫优化检查。

2.5 BIM成果的交付要求

2.5.1 交付的一般规定

① 必须遵循装饰装修工程合同中规定的信息模型成果交付要求，并对相关参与方进行信息模型的交底。

② 提交装饰装修工程BIM模型成果时应保证相关数据信息的准确性、一致性、完整性和时效性。

③ 可对交付的信息模型文件进行轻量化处理，宜删除信息模型文件中的冗余信息，避免信息模型文件过于庞大。

④ 应根据工程合同约定的时间期限提交装饰装修工程BIM模型成果，满足时间节点的要求。

2.5.2 信息模型细度规定

项目应对装饰装修工程信息模型细度做出明确规定和要求，模型细度由几何信息和非几何信息组成。其中非几何信息可参考表2.5.1。

表2.5.1 模型细度中的非几何信息

信息类型	信息内容
工程项目信息	工程项目名称
	建设单位
	勘察单位
	设计单位
	监理单位
	工程总承包单位
	室内装饰施工单位
	室外幕墙施工单位
	机电安装单位
	园林绿化单位
	开竣工日期
	结构层次/面积
	工程造价
	施工方案
	网站链接
	项目负责人
	联系方式
产品设备信息	产品设备名称
	生产厂家
	网站链接
	产品设备说明书
	产品设备合格证
	产品设备检验报告
	产品设备特征
	产品设备价格
	产品设备生产日期
	产品设备使用寿命
	参考标准
	联系方式
运营维护信息	运营维护单位
	运营维护手册
	延长使用寿命方法
	网站链接
	保修期限
	运营维护记录
	维修通知书
	维修方案
	维修记录
	维修人
	联系方式

备注：非几何信息表可根据工程项目实际情况进行扩充。

装饰装修工程信息模型细度可划分为LOD200、LOD300、LOD350、LOD400、LOD500五个级别，见表2.5.2。

装饰BIM模型细度规定见表2.5.3。

各阶段模型细度包含的信息见表2.5.4。

表2.5.2　信息模型细度分级表

级别	信息模型细度分级说明
LOD200	表达装饰构造的近似几何尺寸和非几何信息，能够反映物体本身大致的几何特性。主要外观尺寸数据不得变更，如有细部尺寸需要进一步明确，可在以后实施阶段补充
LOD300	表达装饰构造的几何信息和非几何信息，能够真实地反映物体的实际几何形状、位置和方向
LOD350	表达装饰构造的几何信息和非几何信息，能够真实地反映物体的实际几何形状、方向，以及给其他专业预留的接口。主要装饰构造的几何数据信息不得出现错误，避免因信息错误导致方案模拟、施工模拟或冲突检查中产生误判
LOD400	表达装饰构造的几何信息和非几何信息，能够准确输出装饰构造各组成部分的名称、规格、型号及相关性能指标。能够准确输出产品加工图，指导现场采购、生产、安装
LOD500	表达工程项目竣工交付真实状况的信息模型。应包含全面、完整的装饰构造参数及其相关属性信息

表2.5.3　装饰BIM模型细度规定

模型构件名称	方案设计模型	施工图设计模型	深化设计模型	施工过程模型	竣工交付模型	运营维护模型
建筑地面	LOD200	LOD300	LOD350	LOD400	LOD500	LOD300-500
抹灰	LOD200	LOD300	LOD350	LOD400	LOD500	LOD300-500
外墙防水	LOD200	LOD300	LOD350	LOD400	LOD500	LOD300-500
门窗	LOD200	LOD300	LOD350	LOD400	LOD500	LOD300-500
吊顶	LOD200	LOD300	LOD350	LOD400	LOD500	LOD300-500
轻质隔墙	LOD200	LOD300	LOD350	LOD400	LOD500	LOD300-500
饰面板	LOD200	LOD300	LOD350	LOD400	LOD500	LOD300-500
饰面砖	LOD200	LOD300	LOD350	LOD400	LOD500	LOD300-500
幕墙	LOD200	LOD300	LOD350	LOD400	LOD500	LOD300-500
涂饰	LOD200	LOD300	LOD350	LOD400	LOD500	LOD300-500
裱糊与软包	LOD200	LOD300	LOD350	LOD400	LOD500	LOD300-500
细部	LOD200	LOD300	LOD350	LOD400	LOD500	LOD300-500

表2.5.4　各阶段模型细度包含的信息

阶段	模型细度包含信息
装饰工程方案设计	模型仅表现装饰构件的基本形状及整体尺寸，无需表现细节特征，包含面积、高度、体积等基本信息，并加入必要语义信息
装饰工程初步设计	模型表现装饰构件的相近几何特征及尺寸，表现大致细部特征基本基层做法，包含规格类型参数、主要技术指标、主要性能参数与技术要求等
装饰工程施工图设计	模型表现装饰构件的相近几何特征及精确尺寸，表现必要的细部特征及基层做法，包含规格类型参数、主要技术指标、主要性能参数与技术要求等
装饰工程施工深化设计	模型包含装饰构件加工、安装所需要的详细信息，满足施工现场的信息沟通和协调
装饰工程施工过程	模型包含时间、造价信息，满足施工进度、成本管理要求
装饰工程竣工交付	模型包含质量验收资料和工程洽商、设计变更等文件
装饰工程运营维护	模型根据运维管理要求，进行相应简化和调整，包含持续增长的运维信息

2.5.3 模型成果交付内容

应根据工程合同约定的承包范围提交装饰装修工程 BIM 模型成果，交付内容见表 2.5.5。

表 2.5.5 模型成果交付内容

模型阶段	交付单位	交付内容
设计阶段	设计单位	① 方案设计模型 ② 可视化沟通 ③ 建筑性能模拟 ④ 设计方案优化模型 ⑤ 施工图设计模型 ⑥ 设计查错 ⑦ 设计文件清单 ⑧ 提取工程量 ⑨ 施工图出图 ⑩ 深化设计模型 ⑪ 预制构件加工 ⑫ 净空尺寸优化报告 ⑬ 设计交底 ⑭ 设计变更 ⑮ 装饰装修工程 BIM 设计协同管理文件 ⑯ 基于装饰装修工程 BIM 的设计过程资料等
施工阶段	施工单位	① 施工过程模型 ② 资源配置计划 ③ 施工方案模拟 ④ 施工技术交底 ⑤ 施工进度计划模拟 ⑥ 施工成本计划模拟 ⑦ 施工质量模拟 ⑧ 施工安全模拟 ⑨ 竣工交付模型 ⑩ 运营维护模型 ⑪ 装饰维修工程 BIM 施工协同管理文件 ⑫ 基于装饰装修工程 BIM 的施工过程资料等

2.5.4 模型成果文件格式

应提供装饰装修工程 BIM 成果的初始模型文件格式，同类型文件格式应使用统一的软件版本。常用的文件格式可参考表 2.5.6。

表 2.5.6 常用的文件格式

内容	文件格式
模型成果文件	*.dwg
	*.rvt
	*.stp
	*.db1
浏览文件	*.nwd
	*.dgn
	*.3dxml
视频文件	*.avi
	*.wmv
	*.mpeg
图片文件	*.jpeg
	*.png
办公文件	*.doc，*.docx
	.xls，.xlsx
	.ppt，.pptx
	*.pdf

2.5.5 知识产权保护

项目方应对装饰装修工程 BIM 成果进行知识产权保护，未经所有权人的允许，不得向第三方发布相关模型信息资料。

2.6 BIM 模型的协同

2.6.1 一般规定

业主方组建装饰装修工程 BIM 管理团队，建立信息模型协同管理机制，明确协同工作中的具体要求，满足信息模型的建立、共享和应用所需要的条件；要制定装饰装修工程 BIM 文件管理架构、协同工作方式及其 BIM 技术应用的相关规定，保证工程项目各参与方进行信息模型的浏览、交流、协调、跟踪和应用；要明确装饰装修工程 BIM 协同管理中各相关参与方工作职责，保证数据信息传输的准确性、时效性和一致性，并对各相关参与方进行权限管理。相关参与方主要工作职责可参考表2.6.1。

表 2.6.1　相关参与方主要工作职责

相关参与方	主要工作职责
建设单位	利用BIM协同管理机制，通过装饰装修工程BIM对工程项目施工过程进行管理；运用BIM技术对经济技术指标进行对比和分析，提供决策依据
设计单位	利用BIM协同管理机制，通过装饰装修工程BIM对工程项目深化设计进行管理，定期发布深化设计信息和信息模型成果，对设计文件进行必要的修订和更新
监理单位	利用BIM协同管理机制，通过装饰装修工程BIM对工程项目施工过程进行监督；运用BIM技术对工程进度、质量、安全和成本进行有效监督和控制
施工总承包方（BIM总协调方）	利用BIM协同管理机制，规定项目信息模型的建立、共享和应用的环境和条件；规定协同管理文件架构、文件大小、文件格式、容量限制；对协同平台使用方的权限进行管理及分配；对装饰装修工程BIM成果进行审核、备份、清理、归档
装饰施工方	通过BIM协同管理机制进行装饰装修工程BIM的建立、共享和应用的实施工作；对装饰装修工程信息模型进行校核、调整和完善，优化施工方案，提出合理化建议；可根据工程项目需求情况，建立装饰装修工程BIM协同平台，并对实施过程进行检查、更新和维护，保证装饰装修工程BIM与实际工作协调一致；配合BIM总协调方完成相关工作
机电施工方	暖通、给排水、电气等机电专业施工单位，负责所属合同范围内信息模型的建立、共享和应用；配合装饰施工方提交冲突检测报告、安装管线综合报告；在工程项目实施过程中及时提供相关施工信息；配合BIM总协调方完成相关工作
其他施工方	电梯、消防、市政、智能化、园林绿化等专业施工单位，负责所属合同范围内的信息模型的建立、共享和应用；在工程项目实施过程中及时提供相关施工信息；配合BIM总协调方完成相关工作
材料设备供应商	提交所供应的材料、构件及设备的参数、价格及相关加工制造信息，配合施工方完成相关信息录入工作

可根据工程实际需要搭建装饰装修工程BIM协同管理平台，所搭建的协同平台应具有良好的适用性和兼容性，保证模型文件、模型数据、模型成果得到有效应用。

2.6.2　模型协同文件管理

① 协同文件夹结构。项目应对中心服务器中的协同文件夹结构进行统一管理和规定，宜按照自上而下的原则建立文件夹结构，使各相关参与方信息模型文件层次分明，管理有序。协同文件夹结构可参照图2.6.1。

② 本地文件夹结构。项目宜按照协同文件夹结构建立本地文件夹结构，中心服务器中的模型文件应与本地用户模型文件定期同步更新。

③ 共享文件管理。项目应对共享文件进行有效控制，在协同管理过程中发现共享文件数据丢失或错误时，应形成书面记录并进行跟踪处理。

④ 文件权限设置。项目应对文件权限进行设置，协同工作开始前应对参与者的身份信息进行权限设定，设置登录密码，便于统一管理。

⑤ 数据更新和交换。项目应制定数据更新和交换清单，定期发布数据更新和交换的信息。

⑥ 文件存档。装饰装修工程BIM实施过程中所形成的文字、数据、表格、图形等文件，应妥善存档、保管和运用，应保持各个文件之间的内在联系，并区分其不同价值。

2.6.3　模型协同工作方式

装饰装修工程BIM协同工作方式可分为“中心文件”协同工作方式和“链接文件”协同工作方式，或者两种方式混合协同工作。

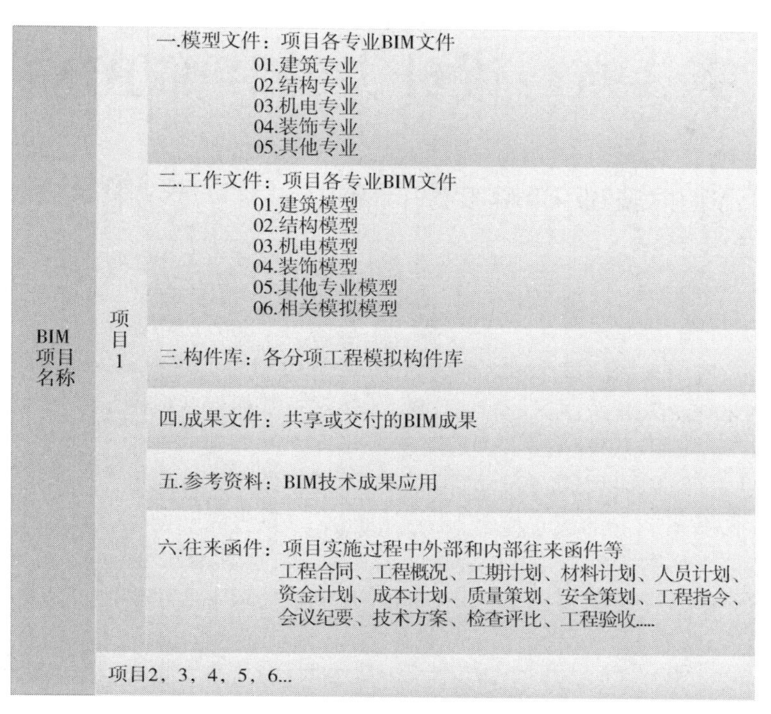

图 2.6.1　协同文件夹结构

设计单位内部宜采用“中心文件”协同工作方式，与外部其他单位间宜采用“链接文件”协同工作方式。各相关参与方通过共享文件链接到本专业信息模型。当发生冲突时，应通知模型创建者及时协调处理。

施工单位内部宜采用“中心文件”协同工作方式，与外部其他单位间宜采用“链接文件”协同工作方式。各相关参与方通过协同工作，对施工方案进行优化，对施工重点难点区域进行模拟，对工期、成本、质量、安全等进行有效控制，保证装饰装修工程 BIM 在施工过程中发挥积极作用。

项目宜按照工程运维单位提供的信息格式要求，对信息模型中的数据进行测试并提取，保持装饰装修工程 BIM 协同管理同步更新。

第 3 章　设计方的装饰 BIM

3.1　设计方开展装饰 BIM 的四个阶段

近年来，BIM 技术已经逐渐在高、大、精、特、新工程中普及应用并展现其价值，但是对于装饰分项工程来说，BIM 应用得还较少，装饰设计企业的 BIM 应用能力还比较欠缺。装饰设计方可从以下四个递进的阶段逐步开展装饰 BIM 设计，以提升自身的核心竞争力：三维可视化阶段、即时协同阶段、性能化设计阶段、信息集成设计阶段（如图 3.1.1）。

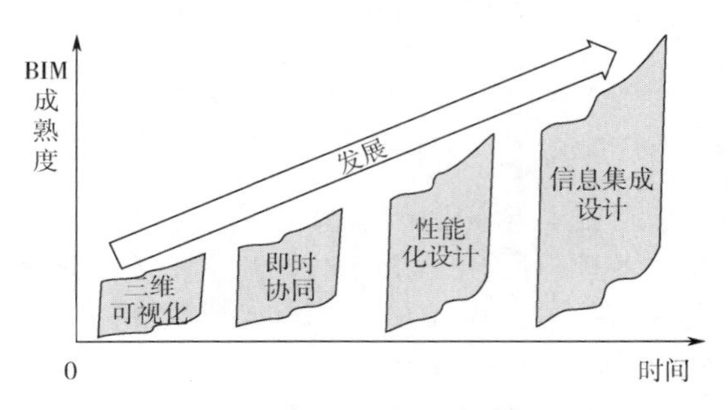

图 3.1.1　开展装饰 BIM 设计的四个阶段

3.1.1　三维可视化阶段

“可视化”的意思即能够直观地看到。广义上说，任何将设计思想通过视觉形象直观地表达出来的方法都是“可视化”。狭义的可视化是指利用计算机特有的图形学和图像处理技术将数据转换成图形或图像，显示在屏幕上进行交互处理的理论、方法和技术，它涉及多领域，如计算机图形学、图像处理、计算机视觉、计算机辅助设计等，是数据表示、数据处理、决策分析等一系列技术的综合体现。BIM 提供更接近现实世界的“真实”可视化模式，设计师直接设计建筑三维模型，此模型具有真实的材料信息、空间信息、构件信息、费用成本信息等，计算机自动完成三维到二维图纸的输出。设计师不但可以通过设置相机进入视点的各个空间进行设计推敲，而且可以进行空间性能化的模拟与计算，从而大幅度提高设计质量。

1）BIM 可视化

BIM 模型与非 BIM 模型的对比见表 3.1.1。

表 3.1.1　BIM 模型与非 BIM 模型对比

模型类别	软件	模型体	特性	构造	空间
BIM 模型	Revit	为建筑的关联构件	具有物理特性	具有真实构造	物理空间
非 BIM 模型	3ds Max	仅为几何体	表面贴图	完成面的展示	几何空间
	SketchUp	仅为几何体	表面贴图	完成面的展示	几何空间

BIM 模型中，构件除了具有几何外形，还具有各种属性信息。图 3.1.2 中，通过 Revit 软件创建的建筑门除了具有标高、底高度、材质等信息，还具有注释、标记等数据信息；在设计过程中，可以随时调整门的各种属性，如调整门的底高度、宽度、高度、位置等。在调整门的同时，其所依附的墙会自动调整。如图 3.1.3 所示，将原先的“单扇现代门”更换成“单扇检修防火门”之后，其附属的墙面会自动扣减。BIM 模型中的各平立剖等视图和模型的调整是联动的，而在 3ds Max/SketchUp 中，“门”和其他所有几何体是一样的，并没有其独立的属性，调整门的宽度、高度、位置后，其所在的墙体不会发生改变。

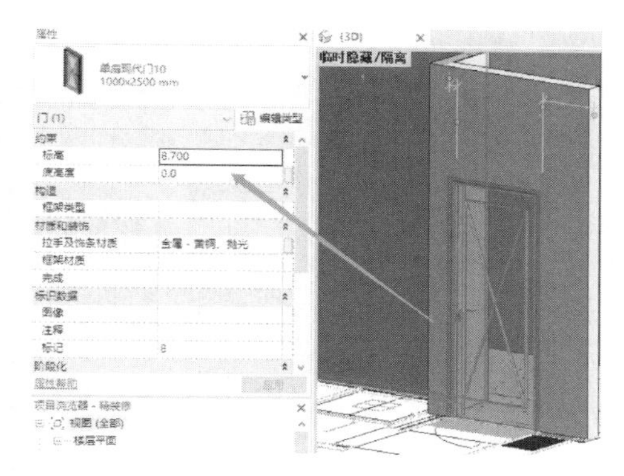

图 3.1.2　Revit 软件创建的建筑门

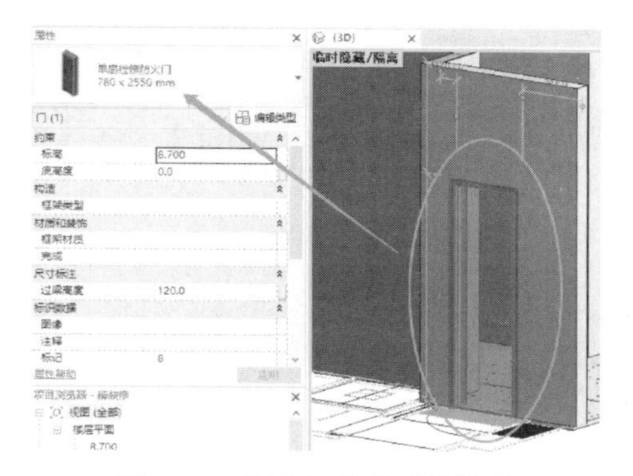

图 3.1.3　调整门类型后的模型

在 3ds Max/SketchUp 等非 BIM 软件中，几何体的外观是靠贴图来表示的，为了达到效果图的真实度，还需要根据经验设置反射率、折射率等。在 Revit 中，构件本身具有真实的性能特征。如图 3.1.4 所示玻璃隔墙，类型是 12mm 厚的玻璃，在项目中，所有同类的玻璃幕墙都采用此类型的玻璃创建，它们具有同样的性能，如进行照度分析时，它们的透光率、折射率是相同的。渲染效果图时，无须额外设置，即表现出此类玻璃幕墙相同的视觉特征。

图 3.1.4　Revit 模型中的玻璃隔墙

在 3ds Max/SketchUp 中，模型实质都只有几何体，而没有其他属性。通过 Revit 建模，形体具有真实的构造。如图 3.1.5 所示，所选物体为 Revit 中的墙面，可以看到墙体构造分为面层、衬底、结构等层次，各层厚度及材质可设定。这样建模的同时，就是在进行深化设计，而模型本身即包含施工所需要的真实信息。

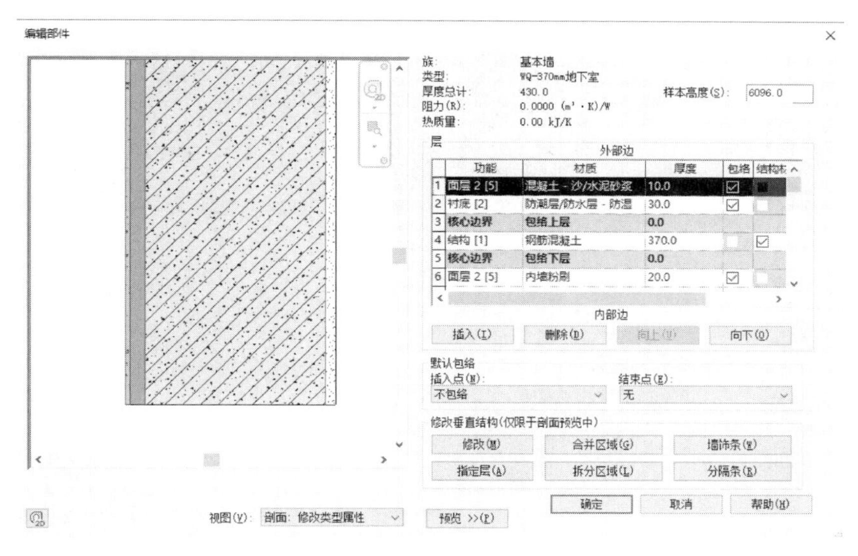

图 3.1.5　Revit 中的墙面构造

通过装饰BIM模型的建立（如图3.1.6所示），可直接反映设计的具体效果，进行可视化审核；装饰与暖通、强弱电、给排水、消防等相关专业协同建模，能避免或减少错误、遗漏、碰撞、残缺，保证最终建筑构件的使用功能与装饰面的视觉效果；参数化建模支持实现装饰设计效果变更、装饰三维模型展示进行方案比对；实时的渲染效果可提升设计质量（图3.1.7）。

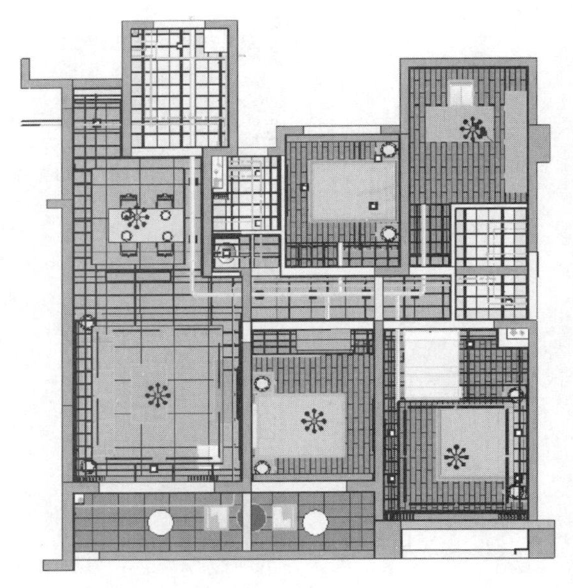

图3.1.6　装饰BIM模型

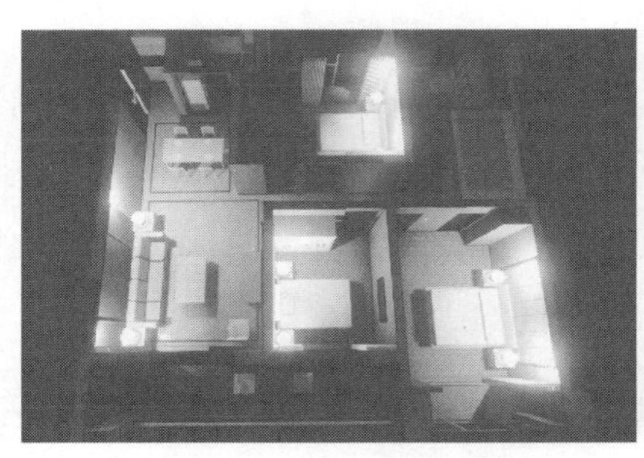

（a）俯视渲染图

（b）客厅

（c）餐厅

（d）主卧

（e）餐厅+玄关

图3.1.7　BIM模型渲染效果

2）多方案比选

使用 Revit 进行设计时，可同时观察平面布局和三维空间效果。只要进行适当设置，各类统计明细表也能随设计方案同时自动生成、并同步修改。通过这种三维可视化设计模式，无须花更多时间，就能很容易地获得更多的观察角度、表现形式和数据支持，便于对方案进行全面、深入的优化和比选。

例如利用 Revit 的“设计选项”功能，进行多设计方案的比选工作。如图 3.1.8 所示，某别墅的家具布置方案设计中，对同一空间设计出四种家具布置方案：

方案 1：圆形餐桌+双人沙发；

方案 2：方形餐桌+双人沙发；

方案 3：圆形餐桌+三人沙发；

方案 4：方形餐桌+三人沙发。

执行“设计选项”功能，可在一个程序中同时设计出四种设计方案并进行平铺显示，当选定某一设计方案时，单击“设计选项”中的“设为主选项”，并单击“接受主选项”按钮，该方案即成为确定的设计模型，同时其他方案被删除。

图 3.1.9 是以效果图展现的不同地毯材质的设计方案比选。

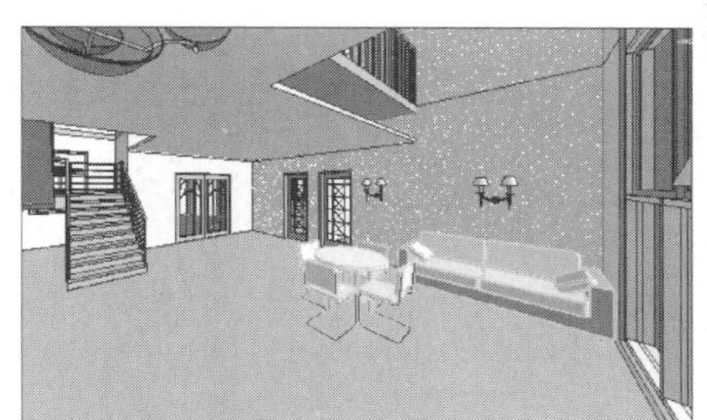
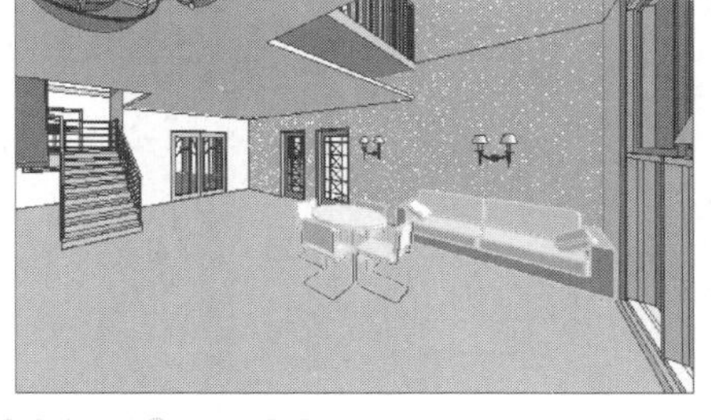

图 3.1.8　设计必选

图 3.1.9　地毯材质不同下的设计方案比选

3）精细化设计

精细化设计即考虑各种装饰细部，精确设计装饰 BIM 模型。图 3.1.10 所示为墙砖与地砖的砖缝对缝设计，图 3.1.11 所示为排砖的精细化设计。

图 3.1.10　墙砖与地砖的砖缝对缝设计

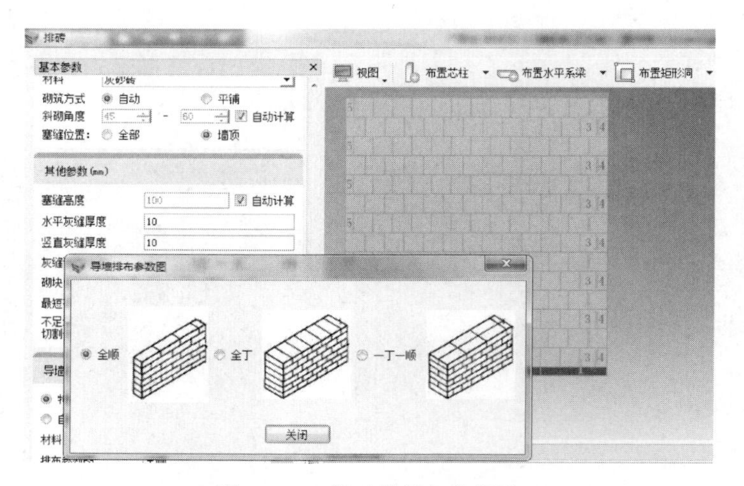

图 3.1.11　排砖的精细化设计

4）考虑机电的装饰设计优化

在内装 BIM 模型中导入机电 BIM 模型（图 3.1.12），进行碰撞检测，消除装修构件与原建筑机电设备之间的碰撞冲突；精确考虑机电与原结构设计因素，对天花净高进行设计优化（图 3.1.13）；确定户内管线走向，优化户内线路设计（图 3.1.14）。

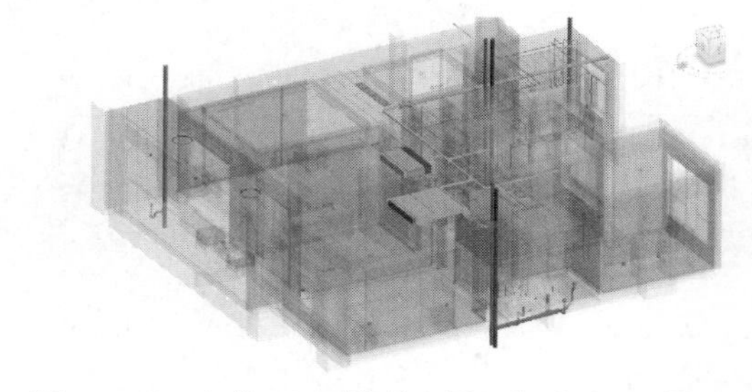

图 3.1.12　内装 BIM 模型中导入机电 BIM 模型

图 3.1.13　考虑机电工程下的天花净高设计优化

图 3.1.14　户内线路优化设计

5）工程量统计

BIM 模型含有真实的属性信息，是真实构件在电脑中的体现。BIM 装饰模型创建完毕后，即可一键生成模型中各类图元的工程量统计。如图 3.1.15 所示为装饰 BIM 模型与其卫浴装置、墙地砖、家具的工程量统计。

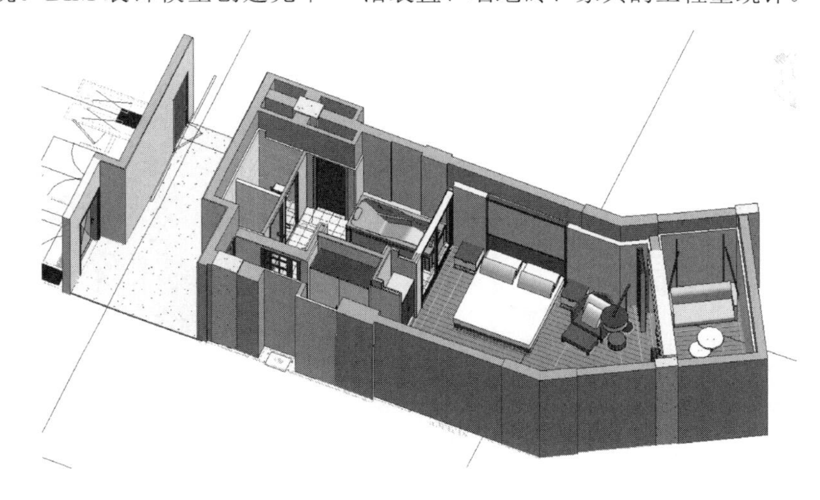

<卫浴装置明细表>

A	B
类型	合计
厨房水槽	1
淋浴器	1
淋浴器	1
标准	1
洗漱台	1
洗脸盆水龙头	1
洗漱台	1
洗脸盆水龙头	1
坐便器	1
总计：9	

<墙地砖明细表>

A	B	C	D
高度	宽度	合计	类型
840	106	9	主卫-地砖
840	136	1	主卫-地砖
840	156	1	主卫-地砖
860	106	9	主卫-地砖
860	136	1	主卫-地砖
860	156	1	主卫-地砖
170	600	1	主卫-墙砖
268	300	1	主卫-墙砖
268	350	1	主卫-墙砖
268	600	1	主卫-墙砖
270	300	1	主卫-墙砖
270	350	1	主卫-墙砖
300	300	7	主卫-墙砖
300	350	7	主卫-墙砖
300	400	7	主卫-墙砖
300	505	7	主卫-墙砖
300	600	3	主卫-墙砖
530	400	1	主卫-墙砖
530	505	1	主卫-墙砖
2630	345	1	主卫-墙砖
100	75	1	卧室-木地板
100	125	22	卧室-木地板
200	50	1	卧室-木地板
200	125	11	卧室-木地板
300	50	11	卧室-木地板
300	75	1	卧室-木地板

<家具明细表>

A	B
类型	合计
双人床	1
床头几	1
床头几	1
单人床	1
床头柜	1
床头柜	1
沙发	1
边柜	1
边柜	1
电视柜	1
液晶电视	1
餐桌	1
茶几	1
单人床	1
衣柜（大）	1
衣柜（大）	1
衣柜（小）	1
电视柜	1
主卧电视	1
墙柜	1
吊柜	1
油烟机	1
镜子	1
镜子	1
总计：24	

图 3.1.15　装饰 BIM 模型与工程量统计

6）施工图出图

装饰 BIM 模型创建完成后，可以直接生成二维图纸（如图 3.1.16 所示）。以 Revit 软件为例，出图分两种情况，一种是模型直接生成图纸，包括各种平面图、立面图、剖面图等，这些图纸与模型一一对应，模型若有更新，图纸随机更新，图纸的详细程度取决于模型的创建程度；另一种是以模型生成图纸为基础，再配以 Revit 中的遮罩区域、填充区域等二维绘制命令，对图纸加以补充，比如一些泛水或者一些详细的构造做法。

（1）模型直接生成图纸

在 BIM 模型中可以直接生成平面图、立面图，执行剖切命令可以直接形成剖面图，BIM 模型修改的同时，生成的所有图纸会相应修改。包括以下图纸：

① 平面：包括各种装饰布局的平面图、天花的平面图；

② 立面：包括各个房间室内的立面图、室外的立面图；

③ 剖面：包括各种墙身剖面图等；

④ 局部：包括楼梯间详图、卫生间详图；

⑤ 节点详图：包括幕墙节点详图等各种节点详图；

⑥ 明细表：包括室内材料明细表、门窗表、面积表、家具明细表等；

⑦ 三维透视图/轴测图：包括整体三维透视图、局部透视图、整体轴测图、局部轴测图等。

（2）以模型生成图纸为基础再进行二维绘制

根据模型文件裁剪出主轮廓，后期用二维线样式、填充样式、文字注释等进行补充。在这类图纸中，如果修改模型，主体轮廓会发生相应改变，但是后期二维制作的内容需要手工调整，以保证与模型的一致性。包括：墙型、墙样、局部剖面、屋顶檐口节点、门大样详图、窗户大样详图、装饰构造节点详图等。

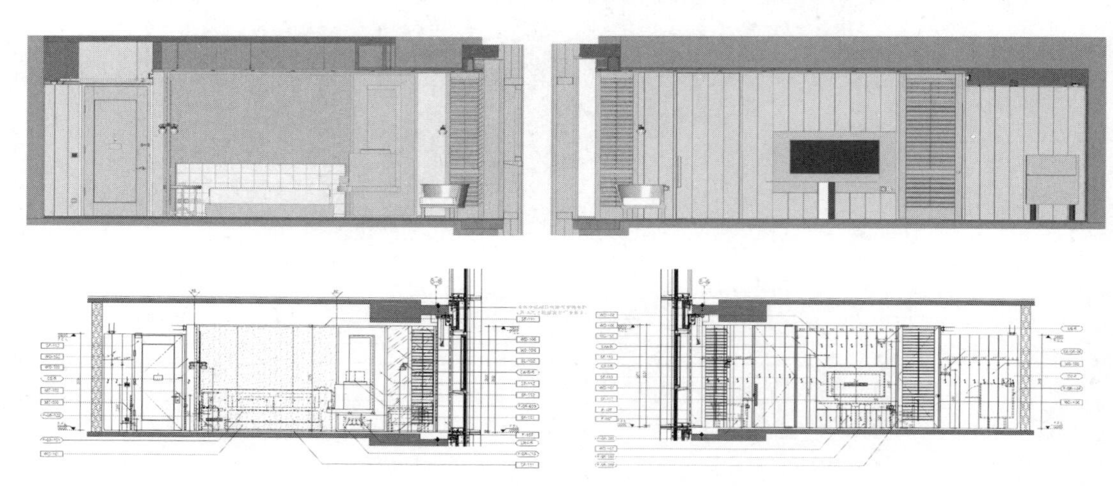

图 3.1.16　装饰 BIM 出图

3.1.2　即时协同阶段

装饰工程的协同设计开始于项目装饰方案设计阶段，主要涉及业主、建筑设计方（含装饰设计各专业）、各专业分包方、监理、供应商等，在此阶段的协同重点是装饰设计方充分了解业主的项目意图和要求，根据业主提出的外形、功能、成本和进度等相关的要求建立基本方案模型；在初步设计阶段，主要工作内容包含对方案设计阶段协同工作的深化，对建筑物理性能分析，同时加入工程施工的成本、质量和工期的反馈意见；在施工图设计阶段，协同工作重点是对施工图模型中的各专业间信息进行冲突检测，发现并解决潜在的问题。

传统装饰设计模式下，各专业独立设计，有些项目需要与其他设计单位协作，经常需要跨部门和跨专业，信息沟通以人为主，沟通较少或沟通不畅，通常装饰方案确定之后才能做机电方案设计，与业主、施工等的沟通也缺乏有效的可视化工具，往往造成设计周期长、设计错误、返工等问题。

BIM装饰设计协同是通过BIM环境和软件，以BIM数据为核心的协作方式，取代或部分取代了传统设计模式下低效的人工协同工作，使设计团队改变信息交流低效的传统方式，实现信息之间的多向传递。减轻了装饰设计人员的负担、缩短了设计周期，提高了设计效率、减少了设计错误，为BIM设计、施工应用奠定了基础。图3.1.17为基于BIM的装饰项目设计阶段主要工作流程图。

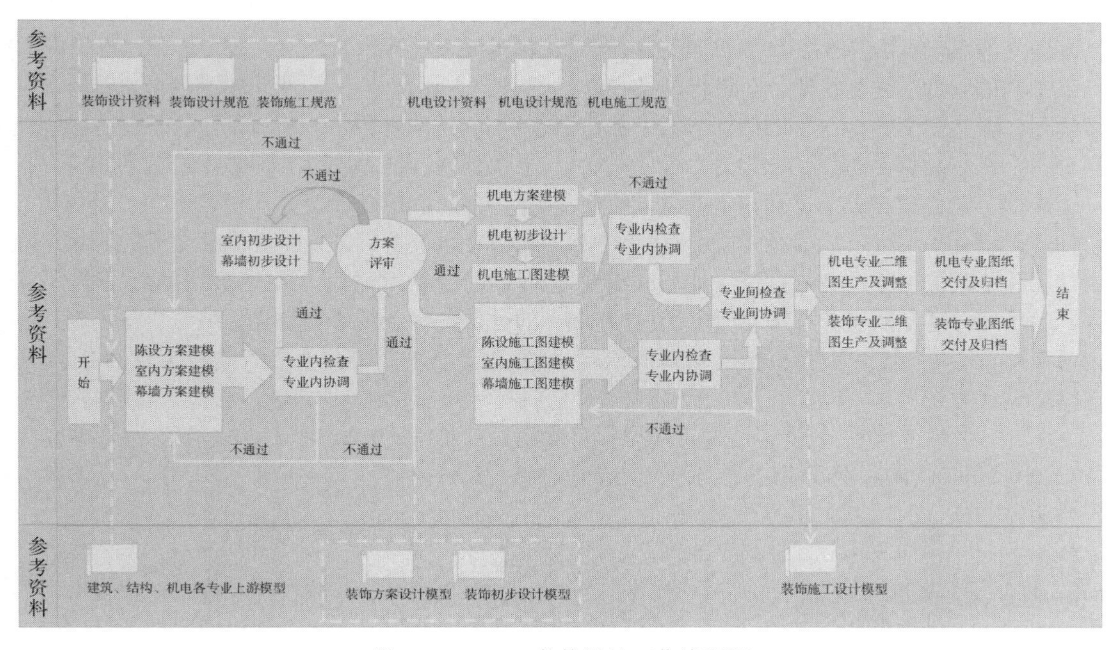

图3.1.17　BIM装饰设计工作流程图

1）设计协同方法

（1）数据协同网络环境

当前，设计协同通常使用两种网络环境，一是局域网内设计协同，另一种是局域网之间的设计协同。由于BIM模型文件比较大，一般建议采用千兆局域网环境，对于异地协同的情况，由于互联网带宽限制，目前不易实现实时协同，因此需要采用在重要设计环节内，同步异地中央数据服务器的数据，实现“定时节点式”的设计协同。

（2）数据协同方式

基于BIM的设计协同方法一般通过BIM相关软件和平台的协同功能来实现。以Revit为例，通常采用“链接模型”方式创建各自的单专业模型，通过内部协同或外部协同与项目其他成员共享模型、相互参考。在不同设计环节，尤其是施工图设计环节，对不同专业的模型进行整合就前干涉并解决存在问题，防止在施工阶段出现返工和工期延误。例如基于Revit的模型整合就是一种协同工作，但基于不同的软件功能具有不同的工作方法。

装饰装修工程BIM协同工作方式可分为“中心文件”方式、“链接文件”方式以及两种方式的混合协同方式。设计单位内部宜采用“中心文件”协同工作方式，与外部其他单位宜采用“链接文件”协同工作方式。在协同工程中，各相关参与方通过设计共享文件链接到本专业信息模型中，当发生冲突时应通知模型创建者，及时协调处理。

（3）协同要素

BIM装饰设计协同要顺利实现，需要控制协同设计要素，协同设计要素有设计协同方式、统一坐标、定制项目样板、统一建模标准、工作集划分和权限设置、模型数据和信息整合。这些规定越细致，对协同设计工作的协同程度提升幅度就越大，因此协同设计要素及软件操作要点在 BIM 协同设计方法中也是不可或缺的重要环节。

2）内部设计协同

装饰专业内部设计 BIM 协同指的是同专业设计师可以基于同一个项目模型和构件数据，共享、操作、参照、细化和提取数据。装饰专业从方案设计到施工图的设计过程中，会涉及不同的软件，需要软件之间进行转换和配合使用，因此需要通过统一的协同方式，在协同平台上进行数据传输、协作设计。

装饰专业内部设计基于数据的协同，包括装饰应用软件与 BIM 设计软件间的协同、BIM 设计软件之间的协同、BIM 设计软件与出图软件间的协同。模型创建者不仅要对本专业模型内容负责，还要根据模型拆分情况与其他本专业模型创建者协同。

3）各专业间设计协同

各专业间的 BIM 协同指的是不同专业间整合相关数据，查找专业间的冲突，在设计阶段解决专业间的冲突问题。装饰专业内部设计 BIM 协同工作期间，其他各专业的设计师可以基于统一的项目模型和构件数据，共享、操作、参照、细化和提取数据，在自己专业内部协同。在所有专业都经过了内部协同工作并通过内部审核后，共同进行各专业间的 BIM 协同。

实现专业间的设计协同需要各专业都具备 BIM 设计的能力，采用统一的数据格式，遵守统一的协同设计标准，项目所有专业团队组成高度协调的整体。在设计过程中，随时发现并及时解决与其他专业之间的冲突。

4）各环节设计协同

项目装饰专业的设计可分为方案、初设、施工图三个主要环节。装饰设计中的 BIM 协同主要是为了确保 BIM 模型数据的延续性和准确性，减少项目设计过程中的反复建模，减少因不同阶段的信息割裂导致的设计错误，提高团队的工作效率与准确率，提升设计质量。

根据装饰项目的特点，不同的装饰项目，设计阶段的 BIM 协同主要集中在方案和施工图设计阶段。装饰方案设计成果通过 BIM 模型可视化功能完成方案评估及方案对比（造型、材质、陈设、经济），需要与其他专业做初步的综合协调，满足方案概念表达的建模精度要求。装饰施工图设计成果主要用于深化设计阶段，满足图纸报审要求、招投标要求并指导施工。此阶段需要专业间的全面协调，检查无法施工是否由于设计的错误造成的。因此，模型细度要求达到施工图的表达深度，还需要有明细表统计内容。

5）设计方与项目其他参与方协同

项目建设期内，装饰设计方与业主、建设主管部门、审图机构、监理、施工、加工制造、材料部品供应商以及各专项设计（包括机电、结构、建筑等）方有许多信息交流的要求，部分信息交换可通过 BIM 技术完成。根据不同的项目参与者及协作特点，制定协作规则、协作目标，建立符合项目规模和特点的 BIM 协作平台，制定协作沟通原则和协作数据安全措施，使 BIM 技术在所有参与者的协作中发挥最大的价值。

3.1.3 性能优化设计阶段

近年来，在双碳目标大背景下，国家为了提高人居环境，推出了建筑能耗相关规定，推广绿色建筑应用技术。可以说，绿色建筑成为达成国家战略目标最重要的措施之一。

可持续发展一直是热议话题，国家标准明确具体的量化要求。在《绿色建筑评价标准》中，针对室内环境质量有单独的章节，标准中制定了室内声环境、光环境、热工环境和空气质量等分析指标规范，达到这些要求，需要设计师具有丰富的经验，采取相应的设计工具和优化措施。

应用 BIM 技术可以对光环境（图 3.1.18）、声环境、通风、能耗以及消防疏散等进行分析和模拟，在室内装饰工程中发挥重要作用。

1）光环境

光环境模拟是可持续发展设计中的重要一环。光环境分析可以细分为建筑日照分析和建筑采光分析。规划设计初期，对建筑进行采光和日照分析，通过分析计算日照时间，可以有效判定建筑最佳朝向。同时，报告可以对建筑室内设计方案进行评估，通过 BIM 技术有针对性地改进房间功能布局，从而有效提高设计水平。

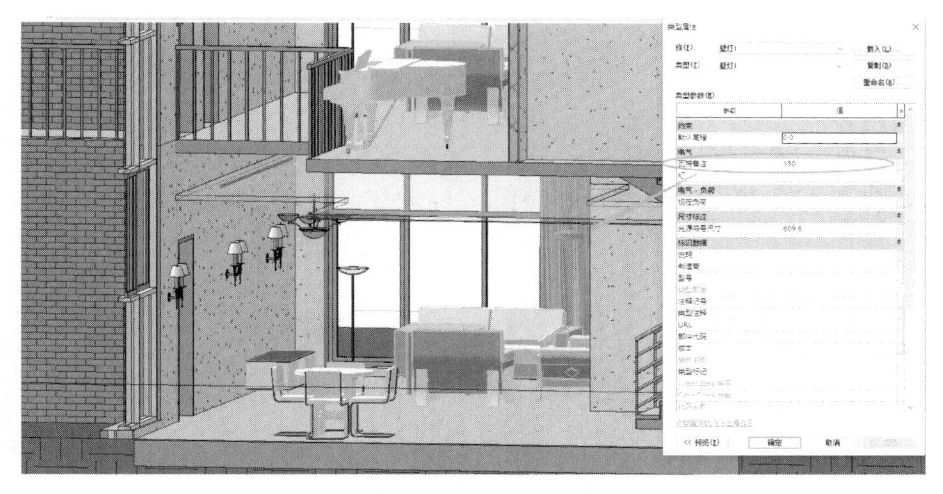

图 3.1.18　光环境设置

对于室内光环境，应符合《建筑采光设计标准》和《建筑照明设计标准》。实际项目中，还必须考虑到室内空间的布局和功能要求。室内采光分析软件有很多，市面上广泛应用的通常为 Ecotect 软件。

室内采光分析可以帮助设计师了解室内采光情况，分析每一个功能房间的自然光环境。帮助设计师调整建筑形体以及室内功能区的分布，按照颜色区分自然光照不足的区域。

2）声环境

声环境分析是绿色建筑评价中必不可少的一部分。声环境分析最早应用于公共建筑中，例如礼堂、剧院、音乐厅、多功能厅、大会议室等。近年来，随着人们对生活品质的追求的提高，越来越多的建筑空间需要进行室内声环境的设计。

声学计算的原理并不复杂，设计师很容易掌握。但是由于初期设计的不确定性，声学计算（主要是混响时间）是一个需要处理很大数据量的工作，为了设计一个适当的混响时间，需要不断调整装修材料的种类、面积，而且不同倍频程的声音材料的吸声系数也不同，反复计算调整工作量极大。

随着计算机科学技术的发展，室内建筑声学计算机仿真模拟分析成为一种声学分析的高效、全面、直观的分析工具。图 3.1.19 所示为声学模拟软件 ODEON 分析。

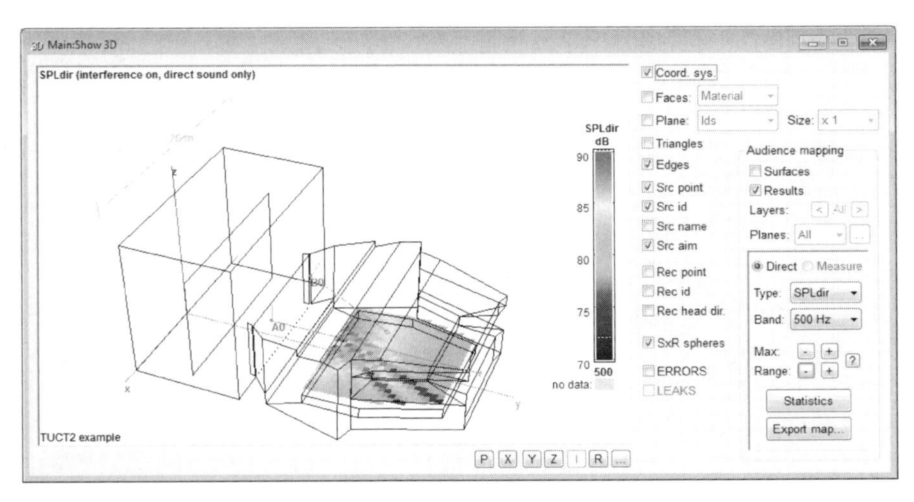

图 3.1.19　声学模拟软件 ODEON 分析

Odeon 模拟的基本思路是通过一定的方法模拟声场的脉冲响应，以求得任意点或区域的声学参数，基于室内几何和表面性质，可预测、图解并试听室内声学效果。该软件结合了虚源法和声线追踪法，可以在设计初期模拟建成后的声音混响效果。

Odeon 软件可以与多 BIM 平台协作。开始之前，首先要对待模拟的建筑进行三维建模，模型的建立使用 Revit API、DirectX 工具包和 C++编程语言实现。除了基于 Revit 平台以外，还可以通过一款插件 Pachyderm 用于 Rhinoceros 声学模拟。也可以用 Odeon 软件自带的 CAD 接口直接导入 CAD 图纸文件。

为了提高工作效率以及模拟仿真的科学性、真实性，声学模拟软件与 Rhinoceros、SketchUp 等软件建立的模型结合使用，可以做到无缝对接。

利用 BIM 技术辅助建筑装饰声学分析，BIM 模型中的装饰造型（包括天花造型、墙体造型等）、材料信息、座位布置等都可以为装饰声学分析提供相关数据。

3）通风

自然通风是一种经济实用的通风方式，自然通风分析是绿色建筑设计时的重要考虑因素，它既能满足室内舒适条件，改善室内空气品质，又能降低新风使用量和空调的使用时间，达到节约能源目的。

最佳的自然通风设计是使自然风能够直接穿过整个建筑，或把室内热空气通过风井和中庭顶部的排气口排向室外。

通风环境分析模拟（图 3.1.20）不仅限于室内风环境分析，在场地规划阶段也会应用 BIM 技术进行场地风环境模拟。根据风环境的情况，设置风速、风压力、建筑体型和高度等参数，判定建筑风洞、风场，通过分析可以有效减少空调外机风阻的情况。

4）疏散模拟

疏散模拟分析是建筑消防设计评估的重要组成部分。其分析人员疏散时间及疏散通行的状况，帮助设计师预判楼梯及走廊在紧急情况下的通勤压力。通过对建筑物的具体房间功能定位，确定建筑物内部特定人员的状态及分布特点，并结合紧急情况和具体位置设计，计算分析得到不同条件下的人员疏散时间及疏散通行状况预测。其目的是制定最优的疏散预案，保障人们的生命安全。

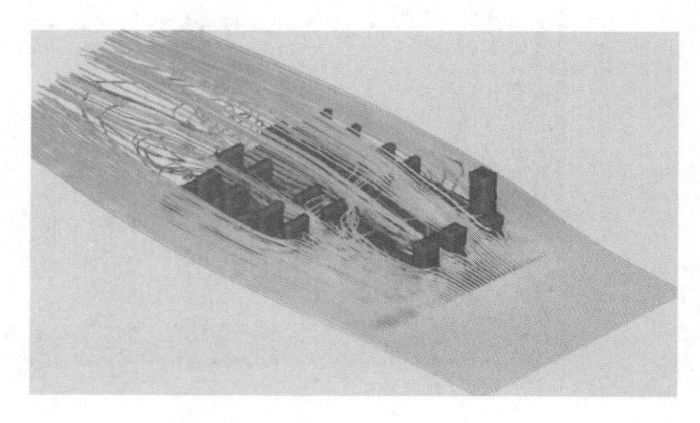

图 3.1.20　通风环境分析模拟

Pathfinder 是一套人员紧急疏散逃生评估系统，可与 Revit 模型进行 dxf 格式文件交换，并可导入 Revit 的模型效果图、平面图、剖面图等，不会发生部分模型丢失的状况。图 3.1.21 所示为消防疏散模拟。通过疏散软件与 BIM 软件结合使用，可以定制模型人群，每个人可以根据自身特点和本地环境中的路径做出决定，更加真实地模拟疏散现实场景，并可以形成最优疏散路线，生成各楼层、各房间应急疏散路线图。

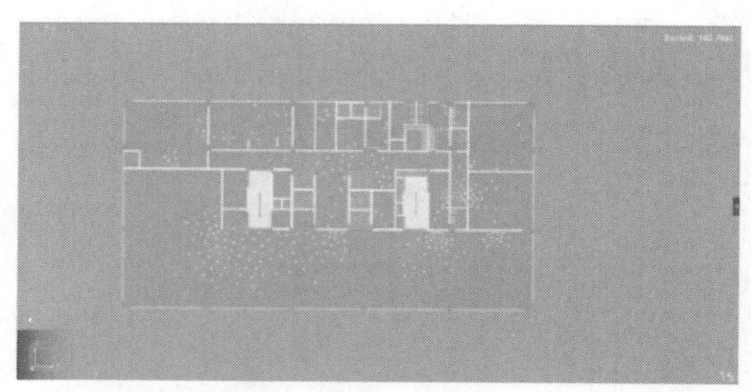

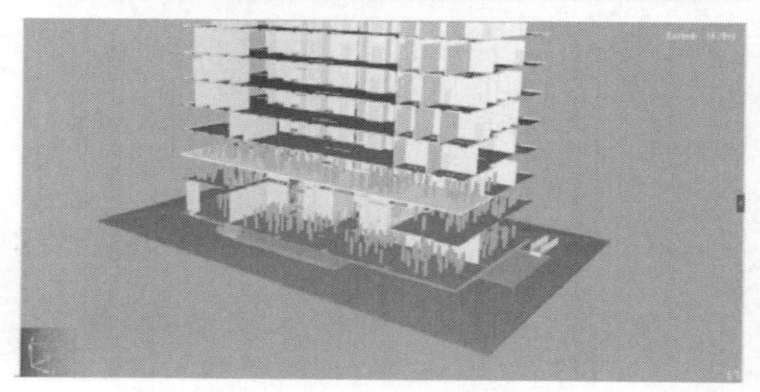

图 3.1.21　消防疏散模拟

生成的疏散模拟动画可以结合疏散所耗

时间，展示意外发生后，不同时间段楼层内和楼梯间的疏散情况，能够让人们快速判断楼层内人员分布情况。室内设计师可以通过疏散模拟动画，判断室内设计方案的疏散条件是否满足建设消防设计规范要求，从而优化设计平面布局方案。

5）节能分析

节能分析是绿色建筑评价过程中的重要环节，通过建筑的室内外建筑材料能耗情况，分析建筑的传热系数及能耗情况。

市场上存在的节能分析软件很多，例如PKPM、斯维尔 for Revit、Green Building Studio等。这里以清华斯维尔 for Revit 为例简单介绍节能计算。

斯维尔 for Revit 大概分为以下几个部分：参数设置、门窗外墙、能耗计算及结论输出等，如图 3.1.22～图 3.1.24 所示。

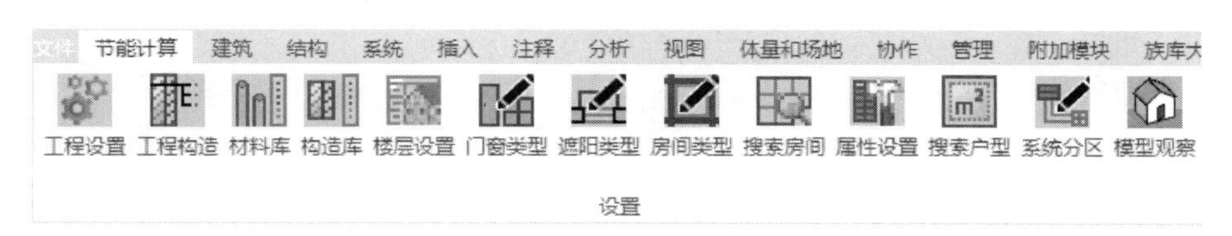

图 3.1.22　节能计算工程设置

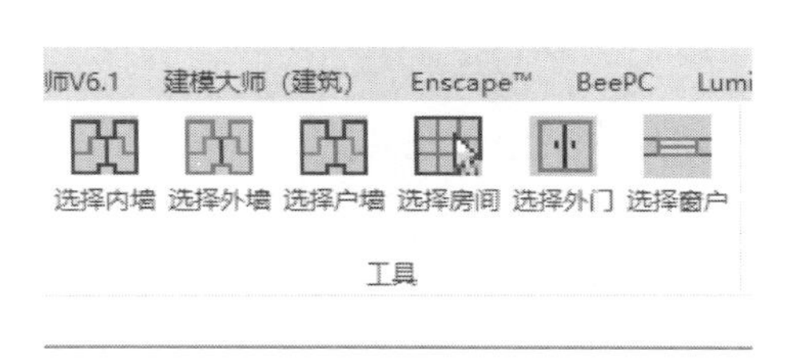

图 3.1.23　节能计算建筑门窗

图 3.1.24　节能计算报告参数

① 工程设置，需要先选择城市、建筑类型和节能设计标准。对于工程构造，在对维护结构、门窗、材料等进行参数设置时，需要注意 K 值是否满足当地规范要求。

② 楼层设置，需要注意楼层数量和楼层高度，层高会影响体型系数。通过模型观察，检查是否有漏选的外窗等。数据提取，由于模型精度的种种原因，数据的提取不一定那么精准，需要手动输入建筑面积、体积、地上高度、地上层数、外表面积、体型系数等信息。通过参数设置、材料的选择，最终会生成节能计算结果，如图 3.1.25 所示。

6）碳排计算

碳排计算是绿色建筑的不可分割的一部分，是建筑节能的深化设计，也是判定超低能耗建筑的重要依据。目前市场上基于 BIM 系统的碳排放计算软件有很多，例如 BECS for Revit、Green Building Studio、Butterfly 等，碳排计算过程基本类似。

Green Building Studio 软件已经集成到 Revit 菜单栏中，软件中集成了大量全球地理坐标数据库以及各地区大量气象信息。图 3.1.26 所示为能量分析菜单。

节能检查 - 山东公建DB37 / 5155-2019-甲类.std

检查项	计算值	标准要求	结论	可否性能权衡
体形系数	0.18	s≤0.50 [体形系数应符合表3.2.1的规定]	满足	
田窗墙比		甲类公共建筑各单一立面窗墙面积比（包括透光幕墙 ）均不应	适宜	
田可见光透射比		当窗墙面积比小于0.40时，玻璃的可见光透射比不应当小于0.6	满足	
中庭天窗屋顶比	无	中庭透明部分面积不应大于中庭总面积的70%	不需要	
田天窗			不需要	
田屋顶构造		K≤0.40, S≤0.30或K≤0.35, 0.30<S≤0.40	满足	
田外墙构造	K=0.50	K≤0.50, S≤0.30或K≤0.45, 0.30<S≤0.40	满足	
挑空楼板构造	无	K≤0.50, S≤0.30或K≤0.45, 0.30<S≤0.40	无	
供暖空调房间与非供暖	无	K≤1.0	无	
供暖空调房间与非供暖	无	K≤1.2	无	
田外窗热工			满足	
外门	无	K≤3.0	不需要	
田控温周边地面构造		R≥1.20	满足	
采暖地下室外墙构造	无	R≥1.20	无	
变形缝	无	K≤0.60	不需要	
田凸窗板			不需要	
田有效通风换气面积	无通风换气装置	甲类建筑外窗有效通风换气面积不宜小于所在房间立面面积的1	不适宜	可
田非中空窗面积比		非中空玻璃的面积不应超过同一立面透光面积的15%	满足	
▶ 结论			满足	

◉规定指标 ○性能指标 输出到Excel 输出到Word 输出报告 关 闭

图 3.1.25 节能计算结果

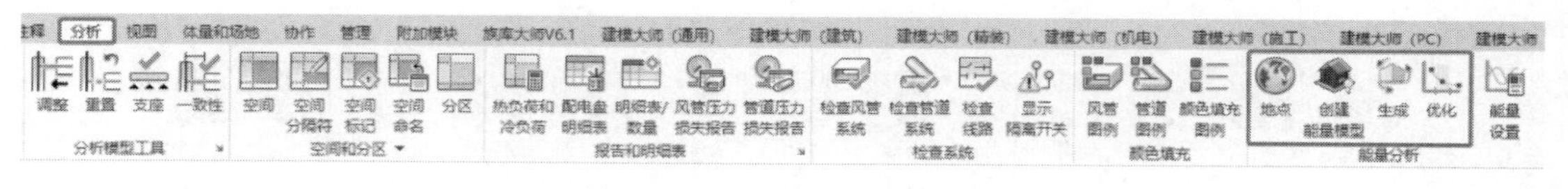

图 3.1.26 能量分析菜单

3.1.4 信息集成设计阶段

在设计实践的过程中，数字信息技术已经逐渐发展到了内化的阶段，信息已经不单纯指单一的建筑模型内的各类属性信息，而是一种工作方式。可以从三个阶段来深入了解设计信息的表达：第一阶段的设计信息相当于没有联网的独立计算机，只能操作本台计算机上的内容；第二阶段的设计信息相当于连接在工作组中的若干台计算机，虽然拥有了共享功能，但依然是局部的；第三阶段的设计信息相当于互联网时代的计算机集群，把各种信息整合一体化，实现信息的交流、传递、共用，达到真正意义上的信息传达。

在传统的设计过程中，信息是零散、孤立的，在不同项目流程中往往会出现信息缺失和信息断层等问题，在不同的阶段，需要多次重复建构相似的信息，对时间和人力的利用都是低效的。把信息转换平台统一在建筑信息模型平台之后，不同专业人员在同一语境中进行沟通，同专业人员可以进行多成员共同设计，提高设计效率，设计信息也可以用于多项设计活动及不同领域中多次利用，而且保证信息传递的真实性和有效性。建筑信息模型不仅仅是软件，所有的数据都在资源库共享，还可进一步编辑操作，如何使用这门技术、把握数据和信息才是关键。

1）设计信息的集成

室内项目的设计信息包括两个方面的主要内容：几何形的构件和数据型的构件属性。几何构件直观可见，是有形的设计内容，构件属性是隐含在各类构件内部、无形的数据型信息（图 3.1.27）。

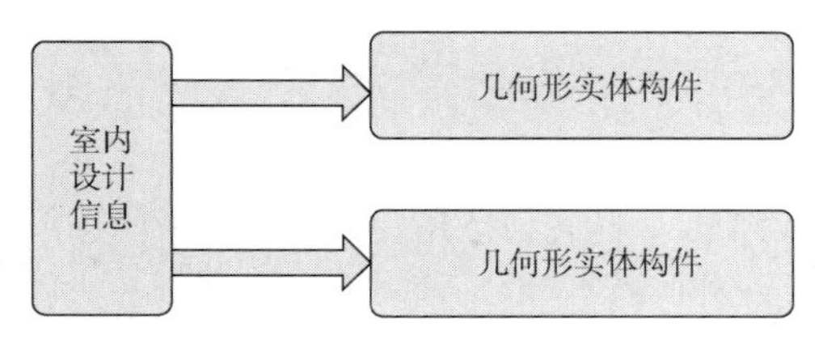

图 3.1.27　设计信息的组成内容

传统设计方式是各部分信息分离，再相互集中和拼凑，如图 3.1.28 所示，各种人员和资料是互相独立的，再通过设计图纸或资料将信息集中。这种信息之间的转换是在不同的设计媒介中进行的，信息的传达是单向的，相互之间缺乏实时同步。

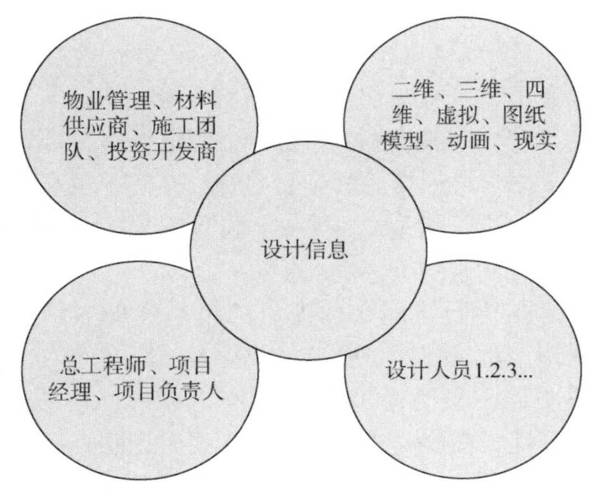

图 3.1.28　传统模式下的设计状态

建筑信息模型平台把几何形构件和数据型属性集成在信息模型中，二者相互依托而存在。设计信息在不同专业、不同领域之间共同存在，专业内多名设计人员共同协作，提高工作效率，专业间设计信息和资料信息等是一个统一的整体（图 3.1.29）。

2）设计信息的交流与传达

室内设计是信息综合处理的过程，是需要多专业配合、多团队协作的综合性设计工程。

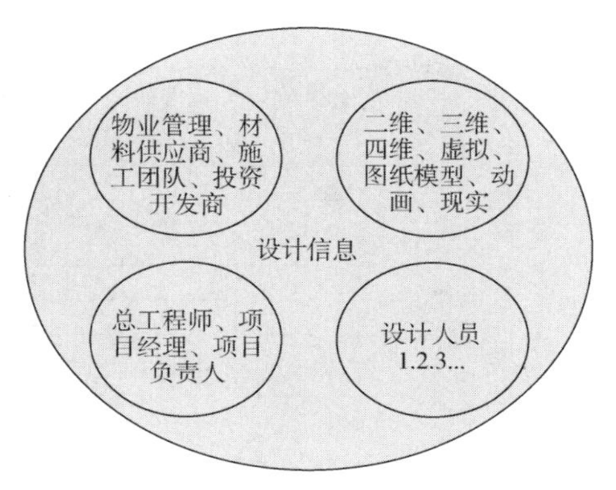

图 3.1.29　集成模式下的设计信息状态

在设计以及相关的活动中，设计信息需要在不同专业和不同流程之间反复利用；设计完成后，需要计算造价，需要与特殊设备供应商进行沟通，并进行装配和施工，建造完成后需要进行后期运营和维护等。从节约能源、减少浪费和提高效率等角度考虑，在建筑信息模型的基础上把设计信息进行集成，可以进行设计信息在各个领域之间的序列传递。通过全寿命周期管理，可以对信息起到统筹管理的作用；从立项设计、造价计算、材料购置、运输建造、运营维护到后期的改造和拆除（对材料可以进行选择性的回收和再利用），可进行全寿命周期的管理，统筹计算和采购，提高资源的利用率，降低对环境的破坏；预先演练和修正设计能节约建造的时间成本。

建筑信息模型的全寿命周期过程中，有多个不同领域的参与方，比如业主方、设计单位、政府部门、监理单位、施工团队、材料供应商等，各个参与方之间需要进行有效的信息沟通。客户通过交流沟通，将相关信息传递给设计单位，设计单位以图纸和模型等多种形式将设计信息表达出来，并传递给施工单位、造价单位、监理单位、材料供应商、运营管理单位等，并对存在的问题实时反馈，通过建筑信息模型共同参与到项目的各个过程中，方便设计项目的信息管理，如图 3.1.30、图 3.1.31 所示。

3）设计信息的序列传递

使用 BIM 模型可以进行诸如造价预算、施工计划、性能模拟、规范校核、可视化等多种任务操作。各个阶段都可以进行更加专业的应用，并以不同的方式全面利用和展现设计信

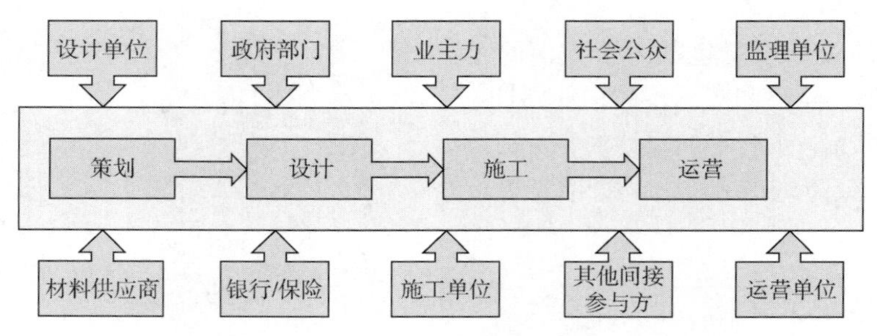

图 3.1.30 项目周期过程中不同参与方

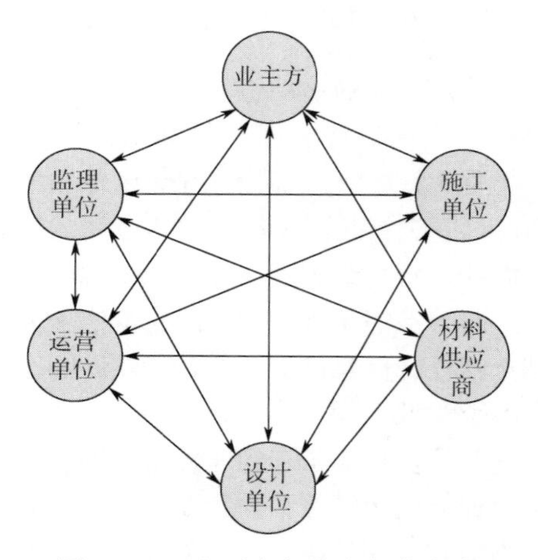

图 3.1.31 主要参与方之间信息流

息。在方案设计阶段，设计信息可以向性能分析方面转化，进而用理性方式来优化设计。

3.2 装饰 BIM 模型设计的基本规定

1）一般规定

① 装饰装修工程信息模型应针对工程项目的目标要求和任务需求而建立、共享和应用。

② 装饰装修工程信息模型及其相关数据信息应准确反映建筑装饰装修工程的真实数据。

③ 装饰装修工程信息模型应具行可协调性、可优化性，新增和扩展的任务信息模型应与其他任务信息模型协调一致，在模型扩展中不应改变原有模型结构。

④ 装饰装修工程信息模型创建过程中，应采取有效的信息采集手段获得模型构件的几何信息、非几何信息及其相关特征信息，其通过不同途径获取的信息应具有唯一性，采用不同方式表达的信息应具有一致性。

⑤ 在满足工程项目实际需求的前提下，装饰装修工程信息模型宜采用适度的模型细度，不宜包含冗余信息，不宜过度建模或建模不足。

⑥ 信息模型应用依托计算机运算性能的支持，计算机软件和硬件配置应以满足实际工作需要为标准，并具有先进性和前瞻性。

2）信息模型创建规则

① 项目可根据工程的实际需要创建任务信息模型，并对信息模型进行分类管理。

② 项目应对模型文件命名进行统一规定和要求，可根据工程项目名称、空间部位和应用阶段进行模型文件命名，以便于模型文件识别和协同管理。

在协同管理文件夹里的模型文件名称应采用工程项目统一规定的命名格式，在个人工作文件夹里的模型文件命名可增加个人文件夹层级，减少文件名长度；为便于识别模型文件先后顺序，应标注文件的版本识别号。

项目应对模型构件命名进行统一规定和要求，表 3.2.1 列出了模型类别与构件名称。

表 3.2.1 模型类别与构件名称

模型类别	模型构件名称	命名规则
建筑地面	基层铺设、整体面层、板块面层、卷材面层	类别_构件名称
抹灰	一般抹灰、保温抹灰、装饰抹灰、清水砌体勾缝	
外墙防水	外墙砂浆防水、涂膜防水、透气膜防水	

续表

模型类别	模型构件名称	命名规则
门窗	木门窗安装、金属门窗安装、塑料门窗安装、特种门窗安装、门窗玻璃安装	类别_构件名称
吊顶	整体面层吊顶、板块面层吊顶、格栅吊顶	
轻质隔墙	板块隔墙、骨架隔墙、活动隔墙、玻璃隔墙	
饰面板	石板安装、陶瓷板安装、木板安装、金属板安装、塑料板安装	
饰面砖	外墙饰面砖粘贴、内墙饰面砖粘贴	
幕墙	玻璃幕墙安装、金属幕墙安装、石材幕墙安装、陶板幕墙安装	
涂饰	水性涂料、溶剂型涂料、防水涂料	
裱糊与软包	裱糊、软包	
细部	橱柜制作与安装、窗帘盒和窗台板制作与安装、护栏和扶手制作与安装、花饰制作与安装	

模型构件的名称应使用简短的词语，包含检索所需要的关键词，便于查找。当同一类型模型有不同施工做法时，可添加不同工艺做法的名称进行区分。

项目应对模型材料代码进行统一规定和要求，可根据材料类别进行模型材料代码的编制，宜采用英语单词或词组进行字母组合缩写，以便于材料代码标注和检索。

模型材料代码应具有唯一性，不得发生重叠或错漏，可根据工程项目实际情况进行扩充。当某类材料在同一个工程项目有不同的品牌、规格、型号、花色或做法时，宜采用数字编号进行区分。如“SP_01_L50”可表示为50×50×5规格的角钢，“WB_02_900”可表示为900×100×18规格的柚木地板，“LK_03_C75”可表示为一种C75系列轻钢龙骨隔墙等。

3）信息模型拆分规则

项目应对模型拆分规则进行统一规定和要求，宜按照自上而下的原理进行模型拆分，保证模型结构装配关系明确，以便于数据信息检索。

模型拆分可按以下几种方式进行拆分：一是按楼层划分，各专业可按照楼层进行拆分模型；二是按分包区域划分，各专业可按照施工分包区域拆分模型；三是按空间、房间划分，各专业可根据空间和房间的名称划分模型，如楼梯间、电梯间、大堂、办公室、卫生间等房间划分。在按层级拆分模型过程中，应逐步完成模型细度的细化工作，在不同的应用阶段添加或补充相对应阶段的数据信息。模型拆分应满足不同模型细度的层级划分，使模型及数据信息在不同尺寸比例及不同阶段都能有效传递。

4）信息模型出图及表达方式

项目应对模型出图及表达方式进行统一规定和要求，应按照国家有关制图标准及设计惯例进行模型配色、线型和注释的设置。

模型出图及表达方式应符合国家《房屋建筑制图统一标准》（GB/T 50001—2010）的相关规定，并满足以下要求：模型配色应与原设计图纸保持一致；二维出图线型及配色应清晰鲜明，符合制图标准；各专业模型根据工程项目模型体系统一划分3D配色方案，3D配色宜采用不同色系，以便区分不同系统分类；工程项目设计宜采用BIM出图为主，CAD出图为辅。

3.3 方案设计中装饰BIM创建与应用的内容

1）BIM模型创建

装饰方案设计的设计内容主要是室内空间布局设计，包括交通流线规划、空间功能划分、空间形态保证，以及装饰造型、材料、色彩设计等。传统装饰设计是用CAD来绘制平立面，用3ds Max建模，用渲染器渲染，再用Photoshop等图像软件做后期处理，工作流程烦琐且没有信息的互通性。BIM下的方案设计任务主要是建立装饰方案设计BIM模型，输出渲染效果图和动画，表达设计意图。

在方案设计阶段，业主方提供上游的建筑、结构、机电 BIM 模型，在此基础上建模。在改造装饰工程项目中，一般没有原有设计 BIM 模型，这就需要参考原有 CAD 图纸，现场测量甚至使用三维扫描技术获取原始数据信息，建立现存的建筑、结构、机电 BIM 模型。

装饰 BIM 设计师在利用上游 BIM 模型时，要做好模型拆分，按照室内的不同部位，分别建立墙体饰面 BIM 模型、地板装饰面 BIM 模型、天花等装饰表皮 BIM 模型，另外添加栏杆扶手、门窗装饰、家具、灯具、饰品、组物、电器、绿化等 BIM 模型，形成装饰方案效果。该阶段设计精度为 LOD200。

2）BIM 模型应用的主要内容

方案设计中装饰 BIM 应用的主要内容为：可视化沟通，装饰方案设计比选，建筑性能模拟，设计方案优化（如图 3.3.1 所示）。

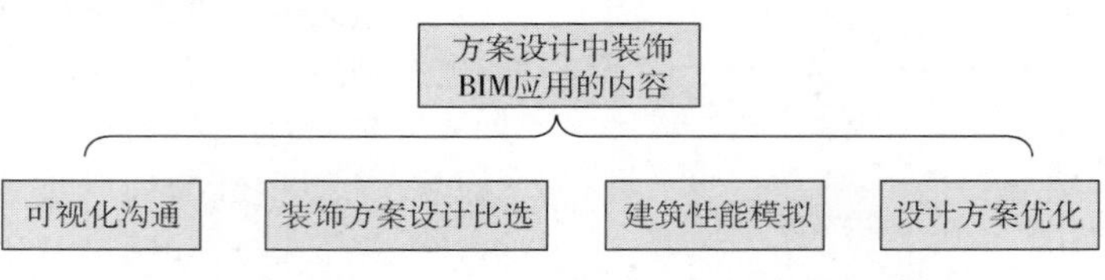

图 3.3.1　方案设计中装饰 BIM 应用的主要内容

在方案设计模型中配置相应的材质，可根据需要生成各种平面图、立面图、剖面图、效果图、轴测图、透视图、漫游动画、虚拟现实（VR）等模型成果，有利于同业主或相关方进行可视化沟通。

装饰方案设计比选包括装饰构件放置比选、装饰材料比选、陈设艺术品比选等。

建筑性能模拟是利用专业的建筑性能分析软件，有针对性地对建筑物的采光效果、照明效果、通风效果、保温效果、声学效果、节能环保等进行模拟分析，并将分析结果作为调整设计方案的参考依据。

设计方案优化是利用方案设计模型，有针对性地对工程项目的装饰效果、技术方案、进度、质量、安全、造价等进行模拟分析，并将分析结果作为优化设计方案的参考依据。

3.4　施工图设计中 BIM 建模内容与应用

在方案 BIM 模型的基础上创建施工图设计 BIM 模型，导出能够指导装饰施工的施工图纸，并输出工程量清单、主材统计表，以辅助工程造价预算。

该阶段建模内容主要是：承接方案阶段的 BIM 模型，根据建筑装饰相关规范、标准及细度要求，细化包括墙面、装饰天花、地面瓷砖铺贴等与装饰施工图设计相关的各类建筑装饰构件，设备末端建模和定位，吊顶、墙体、地面、陈设、固定装饰品等的定位，反映装饰施工图设计深度和设计内容，见图 3.4.1。同时，将部分装饰材料供应、设备、施工工艺等非几何信息具体要求反映在 BIM 信息模型及数据库上。本阶段模型细度为 LOD300。

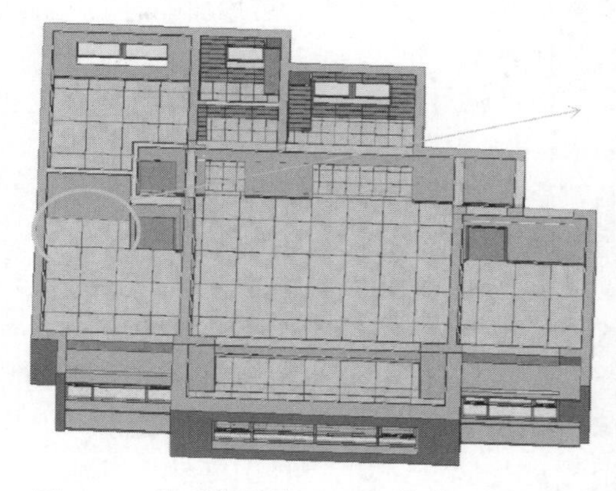

图 3.4.1　地面瓷砖施工 BIM 模型及现场照片

施工图设计中装饰 BIM 应用的主要内容为：设计查错，发布联动设计清单，提取工程量，施工图出图，如图 3.4.2 所示。

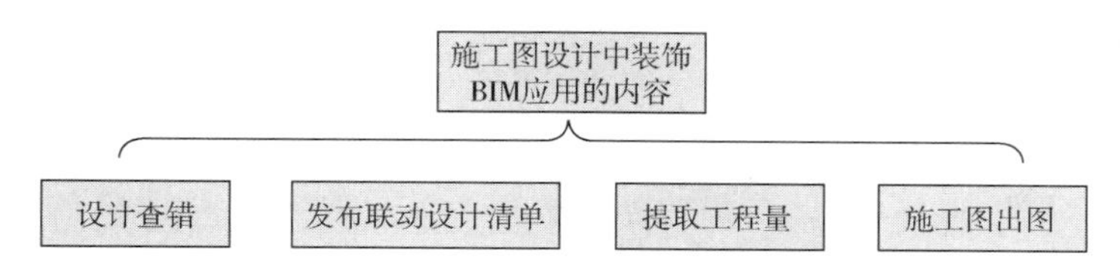

图 3.4.2 方案设计中装饰 BIM 应用的主要内容

利用施工图设计模型进行设计查错，及时发现图纸中的错、漏、碰、缺或各专业间的冲突，并通过 BIM 自动检查或人工检查的方式对存在的问题进行修改处理。检查的主要内容：

① 符合性检查。消防设施、安全防护、无障碍设计、节能环保等技术标准、规范和规定的符合性检查；

② 一致性检查。模型的命名、图型、图例、材质、标注、说明等一致性检查；

③ 冲突检查。各专业施工之间的空间冲突检查，各专业末端设备定位冲突检查；

④ 效果检查。装饰效果、功能分区、饰面排版、临边收口、细部处理等效果检查；

⑤ 优化检查。提高效率、提升品质、保证安全、降低成本等优化措施的检查。常见的装饰 BIM 碰撞及优化建议见表 3.4.1。

表 3.4.1 常见的装饰 BIM 碰撞及优化建议

碰撞问题	BIM 视图	优化建议
梁底距天花完成面空间过小，灯具无法安装		调整灯具点位
喷淋穿窗帘安装空间		调整侧喷位置
排水坡度不足		调整污废水管走向
通气管横管过长，影响净高		调整通气管

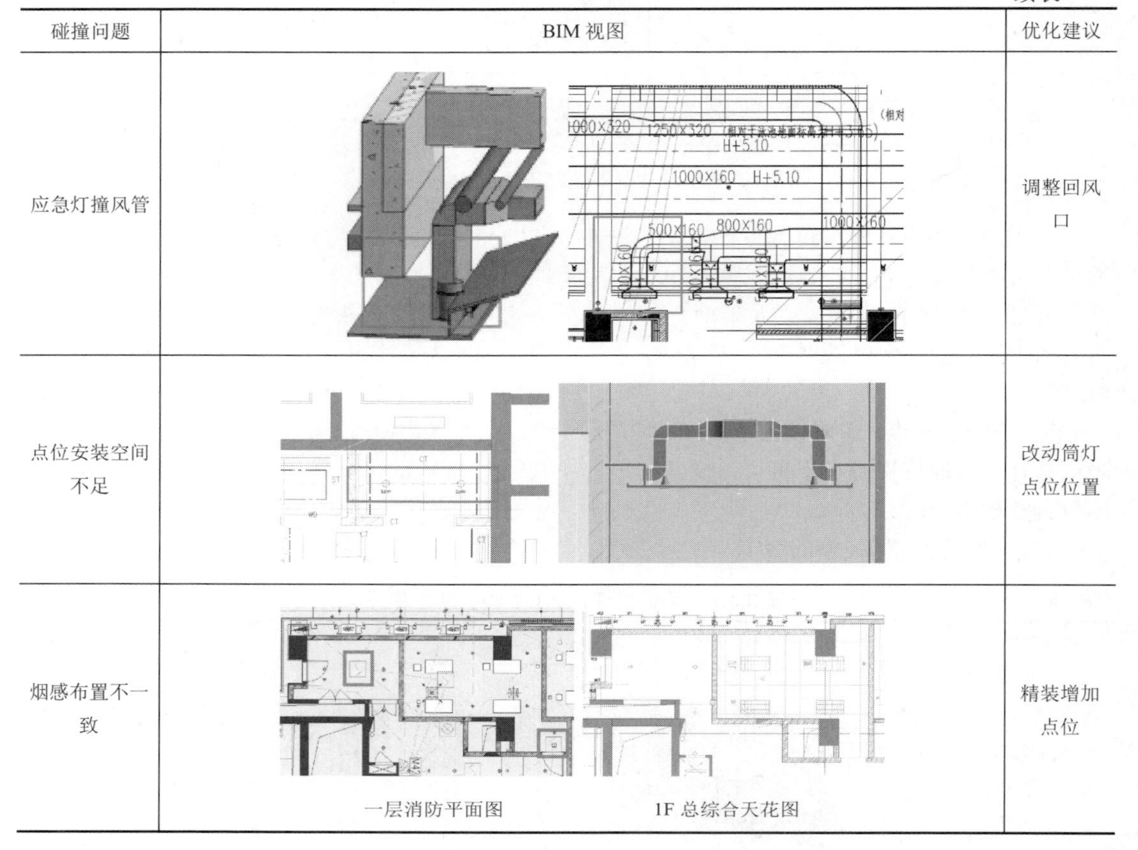

续表

碰撞问题	BIM 视图	优化建议
应急灯撞风管		调整回风口
点位安装空间不足		改动筒灯点位位置
烟感布置不一致	一层消防平面图　1F 总综合天花图	精装增加点位

检查的主要方法：

① 对比分析法。将信息模型与原设计图纸进行对比分析，检查模型是否符合原设计要求；

② 二维视图法。对关键部位的细部节点进行处理，生成平面图、立面图、剖面图、透视图、轴测图等，仔细判断相互关系是否具有一致性；

③ 软件检查法。通过整合建筑、幕墙、暖通、给排水、电气等专业信息模型，运用BIM技术碰撞检查功能检查各专业之间是否发生冲突；

④ 三维视图法。通过三维视图直观感受设计意图，确定是否需要对设计方案进行调整；

⑤ 动画浏览法。通过漫游动画、虚拟现实技术（VR），确定是否需要对设计方案进行优化。

发布联动设计清单是利用施工图设计模型提取装饰构造的材料、构件、设备的相关信息，自动生成设计文件清单，进行经济技术指标分析和测算，在修改信息模型过程中起到关联修改作用，实现快速准确统计。

利用施工图设计模型，通过BIM技术自动提取工程量（参见图3.4.3），进行工程量清单编制和工程造价控制，并作为工程项目概算、预算、结算的参考依据。

工程量清单应进行“量价分离”；工程量清单应当按照工程承包合同规定的格式编制，并符合《建设工程工程量清单计价规范》（GB 50500—2013）的要求。工程量清单应当准确反映建筑实体工程量，清单中不宜包含相应损耗。当工程发生设计变更时，可根据信息模型分析变更前和变更后所产生的变化，作为工程造价审核的参考依据。

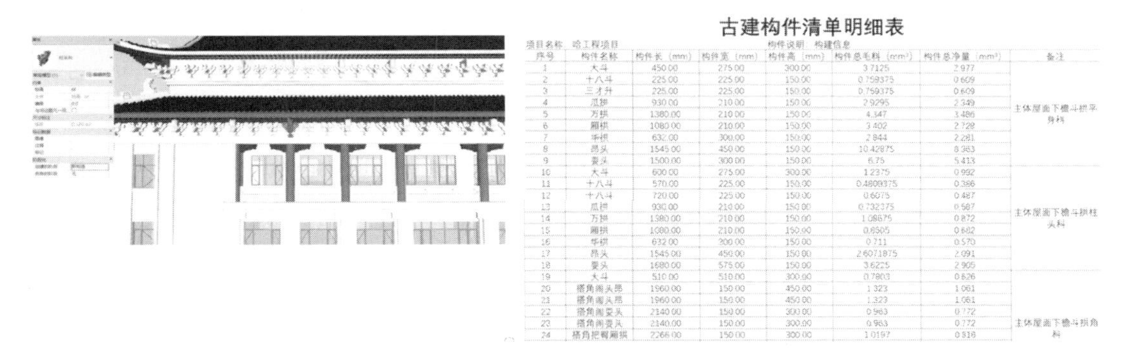

古建构件清单明细表

项目名称：哈工程项目　　构件说明：构建信息

序号	构件名称	构件长（mm）	构件宽（mm）	构件高（mm）	构件总毛料（mm³）	构件总净量（mm³）	备注
1	大斗	450.00	275.00	300.00	3.7125	2.977	主体屋面下檐斗拱平身科
2	十八斗	225.00	225.00	150.00	0.759375	0.609	
3	三才升	225.00	225.00	150.00	0.759375	0.609	
4	瓜拱	930.00	210.00	150.00	2.9295	2.349	
5	万拱	1380.00	210.00	150.00	4.347	3.486	
6	厢拱	1080.00	210.00	150.00	3.402	2.728	
7	华拱	632.00	300.00	150.00	2.844	2.281	
8	昂头	1545.00	450.00	150.00	10.42875	8.363	
9	耍头	1500.00	300.00	150.00	6.75	5.413	
10	大斗	600.00	275.00	300.00	1.2375	0.992	主体屋面下檐斗拱柱头科
11	十八斗	570.00	225.00	150.00	0.4809375	0.386	
12	十八斗	720.00	225.00	150.00	0.6075	0.487	
13	瓜拱	930.00	210.00	150.00	0.732375	0.587	
14	万拱	1380.00	210.00	150.00	1.08675	0.872	
15	厢拱	1080.00	210.00	150.00	0.8505	0.682	
16	华拱	632.00	200.00	150.00	0.711	0.570	
17	昂头	1545.00	450.00	150.00	2.6071875	2.091	
18	耍头	1680.00	575.00	150.00	3.6225	2.905	
19	大斗	510.00	510.00	300.00	0.7803	0.626	主体屋面下檐斗拱角科
20	搭角闹头昂	1960.00	150.00	450.00	1.323	1.061	
21	搭角闹头昂	1960.00	150.00	450.00	1.323	1.061	
22	搭角闹耍头	2140.00	150.00	300.00	0.963	0.772	
23	搭角闹耍头	2140.00	150.00	300.00	0.963	0.772	
24	搭角把臂厢拱	2266.00	150.00	300.00	1.0197	0.816	

图 3.4.3　古建筑 BIM 模型及其构件明细表

利用施工图设计模型，可生成二维的平面图、立面图、剖面图、节点图、排版图、门窗大样图、局部放大图，并保证图模一致，图纸经审核确认后可直接作为施工图使用。施工图应按照《房屋建筑制图统一标准》（GB/T 50001—2010）进行标识和标注，对于局部复杂空间、复杂节点或隐蔽工程，可采用 3D 透视图（图 3.4.4）和轴测图辅助表达。

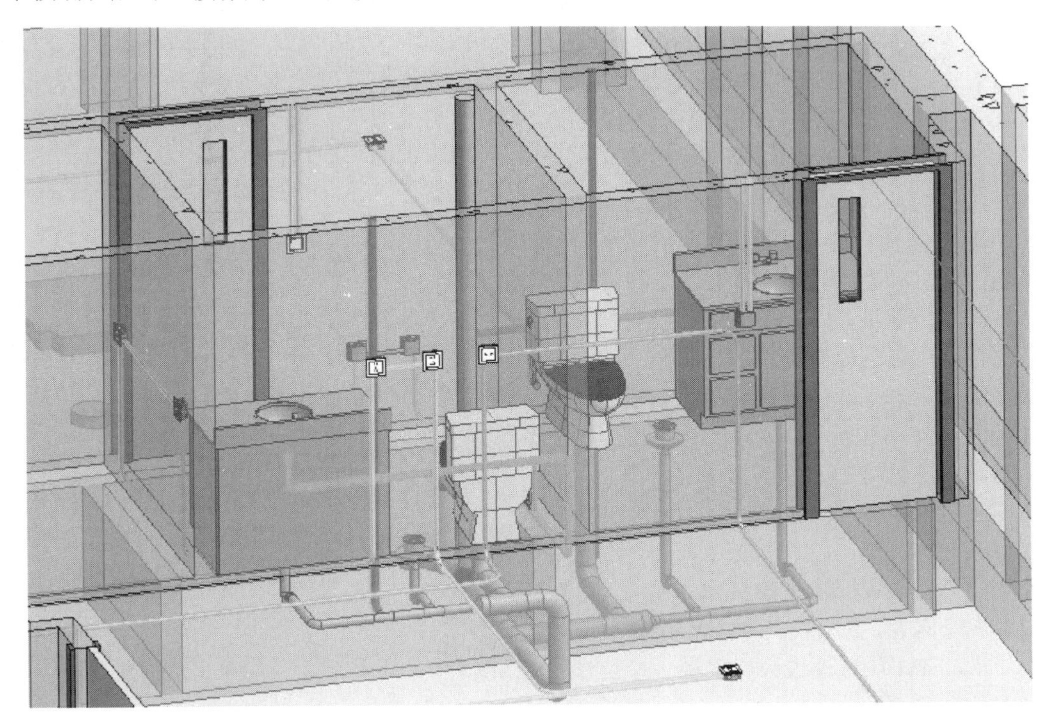

图 3.4.4　厨房、卫生间管线 3D 透视图

第4章　施工方的装饰BIM

4.1　施工方BIM概述

施工单位项目管理是以项目实施过程中的项目经理责任制为核心，使项目管理任务与施工合同的要求保持一致，根据施工项目施工过程中固有规律，及时调整优化资源配置，有效地对施工项目规划、组织、指导和控制，从而获得最佳经济效益的过程。施工项目目标控制是施工项目管理的核心任务，包括建设项目施工进度控制、建设项目成本控制、建设项目质量控制、施工合同管理、建设项目职业健康安全与环境管理、建设项目信息（进场员工登记造册）管理以及全面组织协调。

施工单位是项目的建设者、管理者，也是施工项目模型的创建者，因此施工企业的管理中心是施工项目的实际施工过程，即施工项目现场的动态管理与协调。而BIM信息模型涵盖了施工项目动态管理的整个过程，利用BIM信息施工项目模型，如何将施工过程管理与之紧密配合使用，从而提高施工建设效率，合理降低施工成本，是施工单位较为关注的重点。BIM信息模型在建设项目施工过程中的应用，应作为施工项目管理人员的信息化管理工具。结合施工项目的施工过程特点，利用BIM信息模型综合协调施工过程与进度安排，合理协调各单位分工，深入推进BIM成果的应用，解决施工现场问题，保障施工项目结果符合施工成果要求。BIM项目管理应用于施工单位一般有以下几个方面：

① 可视化设计交底。根据设计交底图纸，结合BIM信息模型模拟创建施工项目模型，对设计文件进行可视化展现，便于施工项目管理人员、施工人员及时解读设计要求和工程信息。

② 降低与规避施工风险。可视化的施工图纸会审，结合BIM模型预施工、模拟施工，使施工管理人员与施工人员直观掌握其施工工艺的标准和要求，从而及时调整、优化施工进度的安排，从而保证施工技术措施的可行、安全、合理。

③ 优化施工工艺与深化施工技术。依托施工项目管理方的协调，多方参与，结合施工项目BIM信息模型参数，在模型的基础上进行施工工艺、施工措施、施工节点技术的深化设计，解决设计图纸中未能体现出的施工细部问题，为施工项目按设计要求完成竣工提供一定保障措施。

④ 标准化施工。依托施工项目设计要求，结合施工管理、质量、进度、经济要求，不断深化BIM信息模型，可根据深化完成的BIM模型进行构件拆分设计，预制施工节点，将复杂、重要的施工节点转化为标准化预制构件，后期用于施工项目过程中。

施工单位的BIM应用有以下十五个应用点：

① 施工图纸会审及项目BIM模型创建。依据施工项目设计图纸，进行图纸会审，及时纠正存在问题。结合施工图纸创建施工项目BIM模型，分工协作完成建筑模型、结构模型、机电设备模型创建，并及时检查模型数据。

② 模拟施工进行碰撞检测。基于创建的施工项目BIM模型，将建筑、结构、机电设备模型进行对照检查，同时进行各专业模型间的碰撞检测，及时得出碰撞结果，编制碰撞检测报告，各专业依据碰撞检测报告进行图纸与模型的优化与更正。

③ 施工项目实施过程动态管理。依据前期深化设计的BIM信息模型，组织各个专业进行会审交底，优化调整施工实施进度与施工节点。深化各专业设计图纸，将各个专业设计数据综合至BIM模型中，汇总施工项目数据，以便于施工过程动态管理，进行综合协调，确保施工项目实施能够顺利进行，指导现场施工。

④ 设计变更及洽商预检。通过前期深化

设计阶段对BIM信息模型进行各专业深化设计、协调及初步碰撞检测，减少了传统施工过程中产生的设计变更，同时各专业可根据BIM信息模型进行同步检查及预检，各施工专业可进行细致的洽商或变更，确保建设项目现场施工的顺利实施。

⑤ 施工方案辅助及工艺模拟。利用BIM信息模型模拟施工进度，编制施工进度方案。结合相关类似项目施工经验，建立施工方案模型，细化施工项目实施的方案，利用BIM模型仿真模拟，验证其方案合理性，同时更正方案的不足，协助各专业施工人员充分理解和实施施工方案。

⑥ BIM信息模型数据协同施工进度管理。结合BIM信息模型的深化质量要求，将施工项目中各类型数据信息按设计要求置入，同时纳入时间参数，对施工项目进行多维度审查与管理。提高了对于施工过程中重要节点及工序复杂节点的审查可靠度；依据BIM模型参数，及时录入施工进展中的参数，可及时掌握施工进度及趋势，实现对施工项目进度的多维度动态管控。

⑦ BIM信息模型辅助造价控制应用。将BIM信息模型进行参数导出，并汇总分析。分析审查施工项目工程量是否符合设计要求，提高工程量的精确度控制。结合审查后的工程量和施工进度分析，综合计算和分析该施工项目的造价，达到施工项目工程量控制目标，使施工项目造价符合预期管理控制目标。

⑧ 施工项目质量管理控制。在施工项目实施过程中，结合深化设计综合BIM模型，对现场的施工工艺与特殊、复杂工艺节点进行审查管理。可视化的模型分析便于通过对比及时发现施工项目实施过程中存在的不合理施工工艺，指导现场施工人员进行整改。利用BIM信息技术平台及时将数据记录上传，反馈施工项目存在的质量问题及解决方案，便于项目管理人员进行施工项目质量控制。

⑨ 依托BIM信息平台融合RFID技术应用。BIM信息平台容纳了施工项目的质量参数、进度参数、成本参数。可利用深化后的BIM模型将施工项目的部分构件进行参数化拆分，比如按照施工进度进行阶段化划分，按照施工和运输要求进行施工和运输构件的拆分等。

以基础施工构件拆分为例，按照施工和运输要求对基础构件进行拆分后，利用BIM软件对拆分构件赋予单独的ID参数，利用RFID技术（无线射频识别）对构件ID参数信息进行获取，指导生产、运输、现场检验安装，实现全过程的数据管理。施工人员亦可利用RFID识别终端对构件的属性、安装位置、精度要求等进行了解，优化现场施工顺序，加快施工进度的同时提高施工质量。

⑩ BIM信息模型与施工现场精度对比。采用激光测距、三维扫描等方式，对施工项目主要施工节点进行现场扫描，形成三维的数据。将实际采集的施工节点数据与BIM模型中节点数据进行精度对比，可得出误差参数，并及时通知相关专业人员进行现场修正，避免出现因施工现场与深化设计图纸不一致导致后期返工，甚至无法验收的问题。

⑪ BIM放样机器人辅助现场测量工作应用。从设计模型中提取放样点，使用BIM放样机器人在现场进行自动测量放样。将模型点位与现场对应，提高测量效率和精确度，确保安装工程的顺利实施。

⑫ 施工项目现场安全管理与绿色文明施工控制。项目部利用综合各个专业的深化模型，依托制定的施工进度，建立施工项目漫游模拟模型，审查施工现场存有的安全隐患，及时做出相应调整；建立BIM标准化绿色文明施工模型，进行时间节点的紧密控制，做到施工现场文明、安全、有序地开展施工作业内容。

⑬ 模型更新与维护。在施工项目的建设中，要在预定的施工进度计划的基础上，实时对施工进度与BIM模型进行比对与数据更新，保证施工现场与BIM模型相一致，最终确保施工项目符合设计图纸要求。

⑭ 协同多平台管理。施工项目有多方参与，施工进度、成本、质量等数据的分享与协同传输、使用就变得尤为重要。协同平台可用于多方参与，实现数据传输、共享，确保施工项目信息数据有效性。

⑮ 数字信息项目交付。伴随施工过程，不

断更新BIM模型数据，健全项目信息，在施工项目竣工阶段，向甲方交付信息化BIM数据模型，形成数字化成果。

4.1.1 施工单位应用BIM技术的方式

目前，因BIM技术发展水平不一致，施工企业应用BIM技术的方式不尽相同。某些大型施工单位已经具有信息化、数据化、可视化、一体化的施工理念，并结合实际施工项目，不断积累使用BIM技术的经验，已将BIM技术应用于施工单位管理、建设和验收等阶段，形成了以BIM深化设计为中心，各分包方配合应用的方式，最终形成集成式服务管理。但也有部分企业正处于初期接触或应用BIM技术阶段，造成了BIM技术应用方式和深度不尽一致的现状。综合不同施工单位应用BIM技术的方式，施工中常见的BIM应用形式如下：

① 设立施工项目深化设计服务中心，由深化设计服务中心负责初期的BIM模型设计和BIM模型搭建。基于设计图纸及其项目相关要求，建筑、结构、设备等专业分工创建初期模型，基于综合模型进行施工项目可视化审查交底，进行深化设计，并由中心配合、指导项目部组织实施BIM技术应用。

② 企业设立项目实施协同平台，各部分明确分工，利用同一协同平台、同一软件进行项目分工，分阶段编辑、审查、修正项目模型数据，由企业提供协同平台、软件、硬件、云技术协同及人员培训等。

③ 委托专业BIM技术咨询机构或公司，同步培训本企业的技术人员，并委托第三方完成BIM项目咨询与数据管理等任务，逐步在BIM应用过程中积累使用经验。

④ 将项目完全委托给第三方BIM技术咨询服务公司，于该项目投标阶段BIM技术应用开始，至项目竣工交付结束，BIM技术咨询服务公司提供贯穿项目全过程的服务，解决委托方企业的BIM技术需求。

⑤ 利用BIM技术优化项目管理，使用BIM模型进行施工节点审核、结构节点验算、施工工艺控制和施工质量检查等。

以上几种BIM应用方式是现阶段施工单位常选用的应用方式，不同BIM应用方式的选择，可视企业规模、人员规模、市场需求规模、项目要求等因素综合确定。

4.1.2 施工单位的BIM技术应用清单

BIM技术应用在施工项目管理过程中与传统施工阶段紧密相关，可将其应用划分为五个阶段，主要为初期招投标阶段、项目深化设计阶段、项目施工审查阶段、项目施工阶段、项目竣工交付阶段。具体各阶段涵盖的应用节点见表4.1.1。

表4.1.1 施工单位的BIM技术应用清单

应用阶段	序号	应用点分解
初期招投标阶段	1	BIM技术辅助商务标编制
	2	BIM技术辅助技术标编制
项目深化设计阶段	1	根据甲方CAD图纸进行BIM深化设计
	2	特殊结构节点深化设计
	3	主要施工工艺深化设计
项目施工审查阶段	1	施工综合方案管理
	2	关键装饰工法展示
	3	施工过程仿真模拟
项目施工阶段	1	成品构件进场管理
	2	进度管理
	3	安全管理
	4	质量管理
	5	成本管理
	6	物料管理
	7	绿色文明施工管理
	8	工程变更管理
项目竣工交付阶段	1	基于三维可视化的成果验收

4.2 装饰施工招投标中的BIM

BIM技术将实际施工项目数据转为可视化模型，具有信息化、参数化、可视化、协同化等特点，本质是数据的分类与使用，依托网络技术发展，运用协同数据承载平台、云端数据传输等，使BIM技术的特点得以充分展现；将项目招投标中的文字说明资料与二维设计图纸转化为三维模型，多维度展现项目的信息，使招投标阶段的信息传达更加清晰、便捷和准确，主要应用点见图4.2.1。

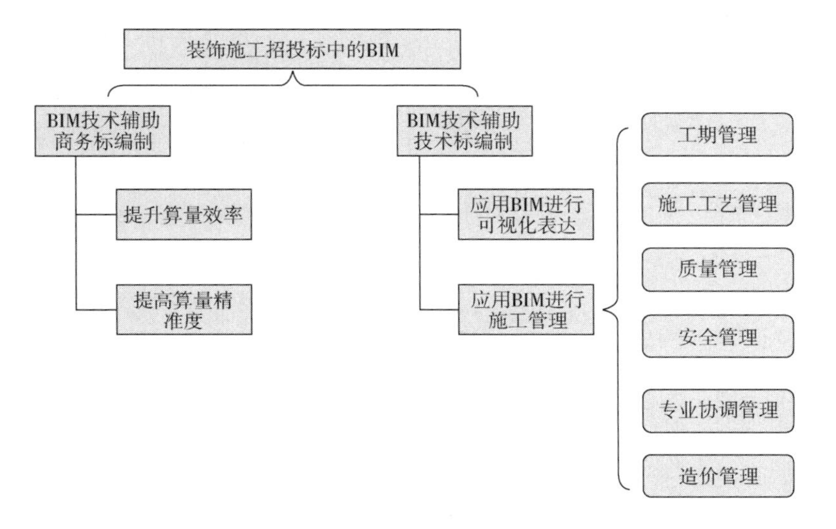

图4.2.1　装饰施工招投标中的BIM应用点

4.2.1　BIM技术辅助商务标编制

基于BIM模型，可以快速提取各种工程量，各种工程量可以轻松排序、合并和拆分，以满足不同参与者在投标中的不同需求。与传统的人工工程量计算相比，基于BIM技术的商业标准计算实例具有以下明显优势：

① 提升算量提取效率。当模型的精度可以满足招标需要时，可以通过软件自动提取各种算量。整个算量提取过程仅需几分钟，与人工计算相比，节省了大量时间。同时，在BIM模式下，所有人的算量都是基于同一个模型提取的，而不是造价算量人员按照原先的CAD图纸重新在算量造假软件中建模，逐个构件计算，可以显著减少人员投入。

② 提高算量提取精准度。可根据计算需要精确至每一个构件的工程量，不会出现构件遗漏和重复计算的错误，同时可与模型完全一致。同时软件计算生成的工程量清单与模型数据相互关联，具有数据公用的联动性。例如当模型进行了数据修改或更替，工程量清单数据会同步跟随自动改变，因此不会出现模型数据更改后，清单数据未及时更新造成工程量计算不准确的现象。目前国内基于BIM的商务标编制往往也存在多种问题。在项目投标阶段，投标单位要根据二维图进行模型绘制，模型的精确度调整、修正过程会花费较长时间，影响项目的投标效率。其次，因国内BIM技术起步较晚，企业使用的专业化程度普遍不深，BIM专业人员缺乏招投标的商务知识，建模后期往往无法满足算量的要求。

4.2.2　BIM技术辅助技术标编制

利用BIM技术辅助技术标编制，可以充分发挥BIM技术信息数据优势，提高信息数据利用率，并结合各种BIM管理平台和设备的应用，加快项目之间的信息共享与使用。一般来说，在技术标编制中可以按照表4.2.1写入BIM技术措施与方案。

表4.2.1　BIM技术辅助技术标编制的措施和主要技术方案

类别	针对性BIM措施	主要技术方案
工期管理	① 工程进度预期模拟，优化进度安排； ② 基于BIM平台的PDCA进度管控方法	① 4D进度管理； ② BIM协同平台综合管理

续表

类别	针对性 BIM 措施	主要技术方案
施工工艺管理	①基于 BIM 可视化的方案验证、优化和交底； ② 3D 模拟仿真展现和 VR 技术方案预演	① 施工方案辅助； ② 虚拟/混合现实技术； ③ 放样机器人
质量管理	① 3D 模型展示与数据上传对比审查； ② 质量问题上传协同数据平台； ③ 采用激光仪器扫描技术	① 施工过程数据实时更新管理； ② 施工过程质量动态管理； ③ 三维激光扫描技术
安全管理	① 安全措施可视化展现； ② 安全问题上传协同平台； ③ 虚拟现实安全体验馆	① 施工过程管理； ② 协同平台管理； ③ 虚拟/混合现实技术
专业协调管理	管理平台在总承包管理中的应用	①协同平台管理； ② 运维信息模型
造价管理	①BIM 综合协调提前解决项目潜在问题； ② BIM 精细化管理优化资源配置； ③ 工程地址提取及变更管理	① 综合协调管理； ② BIM4D 管理； ③ BIM5D 管理

4.3 装饰施工图深化设计中的BIM

4.3.1 装修深化设计特点

装修工程的工程量大，工期较长，施工工艺要求较高，资金投入量较大，需要多个专业工种相互配合协调。建筑装修工程施工作业区域较为明确、单一，装修装饰材料种类多，施工工艺丰富，施工精确度要求较高，对装修装饰材料的性能要求较高，例如墙面材料要求稳定、耐潮湿、耐污、抗菌，地面材料要求耐磨、耐水、耐火等。建筑内部装修装饰要满足室内使用环境的声、光、热、感官感受等要求，同时要满足业主具体使用功能的需求。根据以上特点，施工组织要协调好施工工程各专业间的配合，对施工项目所需的人、材、机以及施工工艺等进行统筹规划安排，运用科学有效的方法，按照施工设计要求与合同要求，对建筑装修施工项目进行质量、进度、成本和安全等多方面的动态控制，确保项目达到预期目标。

利用 BIM 技术的可视化与参数化动态控制，可对施工项目进行深化设计，依托模拟仿真施工结果进行调整，科学组织施工流程，制定合理的施工进度，按照进度安排进行施工作业，同时动态协调施工现场的施工工种交叉作业，根据进度安排，合理部署人、材、机的进场调度，使施工过程可控，以按照要求完成施工项目合同目标。

目前，国内建筑装修工程施工单位 BIM 应用整体水平处于起步阶段，大部分企业无法做到结合 BIM 技术对施工项目进行深化设计以及优化设计，大多处于对二维图进行 BIM 翻模阶段。BIM 信息模型中含有大量的施工项目数据，例如材料数据、构件数据、设备管线数据和时间进度数据等，利用 BIM 模型进行项目施工模拟，可使施工项目管理人员对施工项目进行直观把控，根据施工项目的特点进行 BIM 模型深化设计深度调整，将传统二维图无法直观表达的设计节点深度进行模拟验证与展示，尤其对施工工艺较为复杂的节点可做到提前论证与补充设计，从而切实提高施工项目的质量。

4.3.2 基准模型获取

建筑内装修具有一定的特殊性，对施工的尺寸精度要求较高，后期的深化设计的 BIM 模型是以原有建筑主体结构尺度参数为基础，不断进行调整得到的。因此原始基准模型的尺度精度显得尤为重要，基准模型的尺度等数据参数的获取可通过人工点对点测量或三维激光扫描点测量，对基准模型不断修正与调整，从而得到较为精准的基准模型。

① BIM 模型主体结构深化设计。建筑内装修 BIM 模型深化设计是基于主体结构模型深化设计，由于施工项目主体结构施工过程中不可避免存在误差，导致 BIM 深化设计模型会出现与现场施工不一致的情况。在存有偏差的结构模型基础上进行建筑内装修项目深化

设计，必然会对后期的深化设计精度造成影响。因此在建设项目施工完毕后应及时采集相应数据，与 BIM 深化设计模型数据进行对比，并及时更新 BIM 模型数据，使其二者的数据一致。

② 三维激光扫描点云模型。利用三维激光扫描技术，可以快速测量物体的轮廓，采集轮廓数据，以通用输出格式构建、编辑、修改和生成表面数字模型，为现场施工、改造和修复提供指导。

当建设项目主体结构施工完成后，技术人员可采用三维激光扫描技术对其进行完整扫描，采集实际施工完成后的结构尺度数据，形成高精度的点云模型。确认采集数据与点云模型精度无误后，可将其导入 BIM 设计平台，构建 BIM 模型深化设计的参考模型，设计人员即可对比现场采集的实际数据，对 BIM 深化设计模型进行详细设计与调整，大大避免了返工的概率，有效提高了设计的可靠性和准确性。见图 4.3.1。

（a）BIM模型

（b）三维扫描

图 4.3.1　BIM 模型与三维扫描

4.3.3　装修深化设计建模内容

① 楼地面工程。包含以下内容：饰面块材铺装排版（图 4.3.2、图 4.3.3），整体面层楼地面铺装构造节点，块料面层楼地面铺装构造节点，木地板面层楼地面铺装构造节点，架空地板地面铺装构造节点，防腐面层楼地面铺装构造节点，楼梯踏步安装构造节点，踢脚板安装构造节点，木地板与踢脚线收口节点，地毯铺装节点，地毯与踢脚线收口施工节点，地面设备设施安装末端收口构造节点。

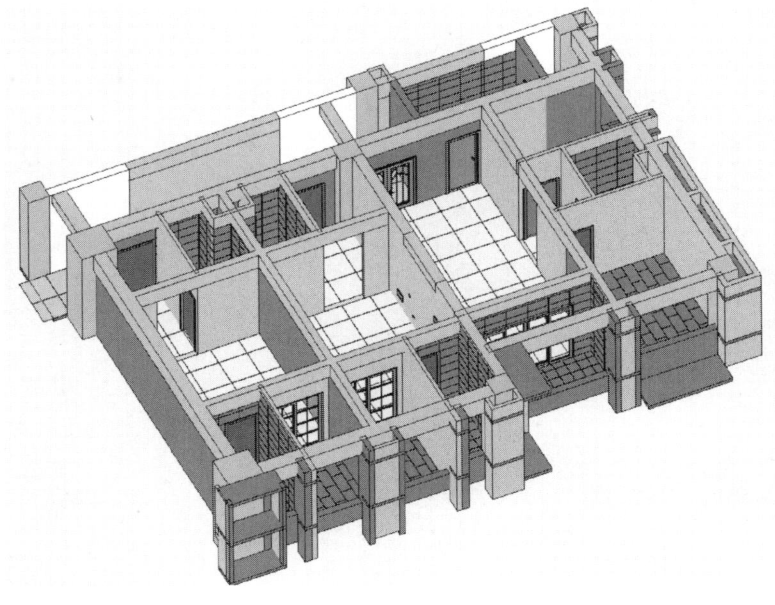

图 4.3.2　地砖铺装

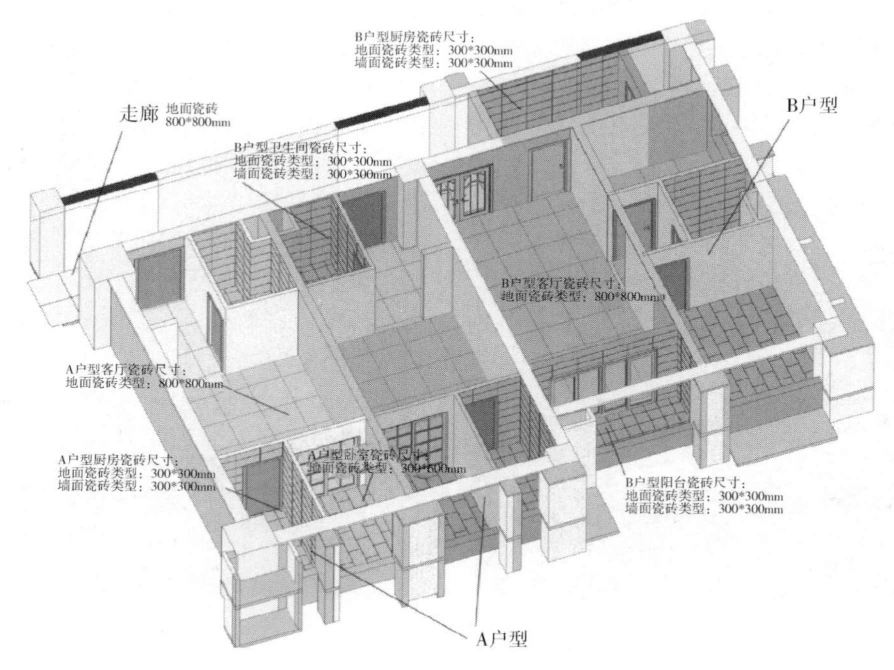

图 4.3.3　地砖排布设计

② 门窗工程。包含以下内容：成品门窗套安装构造节点，成品门窗安装构造节点，窗台板安装构造节点（图 4.3.4）。

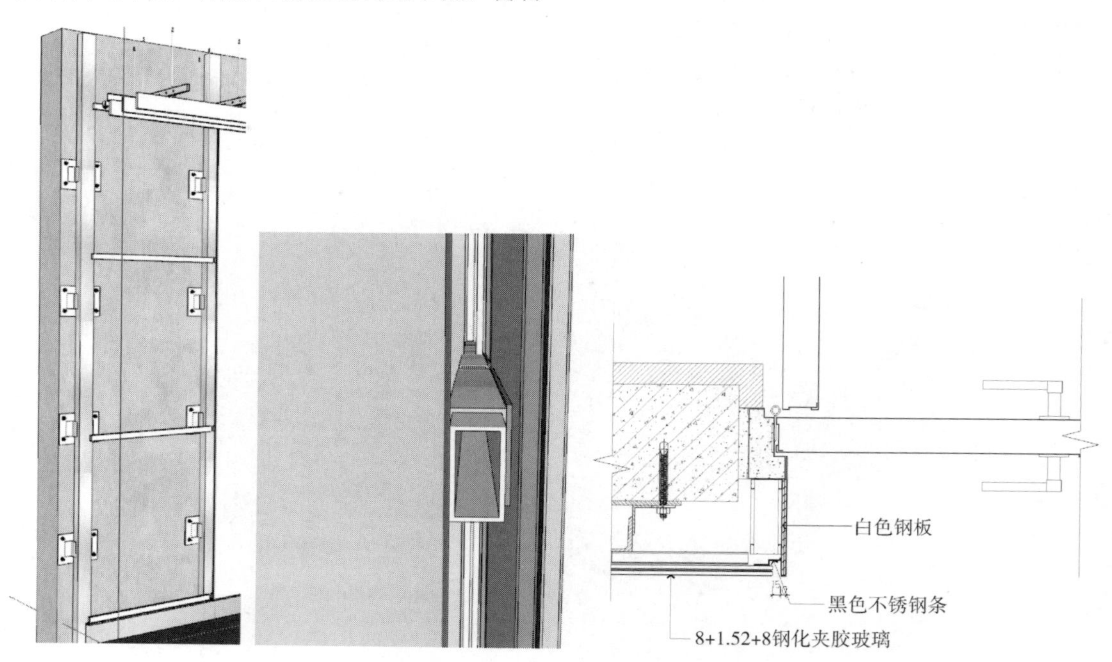

图 4.3.4　装配式夹胶玻璃挂接式窗

③ 吊顶工程。包含以下内容：吊顶饰面板材料排版，吊顶内部支撑构件定位排布，纸面石膏板吊顶内部构造节点，吊顶内部构造节点（图 4.3.5、图 4.3.6），发光灯膜内部构造节点，

跌级吊顶构造节点，窗帘盒构造节点，暗光槽构造节点，吊顶灯具安装构造节点，检修口、空调风口、喷淋、广播等设备设施安装构造节点，吊顶伸缩缝节点，阴角凹槽构造节点。

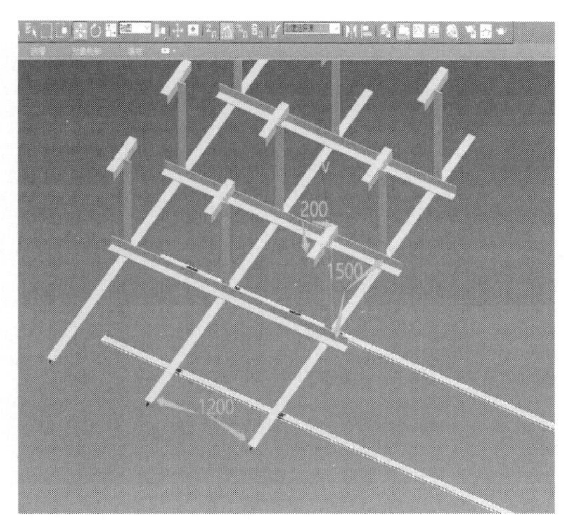

图 4.3.5　吊顶钢架转换层三维可视化方案交底

图 4.3.6　吊顶钢架转换层搭接方式可视化

④ 轻质隔墙工程（非砌块类）。包含以下内容：轻质隔墙饰面板排版，内部支撑结构定位排布，龙骨精确建模与下料（图 4.3.7），轻质隔断板安装构造节点，纸面石膏板轻质墙体内部构造节点，木龙骨木饰面板隔墙内部构造节点，玻璃隔墙安装构造节点，玻璃砖隔墙安装构造节点，活动隔墙安装构造节点，异型墙饰面安装构造节点，其他轻质隔墙内部构造节点，墙面设备设施安装收口构造节点。

714隔墙龙骨精确下单表

墙体基本信息					基础龙骨			
	填写		下拉			下拉		
墙体编号（标红为岩棉墙）	墙体类型	墙体长度（m）	龙骨型号	龙骨间距	竖龙长度（m）	竖龙根数（根）	天地龙骨长度（m）	穿心龙骨（m）
504-1	WI-1wa	2.15	C75	0.3	5.12	8	4.3	6.45
504-2	WI-3a	3.27	C75	0.3	5.02	11	6.54	9.81
504-3	WI-1a	4.9	C75	0.3	4.92	17	9.8	14.7
504-4	WI-47wb	2.4	C100	0.4	5.32	6	4.8	7.2
504-5	WI-47b	1.44	C100	0.4	5.4	2	2.88	4.32
504-6	WI-47b	2.72	C100	0.4	5.42	7	5.44	8.16
504-7	WI-47wb	3.42	C100	0.4	5.32	7	6.84	10.3
504-8	WI-47b	1.64	C100	0.4	4.92	5	3.28	4.92
504-9	WI-47b	3.35	C100	0.4	4.92	9	6.7	10.1
504-10	WI-1a	4.3	C75	0.3	5.12	15	8.6	12.9
504-11	WI-2b	2.11	C100	0.4	5.4	6	4.22	6.33
504-12	WI-2b	0.73	C100	0.4	5.32	2	1.46	2.19
504-13	WI-2b	2.23	C100	0.4	5.32	6	4.46	6.69

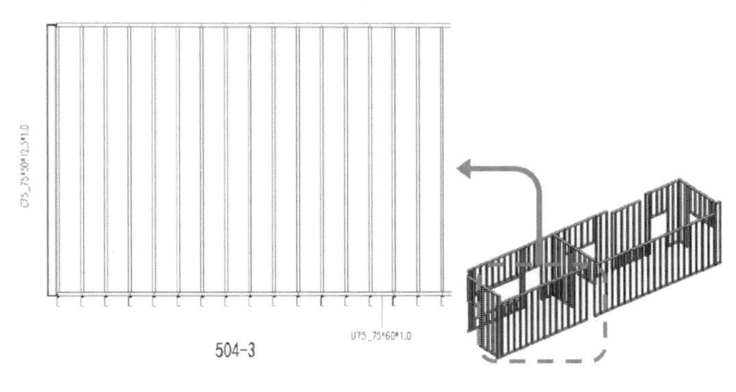

图 4.3.7　龙骨 BIM 模型与下料清单

⑤ 饰面板工程。包含以下内容：饰面板排版，支撑结构定位排布（图 4.3.8），干挂石材墙面构造节点，金属板材墙面构造节点，墙面石材阴阳角收口构造节点，墙面直板木饰面安装构造节点，瓷板饰面安装构造节点，墙面石材干挂开槽排版构造节点，各类饰面板设备设施安装收口构造节点。

⑥ 饰面砖工程。包含以下内容：瓷砖饰面排版（图 4.3.9），马赛克饰面排版，陶板饰面排版，饰面砖阴阳角收口构造节点，各类饰面砖设备设施安装收口构造节点。

⑦ 幕墙工程。包含以下内容：框支撑构件式玻璃幕墙构造节点（图 4.3.10、图 4.3.11），单元式玻璃幕墙构造节点，点支撑玻璃幕墙构造节点，石材幕墙构造节点，金属幕墙构造节点，双层幕墙构造节点，光伏幕墙构造节点，智能幕墙构造节点，植物幕墙构造节点，玻璃雨檐构造节点，天窗构造节点，幕墙设备设施安装收口构造节点。

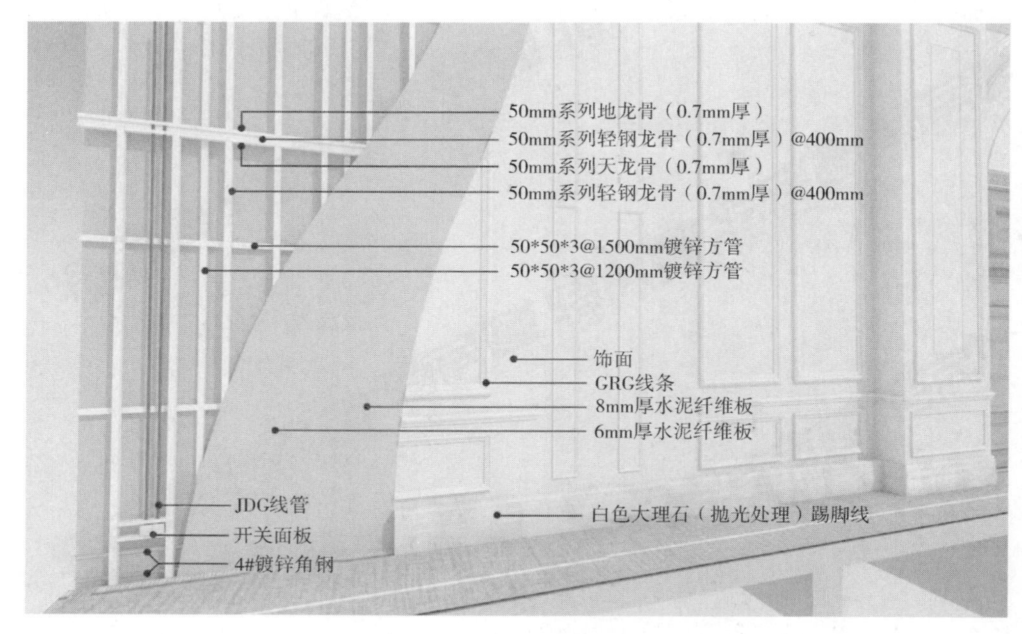

图 4.3.8 饰面板及支撑构造

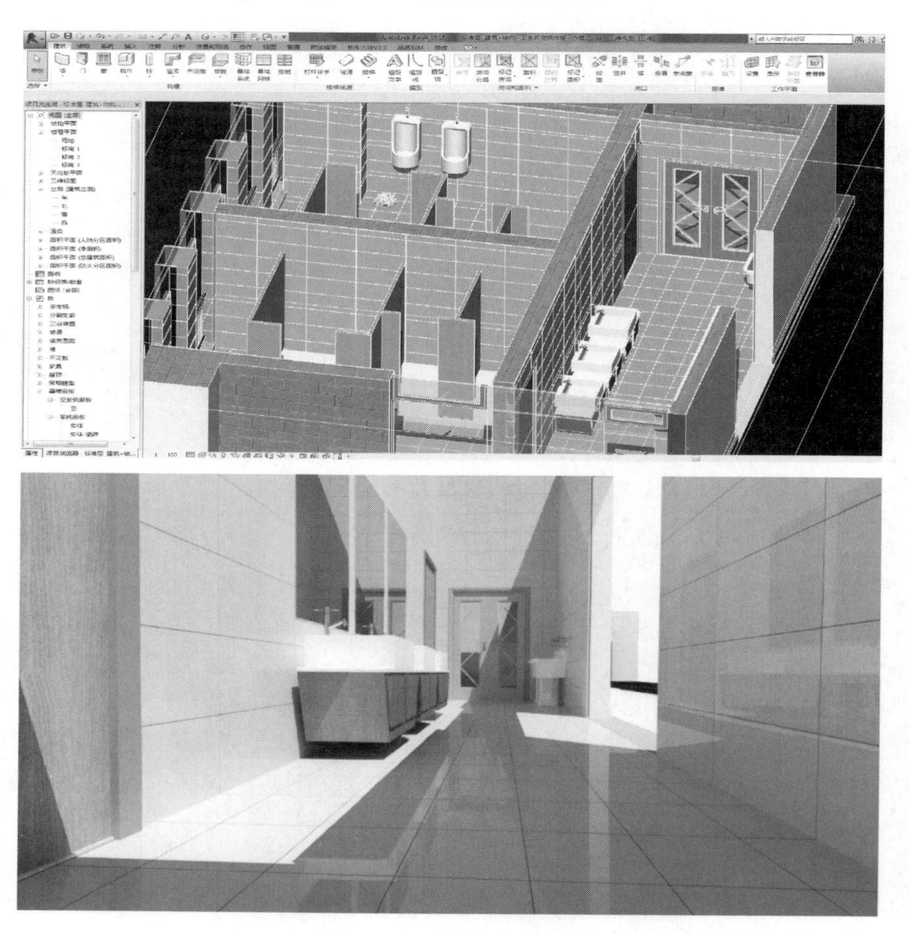

图 4.3.9 地砖铺贴与工程量统计

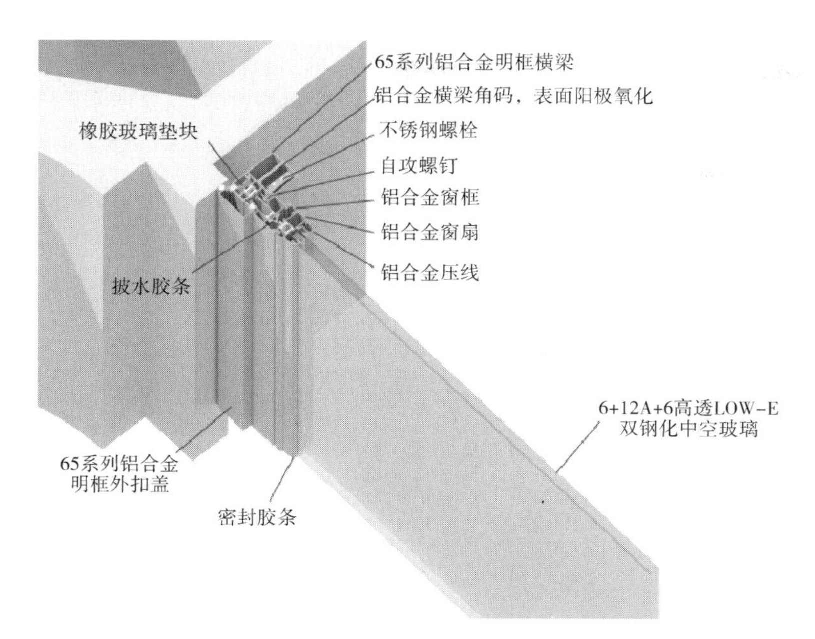

图 4.3.10　幕墙构造节点

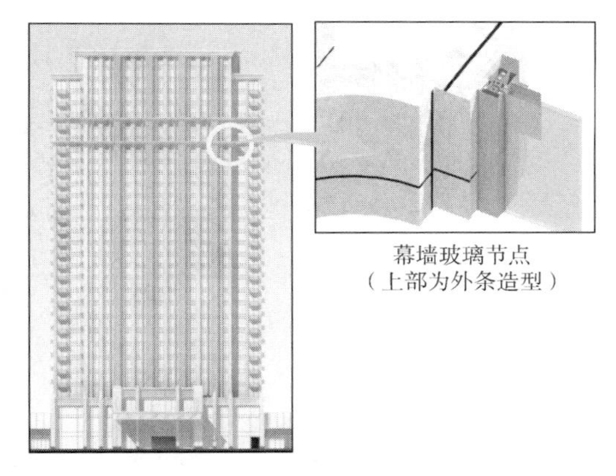

图 4.3.11　幕墙玻璃节点及造型

⑧ 涂饰工程。包含涂饰艺术墙面面层分割。

⑨ 裱糊与软包工程。包含壁纸壁布饰面排版、软包饰面排版。

⑩ 细部工程。包含以下内容：固定家具深化设计，活动家具深化设计，各类装饰线条安装构造节点，胶黏剂粘贴木基层施工节点，伸缩缝做法，卫生间洗面台柜安装构造（图 4.3.12），卫生间隔断安装构造节点，卫生间成品淋浴房、洗脸盆、坐便器、蹲便器、小便器、浴缸安装构造节点，卫生间门槛石铺装构造节点，镜子玻璃安装施工节点，卫生间电器安装构造节点，卫生间无障碍设施安装构造节点，卫生间设备设施收口安装构造节点，地漏安装节点，灯槽安装节点（图 4.3.13），厨房橱柜安装构造节点，厨房抽油烟机、灶具、水槽等安装构造节点，厨房设备设施收口安装构造节点，厨房卫生间五金设施安装构造节点。

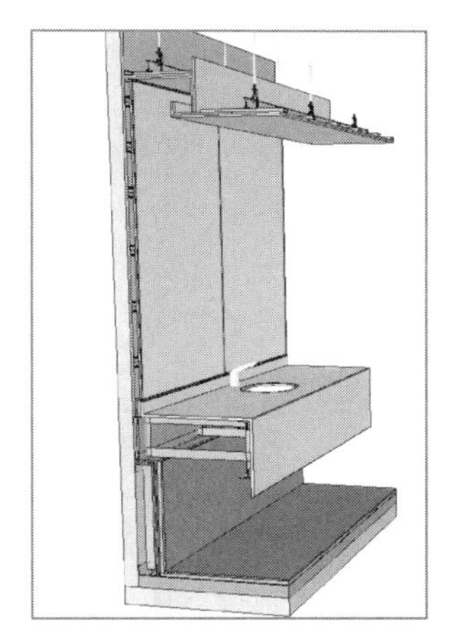

图 4.3.12　台面 BIM 模型细部构造

图 4.3.13　石膏板灯槽 BIM 模型细部构造

4.4 装饰施工组织中的 BIM

装饰施工组织中的 BIM 应用包括工艺模拟、预制构件加工、施工进度模拟、物料管理、成本管理，如图 4.4.1 所示。

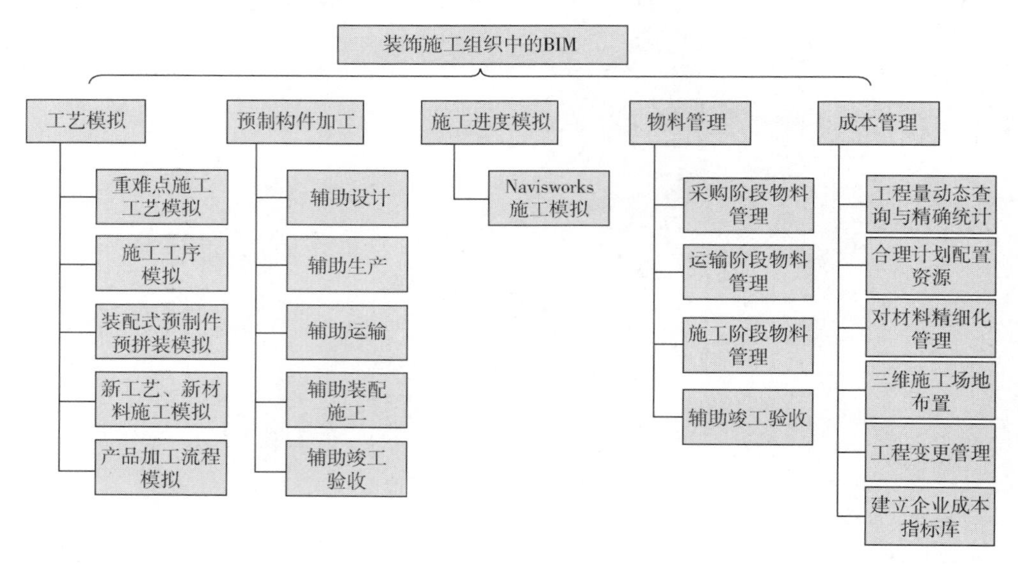

图 4.4.1 装饰施工组织中的 BIM

4.4.1 工艺模拟

① 重难点施工工艺模拟。针对项目中的难以施工的重难点部位（如图 4.4.2），考虑施工工序、用料、建筑场地等因素，对施工方案进行调整优化。包括专用装饰设施施工模拟和某些在施工过程中难以处理的施工问题的模拟。

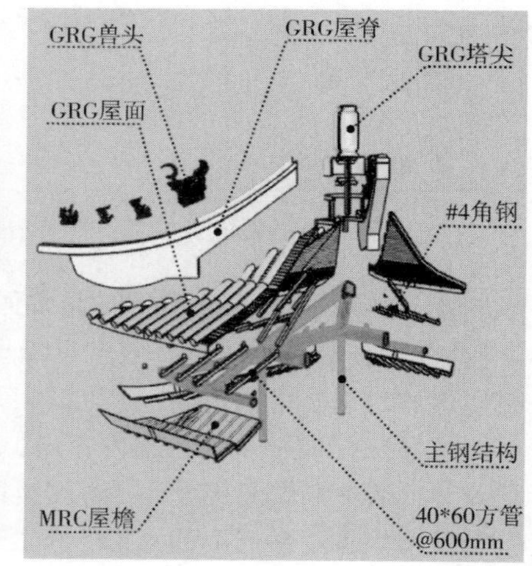

图 4.4.2 古建翘脚 BIM 模型

② 施工工序模拟。装饰工程工序复杂，为保证施工质量，某些构件设施的安装必须按照一定的顺序来进行，且常常与机电设备的安装存在先后施工工序的问题。为顺利组织施工，可模拟关键施工工序，找到最快速、经济的施工方案。

③ 装配式预制件预拼装模拟。主要针对装配式预制件等项目定制构件的安装进行模拟，通过模拟鉴定预制件尺寸或安装方式的可实施性，并以此为基础进行预制件二次深化设

计，优化预制件造型及尺寸。例如吸音挂板安装施工模拟等。

④ 新工艺、新材料施工模拟。主要针对新工艺、新材料的实施方案进行模拟，鉴定新工艺的可实施性以及新材料的使用效果，并对多个方案进行模拟、比选，从而选择出最优方案，偏向于技术方案的论证。

⑤ 产品加工流程模拟。现代装饰工程常常随着各种新材料、新产品的使用而衍生出大量新工艺、新工法，装饰施工工艺模拟不应只考虑施工现场，应同时包含部分装饰材料及构件的产品生产加工流程。这类模拟主要模拟工厂流水线对装饰构件的加工流程，以指导工厂工人加工生产。

4.4.2 预制构件加工

① 辅助设计。建立预制构件 BIM 模型过程中，首先根据拆分得到的构件，将各个预制构件的信息导入模型中，并逐一分类和编码。同时编制构件制造、运输、安装等信息，输入 BIM 模型，并进行模拟安装，通过三维可视化模拟过程发现的问题，及时进行深化或更正设计，进而有效指导预制构件的生产加工，实现构件的预制化生产。

② 辅助生产。根据设计阶段的成果，分析构件的参数，并进行相应的调整，形成标准化的零件库，实现从零件库到数控加工的参数化信息传递。

③ 辅助运输。在构件加工完毕后，充分利用物联网技术、追踪技术，与装饰工程的进度计划相配合，提高效率。

④ 辅助装配施工。通过 BIM 技术合理定制构件装配计划，进行可视化装配流程模拟和指导，利用二维码、VR 及 AR 等技术，向技术工人交底，以指导施工安装工作的开展。

⑤ 辅助竣工验收。BIM 信息化模型能汇总施工项目总过程的信息数据，并能够进行分层级储存与展示，成为特定节点数据，可将节点数据与实际数据进行对比，分析归纳出存在的问题，采取相应的解决办法，从而形成能够指导企业生产或项目施工的集成数据库，为其他项目建设与管理提供参考数据。

4.4.3 施工进度模拟

施工项目的进度控制是项目管理的核心要素之一。为了保证项目顺利进行并如期交付，通过过程性动态管理制定实施计划、调整计划、控制计划，一方面能够确保施工质量，另一方面可以缩短工期，减少施工建设成本。

管理人员需在施工之前详细规划施工的总体进度，进行风险预测和规避。在施工过程中，管理人员应将实际情况与计划进行比较，以便提前做好下一步的准备工作，尽快处理施工过程中出现的问题，对事故进行反映和记录，做好工程质量的实时监督工作。在这个过程中，项目经理还需要对项目计划进行更好的改进，以确保整个项目的顺利进行。施工后期的管理内容也非常重要。项目后期的整体验收、项目财务和整体项目数据的整理、项目总结是项目管理的重要组成部分。传统的施工项目进度管理系统很大程度上依赖于项目经理自身的经验，在项目施工过程中时间计划不够准确，网络图是大多数管理者安排施工计划的方式，这种方法可以用于小型建设项目，但对于大型项目，它涉及很多方面，传统的通用管理方法已不能满足其巨大的需求。

与传统的网络图相比，BIM 技术的核心是多维数字模型，在建设项目进度管理系统中对项目过程的实时监控起着重要作用。BIM 施工进度模拟的流程为：在 BIM 技术的应用中，生产部门提供施工进度计划 Project 表，包括施工部位、时间、劳动力安排等重要信息，由 BIM 人员将其导入 Navisworks 中，利用 TimeLiner 工具（图 4.4.3 所示），将 Project 进度计划与模型构件进行“附着”（图 4.4.4 所示），设置计划开始时间、计划结束时间、实际开始时间、实际结束时间等（图 4.4.5 所示），设置施工状态的颜色（图 4.4.6 所示），进行施工进度的视频模拟（图 4.4.7 所示）。

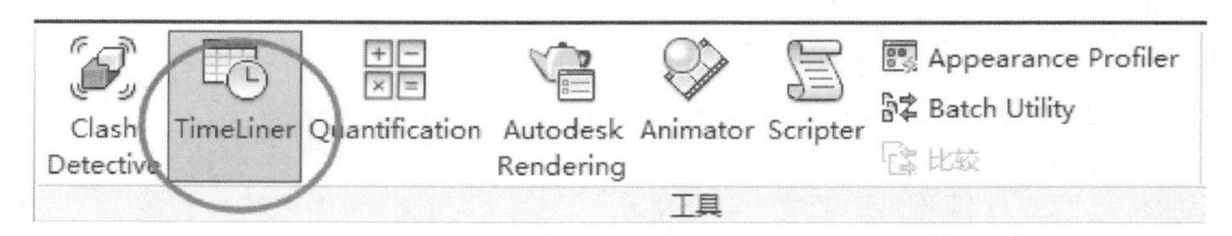

图 4.4.3　TimeLiner 工具

已激活	名称	计划开始	计划结束	任务类型	附着的
☑	F1柱	2017/3/1	2017/3/7	构造	集合->F1柱
☑	F2楼板	2017/3/8	2017/3/14	构造	集合->F2楼板
☑	F2柱	2017/3/15	2017/3/21	构造	集合->F2柱
☑	F3楼板	2017/3/22	2017/3/28	构造	集合->F3楼板
☑	F3柱	2017/3/29	2017/4/4	构造	集合->F3柱
☑	F4楼板	2017/4/5	2017/4/11	构造	集合->F4楼板
☑	F4柱	2017/4/12	2017/4/18	构造	集合->F4柱
☑	F5楼板	2017/4/19	2017/4/25	构造	集合->F5楼板
☑	F5柱	2017/4/26	2017/5/2	构造	集合->F5柱
☑	F6楼板	2017/5/3	2017/5/9	构造	集合->F6楼板
☑	F1墙	2017/5/10	2017/5/16	构造	集合->F1墙
☑	F2墙	2017/5/17	2017/5/23	构造	集合->F2墙
☑	F3墙	2017/5/24	2017/5/30	构造	集合->F3墙
☑	F4墙	2017/5/31	2017/6/6	构造	集合->F4墙
☑	F5墙	2017/6/7	2017/6/13	构造	集合->F5墙
☑	门窗幕墙	2017/6/14	2017/6/20	构造	集合->门窗幕墙
☑	其他	2017/6/21	2017/6/27	构造	集合->其他

图 4.4.4　Project 进度与模型构件“附着”

名称	计划开始	计划结束	任务类型	附着的	状态	实际开始	实际结束	
F1柱	2017/3/1	2017/3/7	构造	集合->F1柱		2017/2/27	2017/3/9	0.00%
F2楼板	2017/3/8	2017/3/14	构造	集合->F2楼板		2017/3/8	2017/3/14	0.00%
F2柱	2017/3/15	2017/3/21	构造	集合->F2柱		2017/3/16	2017/3/22	0.00%
F3楼板	2017/3/22	2017/3/28	构造	集合->F3楼板		2017/3/20	2017/3/26	0.00%
F3柱	2017/3/29	2017/4/4	构造	集合->F3柱		2017/4/4	2017/4/4	0.00%

图 4.4.5　设置实际施工时间和结束时间

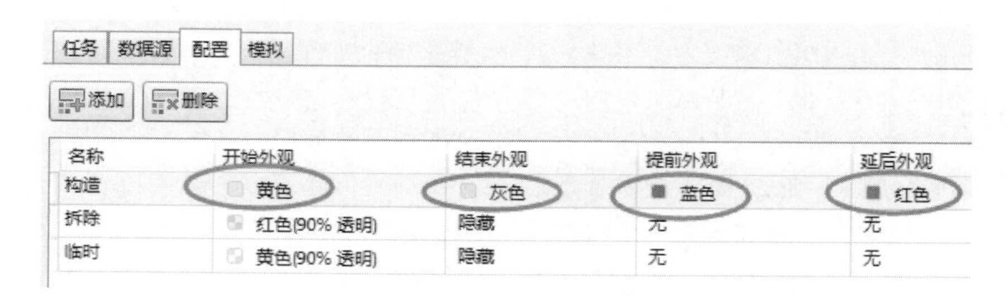

任务　数据源　配置　模拟

添加　删除

名称	开始外观	结束外观	提前外观	延后外观
构造	黄色	灰色	蓝色	红色
拆除	红色(90% 透明)	隐藏	无	无
临时	黄色(90% 透明)	隐藏	无	无

图 4.4.6　设置施工状态的表现颜色

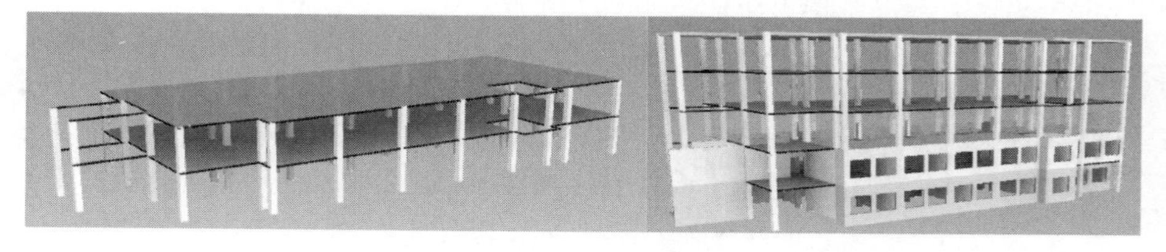

图 4.4.7　虚拟施工展示

4.4.4 物料管理

① 采购阶段物料管理。BIM 技术改变了二维图信息割裂的问题，建筑信息模型能多方联动，一处变更时，明细表等都会相应发生改变。此外，根据 BIM 模型可直接计算生成工程量清单，既缩短了工程量计算时间，又能将误差控制在较小范围之内，且不受工程变更的影响，采购部门依据实时的工程量清单制定相应的采购计划，实现按时按需采购。基于 BIM 技术的物料采购计划，既避免了在不清楚需求计划情况下的采购过量，增加物料库存成本和保管成本，又避免了物料占用资金导致资金链断裂或物料不按时到位对项目产生的影响。

② 运输阶段物料管理。从物料出库到入库的运输阶段，可以将 BIM、GIS（Geographic Information System，地理信息系统）、二维码、RFID 结合应用，实时跟踪检测，通过新技术的整合，实现产品运输跟踪、零库存、即时发货，改善运输过程物料管理。利用日益发展成熟的物联网技术，可建设适用于企业本身的物流管理与运转系统，实现对企业资产与库存的跟踪。

③ 施工阶段物料管理。在施工现场平面布置阶段，就要考虑对原材料、半成品存储进行统筹规划，如果物料堆场规划不当，很可能造成物料的损耗以及二次搬运。在传统条件下，为了保证项目的正常进行，建筑物料的提前采购不可避免，同时，物料库存的资金损失也不可避免，这已成为施工方的两难选择。借助 BIM 对施工场地布置，融入 GIS 地理数据，对建筑施工现场进行模拟，科学规划有限的施工现场空间，满足施工需求，减少二次搬运造成的成本增加；另外，合理安排物料管理人员，责任划分落实到个人，利用二维码或 RFID 技术，录入出入库信息、物料信息、责任人信息，规范现场物料管理。

图 4.4.8 中，报告厅墙面采用木纹铝板，使用 Revit 对每一块板材进行参数设置，录入材料 RFID 编码、材料堆放区域 RFID 代码，导出带有 RFID 编码信息的安装立面，使现场施工时能够对所用材料准确快速找取，避免了施工过程中材料混拿混用，使进场材料与现场施工工序一致。

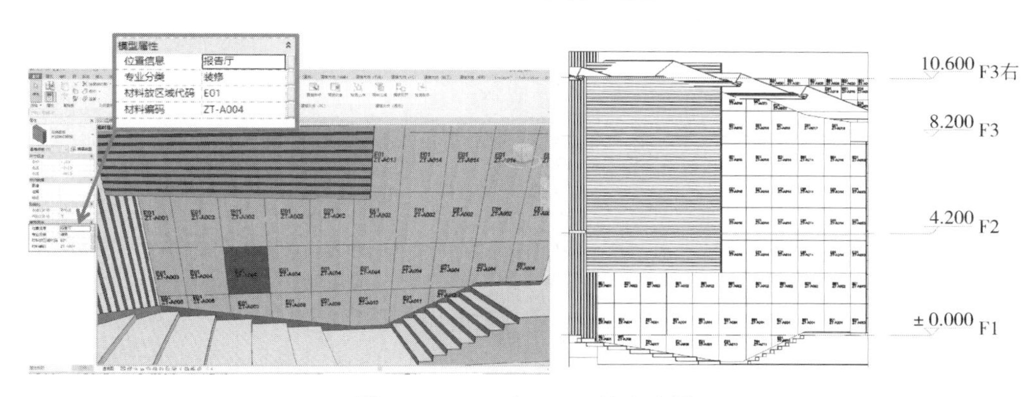

图 4.4.8 BIM 与 RFID 结合应用

4.4.5 成本管理

1）BIM 技术成本管理优势

BIM 技术的本质即为数据管理、储存、转化、共享的协同管理应用平台，可满足数据的集中更新管理与多方调取查用。基于 BIM 技术的成本管理具有快速、准确等综合优势，具体可表现为：

① 计算效率高。结合 BIM 信息技术特点，综合组建 5D 实际成本数据库，利用软件进行成本分析与计算，使复杂的工程成本计算与分析工作量大大降低，提升计算效率。

② 精准度可靠。BIM 信息技术具备完善的数据平台，数据可进行动态调整，确保了成本数据的准确性。同时进行全面数据统计，消除了数据累积产生的误差，提升了成本数据的准确性。随着动态数据的不断调整，数据的汇

总与分析、成本分析愈加精确，大大提高了施工管理效率。

③ 精细度高。通过 BIM 成本数据信息汇总，对成本数据计算分析，容易查出缺失的数据以及存在错误的数据，能够及时更正数据，确保成本数据的真实性和准确性。

④ 汇总分析能力强。它可以从多个维度（时间、空间和 WBS）进行总结和分析，直观地确定不同时间点的资金需求，模拟和优化资金筹集、使用和分配，实现投资资金财务收益最大化。

⑤ 提高企业成本管理能力。利用互联网接入，将 BIM 信息模型实际施工成本数据上传，储存在企业总服务器中，企业成本控制与管理部门，如财务部门、审计部门等可访问实际成本数据，实现企业内部成本管理部门之间的数据共享与共通。

2）BIM 技术在成本管理中的具体应用

施工阶段的成本控制主要含有三个阶段：事前控制、事中控制和事后控制。为了加强施工阶段的成本控制水平，建立基于 BIM5D 的动态控制流程，如图 4.4.9 所示。

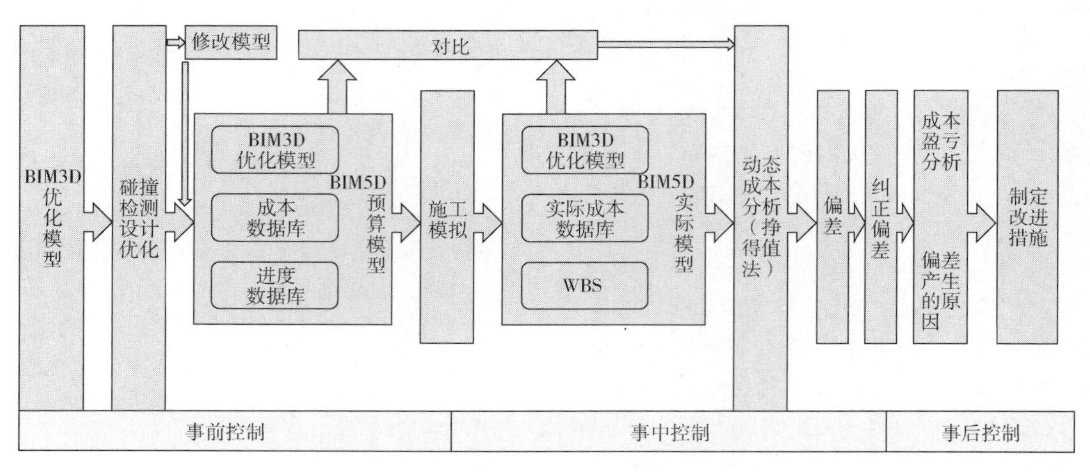

图 4.4.9 BIM 施工成本控制流程

① 工程量动态查询与精确统计。利用 BIM 信息数据进行工程量的计算，计算机将按照预先设立的计算规则进行分析计算，使人工的工作量大幅度降低，同时也规避了人工计算出现的错误，大量节省了人工计算时间。根据大量实际施工项目调研分析得知，施工项目的工程量计算消耗的时间占到成本计算过程总时间的 50%~80%，而 BIM 的使用将节省近 90%的时间，误差控制在 1%以内。

BIM5D 可以依据前期编制的施工进度计划与实际施工进度信息，实时动态计算任何时间段内任何 WBS 节点的每日进度，包括施工项目计划工程量、每日实际完成施工工程量，协助施工进度管理人员对施工进度进行实时掌控。在项目施工过程中存在分期付款计算，各个阶段汇总与采集的实际施工阶段工程量成为结算的重要依据，BIM 信息技术 5D 模型的实时施工工程量记录与汇总，可为施工项目结算提供有效数据支持。

② 合理配置资源。施工阶段的资源配置主要指的是人工、材料、机械台班以及资金等资源，合理安排这些资源对施工项目的成本控制有较为显著的影响。

BIM5D 可以根据任何时间段的工程量，快速计算劳动力、材料和机械台班的消耗以及资金的使用；建设项目管理人员能够动态掌握项目进度，按计划顺利组织流水施工作业，提前规划各班组的工作范围，编制合理的资源使用计划。计算机系统将自动检测各班组在时间或空间上是否存在冲突，从而保证施工过程的连续性，更合理地安排劳动力、材料、机械班次和资金的使用计划，从而避免因材料数量不足或延误而影响工期，实现成本的动态实施监控，达到精细化管理的目的。

③ 对材料精细化管理。BIM5D 对材料的精细化管理体现在对采购数量、采购价格和施工材料的控制上。对于采购数量的控制，可以准确、快速地编制物料需求计划。计划员可以根据项目的进度和年、季、月、周的时间段，定期从模型中自动提取与其相关的资源消耗信息，从而形成准确的物资需求计划。物资装备部采购人员可随时查看物资需求计划和实际情况，并据此制定各周期的物资采购价格。

采购价格的控制与混凝土、模板、钢材、大理石和大型设备等主要材料的采购有关。一般来说，建设单位通过市场竞争进行公开招标，价格控制比较严格，成本问题一般不大。问题主要出现在一些相应的支撑材料上。BIM5D 平台生成的成本数据库在指定的框架数据库中购买，能够解决相应的配套材料价格问题。

运用 BIM5D 模型可以达到材料定额，控制材料浪费施工方接收到物料时，物料库管理人员可根据领料清单所涉及的工程范围，直接通过 BIM5D 模型核对相应的物料需求计划，按计划数量控制领料数量。

④ 三维施工场地布置。使用 BIM 可以直观地计算出施工现场各阶段的材料消耗量。施工人员只能将所需材料运至指定地点，避免过度运输、漏运等，并能有效控制二次搬运成本。

⑤ 工程变更管理。将 BIM 技术引入工程变更管理，可以提高工作效率和过程控制水平，实现对工程变更的有效控制。

⑥ 建立企业成本指标库。BIM5D 可以将施工管理和工程竣工所需的信息数据（包括施工人员信息、验收单、合格证、检验报告、工作清单、设计变更等）包含在 BIM 模型中，将数据与模型相联系，在 BIM 平台上可以直接调取与某个工程或组件相关的所有生产、检验等档案信息。若在后期出现问题，便可以直接在 BIM 平台上追溯问题的源头，分析产生问题的原因，明确承担问题的责任，方便项目实施过程中各参与方信息的储存与共享。

运用 BIM5D 可以高效地生成各种报表，便于对项目施工过程中的历史数据进行存储，有助于企业建立起一个多方位的成本指标数据库。BIM5D 可以将工程中各施工项目细化分类到构件级，录入工程中各种构件的档案信息，针对在不同的项目中使用到的同一构件进行成本的分析，建立一套全面的成本指标库，利于企业实现成本控制。

4.5 装饰竣工交付中的 BIM

4.5.1 竣工交付建模内容

竣工交付阶段，首先要有完善的施工过程模型，在此基础上录入竣工需要的信息，形成竣工交付模型。BIM 竣工模型真实反映建筑专业动态及使用信息，是工程施工阶段的最终反映记录，是运维阶段重要的参考和依据。需要注意的是，由于当前法律规定竣工图纸的深度要求并不高，竣工交付时的二维图纸可以有两种方式：一种是依据装饰工程的竣工图纸交付要求，在施工图设计模型的基础上添加设计变更信息，形成竣工交付图纸；另一种是从竣工交付模型中输出竣工交付图纸。

工程验收及竣工交付工作流程：隐蔽工程验收→检验批验收→分项工程验收→分部（子分部）工程验收→单位（子单位）工程验收→竣工备案→工程交付使用→竣工资料（包括竣工图）交付存档。从流程可以看出，竣工信息录入工作从施工过程就开始了。处于施工项目竣工阶段时，及时在 BIM 模型中上传录入竣工验收相关数据信息，并根据采集的实际数据对 BIM 模型进行相应修正，确保模型与施工项目数据一致，从而形成精准的 BIM 竣工模型。

装饰竣工交付模型应准确表达装饰构件的外表几何信息、材质信息、厂家制造信息以及施工安装信息等，保证竣工交付模型与工程实体情况的一致性。同时，须完善设备构件生产厂家、出厂日期、到场日期、验收人、保修期、经销商联系人电话等。对于不能指导施工、对运营无指导意义的内容，不宜过度建模。对项目进行竣工验收时，应将其项目竣工验收条件与实际数据信息录入 BIM 模型中，对原始的 BIM 信息模型进行相应数据修正，形成符合实际竣工项目的BIM竣工模型，以满足后期交付与运营的需求。

4.5.2 竣工图纸生成

项目竣工后，需要整合反映了所有变更的各专业模型并完成审查，根据施工图，结合整合模型生成验收竣工图。结合BIM信息模型的特点，施工项目的设计信息的修改都将会反映到BIM模型中，软件可以根据三维模型数据的修改自动修正、更新2D图纸内容，节省了设计人员修正图纸的时间。因此，实际上竣工图纸是在施工过程中一步步完善，到最后竣工时形成的。

生成竣工图纸的步骤包括：

① 资料收集：收集设计阶段装饰模型、其他专业模型、装饰施工图设计相关规范文件、业主要求等相关资料，并确保资料的准确性。

② 创建深化设计模型：在装饰设计模型的基础上，创建深化设计模型，并且采用漫游及模型剖切的方式对模型进行校审核查，保证模型的准确性。

③ 传递模型信息：把装饰专业深化设计模型与建筑、结构、机电专业深化设计模型整合，对这些专业进行协调、检查碰撞和净高优化等，并修改调整模型。

④ 设计变更：根据变更申请建立变更模型，同时与涉及变更的其他专业整合变更模型，审批确认后，各专业将变更模型整合到深化设计模型，形成施工过程模型。

⑤ 竣工模型生成；对集中了施工过程所有变更的施工过程模型，添加与运行维护相关的信息，进行全面整合，修改有问题的内容，并通过专业校审，最终形成可以交付的竣工模型。

⑥ 图纸输出：在最终的装饰竣工模型上创建剖面图、平面图、立面图等，添加二维图纸尺寸标注和标识，使其达到施工图设计深度，并导出竣工图。

⑦ 核查模型和图纸：再次检查，确保模型、图纸的准确性以及一致性。

⑧ 归档移交：将装饰专业模型（阶段成果）、装饰竣工模型、装饰竣工图纸保存归档移交。

4.5.3 辅助工程结算

施工项目工程竣工结算是指施工企业完成合同约定的施工工程，经阶段性和终期检验合格，向发包单位进行的总的工程款结算。依据施工工程特点可分为单位工程、单项工程结算和建设项目竣工总结算。传统的施工工程竣工结算主要依靠多种纸质资料，过程中需要较多人为工作量，同时有效信息不对称，结算数据丢失现象较为常见，结算准确率不高，比对困难，过程漫长。通过完整的、有数据支撑的、各方都可以利用的可视化竣工BIM模型与现场实际建成的建筑进行对比，建立基于BIM技术的竣工结算方式，可以更加快速地进行查漏，核对工程施工数量和施工单价等信息，能提高竣工结算审核的准确性与效率，可以较好地解决结算的通病，提高造价管理水平，提升造价管理效率。

在结算阶段，核对工程量是最主要、最核心和最敏感的工作，其主要工程数量核对分为分区核对、分项核对、整合查漏、数据核对四个步骤，其中整合查漏主要是检查核对设计变更以及其他专业影响等引起的造价变化。借鉴以往的竣工结算经验，施工项目的完备资料存储、实时分享对竣工结算的准确性有着较大影响。而BIM信息模型伴随施工之初至竣工整个阶段，不断在更新实际施工工程量等数据，形成了完备的施工环节数据库，同时包含了施工过程中出现的变更数据、价格数据、时间数据等多种类别数据。在进行竣工结算时期，竣工参与方可访问、共享BIM模型数据库，调取准确的项目施工数据资料，提高竣工结算的准确性和效率。

第5章　BIM技术服务企业工作实例

本章以某工程咨询有限公司提供的企业级装饰BIM技术服务为例展开。

5.1　装饰BIM工作目标

设计阶段和施工阶段的装饰BIM技术服务重点工作目标分别见表5.1.1和表5.1.2。

表5.1.1　设计阶段装饰BIM技术服务重点工作目标

BIM模型	应用点	项目所示业态			
		住宅	公共建筑	幕墙	陈设
装饰方案设计BIM模型	三维测量或三维扫描	◆	◆	◆	
	空间布局设计	◆	◆		◆
	方案参数化设计	◆	◆	◆	◆
	设计方案比选	◆	◆	◆	◆
	虚拟现实（VR）展示	◆	◆	◆	◆
	模型漫游	◆	◆	◆	◆
	视频动画	◆	◆	◆	◆
	效果图	◆	◆	◆	◆
	辅助方案出图	◆	◆	◆	◆
	方案经济性比选	◆	◆	◆	◆
装饰初步设计BIM模型	性能分析		◆	◆	
	结构受力计算分析	◆	◆	◆	◆
	碰撞检查	◆	◆	◆	
装饰施工图设计BIM模型	碰撞检查	◆	◆	◆	
	净空优化	◆	◆	◆	
	出施工图	◆	◆	◆	◆
	辅助工程算量	◆	◆	◆	◆

表5.1.2　施工阶段装饰BIM技术服务重点工作目标

BIM模型	应用点	项目所示业态			
		住宅	公共建筑	幕墙	陈设
装饰施工深化设计BIM模型	三维扫描	◆	◆	◆	
	辅助深化设计	◆	◆	◆	◆
	样板应用	◆	◆	◆	◆
	施工可行性检测		◆	◆	
	碰撞检查	◆	◆	◆	◆
	饰面排版	◆	◆	◆	◆
	施工工艺模拟	◆	◆	◆	◆
	辅助图纸会审	◆	◆	◆	◆
	工艺优化	◆	◆	◆	◆
	辅助出图	◆	◆	◆	◆
	辅助预算	◆	◆	◆	◆
施工过程BIM模型	施工组织模拟		◆	◆	
	可视化交底	◆	◆	◆	◆
	设计变更管理	◆	◆	◆	
	智能放线	◆	◆	◆	
	预制构件加工	◆	◆	◆	◆
	3D打印	◆	◆	◆	◆
	材料下单	◆	◆	◆	◆
	施工进度管理	◆	◆	◆	◆
	物料管理	◆	◆	◆	◆
	施工质量管理	◆	◆	◆	◆
	施工安全管理	◆	◆	◆	◆
	施工成本管理	◆	◆	◆	◆
	施工资料管理		◆	◆	◆
	协同应用	◆	◆	◆	◆
装饰竣工BIM模型	竣工图出图	◆	◆	◆	
	竣工资料交付	◆	◆	◆	
	辅助工程结算	◆	◆	◆	◆

BIM 目标优先级及 BIM 应用如表 5.1.3 所示。

表 5.1.3 BIM 目标优先级及 BIM 应用

优先级（1 为最重要）	BIM 目标	BIM 应用
2	提升现场生产效率	碰撞协调，设计审查
1	提升装饰设计效率	碰撞协调，设计审查
3	为物业准备精确的 3D 模型记录	二维码，RFID 配合 BIM 技术
1	施工进度跟踪	施工进度模拟
2	审查设计进度	设计审查
1	快速评估设计变更引起的成本变化	施工成本管理
2	消除现场冲突	碰撞检查
2	减少事故率和伤亡率	3D 协调，虚拟施工

5.2 装饰 BIM 资源和组装准备

5.2.1 资源准备

① 上游的 BIM 模型及 CAD 施工图纸。在装饰工程 BIM 建模前期，项目建模人员要向业主单位收集上游的设计资料，如建筑、机电、结构等专业的 BIM 模型和图纸，为装饰方案阶段设计建模做好准备。

② 本单位的技术文件、合同等，包括施工图纸、施工组织设计、技术方案等，向商务部门收集招标文件、合同、清单等，向材料部门收集材料的价格、质量信息等。

③ 工地现场测量数据。根据提供的基准定位标高、轴线和其他定位点，参照规范进行放线和定位工作。工地现场要测量建筑、结构的墙体、地面及空间标高等数据；不同阶段和环节测量的目的是不同的，测量对象会随之变化。可以采用激光测距仪、三维激光扫描仪结合传统测量方式获取工地现场的数据，并将数据应用于模型当中。

④ 网络 BIM 资源库与协同平台数据。网络数据主要是从 BIM 资源库中下载的构件、材料材质、产品信息等。协同平台数据主要是从项目各个参与方获得的与工程相关的各类原始数据和信息，这些信息可以保证项目顺利进行和项目效益的实现。

5.2.2 组织准备

人员组织配备如下：

① BIM 总监。从公司战略需求角度整体考虑 BIM 发展方向。

② BIM 项目经理。参与企业建筑工程项目 BIM 决策，制定建筑工程项目 BIM 计划；创建和管理项目 BIM 团队，确定每个角色的职责与权限，定期进行考核、评估和奖惩；负责设计环境的保障和监督，监督和协调网络技术人员完成软硬件设计和网络环境的建立；确定工程项目中的各类工程设计 BIM 标准和规范，如大型项目细分原则、构件使用规范、建模原则、专业内协作设计模式、专业间协作设计模式等；负责管理与监控工程 BIM 工作进度；组织和协调各专业工程 BIM 模型制作、建筑分析、二维制图等工作；负责各专业的综合协调（分阶段管线综合、专业协作等）；负责项目 BIM 交付成果的质量管理，包括定期检验及交付检验等，针对存在的问题组织解决；负责接收或交付外部数据，配合业主及其他相关合作方检查。

③ BIM 装饰工程师。负责创建 BIM 建筑和装饰模型，并基于 BIM 模型创建二维视图，添加指定的 BIM 信息；配合项目需求，负责 BIM 可持续设计，如绿色建筑设计、节能分析、工程量统计等。

④ BIM 机电工程师。负责机电 BIM 模型创建，执行管线碰撞操作，按照现场可能发生的工作面和碰撞点进行方案的调整。

⑤ BIM 效果图工程师。制作室内外渲染、虚拟漫游、建筑动画、虚拟施工周期等，也包括制作投标视频、产品宣传视频、工作汇报视频等，为甲方和客户展现良好视觉效果。

⑥ BIM 制图员。BIM 技术组织架构如图 5.2.1 所示。

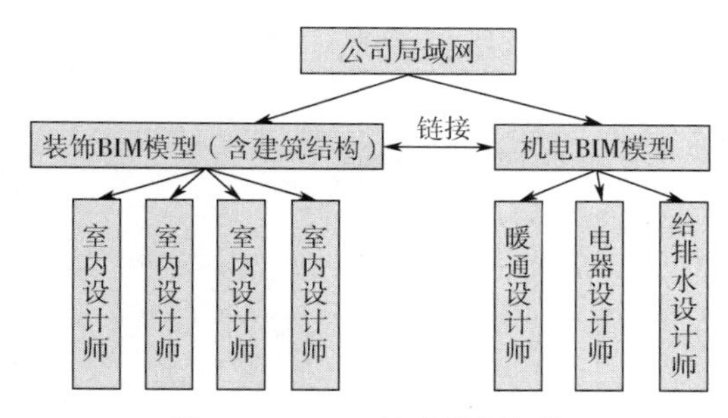

图 5.2.1 BIM 技术组织架构

技术组织协同工作流程如图 5.2.2 所示。

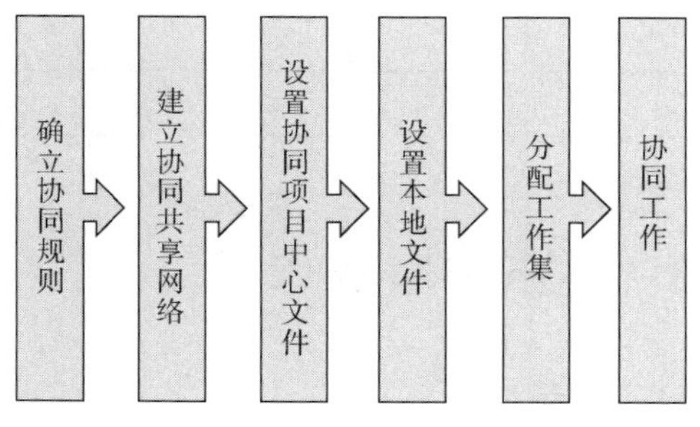

图 5.2.2 协同工作流程示意图

装饰 BIM 工程往往存在 BIM 人员和 CAD 人员的协同，这种协同方式是将 CAD 文件整理后，通过 Revit 中的“链接”将 CAD 图纸链接到 Revit 项目文件中，经过 Revit 优化设计后，以相应的 DWG 格式反馈给 CAD，供非 BIM 设计师进行修正。

使用工作集机制，多个用户可以同时使用中心文件和多个同步的本地副本处理一个模型文件。如果使用得当，工作集机制可以大大提高大型项目的效率。每个图元可以按类别、位置、任务等分类，分配到相应工作集中。创建工作集后，建议将后缀“-CENTRAL”或“-LOCAL”添加在文件名中。使用工作集的设计人员将原始模型复制到本地硬盘来创建模型的本地副本。通过链接机制，可以对模型中更多的几何图形和数据进行外部引用，关联数据可以来自其他专业团队和外部公司。链接模型拆分原则如下：

- 不同的容器文件可以用于不同的目的，每个容器只包含模型的一部分；
- 在对模型进行细分时，应考虑如何分配任务，尽可能减少用户在不同模型之间切换；
- 链接模型时，建议采用“从原点到原点”的插入方法；
- 在跨学科链接模型情况下，项目涉及的每个学科都应该有自己的模型，一个专业可链接到另一专业的共享模型作为参考。

项目数据集中存储在中央服务器上，在 Revit 工作集模式下，只有本地副本存储在客户端的本地硬盘上。图 5.2.3 展示了中央服务器上项目文件夹结构，可根据项目的实际情况进行调整。

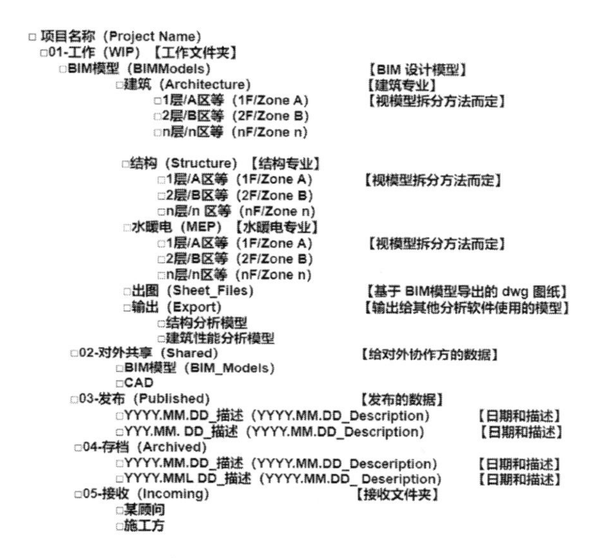

图 5.2.3 项目文件夹结构

> 注意：考虑到不同文件管理系统兼容性，文件夹名称不要有空格。装饰构件文件夹结构如图 5.2.4 所示。

以 Revit 模型文件为例，命名形式可为：

项目名称_区域_楼层或标高_专业_系统_描述_中心或本地文件.rvt

- 项目名称（可选）：对于大型项目，由于模型拆分后文件较多，每个模型文件都带项目名称显累赘，建议只对整合的容器文件增加项目名称；
- 区域（可选）：识别模型是项目的哪个建筑或分区；
- 楼层或标高（可选）：识别模型文件是哪个楼层或标高（或一组标高）；
- 专业：应与企业原有专业类别匹配；
- 系统（可选）：在各专业下细分的子系统类型，例如给水排水专业的喷淋系统；

内装	01–隔断	1.卫生间隔断2.玻璃隔断
	02–墙面装饰工程	1.碎石墙面2.金属墙面3.玻璃墙面4.乳胶漆墙面5.木制6.墙面附件
	03–顶棚装饰工程	1.石膏板2.金属板3.矿棉板4.乳胶漆顶棚5.顶棚配件
	04–地面装饰工程	1.碎石2.防水
	05–踢脚装饰工程	1.金属2.碎石
	06–门窗工程	1.玻璃门2.装饰门3.隔断门4.门配件
	07–门饰窗	1.饰面
	08–卫浴装置	1.栏杆扶手2.栏杆扶手配件3.自动扶梯4.卫生间台面5.卫生间台面镜6.造型、线条7.变形缝
	09–灯具	1.常规洁具2.常规便器3.无障碍卫浴4.卫浴设备
	10–其他	1.LED2.金卤灯3.广告灯箱

图 5.2.4　装饰构件文件夹结构

●描述（可选）：用于说明文件中的内容。可用于解释前面的字段或进一步说明所包含数据的其他方面；

●中心文件或本地文件（模型使用工作集时的强制要求）：对于使用工作集的文件，必须在文件名的末尾添加“-CENTRAL”或“-LOCAL”，以识别模型文件类型。

5.3　装饰 BIM 族库

5.3.1　模型库

① 灯具信息库。灯具信息库（图 5.3.1）中包含的灯具信息，不仅仅包括灯具的样式、色彩等视觉信息，还包括灯具的材料、发光性能、使用寿命等信息。

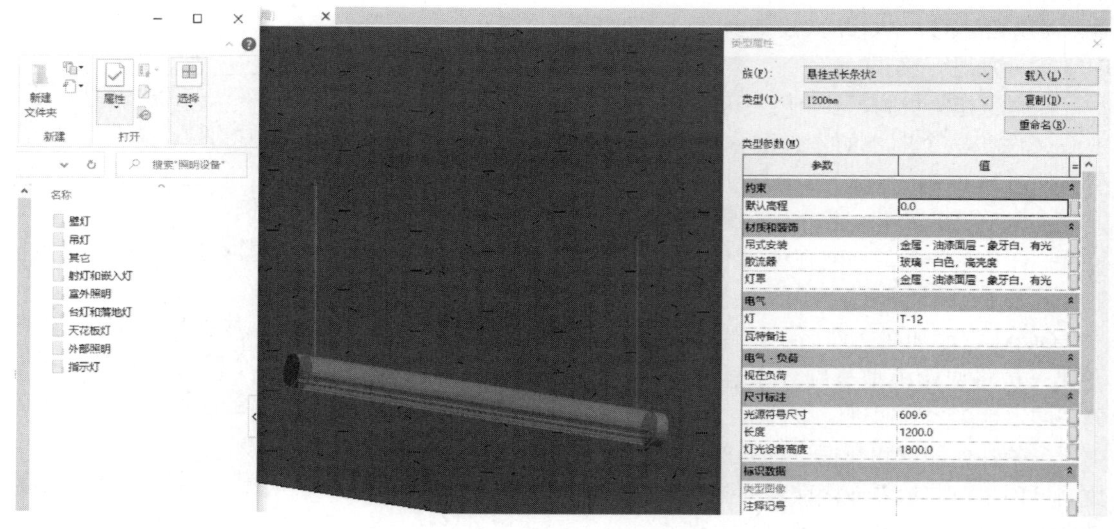

图 5.3.1　灯具信息库（左）、灯具模型（中）以及灯具信息（中）

② 家具信息库。家具信息库（图 5.3.2）的内容，一部分来源于家具设计师，一部分来源于室内设计师。

③ 门窗信息库。门窗信息库（图 5.3.3）有助于设计师选择门窗的样式。门的信息库的内容来源于生产厂商和室内设计师。

④ 构件资源库。构件资源库（图 5.3.4）有助于设计师调取使用构件。

图 5.3.2　家具信息库（左）、家具模型（中）以及家具信息（中）

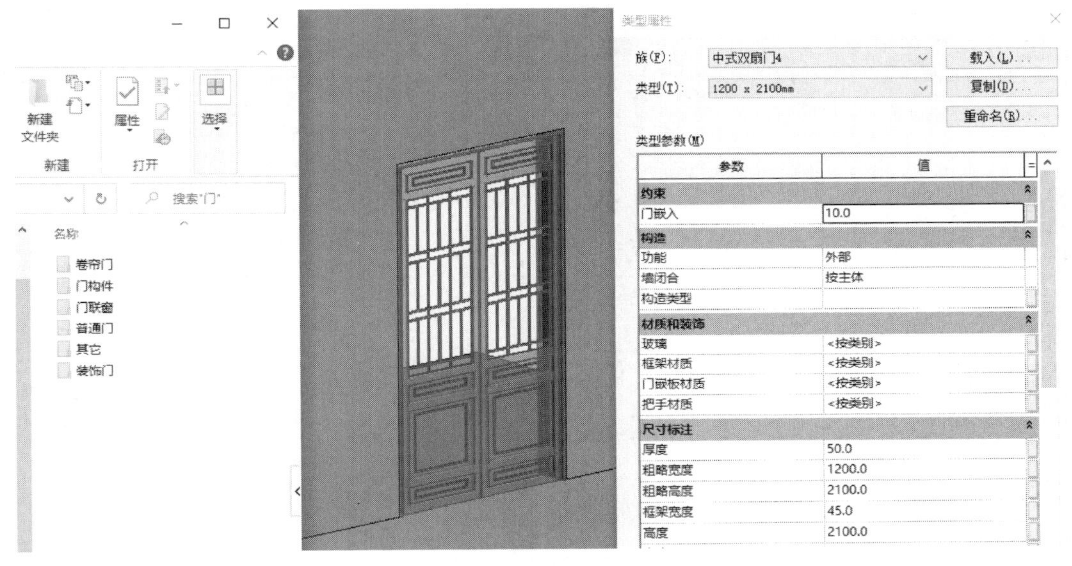

图 5.3.3　门信息库（左）、门模型（中）以及相应的信息（右）

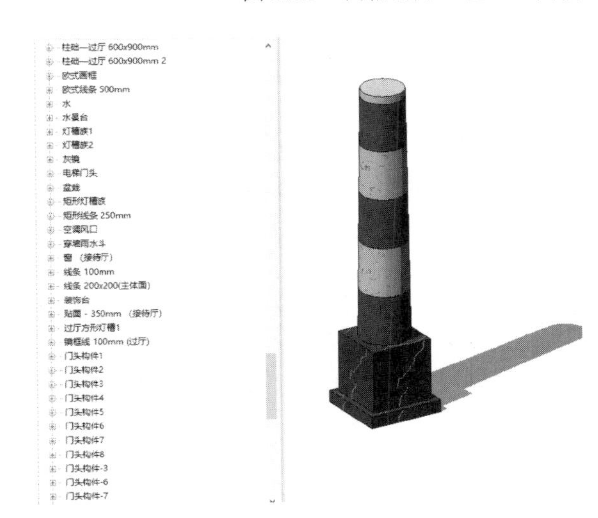

图 5.3.4　构件资源库

在这些资源的基础上，室内设计师根据相应的设计任务规划好空间布局，从艺术和技术的角度来选择相应的构件，像搭积木一样将各部分有机地组合起来，同时满足室内设计个性化的设计要求。此外还有订制装饰类型的 Revit 族库，见图 5.3.5。

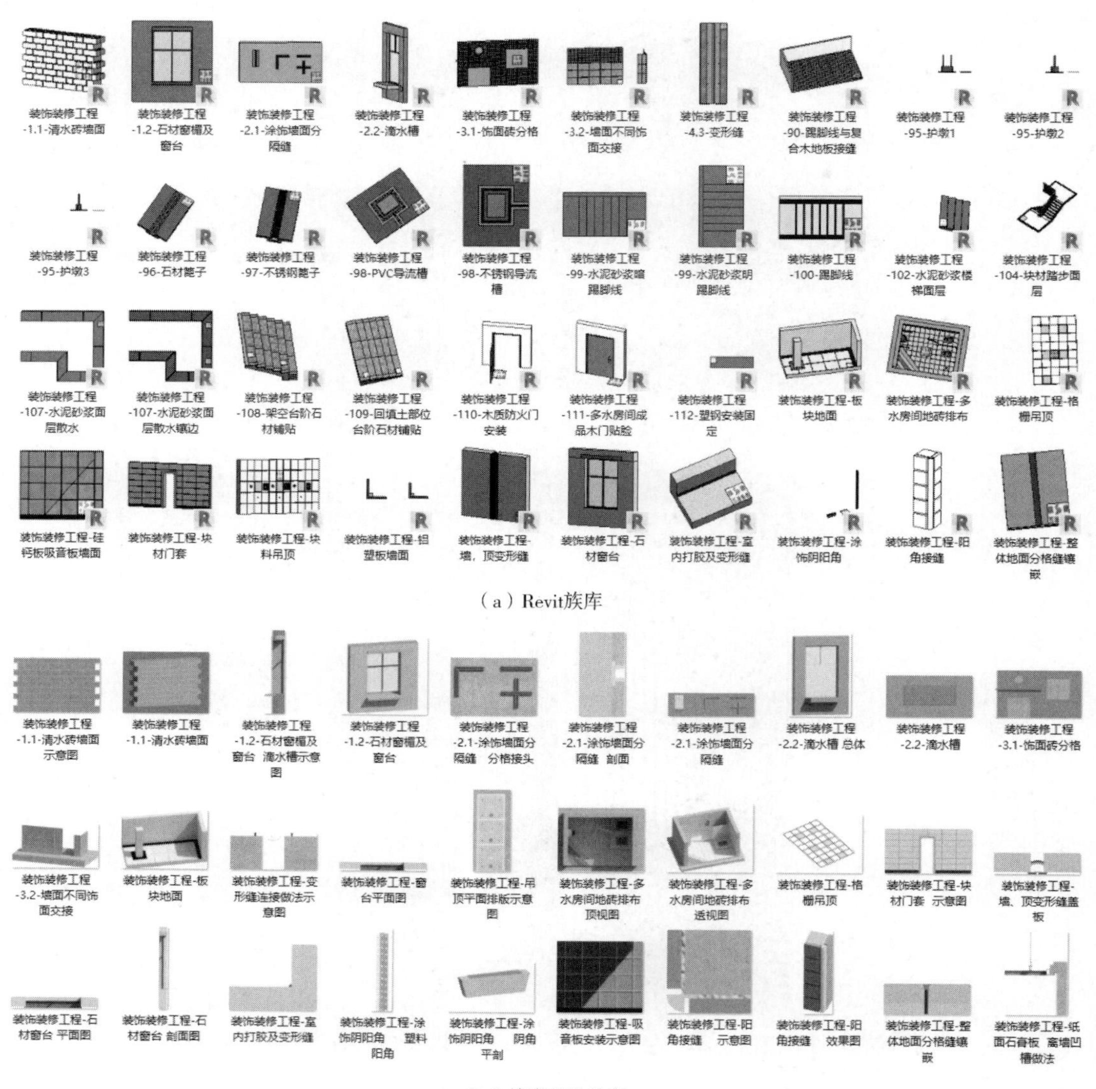

（a）Revit族库

（b）族库的渲染图

图 5.3.5 订制装饰类型的 Revit 族库及渲染图

5.3.2 材质库

Revit 自带材质库包括 Autodesk 材质库及 AEC 材质库，分别包含十几个材质分类（图 5.3.6）。

每种材质包含标识、图形、外观等属性，室内设计专业主要通过图形、外观属性控制构件的可视化显示（图 5.3.7）。

企业可建立自己的材质库，将常用材质添加到企业材质库中，方便在项目中随时调用，如图 5.3.8。

材质库中的项目采用材质球的创建方法，把软件自带的相似材质球复制、重命名，再进行参数的调节，比如贴图、纹理、反射，色彩等，将参数设置到所需的标准程度，并对项目所用材质球进行归类整理，以与软件自带的材质区分。室内设计构件材质种类多样，同一种材质会在多个构件中使用，为统一管理，在 Revit 软件自带的材质库中单独创建一个项目专用材质库，所有的材质球纹理图像贴图都从同一个项目专用文件夹中选取，保证项目中的材质共享使用，如图 5.3.9 所示。

图 5.3.6　Revit 自带材质库　　　　图 5.3.7　Revit 材质属性

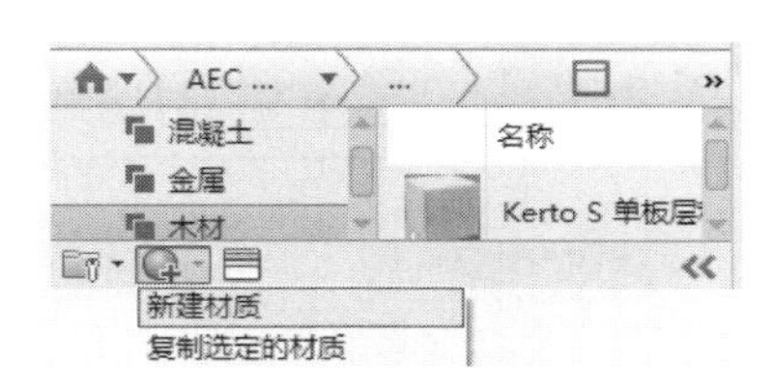

图 5.3.8　自建材质库

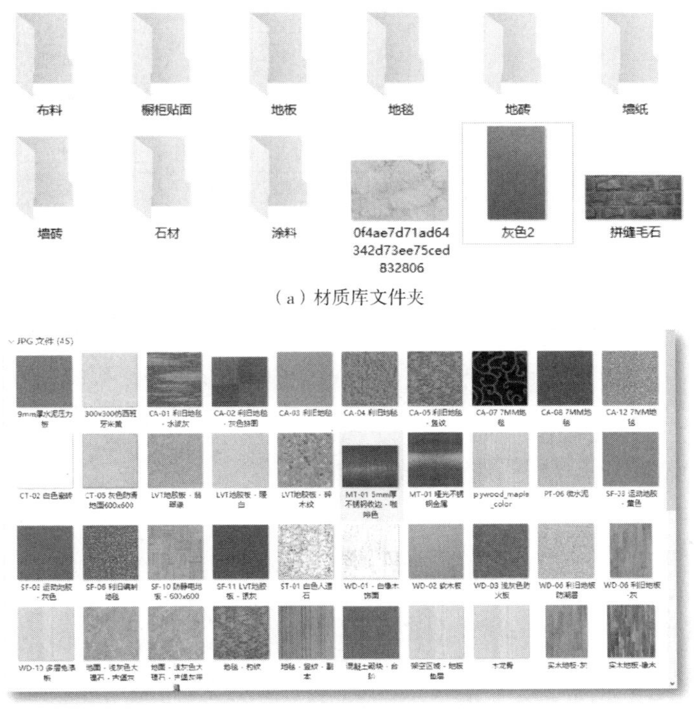

（a）材质库文件夹

（b）材质贴图文件夹

图 5.3.9　Revit 材质库及材质贴图文件夹

5.4 装饰 BIM 建模规定

① 地面饰面层用“楼板”命令，根据饰面类型分别建模。不同面层材质要分开建模；不同铺装方式要分开建模；构件功能应与地面铺装区域分开建模；地砖铺设方式按完整砖块的边界区域建模；同种地面铺装分布在不同业态时，应分别建模。

② 内装墙面饰面层用“墙”命令建模。按其构造做法，在墙的构造中分别录入材质、厚度。内装墙饰面层的命名按内装图所标示的命名。

③ 内装踢脚用“墙”命令建模。

④ 天花装饰通常用“天花”命令建模，竖向的天花用“墙”命令建模。注意：若用放样的方式建立天花，需要能满足成本算量的需求。

⑤ 裸顶的天棚，用“楼板”工具创建板底、梁底天棚，用“墙”命令创建梁侧天棚。

⑥ 卫生间隔断用“墙”命令建模。

⑦ 卫生间台盆及台面分别建模，H 装饰性风口由内装建模。

5.5 装饰 BIM 模型内审

装饰 BIM 模型创建完成后，要对二维图纸、BIM 构件和重点区域进行内审，如图 5.5.1 所示，内审通过后方能递交甲方。

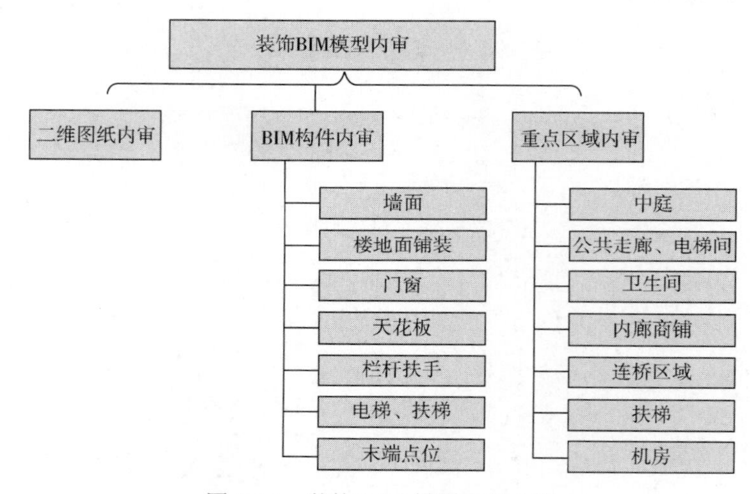

图 5.5.1 装饰 BIM 模型内审内容

5.5.1 二维图纸内审

① ±0.000 标高标识、楼层标高齐全；

② 对图例进行统一标高定位，具体点位按照平面图纸落位；

③ 内装用建筑图与结构图的墙柱一致，且来自同一版本；

④ 外观与方案效果图无偏差；

⑤ 图例表达完整；

⑥ 商铺玻璃分隔墙与天花的交圈交代清楚；

⑦ 中庭洞口数量与大小符合要求；

⑧ 天花高度合理；

⑨ 装饰门大样图齐全；

⑩ 在 2D 施工图中用不同图例区分波打线和门槛石，并标明波打线定位尺寸；

⑪ 各种标识（位置标识，导向标识，警告提示等）和附属构件（门禁，卫生间挂钩，皂液器，厕纸盒等）给出定位尺寸；

⑫ 单\双\三联开关、单\双控开关在 2D 施工图中用图例进行分类；

⑬ 对插座分类标注，图例进行统一标高定位，具体点位按照平面图纸落位；

⑭ 对面板分类标注；

⑮ 液晶显示器尺寸在 2D 施工图中标注清；

⑯ 灯具、风口、消防报警装置、喷淋等设备与天花平面做综合排布；

⑰ 扶梯位置表达清楚；

⑱ 栏杆扶手及大样图表达清楚；

⑲ 扶手栏杆与地面交圈交代清楚。

5.5.2 BIM 构件内审

1）墙面

① 内装墙体定位线均在面层内；

② 内装墙饰面层按照设计表达要求进行划分；

③ 墙面按照设计表达要求做表面区分，按材料分别处理；

④ 墙面装饰面的踢脚线和墙饰条按照图纸表达要求建模；

⑤ 墙面装饰面按实际装饰厚度建模；

⑥ 墙面装饰面按实际标高建模；

⑦ 墙面装饰面造型按设计表达要求建模，并进行表面划分；

⑧ 墙面装饰面与墙面指示标识无冲突；

⑨ 墙体封堵按照设计表达要求，符合相关图集做法及规范要求。

2）楼地面铺装

① 楼地面铺装是否被建筑砌块墙、结构墙、楼板等构件扣减，优先级次序为最低；

② 楼地面做法是否根据设计材料做法表设定，并根据做法表核查；

③ 楼地面铺装是否按照设计表达要求做表面区分，按材料分别建块；

④ 楼地面地指向标识是否与楼地面装饰冲突；

⑤ 地面装饰层是否存在与地面指示标识的冲突。

3）门窗

① 门（尤其是防火门、卷帘门）是否满足设计形体要求和厂家产品要求；

② 门窗族中是否包含房间计算点，通过房间、空间快速查找不同精装区域门窗构件；

③ 核查门窗材质是否正确表达。

4）天花板

① 天花板构造要求是否与设计表达、构造要求、工艺做法一致；

② 天花板造型是否用楼板、常规模型搭建；

③ 天花装饰面与墙面交接处的模型表达方式是否正确；

④ 天花装饰面及龙骨是否存在与风口、灯具、感应器等点位冲突的现象；

⑤ 天花装饰面是否与墙、梁、板、柱等结构存在冲突；

⑥ 天花板洞口开洞是否按照图纸设计建模。

5）栏杆扶手

① 栏杆扶手是否有样式断开处；

② 栏杆扶手是否满足设计剖面或详图表达要求；

③ 栏杆扶手与基础、地面处锚固连接的方式是否按照设计要求建模。

6）卫浴装置

① 卫浴装置是否满足设计形体要求和厂家产品要求；

② 卫浴装置族类别不应为常规模型或其他类别；

③ 卫浴装置族中是否包含房间计算点，通过房间快速查找不同精装区域卫浴设施；

④ 卫浴装置材质是否正确表达；

⑤ 卫浴装置中是否有相应连接件。

7）电梯、扶梯

① 电梯、扶梯是否满足设计形体要求和厂家产品要求；

② 电梯、扶梯平、立、剖表达是否符合施工图表达要求。

8）末端点位

① 各装饰面是否存在与消防系统点位冲突的问题；

② 墙面、天花装饰面是否存在与电气、给排水系统点位冲突的问题。

5.5.3 重点区域内审

1）中庭

① 龙骨、螺栓是否使用详图类绘制；

② 吊顶侧板外形是否满足图纸要求；

③ 吊顶侧板与各专业交接是否正确；

④ 栏杆扶手分格样式是否正确。

2）公共走廊、电梯间

① 墙顶地交接面是否正确；

② 综合天花样式是否符合设计要求；

③ 天花检修口设置是否正确表达；

④ 踢脚线等附属构件的设置是否正确表达。

3）卫生间

① 内装面层与建筑构造层交接是否正确；

② 洁具与隔断是否建模；

③ 点位与机电专业协同是否正确表达；

④ 无障碍设施做法是否正确表达；

⑤ 地面面层标高是否正确；

⑥ 降板区域与建筑结构交接面是否正确表达。

4）内廊商铺

① 墙体封堵是否正确表达；

② 楼面交接是否正确表达；

③ 建筑结构交接面是否正确表达；

④ 机电管线交接是否正确表达。

5）连桥区域

① 连桥区域与建筑结构主体交接是否正确；

② 饰面装饰做法是否符合图纸要求；

③ 栏杆交接样式连续性是否符合图纸要求。

6）扶梯

① 构件与建筑结构主体交接是否正确；

② 饰面装饰做法是否符合图纸要求；

③ 扶梯饰面装饰与主体饰面交接关系是否正确；

④ 栏杆交接样式连续性是否符合图纸要求；

⑤ 呼梯盒、楼层显示器是否建立。

7）机房

① 构件与建筑结构主体交接是否正确；

② 饰面装饰做法是否符合图纸要求；

③ 机电管线、设备交接关系是否正确。

第 6 章　Revit 的常用建筑构件创建方法

Autodesk Revit（简称 Revit）是 Autodesk 公司一套系列软件的总称，含 Revit Architecture（建筑）、Revit Structure（结构）、Revit MEP（机电）三个专业化工具，是目前国内民用建筑普及率最高的一款 BIM 核心建模软件，同时也是一款 BIM 平台类软件。工程技术人员应用 Revit 软件可以在三维设计模式下快速创建 BIM 模型，并以 BIM 模型为基础，得到所需的二维施工图纸、渲染、漫游、工程量统计、物料清单等，并可进行工作集协同设计等。

6.1　新建项目及工作界面

6.1.1　新建与保存的步骤

以 Revit2020 软件为例，软件安装完成后双击桌面上生成的 Revit 快捷图标打开软件之，软件界面的左上角含“模型”的“打开”和“新建”，以及“族”的“打开”和“新建”，如图 6.1.1 所示。

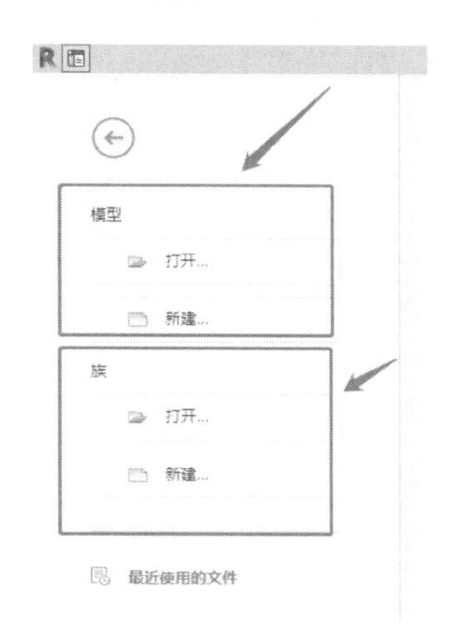

图 6.1.1　启动 Revit 的主界面

单击“模型”的“新建”，在弹出的“新建项目”对话框中选择“建筑样板”，单击“确定”，如图 6.1.2 所示。

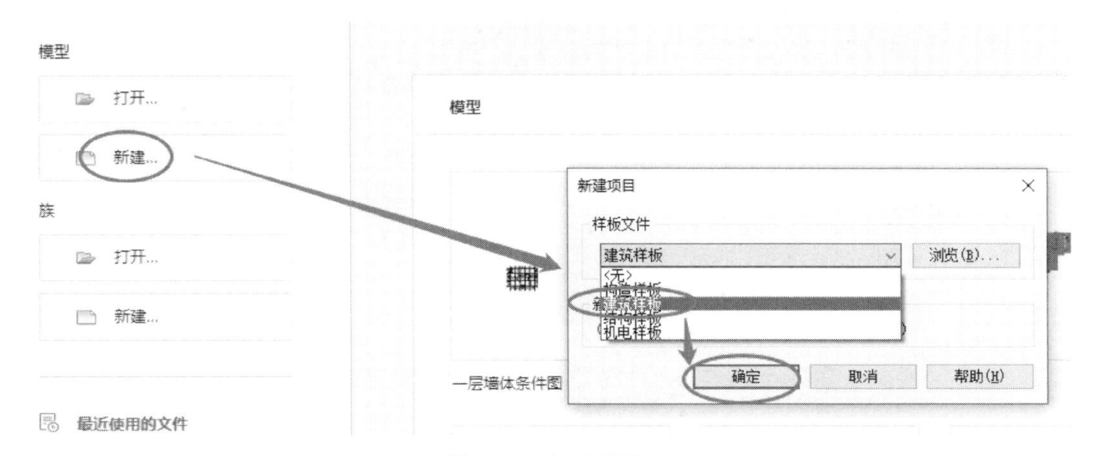

图 6.1.2　新建项目

单击程序左上角“保存”命令，或使用 Ctrl+S 快捷方式进行保存，设置文件名为“新建项目文件完成”，单击“选项”，设置“最大备份数”为 1（图 6.1.3），单击“确定”退出。

完成的项目文件见“6.1 节\新建项目文件完成.rvt”。

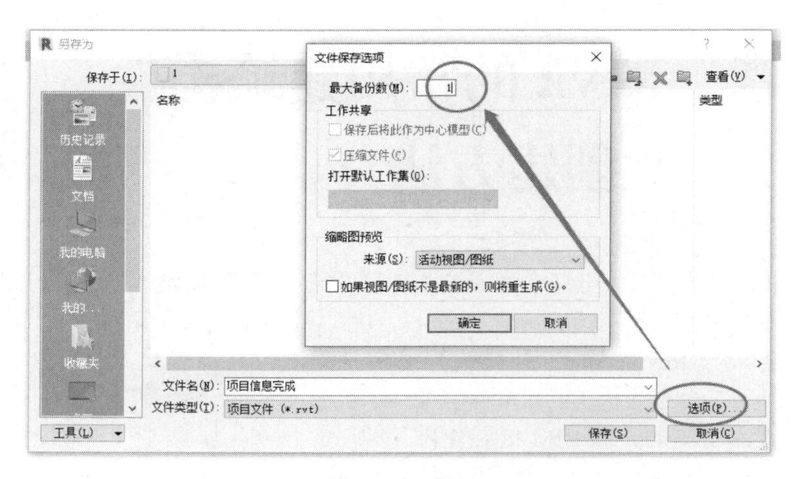

图 6.1.3　保存

6.1.2　样板文件解释

1）项目文件

在 Revit 中，所有的设计信息都被存储在一个后缀名为“.rvt”的“项目文件”中。项目就是单个设计信息数据库——建筑信息模型，包含了建筑的所有设计信息（从几何图形到项目数据），包括建筑的三维模型、平立剖面及节点视图、各种明细表、施工图图纸以及其他相关信息。这些信息包括用于设计模型的构件、项目视图和设计图纸。

若对模型的一处进行修改，则该修改可以自动关联到所有相关区域（如所有的平面视图、立面视图、剖面视图、明细表等）中。

2）样板文件

Revit 需要以一个后缀名为“.rte”的文件作为项目样板，才能新建一个项目文件，这个“.rte”格式的文件称为样板文件。

Revit 的样板文件功能同 AutoCAD 的“.dwt”文件，样板文件中定义了新建的项目中默认的初始参数，例如：项目默认的度量单位、默认的楼层数量的设置、层高信息、线型设置、显示设置等等。可以自定义自己的样板文件，并保存为新的.rte 文件。正常安装的情况下，软件默认样板文件的储存路径为“C:\ProgramData\Autodesk\RVT 2020\Templates\China”。软件自带的建筑样板文件为该路径下的“DefaultCHSCHS”文件，结构样板文件为该路径下的“Structural Analysis-Default-CHNCHS”文件，构造样板文件或施工样板文件为该路径下的“Construction-Default-CHSCHS”文件，如图 6.1.4 所示。

【注】路径中的“RVT 2020”是Revit软件的版本号，若为 Revit2021 版本，则为“RVT 2021”。随书附带的数字资源文件“6.1节”中有软件默认样板文件。

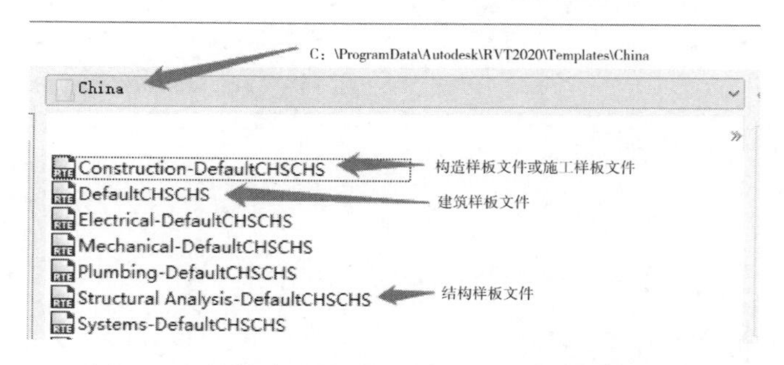

图 6.1.4　软件默认样板文件的储存路径和文件说明

样板文件默认位置的设置如下：单击左上角“文件”，单击右下角“选项”，如图 6.1.5 所示。在弹出的“选项”面板中单击“文件位置”，在右侧“名称”栏输入自定义的样板文件名称，在“路径”栏找到相应样板文件，单击“确定”退出，如图 6.1.6 所示。

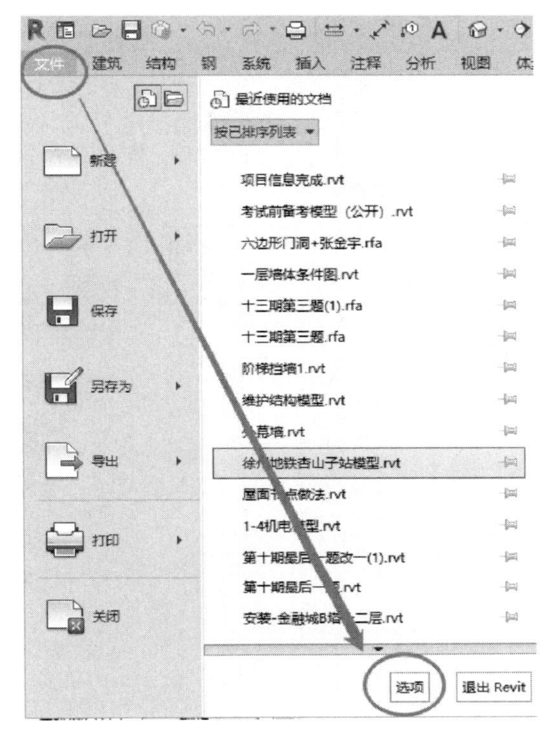

图 6.1.5　选项

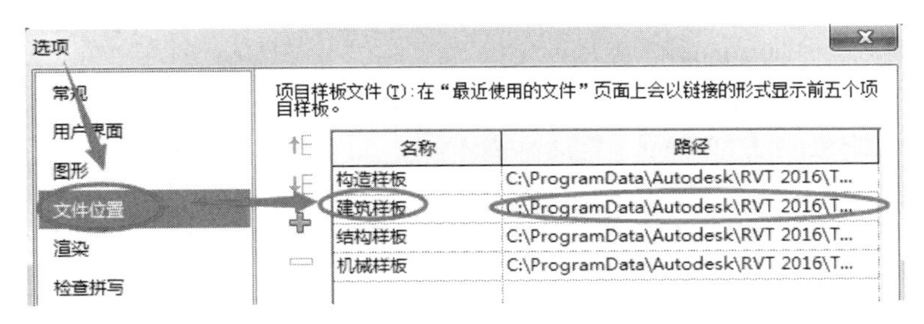

图 6.1.6　设置完成的样板文件位置

6.2　标高轴网

6.2.1　标高创建实例

打开“6.1 节\项目信息设置完成.rvt”，确保“属性”面板、“项目浏览器”面板是打开的状态，双击项目浏览器面板中“立面视图”中的任一个立面，如“南”立面（图 6.2.1），打开南立面视图。

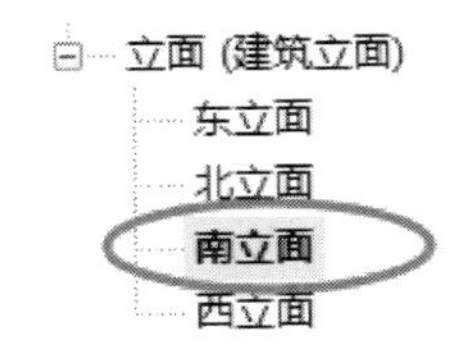

图 6.2.1　进入到“南立面”视图

向前滚动滚轮可以实现绘图区域的扩大，向后滚动滚轮可实现绘图区域的缩小，按下鼠标滚轮不动移动鼠标可实现绘图区域的平移。使用该操作将绘图区域缩放至标高 2 标头处，双击标高数值，将其改为“3.300”，如图 6.2.2 所示。此时标高 2 标高改为 3.3m。

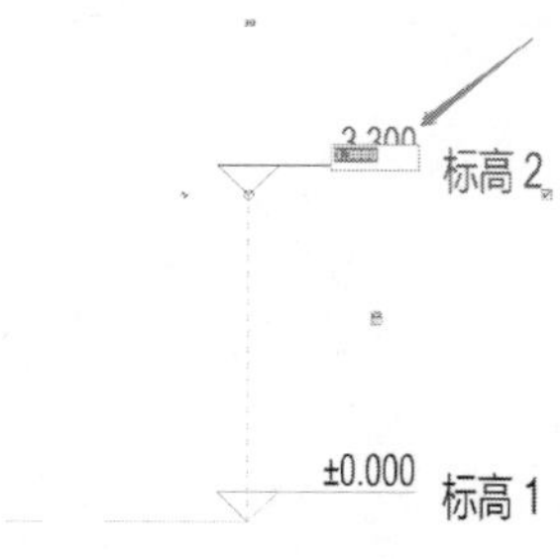

图 6.2.2　标高修改

单击“建筑”选项卡“基准”面板中的“标高”命令（图 6.2.3），或执行“LL”标高创建快捷命令。

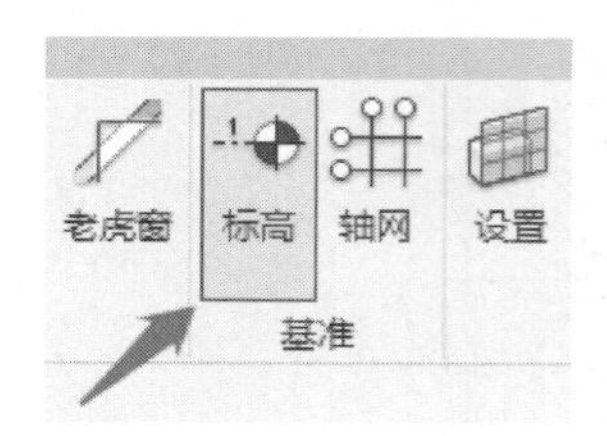

图 6.2.3　“标高”命令

按照图 6.2.4，单击上下文选项卡的“拾取线”方式，偏移量改为“3000”，光标停在标高 2 偏上一点，当出现上部预览时单击标高 2，即可生成位于标高 2 上方 3000mm 处的标高 3。若该标高名称不为标高 3，则单击该标高名称，将名称修改为标高 3。

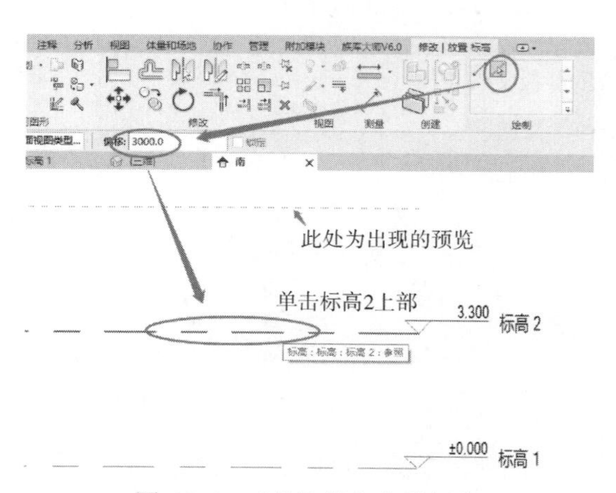

图 6.2.4　“拾取线”生成标高

完成的项目文件见“6.2 节\标高完成.rvt”。

6.2.2　轴网创建实例

1）创建第一根轴线

打开“6.2 节\标高完成.rvt”。双击项目浏览器“楼层平面”下的“标高 1”（图 6.2.5），进入到标高 1 楼层平面视图。

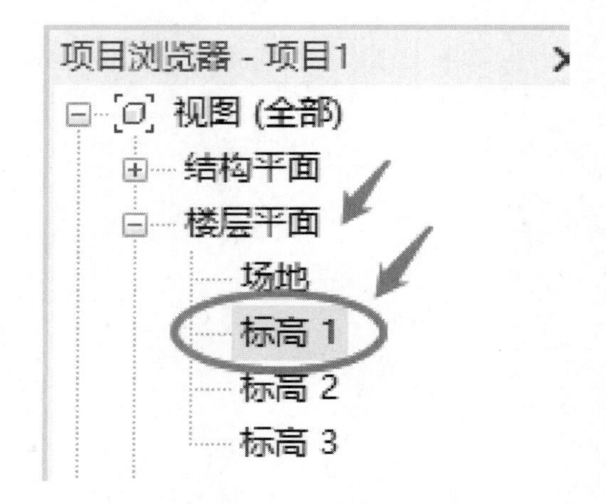

图 6.2.5　打开 F1 平面视图

单击“建筑”选项卡“基准”面板中的“轴网”命令，或执行“GR”快捷命令；属性面板选择“6.5mm 编号”，单击“编辑类型”（图 6.2.6）；在弹出的“类型属性”对话框中将“轴线末端颜色”调为红色，勾选“平面视图轴号端点 1”，“非平面视图符号”调为“底”（图 6.2.7），单击“确定”。

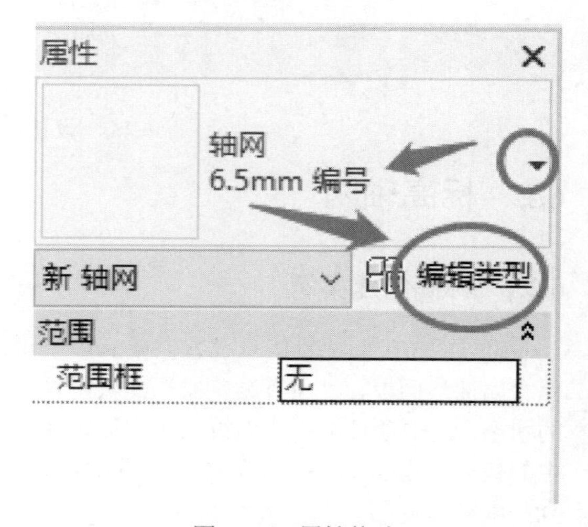

图 6.2.6　属性修改

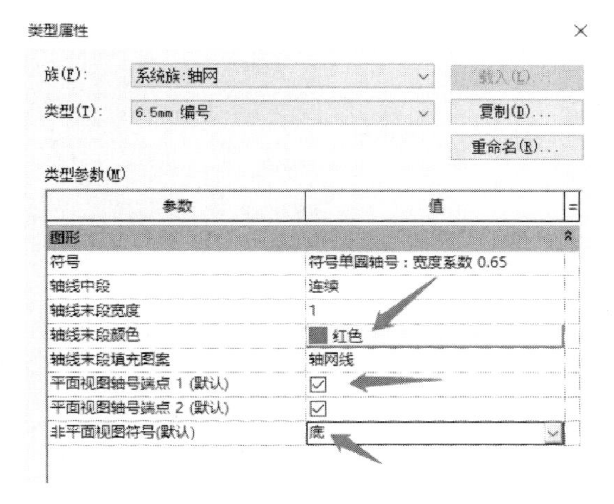

图 6.2.7　类型属性修改

在绘图区域左下方进行单击，该点为轴线起点；然后向上移动光标一段距离后进行单击，确定轴线终点，按 ESC 键两次，退出轴网创建命令，创建后的轴网如图 6.2.8 所示。

图 6.2.8　第一根轴线创建

若轴号名称不为“1”，则双击轴号的名称，改名称为“1”，如图 6.2.9 所示，按回车键确认。

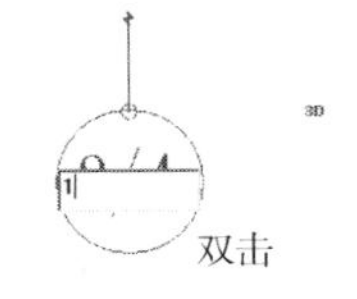

图 6.2.9　轴号编辑

2）创建其他轴线

在绘图区域单击选择轴线 1，单击“修改”选项卡中“修改”面板中的“复制”命令（或执行“CO”快捷命令），上部选项栏勾选“约束”和“多个”（图 6.2.10），水平向右复制 4500、1200、1500、3900、3900，分别创建轴线 2、3、4、5、6，按 ESC 两次退出轴网命令。如图 6.2.11 所示。

图 6.2.10　选项栏中的“约束”“多个”

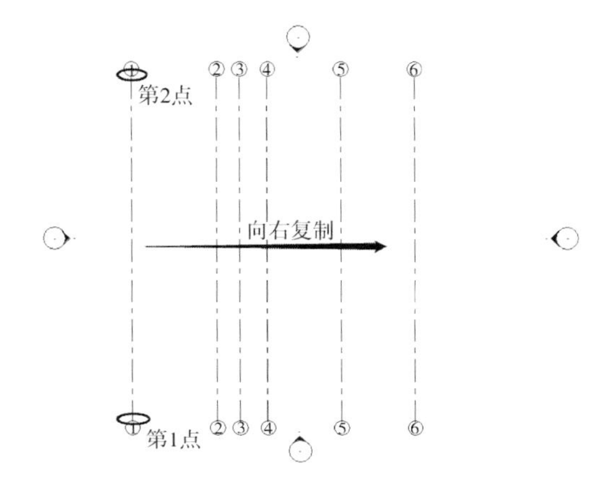

图 6.2.11　横向定位轴线创建

同理，创建横向定位轴线：先在下方创建第一根横向定位轴线，将其名称改为轴线“A”，再利用“复制”命令，向上复制 1500、5400、4500、2700、1800、3300，分别创建轴线 B、C、D、E、F、G。创建完成的轴网如图 6.2.12 所示。

3）轴网位置调整

图 6.2.12 中可看到轴线 G 与轴线 1、轴线 2 等纵向定位轴线不相交，调整方法为：单击选择轴线 1，单击轴线 1 轴号下方的空心圆点（图 6.2.13 中的轴线拖动点），向上拖动至轴线 G 的上方再松开鼠标。此时，轴线 2 至轴线 6 等轴线也会随轴线 1 一同拖动至轴线 G 上方。

图 6.2.12 中可看到北立面标识在轴线 G 下方，从左至右框选北立面标识，将其拖动至轴线 G 上方，再松开鼠标。完成后的轴线和北立面标识见图 6.2.13。

完成的文件见“6.2 节\轴网完成.rvt”。

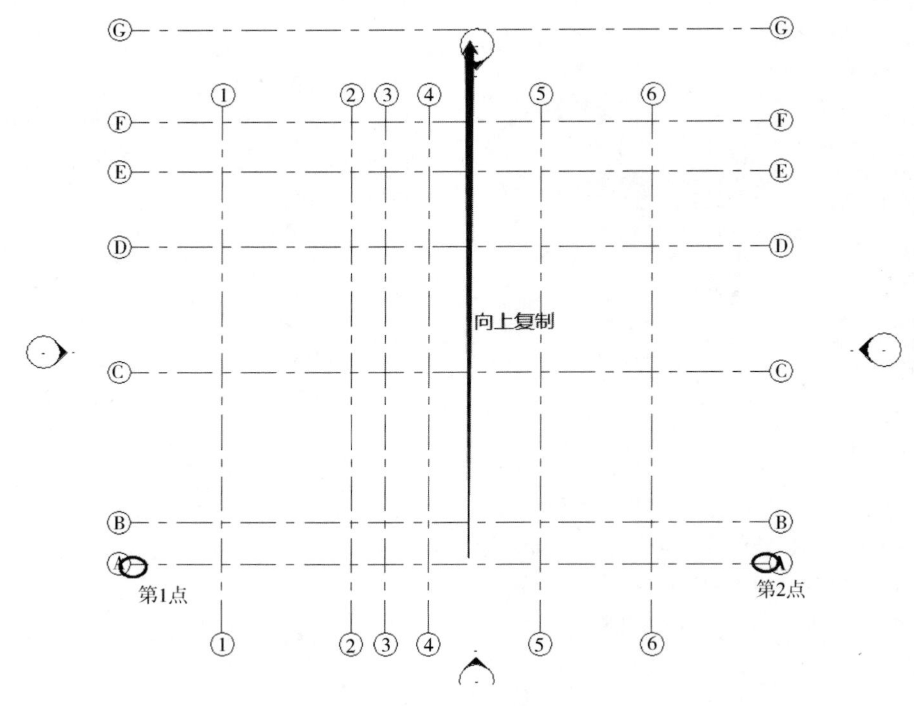

图 6.2.12 创建的轴网

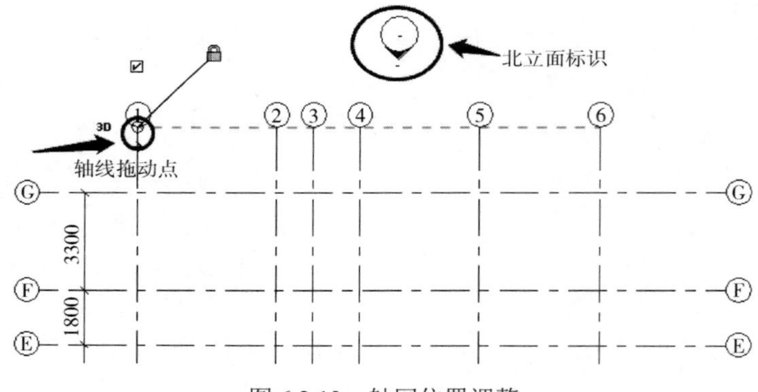

图 6.2.13 轴网位置调整

6.3 墙体

6.3.1 墙体创建实例

1）外墙创建

打开“6.2 节\轴网完成.rvt”，进入标高 1 楼层平面视图。单击“建筑”选项卡的“构建”面板“墙”中的“墙:建筑墙”命令（图 6.3.1），或使用“WA”快捷命令。按照图 6.3.2 所示，属性面板中选择墙体类型为“外部-带砖与金属立筋龙骨复合墙”，单击属性面板中的“编辑类型”，在弹出的“类型属性”面板中单击“结构”右侧的“编辑”按钮。

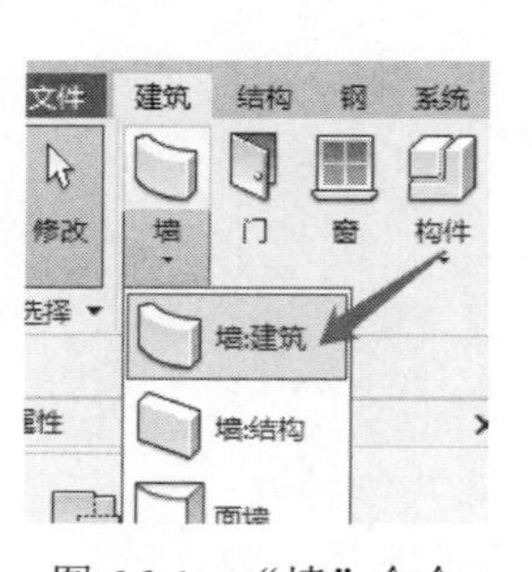

图 6.3.1 “墙”命令

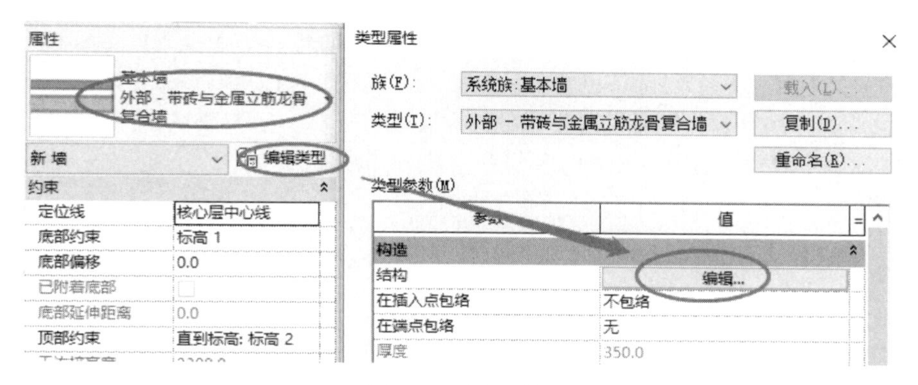

图 6.3.2 属性操作

在弹出的“编辑部件”面板中，按照图6.3.3 所示，将第 6 层的厚度改为“190.0”，第 9 层厚度改为“12.0”，同时单击第 6 层的“材质”将其改为“混凝土砌块”，单击“确定”两次，退回到墙体创建。

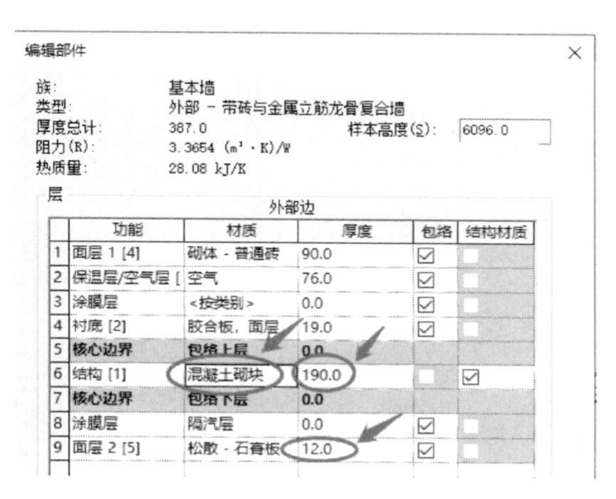

图 6.3.3 编辑墙体构造层次

按照图 6.3.4 所示，属性面板的“定位线”选择“核心层中心线”，顶部约束“直到标高:标高 2”；此时注意到上下文选项卡中“绘制”面板是“直线”方式，且屏幕左下角的“状态栏”提示为“单击可输入墙起始点”，在绘图区域顺时针单击轴网交点创建外墙墙体。

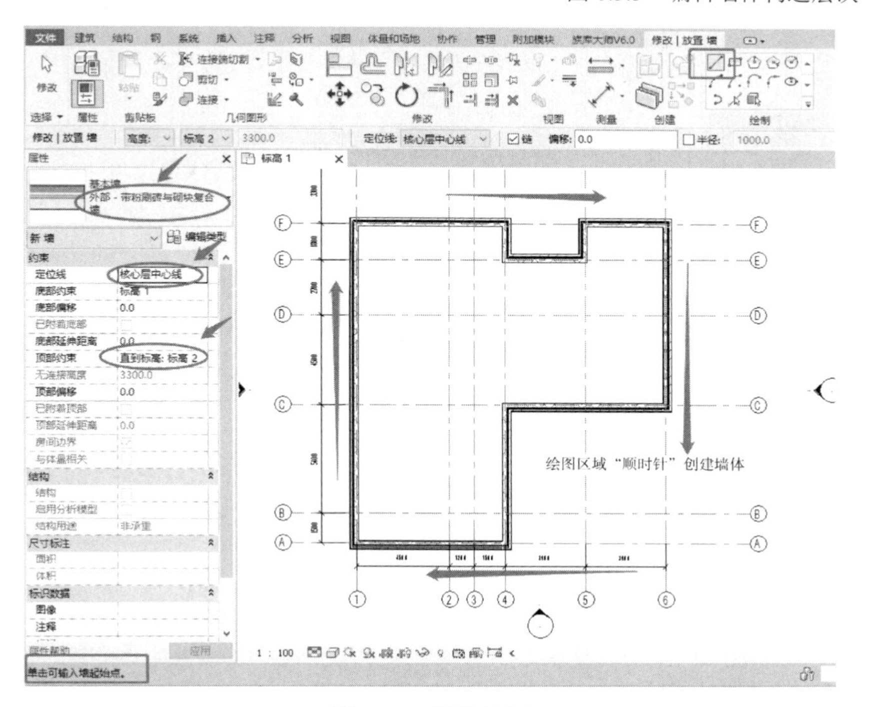

图 6.3.4 墙体绘制

绘制墙体时，“外部边”的构造层材质会位于绘制方向的左侧。从图 6.3.3 可以看出，位于“外部边”的构造层材质为“砌块-普通砖”；因此，当顺时针绘制墙体时，该构造层材质位于墙体外侧。

2）创建内墙

同理，执行“墙”命令，属性面板中选择墙体类型为“内部-砌块墙 190”，按照图 6.3.5 创建内墙。

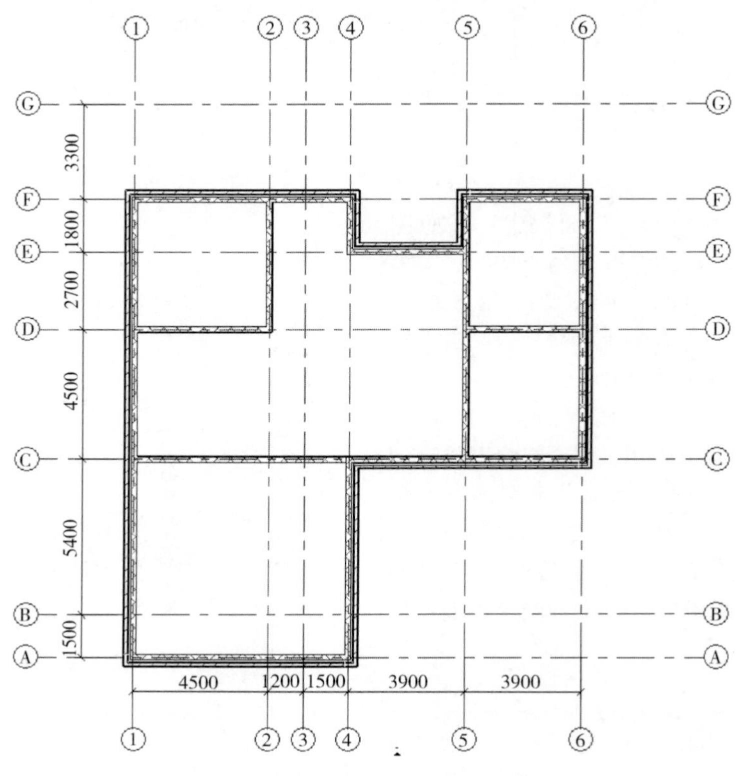

图 6.3.5　墙体完成

完成项目文件见“6.3 节\一楼墙体完成.rvt”。

6.3.2　墙体设置的方法

1）设置墙体定位线

图 6.3.6 所示，绘制墙体时的“定位线”有六个选项，各选项的含义如下：

·墙中心线墙体总厚度中心线；

·核心层中心线墙体结构层厚度中心线；

·面层面：外部墙体外面层外表面；

·面层面：内部墙体内面层内表面；

·核心面：外部墙体结构层外表面；

·核心面：内部墙体结构层内表面。

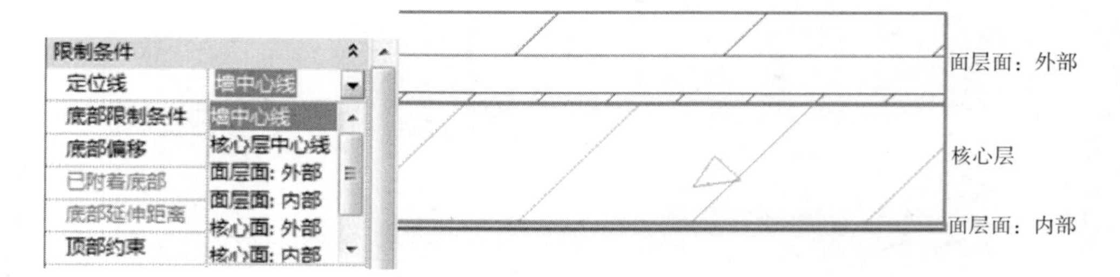

图 6.3.6　墙体定位线

选择单个墙，蓝色圆点指示其定位线。图6.3.7是“定位线”为“面层面外部”，且墙是从左到右绘制的结果。

图 6.3.7 墙体定位线

当视图的“详细程度”设置为“中等”或“精细”时（图6.3.8），才会显示墙体的构造层次。

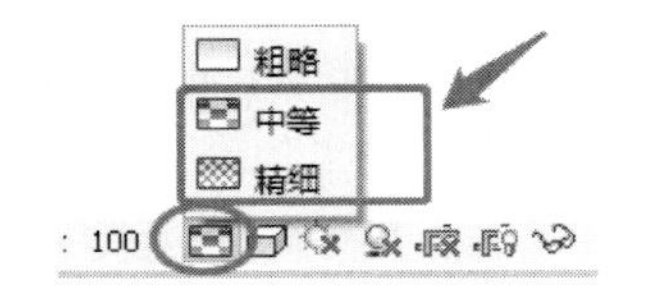

图 6.3.8 “详细程度”设置

2）墙体类型属性：墙体包络

打开“6.3 节\墙体构造层设置.rvt”，单击快速访问工具栏中的粗线细线转换图标（图6.3.9）。

图 6.3.9 粗线细线转换图标

绘图区域选择墙体，单击属性面板中的“编辑类型”，修改“在端点包络”为“外部”或“内部”，可修改墙体端点的包络形式（图6.3.10）。

图6.3.11为“外部包络”和“内部包络”下的不同显示。

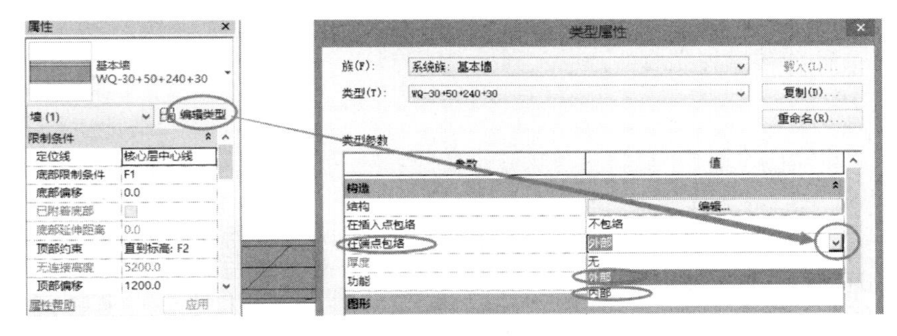

图 6.3.10 包络设置

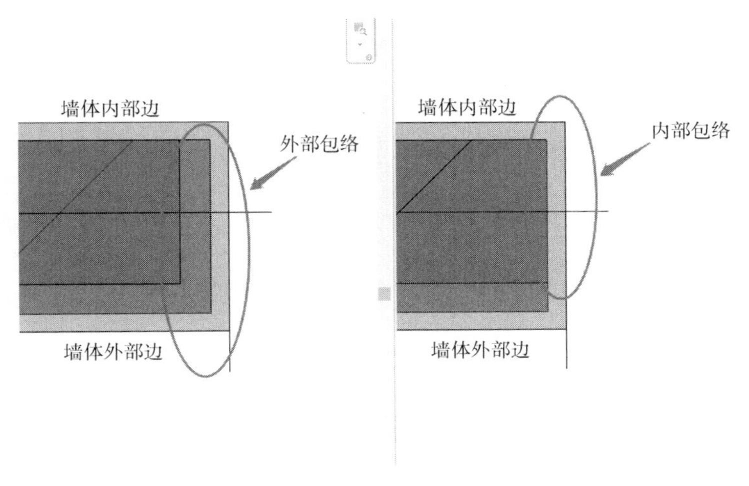

图 6.3.11 “外部包络”和“内部包络”的效果

创建完成的项目文件见“6.3 节\墙体外部包络完成.rvt”“6.3 节\墙体内部包络完成.rvt”。

6.3.3 弧形墙体等其他形状墙体的创建

单击“墙”命令时，默认的绘制方法是“修改 | 放置墙”选项卡下“绘制”面板中的“直线”方式，“绘制”面板中还有“矩形”“多边形”“圆形”“弧形”等绘制命令，可以直接绘制矩形墙体、多边形墙体、圆形墙体、弧形墙体。

使用“绘制”面板中“拾取线”命令，可以拾取图形中的线来创建墙。线可以是模型线、参照平面或某个图元（如屋顶、幕墙嵌板和其他墙）的边缘线。

6.4 门窗

6.4.1 窗创建实例

打开“6.3 节\一楼墙体完成”，进入到标高 1 楼层平面视图。单击“建筑”选项卡下“构建”面板的“窗”命令（图 6.4.1），或执行“WN”快捷命令。

图 6.4.1 “窗”命令

单击属性面板的“编辑类型”，按照图 6.4.2 所示，在弹出的“类型属性”对话框中单击“载入”，选择“建筑/窗/普通窗/组合窗”中的“组合窗-双层单列(四扇推拉)-上部双扇”，单击“打开”，此时会将“组合窗-双层单列(四扇推拉)-上部双扇”类型载入到项目中，并返回到“类型属性”对话框。

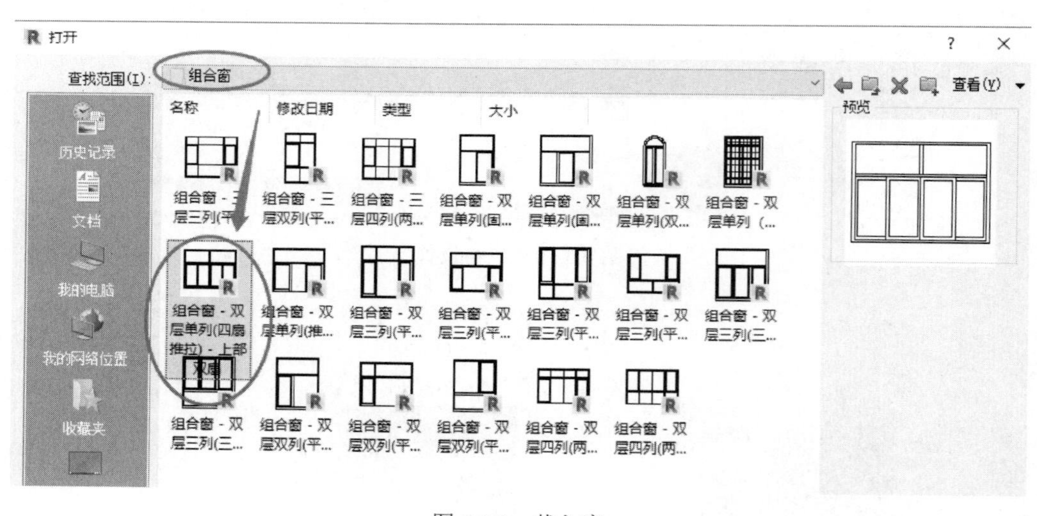

图 6.4.2 载入窗

按照图 6.4.3，继续单击“复制”，命名为“C2718”，窗宽度修改为“2700”，类型标记改为“C2718”，单击“确定”。

【说明】C2718 宽度为 2700mm、高度为 1800mm，因此命名为 C2718。

按照图 6.4.4 中窗所在的位置，在墙体上进行单击放置 C2718。按 ESC 键两次，退出创建窗命令。

C2718 应放于墙体中间，按照图 6.4.5 所示，在绘图区域单击需要修改位置的 C2718 窗，会出现的蓝色临时标注，单击距离墙体的尺寸标注，将其修改为“805”。

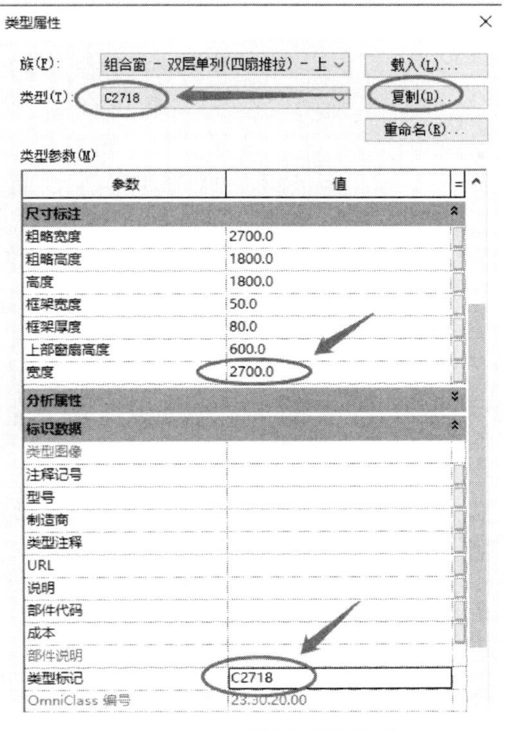

图 6.4.3　复制新类型并修改

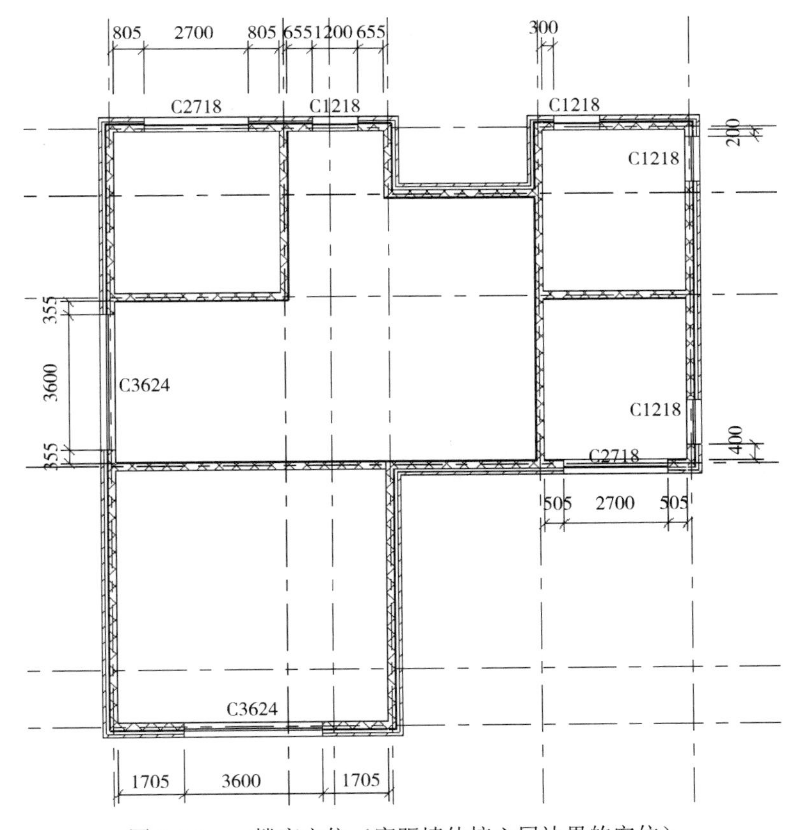

图 6.4.4　一楼窗定位（窗距墙体核心层边界的定位）

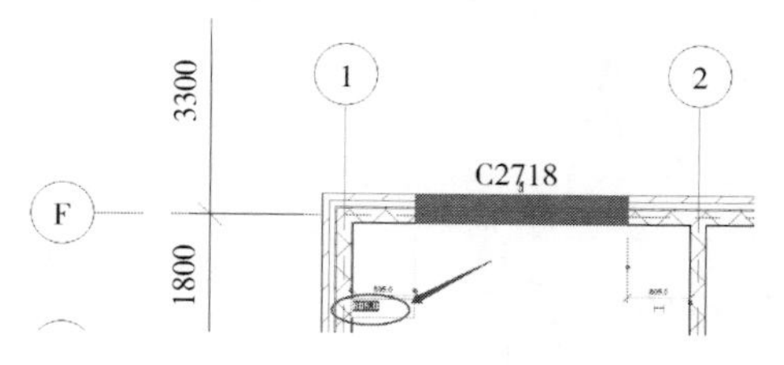

图 6.4.5　窗平面位置修改

同理，执行“窗”命令，载入“组合窗-双扇单列（固定+推拉）”，复制出“C1218”，设置窗宽度、高度分别为 1200mm、1800mm，类型标记改为“C1218”，按照图 1.57 中窗所在的位置创建 C1218 窗，并在绘图区域选择该窗，将其移至准确位置。

同理，执行“窗”命令，载入“组合窗-双层四列（两侧平开）-上部固定”，复制出“C3624”，设置窗宽度、高度分别为3600mm、2400mm，类型标记改为“C3624”，按照图 6.4.4 窗所在的位置创建 C3624 窗；并在绘图区域选择该窗，将其移至准确位置。

窗台高度修改：按照图 6.4.6 所示，在绘图区域选择创建全部的 C3624，在属性面板修改“底高度”为“100”。

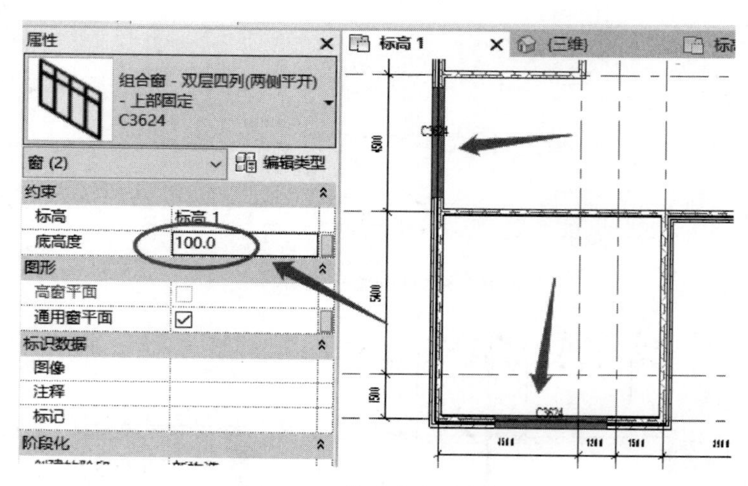

图 6.4.6　修改窗立面高度

完成的项目文件见“6.4 节\一楼窗完成.rvt”。

6.4.2　门创建实例

与创建窗的工作步骤相类似，单击“建筑”选项卡下“构建”面板“门”命令，或执行“DR”快捷命令。单击属性面板中的“编辑类型”，单击“载入”，选择“建筑/门/普通门/平开门/双扇”中的“双面嵌板格栅门 1”，单击“打开”返回到“类型属性”面板。按照图 6.4.7 所示，单击“复制”，命名为“M1821”，门宽度修改为“1800”，类型标记改为“M1821”，单击“确定”。

根据图 6.4.8 中门的位置，在相应墙体上放置“M1821”。并在绘图区域选择该门，将其移至准确位置。

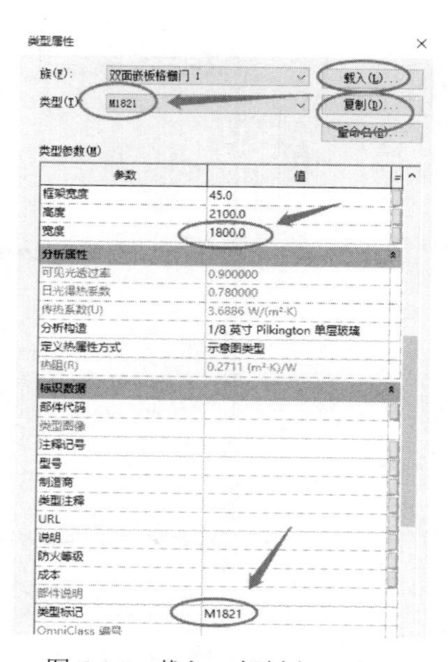

图 6.4.7　载入、复制出 M1821

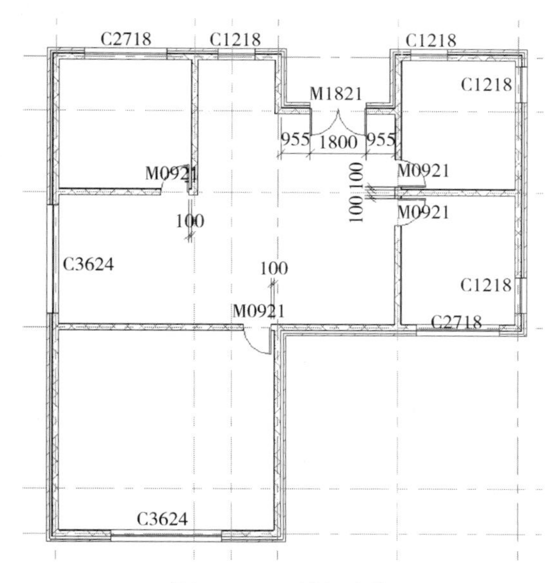

图 6.4.8　一楼门定位

同理，执行“门”命令，载入“建筑/门/普通门/平开门/单扇”中的“单嵌板格栅门”，复制出“M0921”，设置门宽度、高度分别为 900mm、2100mm，类型标记改为“M0921”，根据图 6.4.8 门的位置创建 M0921。并在绘图区域选择该门，将其移至准确位置。

完成的项目文件见“6.4 节\一楼门完成.rvt”。

6.5　楼板

6.5.1　楼板创建实例

打开“6.4 节\一楼门完成”，进入到标高 1 楼层平面视图。单击“建筑”选项卡下“构建”面板的“楼板”下拉菜单中的“楼板：建筑”命令（图 6.5.1）。

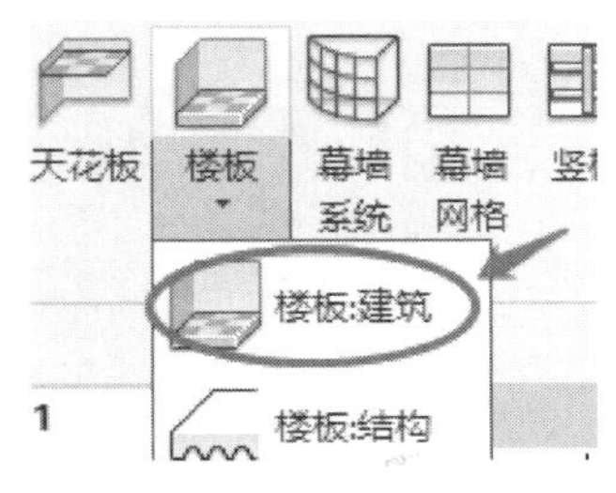

图 6.5.1　“楼板”命令

属性面板使用默认的属性“常规-150mm”。此时注意“修改 | 创建楼层边界”上下文选项卡中“边界线”的默认绘制方式为“拾取墙”（图 6.5.2），鼠标停在外墙偏室外一侧进行单击，可拾取墙体边界，依次在所有外墙偏室外一侧进行单击形成楼板边界线（图 6.5.3）。

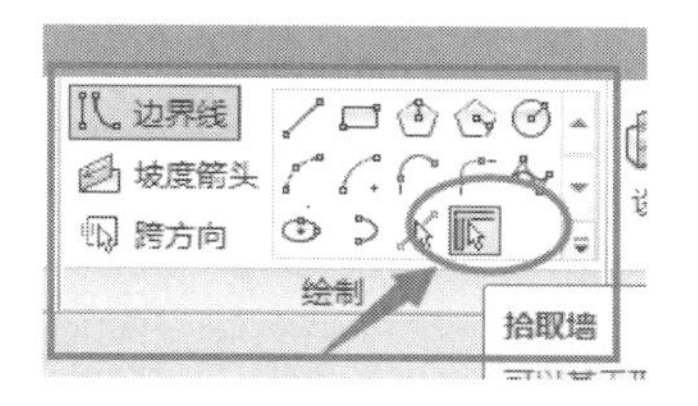

图 6.5.2　边界线的默认绘制方式“拾取墙”

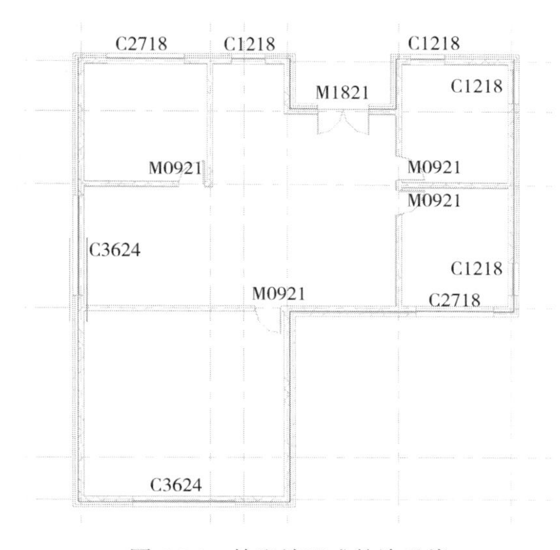

图 6.5.3　拾取墙形成的边界线

单击上下文选项卡“模式”面板的完成编辑模式图标（图 6.5.4），楼板创建完毕。

图 6.5.4　完成编辑模式图标

若出现错误提示，则说明楼板的边界线不是首尾相连或有多余的边界线。此时单击上下文选项卡“修改”面板中的“修剪/延伸为角”命令图标（图 6.5.5），将楼板边界线修剪为首尾连接且无多余边界线的状态，再单击完成编辑模式图标。完成的 BIM 模型见图 6.5.6 所示。

图 6.5.5 “修剪/延伸为角”命令图标

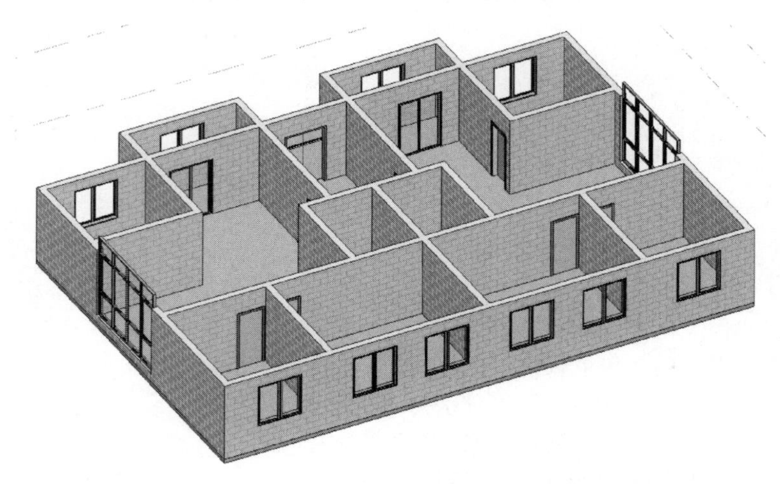

图 6.5.6 一楼楼板

完成的项目文件见“6.5 节\一楼楼板完成.rvt”。

6.5.2 斜楼板创建方法

要创建斜楼板，有以下两种方法。

1）*方法一*

在绘制或编辑楼层边界时，单击“绘制”面板中的绘制箭头命令，根据状态栏提示，单击一次指定其起点（尾），再次单击指定其终点（头），箭头“属性”选项板的“指定”下拉菜单有两种选择：“坡度”“尾高”。见图 6.5.7。若选择“坡度”（图 6.5.8），各参数定位见图 6.5.9，最低处标高①表示楼板坡度起点所处的楼层，一般默认为即楼板所在楼层，尾高度偏移②表示楼板坡度起点标高距所在楼层标高的差值，坡度③表示表示楼板倾斜坡度。

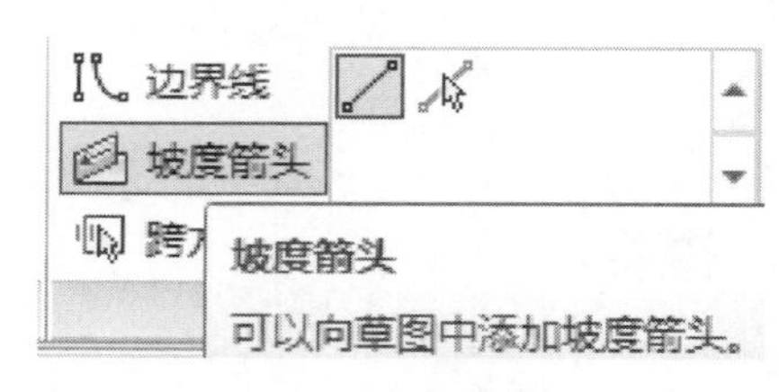

图 6.5.7 坡度箭头

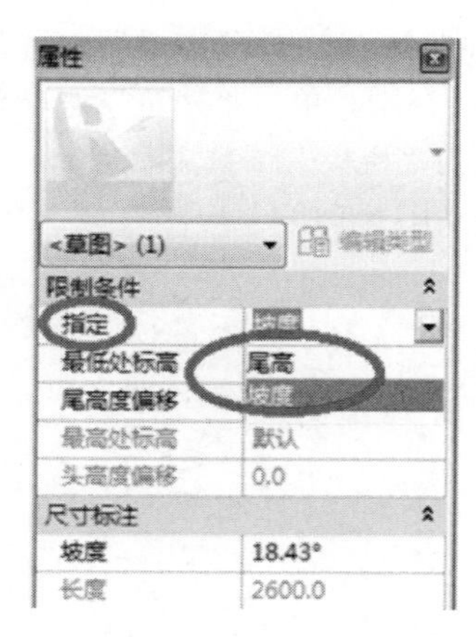

图 6.5.8 选择“坡度”

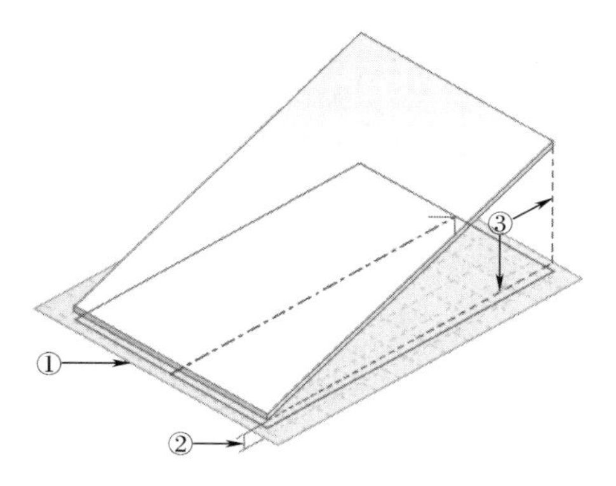

图 6.5.9　各参数的定位

> 注意：坡度箭头的起点（尾部）必须位于一条定义边界的绘制线上。

若选择“尾高”，各参数定位见图 6.5.10，最低处标高在①处，尾高度偏移在②处，最高处标高在③处（楼板坡度终点所处的楼层），头高度偏移在④处（楼板坡度终点标高距所在楼层标高的差值）。

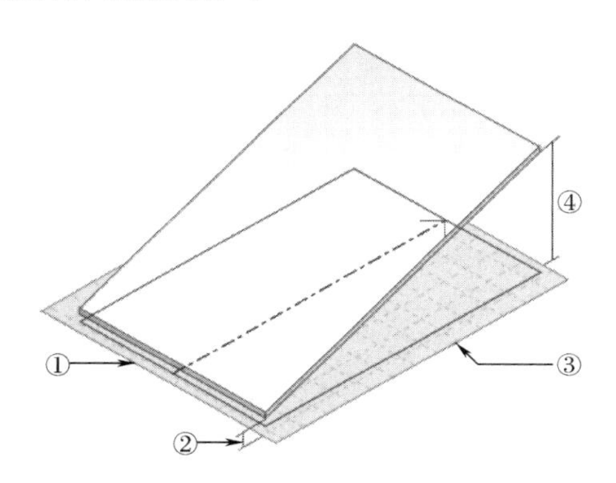

图 6.5.10　各参数的定位

2）*方法二*

指定平行楼板绘制线的“相对基准的偏移”属性值。在草图模式中，选择一条边界线，在“属性”选项板上可以选择“定义固定高度”，或指定单条楼板绘制线的“定义坡度”和“坡度”属性值。

若选择“定义固定高度”。输入“标高”①和“相对基准的偏移”②的值。选择平行边界线，用相同的方法指定“标高”③和“相对基准的偏移”④的属性，如图 6.5.11 所示。

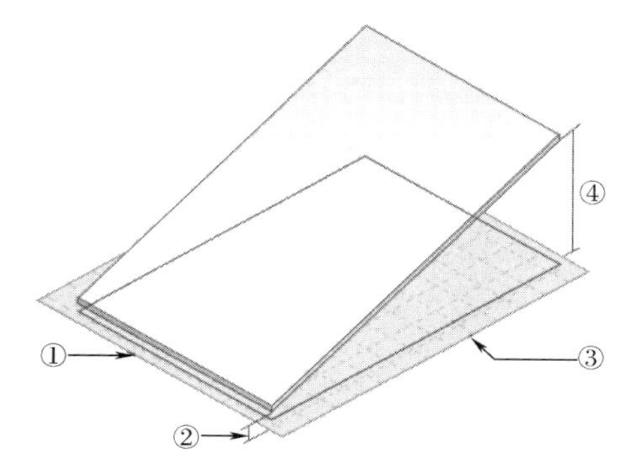

图 6.5.11　各参数的定位

若指定单条楼板绘制线的“定义坡度”和“坡度”属性值。选择一条边界线，在“属性”选项板上选择“定义固定高度”，选择“定义坡度”选项，输入“坡度”③的值。（可选）输入“标高”①和“相对基准的偏移”②的值，如图 6.5.12 所示。

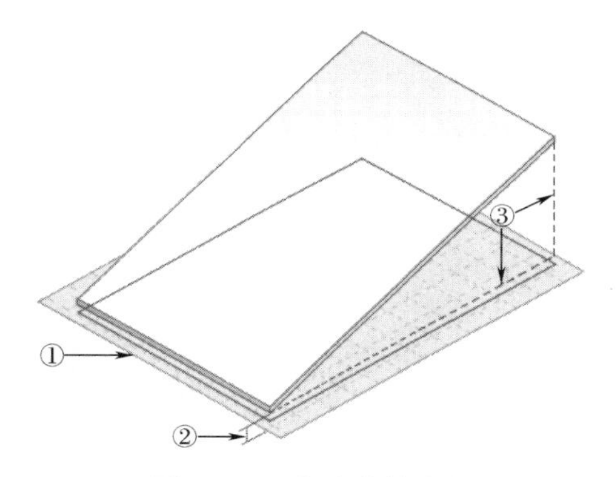

图 6.5.12　各参数的定位

6.6　楼层的复制与修改

6.6.1　楼层复制

1）选择一楼“实体”图元

打开“6.5 节\一楼楼板完成”，进入到标高 1 楼层平面视图。选择一楼的所有图元，按照图 6.6.1 所示，单击上下文选项卡中的“过滤器”命令，只勾选墙、楼板、门窗等实体图元，不勾选门窗标记、轴网等非实体图元，单击“确定”完成过滤器的筛选。

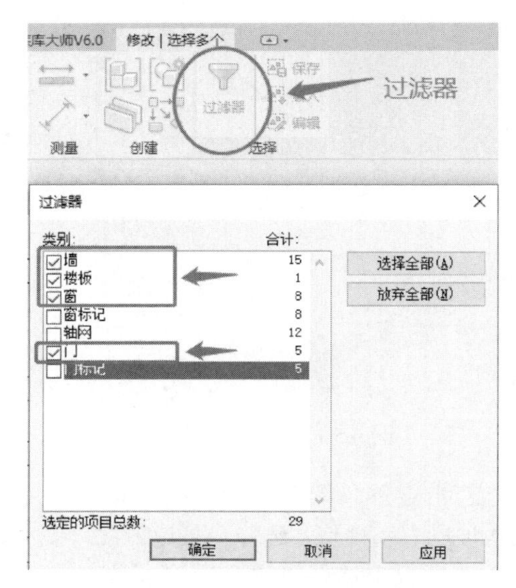

图 6.6.1　过滤器的使用

2）复制形成二楼

单击上下文选项卡中的“复制到粘贴板”命令，单击“从剪贴板中粘贴”下拉箭头，选择“与选定的标高对齐”命令（图6.6.2），在弹出的“选择标高”面板中单击“标高 2”再单击“确定”。

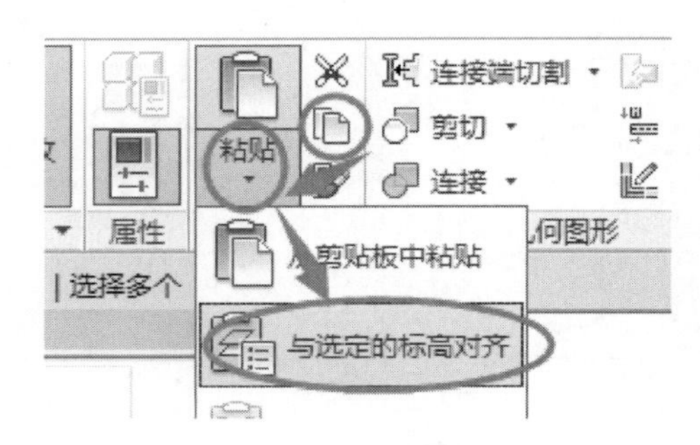

图 6.6.2　与选定的标高对齐

> 注意：必须是实体图元才能使用“与选定的标高对齐”命令，因此“过滤器”中只选择墙、楼板、窗、门等实体图元。

6.6.2　修改编辑二楼图元

1）门窗标识注释

按照图 6.6.3，单击“注释”选项卡中的“全部标记”，在弹出的“标记所有未标记的对象”对话框中勾选“窗标记”“门标记”。

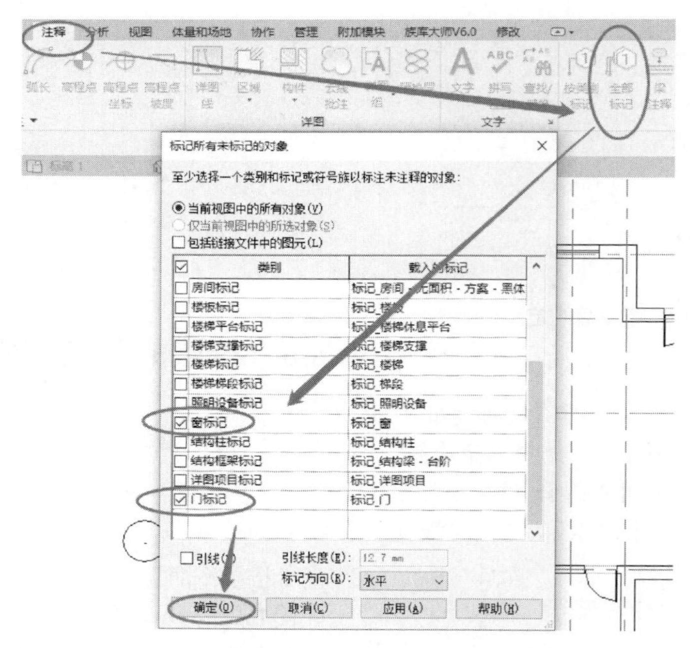

图 6.6.3　门窗标识

2）修改二楼墙体标高

双击项目浏览器“楼层平面”中的“标高 2”，进入到标高 2 楼层平面视图。一楼、二楼层高不同，因此需要修改二楼的墙体高度：选择二楼的所有内外墙，将属性面板的“顶部偏移”改为“0.0”，如图 6.6.4 所示。

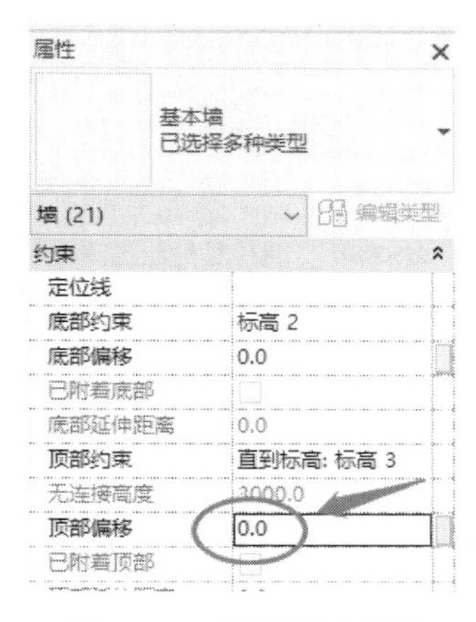

图 6.6.4 修改墙体高度

3）创建二楼特有的墙体

按照图 6.6.5 所示，删除部分内外墙，重新创建“外部-带砖与金属立筋龙骨复合墙”“内部-砌块墙 190”“内部-砌块墙 100”三种类型墙体。

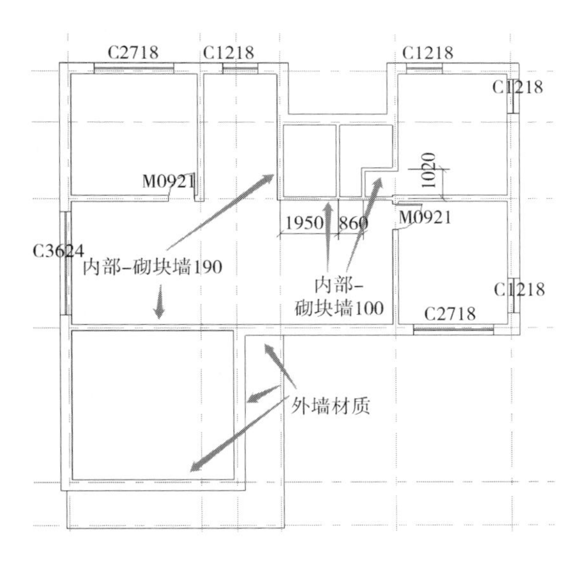

图 6.6.5 二楼墙体

4）创建二楼特有的门窗

执行“门”或“窗”命令，按照图 6.6.6 中的门类型和定位创建 M0921、M0821、M3021。其中，M0821 为单扇门，宽、高分别为 800mm、2100mm；B 轴 M3021 为“建筑/门/普通门/推拉门”中的“四扇推拉门 2”，宽度、高度分别为 3000mm、2100mm。

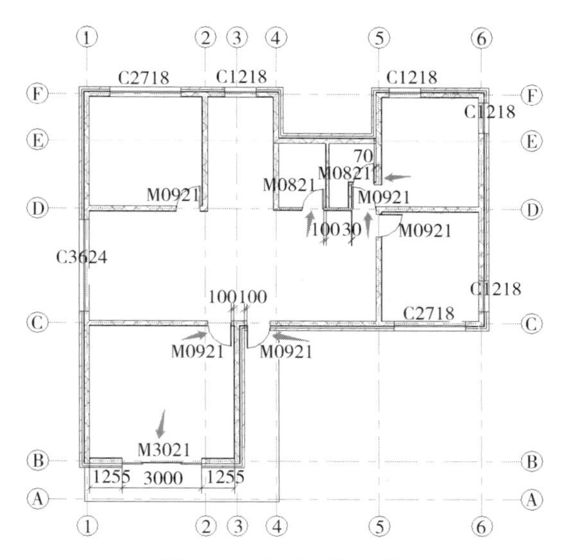

图 6.6.6 门类型与定位

5）二楼楼板开洞

在绘图区域选择二楼楼板，单击上下文选项卡中的“编辑边界”（图 6.6.7），按照图 6.6.8 重新绘制楼板边界。

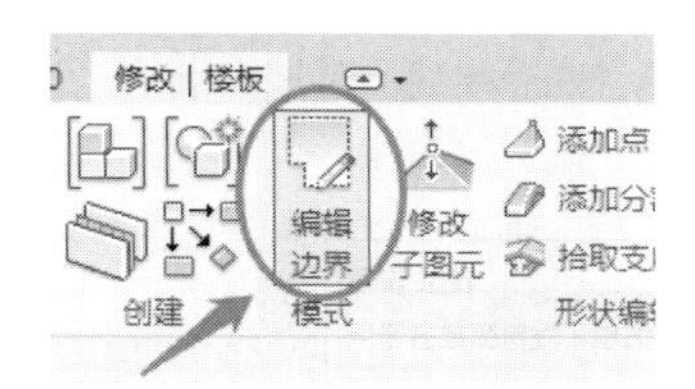

图 6.6.7 “编辑边界”命令

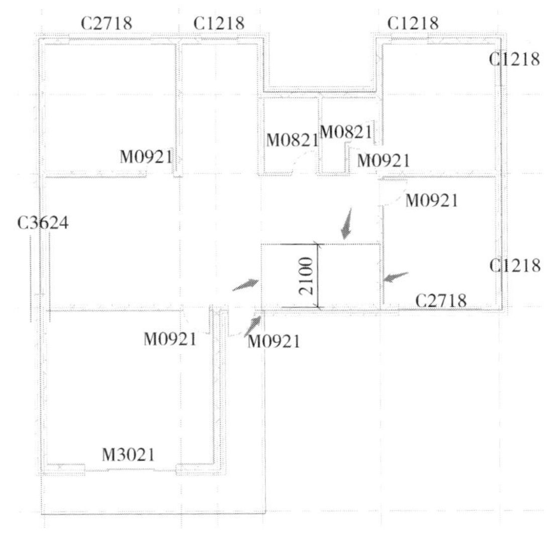

图 6.6.8 楼板边界

完成的三维模型见图 6.6.9。

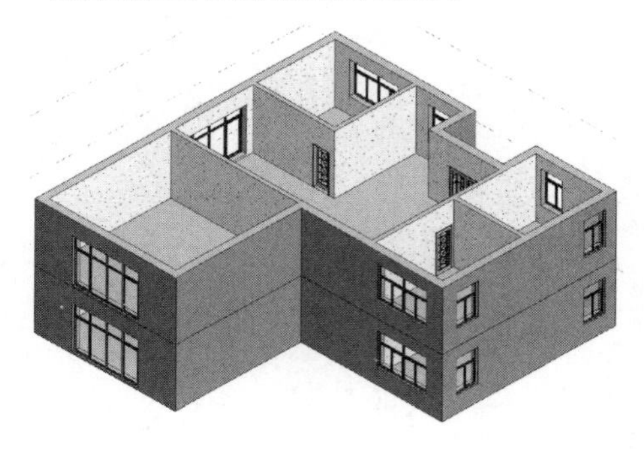

图 6.6.9　创建二楼

完成的项目文件见“6.6 节\二楼修改完成.rvt”。

6.7　屋顶

6.7.1　屋顶创建实例

1）创建二楼屋顶

打开“6.6 节\二楼修改完成.rvt”，进入到标高 3 楼层平面视图。将属性面板的“范围:底部标高”设置为“标高 2”（图 6.7.1）。设置完成后，会看到标高 2 的图元会在标高 3 楼层平面中显示。

图 6.7.1　底图调整

单击“建筑”选项卡下“构建”面板中“迹线屋顶”命令（图 6.7.2）。

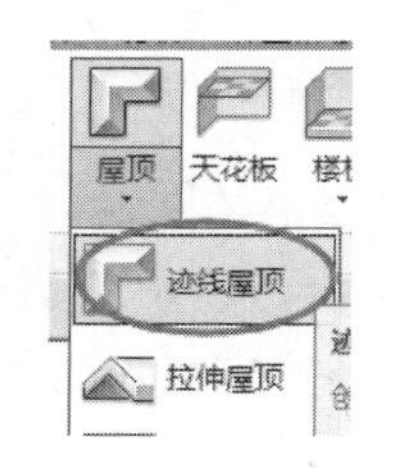

图 6.7.2　迹线屋顶

如图 6.7.3 所示，属性面板选择“保温屋顶-混凝土”类型，设置屋顶的“坡度”值为 22°；设置“边界线”为“拾取线”，选项栏设置偏移为“800”，单击外墙外边缘线和 A 轴楼板外边缘线，再结合“tr”命令及“修剪/延伸为角”命令绘制出屋顶的轮廓。

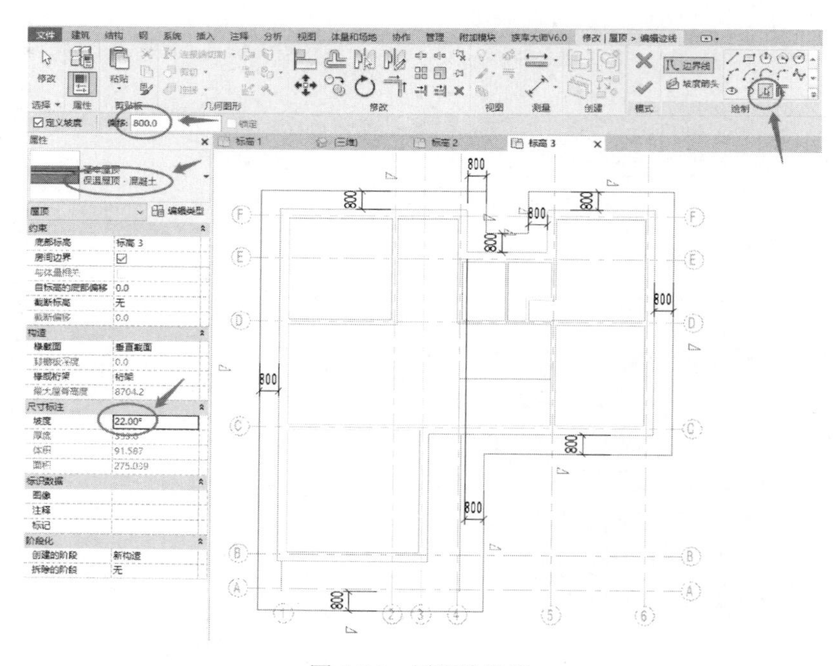

图 6.7.3　屋顶边界线

执行“参照平面”命令，如图 6.7.4 所示，绘制一条参照平面，和 E 轴上方的屋顶边界线平齐，并和最右侧的垂直迹线相交；单击“修改”面板中的“拆分图元”命令，移动光标到参照平面和最右侧的垂直迹线交点位置进行单击，将垂直迹线拆分成上下两段；按住 Ctrl 键单击选择最右侧迹线拆分后的下半段和左上方、右下方的水平边界线，在属性面板取消勾选“定义屋顶坡度”选项，取消这三段线的坡度。

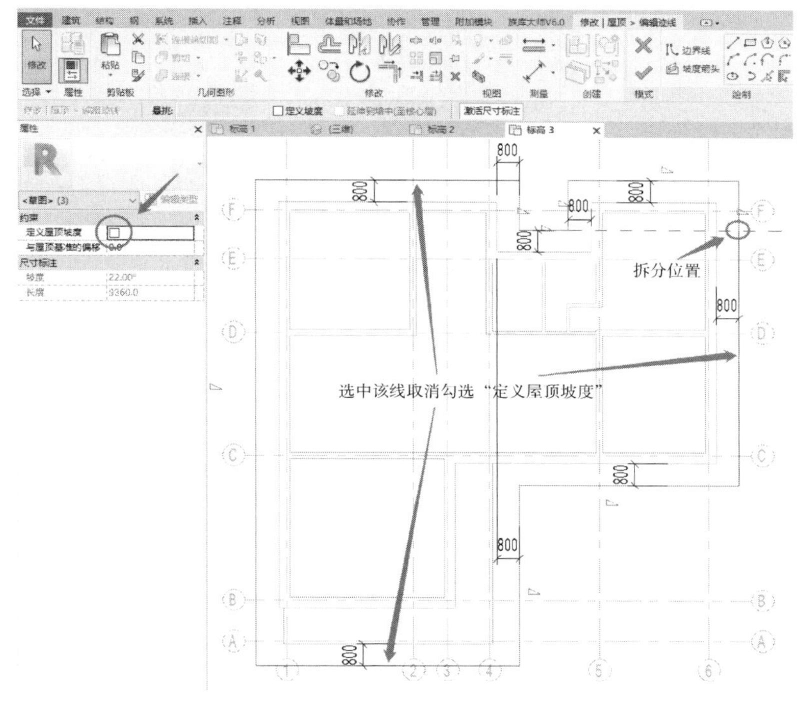

图 6.7.4　屋顶坡度修改

单击“完成编辑模式”图标，二楼屋顶创建完毕。

2）一楼入口处屋顶

进入到标高 2 楼层平面视图。单击“建筑”选项卡中“构建”面板中的“迹线屋顶”命令，按照图 6.7.5 在北立面入口处绘制屋顶边界线，左右两侧屋顶边界线为 22°坡度，取消其余屋顶边界线的坡度。

单击完成编辑模式图标，一楼入口处屋顶创建完毕。

3）墙体附着于屋顶

进入到三维视图。按照图 6.7.6 所示，使用过滤器选择二楼的所有的内墙和外墙，单击上下文选项卡的“附着顶部/底部”，再单击选择二楼屋顶。此时，二楼的所有内墙和外墙将附着于二楼屋顶，附着完成的模型见图 6.7.7。

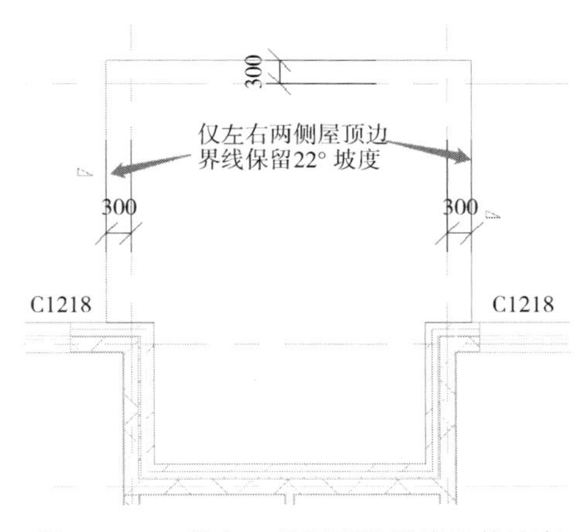

图 6.7.5　一楼入口处屋顶边界线及其坡度

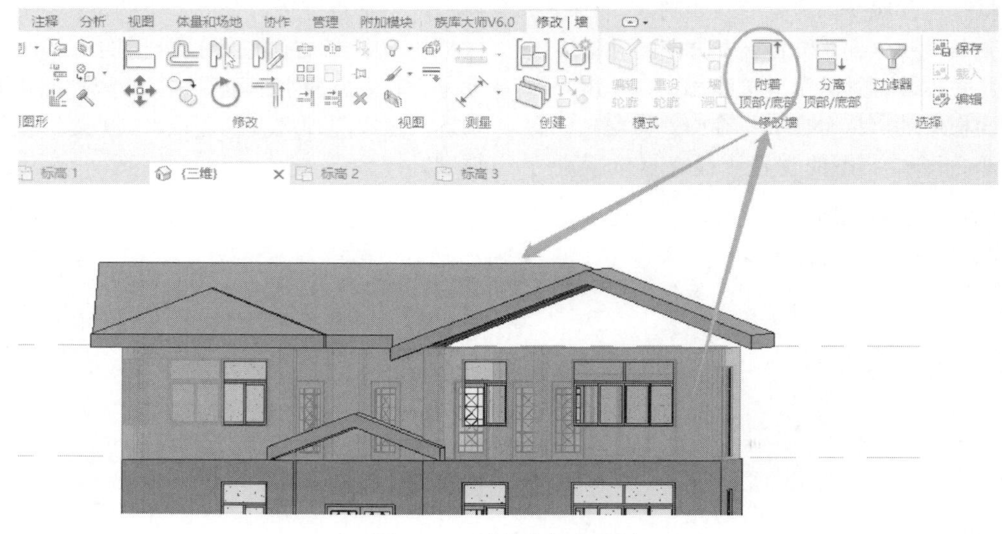

图 6.7.6　附着的操作方法

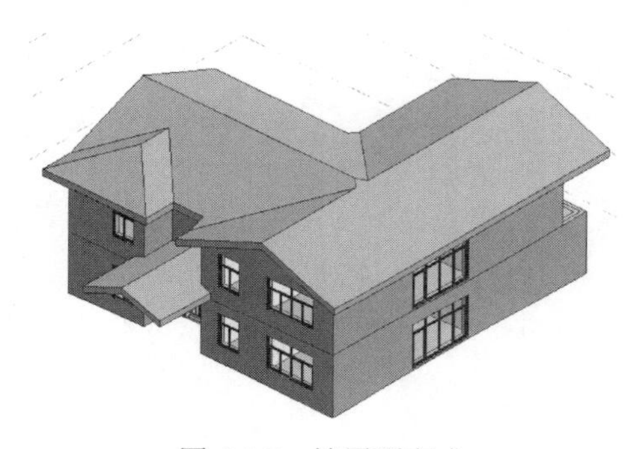

图 6.7.7　坡屋顶完成

完成的项目文件见“6.7 节\屋顶完成.rvt”。

6.7.2　拉伸屋顶创建方法

① 打开立面视图或三维视图、剖面视图。

② 单击“建筑”选项卡中“构建”面板的“屋顶”中的“拉伸屋顶”命令。

③ 拾取一个参照平面。

④ 在“屋顶参照标高和偏移”对话框中，为“标高”选择一个值。默认情况下，将选择项目中最高的标高。若要相对于参照标高提升或降低屋顶，可在“偏移”指定一个值（单位为 mm）。

⑤ 用绘制面板的一种绘制命令，按照图 6.7.8（a）绘制开放环形式的屋顶轮廓。

⑥ 单击“完成编辑模式”完成楼板创建。

⑦ 打开三维视图，根据需要将墙附着到屋顶。如图 6.7.8（b）所示。

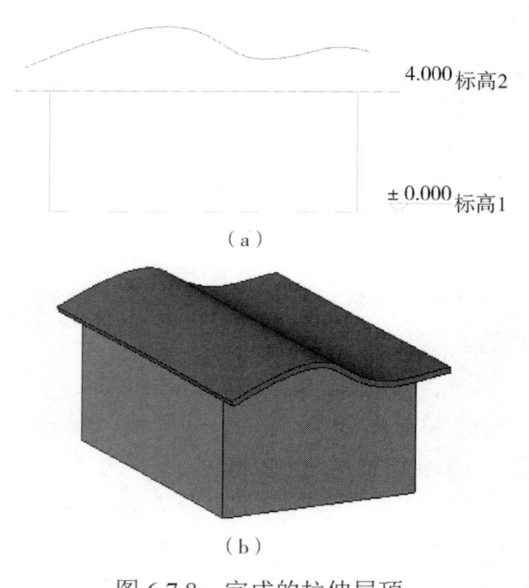

图 6.7.8　完成的拉伸屋顶

6.8　柱

6.8.1　一楼北侧门厅柱创建实例

打开“6.7 节\屋顶完成.rvt”，进入到标高 1 楼层平面视图。单击“建筑”选项卡中“构建”面板“柱”中的“柱:建筑”命令（图

6.8.1）；按照图 6.8.2 所示，单击属性面板“编辑类型”按钮，在弹出的“类型属性”面板中复制出名为“300×300”的类型，并修改“深度”“宽度”值为“300”。

在绘图区域分别单击 4 轴、G 轴交点和 5 轴、G 轴交点，创建两个建筑柱。

打开三维视图，如图 6.8.3 所示，在绘图区域选择创建完成的两个建筑柱，单击上下文选项卡的“附着顶部/底部”命令，“附着对正”选项选择“最大相交”，再单击拾取柱子上面的屋顶，将两根矩形柱附着于屋顶下面。

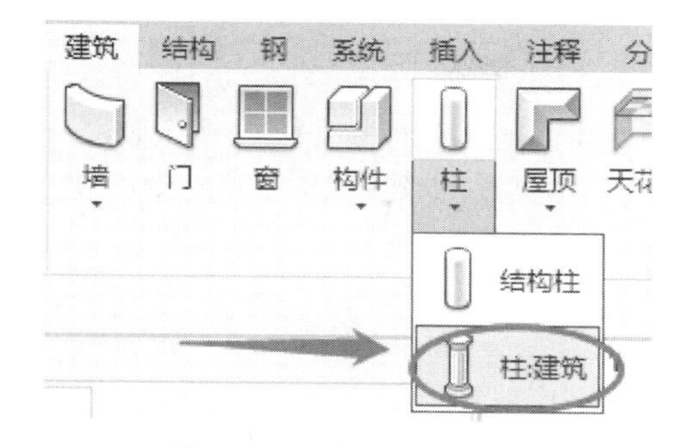

图 6.8.1　“柱:建筑”命令

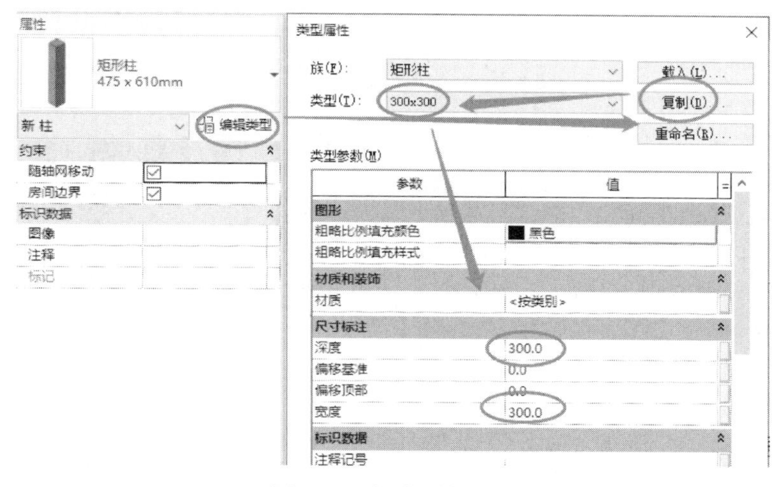

图 6.8.2　柱类型的新建

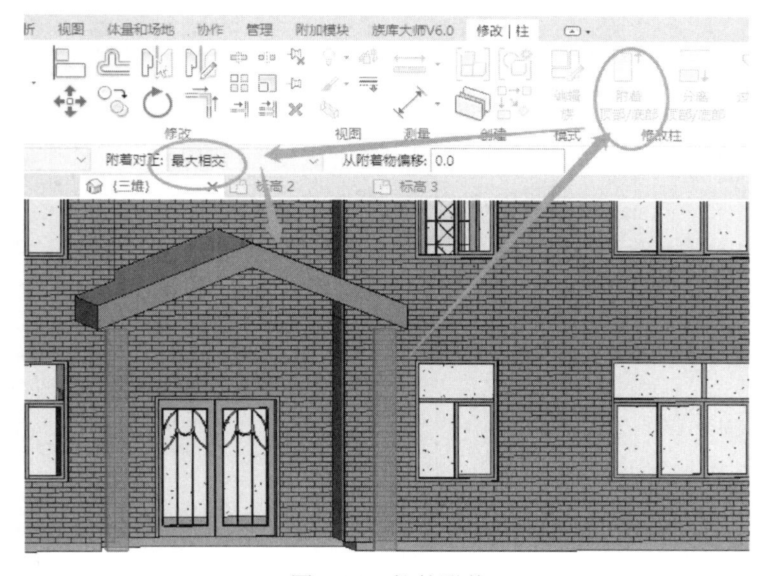

图 6.8.3　柱的附着

6.8.2 二楼南侧阳台柱创建实例

同理，进入到标高 2 楼层平面视图。在图 6.8.4 所示位置，创建四根“300×300”类型的建筑柱。

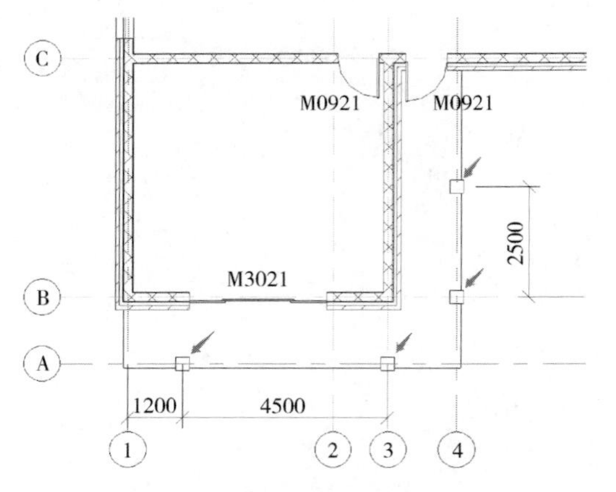

图 6.8.4 二楼阳台柱定位

柱子对齐与楼板边：单击“修改”选项卡“修改”面板中的“对齐”命令（图 6.8.5），在绘图区域依次单击 A 轴的楼板边、柱子的下边缘线，会使柱子的下边缘线对齐到 A 轴的楼板边。使用此方法，使四根柱子的边缘线均对齐于楼板边，如图 6.8.6 所示。

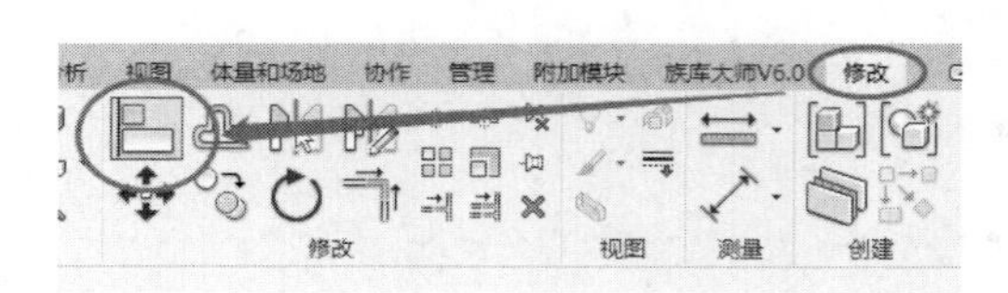

图 6.8.5 “对齐”命令

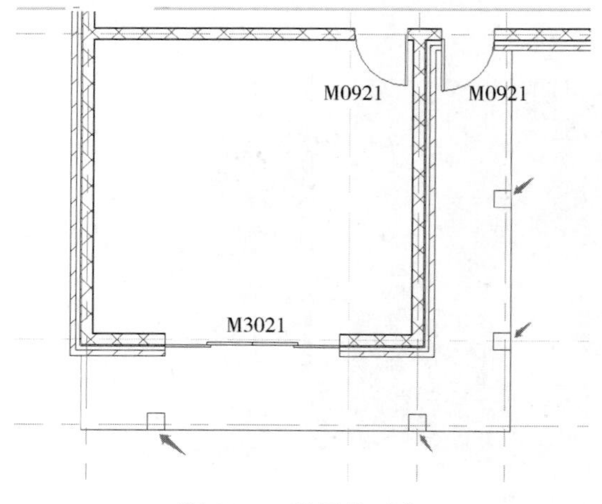

图 6.8.6 柱子的对齐

同理，打开三维视图，在绘图区域选择创建完成的四个建筑柱，单击上下文选项卡的“附着顶部/底部”命令，“附着对正”选项选择“最大相交”，再单击拾取柱子上面的屋顶，将四根矩形柱附着于屋顶下面。创建完成的模型见图 6.8.7。

图 6.8.7 创建完成的模型

完成的项目文件见“6.8 节\柱完成.rvt”。

6.9 幕墙及幕墙门窗

6.9.1 幕墙创建实例

打开“6.8 节\柱完成.rvt”。进入标高 1 楼层平面视图。使用“参照平面”命令在图 6.9.1 所示的位置创建两个参照平面。

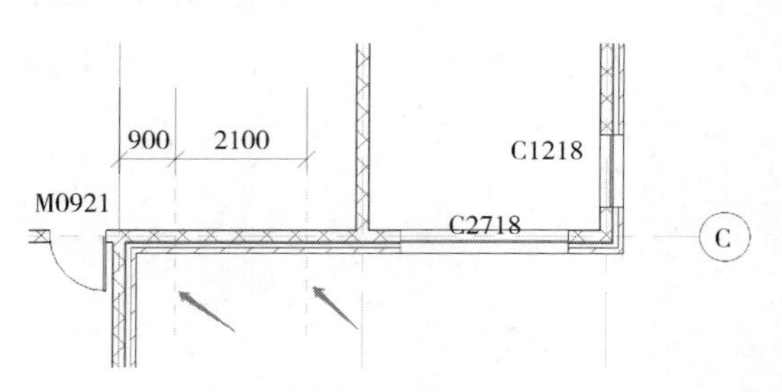

图 6.9.1 参照平面定位

单击“建筑”选项卡中“构建”面板中的“墙:建筑”命令，或执行“WA”快捷命令。在“属性”面板选择“幕墙”系统族中的“幕墙”（图 6.9.2）。

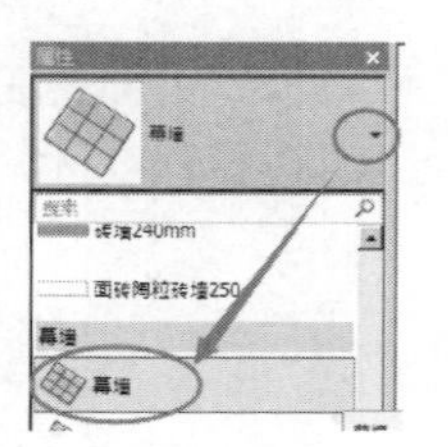

图 6.9.2 幕墙

单击属性面板中的“编辑属性”，按照图6.9.3所示，在弹出的“类型属性”面板中单击“复制”，输入自定义名称“幕墙1”，单击确定；勾选“自动嵌入”。设置“垂直网格”为“固定距离”，“间距”为“1050”；“水平网格”为“固定距离”，“间距”为“1500”。“垂直竖梃”“水平竖梃”的“内部类型”和“边界类型”均为“矩形竖梃：50×150mm”，单击“确定”。

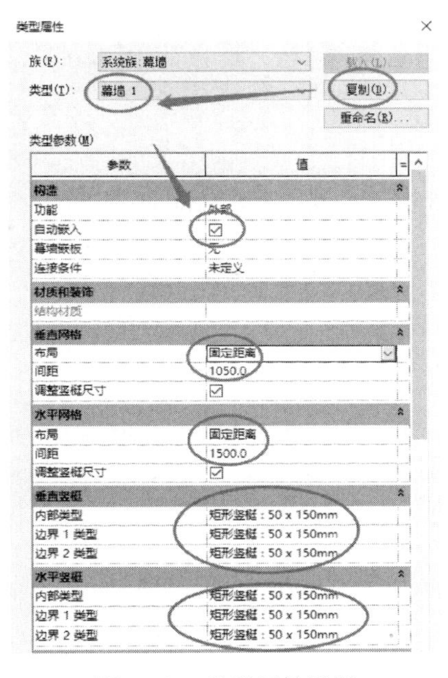

图 6.9.3　类型属性设置

属性面板设置“底部偏移”为“100”，“顶部约束”“无连接高度”分别为“未连接”和“6000”（图6.9.4）。光标移至绘图区域，单击图6.9.1中参照平面与墙体的两个交点创建幕墙。

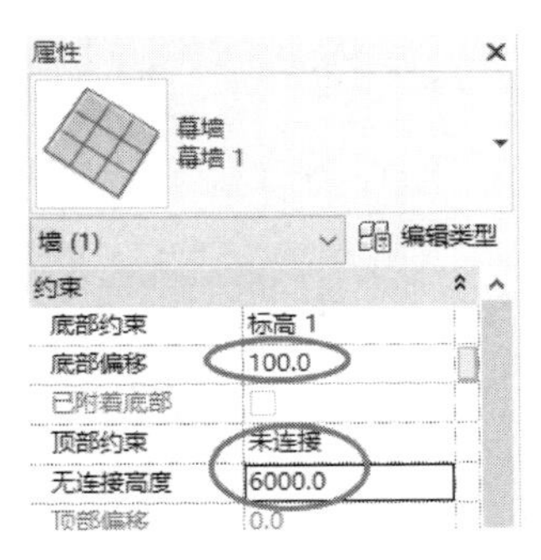

图 6.9.4　实例属性设置

创建完成的模型见图6.9.5。

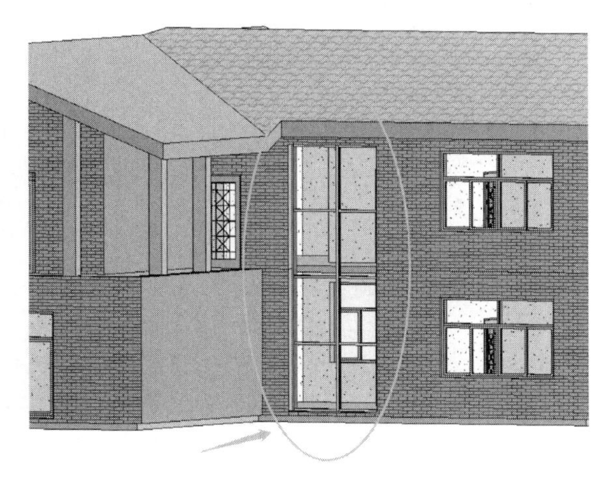

图 6.9.5　幕墙效果

6.9.2　幕墙门窗嵌板创建实例

进入到南立面视图，视觉样式改为“着色”（图6.9.6）。

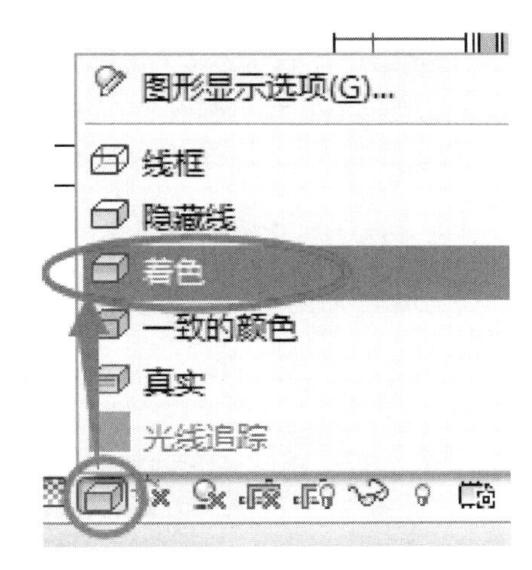

图 6.9.6　改为着色模式

幕墙竖梃的删除：按照图6.9.7，选择幕墙竖梃，会出现“禁止或允许改变图元位置”标记，单击该标记改变其状态，执行“DE”快捷命令删除该竖梃。

幕墙网格线的删除：按照图6.9.8所示，单击删除竖梃后出现的网格线，单击上下文选项卡“幕墙网格”面板中的“添加/删除线段”命令，再单击该网格线，可删除该网格线线。删除后的模型见图6.9.9。

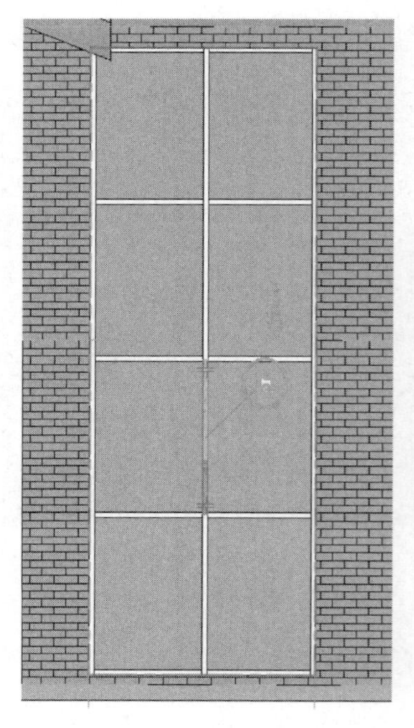

图 6.9.7　改变图元状态

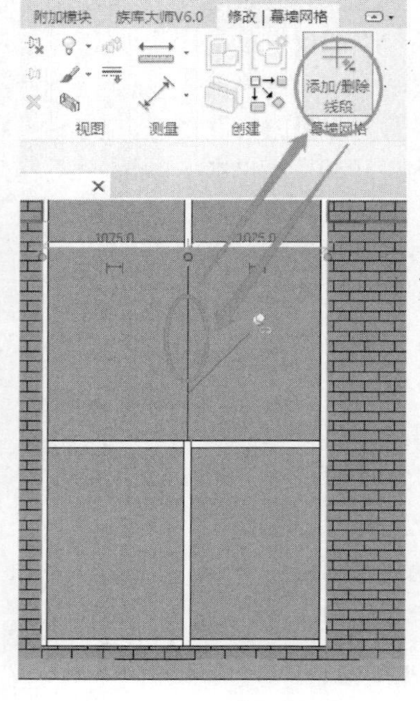

图 6.9.8　删除网格线

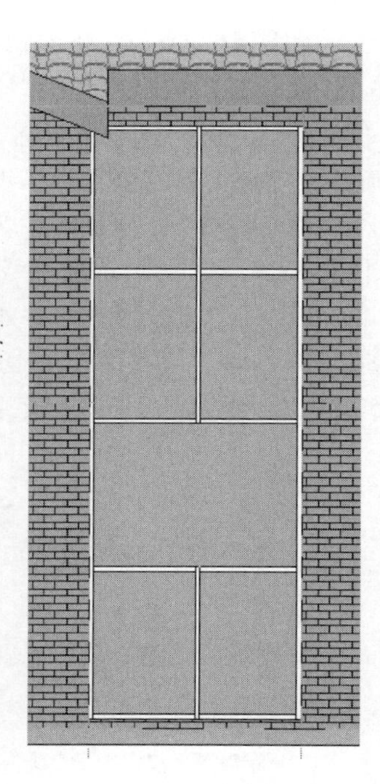

图 6.9.9　网格线删除后的模型

按照图 6.9.10，光标停在嵌板边缘处，按 Tab 键多次直至出现要替换掉的嵌板轮廓，单击拾取该嵌板；单击“属性”面板中的“编辑类型”，单击“载入”，选择“建筑/幕墙/门窗嵌板”文件夹中的“窗嵌板_双扇推拉无框铝窗”，单击“打开”，原先的玻璃嵌板即替换成“窗嵌板_双扇推拉无框铝窗”。完成的模型见图 6.9.11。

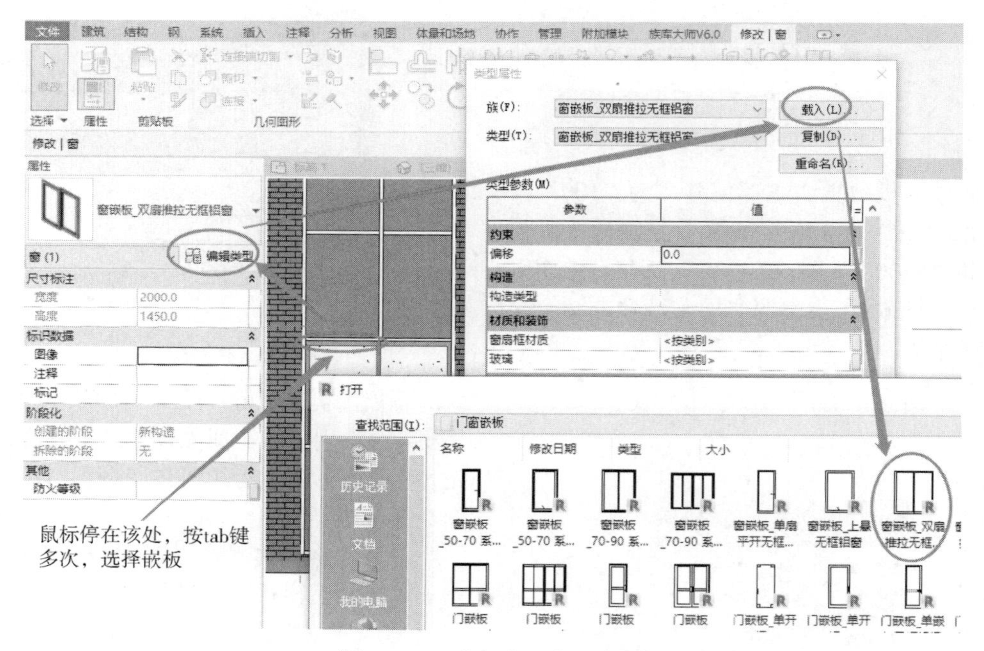

图 6.9.10　选择嵌板修改类型

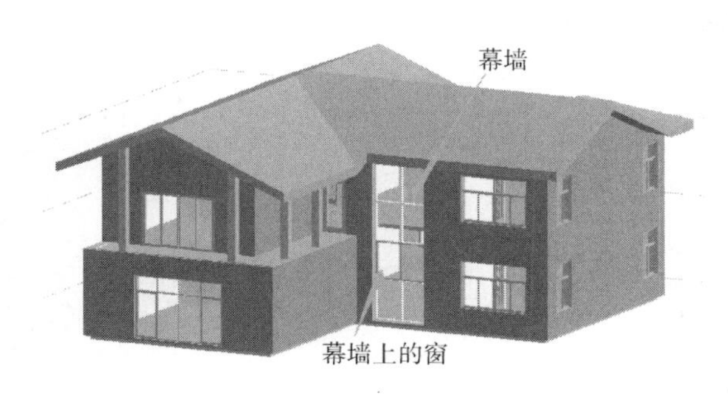

图 6.9.11　幕墙

完成的项目文件见“6.9 节\幕墙完成.rvt”。

6.10　楼梯、栏杆扶手及洞口

6.10.1　楼梯创建实例

1）确定楼梯起始点

打开“6.9 节\幕墙完成.rvt”，进入到标高 1 楼层平面视图。按照图 6.10.1 所示，使用“参照平面”命令，在 E 轴下方 1800mm 位置处创建一个参照平面，沿 4 轴楼梯间墙左侧创建一个参照平面，使这两个参照平面相交。该交点为楼梯的起始点。

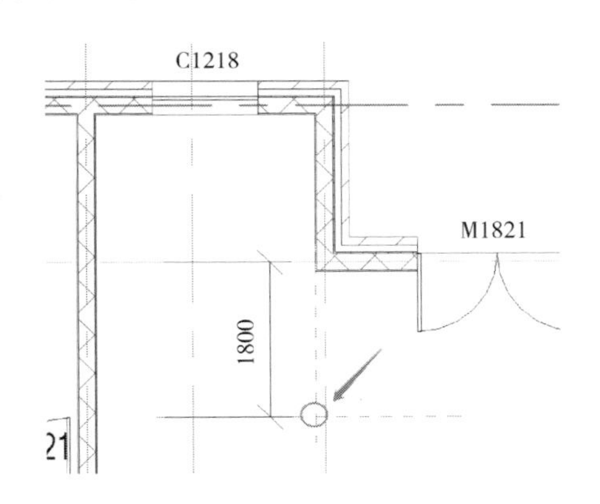

图 6.10.1　创建两个参照平面

2）创建楼梯

单击“建筑”选项卡的“楼梯坡道”面板中的“楼梯”命令（图 6.10.2）。

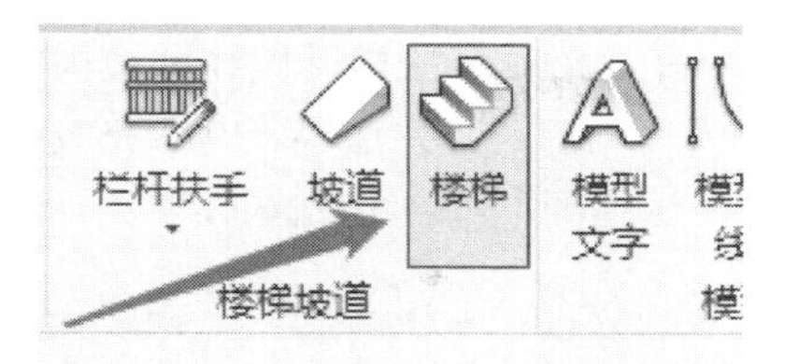

图 6.10.2　“楼梯”命令

按照图 6.10.3 所示，上部选项栏设置“定位线”为“梯段：右”，“实际楼梯宽度”为“1150”；属性面板设置楼梯类型为“整体浇筑楼梯”，“所需踢面数”为“20”；单击“编辑类型”，在弹出的“类型属性”面板中单击“楼梯类型”右侧的“150mm 结构深度”按钮，在弹出的“类型属性”面板中（该类型属性为“150mm 结构深度”的属性），勾选“踏板”和“踢面”，并设置“整体式材质”为“混凝土”，设置踏板和踢面的材质为“大理石”。单击“确定”两次，退回到楼梯创建中。

设置材质的方法为：在“材质浏览器”面板搜索所需的材质，如“石”，在下方的搜索结果中找到相应材质进行双击，该材质将进入上方的文档中，选择文档中的该材质即可使用。如图 6.10.3 所示。

按照图 6.10.4 所示，绘图区域单击两个参照平面的交点，再向上移动光标，当出现“创建了 9 个踢面，剩余 11 个”的淡显显示时单击绘图区域，第一跑楼梯创建完毕；再单击左侧墙面，并向下移动光标，至出现“创建了 11 个踢面，剩余 0 个”的淡显显示时单击绘图区域，此时注意到中间休息平台未到达 F 轴墙体，需单击中间休息平台，拖动其上边缘线到 F 轴墙体。单击完成编辑模式图标，楼梯创建完成。

6.10.2　楼梯洞口创建实例

进入到标高 2 楼层平面视图。单击“建筑”选项卡的“洞口”面板中的“竖井”命令（图 6.10.5）。

在属性面板设置“底部限制条件”为“标高 1”，“底部偏移”为“0”，“顶部约束”为“直到标高：标高 2”（图 6.10.6）。

在绘图区域，沿楼梯梯段线和楼梯间墙绘制图 6.10.7 所示的竖井边界，单击完成编辑模式图标，楼梯间洞口创建完毕。

【说明】竖井只修剪楼板，不修剪柱、墙、楼梯、栏杆等。

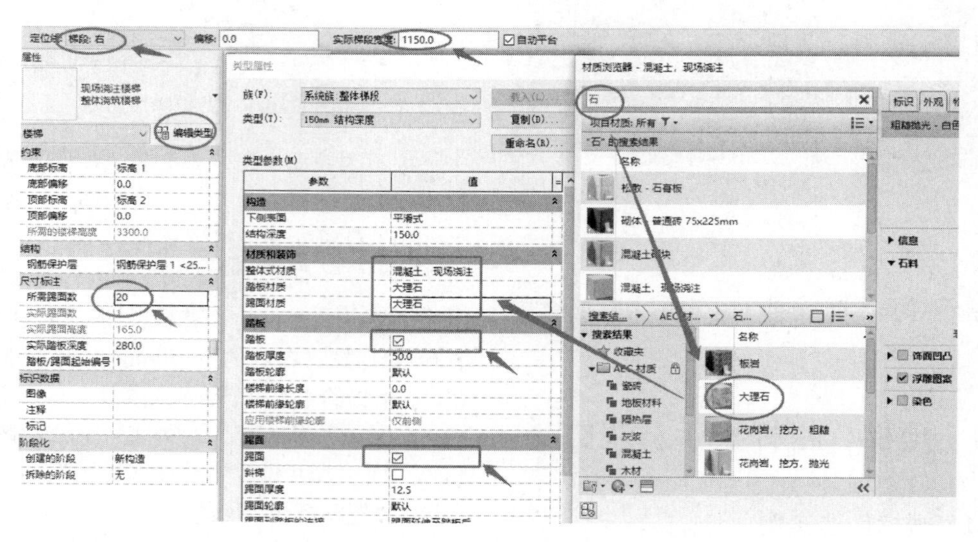

图 6.10.3　楼梯设置

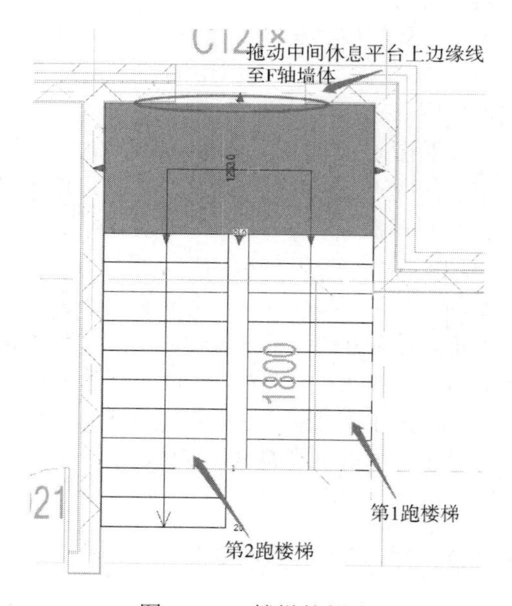

图 6.10.4　楼梯的创建

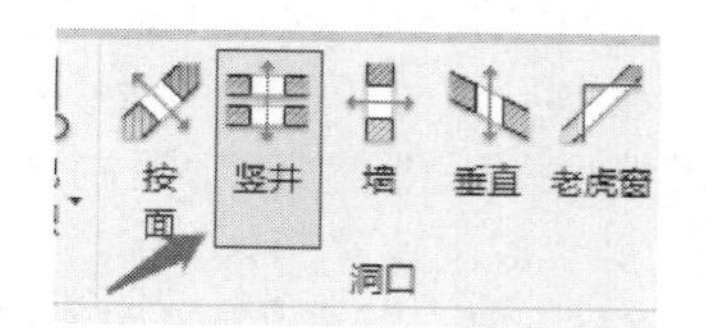

图 6.10.5　“楼梯洞口”命令

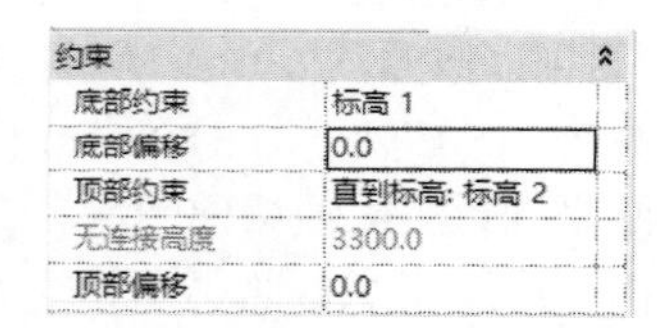

约束	
底部约束	标高 1
底部偏移	0.0
顶部约束	直到标高: 标高 2
无连接高度	3300.0
顶部偏移	0.0

图 6.10.6　竖井设置

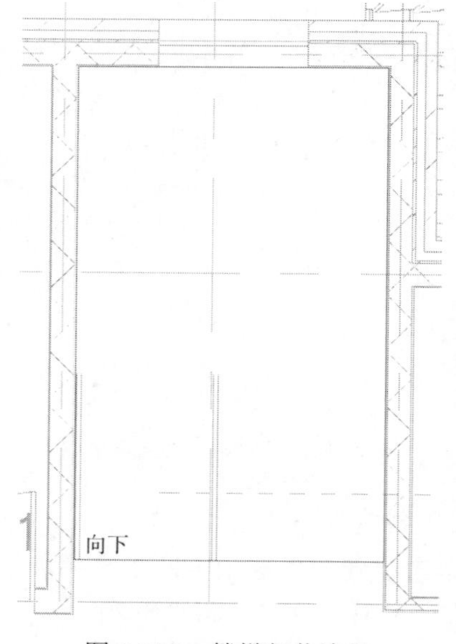

图 6.10.7　楼梯竖井边界

6.10.3　栏杆创建实例

1）顶层楼梯栏杆

楼梯创建完成后，需要在顶层楼梯处设置临空栏杆。单击“建筑”选项卡中“楼梯坡道”面板中的“栏杆扶手”下拉菜单的“绘制路径”命令（图 6.10.8）。

按照图 6.10.9 所示，属性面板选择“1100mm”属性的栏杆，单击属性面板的“编辑类型”，在弹出的“类型属性”面板中单击“栏杆位置”右侧的“编辑”，在弹出的“编辑栏杆位置”面板中设置“相对前一栏杆的距离”为“200”，单击“确定”两次，退回到栏杆创建。

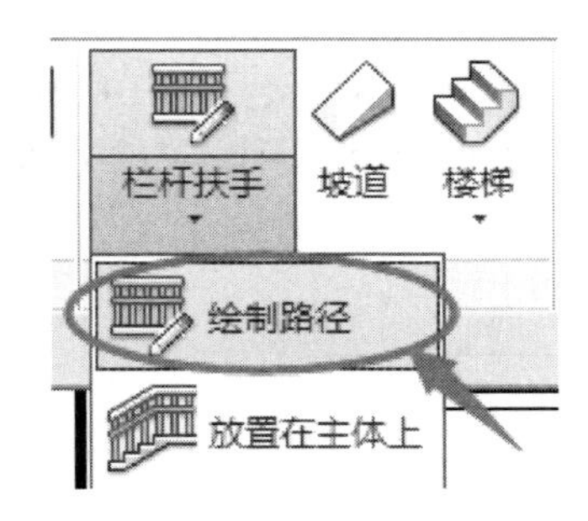

图 6.10.8　“栏杆”命令

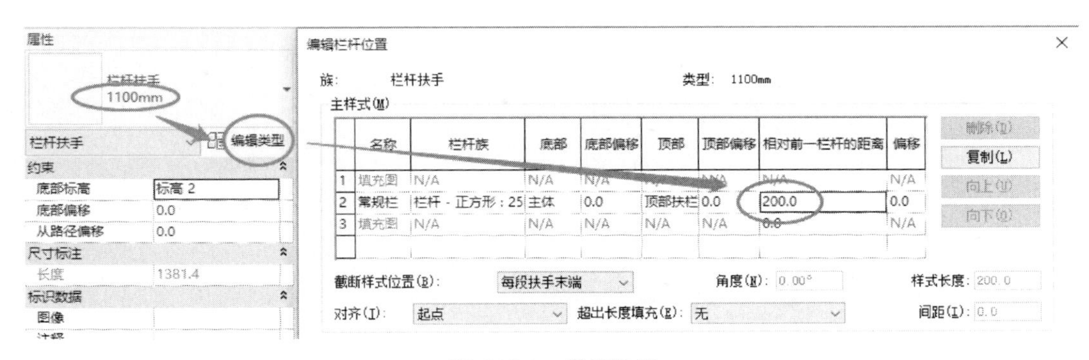

图 6.10.9　栏杆设置

按照图 6.10.10 绘制楼梯间栏杆路径，单击上下文选项卡中的“完成编辑模式”完成栏杆创建。

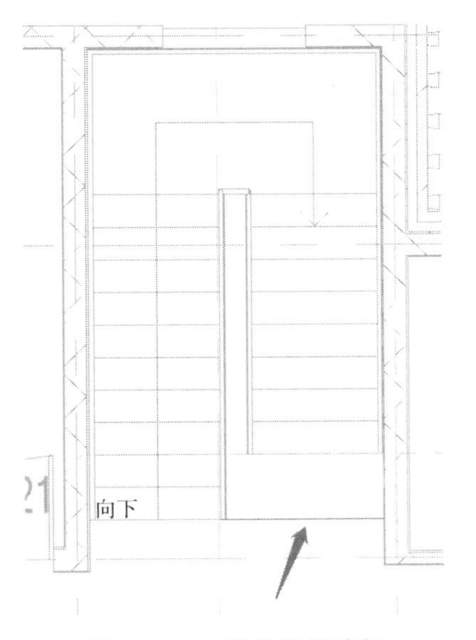

图 6.10.10　楼梯栏杆路径

2）二楼南侧临空处栏杆

单击“栏杆扶手”下拉菜单“绘制路径”命令，属性面板选择“1100mm”属性的栏杆，在图 6.10.11 所示位置分五段分别创建栏杆。

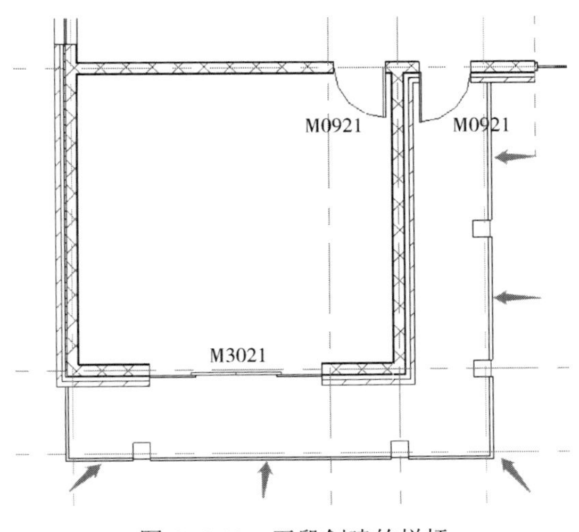

图 6.10.11　五段创建的栏杆

3）二楼室内洞口栏杆

进入到标高 2 楼层平面视图，执行“栏杆扶手”，按照图 6.10.12，在“1100mm”类型的基础上复制出一个新类型“1100mm 二楼室内楼梯”，设置“栏杆偏移”为“-30”；在图 6.10.13 所示位置进行栏杆创建。创建完成的模型见图 6.10.14。

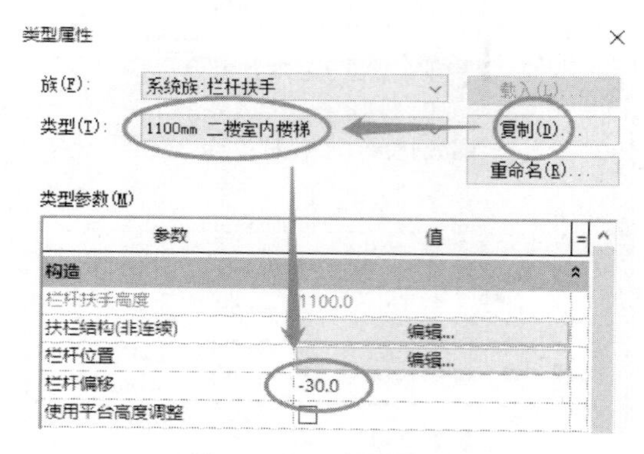

图 6.10.12　栏杆设置

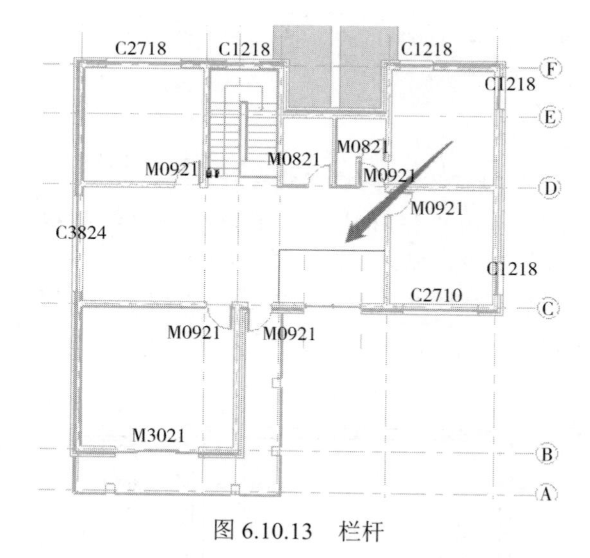

图 6.10.13　栏杆

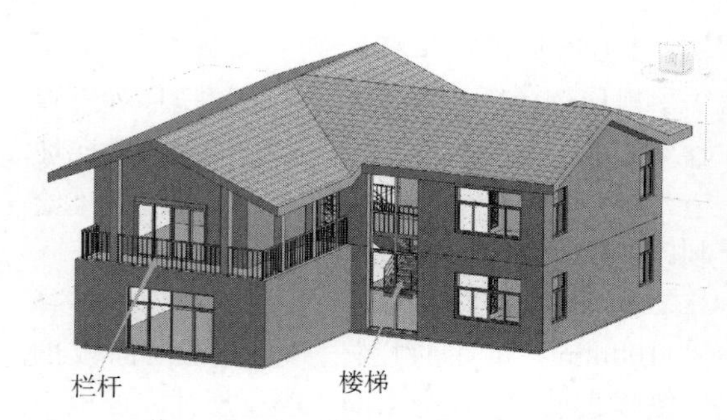

图 6.10.14　楼梯、栏杆创建完成

完成的项目文件见“6.10 节\楼梯、洞口、栏杆扶手完成.rvt”。

第 7 章　Revit 的装饰深化方法

本章操作视频

7.1　多构造层墙——瓷砖装饰墙

1）“瓷砖装饰墙”类型的新建

新建一个 Revit 项目文件，进入标高 1 楼层平面视图。单击“建筑”选项卡下“构建”面板中的“墙：建筑”命令，或执行“WA”快捷命令。单击“编辑类型”，在弹出的“类型属性”面板中单击“复制”，在弹出的“名称”对话框中输入名称“瓷砖装饰墙”，单击“确定”（图 7.1.1）。

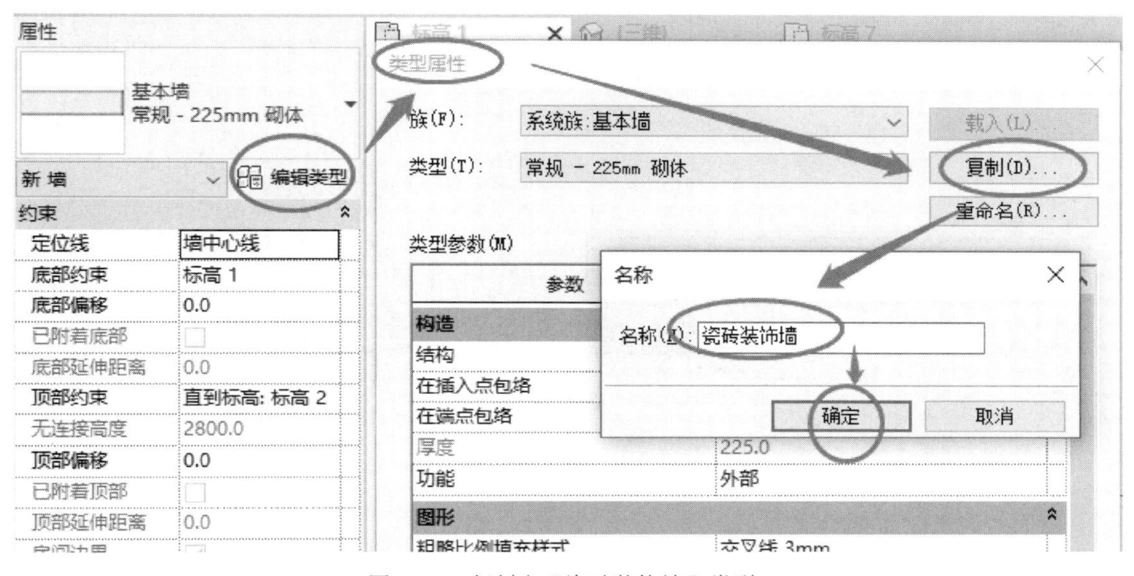

图 7.1.1　复制出“瓷砖装饰墙”类型

2）构造层的创建

单击“类型属性”面板中“结构”右侧的“编辑”（图 7.1.2），在弹出的“编辑部件”面板中，连续单击四次“插入”，会出现四个构造层次（图 7.1.3），分别选择新插入的四个构造层，单击向上按钮或向下按钮，使两个新插入的构造层位于上层核心编辑以上，另两个新插入的构造层位于下层核心边界以下，按照图 7.1.4 修改各构造层的“功能”和“厚度”。

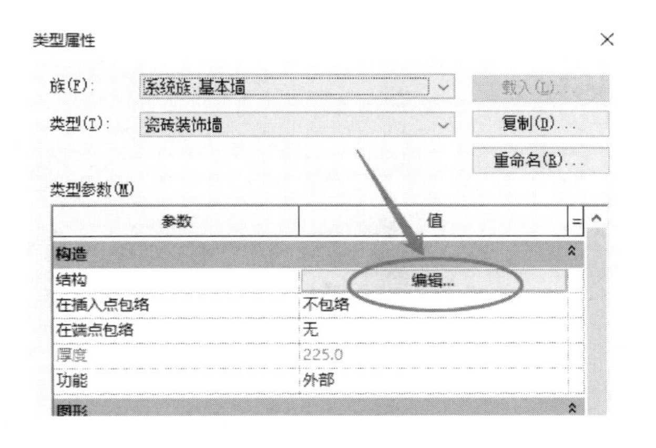

图 7.1.2　结构“编辑”按钮

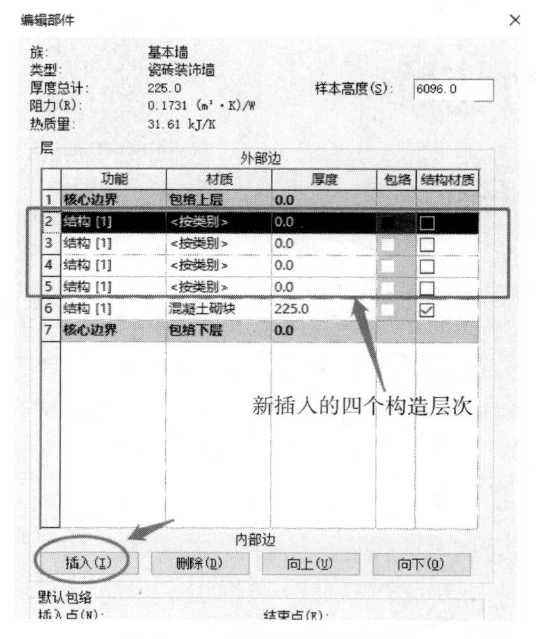

图 7.1.3　插入四个构造层次

层

	功能	材质	厚度	包络	结构材质
1	面层 1 [4]	<按类别>	5.0	☑	
2	衬底 [2]	<按类别>	20.0	☑	
3	核心边界	包络上层	0.0		
4	结构 [1]	混凝土砌块	200.0		☑
5	核心边界	包络下层	0.0		
6	衬底 [2]	<按类别>	20.0	☑	
7	面层 2 [5]	<按类别>	5.0	☑	

图 7.1.4　修改构造层的“功能”“厚度”

3）构造层材质的创建

单击“面层 1[4]”的“材质”框内右侧按钮，弹出的“材质浏览器”中无“瓷砖”材质，因此需要新建，即单击下方的“新建材质”（图 7.1.5），在新创建的材质处右击，重命名为“瓷砖”，单击下方的“打开/关闭材质浏览器”（图 7.1.6），在弹出的“资源浏览器”面板中搜索“瓷砖”，在“外观库”中找到“瓷砖-石灰华-凡尔赛”，双击该材质，该材质会赋予到新建“瓷砖”材质的“外观”中（图 7.1.7）；单击“图形”，勾选“使用渲染外观”（图 7.1.8），则渲染外观的主色调会进入到“图形”中，单击“确定”退出材质浏览器，新建的“瓷砖”材质创建完成。

同理，将“衬底 2”材质修改为“石灰砂浆”，“面层 2[5]”材质修改为新建的“瓷砖”材质，确保“结构[1]”材质为“混凝土砌块”（图 7.1.9），单击“确定”退出“编辑部件”面板，再单击“确定”退出“类型属性”对话框。

图 7.1.5　新建材质

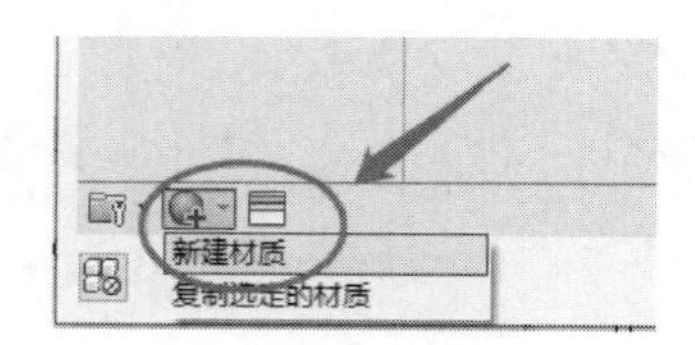

图 7.1.6　打开/关闭材质浏览器

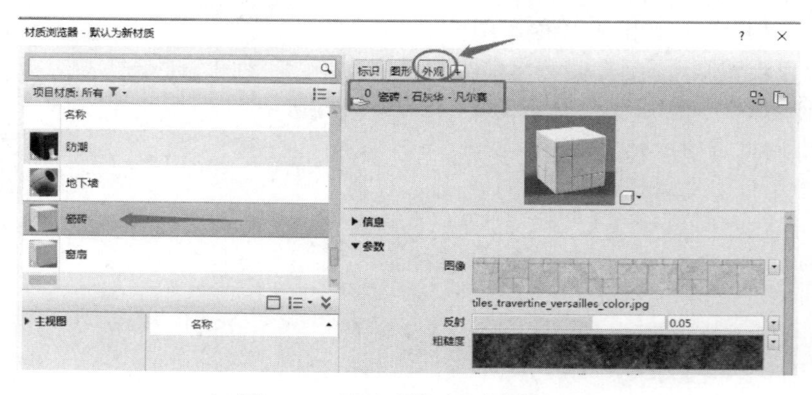

图 7.1.7　新建“瓷砖”材质外观

图 7.1.8　使用渲染外观

层

	功能	材质	厚度	包络	结构材质
		外部边			
1	面层 1 [4]	瓷砖	5.0	☑	☐
2	衬底 [2]	水泥砂浆	20.0	☑	☐
3	核心边界	包络上层	0.0		
4	结构 [1]	混凝土砌块	200.0	☐	☑
5	核心边界	包络下层	0.0		
6	衬底 [2]	水泥砂浆	20.0	☑	☐
7	面层 2 [5]	瓷砖	5.0	☑	☐

图 7.1.9　材质创建完成

4）墙体绘制

在绘图区域单击墙体起点和终点，创建瓷砖装饰墙。也可选择已经创建完成的墙体，将其类型改为“瓷砖装饰墙”。图 7.1.10 为“视觉样式”为“着色”下的显示，图 7.1.11 为“视觉样式”为“真实”下的显示。

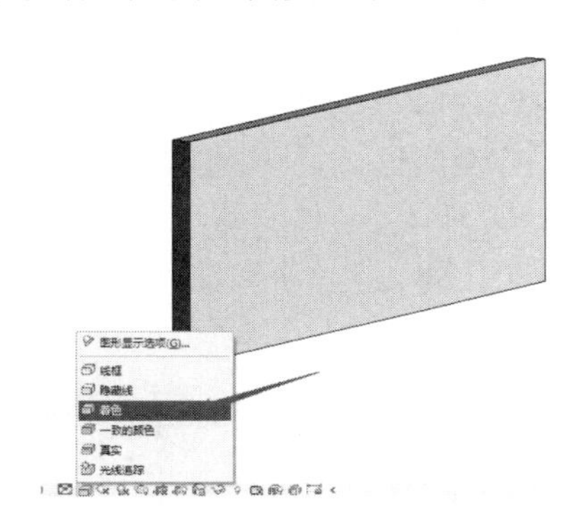

图 7.1.10　“着色”下的显示

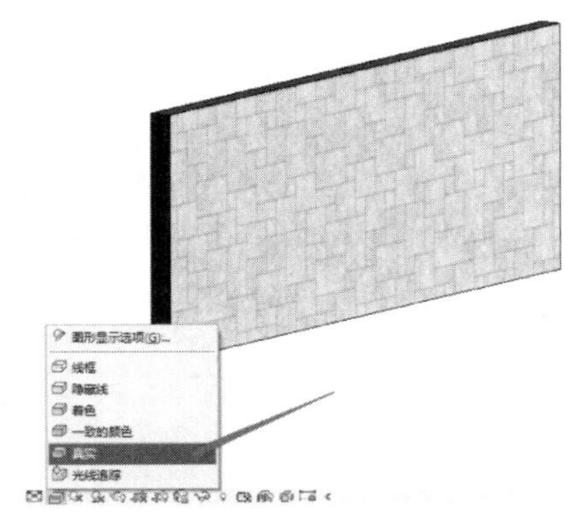

图 7.1.11　“真实”下的显示

完成的项目文件见资源包“7.1 节\瓷砖装饰墙完成.rvt”。

7.2　复合墙——底部瓷砖墙裙的涂料墙

1）类型新建

打开“7.1 节\瓷砖装饰墙完成.rvt”，进入标高 1 楼层平面视图。单击“建筑”选项卡的“构建”面板中的“墙：建筑”命令，或执行“WA”快捷命令。在“属性”面板单击“编辑类型”，进入到“类型属性”对话框。在“瓷砖装饰墙”类型上复制出一个名为“瓷砖墙裙涂料墙”的新类型。

2）剖面显示

单击“类型属性”对话框左下角的“预览”按钮，将“视图”改为“剖面:修改类型属性”（图 7.2.1）。

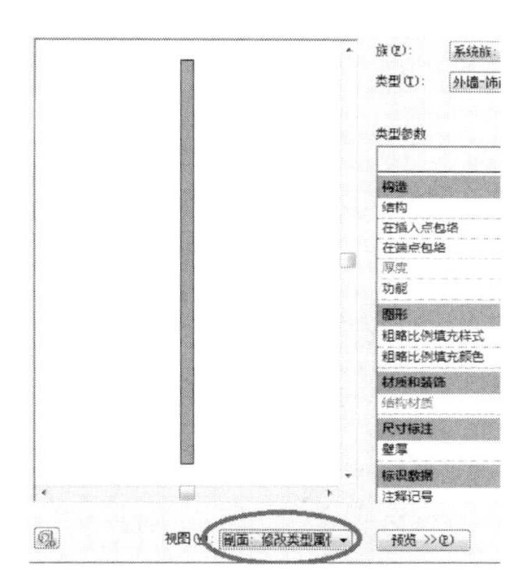

图 7.2.1　在剖面下进行预览

3）拆分构造层

单击“结构”右侧的“编辑”，进入到“编辑部件”对话窗，单击“拆分区域”按钮（图 7.2.2），移动光标到左侧预览框中，在墙体最左侧的“瓷砖”构造层上进行单击，此时最左侧的“瓷砖”构造层会拆分为上下两部分，注意此时该面层的“厚度”值变为“可变”（图 7.2.3）。

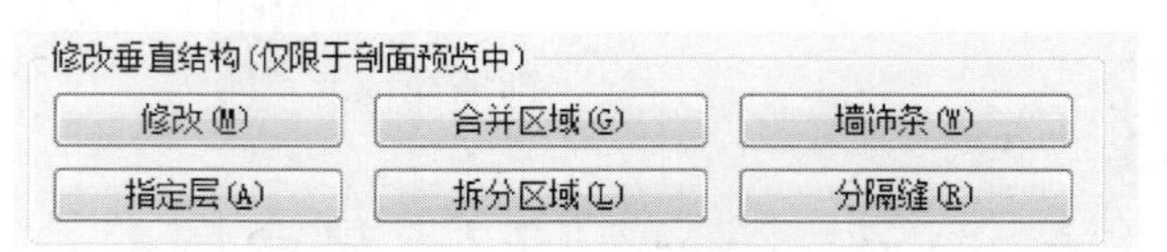

图 7.2.2 “拆分区域”命令

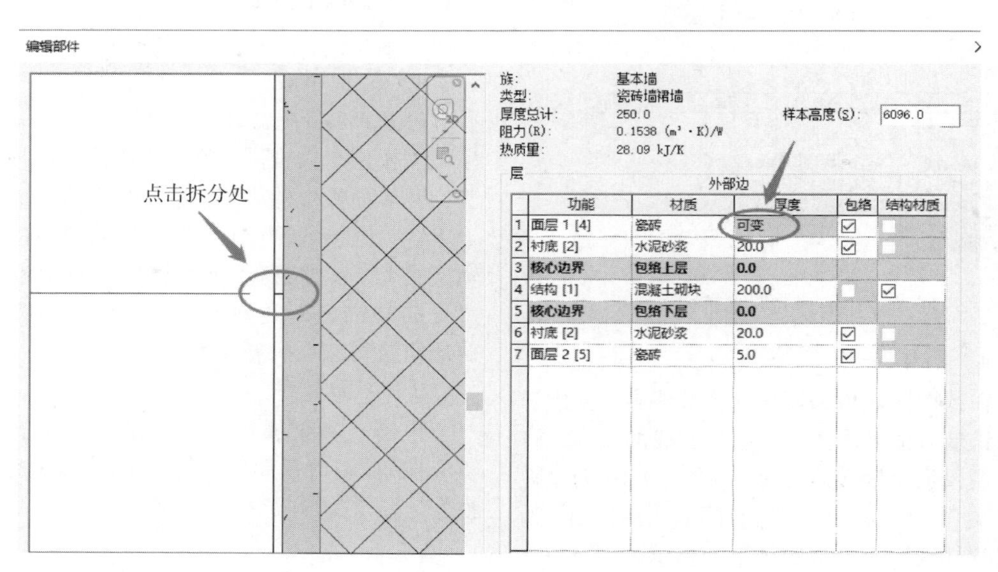

	功能	材质	厚度	包络	结构材质
1	面层 1 [4]	瓷砖	可变	☑	☐
2	衬底 [2]	水泥砂浆	20.0	☑	☐
3	核心边界	包络上层	0.0		
4	结构 [1]	混凝土砌块	200.0	☐	☑
5	核心边界	包络下层	0.0		
6	衬底 [2]	水泥砂浆	20.0	☑	☐
7	面层 2 [5]	瓷砖	5.0	☑	☐

图 7.2.3 拆分面

单击下方的“修改”，鼠标移至左侧预览图中的拆分边界处进行单击，可修改拆分高度，将其修改为“1000”（图 7.2.4）。

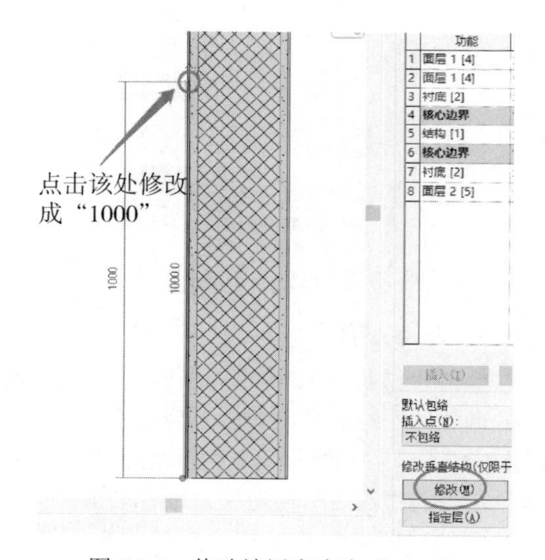

图 7.2.4 修改墙裙高度为“1000”

4）插入新的材质层

在右侧栏中插入一个新的构造层，功能修改为“面层 1[4]”，材质修改为“涂料-黄色”，厚度“0.0”保持不变（图 7.2.5）。

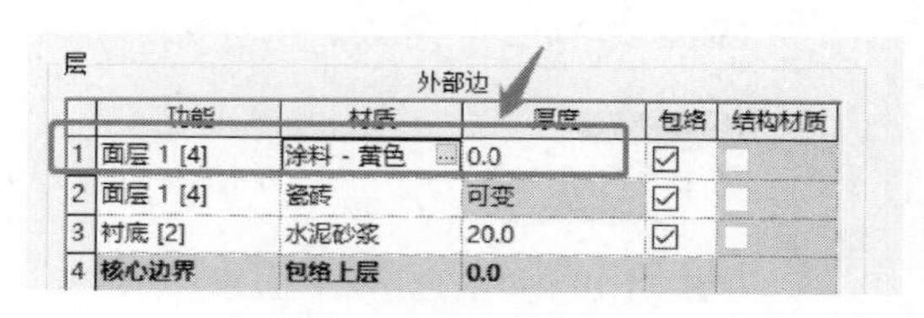

	功能	材质	厚度	包络	结构材质
1	面层 1 [4]	涂料 - 黄色	0.0	☑	☐
2	面层 1 [4]	瓷砖	可变	☑	☐
3	衬底 [2]	水泥砂浆	20.0	☑	☐
4	核心边界	包络上层	0.0		

图 7.2.5 新插入一个构造层

5）将新插入的材质层指定给相应层

选择新插入的“涂料-黄色”构造层，单击“指定层”按钮，移动光标到左侧预览图中墙体左侧构造层的上部分进行单击，此时会将“涂料-黄色”面层材质指定给该面。注意此时“涂料-黄色”和“瓷砖”构造层的“厚度”都变为“5mm”（图 7.2.6）。

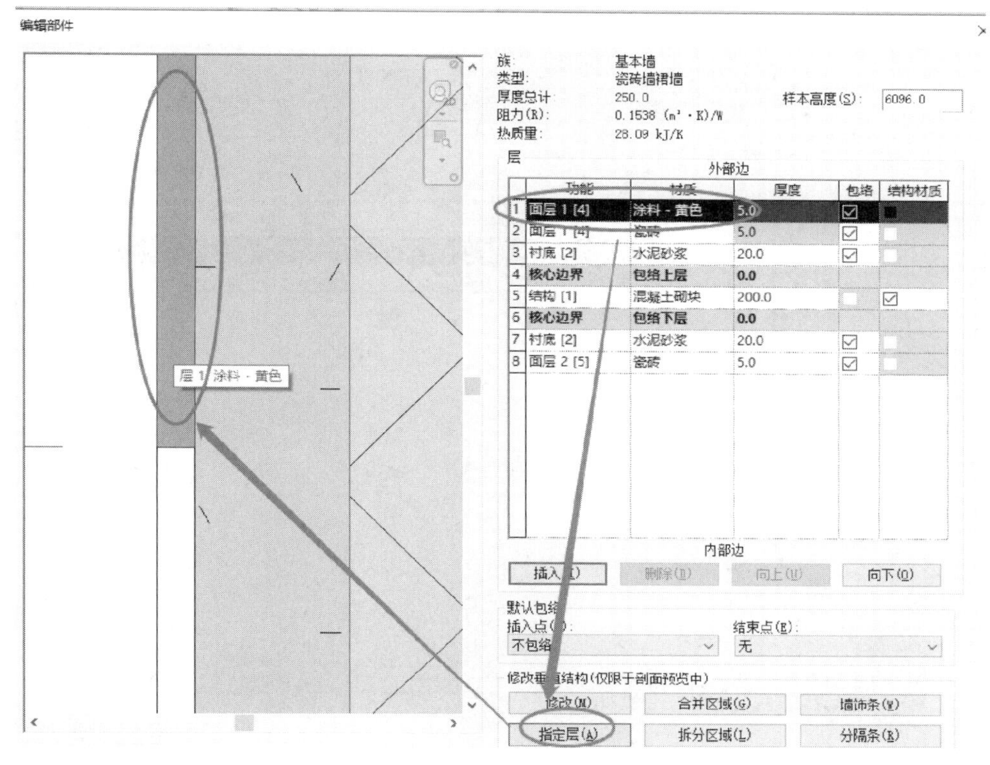

图 7.2.6 “指定层”后的层结构

单击“确定”关闭所有对话框。

6）墙体绘制

在绘图区域单击墙体起点和终点，创建瓷砖墙裙涂料墙。也可选择已经创建完成的墙体，将其类型改为“瓷砖墙裙涂料墙”。

完成的项目文件见“7.2 节\瓷砖墙裙涂料墙完成.rvt”。

7.3 叠层墙——下部混凝土材质、上部砌块材质墙

新建一个 Revit 项目文件，进入标高 1 楼层平面视图。单击“建筑”选项卡下“构建”面板中的“墙：建筑”命令，或执行“WA”快捷命令。在属性面板选择“叠层墙”中的“外部-砌块勒脚砖墙”（图 7.3.1），单击“编辑类型”，进入到“类型属性”对话框，单击“复制”，复制出“下部混凝土上部砌块墙”新类型。

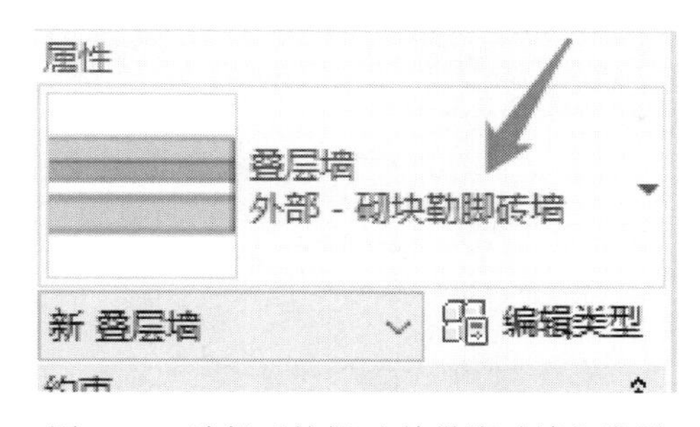

图 7.3.1 选择“外部-砌块勒脚砖墙”类型

单击“结构”右侧的“编辑”，进入到“编辑部件”面板；按照图 7.3.2，打开左下方的“预览”，将“视图”改为“剖面:修改类型属性”；修改上部墙体为“常规-225mm 砌体”，“高度”为“可变”，下部墙体为“挡土墙-300mm 混凝土”，“高度”为“1000”。单击“确定”关闭所有对话框，在绘图区域单击墙体起点和终点，创建叠层墙。也可选择已经创建完成的墙体，将其类型改为“下部混凝土上部砌块墙”。

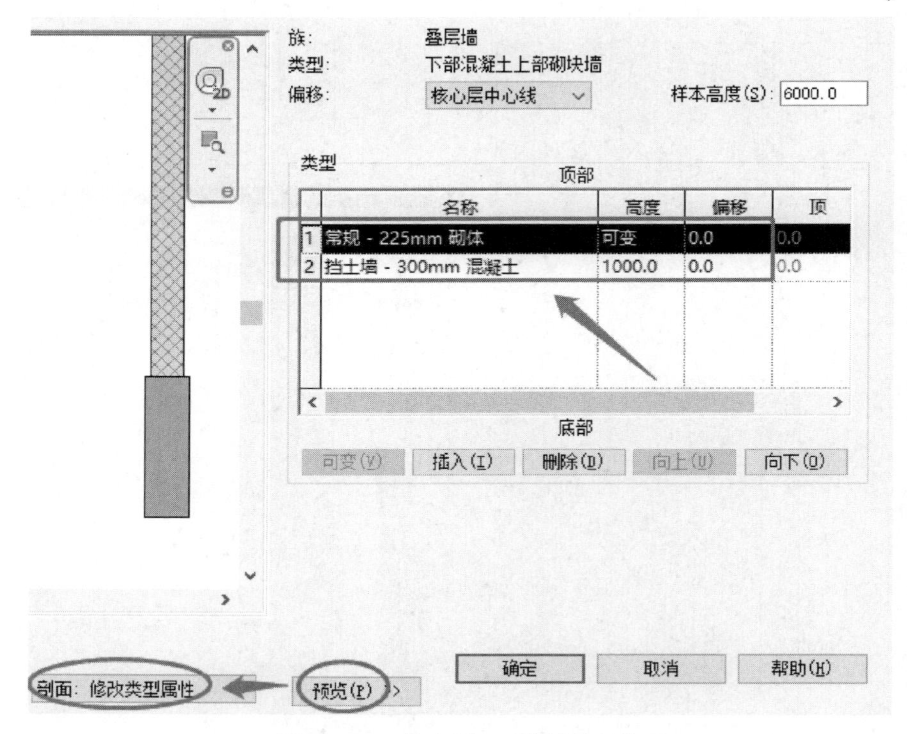

图 7.3.2　“指定层”后的墙体结构

创建完成的模型见图 7.3.3。

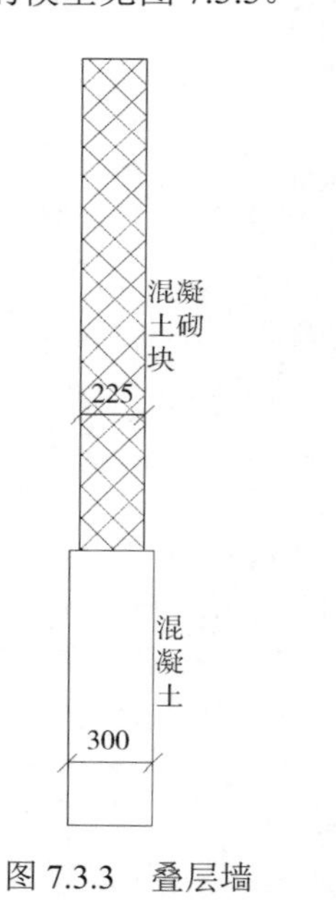

图 7.3.3　叠层墙

完成的项目文件见资源包“7.3 节\下部混凝土上部砌块墙完成.rvt”。

7.4　楼板的形状编辑——卫生间汇水设计

卫生间平楼板汇水设计方法同上，不同之处在于要在卫生间边界和地漏边界上分别添加几条分割线，并设置其相对高度，同时要设置楼板构造层，保证楼板底部保持水平。案例如下。

① 绘图准备。新建一个 Revit 项目文件，进入标高 1 楼层平面视图。绘制一个厚度为 200mm 厚的卫生间楼板。

② 添加分割线。绘图区域选择该楼板，单击“修改 | 楼板”上下文选项卡中的“形状编辑”面板中的“添加分割线”命令，楼板四周边线变为绿色虚线，角点处有绿色高程点，如图 7.4.1 所示。

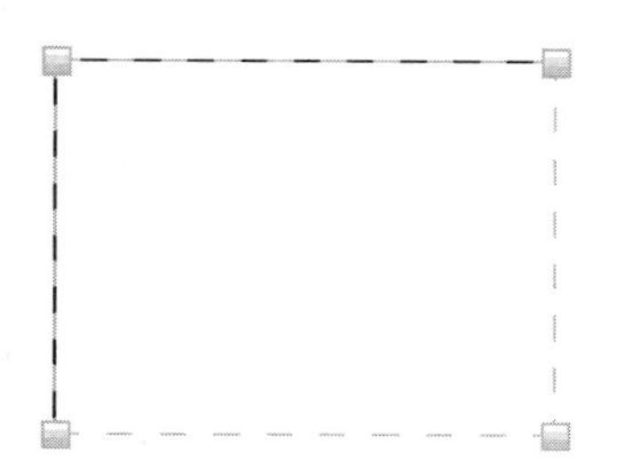

图 7.4.1　选择“添加分割线”命令后楼板的显示

按照图 7.4.2 在卫生间内绘制 4 条短分割线（即地漏边界线），分割线为蓝色显示。

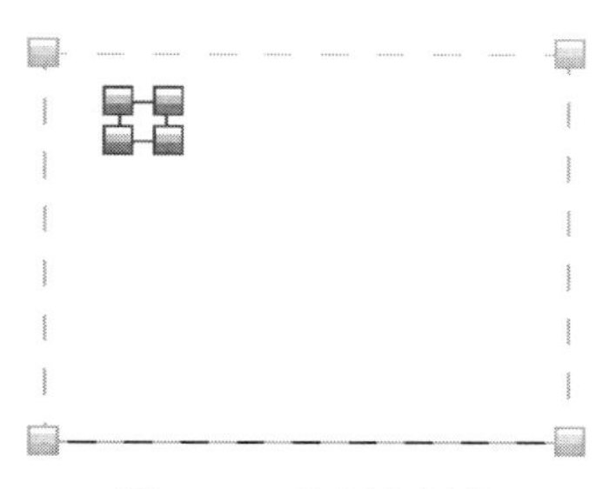

图 7.4.2　绘制分割线

③ 设置分割线高程。单击功能区“修改子图元”命令，窗选 4 条短分割线，在选项栏将“立面”的参数值设置为“-15”(该操作能够将地漏边线降低 15mm）。此时，“回”字形分割线角角相连，出现 4 条灰色的连接线，如图 7.4.3 所示。

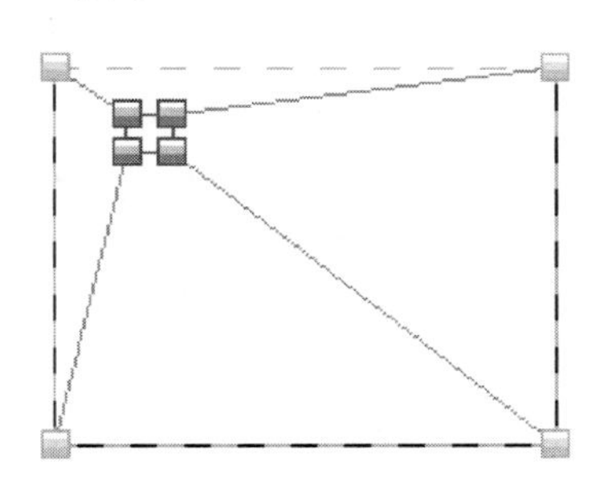

图 7.4.3　选择分割线、设置“立面”参数值后的效果

④ 完成“形状编辑”操作。按 Esc 键结束命令，完成“形状编辑”操作。

⑤ 构造层厚度的“可变性”操作。单击“视图”选项卡中的“创建”面板中“剖面”命令（图 7.4.4），按图 7.4.5 所示设置剖断线。

图 7.4.4　剖面命令

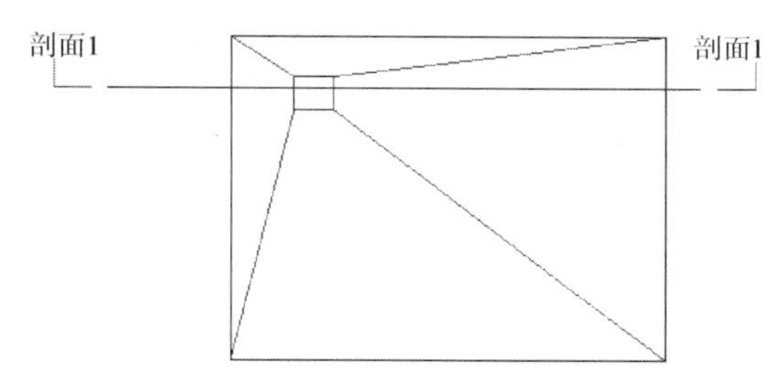

图 7.4.5　设置剖断线

展开“项目浏览器”面板中的“剖面”，双击打开刚生成的剖面。从剖面图中，发现楼板的结构层和面层都向下偏移了 15mm（图 7.4.6）。绘图区域选择该楼板，在属性面板中单击“编辑类型”命令，打开“类型属性”对话框。单击“结构”参数后的“编辑”按钮，打开“编楫部件”对话框，勾选“结构[1]”后面的“可变”栏选项(图 7.4.7)，单击“确定”关闭所有对话框。

图 7.4.6　楼板结构层下移 15mm

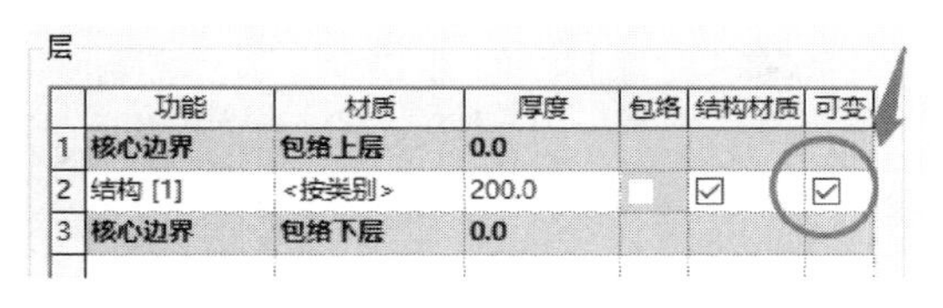

层

	功能	材质	厚度	包络	结构材质	可变
1	核心边界	包络上层	0.0			
2	结构 [1]	<按类别>	200.0	☐	☑	☑
3	核心边界	包络下层	0.0			

图 7.4.7　“可变”操作

这一步使楼板结构层下表面保持水平，仅上表面地漏处降低了 15mm，如图 7.4.8 所示。

图 7.4.8　楼板结构层下表面保持水平

完成的项目文件见“7.4 节\平楼板汇水设计完成.rvt”。

7.5 天花板——立体多层次天花板

① 绘图准备。新建一个 Revit 项目文件，进入标高 1 楼层平面视图。创建一面长 8m、宽 6m、高 3.3m 的墙体。

② 进入到“天花板平面”视图。双击项目浏览器中“天花板平面”中的“标高 1”（图 7.5.1），进入到“标高 1”的天花板平面视图中。

【说明】“天花板平面”视图与“楼层平面”视图的主要区别是“视图范围”不同。单击属性面板“视图范围”右侧的“编辑”按钮，会看到“天花板平面”视图剖切位置在“2300”处，“顶部”为上层标高（图 7.5.2），“楼层平面”视图剖切位置在“1200”处，“顶部”位于本层标高“2300”处（图 7.5.3）。

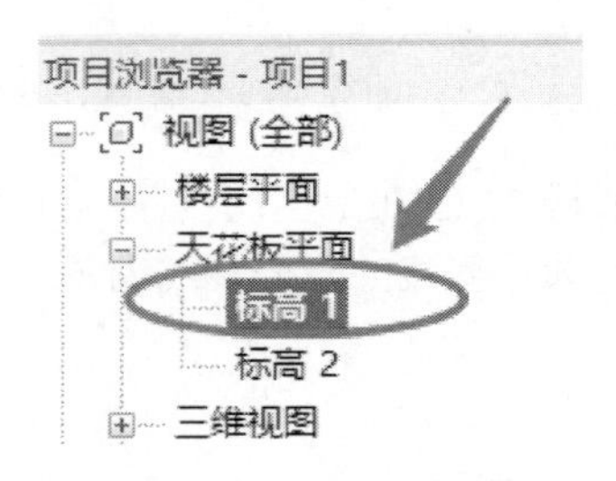

图 7.5.1 “天花板平面”视图

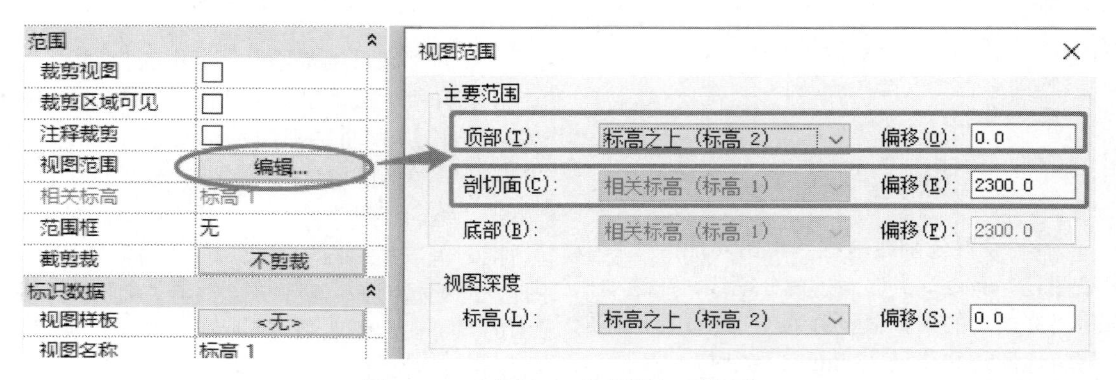

图 7.5.2 天花板平面视图的视图范围

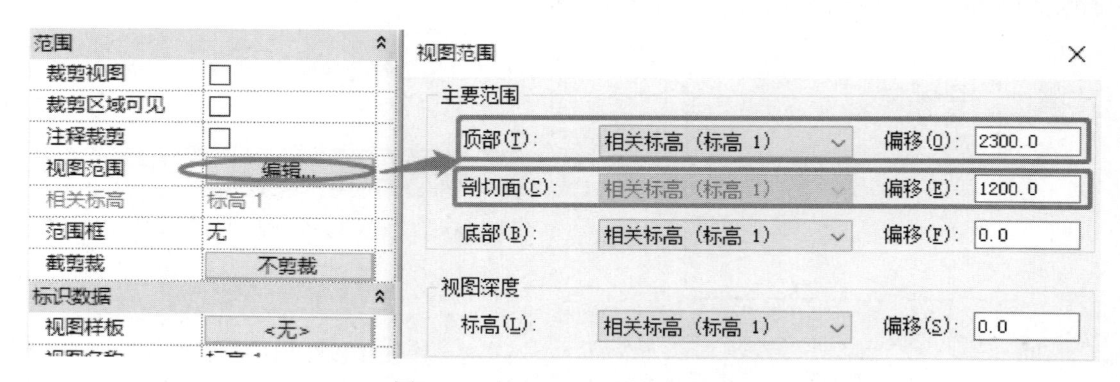

图 7.5.3 楼层平面视图的视图范围

③ 创建位于底部的平天花板。单击“建筑”选项卡中的“构建”面板的“天花板”命令（图 7.5.4）。

图 7.5.4 “天花板”命令

在上下文选项卡中选择“绘制天花板”，确保属性面板“自标高的高度偏移”为“2600”，在绘图区域绘制如图 7.5.5 所示的两个边界线，单击完成编辑模式图标，生成第一块天花板。

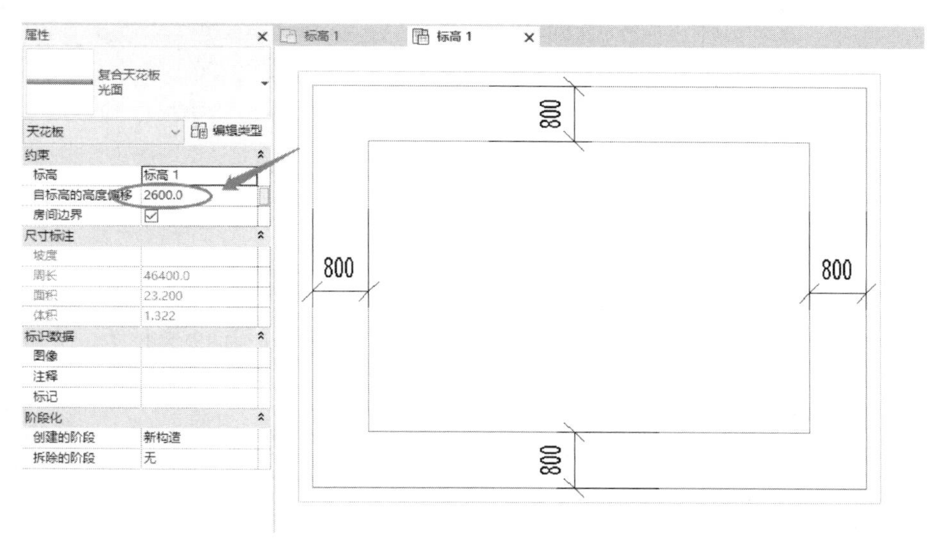

图 7.5.5　第一块天花板的两个边界线

④ 创建位于顶部的平天花板。继续执行“天花板”命令，选择“绘制天花板”命令，属性面板“自标高的高度偏移”设置为“3000”，在绘图区域中绘制如图 7.5.6 所示的边界线，单击完成编辑模式图标，生成第二块天花板。

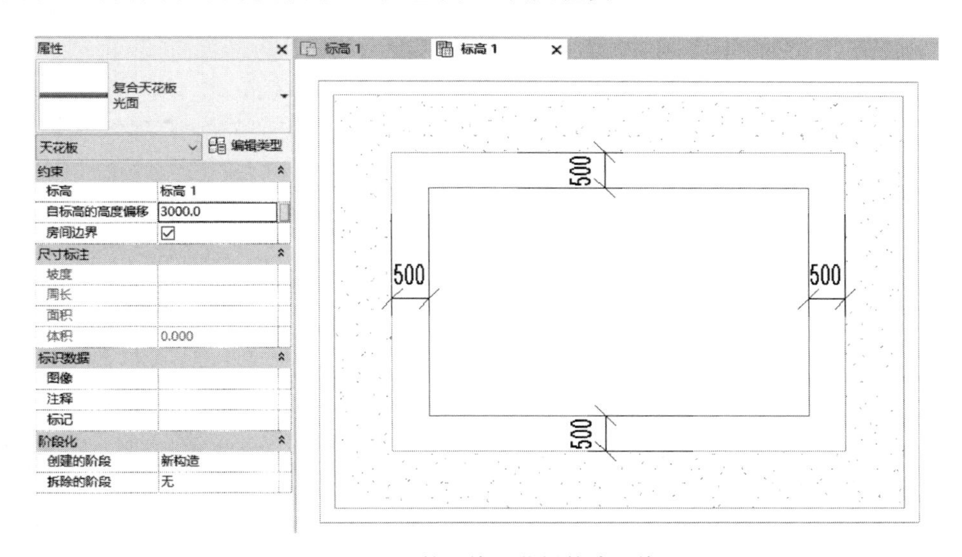

图 7.5.6　第二块天花板的边界线

⑤ 创建底部天花板、顶部天花板中间的斜天花板。继续执行“天花板”命令，选择“绘制天花板”命令，在绘图区域中绘制如图 7.5.7 所示天花板边界线。

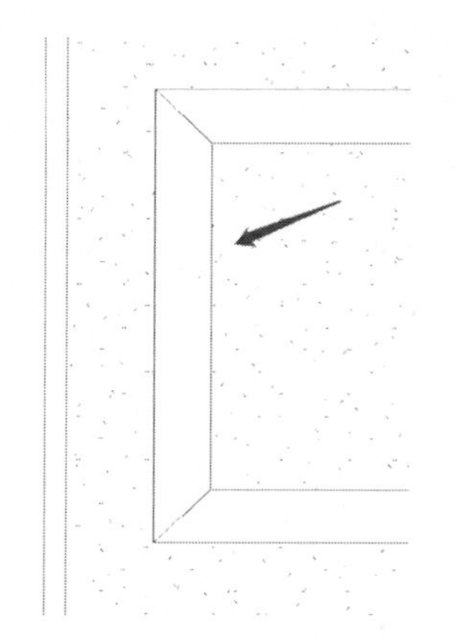

图 7.5.7 倾斜天花板的边界线

选择上下文选项卡“坡度箭头”命令，在天花板上绘制坡度方向。绘制完成后选择该坡度箭头，在“属性”面板中，设置箭头的“尾高度偏移”为“-400”，如图 7.5.8 所示。

单击完成编辑模式图标，生成倾斜天花板。

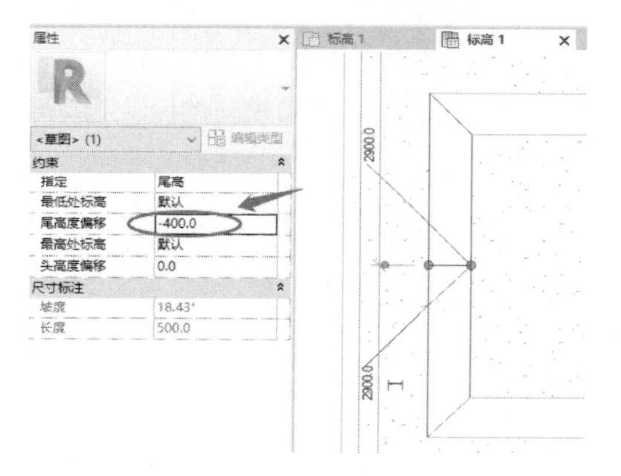

图 7.5.8 创建坡度箭头

同理创建其余三块倾斜天花板。创建完成的天花板平面图见图 7.5.9，三维视图见图 7.5.10。

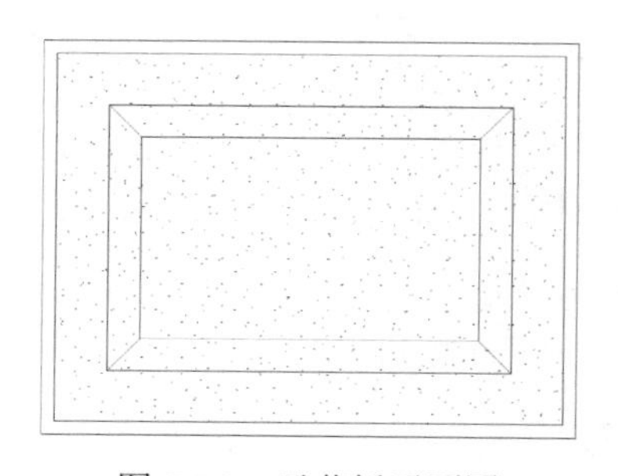

图 7.5.9 天花板平面图

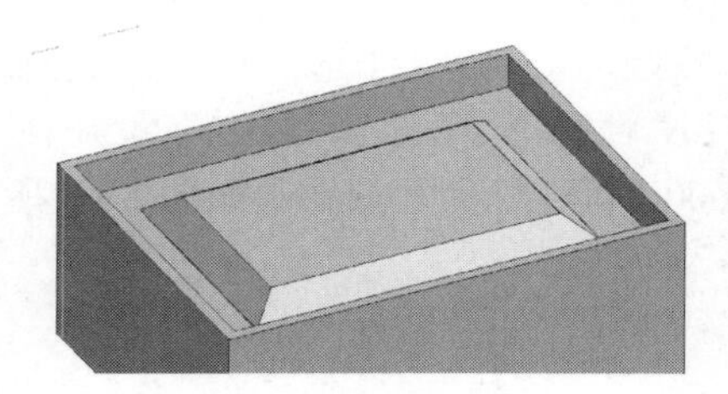

图 7.5.10 天花板三维视图

完成的项目文件见“7.5 节\立体多层次天花板完成.rvt”。

7.6 玻璃斜窗屋顶——木格栅天花装饰造型

新建一个 Revit 项目文件，进入标高 1 楼层平面视图。单击“建筑”选项卡下“构建”面板“屋顶”中的“迹线屋顶”命令。

属性面板选择“玻璃斜窗”类型，单击属性面板的“编辑类型”选项，复制出“木格栅天花”类型，将“幕墙嵌板”设置为“空系统嵌板:空”，其余参数按照设计要求进行设置，如图 7.6.1 所示。

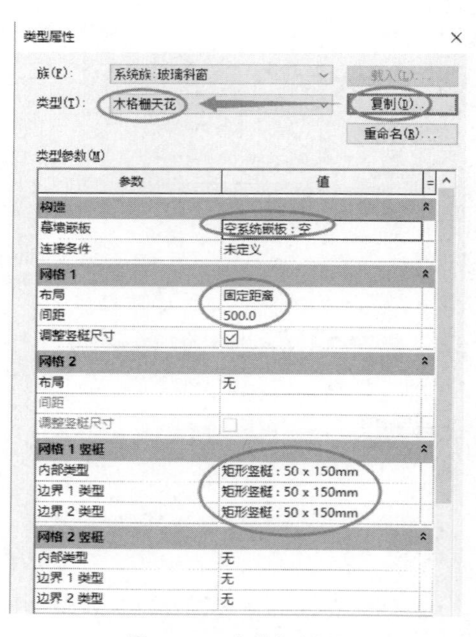

图 7.6.1 木格栅设置

单击“确定”退出“类型属性”面板。根据设计要求，绘制木格栅天花的边界线，如图

7.6.2 所示。

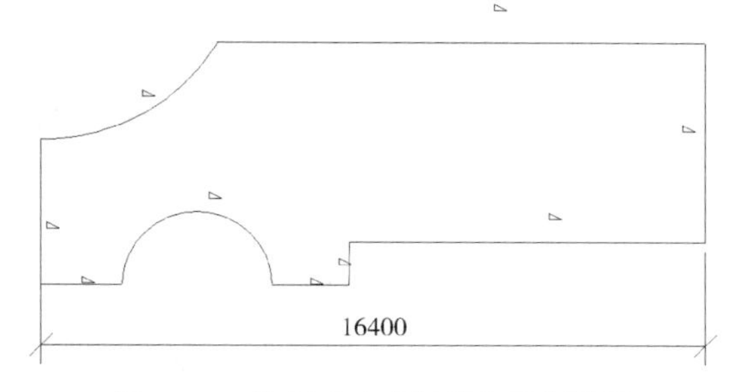

图 7.6.2　选择“玻璃斜窗”绘制边界

选择边界线，取消“定义坡度箭头”的勾选。单击完成编辑模式图标完成木格栅天花的创建。三维视图如图 7.6.3 所示。

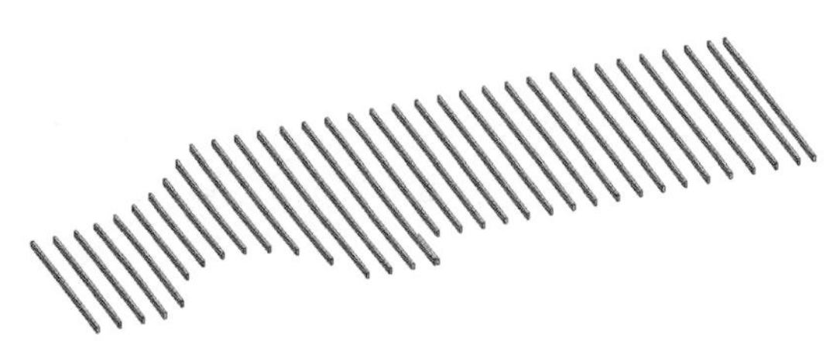

图 7.6.3　木格栅天花

创建完成的项目文件见“7.6 节\木格栅天花完成.rvt”。

7.7　老虎窗——单屋顶老虎窗与双屋顶老虎窗

7.7.1　单屋顶老虎窗

① 确定老虎窗范围。创建如图 7.7.1 所示长 16m、宽 7.7m、坡度 30°的迹线屋顶。

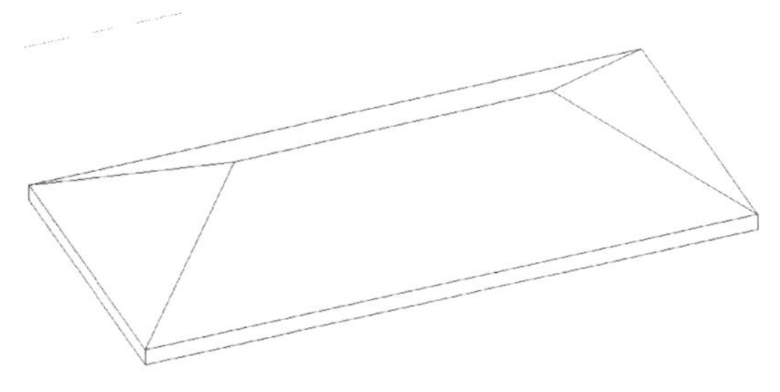

图 7.7.1　创建迹线屋顶

在楼层平面视图中，选择该屋顶，单击“编辑迹线”进入到在草图模式中。按照图 7.7.2 所示的位置，创建 3 个参照平面。

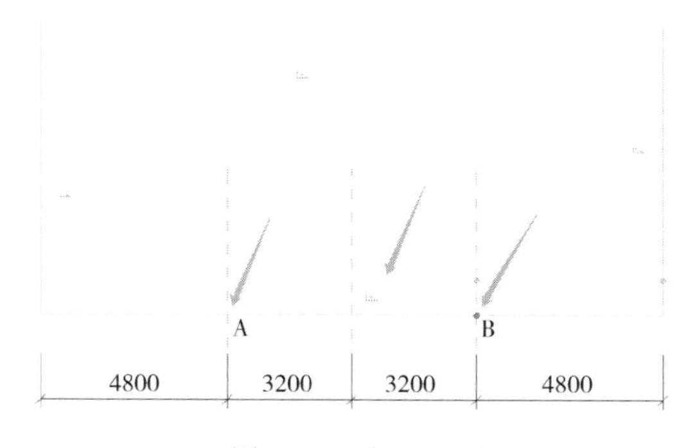

图 7.7.2　参照平面

单击上下文选项卡下“修改”面板中的“拆分图元”命令（图 7.7.3），在图 7.7.4 所示的 A 点、B 点处单击，将底部迹线拆分成三段。

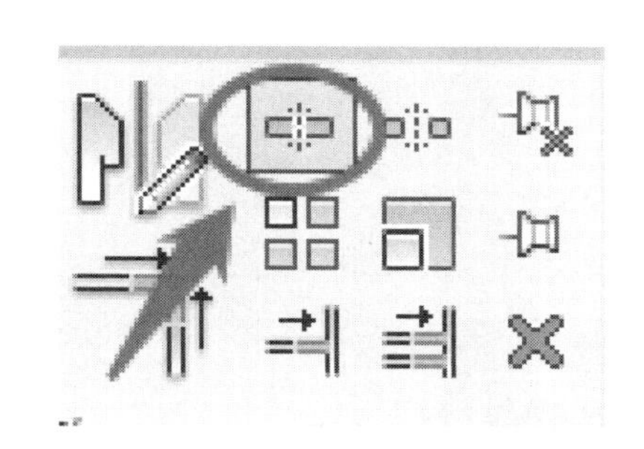

图 7.7.3　“拆分图元”命令

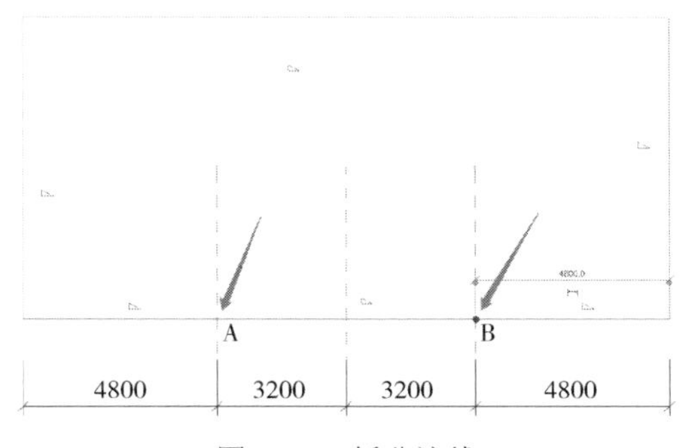

图 7.7.4　拆分迹线

② 创建坡度。选择图 7.7.4 中的 AB 线段，取消其坡度。单击上下文选项卡中的“绘制”面板中的“坡度箭头”命令，在图 7.7.5 所示的位置绘制两个坡度箭头，并在属性选项板设置“头高度偏移值”为“1500”。

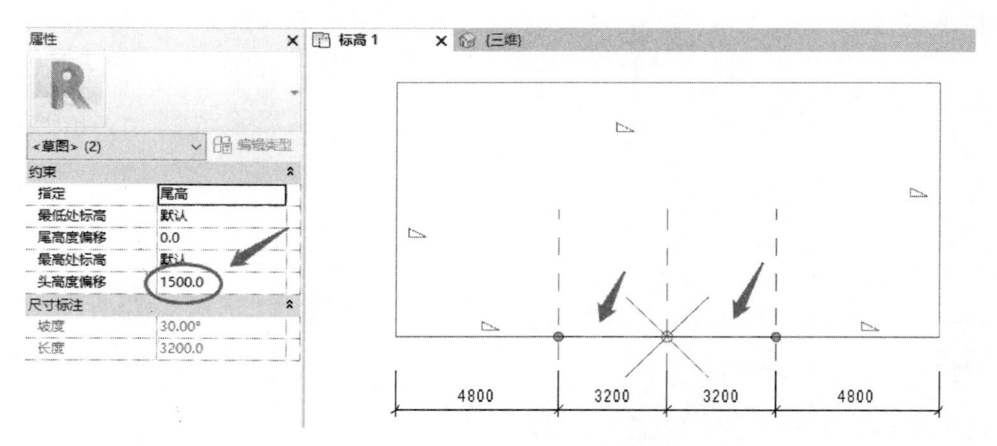

图 7.7.5　两个坡度箭头及其属性

单击完成编辑模式图标，打开三维视图以查看效果（图 7.7.6）。

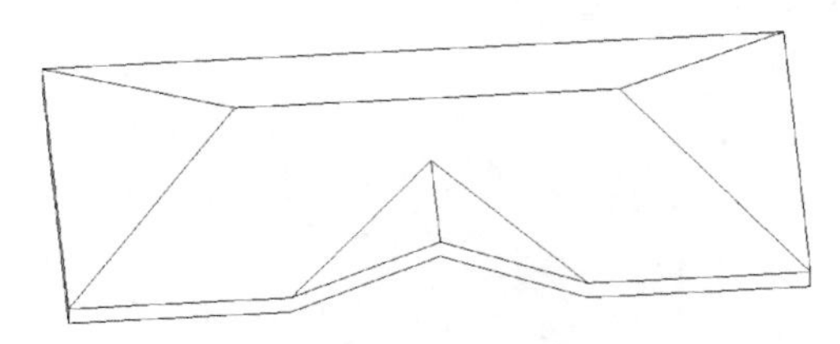

图 7.7.6　老虎窗

7.7.2　双屋顶老虎窗

① 屋顶连接。回到楼层平面视图，在图 7.7.7 所示位置绘制一个长 5.2m、坡度 30°的双坡屋顶，并设置底部偏移值为“700”。

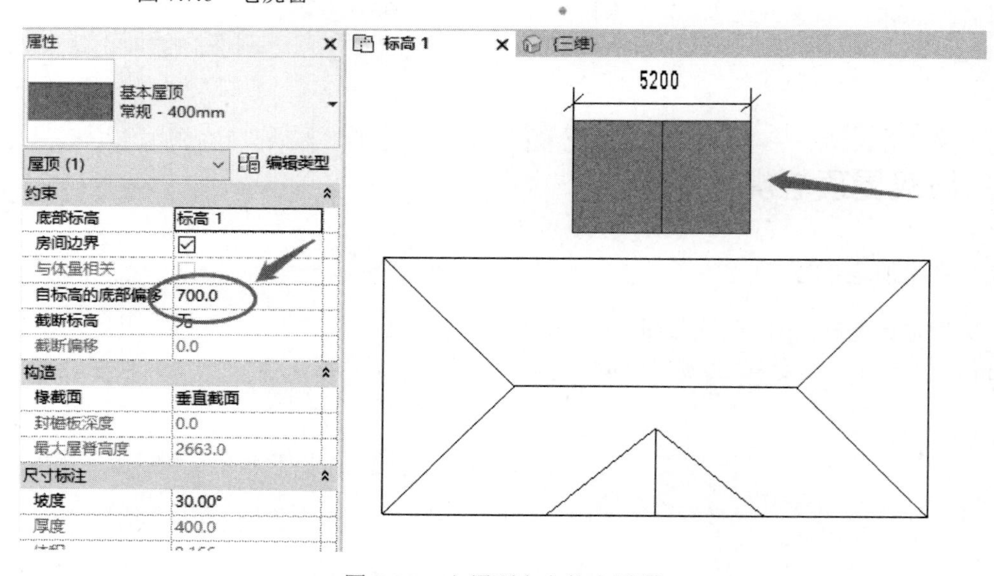

图 7.7.7　主屋顶上方的小屋顶

在三维视图中，单击“修改”选项卡“几何图形”面板中的“连接/取消连接屋顶”命令（图 7.7.8）。

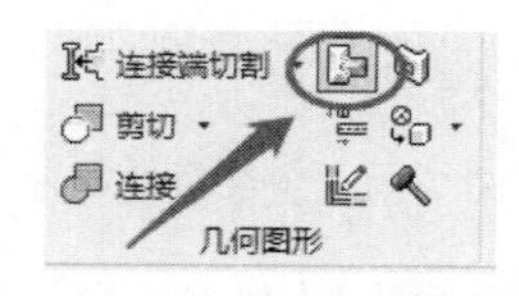

图 7.7.8　“连接/取消连接屋顶”命令

按照图 7.7.9 所示，先单击小屋顶的边缘线，再单击主屋顶，将小屋顶连接到主屋顶。

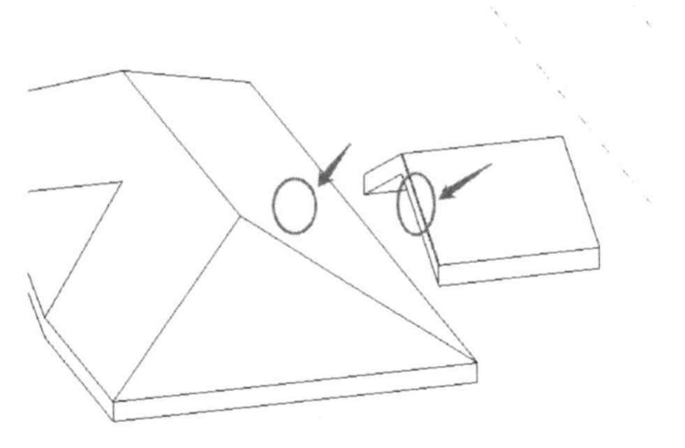

图 7.7.9　连接屋顶的操作

② 老虎窗边界确定。回到楼层平面视图中，将“视图样式”改为“线框”模式；单击“建筑”选项卡中的“模型”面板中“模型线”命令（图 7.7.10），在选项栏中选择“放置平面”为“拾取”（图 7.7.11），按照图 7.7.12 所示拾取一个工作平面，选择绘图区域的主屋顶；按照图 7.7.13 所示的位置绘制 3 条模型线，这 3 条模型线为老虎窗屋顶的开洞范围。

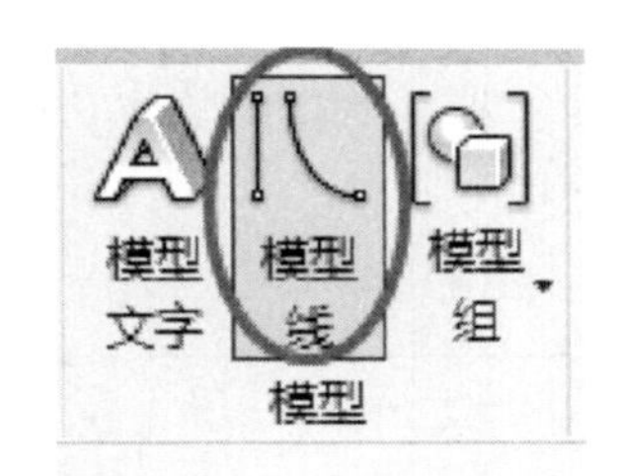

图 7.7.10　“模型线”命令

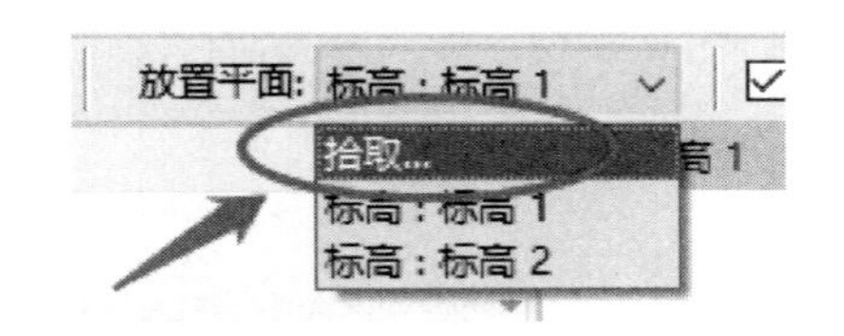

图 7.7.11　单击“拾取”

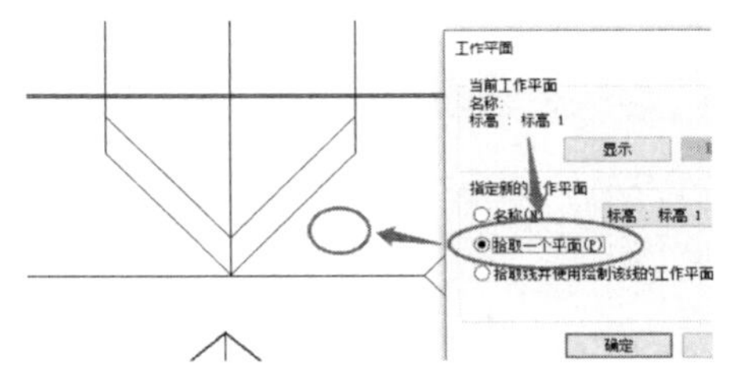

图 7.7.12　拾取屋面

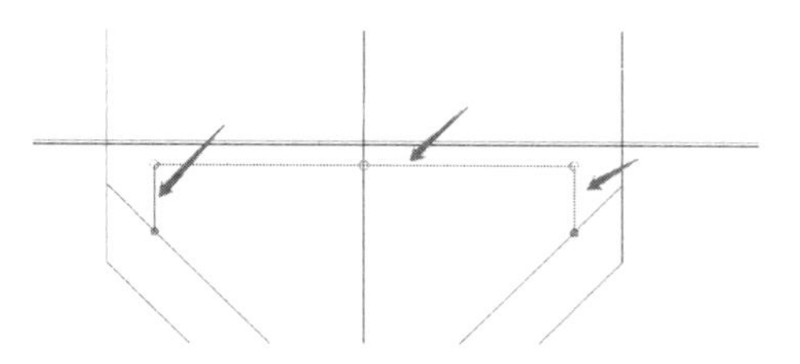

图 7.7.13　绘制 3 条模型线

③ 老虎窗开洞。进入到三维视图，单击“建筑”选项卡“洞口”面板中的“老虎窗”命令（图 7.7.14）。先单击主屋顶，此时进入编辑模式；再单击拾取小屋顶和绘制的 3 条模型线，形成图 7.7.15 所示的老虎窗范围，单击“完成编辑模式”命令完成创建，如图 7.7.16 所示。

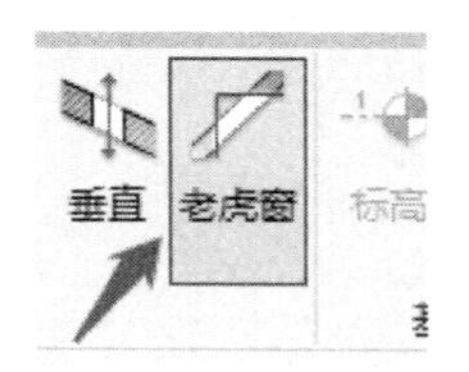

图 7.7.14　“老虎窗”命令

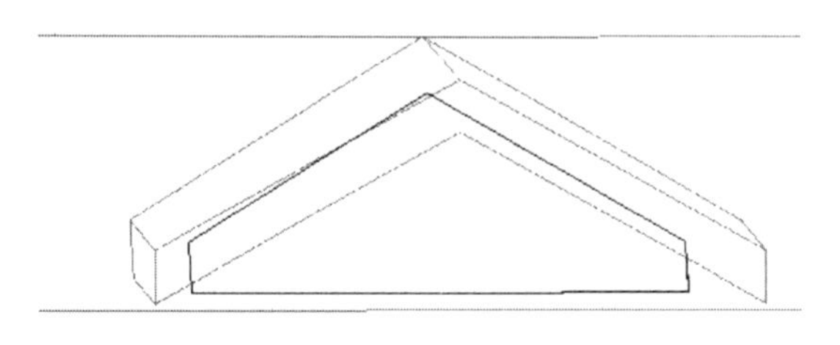

图 7.7.15　老虎窗开洞范围

图 7.7.16　老虎窗三维视图

完成的项目文件见“7.7 节\老虎窗屋顶完成.rvt”。

7.8　自定义材质——创建瓷砖材质

① 新建名为“瓷砖”的材质。新建一个 Revit 项目文件，进入到标高 1 楼层平面视图。

在“常规-200mm”墙体类型的基础上，复制出一个新类型，命名为“瓷砖墙”。使用该类型在绘图区域创建一面长5m、高3m的墙。

在绘图区域选中该墙体，单击“编辑类型”打开“类型属性”面板，按照图7.8.1所示，进入到墙体“结构”中的“材质浏览器”中。

图7.8.1 进入到墙体“结构”中的“材质浏览器”中

新建一个材质，将其命名为“瓷砖”。

② 材质的“图形”设置。如图7.8.2所示，在“图形”面板中，勾选“着色”下的“使用渲染外观”，修改墙体的“截面填充图案”的“前景”为“上对角线-1.5mm”“黑色”。

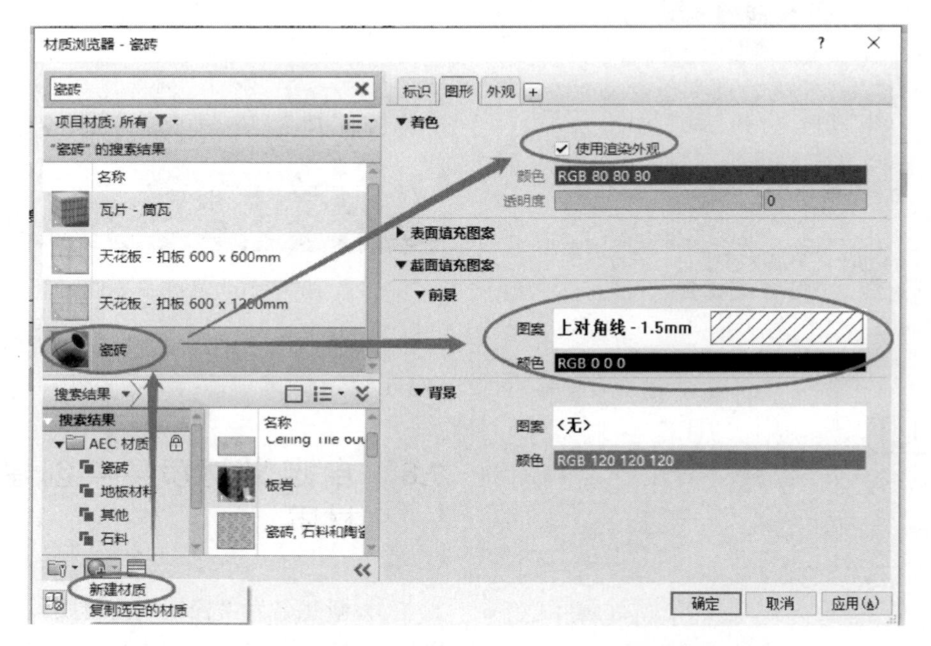

图7.8.2 新建“瓷砖”材质并设置“截面填充图案”

如图 7.8.3 所示，单击“表面填充图案”中“前景”的“图案”，在弹出的“填充样式”对话框中，选择“模型”填充项，并单击“新建”按钮，在弹出“添加表面填充图案”对话框中，定义名称为“瓷砖填充”，选择“交叉填充”，设置“线角度”“线间距1”“线间距 2”分别为“0”“100”“100”，单击“确定”两次。

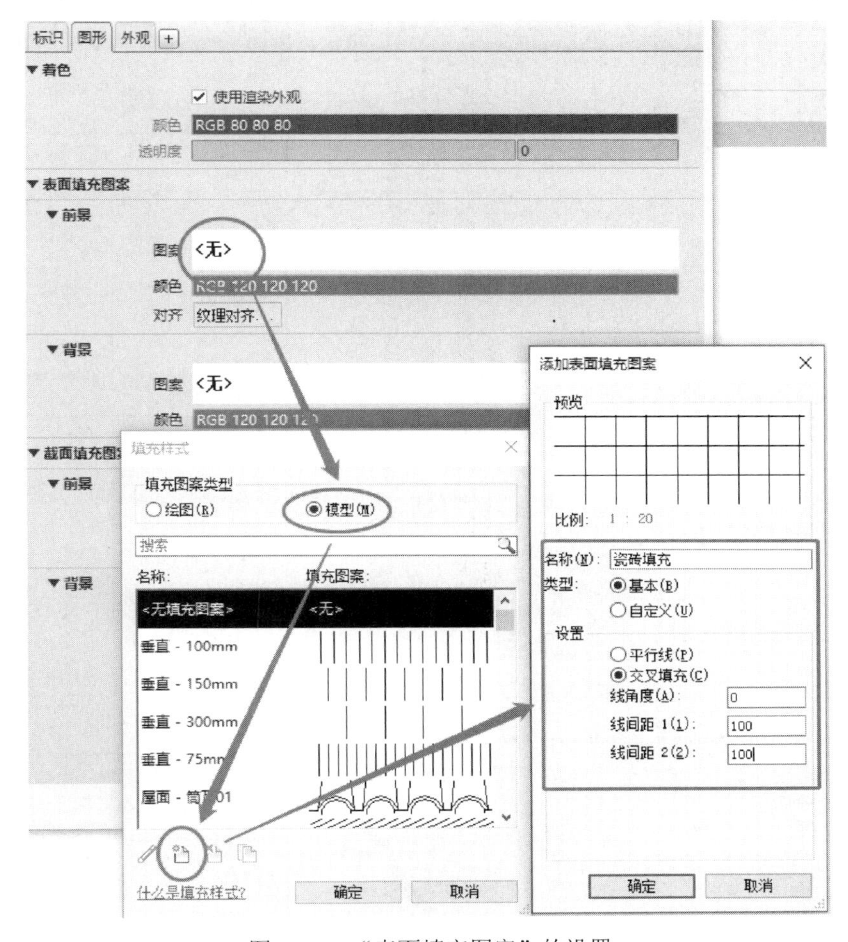

图 7.8.3 “表面填充图案”的设置

③ 材质的“外观”设置。单击“图形”右侧的“外观”，进入到“外观”面板。该“外观”面板对应的是材质的渲染外观。单击“常规”图像右侧的三角形按钮，选择“平铺”，在打开的“纹理编辑器”中按照图 7.8.4 进行设置。其中，设置“样例尺寸”为“1000”，填充图案“类型”为“叠层式砌法”，“瓷砖计数”为“10”，则每隔 100mm 为一块瓷砖。设置完成后单击“完成”退出纹理编辑器。

返回到“外观”设置中，设置“常规”中的“颜色”与瓷砖外观颜色相同“RGB 189 135 117”，如图 7.8.5 所示。该参数设置完成后，因为“图形”的颜色是勾选“使用渲染外观”，所以“图形”的颜色会自动成为“RGB 189 135 117”。

如图 7.8.6 所示，勾选“凹凸”，同样设置其图像为“平铺”，在“纹理编辑器”中修改平铺数据与贴图一致，并设置瓷砖外观为白色（凸）、砖缝外观为黑色（凹）。设置完成后单击“完成”确定凹凸纹理。

凹凸的深浅可以通过设置凹凸下方的“数量”来调节，如图 7.8.7 所示，采用默认数量。

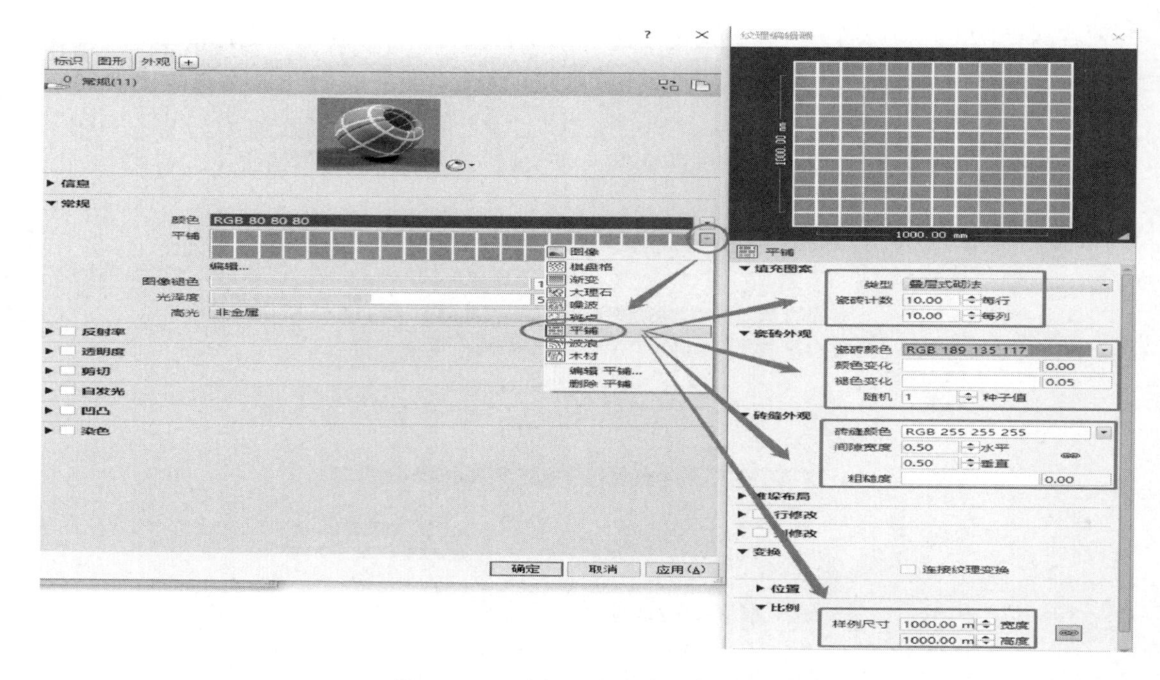

图 7.8.4　“常规”中的“图像”设置

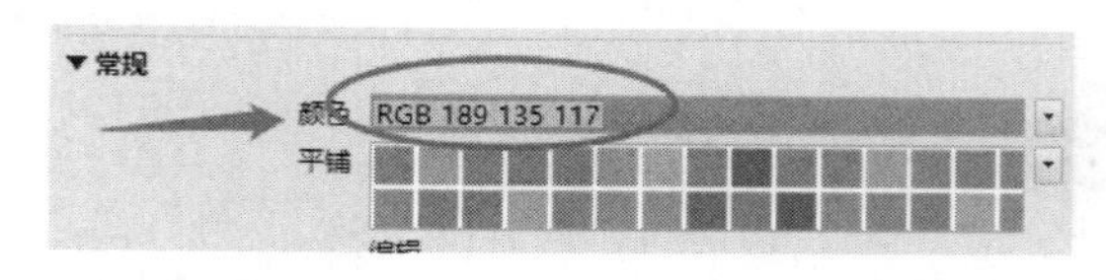

图 7.8.5　“外观”中的“颜色”设置

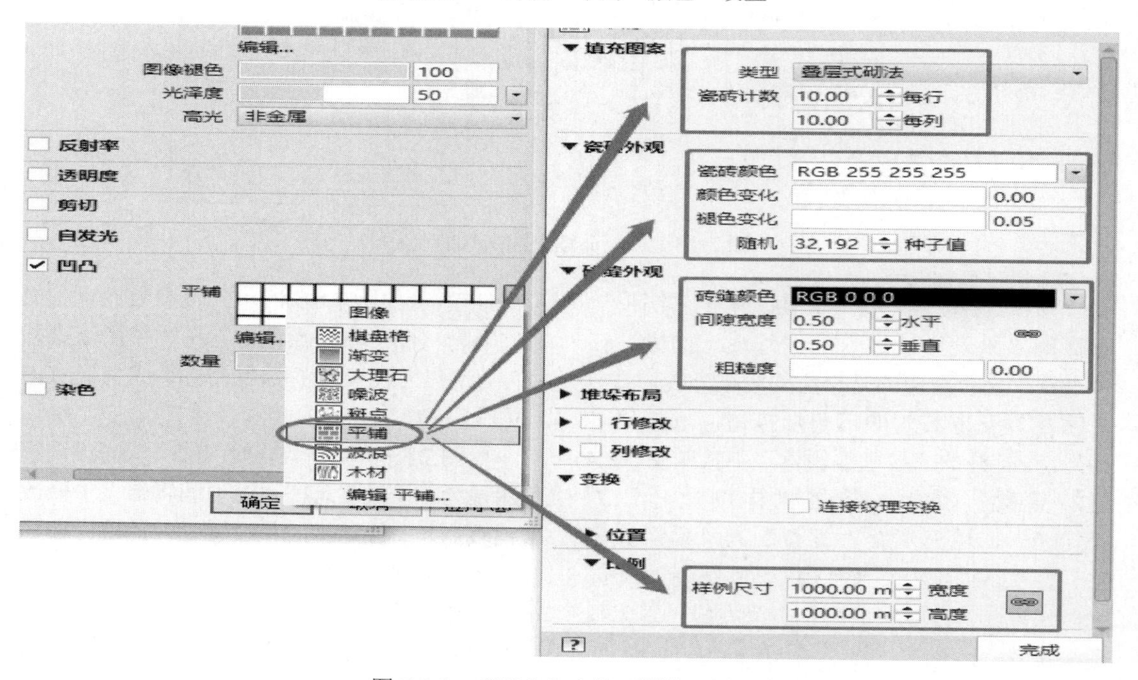

图 7.8.6　“凹凸”中的“图像”设置

图 7.8.7　凹凸数量

④“图形”设置与“外观”设置的匹配。返回到“图形”面板中，单击“表面填充图案”中“前景”的“纹理对齐”命令，在对话框中调整填充图案和贴图直至对齐，如图 7.8.8 所示。

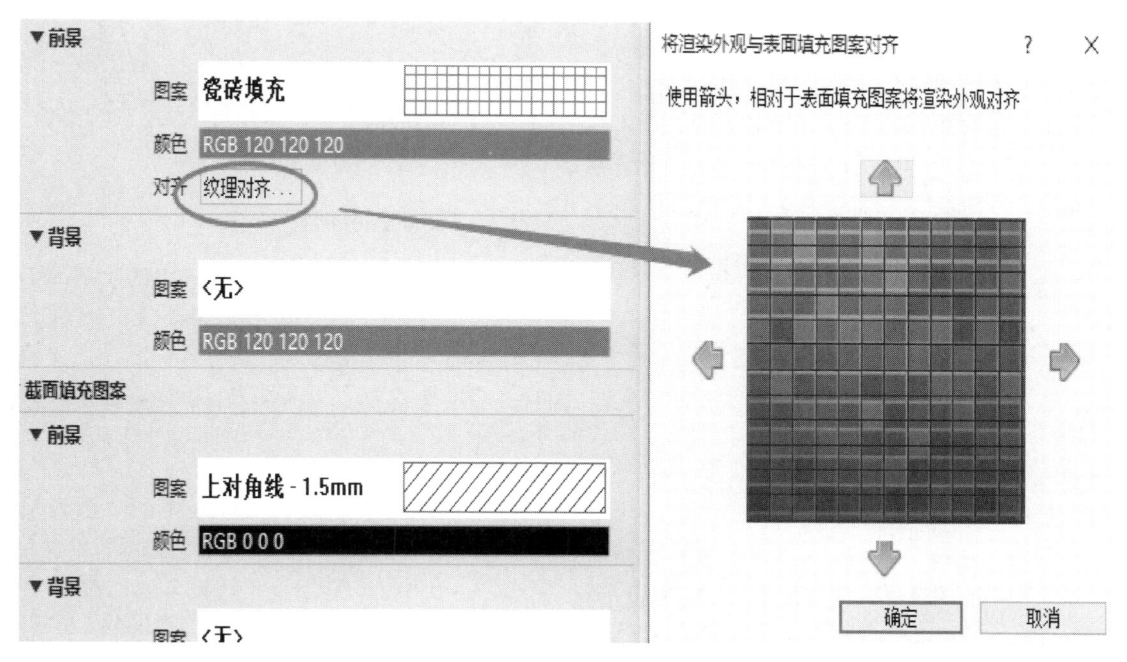

图 7.8.8　纹理对齐

⑤ 完成后的显示。完成材质编辑，查看墙体“视觉样式”在“着色”和“真实”下的显示。图 7.8.9 左侧图为“着色”下的显示，右侧图为“真实”下的显示。

创建完成的项目文件见“7.8 节\材质创建完成.rvt”。

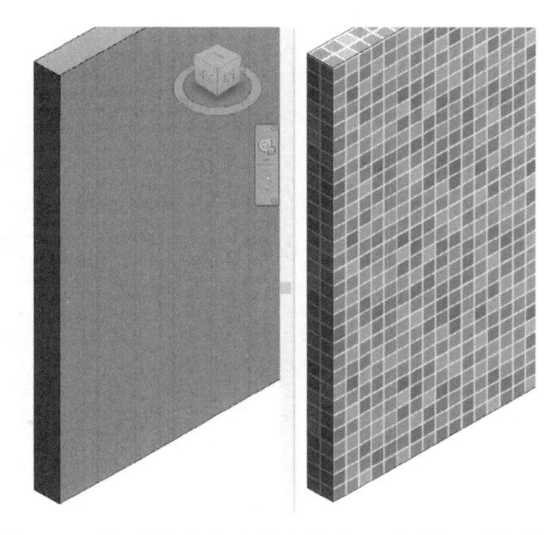

图 7.8.9　瓷砖材质在“着色”和“真实”下的显示

7.9　放置装饰构件

7.9.1　放置卫浴装置

打开“6.10 节\楼梯、洞口、栏杆扶手完成.rvt”，进入到标高 1 楼层平面视图。

Revit 自带了卫浴装置、家具、照明设备等标准族构件，可以载入到项目文件中直接放置。需要注意的是，这些标准族构件中，有些是基于主体放置的，例如小便器、壁灯是基于墙的，只能放在墙上；顶灯是基于天花板的，即只能放在天花板上；而有些标准族是没有主体的，可以直接放置。

1.构件载入

单击“插入”选项卡“从库中载入”面板中的“载入族”命令（图 7.9.1），定位到“Library\China\建筑”中的“卫生器具”文件夹，从子文件夹中可以选择需要的卫浴装置族文件，单击“打开”将其载入到项目文件中。

本例选择“洗脸盆”文件夹中的“台下式台盆_多个”、“坐便器”文件夹中的“分体坐便器”、“浴盆”文件夹中的“浴盆 3 3D”。

图 7.9.1 “载入族”命令

2.放置构件

单击“建筑”选项卡中的“构建”面板中“构件”中的“放置构件”命令，从类型选择器中选择载入的族文件，移动光标到需要的位置，单击放置。若放置的构件没有放置到墙边，可以使用“对齐”命令，使其对齐到墙边。图 7.9.2 为在标高 1 楼层平面中卫生间的平面布置。

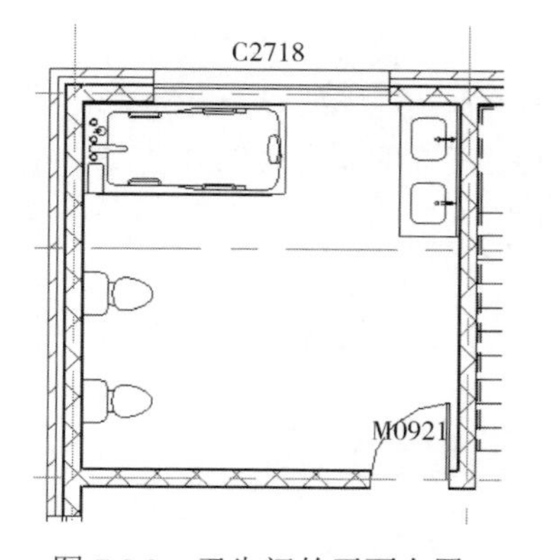

图 7.9.2 卫生间的平面布置

完成的三维视图见图 7.9.3。

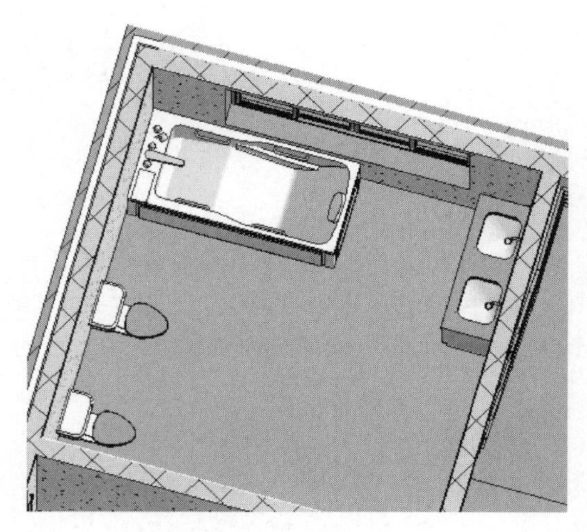

图 7.9.3 卫生间构件

7.9.2 添加室内构件

同样，单击“插入”选项卡中的“从库中载入”面板中的“载入族”命令，定位到“Library\China\建筑”，其中有“家具”“植物”“照明设备”等文件夹，可以选择需要的构件。

1.放置家具、植物

本例选择“家具”文件夹中的“展开窗帘”“餐桌-椭圆形”“三人沙发 7”“单人沙发 8”“双人沙发 1”“边柜 2”，“植物”文件夹中的“吊兰 1 3D”。修改“吊兰 1 3D”属性面板中的高程为 650mm，“展开窗帘”高度为 2500mm。

图 7.9.4 为在标高 1 楼层平面中客厅的平面布置和三维布局。

2.放置灯具

很多照明族文件是基于主体，比如落地灯为“基于楼板的照明设备”，吊灯、吸顶灯为“基于天花板的照明设备”，壁灯为“基于墙的照明设备”。

单击“建筑”选项卡中的“天花板”命令，默认情况下是“自动创建天花板”，直接单击客厅区域即可放置天花板。单击选择创建的天花板，单击“编辑边界”，按照图 7.9.5 所示，将右下角的边界线修剪成与二楼楼板相同的范围。

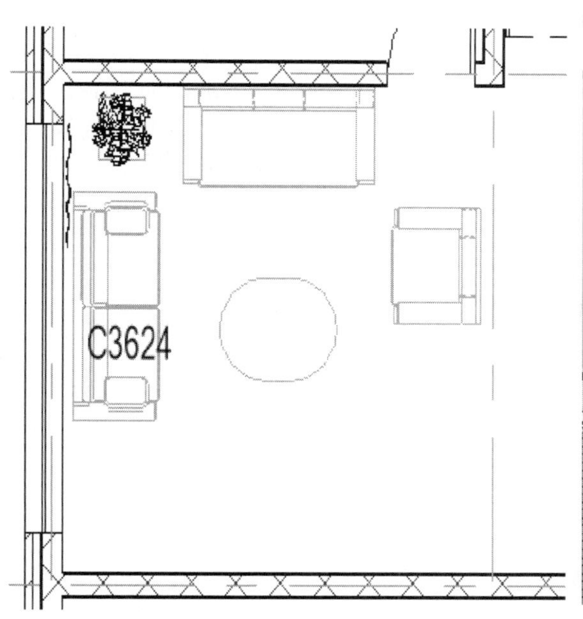

图 7.9.4　客厅的平面布置和三维布局

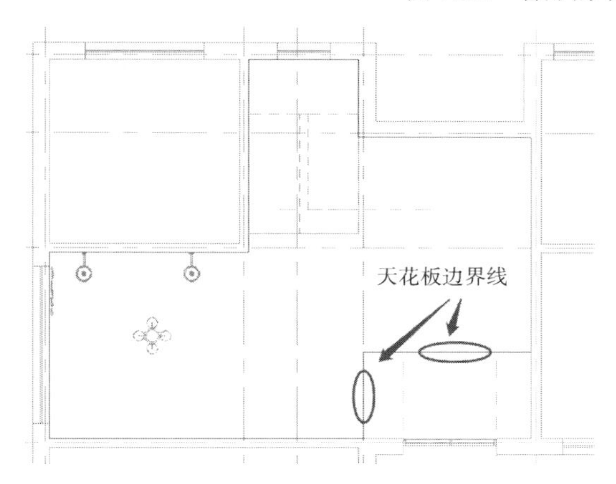

图 7.9.5　天花板边界

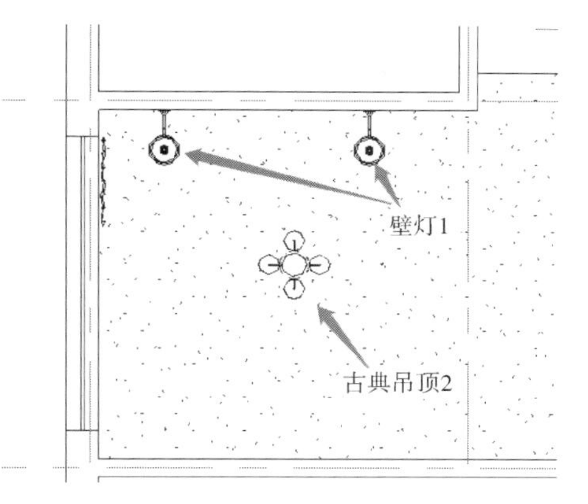

图 7.9.6　“天花板平面视图”的灯具布置

选择“照明设备”中的“古典吊灯 2”，放置于客厅中间，选择“照明设备”中的“壁灯 1”，在三人沙发后的墙上放置两个。

图 7.9.6 是在标高 1“天花板平面视图”的平面布置。

完成的三维视图见图 7.9.7。

完成的项目文件见“7.9 节\装饰构件放置完成.rvt”。

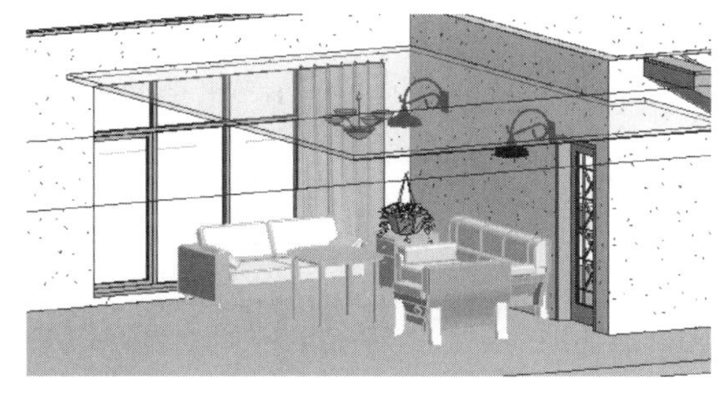

图 7.9.7　客厅装饰构件

7.10 建筑场地

1）场地建模

打开项目文件“7.9 节\装饰构件放置完成.rvt”，双击“项目浏览器”面板的“楼层平面”下的“场地”，打开“场地”楼层平面视图。

创建参照平面：单击“建筑”选项卡中的“工作平面”面板中的“参照平面”命令，创建图 7.10.1 所示的参照平面，并分别选择东、南、西、北四个立面标记将其移动至参照平面外。

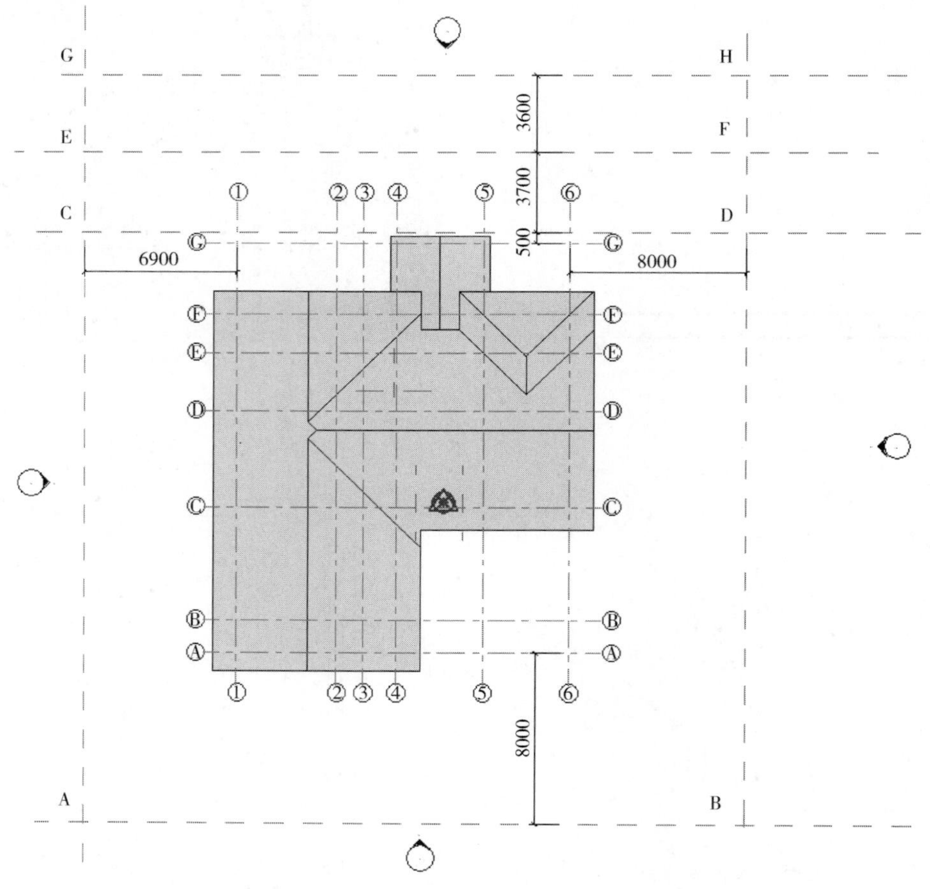

图 7.10.1　六个参照平面

建地形表面：单击“体量和场地”选项卡中的“场地建模”面板中的“地形表面”命令，确保选项栏“高程”为“0”（图 7.10.2），单击 A、B、C、D 点，以及 CD 线与各轴线的交点（如图 7.10.3 所示），该操作将使 ABDC 区域的场地高层为“0” mm。

图 7.10.2　选项栏

在选项栏输入“高程”为“-450”，单击 E、F、G、H 点，该操作将使 EFHG 区域的场地高层为“-450” mm；

按 ESC 键退出放置点命令；单击属性面板中的“材质”，搜索“草”，并选择（图 7.10.4），将“草”材质的“图形”面板中的“使用渲染外观”进行勾选，单击“确定”，确定为场地材质。

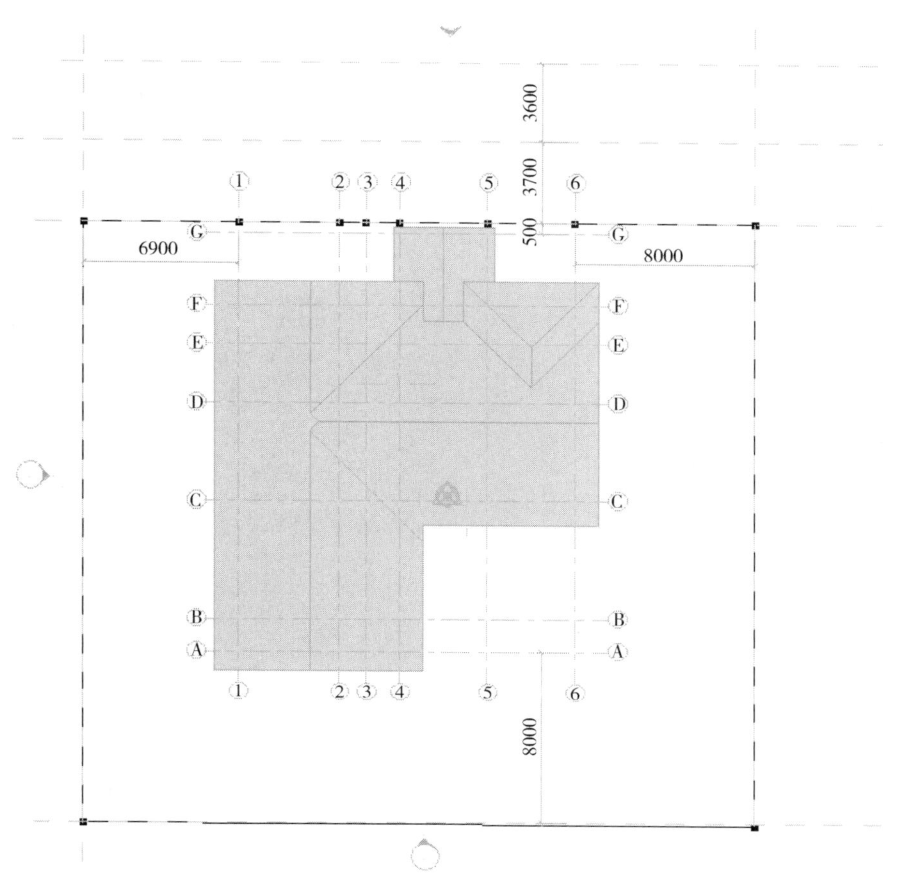

图 7.10.3　单击 A、B、C、D 点以及 CD 线与各轴线的交点

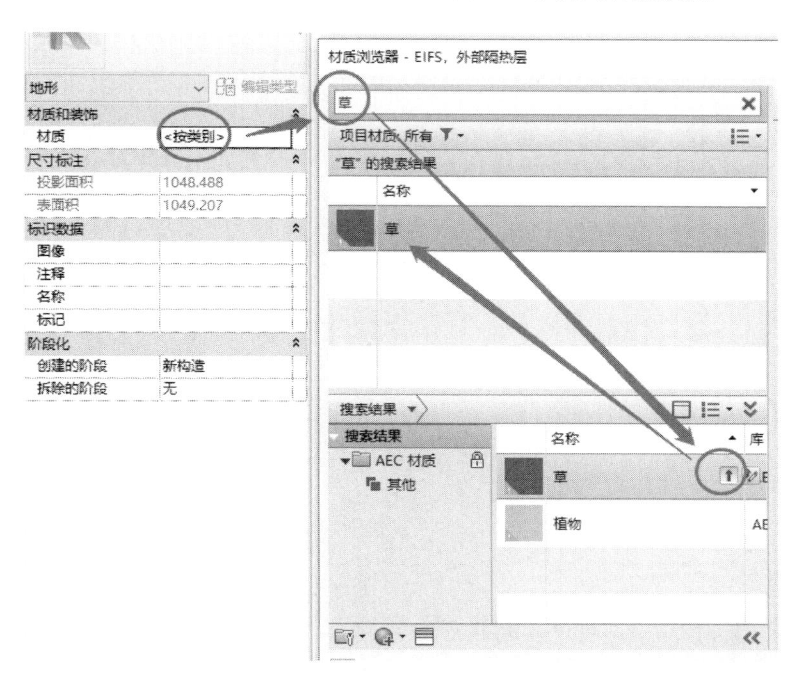

图 7.10.4　材质更改

单击上下文选项卡“表面”面板的“完成表面”。地形表面创建完毕。

2）建筑地坪

删除一楼楼板：进入到标高1楼层平面视图。选择一楼楼板，使用“DE”命令删除楼板。

创建地坪：单击“体量和场地”→“建筑地坪”（图7.10.5），类型选择器选择“建筑地坪1”，按照图7.10.6所示创建“木质面层”构造层，按照图7.10.7所示沿建筑物外墙内侧绘制建筑地坪边界，单击完成编辑模式图标，完成建筑地坪的创建。

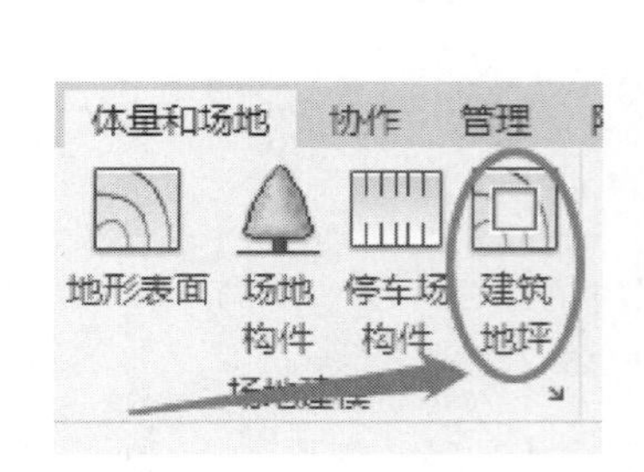

图7.10.5 “建筑地坪”命令

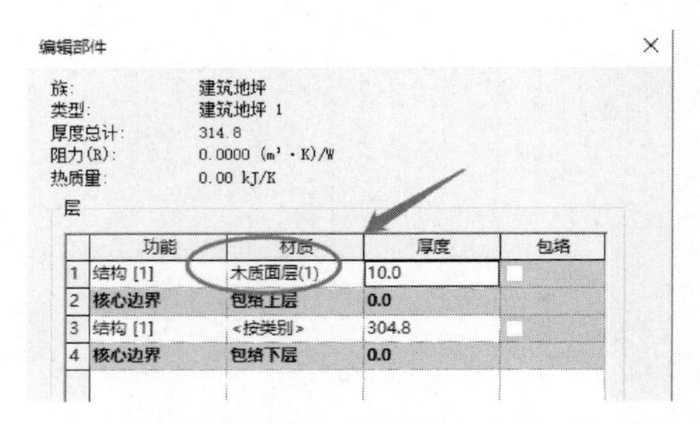

图7.10.6 在建筑地坪类型中设置“木质面层”

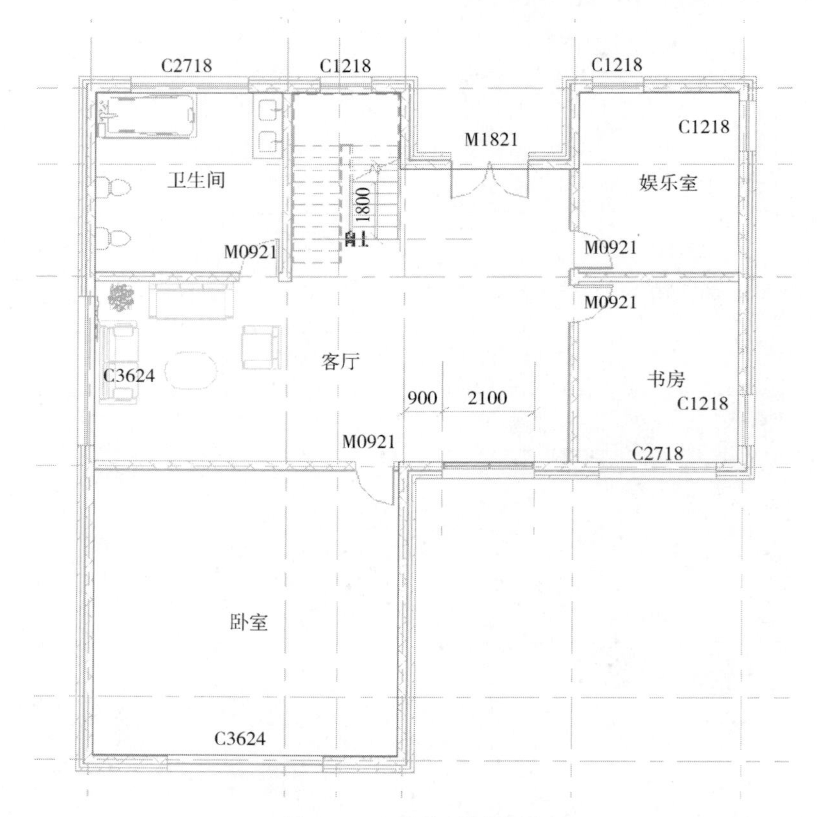

图7.10.7 建筑地坪边界

3）子面域

进入到“场地”楼层平面视图。单击“体量和场地”选项卡“修改场地”面板中的“子面域”命令，单击属性面板中的“材质”，搜索“沥青混凝土”，并将“沥青混凝土”材质的“图形”面板中的“使用渲染外观”进行勾选，单击“确定”，将子面域材质设置成“沥青混凝土”。如图 7.10.8 所示。

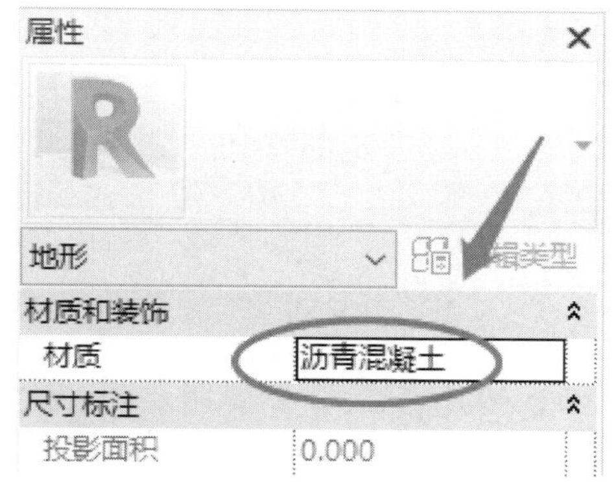

图 7.10.8　材质

按照图 7.10.9 中的位置创建子面域边界，单击上下文选项卡“模式”面板中的“完成编辑模式”，柏油路子面域创建完毕，见图 7.10.10。

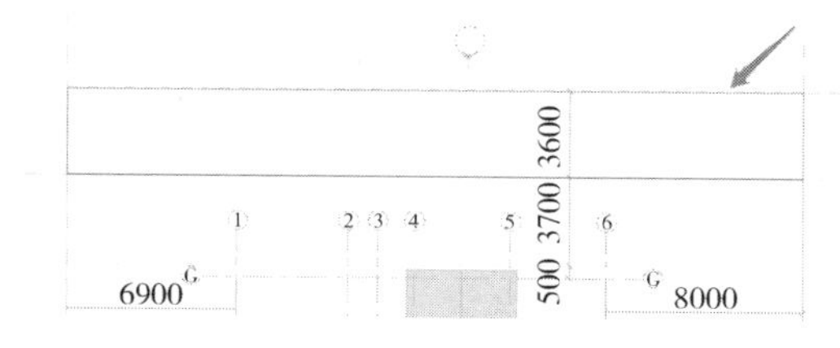

图 7.10.9　子面域边界

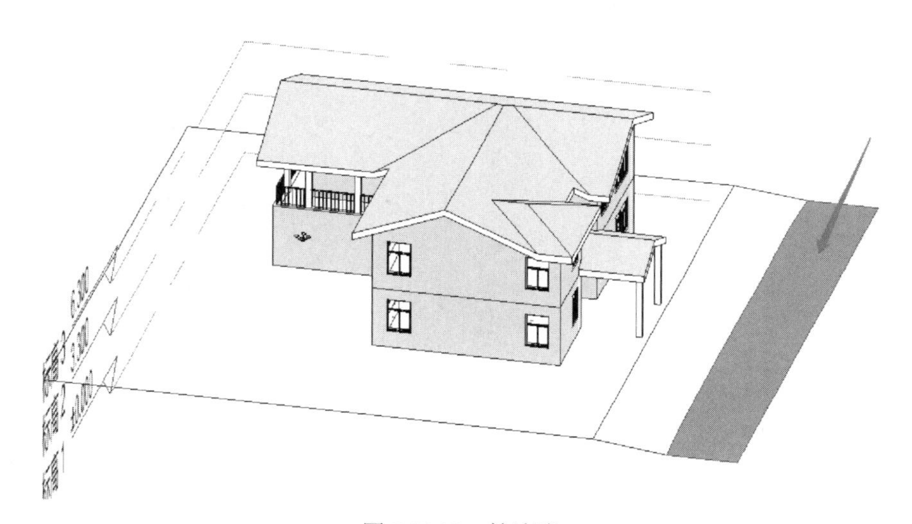

图 7.10.10　柏油路

4）场地构件

进入到“场地”楼层平面视图。单击“体量和场地”选项卡中的“场地建模”面板中的“场地构件”命令，在属性面板中的类型选择器中选择“美洲山毛榉”等植物（图 7.10.11），在场地适当位置放置。

单击上下文选项卡“模式”面板中的“载入族”，选择“植物”“配景”文件夹中的合适构件，单击“打开”。在类型选择器中进行选择，分别进行放置。

图 7.10.12 是选择“配景”文件夹中的“RPC 甲虫”“RPC 男性”“RPC 女性”等进行放置的效果。

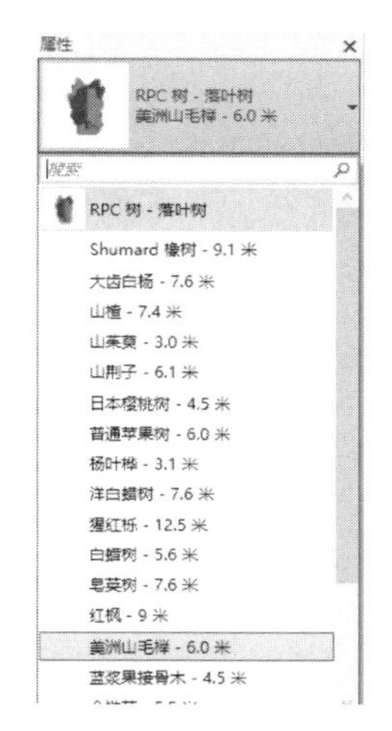

图 7.10.11　类型选择器

图 7.10.12　场地构件放置完成

完成的项目文件见“7.10 节\建筑场地完成.rvt”。

7.11　零件——压型钢板、石膏板拼缝装饰

7.11.1　压型钢板的创建

1.创建零件

新建一个 Revit 项目文件，进入到标高 1 楼层平面视图。创建一面构造层如图 7.11.1 所示的“压型钢板、石膏板拼缝装饰墙”，该墙长 3.7m、高 3m。

层

外部边

	功能	材质	厚度	包络
1	面层 1 [4]	金属 - 钢 Q390 16	100.0	☑
2	核心边界	包络上层	0.0	
3	结构 [1]	<按类别>	200.0	☐
4	核心边界	包络下层	0.0	
5	面层 2 [5]	松散 - 石膏板	20.0	☑

图 7.11.1　墙体构造层

在绘图区域选中墙体，单击“修改|墙”上下文选项卡中的“创建”面板中的“创建零件”命令（图 7.11.2），会看到该墙的三个构造层分离为各自独立的图元，即转化为零件。

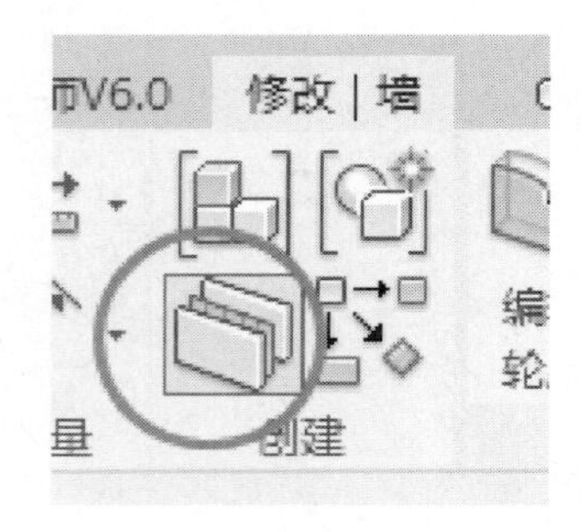

图 7.11.2　“创建零件”命令

2.分割零件

选中墙体最外层的“钢”零件层，单击“修改|组成部分”上下文选项卡中的“分割零件”命令，再单击“编辑草图”命令，绘制如图 7.11.3 所示钢板轮廓草图。

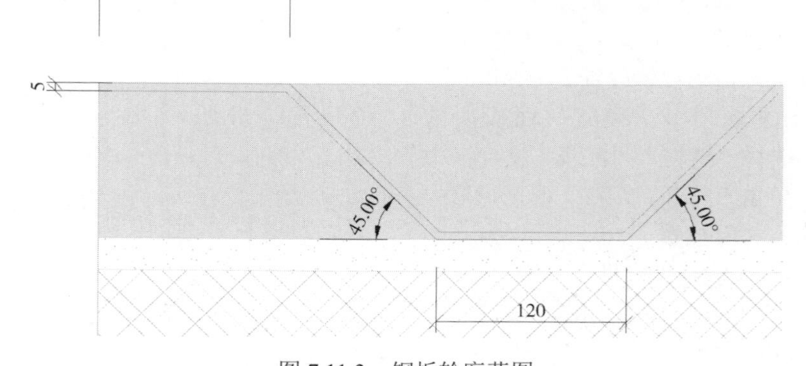

图 7.11.3　钢板轮廓草图

选中草图轮廓，单击修改选项卡中的“复制”命令，并勾选中选项栏中的“约束”和“多个”，将轮廓向右复制，以超过墙体长度为宜，如图 7.11.4 所示。

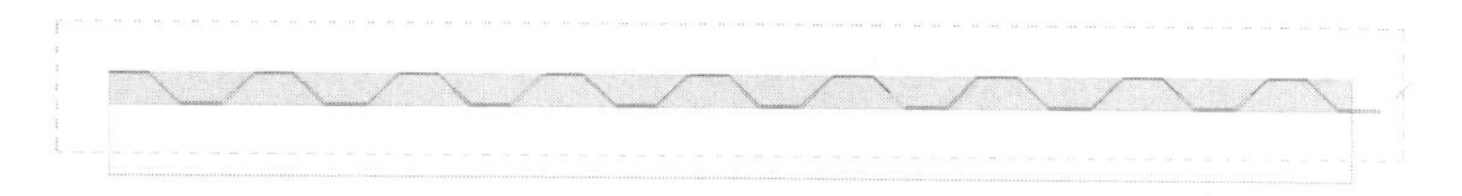

图 7.11.4　整体的钢板轮廓

如图 7.11.5 所示，使用“线”“剪切”“删除”等编辑命令将轮廓封闭、且无多余线条，完成后单击完成编辑模式图标两次，退出分割命令。

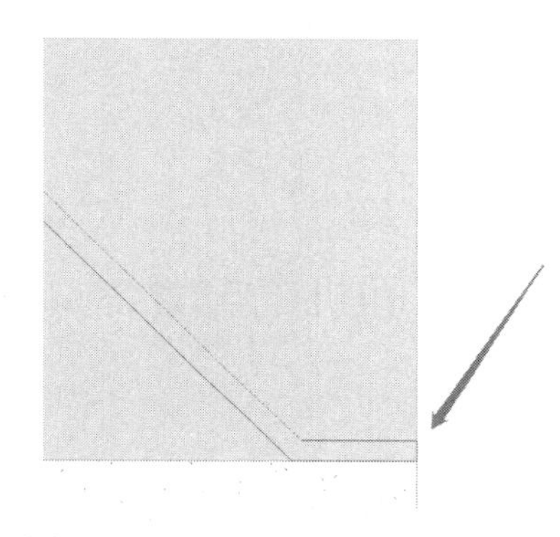

图 7.11.5　轮廓封闭、且无多余线条

3.排除零件

在绘图区域按 Ctrl 键选中除分割完成的钢板以外的钢零件（如图 7.11.6 所示），单击上下文选项卡中“排除零件”命令（图 7.11.7），完成后墙体如图 7.11.8 所示。

图 7.11.6　选择的图元

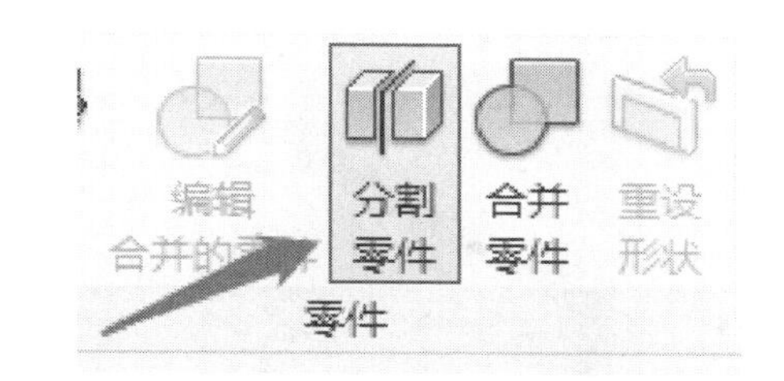

图 7.11.7　“排除零件”命令

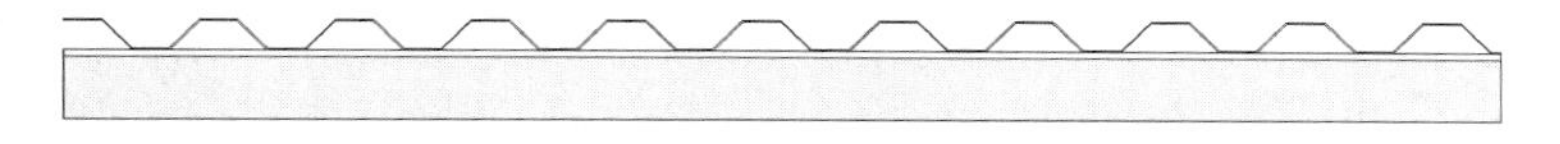

图 7.11.8　零件的显示与查看

4.显示零件

进入到三维视图，在属性面板将“零件可见性”修改“显示零件”。此时能看到钢结构的波纹，如图 7.11.9 所示。

7.11.2　石膏板拼缝装饰的创建

进入到南立面视图，在属性面板将“零件可见性”修改为“显示零件”。在绘图区域选中石膏板零件，单击“修改|组成部分”上下文选项卡中的“分割零件”命令，弹出“工作平面”面板，拾取该平面为工作平面。

将零件按图 7.11.10 所示进行切割，并在实例属性面板中修改“间隙”值为 5，完成草图绘制后单击“确认”。

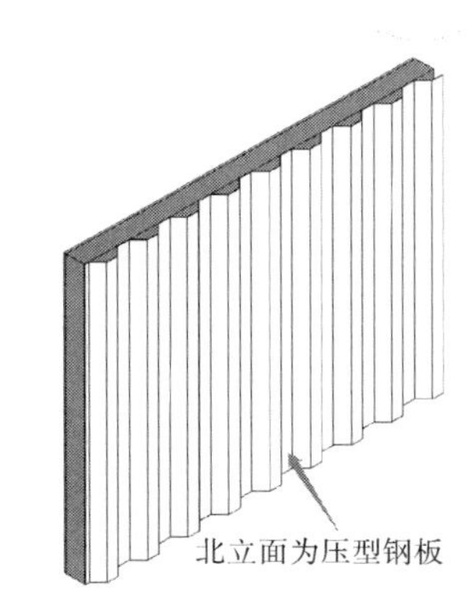

图 7.11.9　压型钢板、石膏板拼缝装饰

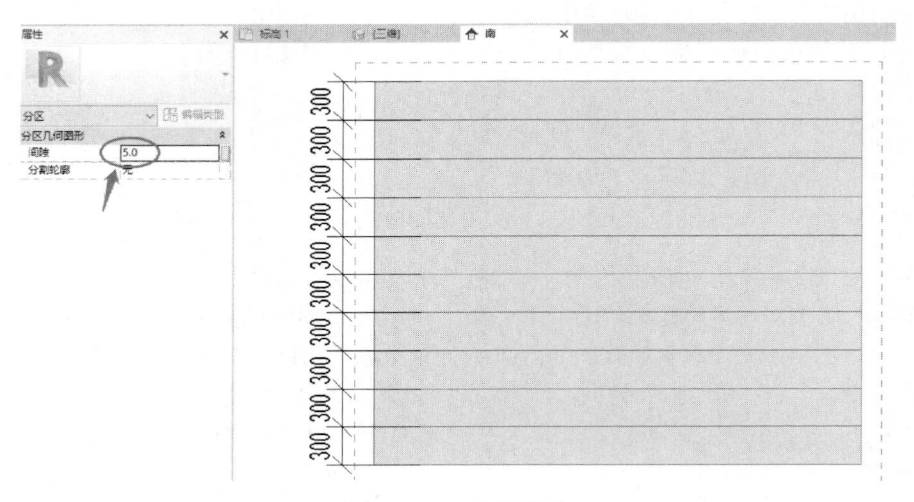

图 7.11.10　分割零件

完成后的模型见图 7.11.11 所示。

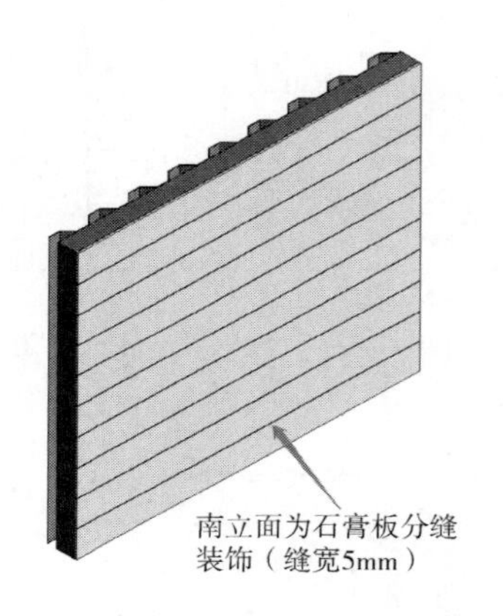

图 7.11.11　压型钢板、石膏板拼缝装饰

完成的文件见“7.11 节\压型钢板、石膏板拼缝装饰完成”。

7.12　卫生间机电与管综

7.12.1　建模准备

以一个卫生间为例，机电模型搭建前，需处理所需的土建模型及 CAD 图纸。

1.模型处理

将之前创建建筑模型中不需要的构件删除，只保留卫生间相关模型，如图 7.12.1 所示，之后将其另存为“卫生间建筑”，详见“7.12 节\模型文件\卫生间建筑.rvt”。

2.图纸处理

在 AutoCAD 中将各专业图纸进行处理，留下需要的部分，将其另存，如图 7.12.2 所示。

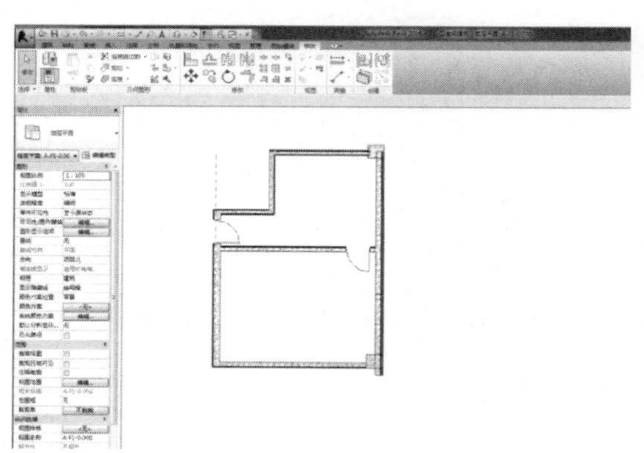

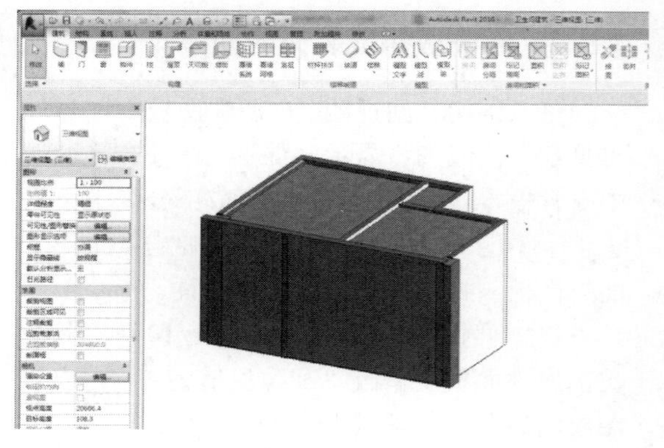

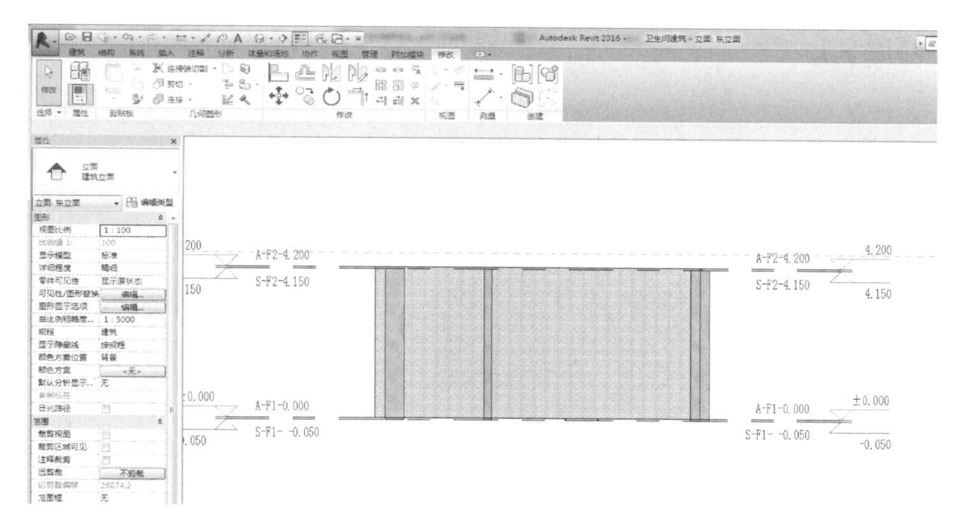

图 7.12.1　卫生间建筑模型

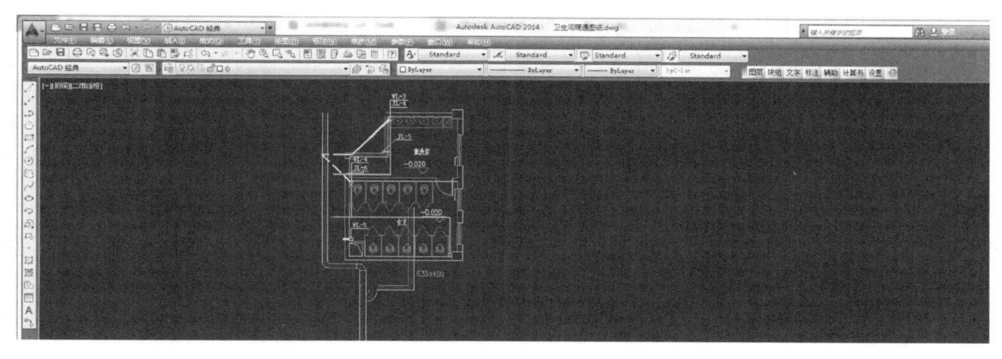

图 7.12.2　卫生间 CAD 图纸

选择“机械样板”，新建一个 Revit 项目文件，在“插入”选项卡中，使用“链接 Revit”命令，将处理好的“卫生间建筑”模型链接进来，如图 7.12.3 所示。之后可在此基础上搭建各专业的模型（为了之后与总模型链接，此处链接进来的模型需进行锁定，不要移动）。

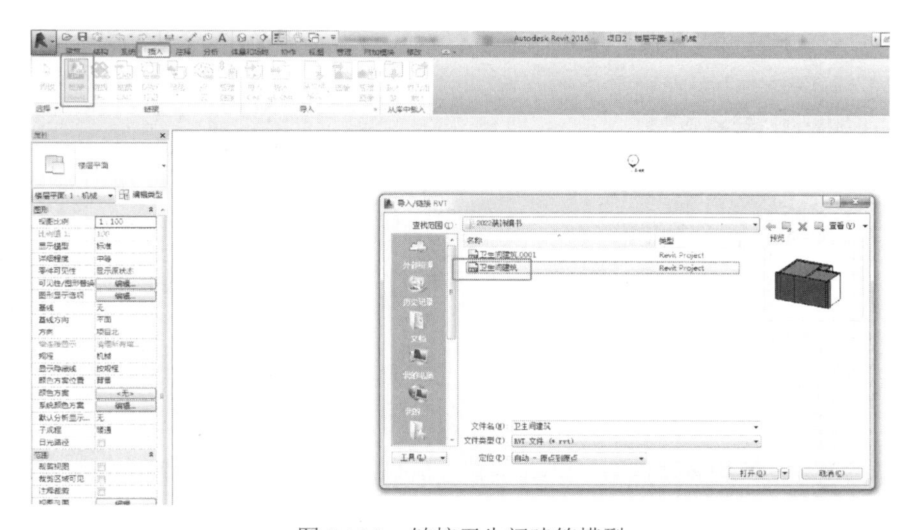

图 7.12.3　链接卫生间建筑模型

7.12.2 暖通专业

① 链接 CAD。链接“7.12 节\处理后的图纸\卫生间暖通图纸.dwg”，并将其与“卫生间”模型轴网进行对齐操作，之后将 CAD 底图锁定，防止后期误移动，如图 7.12.4 所示（需先将链接进来的图纸进行解锁才能进行移动）。

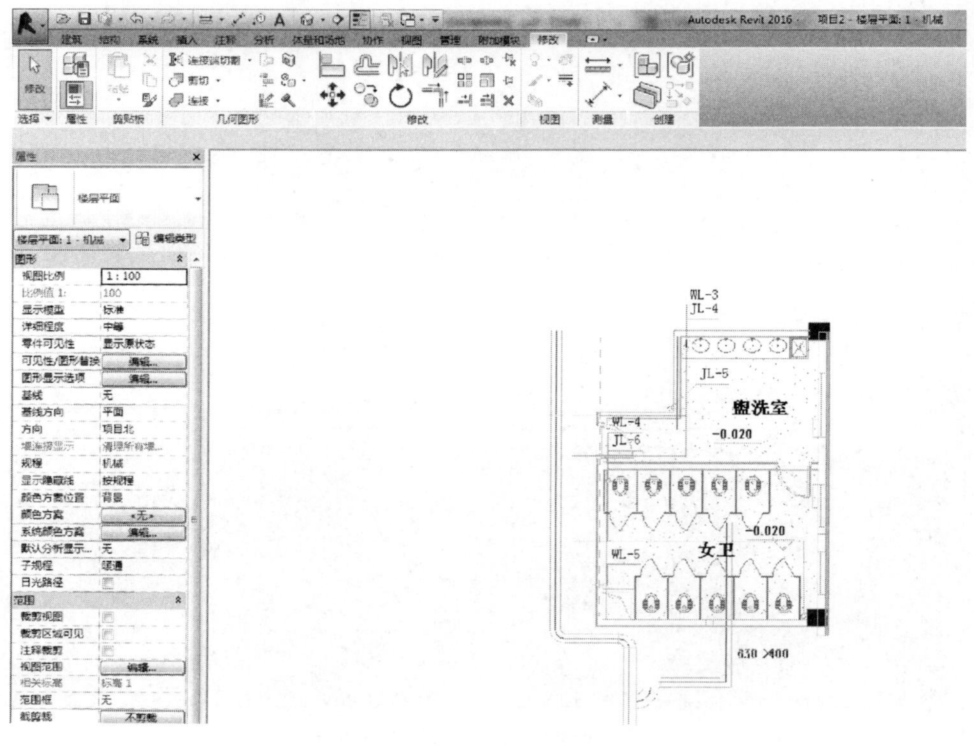

图 7.12.4 链接 CAD

② 创建系统、添加材质。从 CAD 底图中可以看出，将要绘制的管道是“排风兼排烟”系统，在“项目浏览器”中“族”分类下找到“风管系统”，如图 7.12.5 所示，之后鼠标右键单击“排风”系统，进行“复制”，并将复制出来的“排风 2”重命名为“排风兼排烟”，如图 7.12.6 所示，完成风管系统的创建。

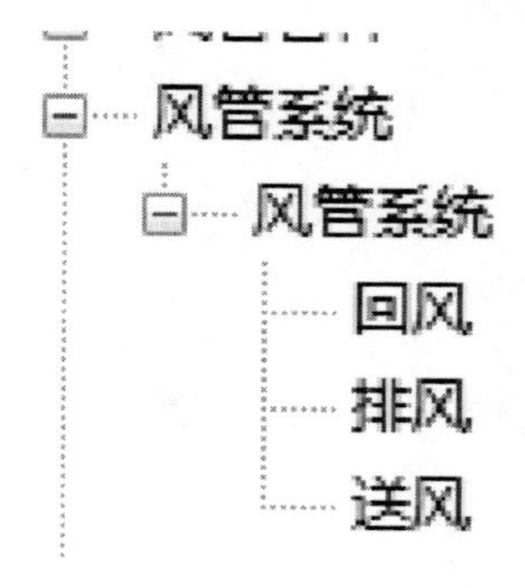

图 7.12.5 风管系统

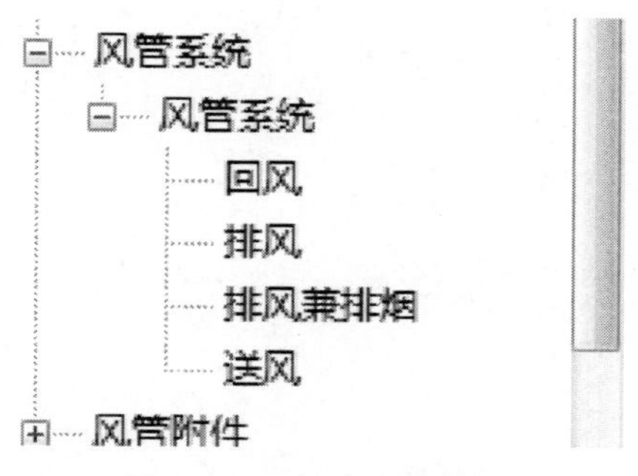

图 7.12.6 创建风管系统

右键单击新建的“排风兼排烟”系统，打开“类型属性”，首先添加系统缩写，之后添加管道材质及颜色，如图 7.12.7 所示（颜色可根据设计要求进行自行修改）。

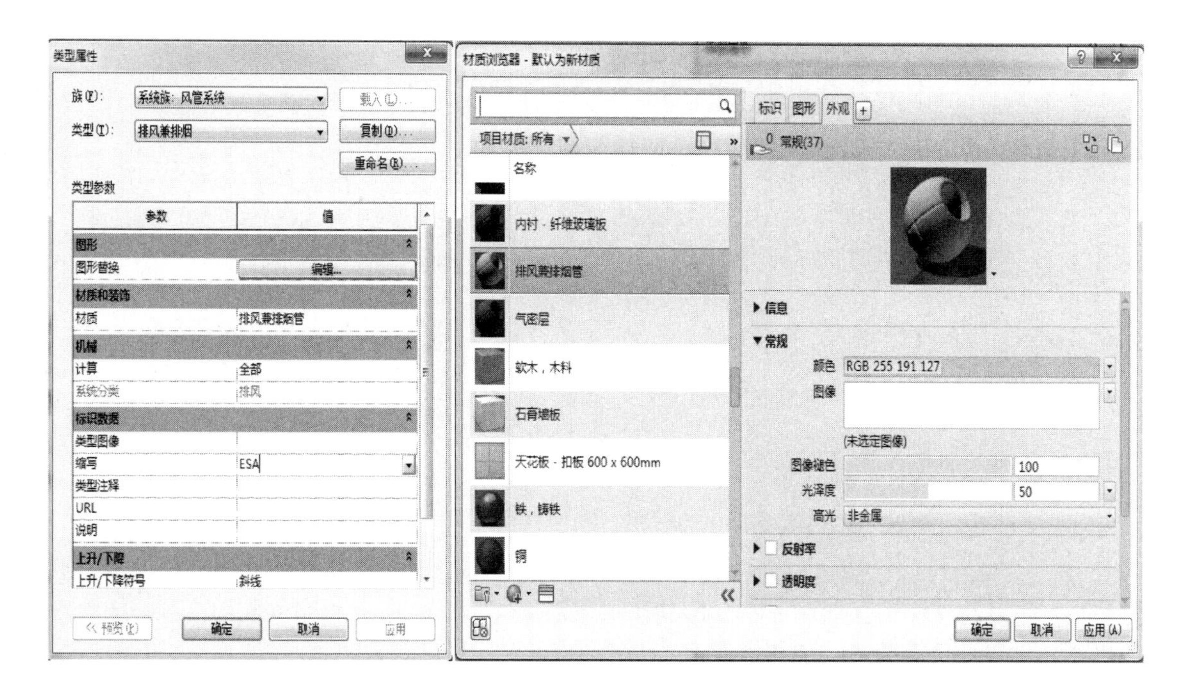

图 7.12.7 修改缩写及材质

之后将“图形替换”中的颜色改为与材质相同的颜色，如图 7.12.8 所示。

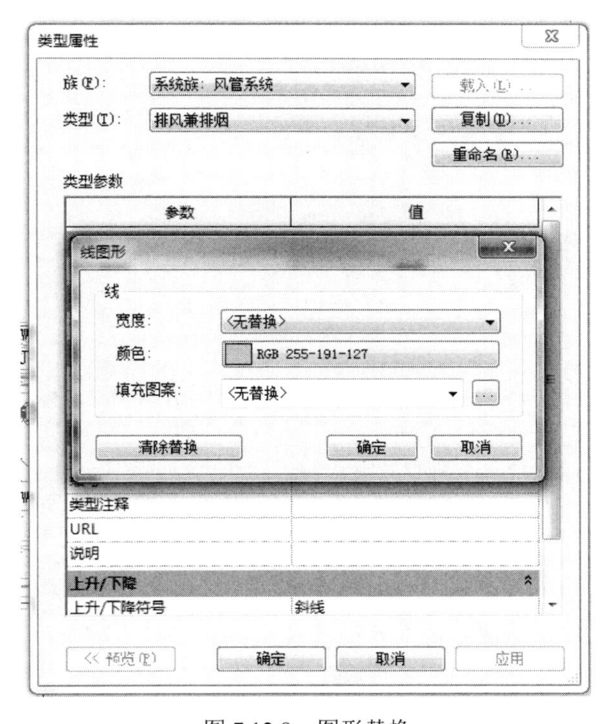

图 7.12.8 图形替换

③ 设置管件。单击“系统”选项卡下“风管”命令，在“属性”面板中切换将要绘制的风管类型，点开“编辑类型”中“布置系统配置”后的“编辑”，如图 7.12.9 所示。

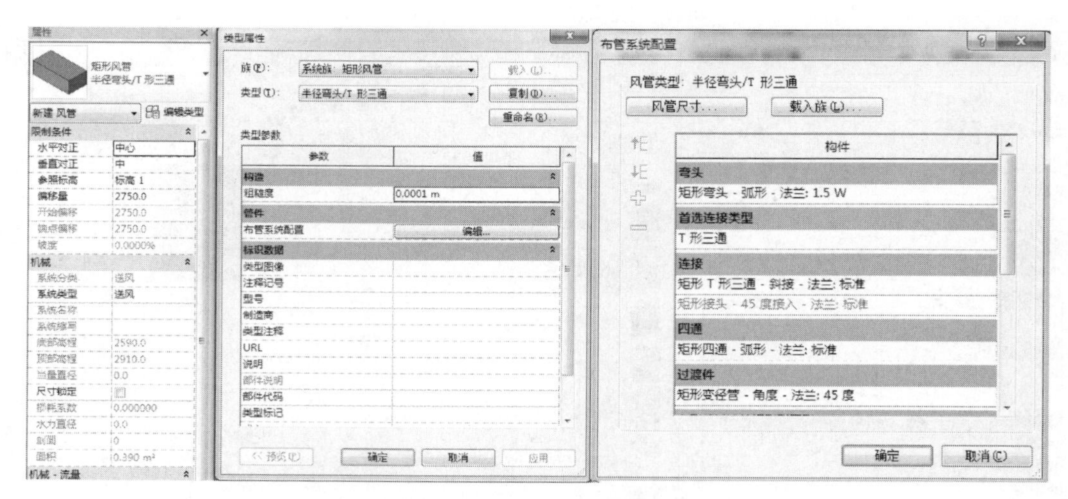

图 7.12.9　布管系统配置

可直接单击各构件族后面的下拉菜单进行切换，如果没有想要的类型，可以载入所需的“弯头”“连接”等族，如图 7.12.10 所示（此处演示添加“弯头”，其他管件的载入方式一致，如果 Revit 自带族库中没有合适的族文件，还可自己做族）。

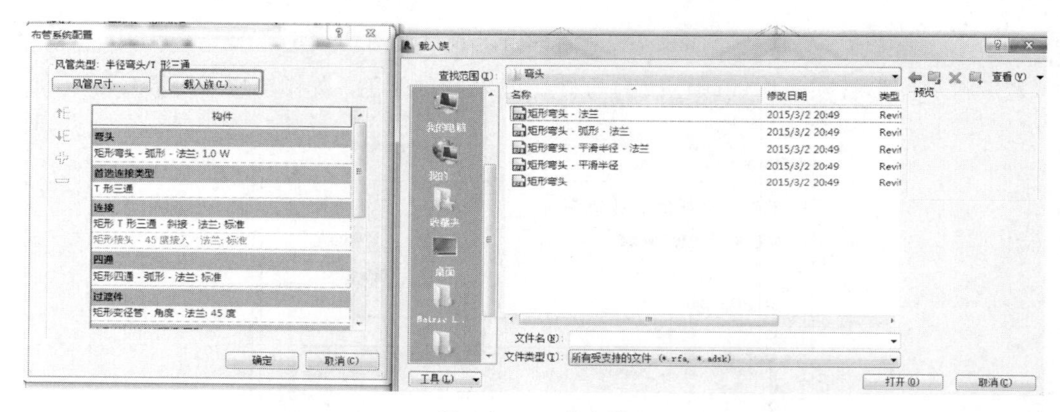

图 7.12.10　载入族

载入之后，在“弯头”后面的下拉菜单中选择所需弯头即可，如图 7.12.11 所示，其余管件设置方式相同，如需要可自行设置即可。

④ 绘制水平风管。选择“系统”下“风管”命令，更改选项栏中相应的管道：宽度=630，高度=400，偏移量=3800。在“属性”面板中更改其系统，如图 7.12.12 所示。之后直接绘制 630mm×400mm 水平风管，如图 7.12.13 所示（绘制完成之后管道不可见，并且会弹出“警告”，可检查模型规程，或对“属性”面板中的视图深度进行调整，检查“视图深度”的顶偏移是否在管道之上，“可见性”中该类型是否可见，以及视图中“详细程度”是否为“精细”）。

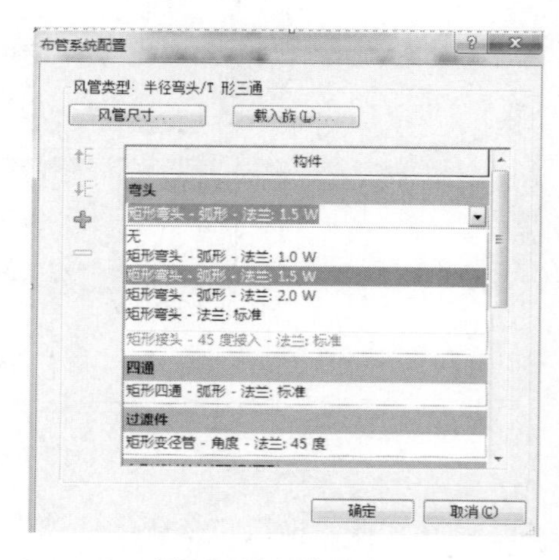

图 7.12.11　修改弯头

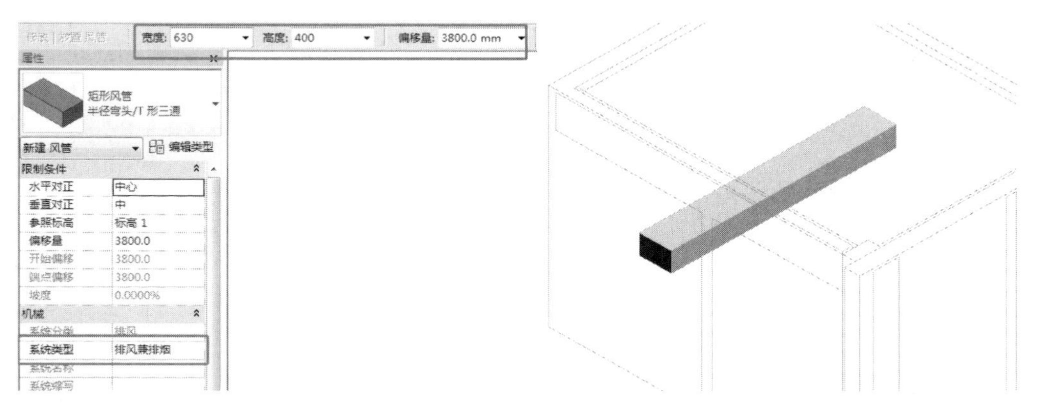

图 7.12.12　修改参数

图 7.12.13　绘制水平风管

⑤ 绘制垂直风管。选中刚刚绘制的水平风管，鼠标右键单击端点处的小加号，选择“绘制风管”命令，如图 7.12.14 所示。在“选项栏”中直接更改“偏移量”为 3300，双击“应用”按钮，立管便自动绘制好了，可去三维视图中查看绘制的风管，如图 7.12.15 所示。

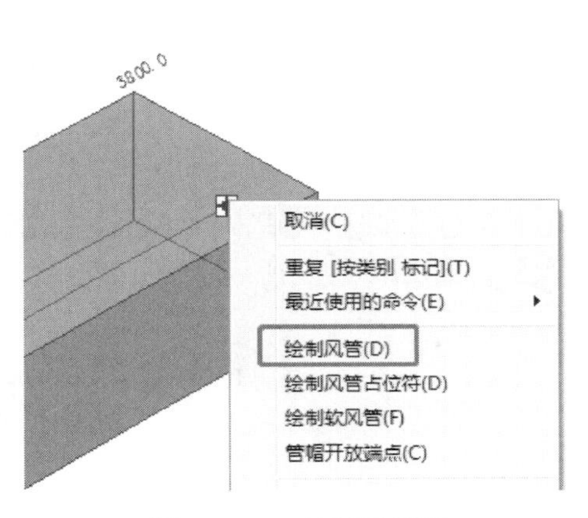

图 7.12.14　绘制风管图

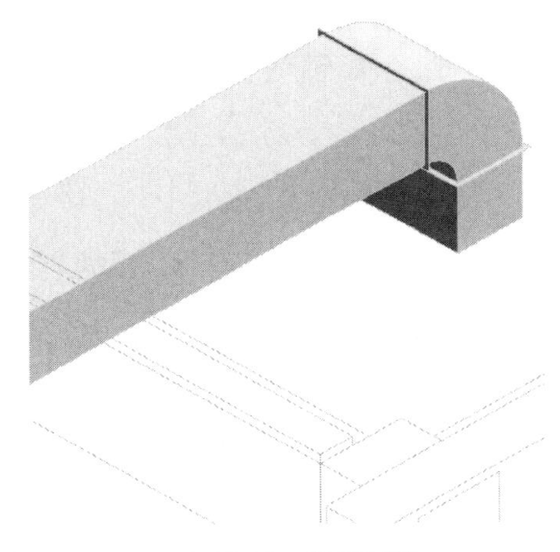

7.12.15　风管三维

⑥ 添加风管附件。为了方便看到风管附件的位置，先将视图的“视觉样式”改为“线框”，如图 7.12.16 所示。

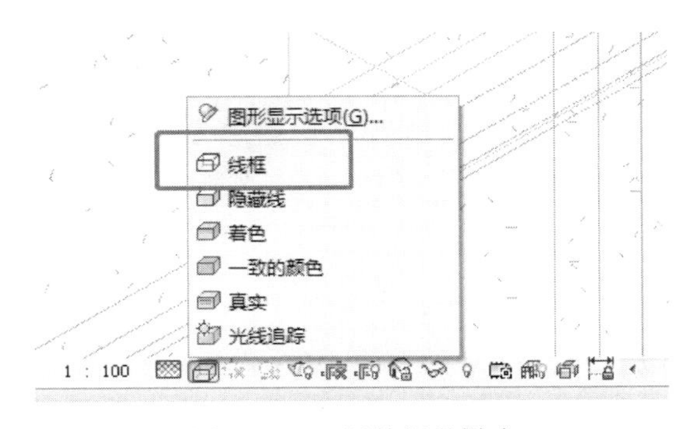

图 7.12.16　调整视觉样式

载入 7.12 节\项目所需族文件\暖通族，如图 7.12.17 所示，此处所需族均已提前准备好，读者可在自带族库或插件中寻找。

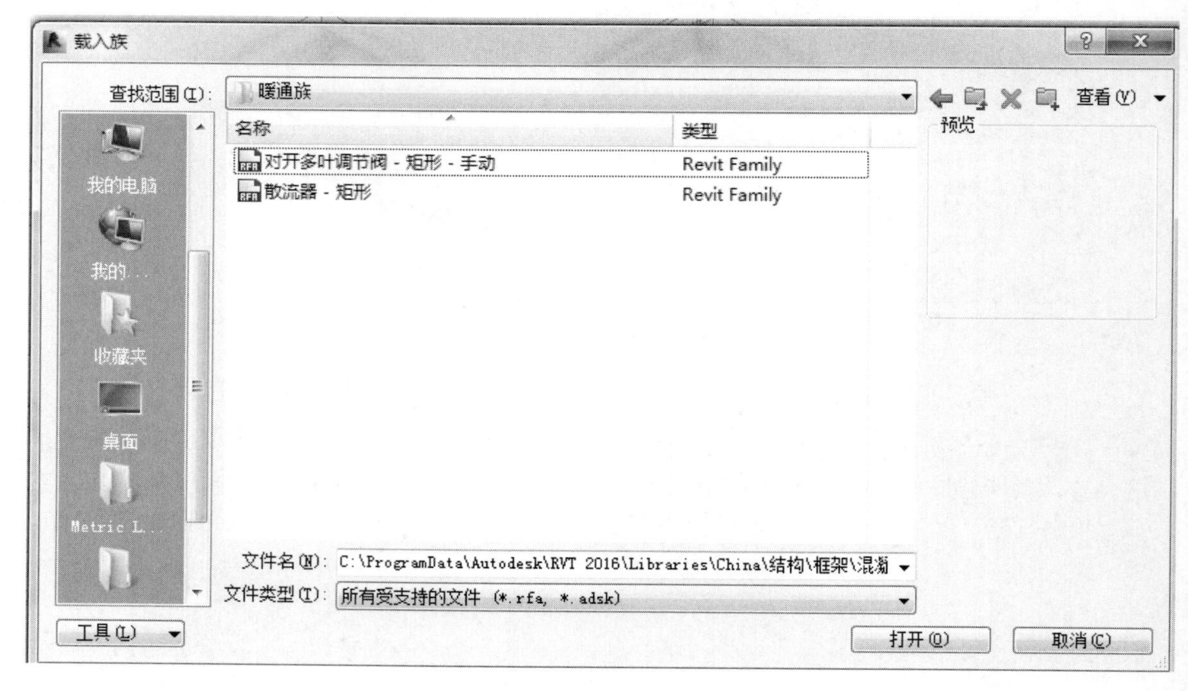

图 7.12.17　载入族

载入完成之后，选择“系统”选项卡下的“风管附件”命令，在“类型选择器”中找到刚载入的防火阀，如图 7.12.18 所示，在相应的中心位置进行放置，管道附件会自动识别管道的尺寸，如图 7.12.19 所示。

图 7.12.18　选择附件

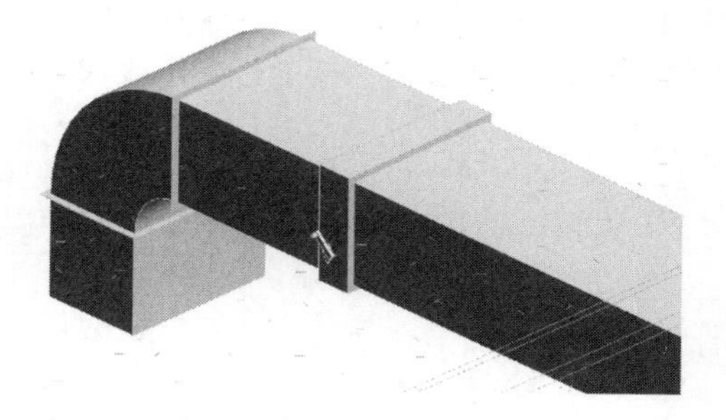

图 7.12.19　放置附件

⑦ 添加风道末端。风道末端位于立管上，因此，为了放置方便，切换到三维视图，单击“系统”选项卡下“风道末端”，选择“散流器-矩形”中的“480×360”，如图 7.12.20 所示，调整角度，捕捉立管的中心线，鼠标单击放置，如图 7.12.21 所示。

绘制完成后结果如图 7.12.22 所示。

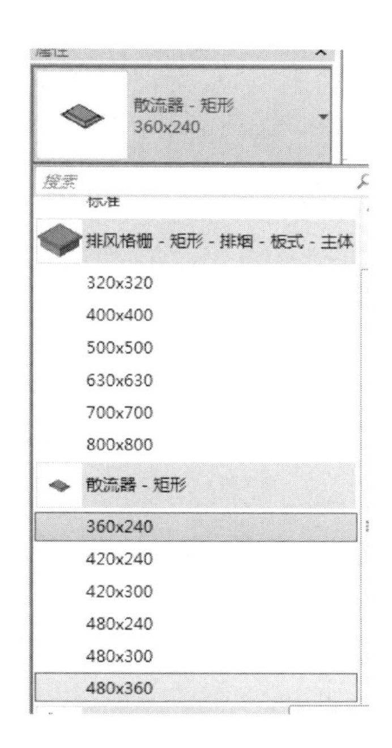

图 7.12.20　选择末端

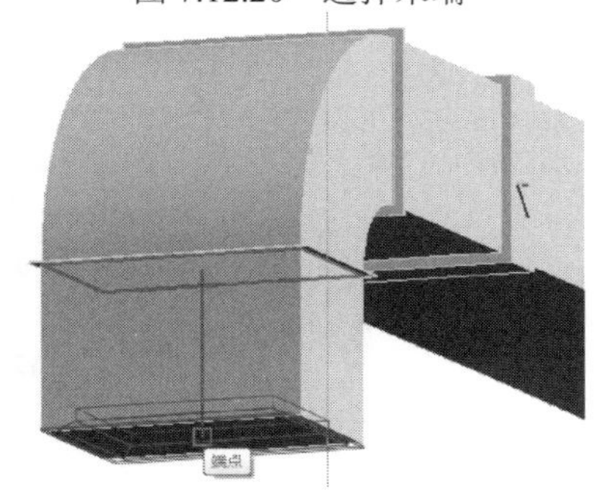

图 7.12.21　放置末端

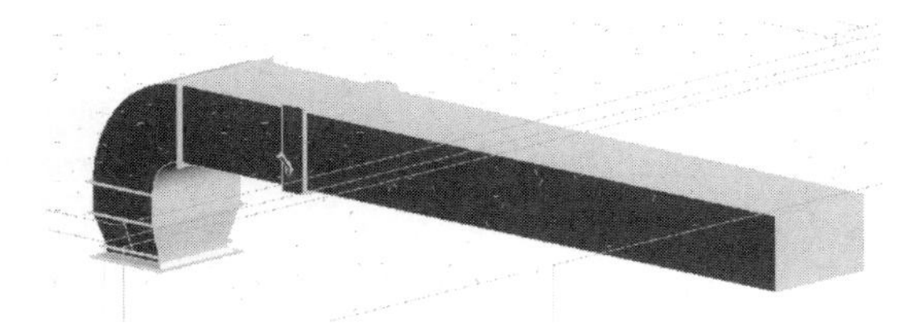

图 7.12.22　风管三维

7.12.3　给水排水专业

① 链接 CAD。链接“7.12 节\处理后的图纸\卫生间给排水图纸.dwg”，将相应轴线对齐，如图 7.12.23 所示。

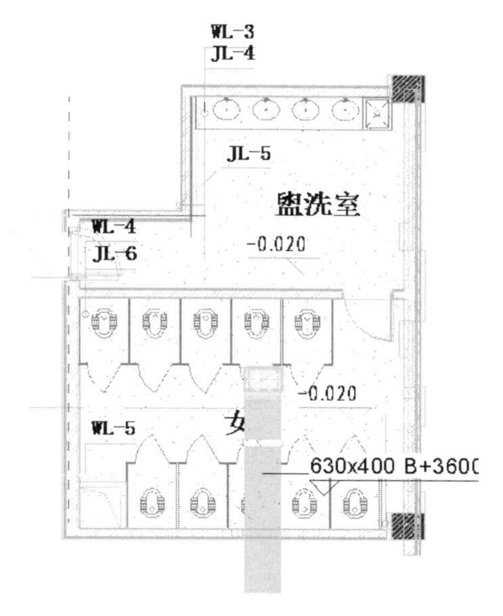

图 7.12.23　链接 CAD

② 创建系统。在“项目浏览器”中找到“管道系统”，如图 7.12.24 所示。复制“家用冷水”，重命名为“给水系统”；复制“卫生设备”，重命名为“排水系统”；复制“通风孔”，重命名为“排气系统”；复制“湿式消防系统”，重命名为“喷淋系统”，如图 7.12.25 所示（复制出来的系统带了原本系统的材质，此处使用默认参数，如要修改，方法同风管系统设置，此处不再赘述）。

- 管道系统
  - 管道系统
    - 其他
    - 其他消防系统
    - 卫生设备
    - 家用冷水
    - 家用热水
    - 干式消防系统
    - 循环供水
    - 循环回水
    - 湿式消防系统
    - 通风孔
    - 预作用消防系统

图 7.12.24　管道系统

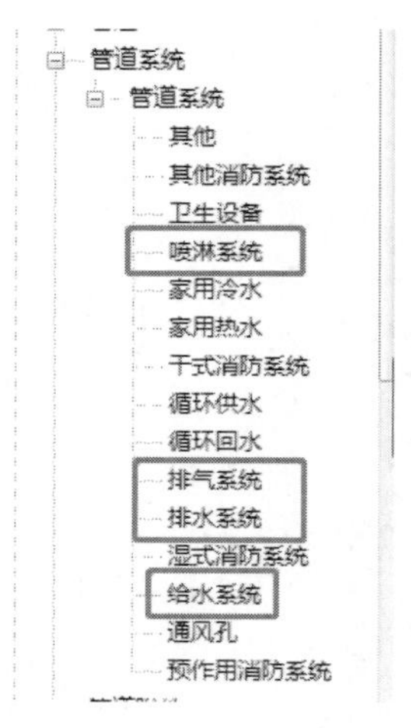

图 7.12.25　创建管道系统

③　放置用水设备。载入“7.12 节\项目所需族文件\给排水族”，如图 7.12.26 所示。

在“系统”选项卡下“构件”命令的下拉小箭头中选择“放置构件”，如图 7.12.27 所示。

放置“洗脸盆”，位置如图 7.12.28 所示，若一次放置不到位，可通过“修改”选项卡下面“对齐”“移动”命令移动到相应位置。

放置“蹲便器”，放之前，更改偏移量为“400”，如图 7.12.29 所示。

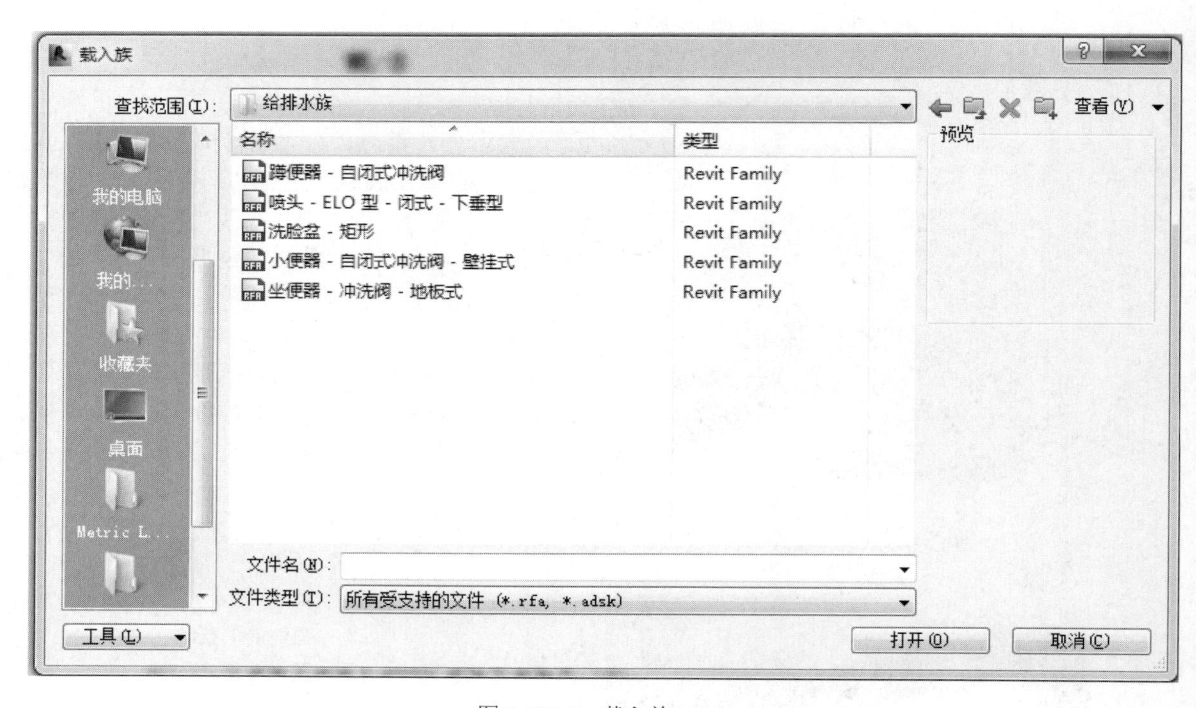

图 7.12.26　载入族

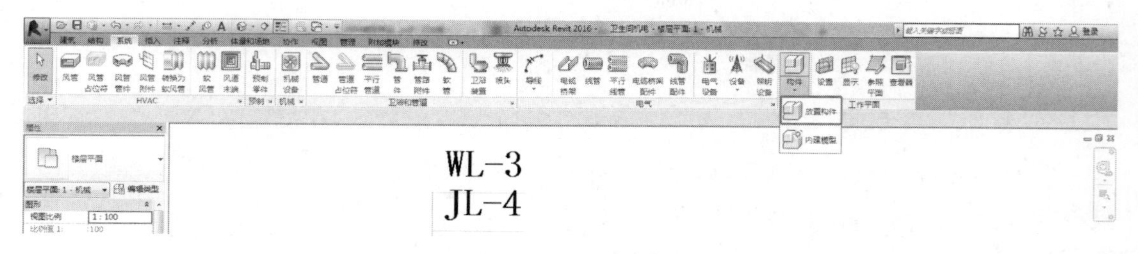

图 7.12.27　放置构件

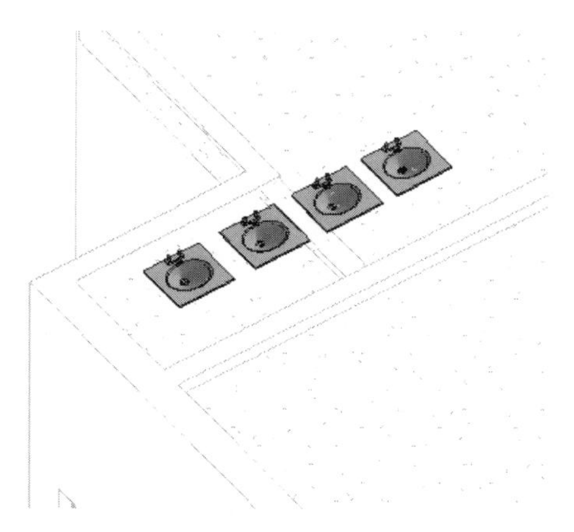

图 7.12.28　放置洗脸盆

属性

蹲便器 - 自闭式冲洗阀
标准

新建 卫浴装置　　编辑类型

限制条件	
主体	<不关联>
立面	400.0
卫浴	
自由标头	100000.00 Pa
机械	
系统分类	卫生设备,家用冷水
系统类型	未定义

图 7.12.29　修改偏移量

本案例选取女卫生间，若为男卫生间，需按照图纸位置放置小便器，放置方法同蹲便器放置，在此不再赘述，如图 7.12.30 所示。

切换到三维视图查看，结果如图 7.12.31 所示。由于这样不方便检查位置是否正确，可将“属性”面板中的“规程”改为“协调”，之后在“可见性/图形替换”中将“墙”以及“天花板”隐藏，具体如图 7.12.32 所示。

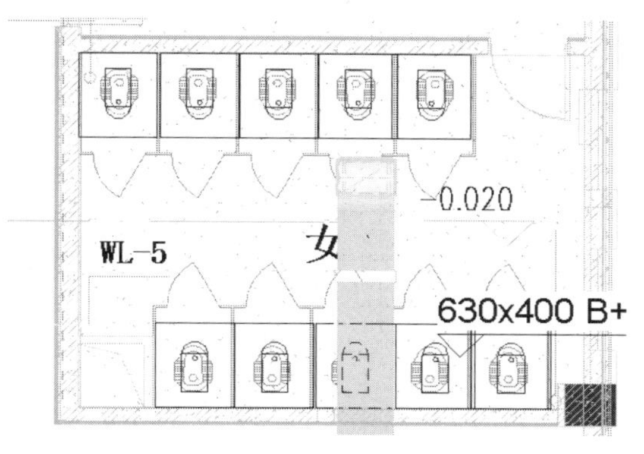

图 7.12.30　放置位置

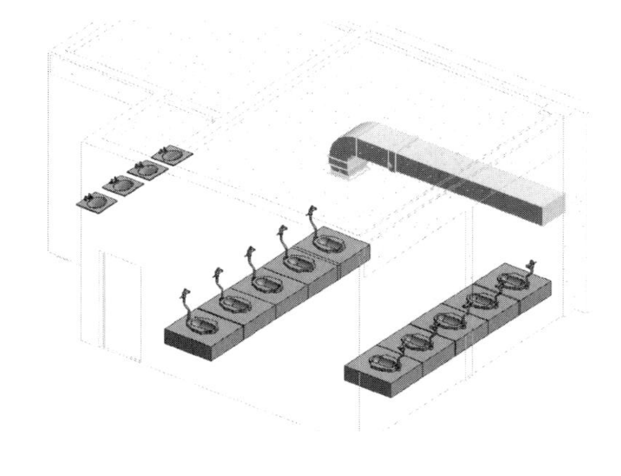

图 7.12.31　三维视图

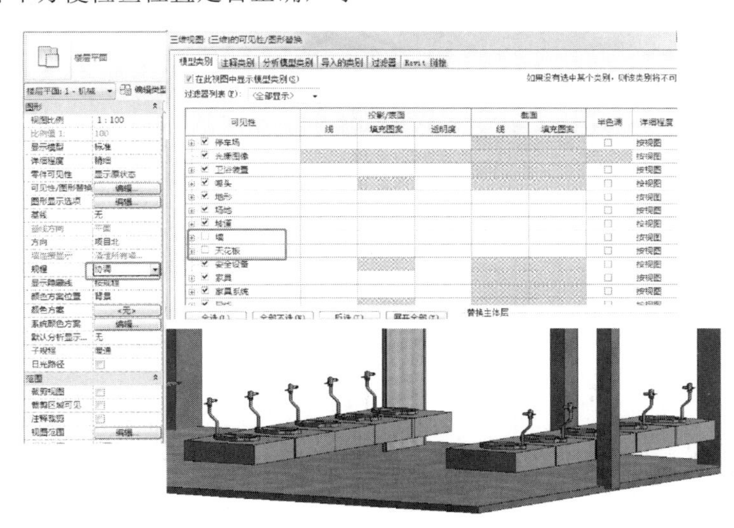

图 7.12.32　可见性调整

④ 配置管道。为了方便绘制，首先需要调整显示样式。单击“可见性/图形替换”，将“导入的类别”中“卫生间给排水图纸”调整为“半色调”，如图 7.12.33 所示，“过滤器”中将其中的三个类别都可见，如图 7.12.34 所示。完成之后如图 7.12.35 所示。

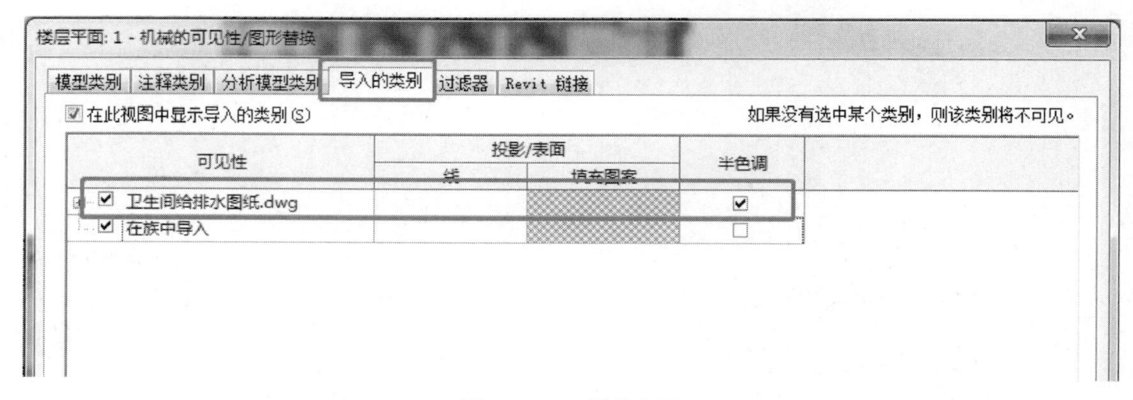

图 7.12.33 调整色调

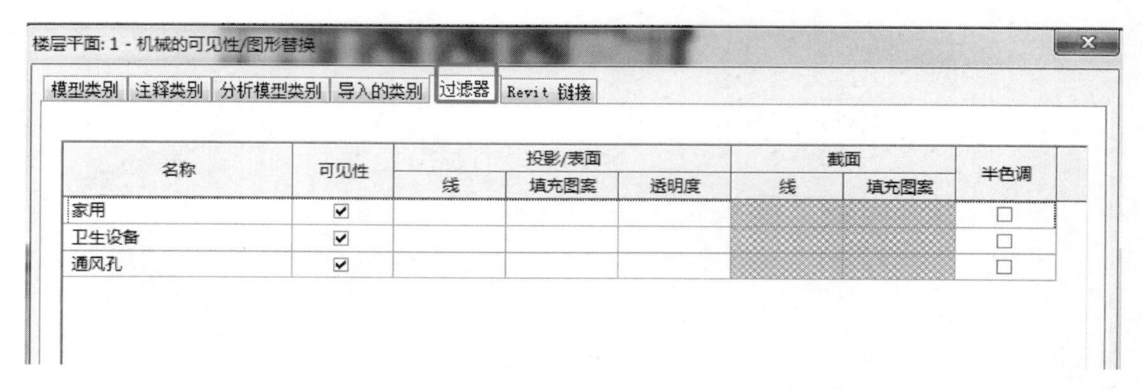

图 7.12.34 可见性设置

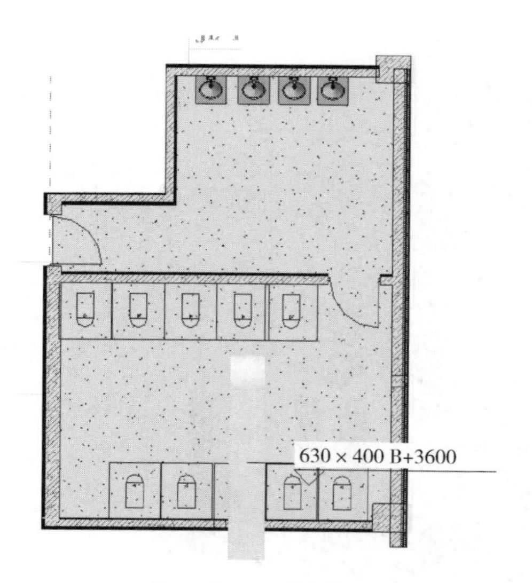

图 7.12.35 平面图

从管道井出发，先绘制立管，选择“系统”下“管道”命令，在“属性”面板中将其系统更改为“给水系统”。设置直径为“150”，偏移量为“0”，在绘图区域，单击要绘制的位置，在“选项栏”中更改其偏移量为“3800”，双击“应用”按钮，完成后如图 7.12.36 所示。

之后绘制水平管道，直径为“100”，偏移量为“3300”，捕捉到立管的中心位置，直接绘制，如图 7.12.37 所示。先向上绘制到如图 7.12.38 所示位置，之后将直径更改为“50”，继续绘制。

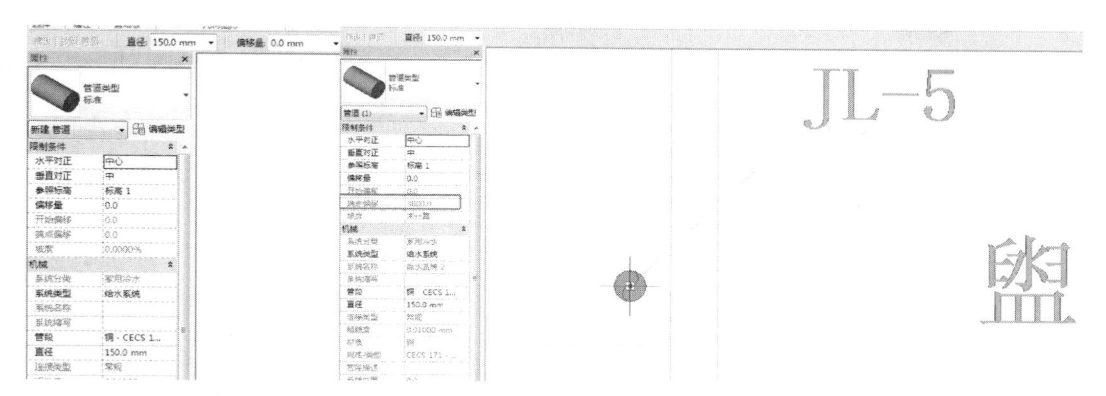

图 7.12.36　给水立管

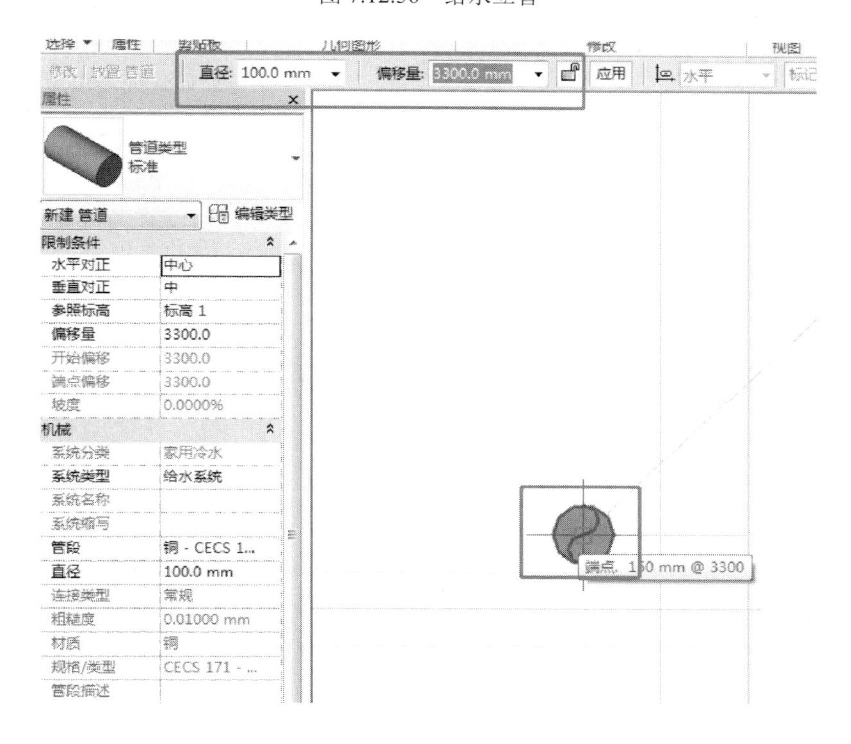

图 7.12.37　给水管道

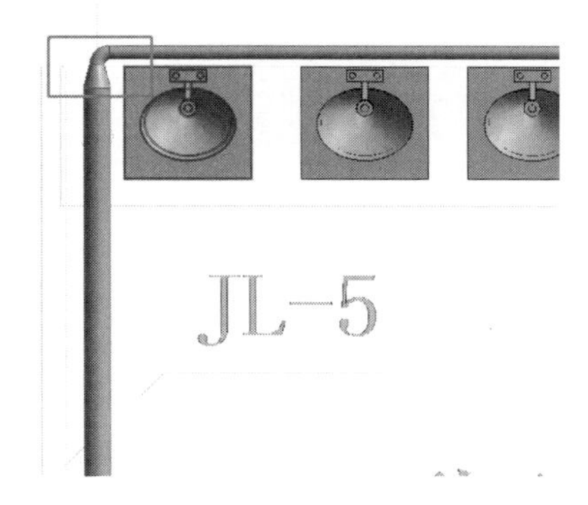

图 7.12.38　管道变径

选中如图 7.12.39 所示管件，单击将要绘制的方向上的小加号，将管件更改为三通。选择三通上的端点，单击“绘制管道”，如图 7.12.40 所示，继续绘制。

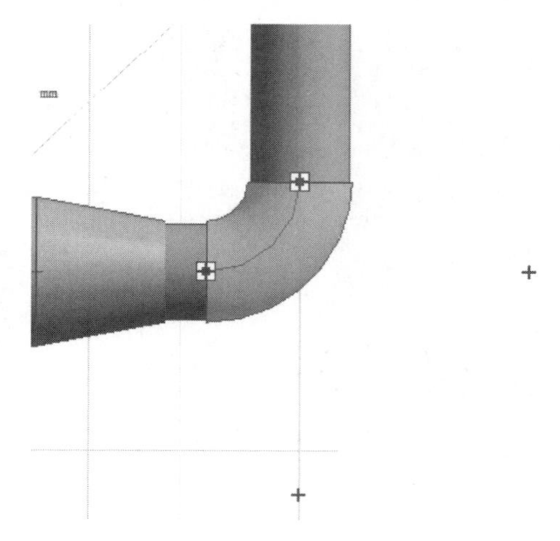

图 7.12.39　管件

图 7.12.40　绘制管道

绘制完成后如图 7.12.41 所示。

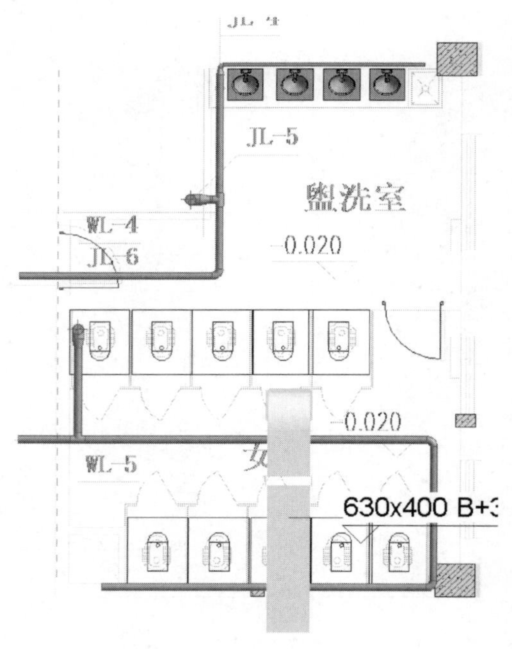

图 7.12.41　完成图

绘制立管，方法同给水立管绘制，系统为“排水系统”，直径为“150”，偏移量为 0~3800，位置如图 7.12.42 所示。由于水平管道高度为-500，需要先调整视图范围，以保证能够显示出全部管道，如图 7.12.43 所示。

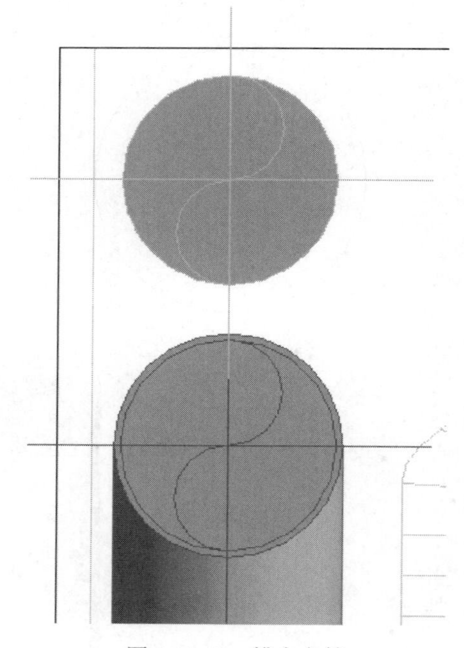

图 7.12.42　排水立管

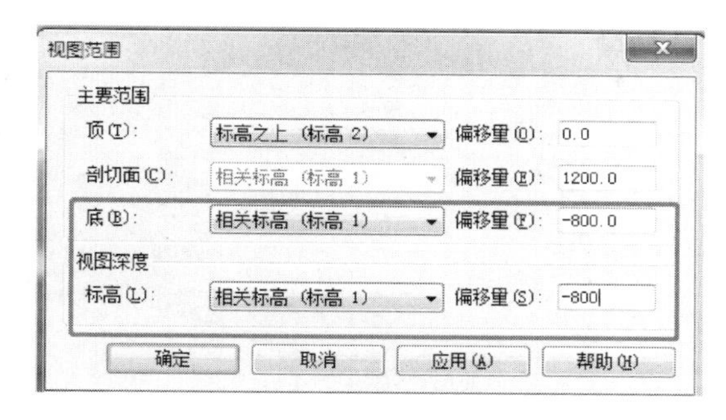

图 7.12.43　调整视图范围

绘制水平排水管道，首先绘制直径 100 的水平管，偏移量为“-500”，位置如图 7.12.44 所示。之后继续绘制带坡度的排水管，选择“管道”命令之后，在上下文选项卡中单击“向上坡度”，将坡度值改为“0.8000%”，如图 7.12.45 所示。

先绘制下方的管道，再绘制上方的管道，如图 7.12.46 所示。做一个剖面，如图 7.12.47 所示，切换到剖面视图。

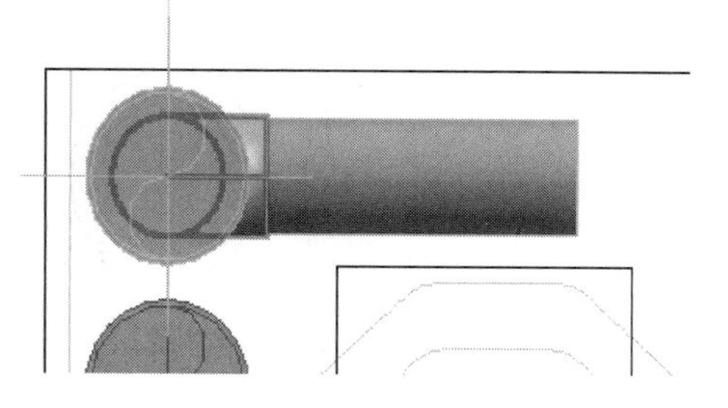

图 7.12.44　排水管道

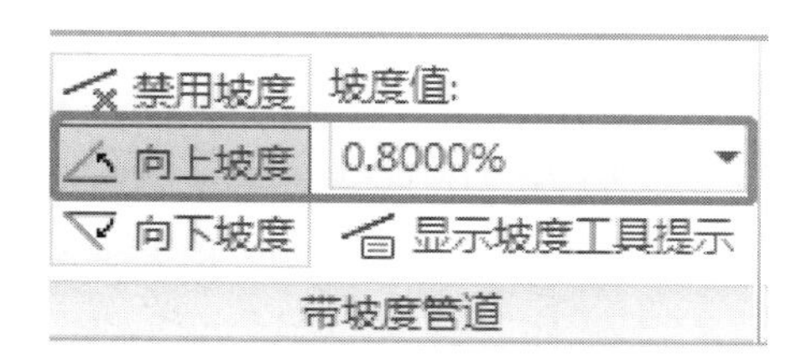

图 7.12.45　排水管道坡度修改

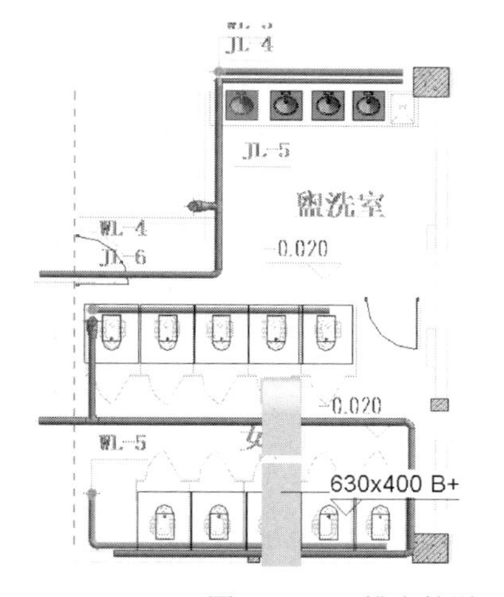

图 7.12.46　排水管道图

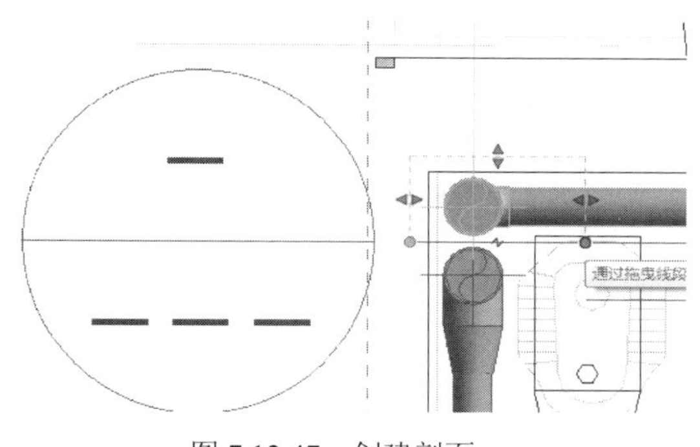

图 7.12.47　创建剖面

将视图的“详细程度”调整为“精细”，并拖动视图框，调整到能看到排水管水平管与立管相接的位置，如图 7.12.48 所示，将所指位置的过渡件及弯头删除。

选中立管下方的端点，将其向下拖拽，超过水平管的位置，如图 7.12.49 所示，之后选中水平支管，将其左边的端点向左下方拖拽，与立管连接，完成后如图 7.12.50 所示（若连接不成功，可将左边端点右移，让连接有足够的空间生成连接件）。

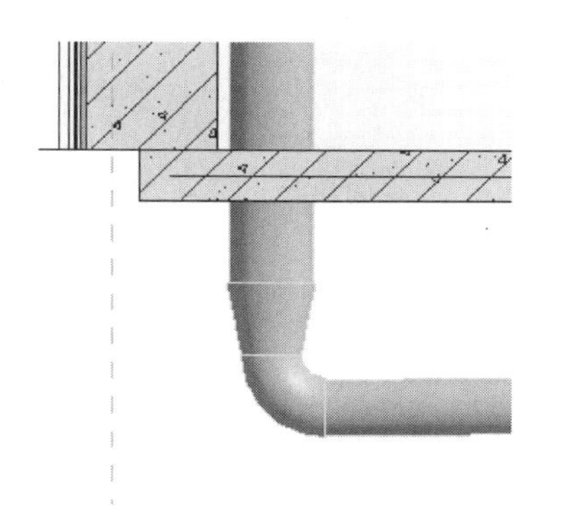

图 7.12.48　剖面图

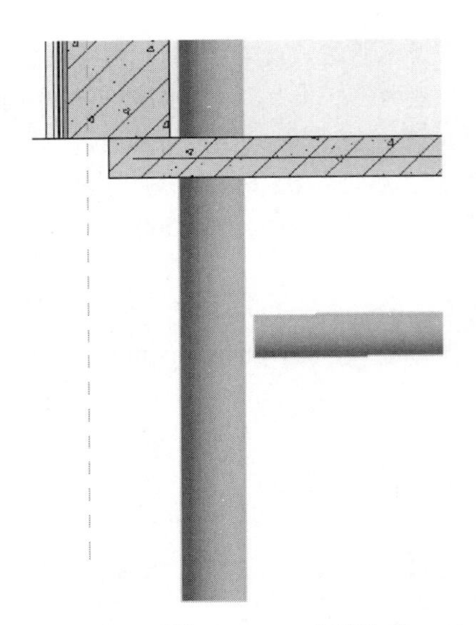

图 7.12.49　立管位置

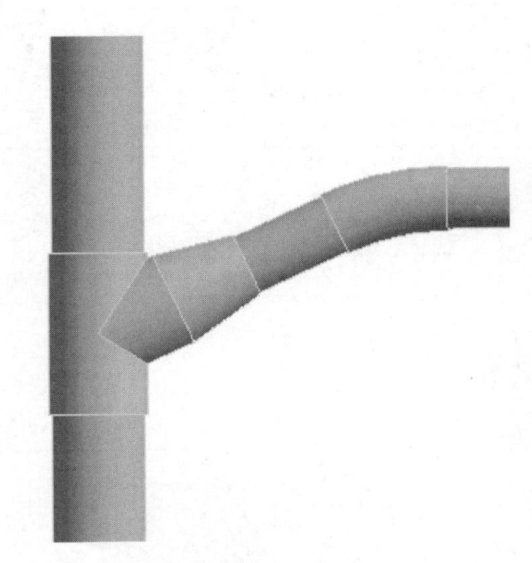

图 7.12.50　管道连接

绘制通气管道，绘制系统为“通气系统”，直径为“100”，偏移量为 0～3800 的立管，位置如图 7.12.51 所示。之后做如图 7.12.52 的剖面，切换到剖面视图，调整显示样式。

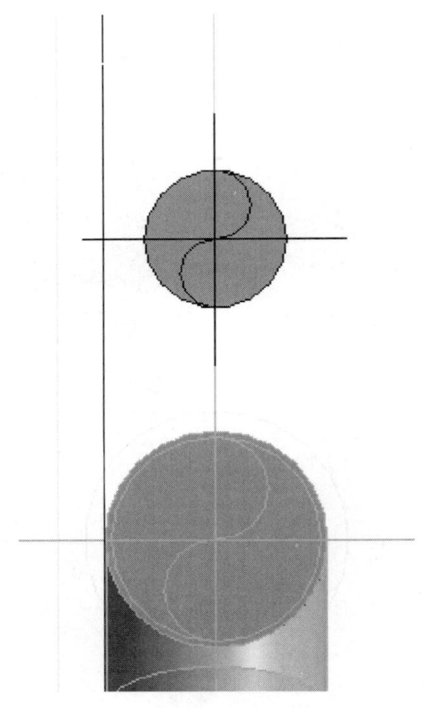

图 7.12.51　通气立管

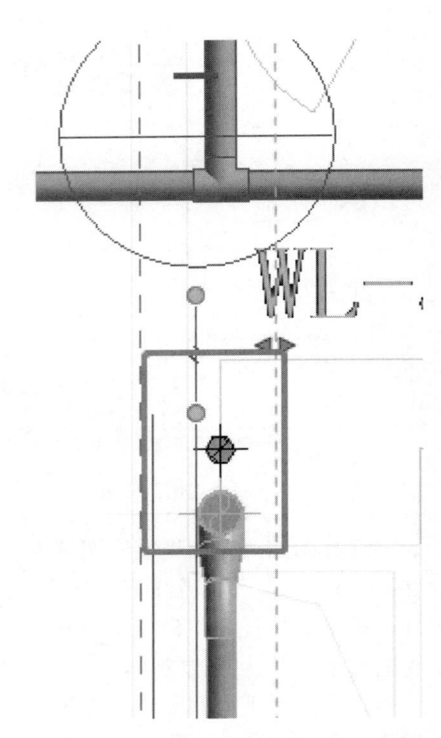

图 7.12.52　添加剖面

将排水立管拆分，位置如图 7.12.53 所示，将拆分出来的中间部分及连接件删除，如图 7.12.54 所示。

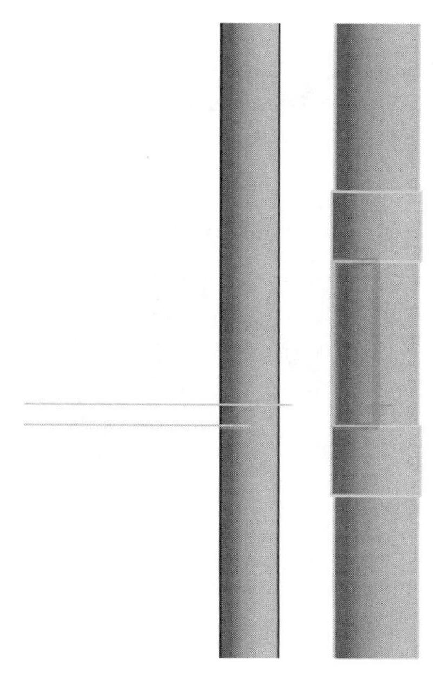

图 7.12.53 排水立管拆分

图 7.12.54 删除立管

选择下方排水管，向左上方继续绘制管道，如图 7.12.55 所示。选中所生成的弯头，单击加号，如图 7.12.56 所示，将其改为三通。将上方管道拖拽与三通连接，完成后如图 7.12.57 所示。

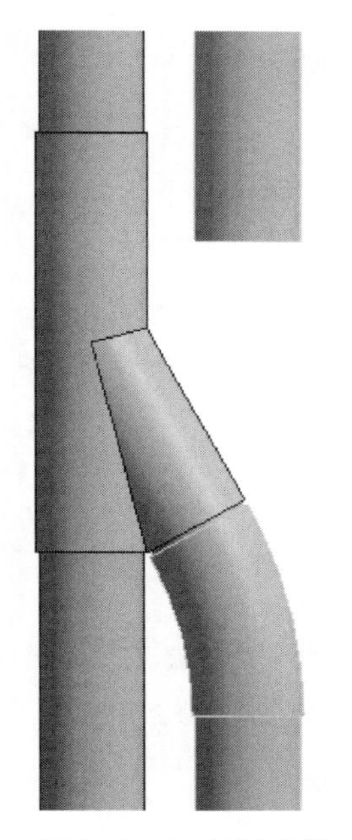

图 7.12.55 绘制立管

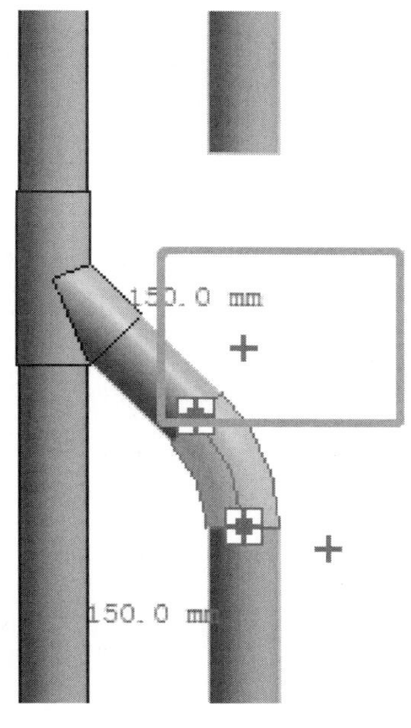

图 7.12.56 修改管件

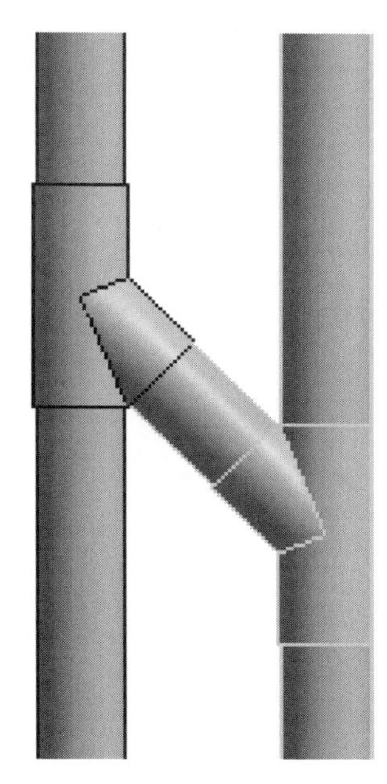

图 7.12.57 管道连接

选中最左侧洗脸盆，单击“连接到”，在弹出来的页面中选中“连接件 1：家用冷水：圆形：15mm”，如图 7.12.58 所示，之后选中给水管道，将会自动连接。

若出现如图 7.12.59 连接错误的情况，可先将给水管道拖拽短一点，如图 7.12.60 所示，再进行连接。

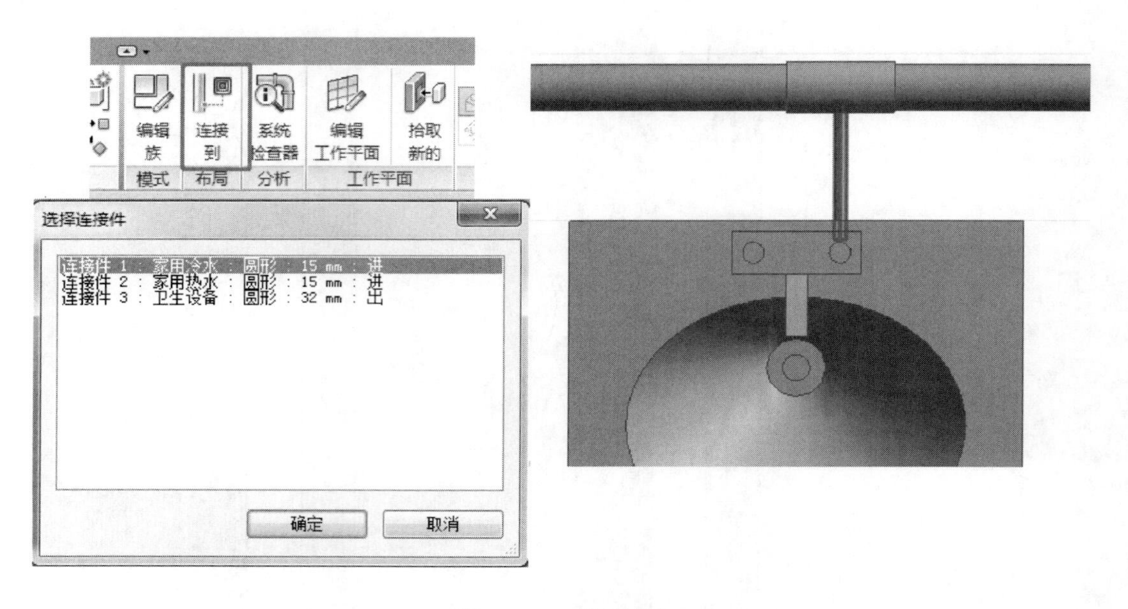

图 7.12.58　设备连接

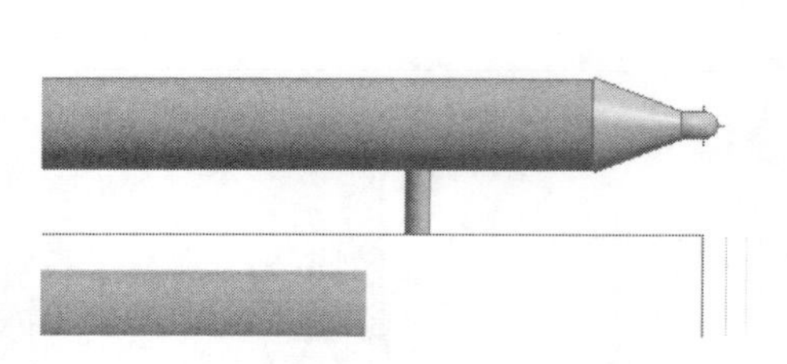

图 7.12.59　连接错误

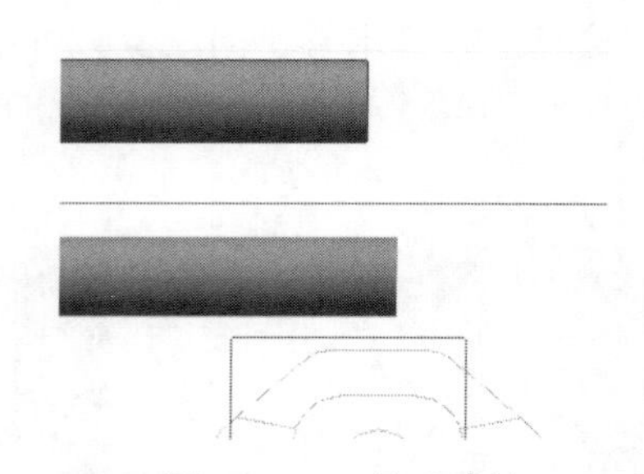

图 7.12.60　修改连接

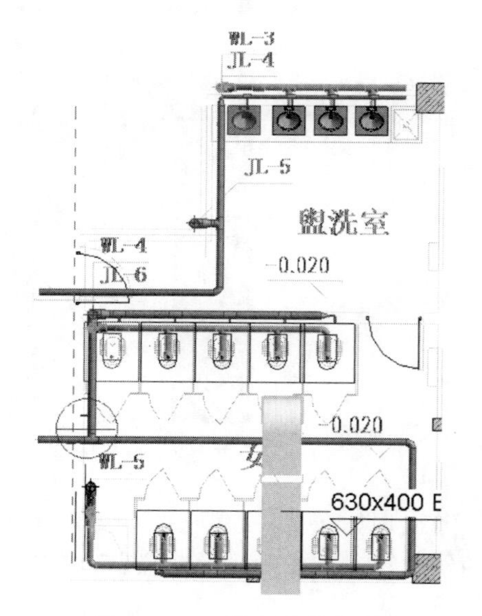

图 7.12.61　设备连接完成

将其余的给水设备以同样的方式与给水管道以及排水管道连接，连接完成后如图 7.12.61 所示。

在“管路附件”中找到“清扫口-塑料”，捕捉到排水管道的末端放置，如图 7.12.62 所示，两侧末端都需要进行放置。

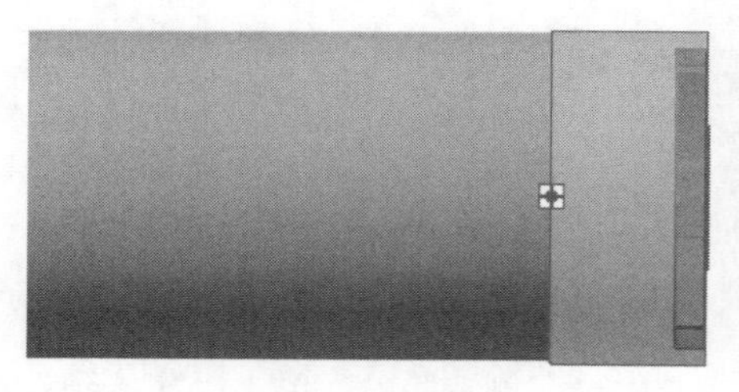

图 7.12.62　添加清扫口

依据图纸所示位置，绘制喷淋系统管道，主管道直径为“32”，偏移量为“3500”，如

图 7.12.63 所示。

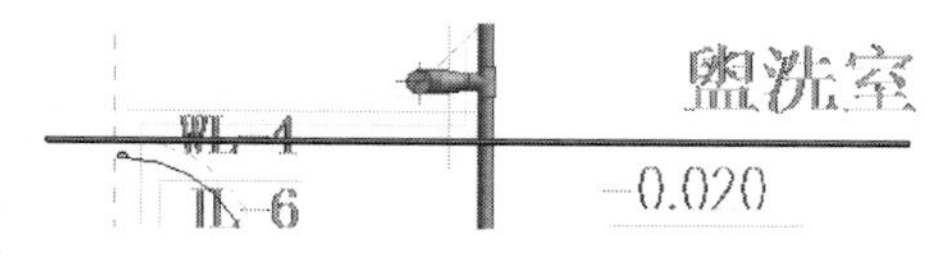

图 7.12.63　喷淋主管

再绘制直径为“25”，偏移量为“3500”的支管，装喷淋头的立管偏移量为 3000，绘制完如图 7.12.64 所示。在“系统”选项卡下，选中“喷头”命令，找到“喷头-ELO 型闭式-下垂型”，更改其偏移量为“3000”，拾取喷淋立管的中心点，进行放置，如图 7.12.65 所示。

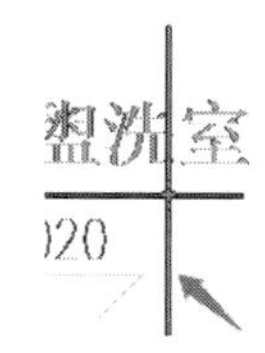

图 7.12.64　喷淋支管

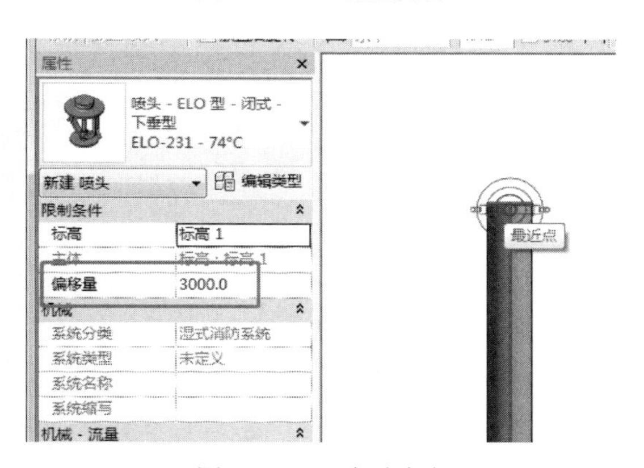

图 7.12.65　放置喷头

之后切换至三维视图，检查是否有漏接或链接错的管道，自行调整，结果如图 7.12.66 所示。

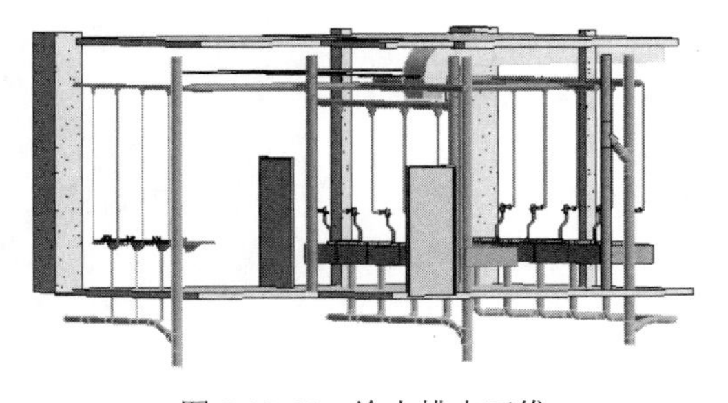

图 7.12.66　给水排水三维

7.12.4　电气专业

首先链接 7.12 节\处理后的图纸\卫生间电气图纸.dwg，如图 7.12.67 所示，由于管线较乱，为了方便绘制，可以先将如图 7.12.68 所示构件设置为不可见。

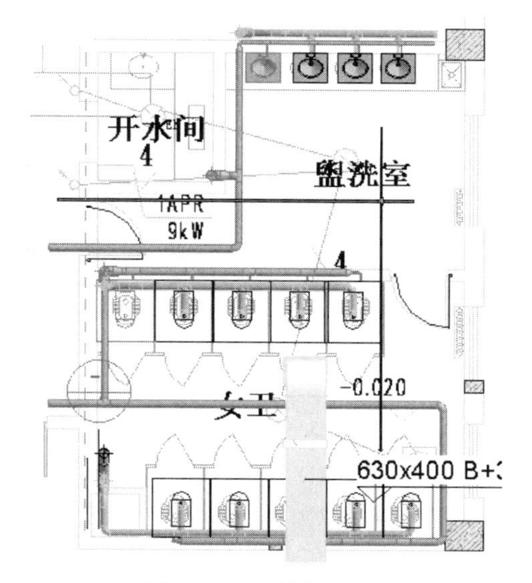

图 7.12.67　链接 CAD

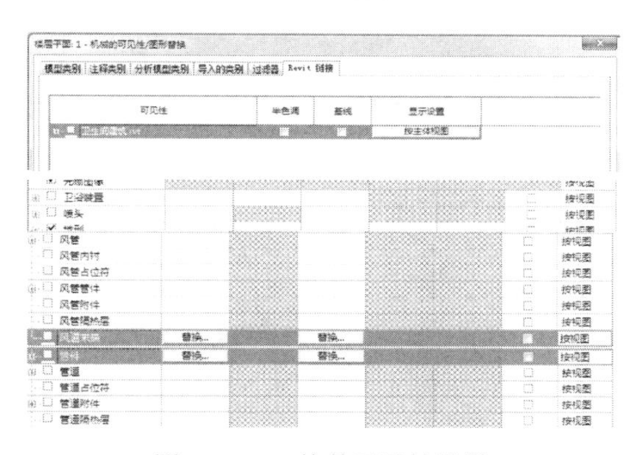

图 7.12.68　构件可见性设置

载入项目所需电气族，之后“电气设备”，找到“仪器柜”，拾取大概位置进行放置，如图 7.12.69 所示。

使用“系统”选项卡下“线管”命令，先设置直径为“21”，偏移量为“3400”，捕捉电气设备的中心点，直接绘制水平管道，软件会自动生成立管，完成后如图 7.12.70 所示（由于机械样板中没有线管的管件，需要提前载入，并在“属性”面板中“编辑类型”下添加，方法同风管管件的添加，此处不再赘述），若未自动生成立管，可自行绘制立管，方法同给排水立管。

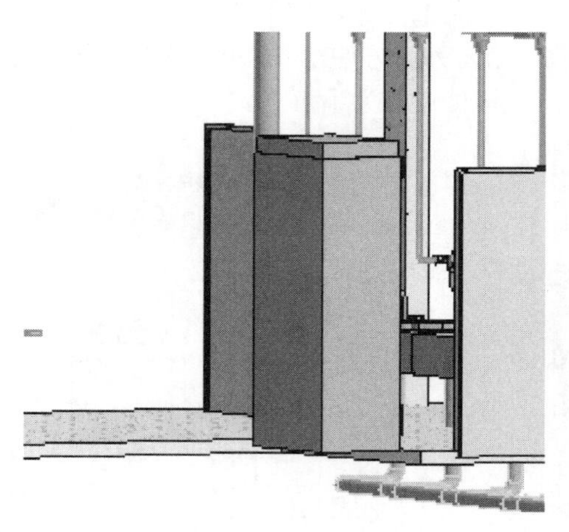

图 7.12.69　添加用电设备

图 7.12.70　线管绘制

放置用电设备并绘制管线，射灯均在3000mm 高度，LED 灯带放置在灯槽内，吊灯可自行调整偏移量。

管线直径均为“21”，偏移量为“3400”，用电设备与水平管道可做剖面进行连接，如图 7.12.71、图 7.12.72 所示（连接方法同给水排水管道的连接方法，此处不再赘述，位置自定即可）。

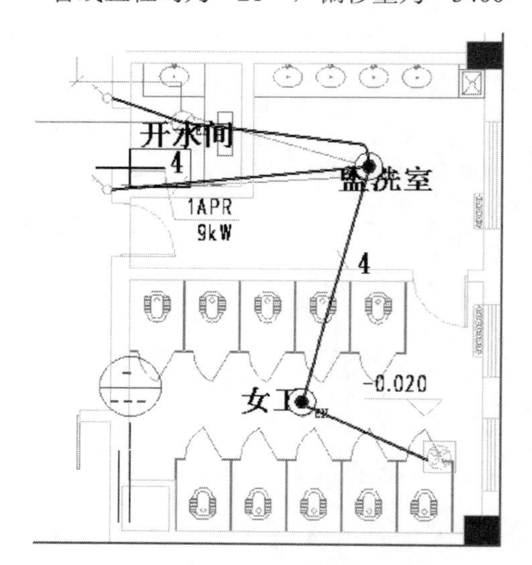

图 7.12.71　线管平面图

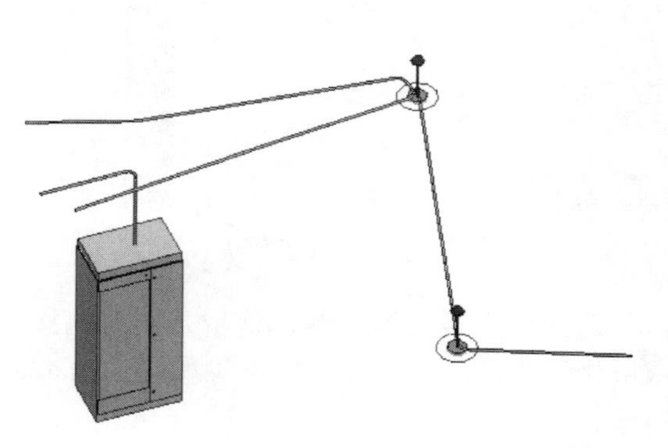

图 7.12.72　三维图

7.12.5　管道综合

将所有专业的管道以及 Revit 链接设为可见，选择“协作”选项卡下“碰撞检测”命令，运行碰撞检查，之后将两边全选，单击“确定”，如图 7.12.73 所示。

之后会生成相应的“冲突报告”，单击相应条目，项目中的构件会亮显，如图 7.12.74 所示，根据实际情况进行调整，或忽略碰撞。

如图 7.12.75 所示，可将线管绕过风管，处理之后如图 7.12.76 所示。

图 7.12.73　碰撞检查

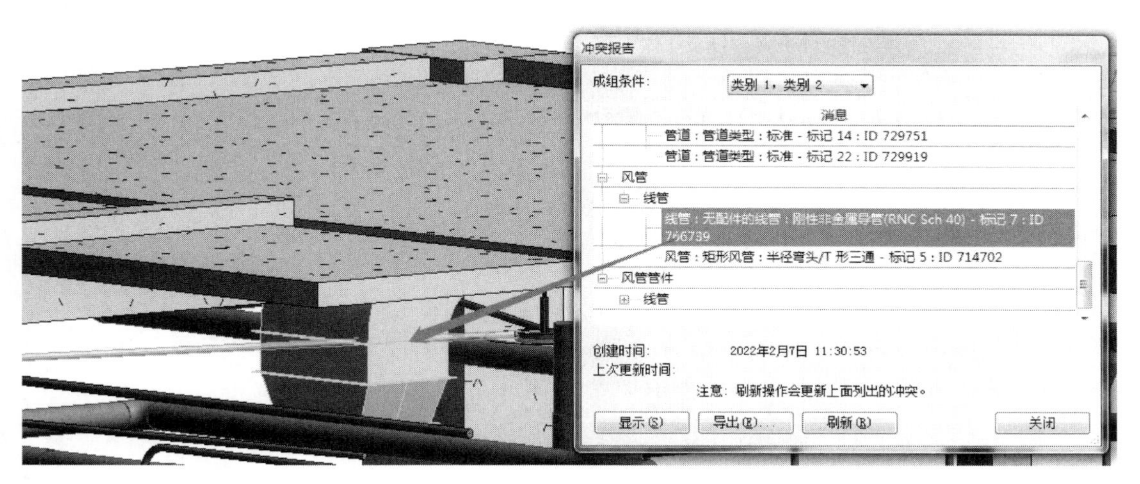

图 7.12.74　碰撞报告

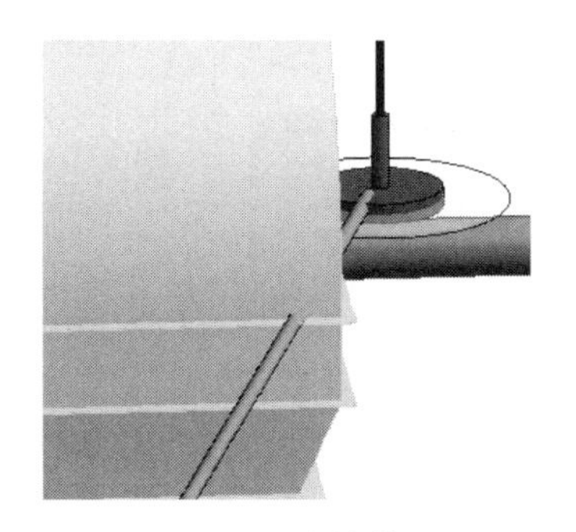

图 7.12.75　碰撞前

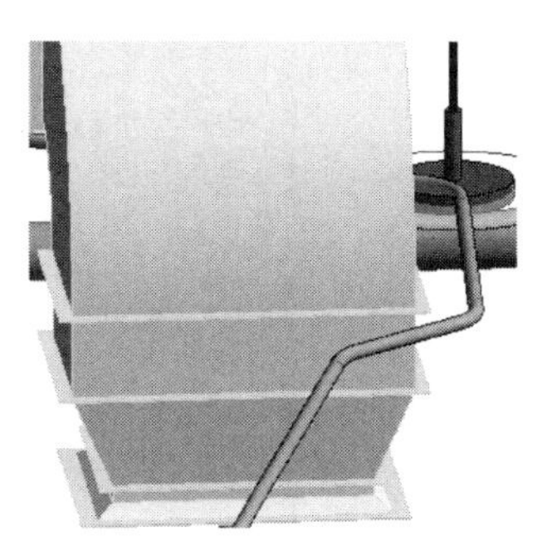

图 7.12.76　碰撞修改后

进行 BIM 管线综合时还需遵循以下原则：①大管优先。因为小管道造价低，易安装；而大截面、大直径的管道，如空调通风管道、排水管道、排烟管道等占据的空间较大，在平面图中先布置。②临时管线避让长久管线。③有压让无压。无压管道，如生活污水管、废水管、雨水管、冷凝水管都是靠重力排水，因此，水平管段必须保持一定的坡度，在与有压管道交叉时，有压管道应避让。④金属管避让非金属管。因为金属管较容易弯曲、切割和连接。⑤电气管线避热避水。水管的垂直下方不宜布置电气管线，另外在热水管道上方也不宜布置电气管线。⑥消防水管避让冷冻水管（同管径）。⑦强弱电分设。由于弱电线路如电信、有线电视、计算机网络和其他建筑智能化线路易受强电线路电磁场的干扰，因此强电线路与弱电线路不应敷设在同一个电缆槽内，而且桥架间留一定距离。⑧附件少的管道避让附件多的管道。各种管线在同一处布置时，还应尽可能做到呈直线、互相平行、不交错，还要考虑预留出安装、维修更换的操作距离、设置支吊架的空间等(一般为 400mm 以上)。⑨冷水管让热水管。因热水管如果连续调整标高，易造成积气等。⑩ 当各专业管道不存在大面积重叠时，水管和桥架布置在上层，风管布置在下层；如果同时有重力水管道，则风管布置在最上层，水管和桥架布置在下层，同时考虑重力水管道出户高度，必须保证能够接入市政室外井。⑪ 当各专业管道存在大面积重叠时(如走道、核心筒等)，由于并排管线较多会遮挡风口，故由上到下各专业管线布置顺序为:不需要开设风口的通风管道、桥架、水管、需要开设风口的通风管道。

进行管道综合排布时应注意：①向下风口处和侧风口处不能排布管线；②管线避让尽量利用梁窝；③预留风管与水管的保温空间；④桥架、水管、风管在同一处水平布置时，若空间可满足水平排开，尽量水平排布，尽量使水管排布在一起，桥架排布在一起，考虑综合支吊架；若水平无法排开，考虑桥架排布在上层，水管视情况排布在桥架下方，尽量与风管齐平，在做水管吊架时，上层管线需留出吊架空间，以满足水管安装。⑤桥架放线、排布时可充分利用梁窝空间，考虑留出放线空间（具体空间大小具体分析）。⑥强电桥架与弱电线槽之间留有一定间距，以免相互干扰，有条件时，可布置在走廊两侧；若无条件，两者间距一般≥300mm（避免电磁场效应），桥架若需翻弯避让，弱电桥架避让强电桥架。⑦风管、排管宽度≥1200mm 时，应在下方考虑 150mm 喷淋头安装空间。

7.12.6 模型处理

前述所有操作完成后，在“管理”选项卡下的“管理链接”中删除链接进来的 CAD 与 Revit 模型，如图 7.12.77 所示，此步骤是为保证之后链接到的总模型中不会出现多余的构件。

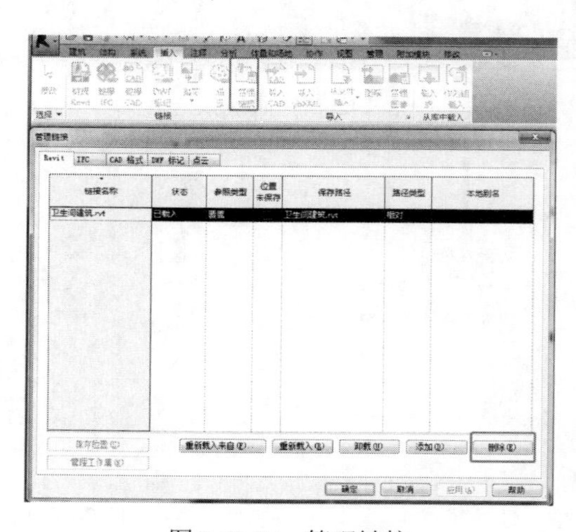

图 7.12.77 管理链接

完成后如图 7.12.78 所示，保存为“卫生间机电模型”（模型见“9.8\模型文件\卫生间机电.rvt”）。

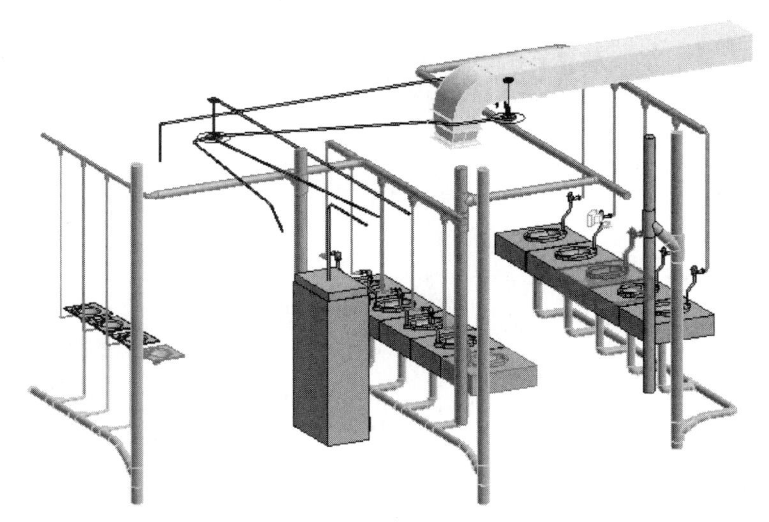

图 7.12.78　卫生间机电模型

依照上述方法，完成整个项目的二次机电设计。

第 8 章　Revit 的装饰族创建方法

本章操作视频

8.1　标准构件族

标准构件族是用于创建建筑构件和一些注释图元的族，包括在建筑内和建筑周围安装的建筑构件（例如窗、门、橱柜、装置、家具和植物），也包括一些常规自定义的注释图元（例如符号和标题栏）。标准构件族是在外部“.rfa”文件中创建的，可导入或载入到项目中，具有高度可自定义的特征。

单击“插入”选项卡下“从库中载入”面板中的“载入族”命令，弹出“载入族”对话框，自动定位到标准构件族所在文件夹“C:\ProgramData\Autodesk\RVT2020\Libraries\China”（图 8.1.1）。

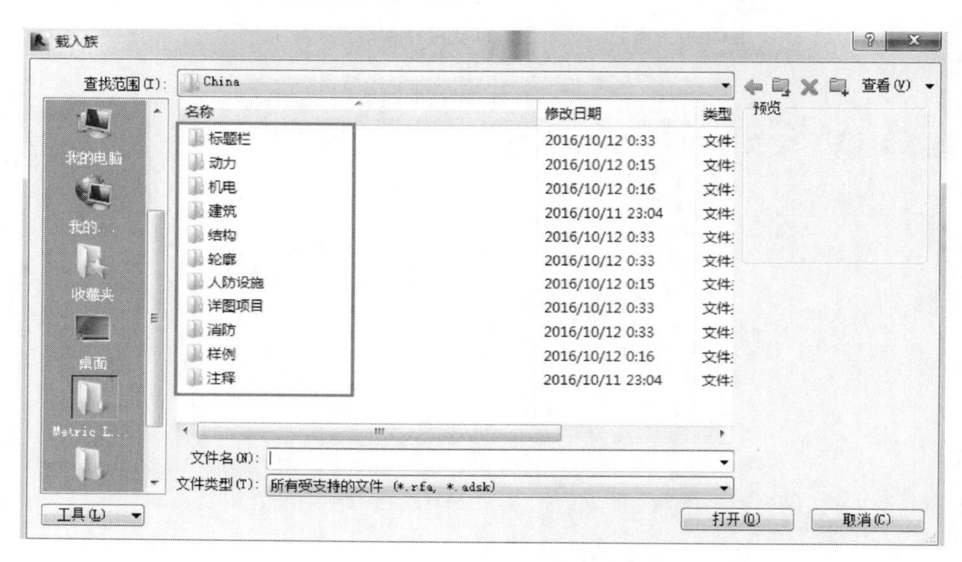

图 8.1.1　标准构件族所在位置

单击“文件”→“选项”→“文件位置”→“放置”，可以设置“标准构件族”文件夹的默认路径，见图 8.1.2。

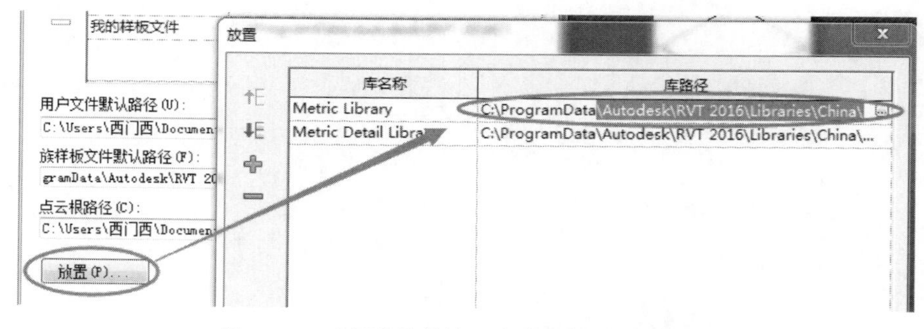

图 8.1.2　“标准构件族”文件夹的默认路径

8.1.1 新建族文件

与新建一个“项目文件”相同，也需要基于某一样板文件才能新建一个“族文件”。

打开 Revit 软件，进入启动 Revit 时的主界面。单击“族”下方的“新建”，弹出“新族-选择样板文件”对话框（图 8.1.3）。选择一个族样板，如“公制常规模型”，单击“打开”。

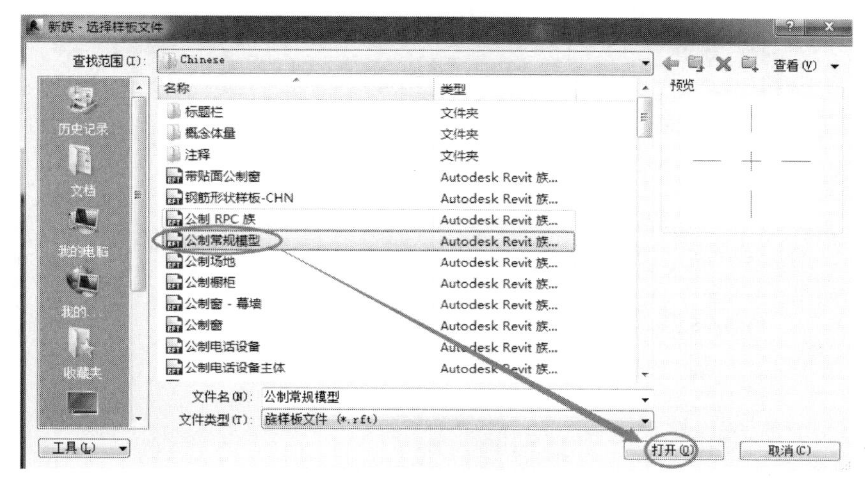

图 8.1.3 族样板文件

Revit 的样板文件分为标题栏、概念体量、注释、构件四大类。标题栏用于创建自定义的标题栏族。概念体量用于创建概念体量族。注释用于创建门窗标记、详图索引等注释图元族。除前三类之外的其他族样板文件都用于创建各种模型构件和详图构件族，其中“基于***.rft”是基于某一主体的族样板，这些主体可以是墙、楼板、屋顶、天花板、面、线等；“公制***.rft”族样板文件都是没有“主体”的构件族样板文件，如“公制窗.rft”“公制门.rft”属于自带墙主体的常规构件族样板。

8.1.2 族创建工具

在上节的操作中进入到的是“族编辑器”，“创建”选项卡中的“形状”面板可以用于创建实心模型和空心模型，其中“拉伸”“融合”“旋转”“放样”“放样融合”命令是实心建模方法，“空心拉伸”“空心融合”“空心旋转”“空心放样”“空心放样融合”命令是空心建模方法（图 8.1.4）。

图 8.1.4 族建模命令

① 拉伸。在组编辑器界面，单击“创建”选项卡中的“形状”面板中的“拉伸”。在“参照标高”楼层平面视图中，在“绘制”面板选择一种绘制方式，在绘图区域绘制想要创建的拉伸轮廓。在属性面板里设置好拉伸的起点和终点。

在模式面板单击完成编辑模式图标，完成创建（图 8.1.5）。创建完成的模型见图 8.1.6。

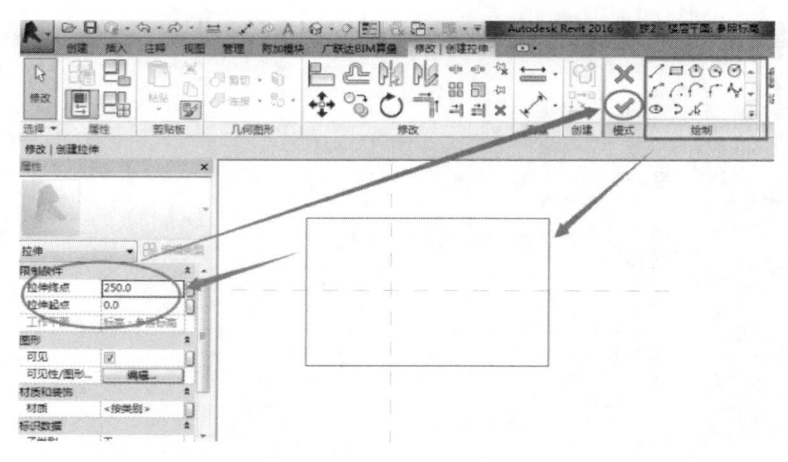

图 8.1.5　创建拉伸

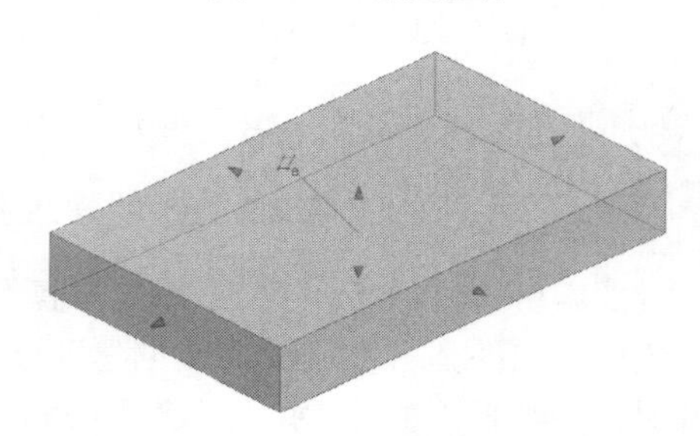

图 8.1.6　拉伸完成

② 融合。在组编辑器界面，单击“创建”选项卡“形状”面板中的“融合”。在“参照标高”楼层平面视图中，在“绘制”面板中选择一种绘制方式，在绘图区域绘制想要创建的“底部”轮廓（图 8.1.7）。注意到此时上下文选项卡为“修改 | 创建融合底部边界”，即此时是在创建“底部边界”的操作中。

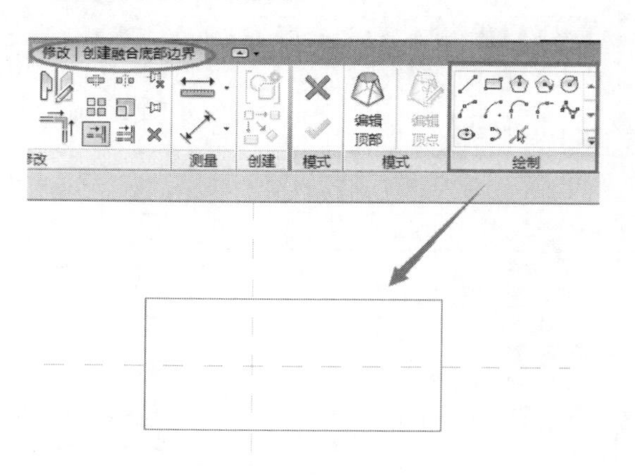

图 8.1.7　底部轮廓

绘制完底部轮廓后，在“模式”面板选择“编辑顶部”（图 8.1.8）。

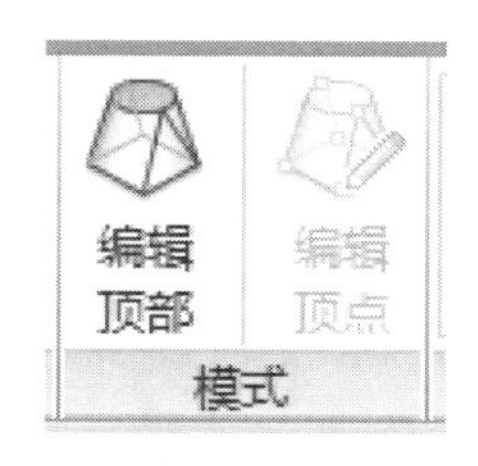

图 8.1.8　编辑顶部

在“绘制”面板中选择一种绘制方式，在绘图区域绘制想要创建的“顶部”轮廓（图 8.1.9）。注意到此时上下文选项卡为“修改 | 创建融合顶部边界”，即此时是在创建“顶部边界”的操作中。

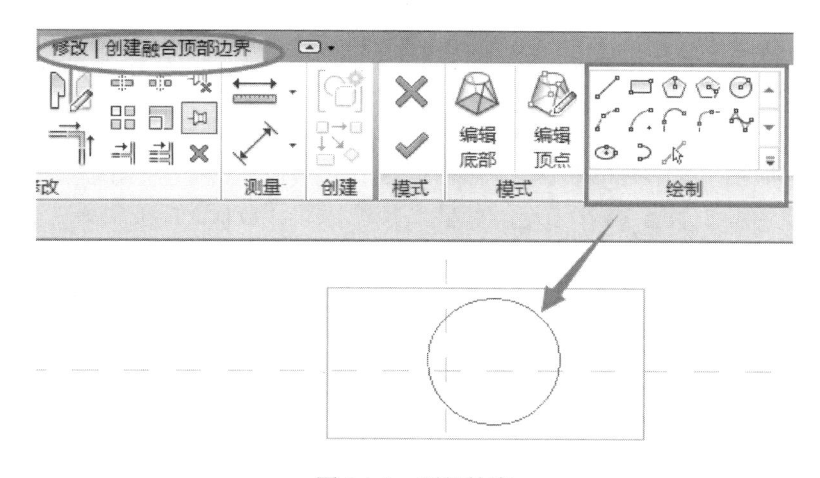

图 8.1.9　顶部轮廓

在属性面板里设置好底部和顶部的高度，即“第一端点”值和“第二端点”值。单击“模式”面板中的完成编辑模式图标，完成融合的创建。创建完成的模型见图 8.1.10。

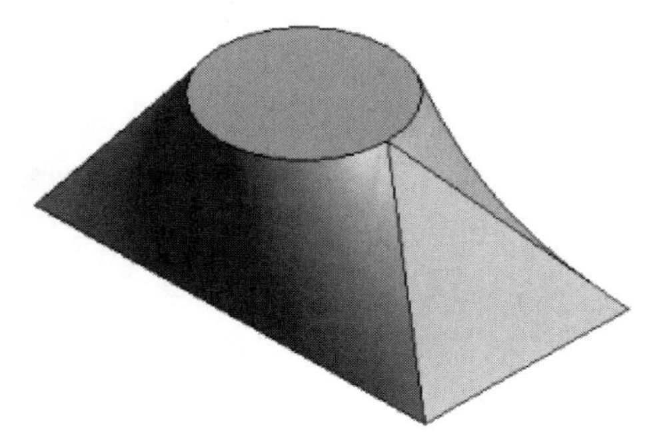

图 8.1.10　融合完成

③ 旋转。在组编辑器界面，单击“创建”选项卡中的“形状”面板中的“旋转”。在“参照标高”楼层平面视图中，在“绘制”面板选择一种绘制方式，在绘图区域绘制旋转轮廓的边界线（图 8.1.11）。

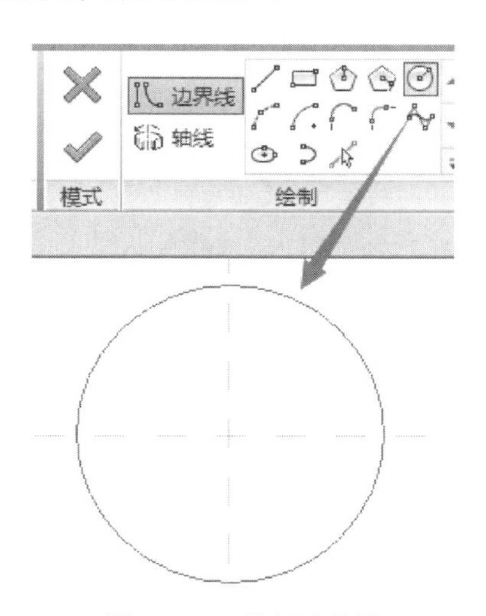

图 8.1.11　绘制边界线

在“绘制”面板单击“轴线”，选择“直线”绘制方式，在绘图区域绘制旋转轴线（图 8.1.12）。

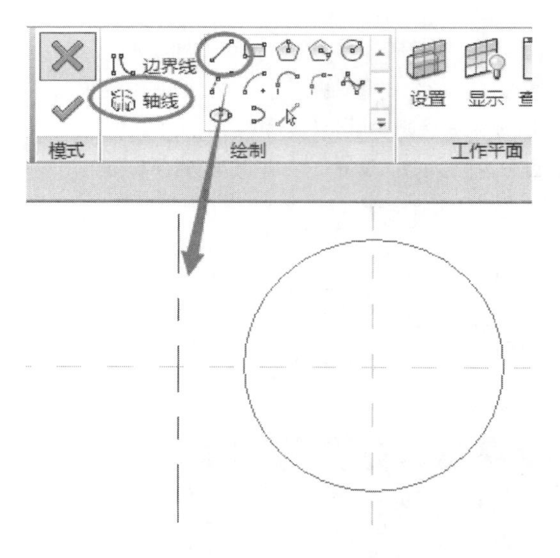

图 8.1.12　绘制旋转轴线

在属性栏设置旋转的起始和结束角度。单击“模式”面板中的完成编辑模式图标，完成旋转的创建。创建完成的模型见图 8.1.13。

图 8.1.13　旋转完成

④ 放样。在组编辑器界面，单击“创建”选项卡中的“形状”面板中的“放样”。在“参照标高”楼层平面视图中，单击“放样”面板中的“绘制路径”或“拾取路径”。若选择“绘制路径”，则在“绘制”面板选择一种绘制方式，在绘图区域绘制放样路径（图 8.1.14）。注意此时上下文选项卡为“修改｜放样>绘制路径”，即此时是在“绘制放样路径”的操作中。

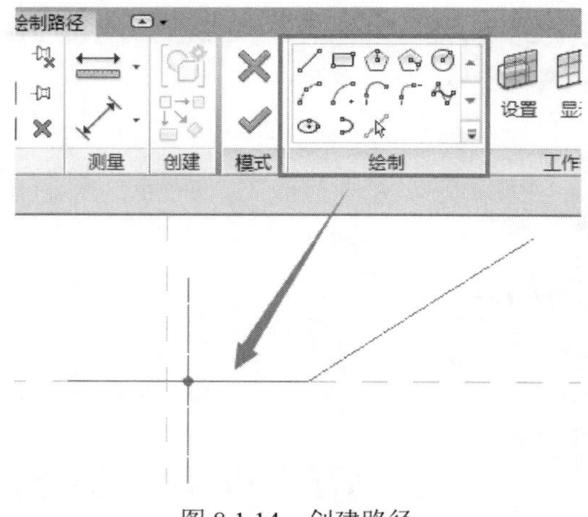

图 8.1.14　创建路径

单击“模式”面板中的完成编辑模式图标，完成放样路径的创建。

单击“放样”面板中的“编辑轮廓”（图 8.1.15），在弹出的“转到视图”对话框中选择“立面：左”，单击“打开视图”（图 8.1.16）。

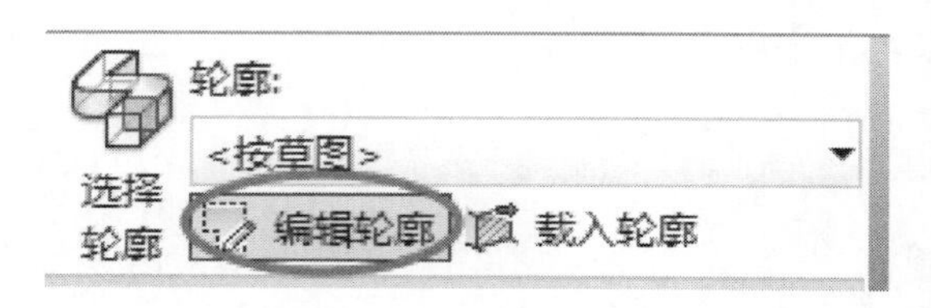

图 8.1.15　编辑轮廓

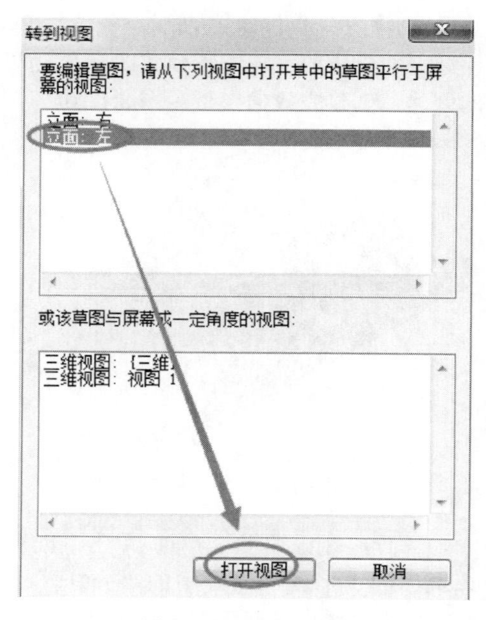

图 8.1.16　转到视图

在“绘制”面板选择相应的绘制方式，在绘图区域绘制旋转轮廓的边界线（图 8.1.17）注意此时上下文选项卡为“修改 | 放样>编辑轮廓”，即此时是在“编辑放样轮廓”的操作中。

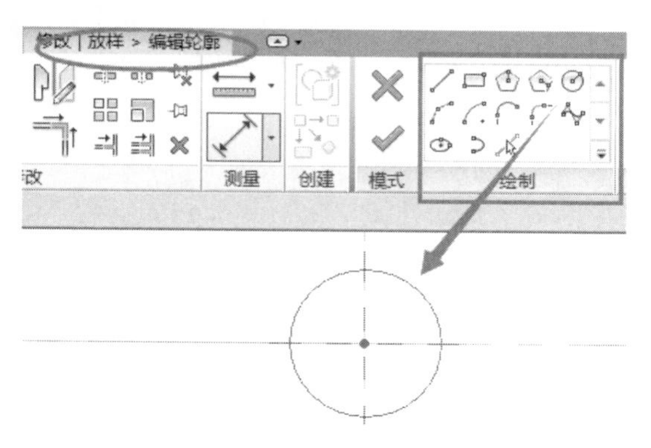

图 8.1.17　编辑放样轮廓

单击“模式”面板中的完成编辑模式图标，完成放样轮廓的创建。再单击“模式”面板中的完成编辑模式图标，完成放样的创建。创建完成的模型见图 8.1.18。

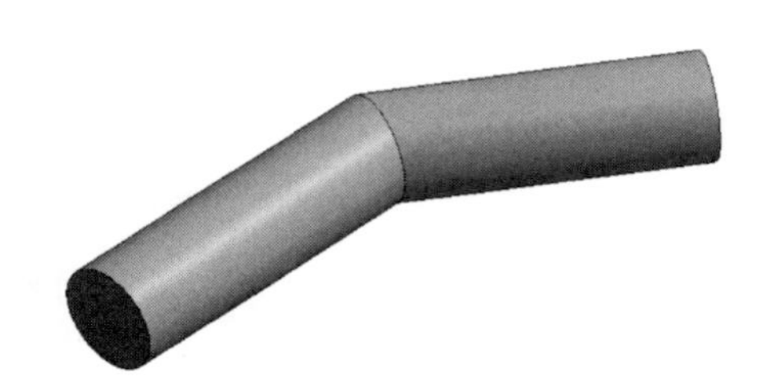

图 8.1.18　放样模型

⑤ 放样融合。在组编辑器界面单击“创建”选项卡中的“形状”面板中的“放样融合”，在“参照标高”楼层平面视图中，单击“放样融合”面板中的“绘制路径”。若选择“绘制路径”，则在“绘制”面板选择一种绘制方式，在绘图区域绘制放样路径（图 8.1.19）。注意此时上下文选项卡为“修改 | 放样融合>绘制路径”，即此时是在“绘制放样融合路径”的操作中。

单击“模式”面板中的完成编辑模式图标，完成放样融合路径的创建。单击“放样融合”面板中的“选择轮廓 1”，并单击“编辑轮廓”。在弹出的“转到视图”对话框中单击“三维视图：{三维}”，单击“打开视图”（图 8.1.20），进入到编辑轮廓 1 的草图模式。

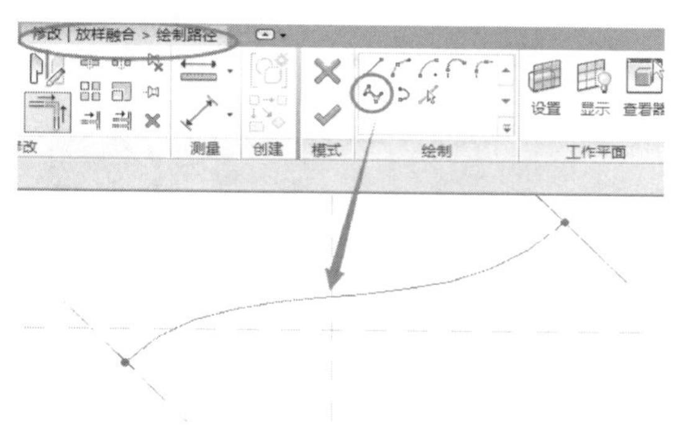

图 8.1.19　放样融合路径

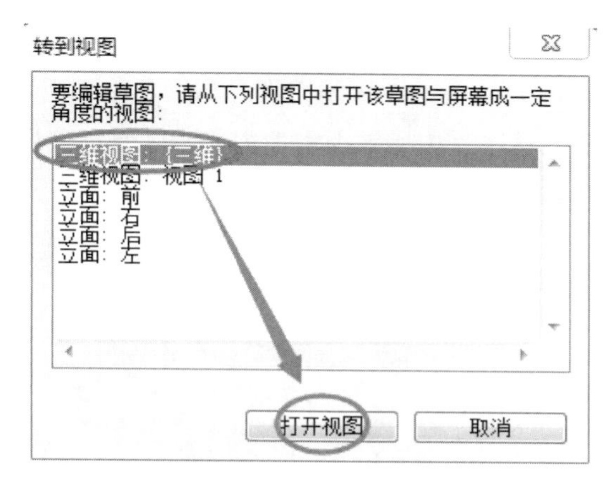

图 8.1.20　转到视图

在“绘制”面板选择相应的一种绘制方式，在绘图区域绘制轮廓 1 的边界线。注意：绘制轮廓时所在的视图可以是三维视图，可以打开“工作平面”中的“查看器”进行轮廓绘制（图 8.1.21）。

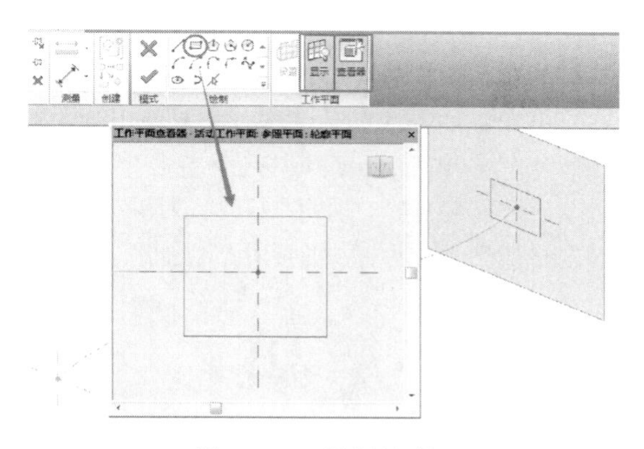

图 8.1.21　绘制轮廓 1

单击“模式”面板中的完成编辑模式图标，完成轮廓 1 的创建。单击“放样融合”面板中的“选择轮廓 2”，并单击“编辑轮廓”，按轮廓 1 的绘制方式绘制轮廓 2（图 8.1.22）。

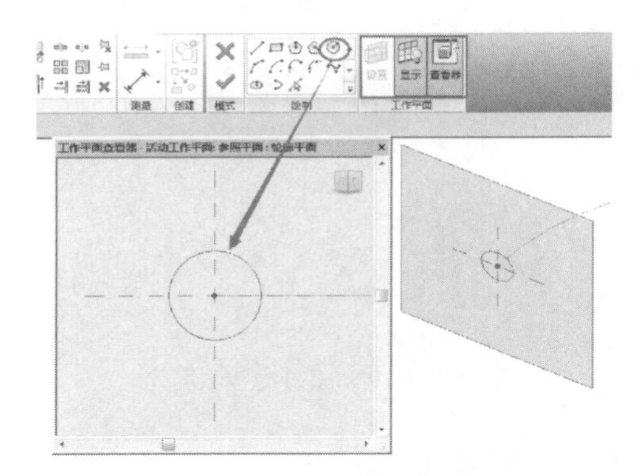

图 8.1.22　绘制轮廓 2

单击“模式”面板中的完成编辑模式图标，完成轮廓 2 的创建。

再单击“模式”面板中的“完成编辑模式”，完成放样融合的创建。创建完成的模型见图 8.1.23。

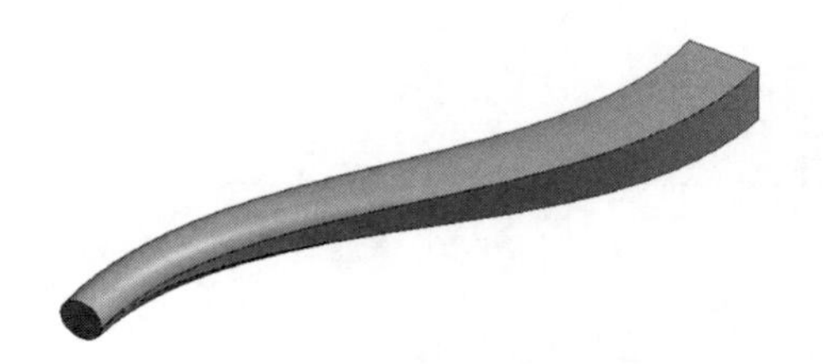

图 8.1.23　放样融合模型

⑥ 空心形状。空心形状的创建基本方法同实心形状的创建方式。空心形状用于剪切实心形状，得到想要的形体。

通过以上命令，可以创建“族”模型。当一个几何图形比较复杂时，用上述某一种创建方法可能无法一次创建完成，需要使用几个实心形状“合并”，或再和几个空心形状“剪切”后才能完成。“合并”和“剪切”命令位于“修改”选项卡“几何图形”面板。

8.2　内建族

内建族是在当前项目中为专有的特殊构件所创建的族，该族只能用于当前项目文件。内建族的创建方法同标准构件族，不同之处是：内建族是在项目文件中，使用“建筑”选项卡的“构件”面板中“构件”下的“内建模型”命令（图 8.2.1）进行创建，创建时不需要选择族样板文件，只要在“族类别和族参数”对话框中选择一个“族类别”。

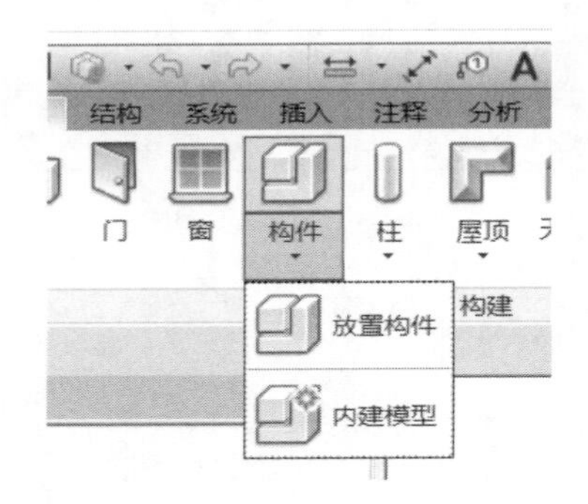

图 8.2.1　“内建模型”命令

与标准构件族的创建方法相同，在“族编辑器”中，使用实心或空心的“拉伸”“融合”“旋转”“放样”“放样融合”命令创建模型。

模型创建完成，单击“完成模型”命令，回到项目文件中。

8.3　沙发族创建实例

8.3.1　沙发主轮廓

新建一个族文件，族样板文件选择“公制常规模型”。进入模型编辑状态后，单击“创建”选项卡的“形状”面板中“放样”命令，单击“绘制路径”命令，在平面视图中绘制如图 8.3.1 所示的放样路径尺寸，单击完成编辑模式图标完成路径的绘制。

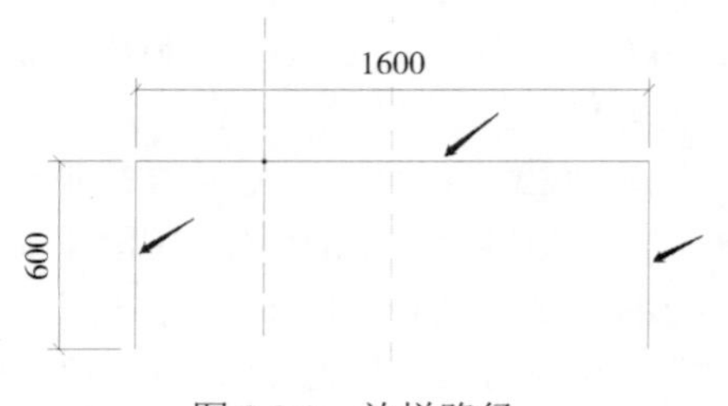

图 8.3.1　放样路径

单击“修改|放样”上下文选项卡中“放样”面板中的“编辑轮廓”命令，弹出“转到视图”面板。在图 8.3.1 中能看出参照平面垂直于水平线，所以“转到视图”面板中只能选择“立面：右”或“立面：左”。单击“立面：右”会进入到右立面图，按照图 8.3.2 绘制一个轮廓，单击完成编辑模式图标，完成轮廓的绘制。

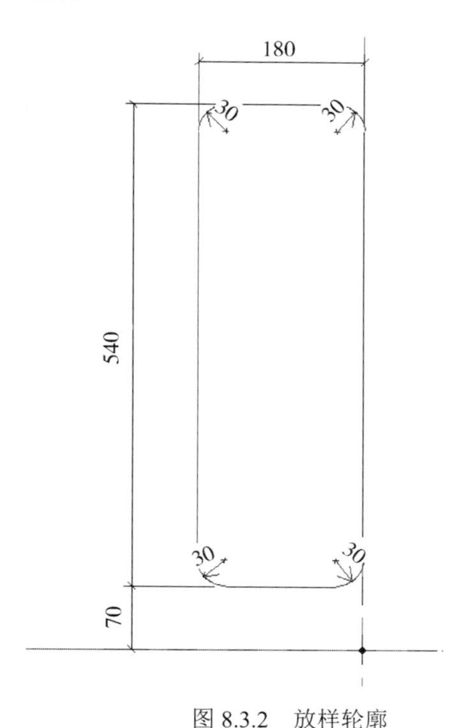

图 8.3.2 放样轮廓

再单击完成编辑模式图标完成放样命令。打开三维视图查看形体，如图 8.3.3 所示。

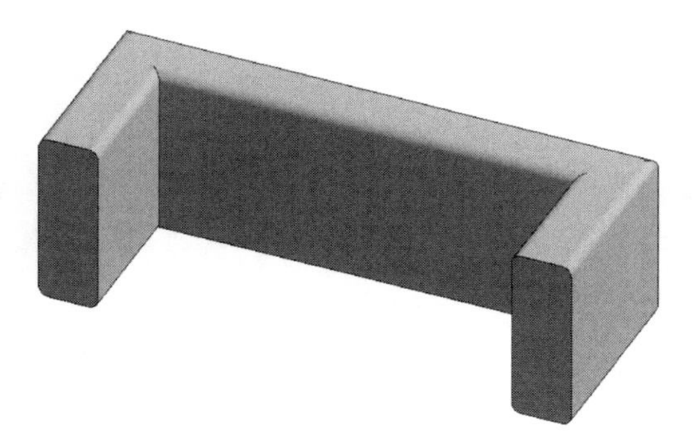

图 8.3.3 沙发主轮廓三维视图

8.3.2 沙发边角处理

在三维视图中，单击“创建”选项卡的“形状”面板中“空心形状”中的“空心放样”命令，单击“拾取路径”命令（图 8.3.4），按照图 8.3.5 所示位置拾取沙发端面轮廓作为空心放样的路径，并在路径上绘制轮廓。完成后该轮廓将剪切实心放样形成圆角。

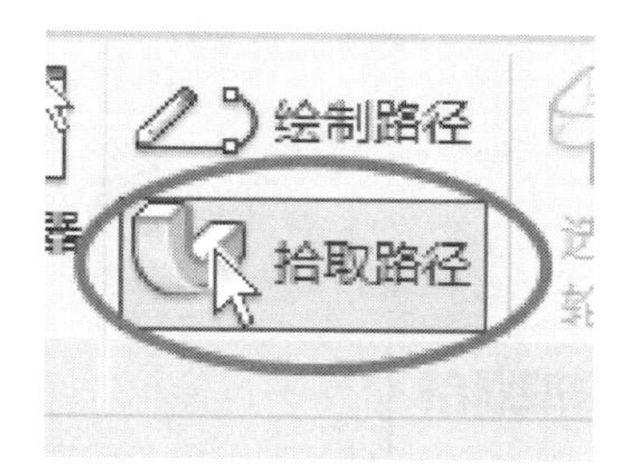

图 8.3.4 “拾取路径”命令

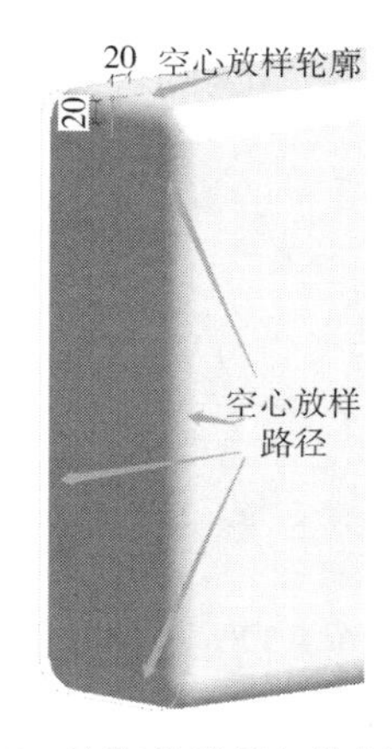

图 8.3.5 拾取的路径与绘制的轮廓

按照相同的方式为实心放样另一端面切出圆角，结果如图 8.3.6 所示。

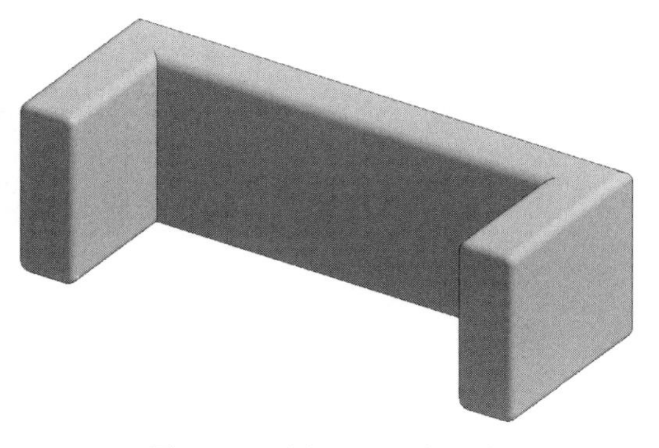

图 8.3.6 边角处理后的沙发

8.3.3 沙发垫

单击“拉伸”命令，拾取沙发内侧面作为工作平面（图 8.3.7）。

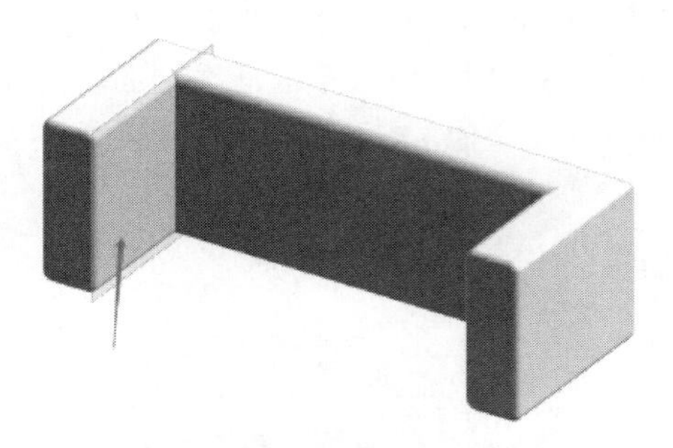

图 8.3.7 拾取沙发内侧面

在右立面视图中绘制拉伸轮廓，如图 8.3.8 所示，在“属性”面板中设置“拉伸终点”为“1240”。沙发垫创建完毕。

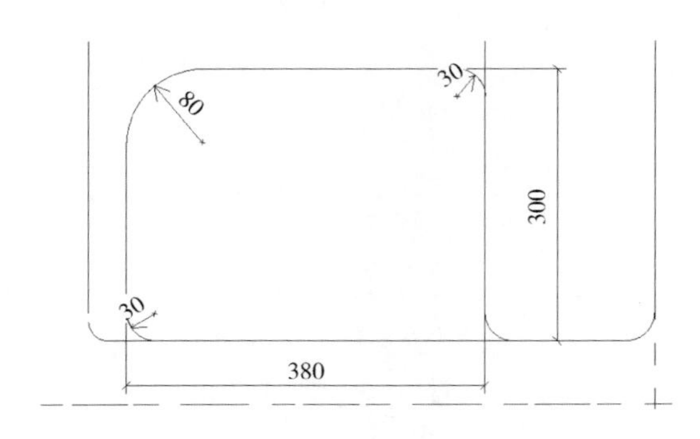

图 8.3.8 拉伸轮廓

8.3.4 沙发支架

单击“拉伸”命令，在右立面图中为沙发创建支架，其拉伸轮廓如图 8.3.9 所示，单击完成编辑模式图标。

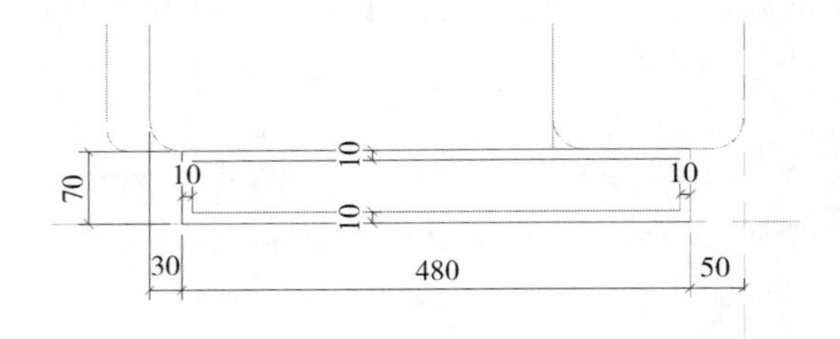

图 8.3.9 拉伸轮廓

在前立面图中选择支架，拖动到图 8.3.10 所示的位置。复制出第二个支架，同样拖动到图 8.3.10 所示的位置。

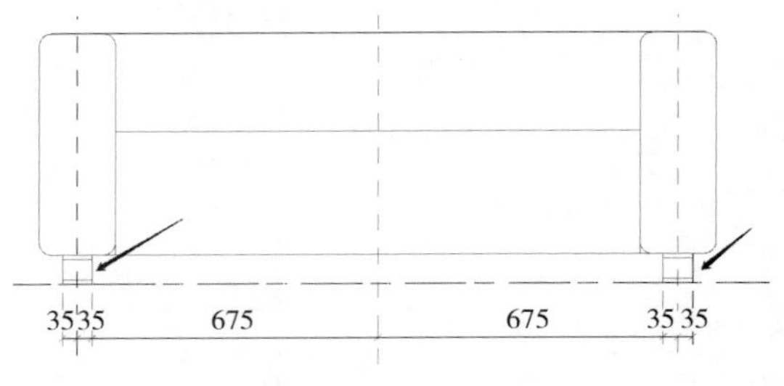

图 8.3.10 支架的位置

8.3.5 材质参数

在绘图区域选择沙发靠背，按照图 8.3.11 所示，单击属性面板“材质”选项右边的“关联族参数”命令，在弹出的“关联族参数”对话框中单击“添加参数”，在“参数属性”对话框中，输入“沙发材质”作为参数名称，确定其为类型属性，单击“确定”两次退出。

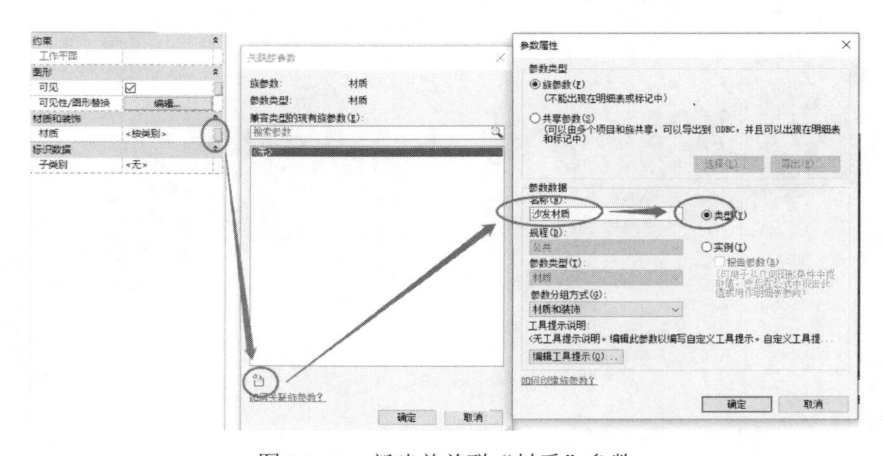

图 8.3.11 新建并关联“材质”参数

同样的操作，在绘图区域选择沙发坐垫，单击属性面板中“材质”选项右边的“关联族参数”命令，在弹出的“关联族参数”对话框中，选择之前创建的“沙发材质”作为相同参数。选中凳脚，属性面板中设置凳脚的“材质”为“不锈钢”。

8.3.6　族测试

在三维视图下观察沙发（图 8.3.12），单击“族类型”，修改“沙发材质”，进行族调试。

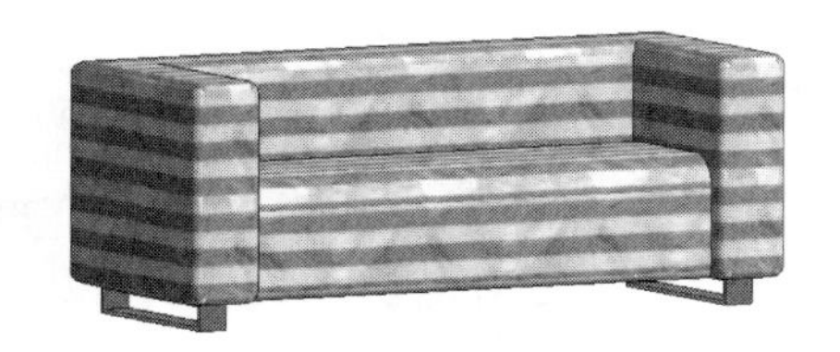

图 8.3.12　沙发族

完成的项目文件见“8.3 节\沙发族完成.rvt”。

8.4　参数化窗族创建实例

8.4.1　新建族文件

进入 Revit 软件，单击族栏目中的“新建”项目，双击“公制窗”样板，进入族的编辑界面，如图 8.4.1 所示。

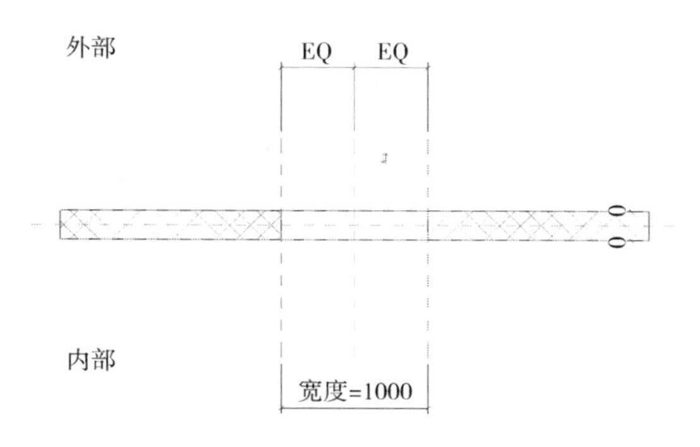

图 8.4.1　公制窗样板

8.4.2　添加族参数

单击“创建”选项卡的“属性”面板中的“族类型”命令，按照图 8.4.2 所示，在弹出的“族类型”对话框中单击右侧“参数”的“添加”按钮，添加三个“材质”类型的参数：“窗框材质”“窗扇框材质”和“窗玻璃材质”，添加“长度”类型的尺寸参数：“窗框宽度”“窗框厚度”“窗扇框宽度”“窗扇框厚度”；设置公式：“粗略宽度”=“宽度”，“粗略高度”=“高度”，并设置初始尺寸：“窗框厚度”=“50”，“窗扇框宽度”=“50”，“窗框厚度”=“200”，“窗框宽度”=“50”。

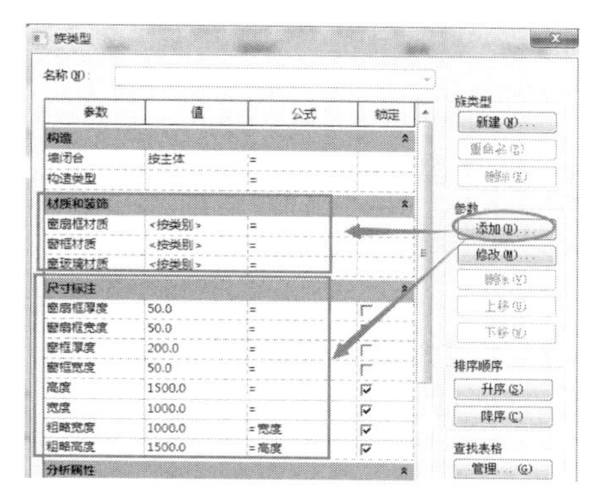

图 8.4.2　设置完成的创族参数

8.4.3　创建窗框模型

与参数化门族的操作过程类似，转到“外部”立面，在高度和宽度各向添加两个参照平面，关联窗框宽度参数；连续两次使用矩形“拉伸”命令，出现的锁头均锁住，如图 8.4.3 所示。

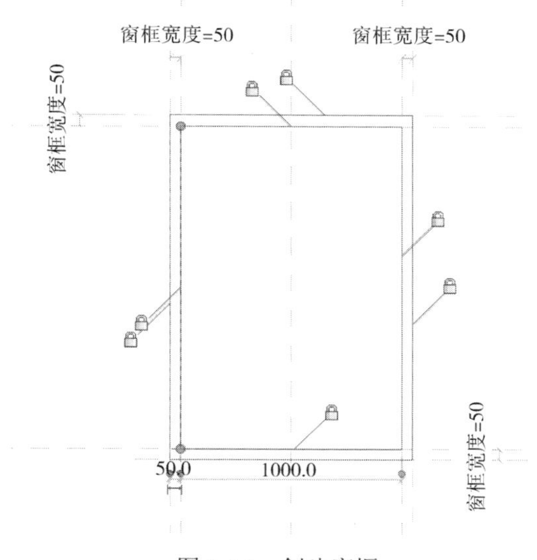

图 8.4.3　创建窗框

转到“参照标高”楼层平面视图，与参数化窗族类似，创建两条参照平面，添加尺寸并关联“窗框厚度”参数，并将窗框上下两个面与参照平面锁定，如图 8.4.4 所示。

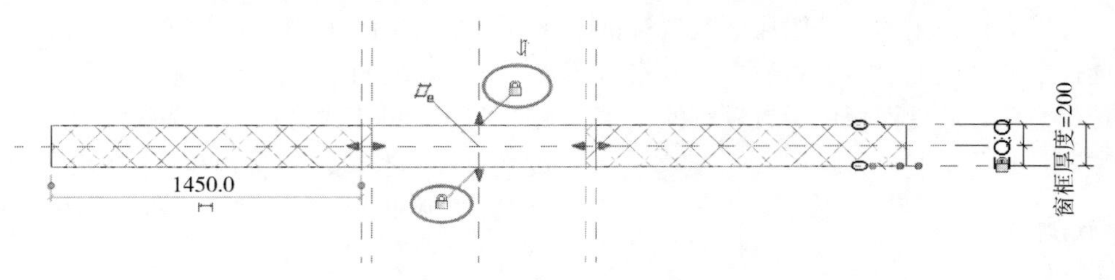

图 8.4.4　关联“窗框厚度”

选中窗框，关联“窗框材质”参数。完成窗框的创建。

8.4.4　创建窗扇模型

转到“外部”立面视图，按照图 8.4.5 创建参照平面，添加“窗扇框宽度”标签，使用“拉伸”命令完成左侧窗扇框创建。完成后的左侧窗扇框见图 8.4.6。

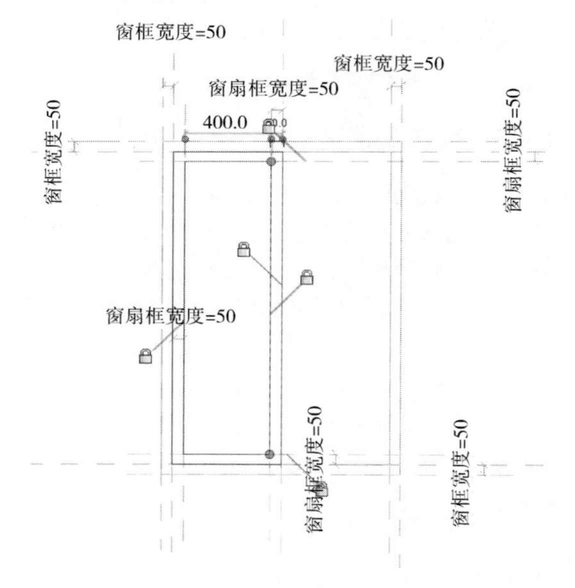

图 8.4.5　左侧窗扇框创建

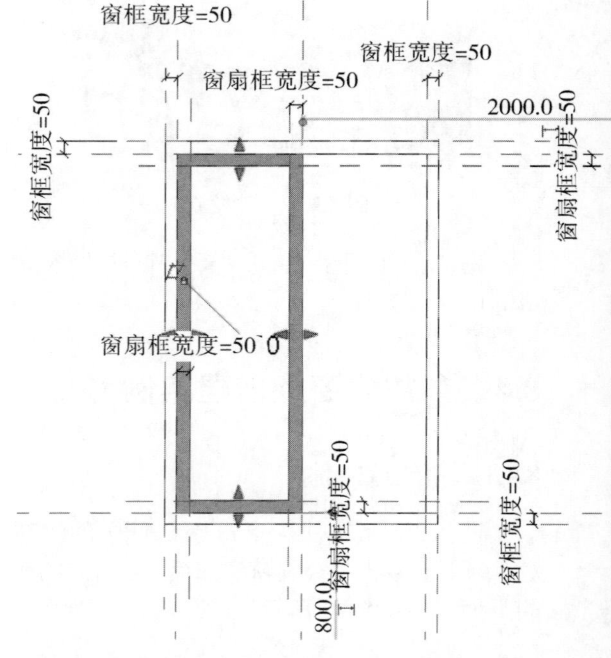

图 8.4.6　完成后的左侧窗扇框

回到“参照标高”楼层平面中，按照图 8.4.7 创建窗扇框厚度标签，拖动创建的窗扇框进行锁定。

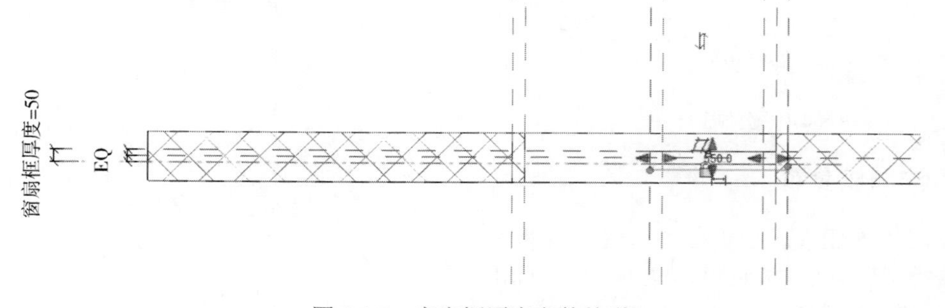

图 8.4.7　窗扇框厚度参数关联

采取同样的方法，完成另一侧窗扇模型的创建，拉伸边界线如图 8.4.8 所示，并进行窗扇框厚度参数关联。

选中窗扇框，关联“窗扇框材质”参数。完成窗扇框的创建。

8.4.5　创建窗玻璃模型

创建方法与创建窗扇框类似，此处设置墙厚度中心线为工作平面，在工作平面内执行“拉伸命令”，设置拉伸起点 2.5mm，拉伸终点-2.5mm，如图 8.4.9 所示（玻璃厚度为固定数值 5mm，此处对于玻璃厚度不再有参数化要求）。

选中玻璃，关联“窗玻璃材质”参数。完成窗玻璃的创建。

8.4.6　测试族

完成模型后，打开“族类型”对话框，修改各参数值，测试窗的变化，检验窗模型是否正确。如图 8.4.10 所示，“窗框材质”为“白蜡木”，“窗扇框材质”为“红木”，“窗玻璃材质”为“玻璃”。

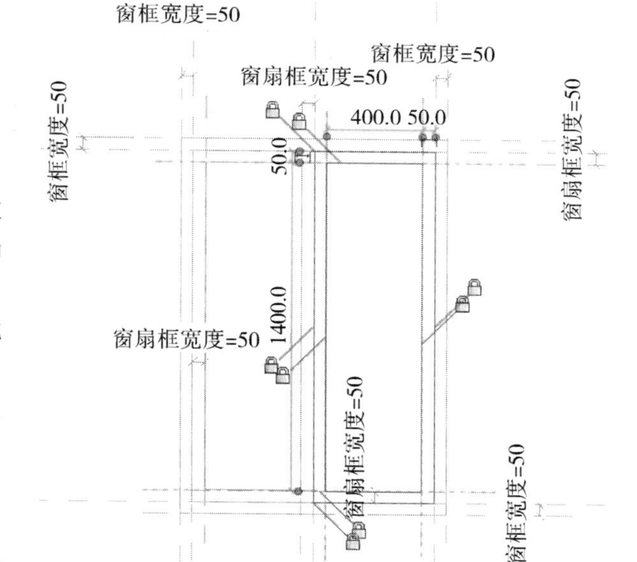

图 8.4.8　完成后的窗扇框

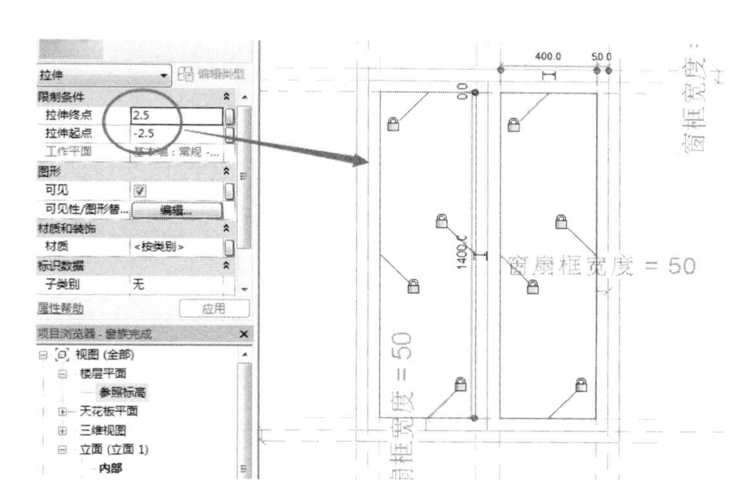

图 8.4.9　窗玻璃拉伸边界线

图 8.4.10　完成后的窗族

完成的项目文件见“8.4 节\参数化窗族完成.rvt”。

第 9 章　Revit 的装饰 BIM 模型应用与协同

9.1　房间（空间）创建与颜色填充视图

9.1.1　创建带面积数值的房间

打开“7.9 节\装饰构件放置完成.rvt”，进入到标高 1 楼层平面视图。

单击“建筑”选项卡的“房间和面积”面板中的“房间”命令。按照图 9.1.1 所示，属性面板选择“标记_房间-有面积-方案-黑体-4-5mm-0-8”类型，“名称”栏输入“客厅”，光标移至客厅区域单击放置，生成“客厅”房间。

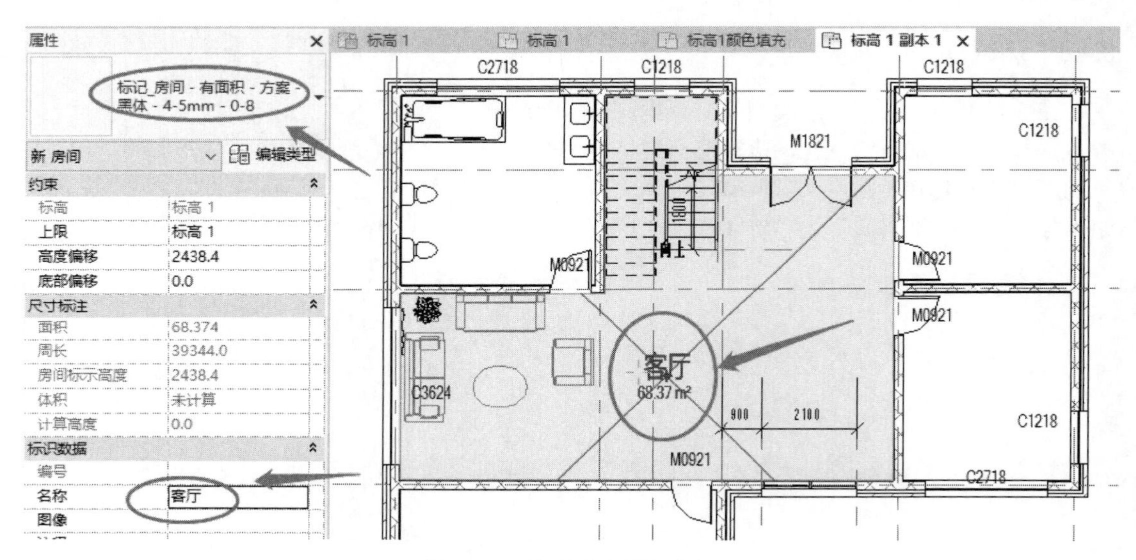

图 9.1.1　放置“客厅”房间

同样操作，放置“卫生间”“卧室”“书房”“娱乐室”，如图 9.1.2 所示。

9.1.2　创建总建筑面积平面

单击“建筑”选项卡下“房间和面积”面板中“面积”下拉菜单中的“面积平面”命令（图 9.1.3）；在弹出的“新建面积平面”对话框内，“类型”选择“总建筑面积”，下方选择“标高 1”，单击“确定”（图 9.1.4）；在弹出的对话框中，选择“是”。此时，会在项目浏览器中会自动创建“面积平面（总建筑面积）”视图（图 9.1.5）。

若在图 9.1.4 所示的界面中无“标高 1”，则说明标高 1 的“面积平面（总建筑面积）”视图已经在项目浏览器中生成，可以直接使用。

双击进入到“面积平面（总建筑面积）”视图中的标高 1，单击“建筑”选项卡的“房间和面积”面板“标记面积”下拉菜单“标记面积”命令，标高 1 楼层的总建筑面积标注完毕（图 9.1.6）。

【注】在面积平面视图中，紫色线为面积边界线。可单击“房间和面积”面板中的“面积边界”命令，修改或绘制面积边界。

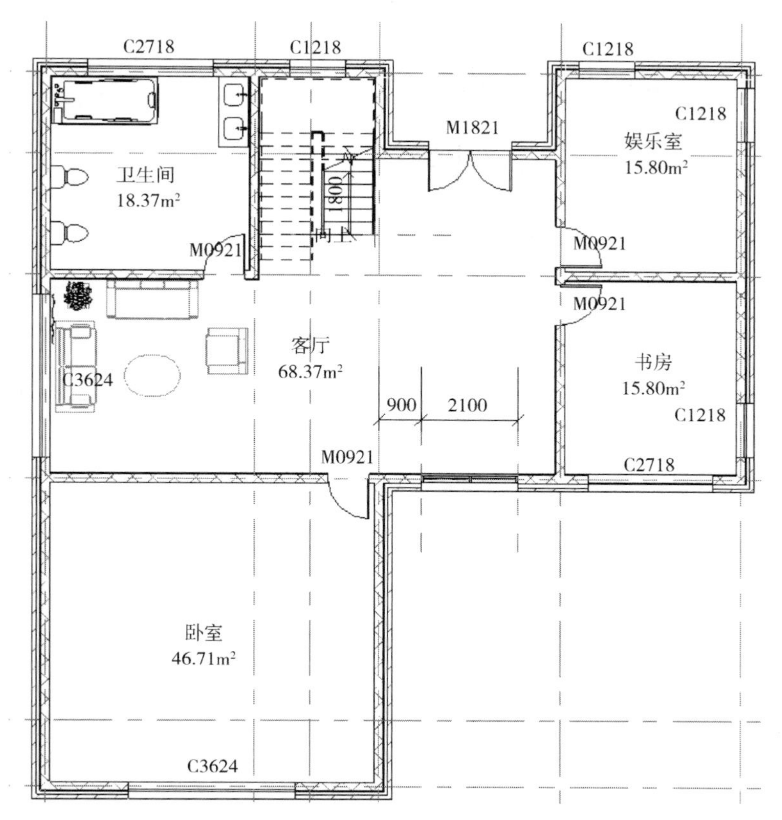

图 9.1.2 放置“卫生间”“卧室”“书房”“娱乐室”房间

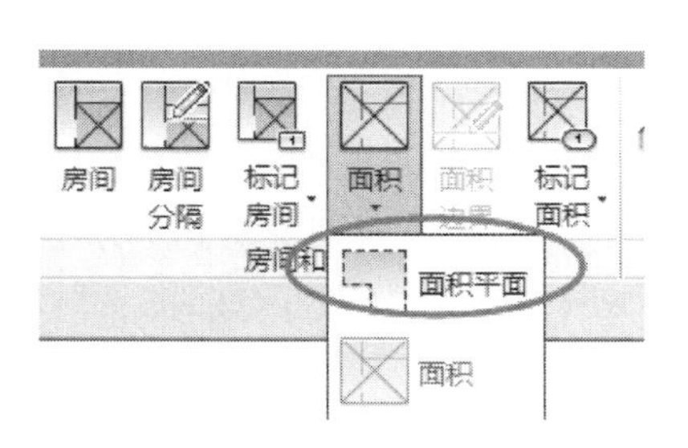

图 9.1.3 “面积平面”命令

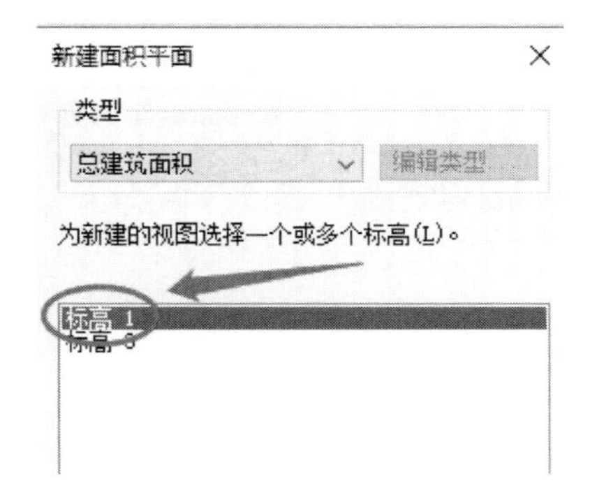

图 9.1.4 新建面积平面

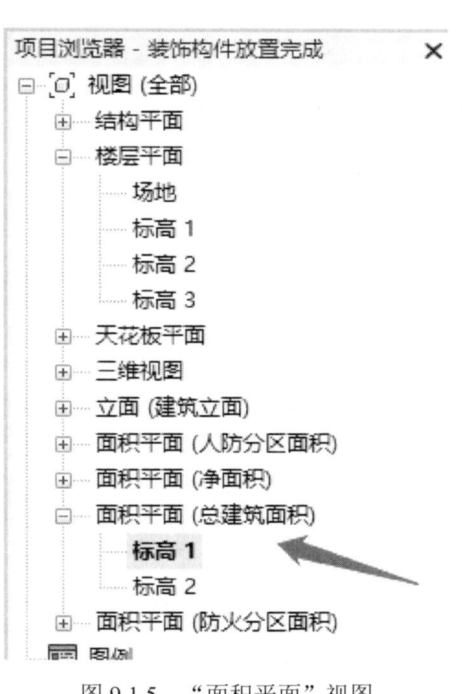

图 9.1.5 “面积平面”视图

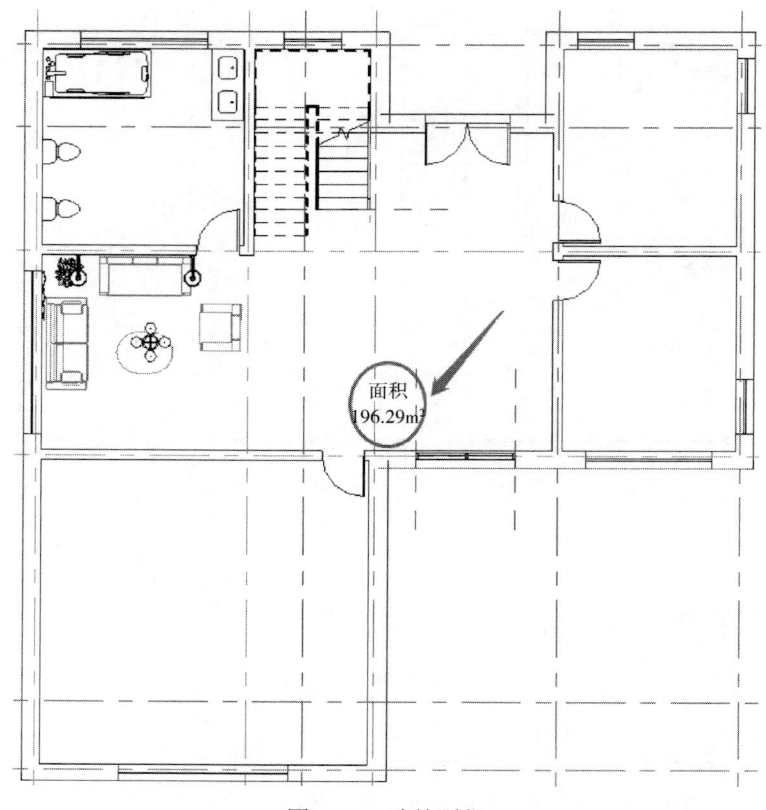

图 9.1.6　建筑面积

9.1.3　创建房间颜色填充图例与视图

1）创建颜色填充视图

在标高 1 楼层平面上进行右击，单击“复制视图”中的“带细节复制”（图 9.1.7）。在新复制出的视图名称上进行右击，将其重命名为“标高 1 颜色填充”，单击“确定”。

进入到“标高 1 颜色填充”楼层平面视图。单击键盘“VV”执行“可见性”快捷命令；如图 9.1.8 所示，在“注释类别”选项卡下，取消勾选“剖面”“参照平面”“立面”“轴网”；单击“确定”退出可见性。

2）应用颜色方案

单击属性面板“颜色方案”的右侧栏（图 9.1.9），在弹出的“编辑颜色方案”面板中，按照图 9.1.10 所示，“类别”选择“房间”，将“方案 1”重命名为“按房间名称”；“颜色”选择“名称”，此时会看到下方已经生成“按房间名称”的颜色方案图例，单击“确定”退出。

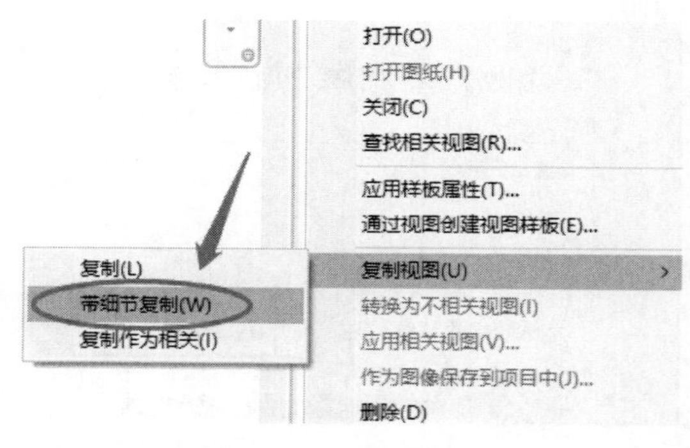

图 9.1.7　复制视图

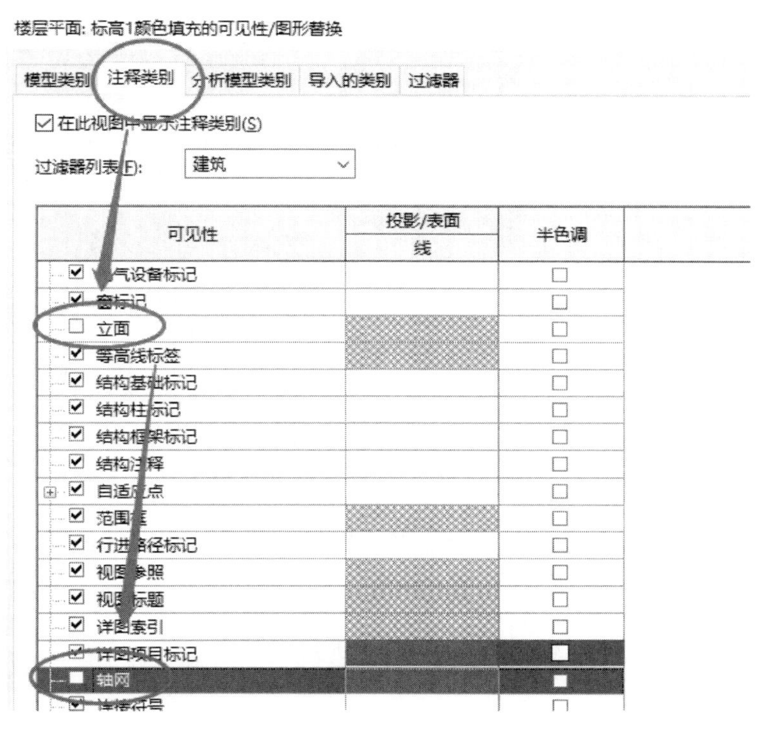

图 9.1.8　取消“植物”“环境”的可见性

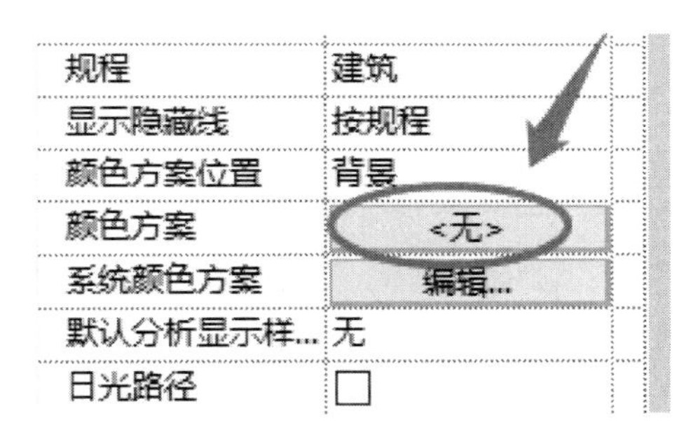

图 9.1.9　属性面板“颜色方案”的编辑

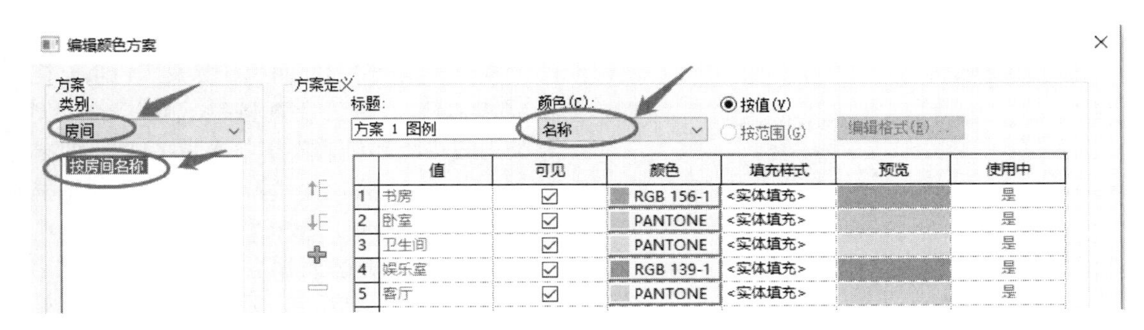

图 9.1.10　颜色方案图例

3）放置颜色方案图例

单击“注释”选项卡的“颜色填充”面板中的“颜色填充图例”命令，移动鼠标至绘图区域，单击放置“颜色填充图例”（图 9.1.11）。

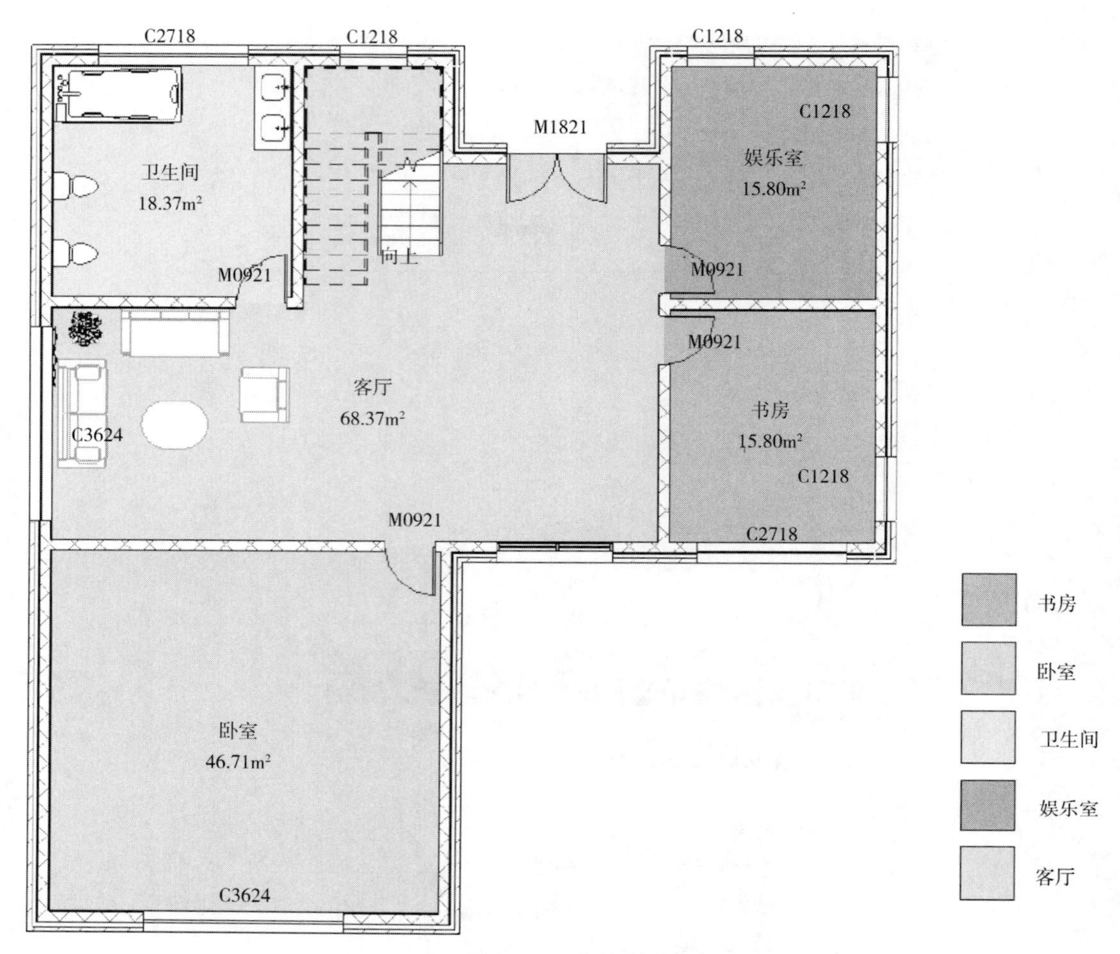

图 9.1.11　颜色填充

完成的文件见“9.1 节\房间面积计算及颜色填充视图完成.rvt”。

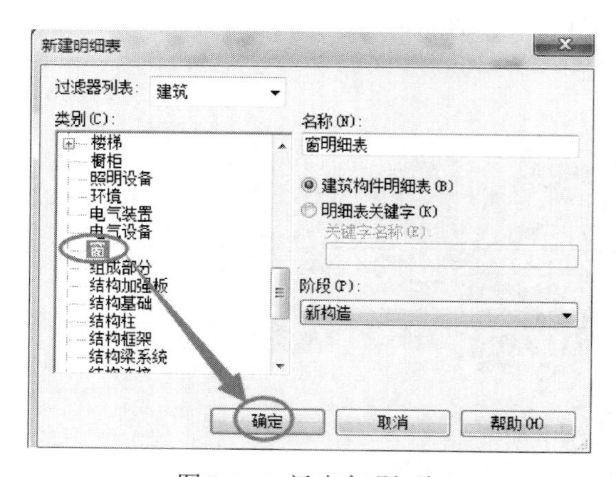

图 9.2.1　新建窗明细表

9.2　工程量统计

9.2.1　创建窗明细表

打开“9.1 节\房间面积计算及颜色填充视图完成.rvt”。单击“视图”选项卡的“创建”面板中“明细表”下拉菜单的“明细表\数量”命令，在弹出的“新建明细表”对话框中选择“窗”类别，单击“确定”（图 9.2.1）。

弹出的“明细表属性”对话框含“字段”“过滤器”“排序\成组”“格式”“外观”五个栏目。在“字段”栏，在“可用的字段”中双击“合计”，“合计”字段会添加到右侧的“明细表字段中”，同理双击添加“宽度”“底高度”“类型”“高度”，选中某一个明细表字段，单击下方的“上移”或者“下移”，将明细表字段排序为“类型、宽度、高度、底高度、合计”（图 9.2.2）。

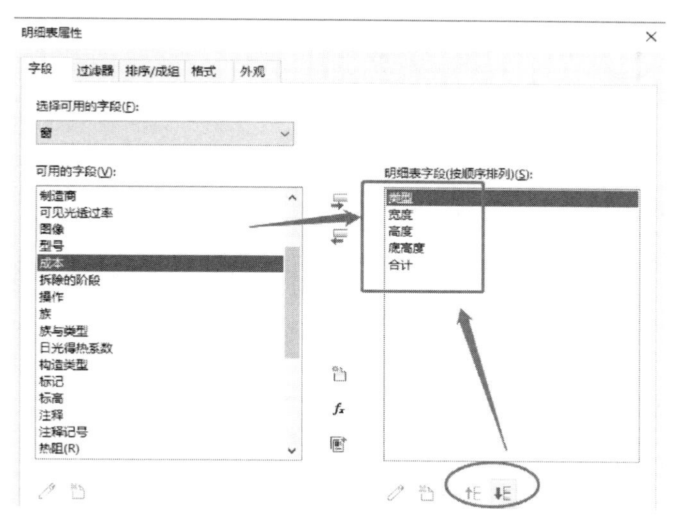

图 9.2.2　“字段”栏编辑

单击“排序\成组”，进入到“排序\成组”栏，“排序方式”设置为“类型”，勾选“总计”，并选择“标题、合计和总数”，不勾选“逐项列举每个实例”（图 9.2.3）。

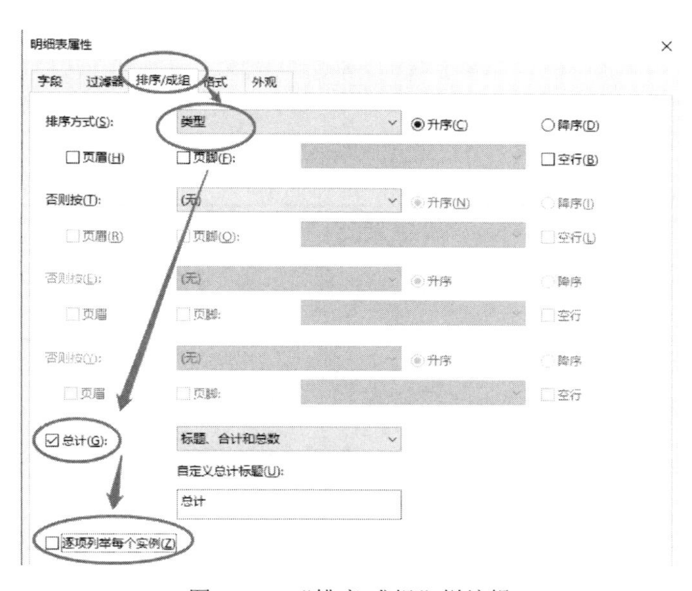

图 9.2.3　“排序\成组”栏编辑

单击“格式”，进入到“格式”栏：单击“字段”中的“合计”，右下角选择“计算总数”（图 9.2.4）。

单击“外观”，进入到“外观”栏：取消勾选“数据前的空行”（图 9.2.5）。

单击“确定”退出“明细表属性”对话框，会自动生成“窗明细表”（图 9.2.6）。在“项目浏览器”-“明细表\数量”中也会自动生成“窗明细表”视图（图 9.2.7）。

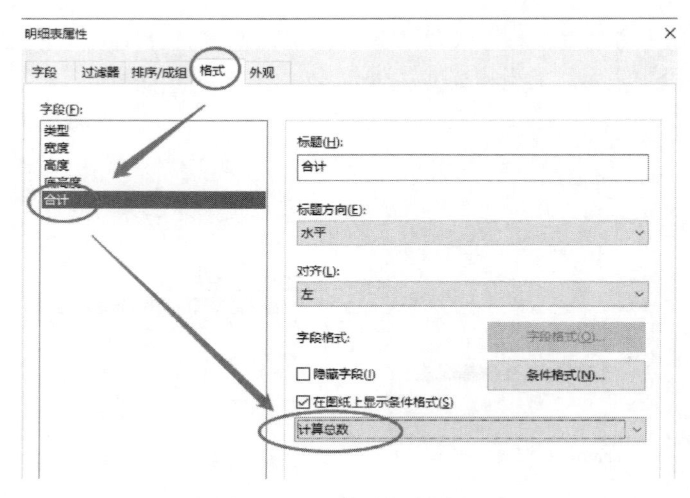

图 9.2.4 “格式”栏编辑

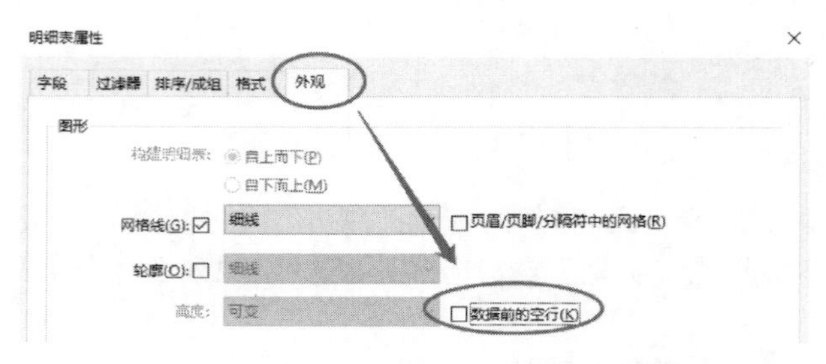

图 9.2.5 “外观”栏编辑

<窗明细表>

A	B	C	D	E
类型	宽度	高度	底高度	合计
C1218	1200	1800	900	8
C2718	2700	1800	900	4
C3624	3600	2400	100	3
窗嵌板_双扇推拉	2000	1450		1
总计: 16				16

图 9.2.6 窗明细表

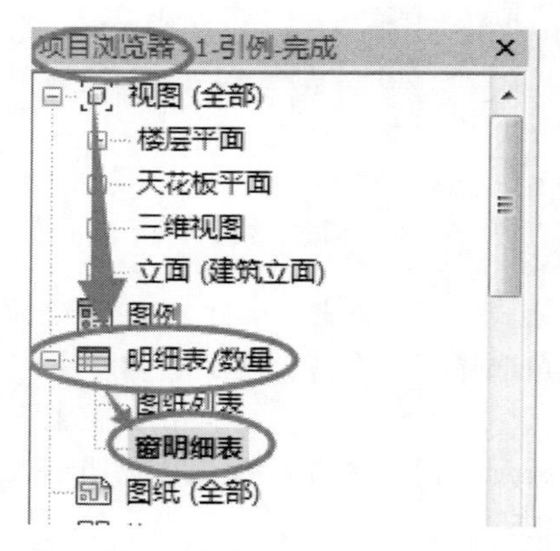

图 9.2.7 “项目浏览器”中自动生成“窗明细表”

9.2.2 创建门明细表

单击“视图”选项卡下“创建”面板中的“明细表”下拉菜单的“明细表\数量”命令。在弹出的“新建明细表”对话框中选择“门”类别，单击“确定”。

在“字段”栏，将“合计”“宽度”“高度”“类型”添加到“明细表字段”中。单击“上移”或者“下移”，将明细表字段排序为“类型、宽度、高度、合计”。

单击“排序\成组”，进入“排序\成组”栏：“排序方式”设置为“类型”，勾选“总计”，并选择“标题、合计和总数”，不勾选“逐项列举每个实例”。

单击“格式”，进入到“格式”栏，单击“字段”中的“合计”，右下角选择“计算总数”。

单击“外观”，进入到“外观”栏，取消勾选“数据前的空行”，单击“确定”退出“明细表属性”对话框，自动生成“门明细表”（图 9.2.8），在“项目浏览器”中的“明细表\数量”中也会生成“门明细表”视图。

<门明细表>

A	B	C	D
类型	宽度	高度	合计
M0821	800	2100	2
M0921	900	2100	9
M1821	1800	2100	1
M3021	3000	2100	1
总计: 13			13

图 9.2.8 门明细表

9.2.3 创建房间面积明细表

单击“视图”选项卡下“创建”面板中的“明细表”下拉菜单的“明细表\数量”命令。

在“新建明细表”面板中选择“房间”，单击“确定”。

在“字段”栏：将“名称”“标高”“面积”添加到“明细表字段”。单击“上移”或者“下移”，将明细表字段排序为“名称、标高、面积”（图 9.2.9）。

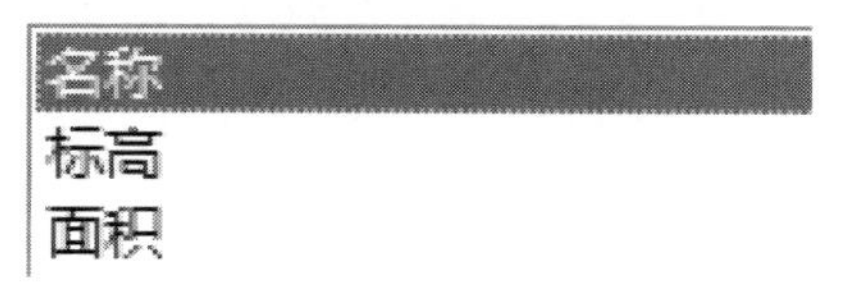

图 9.2.9 “房间”明细表字段

单击“过滤器”，进入到“过滤器”栏，“过滤条件”设置为“标高”“等于”“标高 1”（图 9.2.10）。

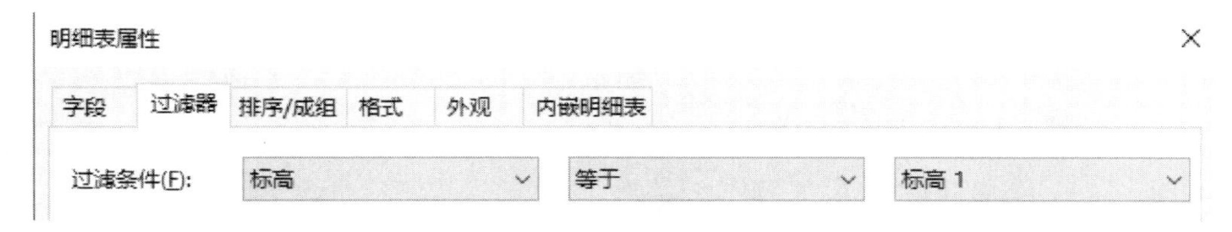

图 9.2.10 “过滤器”栏编辑

单击“排序\成组”，进入“排序\成组”栏，“排序方式”设置为“名称”，勾选“总计”，并选择“标题、合计和总数”，保证“逐项列举每个实例”处于被勾选状态。

单击“格式”，进入到“格式”栏，单击“字段”中的“面积”，右下角选择“计算总数”。

单击“外观”，进入到“外观”栏，取消勾选“数据前的空行”，单击“确定”，退出“明细表属性”对话框，自动生成“房间明细表”（图 9.2.11），在“项目浏览器”中的“明细表\数量”中也会生成“房间明细表”视图。

<房间明细表>		
A	B	C
名称	标高	面积
书房	标高 1	15.80
卧室	标高 1	46.71
卫生间	标高 1	18.37
娱乐室	标高 1	15.80
客厅	标高 1	68.37

图 9.2.11　房间明细表

9.2.4　创建材质提取明细表

该工程中，墙体的结构层为混凝土砌块。以混凝土砌块用量统计为例说明“材质提取”明细表的创建方法。单击“视图”选项卡下“创建”面板中的“明细表”中的“材质提取”命令（图 9.2.12）。

在弹出的“新建材质提取”面板中双击选择“墙”（图 9.2.13），单击“确定”。

在弹出的“材质提取属性”面板中，在“字段”栏中将“材质：名称”“材质：体积”添加到“明细表字段”中，将明细表字段排序为“材质：名称”“材质：体积”。在“过滤器”栏，按照图 9.2.14，“过滤条件”设置为“材质：名称”“等于”“混凝土砌块”。在“排序\成组”栏，“排序方式”设置为“材质：名称”，勾选“总计”，不勾选“逐项列取每个实例”。在“格式”栏，选择“材质：体积”，右下角选择“计算总数”。在“外观”栏取消勾选“数据前的空行”，单击“确定”，自动进入“墙材质提取”视图（图 9.2.15），在“项目浏览器”中的“明细表\数量”中也会生成“墙材质提取”视图。

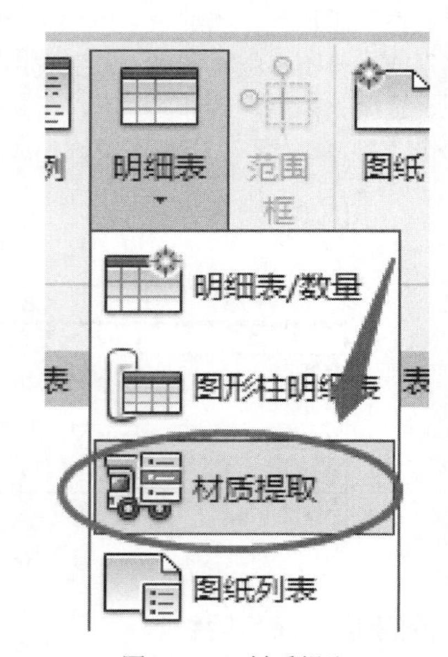

图 9.2.12　材质提取

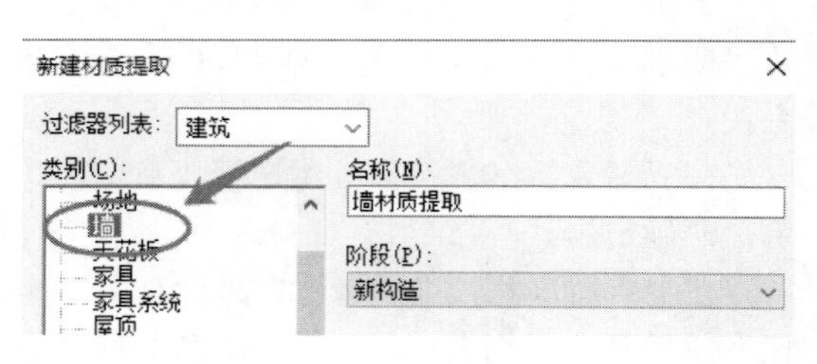

图 9.2.13　选择“墙”类别

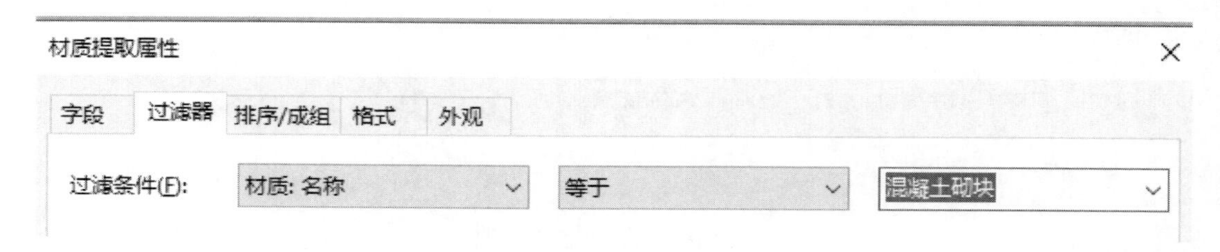

图 9.2.14　过滤器的设置

<墙材质提取>	
A	B
材质: 名称	材质: 体积
混凝土砌块	107.26
总计: 36	107.26

图 9.2.15 “墙材质提取”明细表

9.2.5 创建零件工程量统计

打开“7.11 节\压型钢板、石膏板拼缝装饰完成”。

单击“视图”选项卡的“创建”面板中的“明细表”下的“明细表/数量”命令。在弹出的“新建明细表”对话框中，选择“组成部分”类别创建零件明细表。

按照图 9.2.16 所示，在弹出的“明细表属性”面板中双击选择“原始族”“合计”“材质”，使其进入到右侧的明细表字段中，单击“向上”或“向下”，使其顺序为“原始族”“材质”“合计”。

单击“确定”后，生成的零件明细表如图 9.2.17 所示。

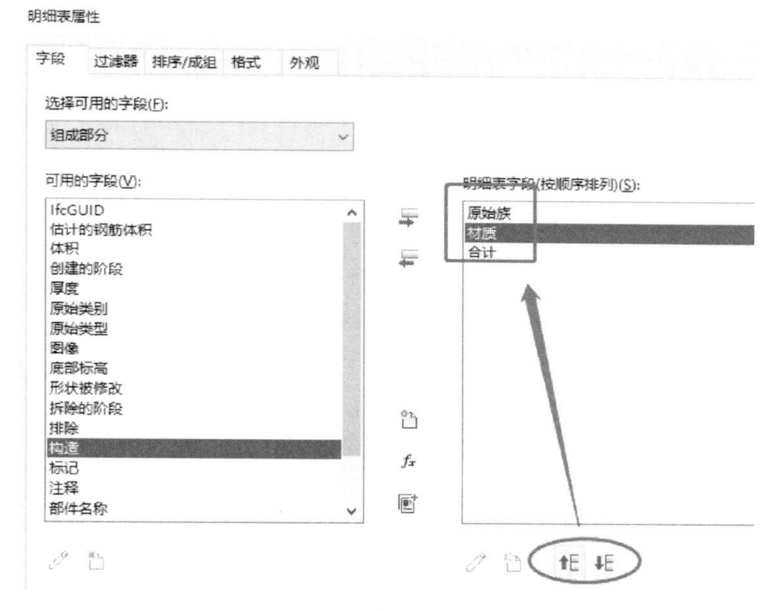

图 9.2.16 零件明细表字段

<零件明细表>		
A	B	C
原始族	材质	合计
基本墙	默认墙	1
基本墙	金属 - 钢 Q390 16	1
基本墙	松散 - 石膏板	1
基本墙	松散 - 石膏板	1
基本墙	松散 - 石膏板	1
基本墙	松散 - 石膏板	1
基本墙	松散 - 石膏板	1
基本墙	松散 - 石膏板	1
基本墙	松散 - 石膏板	1
基本墙	松散 - 石膏板	1
基本墙	松散 - 石膏板	1
基本墙	松散 - 石膏板	1

图 9.2.17 零件明细表

完成的文件见“9.2 节\零件工程量统计完成.rvt”。

9.2.6 将创建的明细表导出为外部文件

Revit 的所有明细表都可以导出为外部的带分割符的 txt 文件，可以用 Excel 或记事本打开编辑。以导出“窗明细表”为例进行说明，在“窗明细表”视图中，按照图 9.2.18 所示，单击左上角的“文件”，选择“导出”→“报告”→“明细表”命令。

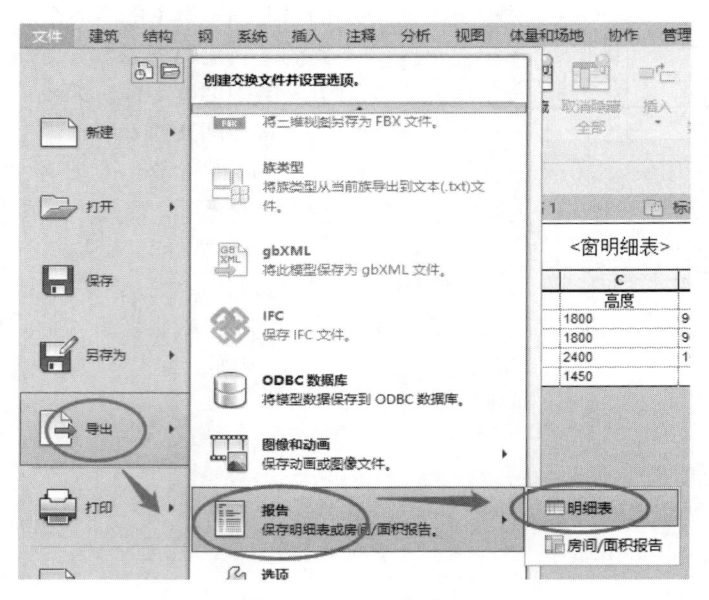

图 9.2.18　导出明细表

设置导出文件保存路径，单击“保存”打开“导出明细表”对话框，单击“确定”即可导出明细表。如图 9.2.19 所示。

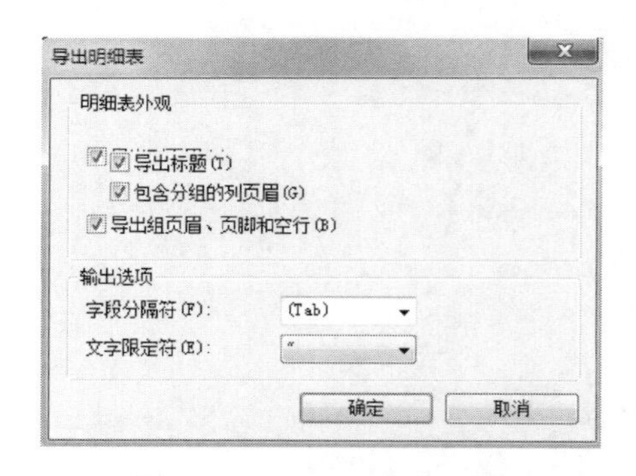

图 9.2.19　导出明细表设置

导出的该明细表为 txt 文本格式，可用 Excel 或 WPS Office 等文件打开编辑，完成的项目文件见“9.2 节\工程量统计完成.rvt”，导出的文本文件见“9.2 节\窗明细表.txt”。

9.3　施工图出图处理、打印与导出

9.3.1　平面图施工图出图处理

以一层平面图出图为例进行讲解，具体如下。

1）复制出“出图视图”

打开“9.2 节\工程量统计完成.rvt”。在项目浏览器中标高 1 楼层平面上进行右击，执行“复制视图”→“带细节复制”命令，右击复制出的视图，重命名为“一层平面图”（图 9.3.1）。

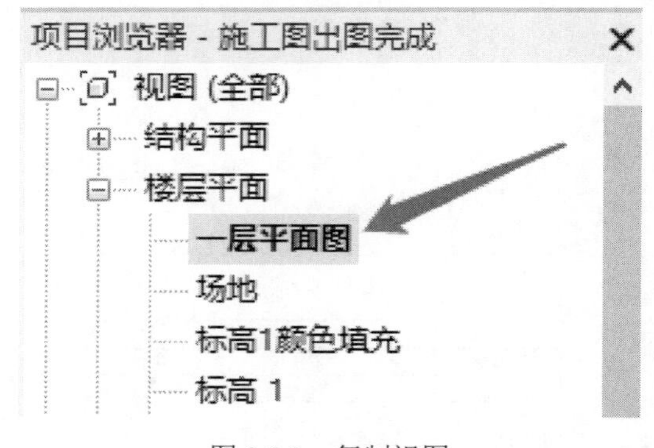

图 9.3.1　复制视图

双击进入到“一层平面图”平面视图，在“属性”面板中，确保“视图比例”为 1：100，“详细程度”为“粗略”，“范围：底部标高”为“无”（图 9.3.2）。

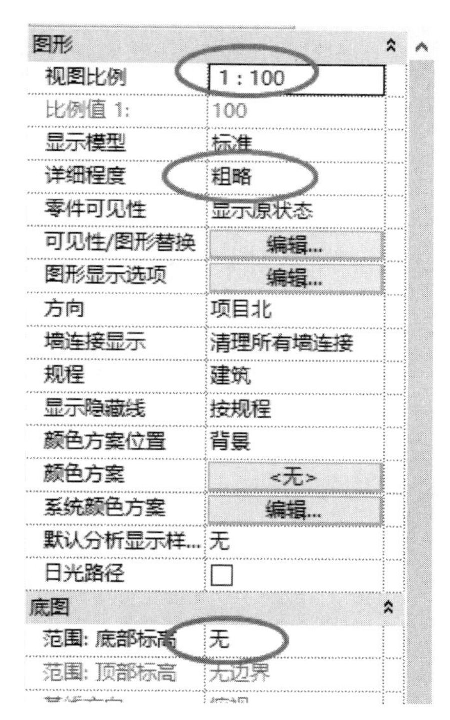

图 9.3.2　视图设置

2）可见性设置

执行“VV”快捷命令，进入到“可见性\图形替换”对话框，在“注释类别”栏取消勾选“参照平面”“立面”（图 9.3.3），单击“确定”。

【说明】该项操作的目的是按照国家制图标准，将不应该在施工图中出现的图元（如参照平面、立面标识等）进行隐藏。若创建了室外场地、植被等，需进入到“模型类别”栏，取消勾选其中的“地形”“场地”“植物”“环境”等。

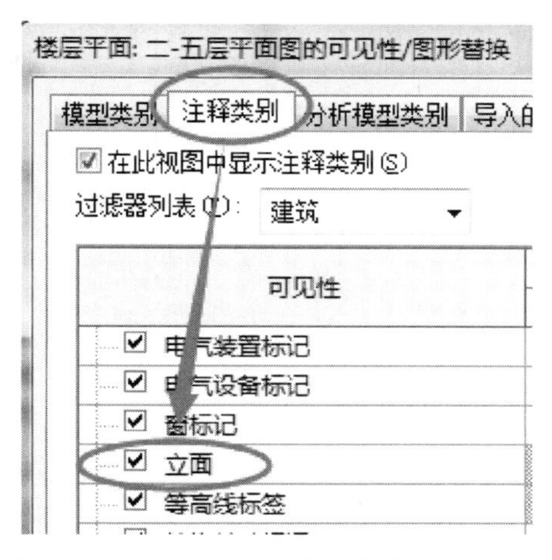

图 9.3.3　取消勾选“参照平面”及“立面”

3）视图样板的创建及应用

在“一层平面图”平面视图中，单击“视图”选项卡的“图形”面板中“视图样板”下拉菜单中的“从当前视图创建样板”（图 9.3.4），在弹出的“新视图样板”对话框输入新视图样板名称为“平面图出图样板”，单击“确定”两次退出。

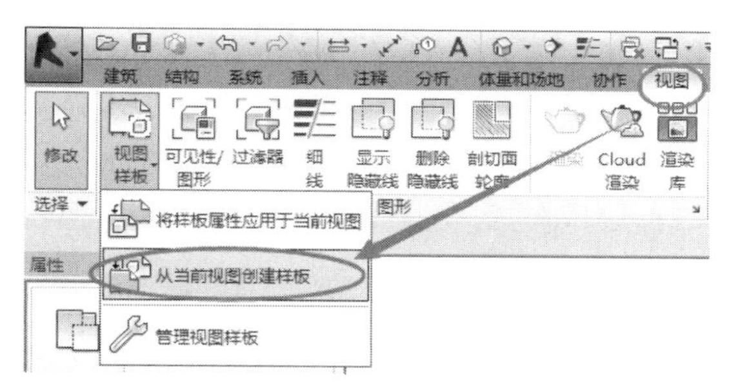

图 9.3.4　从当前视图创建样板

以二层应用视图样板为例进行说明。选择“带细节复制”复制标高 2，修改复制出的视图名称为“二层平面图”；

进入到二层平面图，单击“视图”选项卡的“图形”面板“视图样板”的下拉菜单中的“将样板属性应用于当前视图”（图 9.3.5），选择刚刚创建的“平面图出图样板”样板，单击“确定”（图 9.3.6）。

【说明】二层应用视图样板即相当于执行了与一层相同的可见性设置。

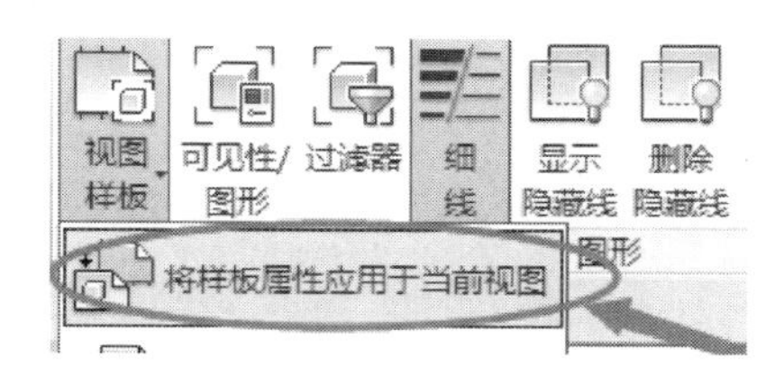

图 9.3.5　将样板属性应用于当前视图

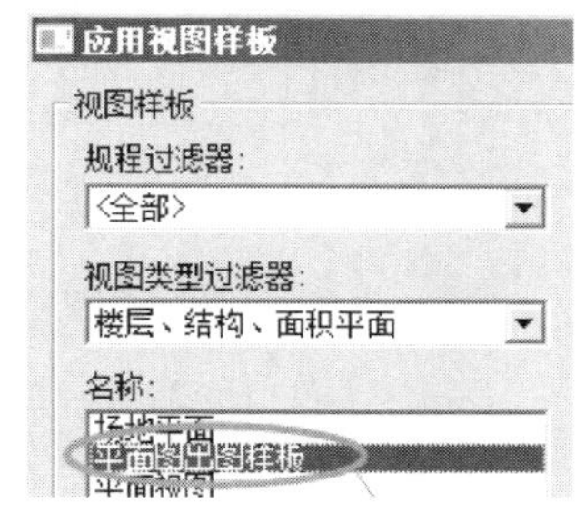

图 9.3.6　将样板属性应用于当前视图

4）尺寸线标注

（1）三道尺寸线标注

以标注“一层平面图”为例，介绍两种尺寸标注的方法。

① 采取拾取“单个参照点”的方法。在“一层平面图”楼层平面中，单击“注释”选项卡的“尺寸标注”面板中的“对齐尺寸标注”命令（图 9.3.7），或执行“DI”快捷命令，左上角选项栏中“拾取”对象选择“单个参照点”（图 9.3.8），根据状态栏提示单击轴线 1，再单击轴线 9，单击空白位置放置标注。同理标注其他三个方向上的最外围尺寸线，见图 9.3.9。

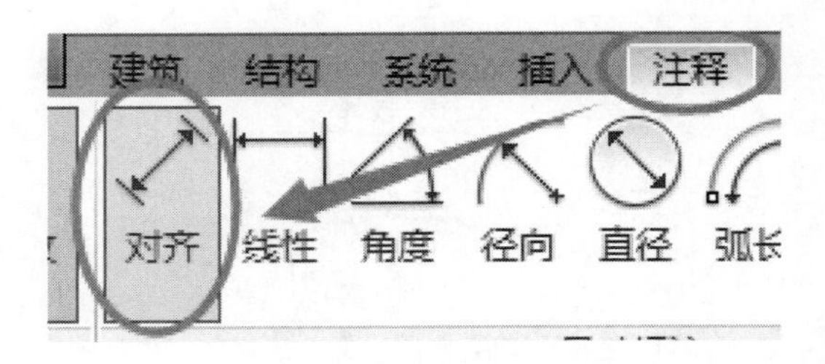

图 9.3.7　标注

图 9.3.8　拾取“单个参照点”标注

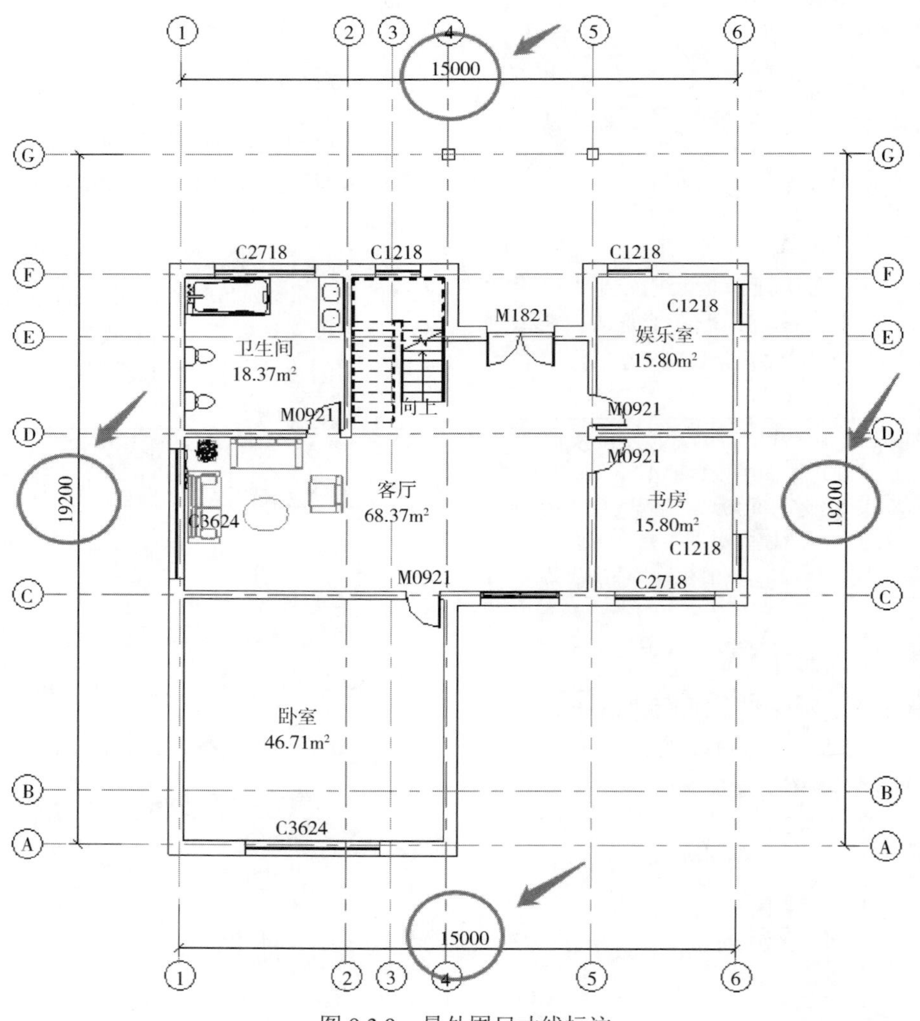

图 9.3.9　最外围尺寸线标注

② 采取拾取“整个墙”的方法。首先选择“墙”命令，利用“矩形”的绘制方法在建筑物外围绘制四面墙（图 9.3.10）。

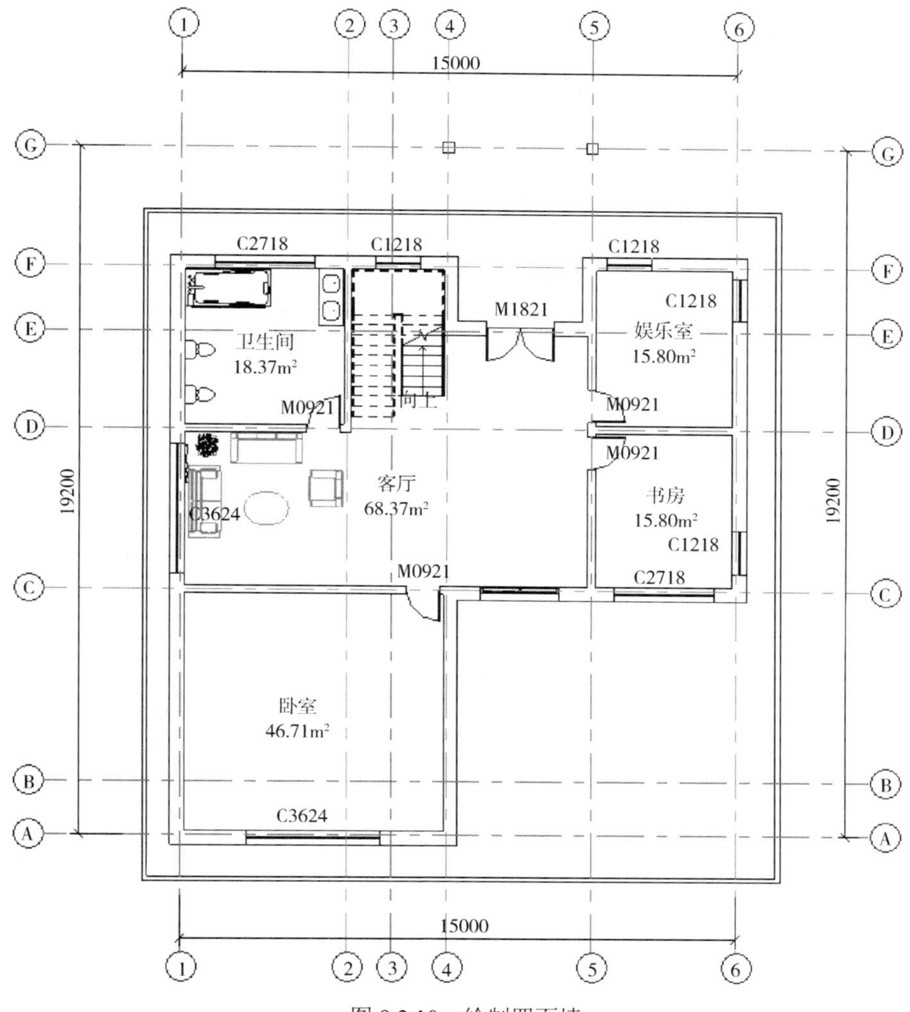

图 9.3.10　绘制四面墙

执行“对齐尺寸标注”命令或执行“DI”快捷命令，将选项栏中拾取“单个参照点”改为“整个墙”，“选项”设为“洞口宽度”“相交轴网”，单击“确定”（图 9.3.11）。

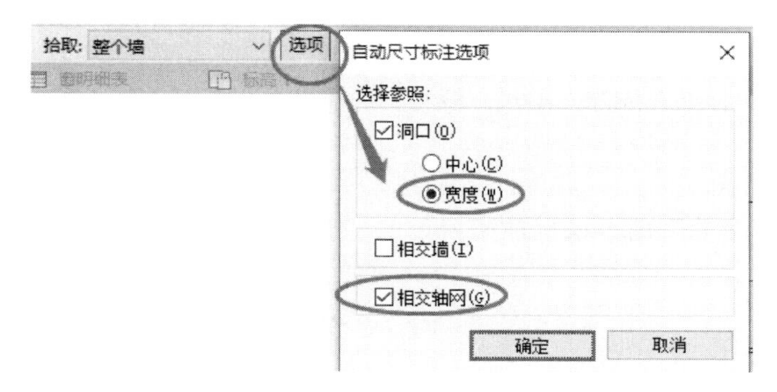

图 9.3.11　拾取“整个墙”

单击拾取辅助墙体即可自动创建第二道尺寸线（图 9.3.12）。标注完成后删除四面辅助墙，两端多余的尺寸会同时被删除。

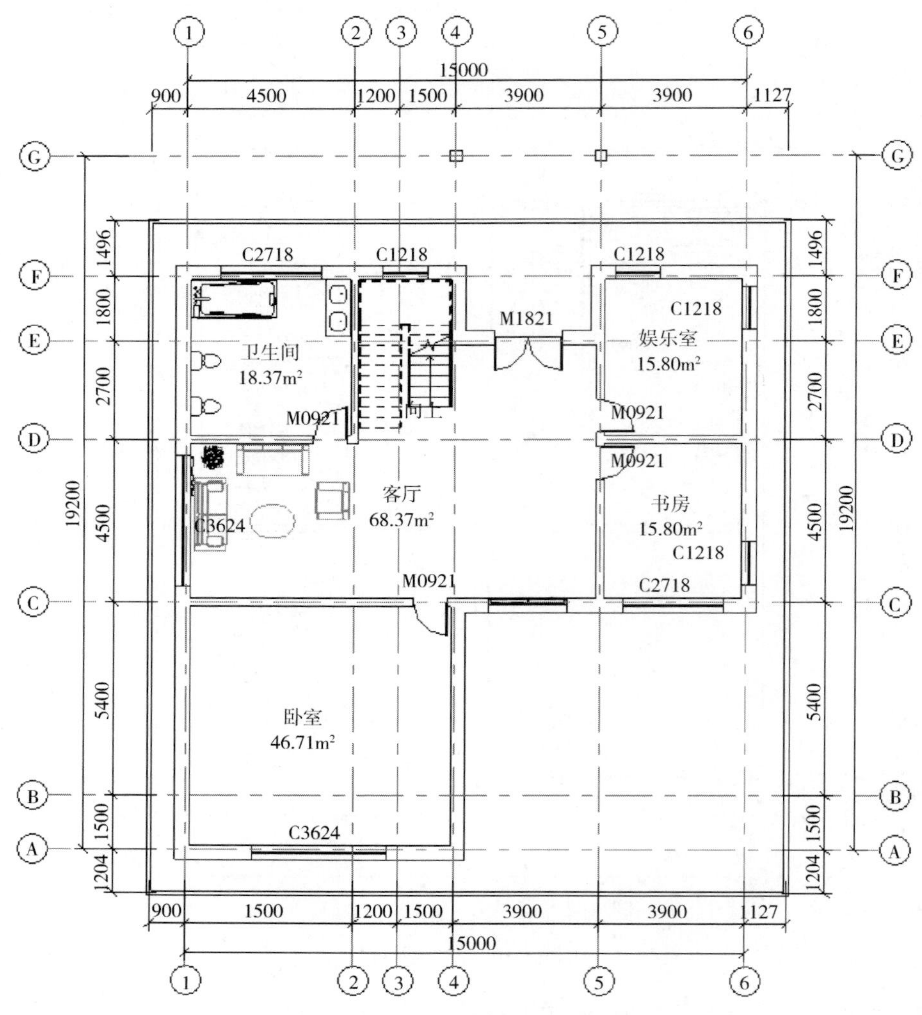

图 9.3.12　拾取墙创建第二道尺寸线

同理，利用拾取“整个墙”的方法，快速标注最内侧尺寸线，标注完成的三道尺寸线见图 9.3.13。

（2）室内尺寸的标注

采用拾取“整个墙”的方法标注室内门位置（图 9.3.14）。

（3）楼梯踏步尺寸标注

使用拾取“单个参照点”方式标注楼梯尺寸后，在梯段尺寸“2240”处双击，打开“尺寸标注文字”对话框；在“前缀”中输入文字“280×8=”，如图 9.3.15 所示，单击“确定”，原先的“2240”即变为“280×8=2240”。

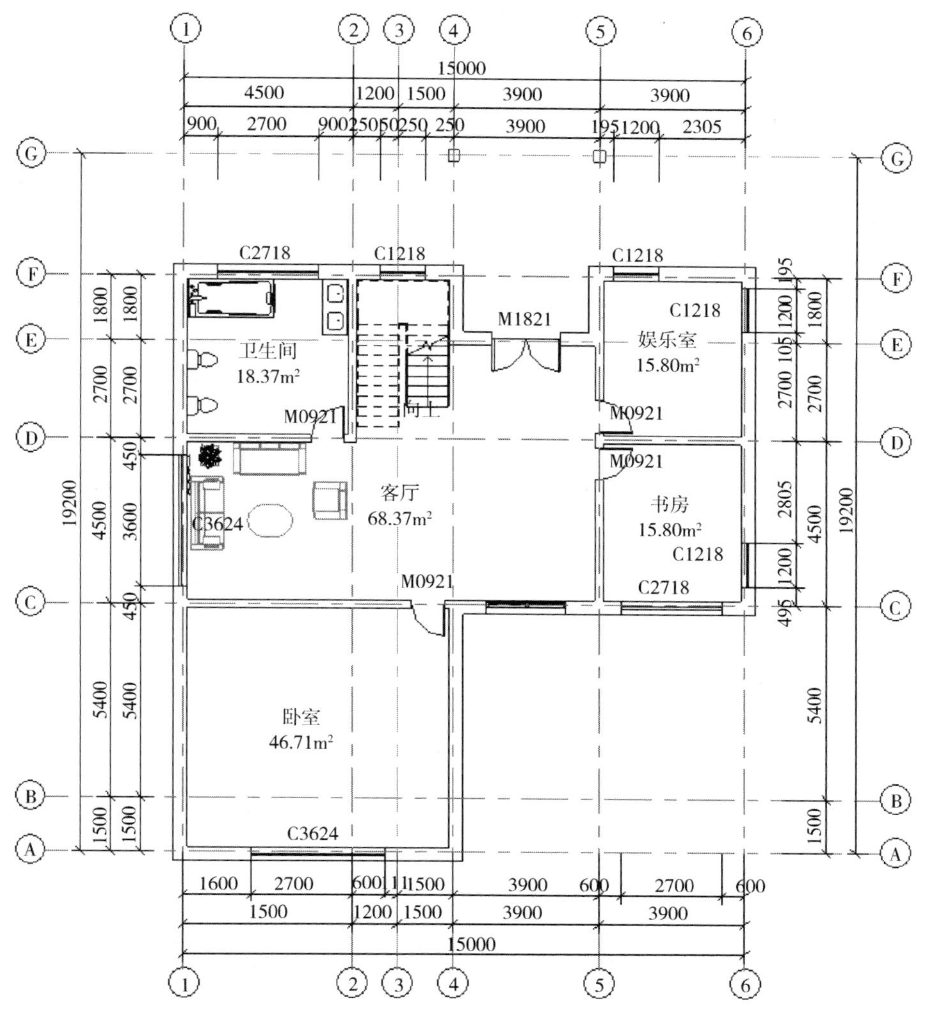

图 9.3.13　三道尺寸线标注

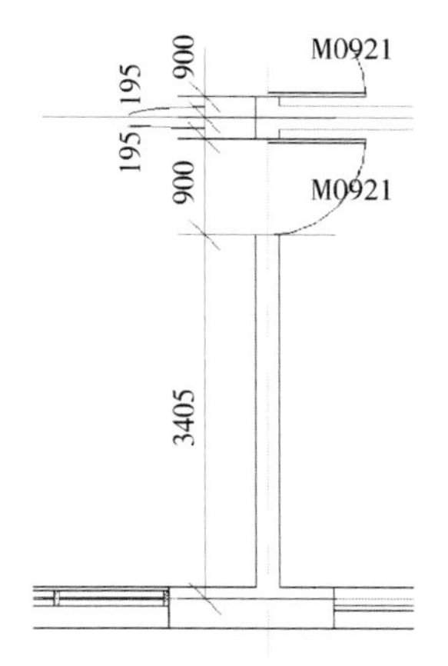

图 9.3.14　室内门位置标注

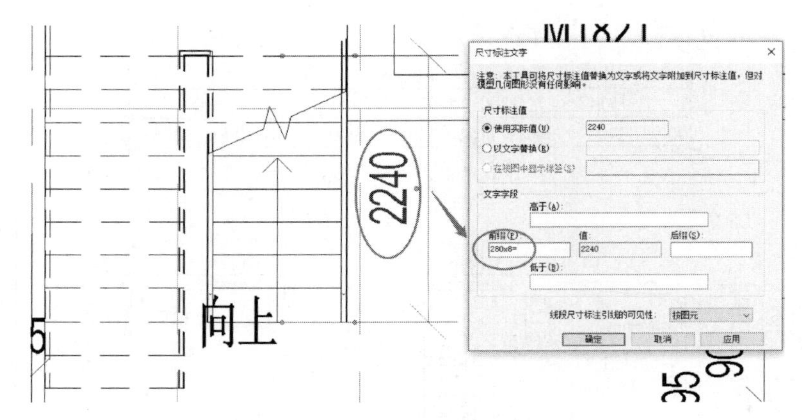

图 9.3.15　尺寸标注中的“前缀”设置

5）高程点标注

确保“视觉样式”为“隐藏线”模式（图 9.3.16）。

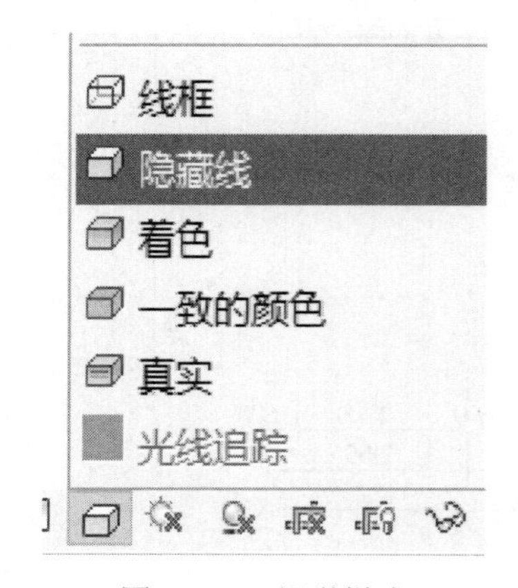

图 9.3.16　视觉样式

单击“注释”选项卡下“尺寸标注”面板中的“高程点”命令（图 9.3.17），光标停在相应位置上标注高程点（图 9.3.18）。

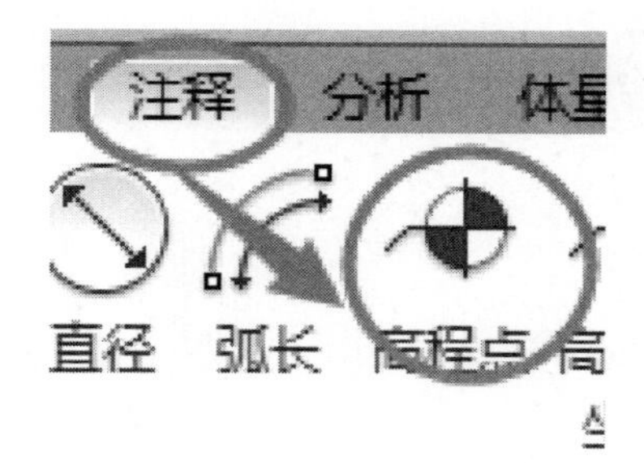

图 9.3.17　“高程点”命令

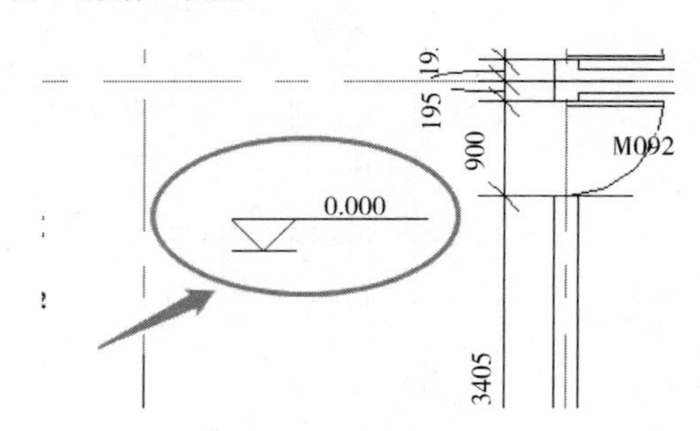

图 9.3.18　高程点标注

【提示】只能在“隐藏线”模式下标注高程点，不能在“线框”模式下标注高程点。

6）添加注释

① 文字注释。单击“注释”选项卡的“文字”面板中的“文字”命令（图 9.3.19），可进行文字注释。

图 9.3.19“文字”注释命令

② 门窗注释。单击“注释”选项卡的“标记”面板中的“全部标记”命令（图 9.3.20），在弹出的“标记所有未标记的对象”对话框中，分别选择“窗标记”“门标记”（图 9.3.21），单击“确定”。

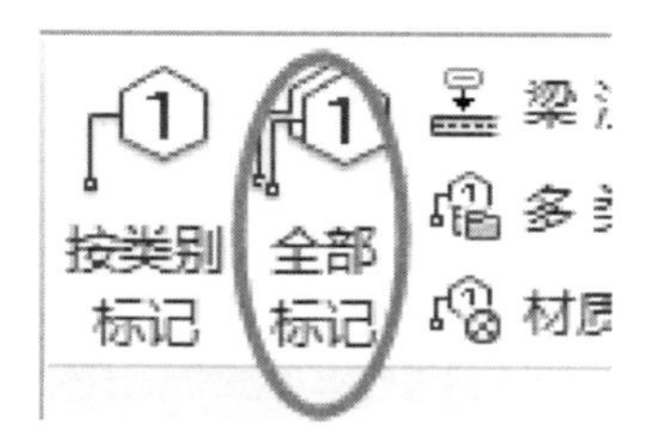

图 9.3.20 “全部标记”命令

类别
家具标记
房间标记
楼板标记
楼梯标记
窗标记
视图标题
门标记

图 9.3.21 窗标记、门标记

完成的项目文件见“9.3 节\平面图出图处理.rvt”。

9.3.2 立面图施工图出图处理

以南立面图视图处理为例进行讲解

1）复制出“出图视图”

双击进入到南立面视图，在项目浏览器“南立面”进行右击，选择“复制视图”→“带细节复制”，新定义名称为“南立面图”（图 9.3.22）。

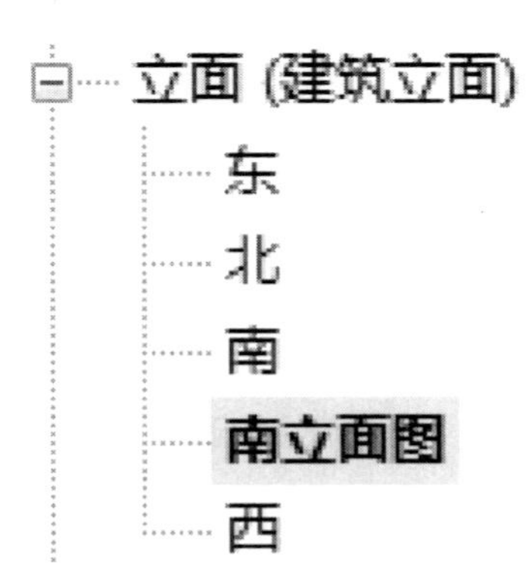

图 9.3.22 新建出图视图

2）可见性设置

执行“VV”命令，打开“可见性/图形替换”对话框，取消勾选“注释类别”中的“参照平面”。单击“确定”，退出“可见性/图形替换”对话框。

3）轴网标头调整及端点位置调整

立面视图中一般只需要显示第一根和最后一根轴线，且轴线及标高的长度也无须太长，调整方法如下：进入到“南立面图”，选择 2 轴线至 5 轴线，单击“修改 | 轴网”上下文选项卡的“视图”面板中的“隐藏图元”（图 9.3.23）。

图 9.3.23 隐藏图元

轴线位置调整：单击 1 轴线，单击拖拽点，向下拖拽一段距离松开鼠标，使轴号距离建筑物一段距离，便于以后的尺寸标注。此时，6 轴线也会随 1 轴线拖拽至相应位置。

标高位置调整：勾选“属性”面板中的“裁剪视图”“裁剪视图可见”（图 9.3.24），出现裁剪区域边界线。单击右侧裁剪边界线，然后单击右侧裁剪边界中间的蓝色圆圈符号向左拖拽，使右侧标高标头位于裁剪区域之外，如图 9.3.25 所示，再松开鼠标。这时选中某一标高，可以观察到所有标高线端点已经全部由原先的“3D”改为“2D”模式（图 9.3.26）。选择标高下的蓝点，拖拽至合适位置，松开鼠标。右侧标高位置调整完毕。

【说明】①采用拖拽“裁剪边界”调整标高位置的方法，能够快速、批量地将所有标高由“3D”转成“2D”，成为“2D”后再调整标高位置将只影响本立面视图的标高位置，不会影响其他立面视图的标高位置。②此方法对调整轴线位置同样适用，是整体调整平立剖视图中标高和轴线标头位置的快捷方法。

图 9.3.24　勾选“裁剪视图”“裁剪视图可见”

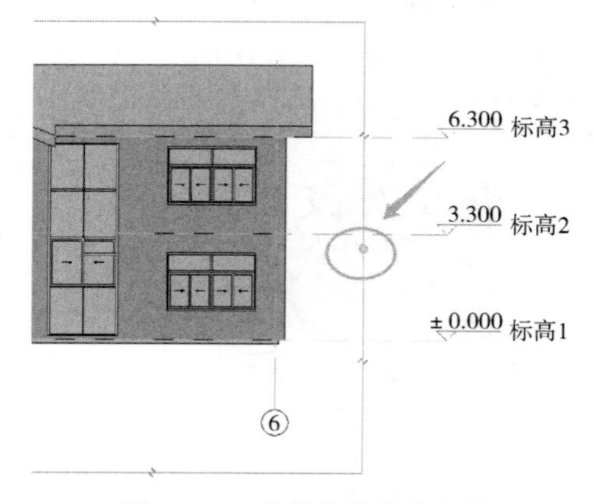

图 9.3.25　裁剪边界向内拖拽

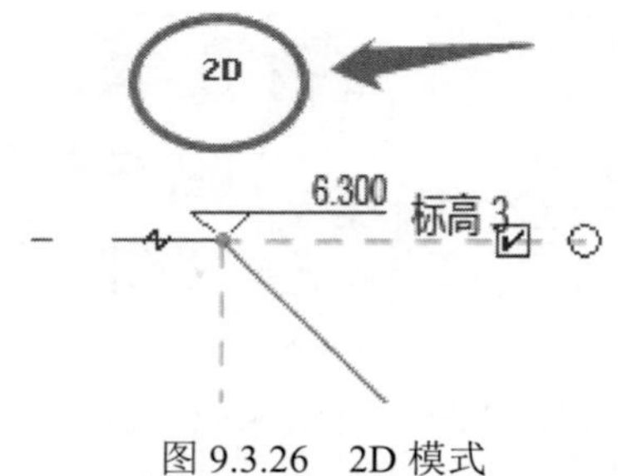

图 9.3.26　2D 模式

同理，使用该方法调整左侧标高位置。调整完毕，取消勾选“属性”面板中的“裁剪视图”“裁剪视图可见”。

调整完成的立面图如图 9.3.27 所示。

4）添加注释

尺寸线标注：标注方法同平面图尺寸线标注。

高程点标注：标注方法同平面图尺寸线标注。

材质标记：使用“注释”选项卡的“标记”面板中的“材质”标记命令(图 9.3.28)。

图 9.3.27　调整后的立面图

完成的南立面图见图 9.3.29。

完成的项目文件见“9.3 节\立面图出图处理完成.rvt”。

图 9.3.28　“材质标记”命令

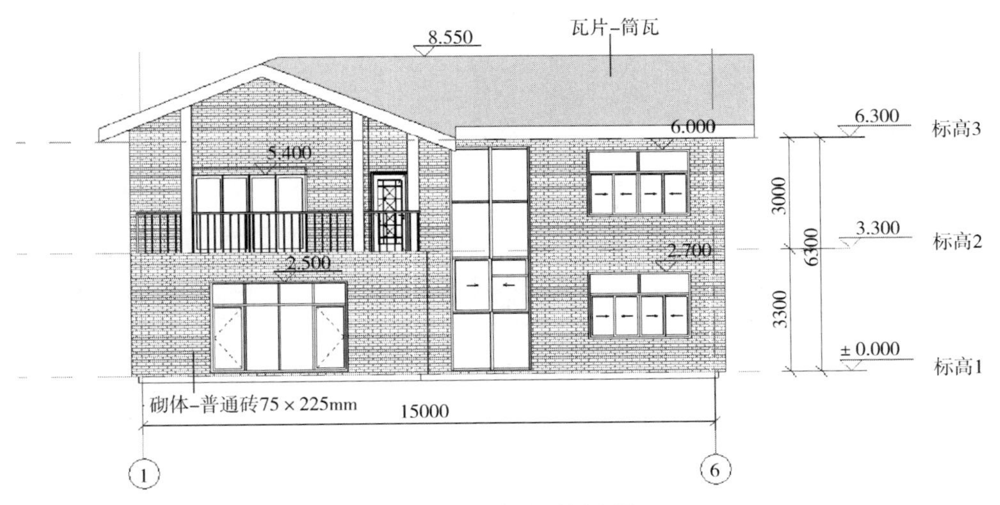

图 9.3.29　南立面图出图

9.3.3　剖面图施工图出图处理

1）创建剖面视图

进入到一层平面图楼层平面视图。

使用“视图”选项卡下“创建”面板中的“剖面”命令，在 2 轴和 3 轴之间绘制剖面。此时项目浏览器中增加“剖面（建筑剖面）”项，将其“重命名”为“1-1 剖面图”，双击该视图进入到 1-1 剖面图（图 9.3.30）。

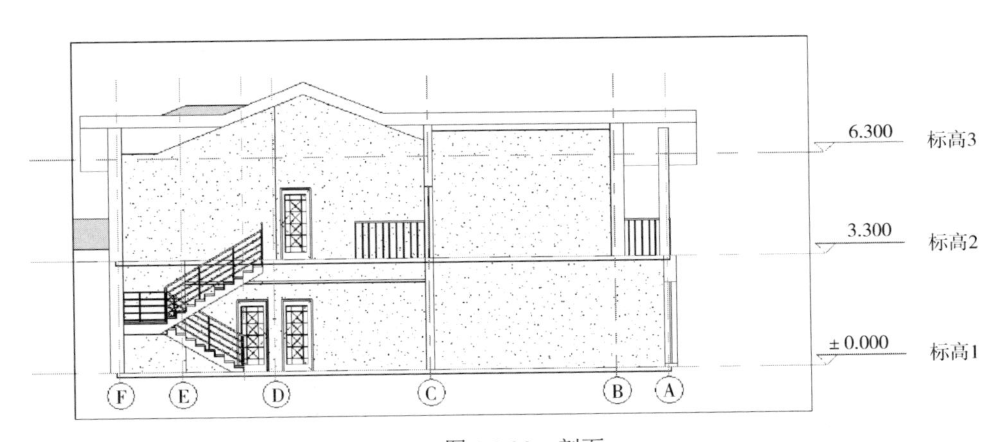

图 9.3.30　剖面

2）编辑剖面视图

剖面图的可见性设置、标注等同立面图，不同的是可以通过“可见性”设置，直接将楼板、屋顶、墙体设置为实体填充。在弹出的“剖面:1-1 剖面图的可见性/图形替换”对话框中，按住 Ctrl 键，同时选择“墙”“屋顶”“楼板”“楼梯”，再单击截面“填充图案”中的“替换”，见图 9.3.31。在弹出的“填充样式图形”对话框中，将前景填充图案改为“实体填充”，颜色修改为“黑色”、见图 9.3.32。单击“确定”，完成可见性设置。

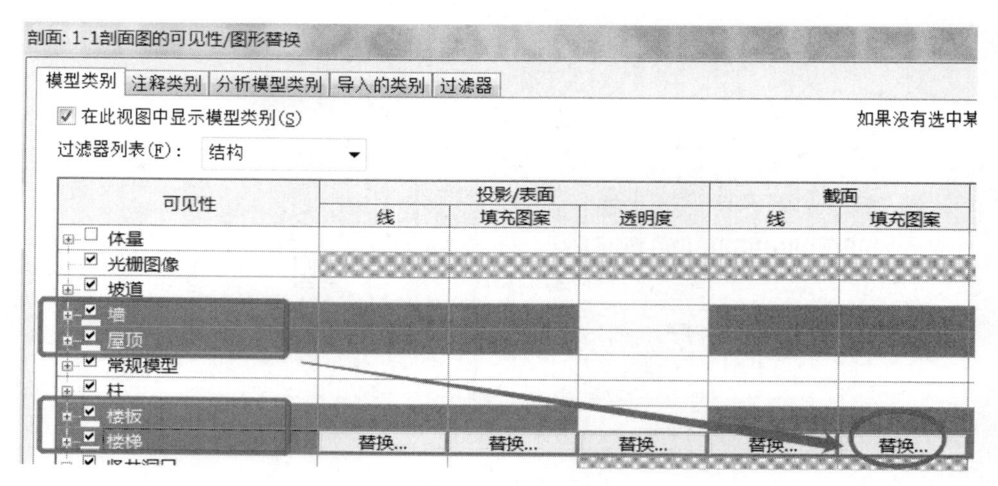

图 9.3.31　可见性设置

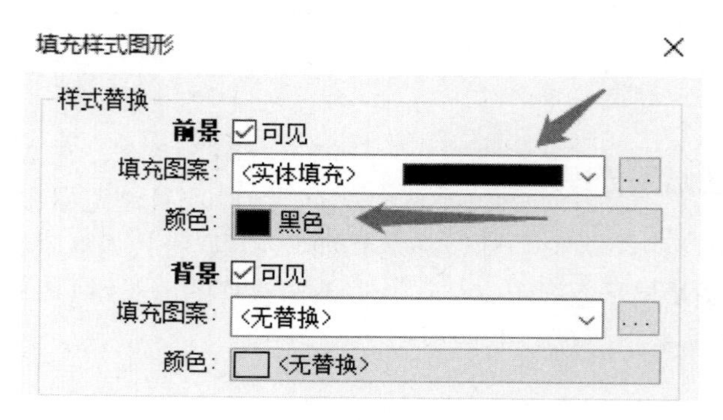

图 9.3.32　样式替换

与立面图标注相同，进行裁剪区域、标高的调整，标注尺寸、标高等。完成的图形见图 9.3.33。

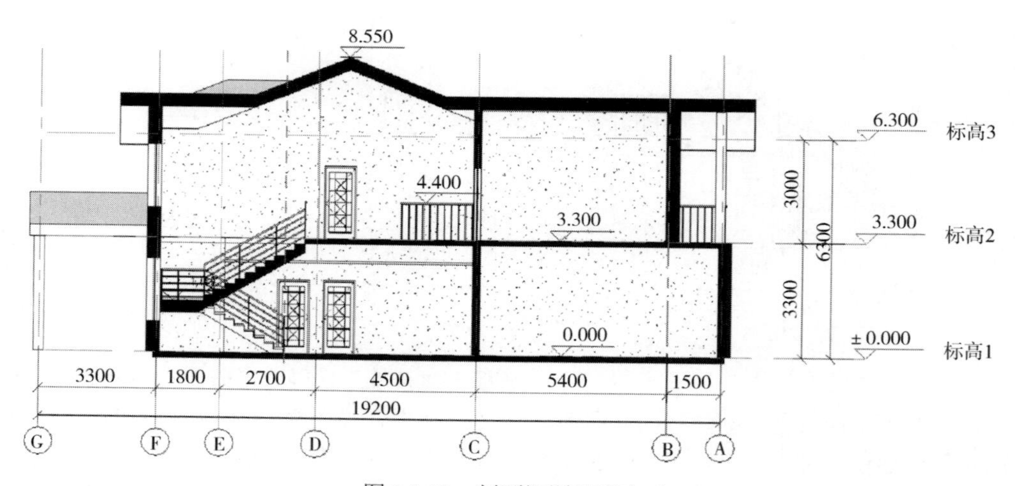

图 9.3.33　剖面视图处理完成

完成的文件见“9.3 节\剖面图出图处理完成.rvt”。

9.3.4 施工图布图与打印

1）创建图纸

（1）新建图幅

打开“9.3 节\剖面图出图处理完成.rvt”。单击“视图”选项卡中“图纸组合”面板中的“图纸”命令，打开“新建图纸”对话框，从上面的“选择标题栏”列表中选择”A0 公制”，单击“确定”，即可创建一张 A0 图幅的空白图纸。在项目浏览器中“图纸（全部）”节点下显示为“AJ0-1-未命名”，将其重命名为“J0-1-一层平面图”，如图 9.3.34 所示。

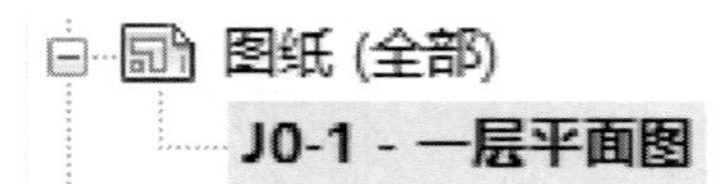

图 9.3.34 重命名

（2）载入图纸

以一层平面图载入为例，直接将项目浏览器“楼层平面”下的“一层平面图”拖拽到图框中，松开鼠标即可。

（3）标题线长度的编辑

单击选择拖拽到图框中的“一层平面图”，观察到视图标题的标题线过长，选择标题线的右端点，向左拖拽到合适位置。拖拽之后的图形见图 9.3.35。

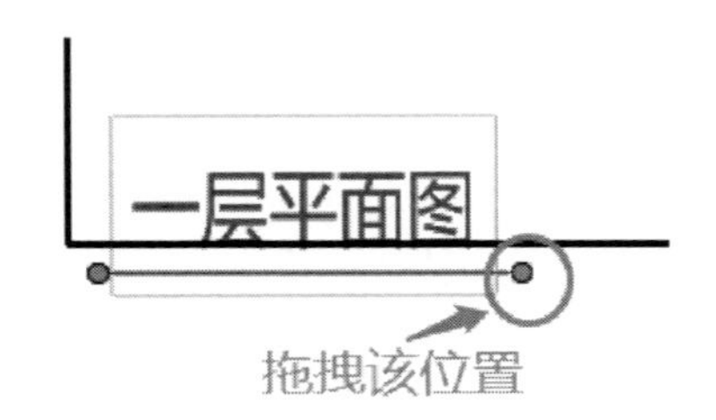

图 9.3.35 拖拽右端点到合适位置

（4）标题标题的位置调整

移动光标到“一层平面图”视图标题名称上，当标题亮显时单击选择视图标题（注意：此时选择的是视图标题名称，不是选择整体视图），可移动视图标题到视图下方中间合适位置后松开鼠标。结果如图 9.3.36 所示。

同理，可以将其他平面图、立面图、门窗明细表等拖拽到图框中进行编辑、布图。创建完成的项目文件见“9.3 节\施工图布图完成.rvt”。

2）编辑图纸中的视图

在图纸中布置好的各种视图，与项目浏览器中原始视图之间依然保持双向关联修改关系，从项目浏览器中打开原始视图，在视图中做的任何修改都将自动更新图纸中的视图。

单击选择图纸中的视图，单击“修改 | 视口”上下选项卡中的“激活视图”命令或右击选择“激活视图”命令，则其他视图全部灰色显示，当前视图激活，可选择视图中的图元编辑修改，这也等同于在原始视图中编辑。编辑完成后，选择“取消激活视图”命令即可恢复图纸视图状态.

单击选择图纸中的视图，在“属性”选项板中可以设置该视图的“视图比例”“详细程度”“视图名称”“图纸上的标题”等所有参数，等同于在原始视图中设置视图“属性”参数。

3）打印

在“AJ0-1-一层平面图”视图中，按照图 9.3.37 所示，单击程序左上角“文件”菜单中的“打印”命令，打开“打印”对话框。

打印设置：在对话框中设置以下选项。

打印机：从顶部的打印机“名称”下拉列表中选择需要的打印机，自动提取打印机的“状态”“类型”“位置”等信息。

打印到文件：若勾选该选项，则下面的“文件”栏中的“名称”栏将激活，单击“浏览”打开“浏览文件夹”对话框，可设置打印文件的保存位置和名称以及打印文件类型。确定后将把图纸打印到文件中再另行批量打印。

打印范围：默认选择“所选视图/图纸”，单击下面的“选择”按钮，打开“视图/图纸集”对话框，批量勾选要打印的图纸或视图（此功能可用于批量出图）。也可选择“当前窗口”，则仅打印当前窗口中能看到的图元，缩放到窗口外的图元不打印。

选项：设置打印“份数”，如勾选“反转打印顺序”，则将从最后一页开始打印。

设置：单击右下角“设置”按钮，打开

“打印设置”对话框，设置完成后，单击“确定”，即可发送数据到打印机打印或打印到指定格式的文件中。

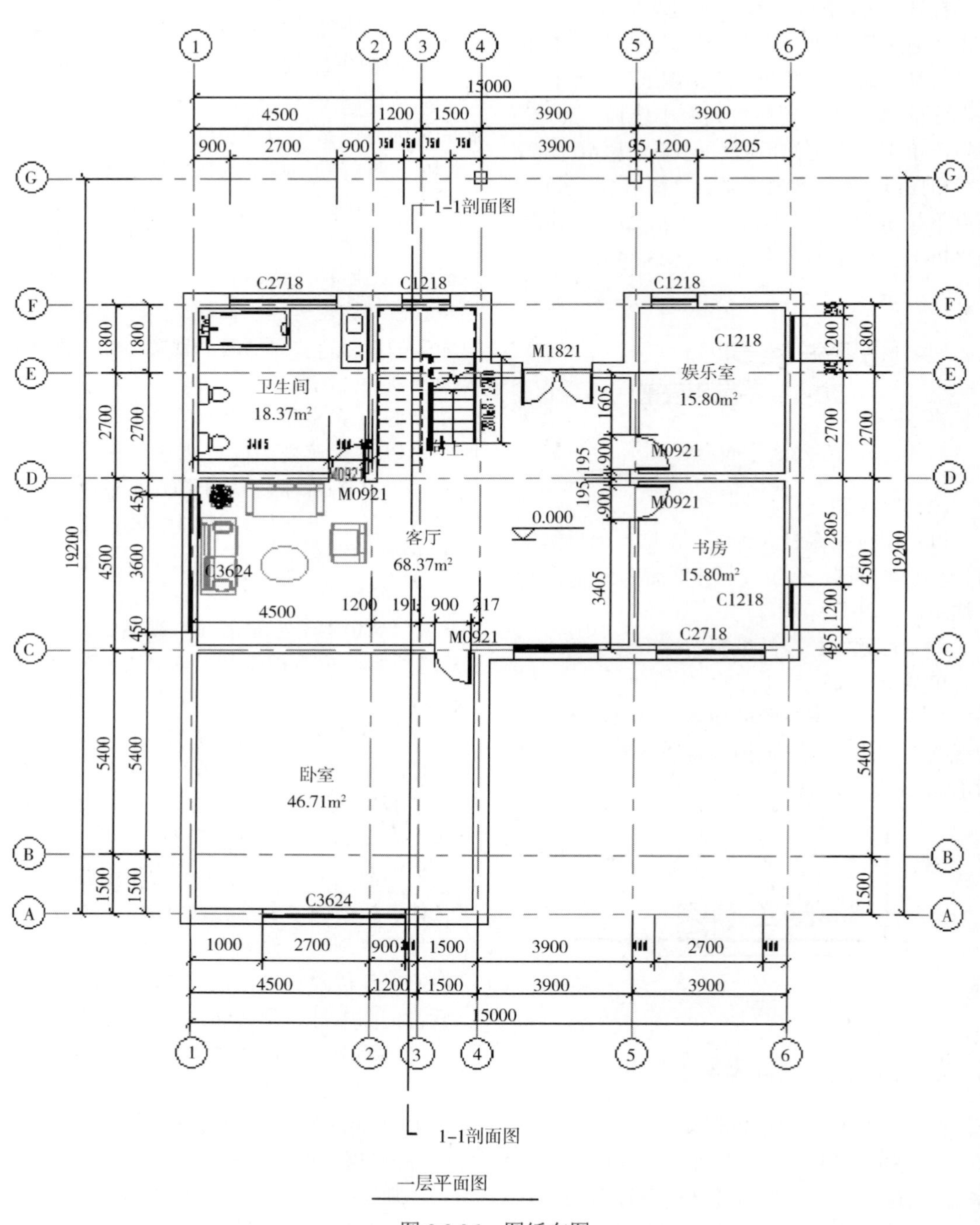

图 9.3.36　图纸布图

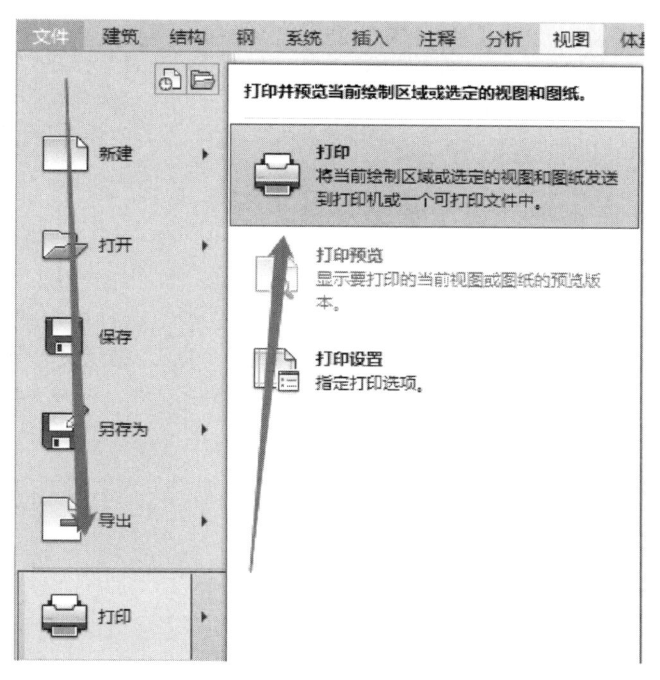

图 9.3.37 打印

9.3.5 导出 DWG 文件

进入到“AJ0-1-一层平面图”视图中，单击“文件”→“导出”→“CAD 格式”→“DWG”（图 9.3.38），打开“DWG 导出”对话框。

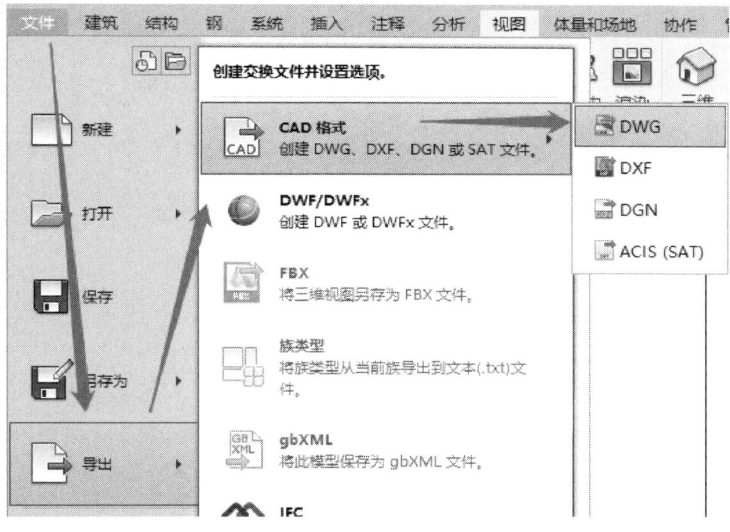

图 9.3.38 导出 CAD

单击对话框左上方“任务中的导出设置”右面的按钮（图 9.3.39），可以进行导出设置。本书暂使用默认值，不进行修改。

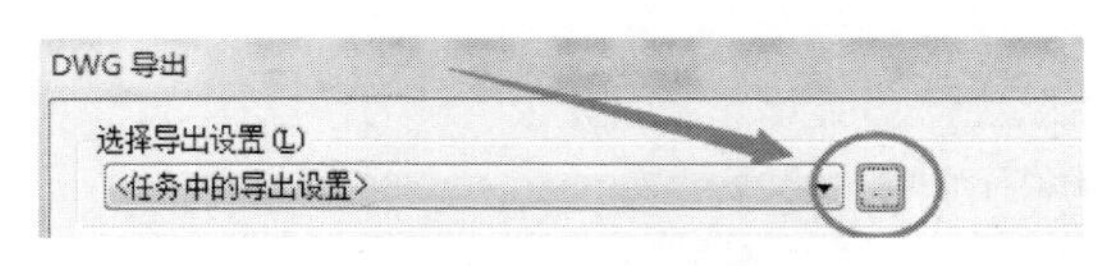

图 9.3.39　导出设置

在“DWG 导出”对话框中，“导出”的默认选择为“仅当前视图/图纸”（图 9.3.40）。也可以从“导出”下拉列表中选择“任务中的视图/图纸集”，然后从激活的“按列表显示”下拉列表中选择要导出的视图。本书按默认选择导出“仅当前视图/图纸”。

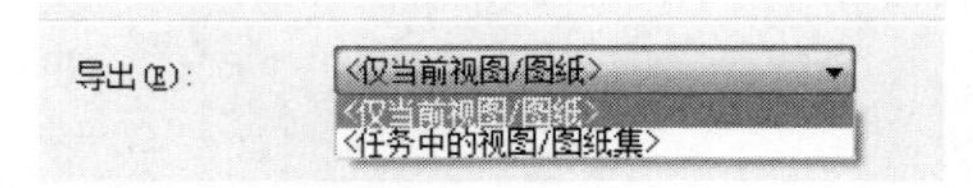

图 9.3.40　导出图纸

单击“下一步”，设置导出文件保存路径，设置“文件名/前缀”为“别墅施工图”，“文件类型”选择所需的 AutoCAD 版本，命名选择“手动(指定文件名)”，单击“确定”导出 DWG 文件（图 9.3.41）。

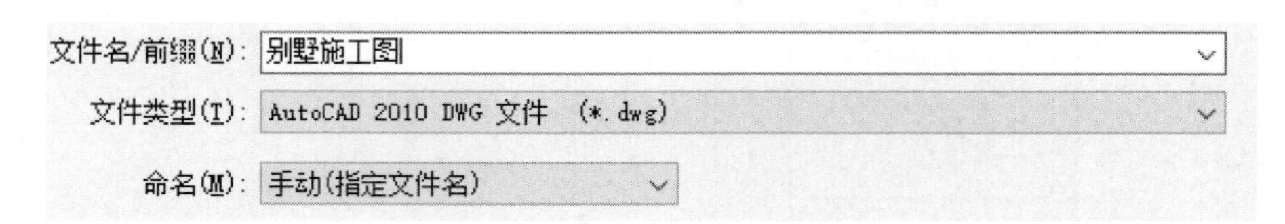

图 9.3.41　导出 CAD 格式

完成的项目文件见“9.3 节\导出 DWG 文件完成.rvt”。

9.4　日光研究

9.4.1　静止日光研究

1）项目地理位置和正北

打开“7.10 节\建筑场地完成.rvt”。打开“场地”楼层平面视图。

单击功能区“管理”选项卡的“项目位置”面板的“地点”命令，项目地址输入“青岛”单击“搜索”，选择“山东省青岛市”，如图 9.4.1 所示；也可将“定义位置依据”设置为“默认城市列表”，纬度输入“36.07”，“经度”输入“120.33”，不勾选“使用夏令时”，单击“确定”，如图 9.4.2 所示。

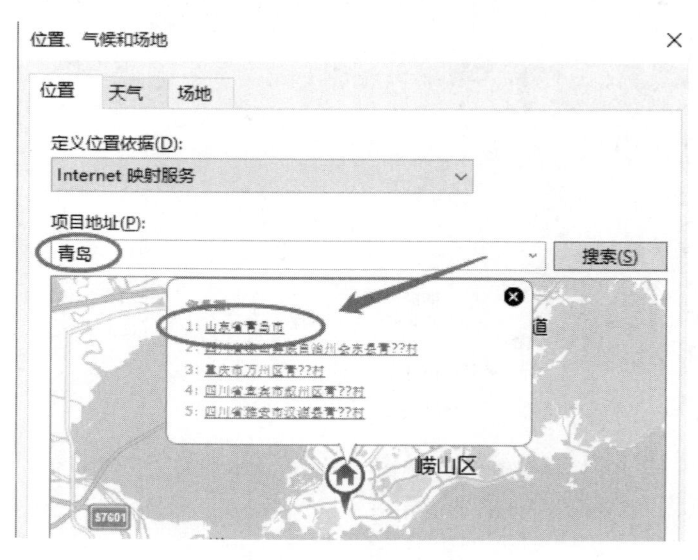

图 9.4.1　搜索“青岛”

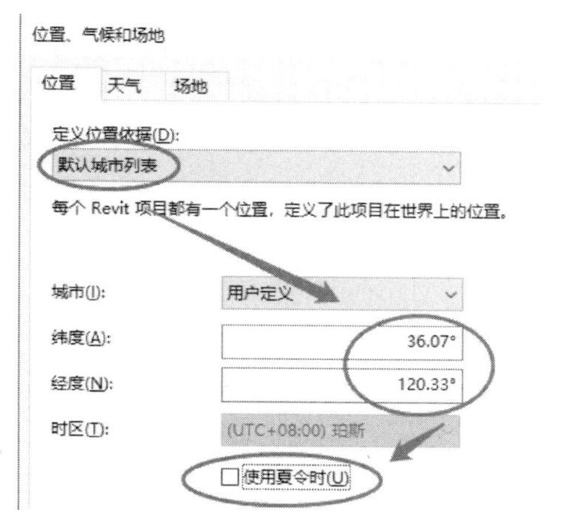

图 9.4.2 输入经度、纬度

在项目设计中，为绘图方便，将图纸正上方作为“项目北”方向，在“场地”平面的“属性”选项板中可以查看视图的“方向”参数默认值为“项目北”。而在创建日光研究时，为了模拟真实自然光和阴影对建筑和场地的影响，需要把项目方向调整到“正北”方向，其设置方法如下：在“场地”楼层平面视图中，在属性面板中设置视图的“方向”参数为“正北”，如图 9.4.3 所示。

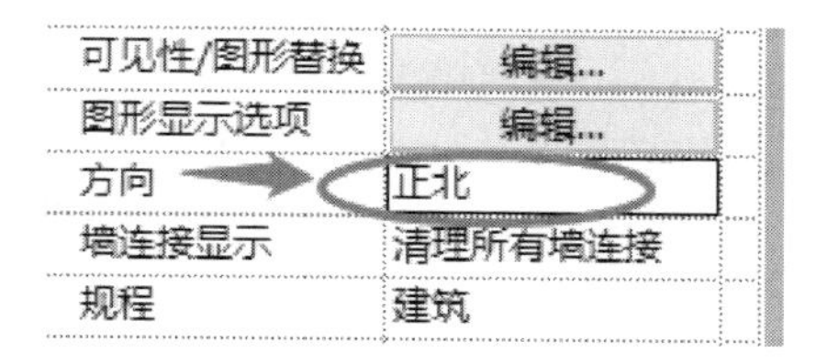

图 9.4.3 方向调为“正北”

单击“管理”选项卡中的“项目位置”面板的“位置”命令，从下拉菜单中选择“旋转正北”命令，移动光标出现旋转中心点和符号线，将项目逆时针旋转 10°到正北方向，正北方向设置完成。结果如图 9.4.4 所示。

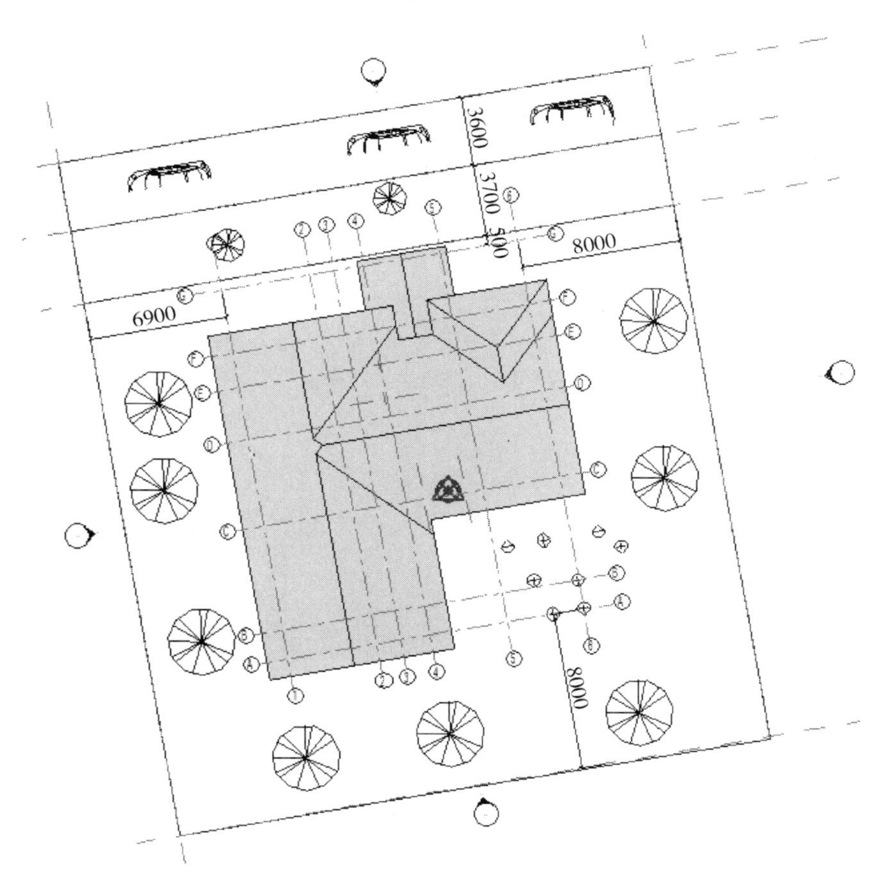

图 9.4.4 旋转正北后的视图

【注】此时，项目的物理位置已为北偏西10°。

为便于下一步的操作，再将“属性”选项板中的“方向”参数切换成“项目北”。

2）创建日光研究视图

所谓日光研究视图，是指专用于日光研究、只显示三维模型图元的视图。需要使用正交三维视图创建：右击三维视图“{3D}”，选择“带细节复制”，复制出一个三维视图，重命名为“01-静态日光研究”。

单击“ViewCube”的后、上、左交点（图9.4.5），将视图定向到西北轴侧方向；设置视图的视觉样式为“隐藏线”（黑白线条显示更容易显示日光阴影效果），完成的视图见图9.4.6。

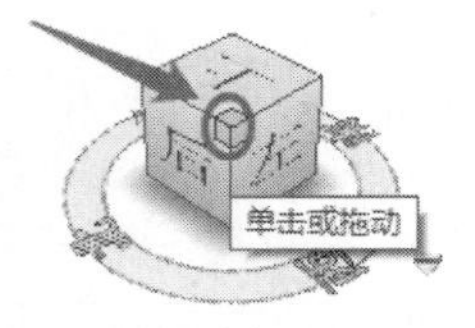

图 9.4.5　“ViewCube”西南侧角点

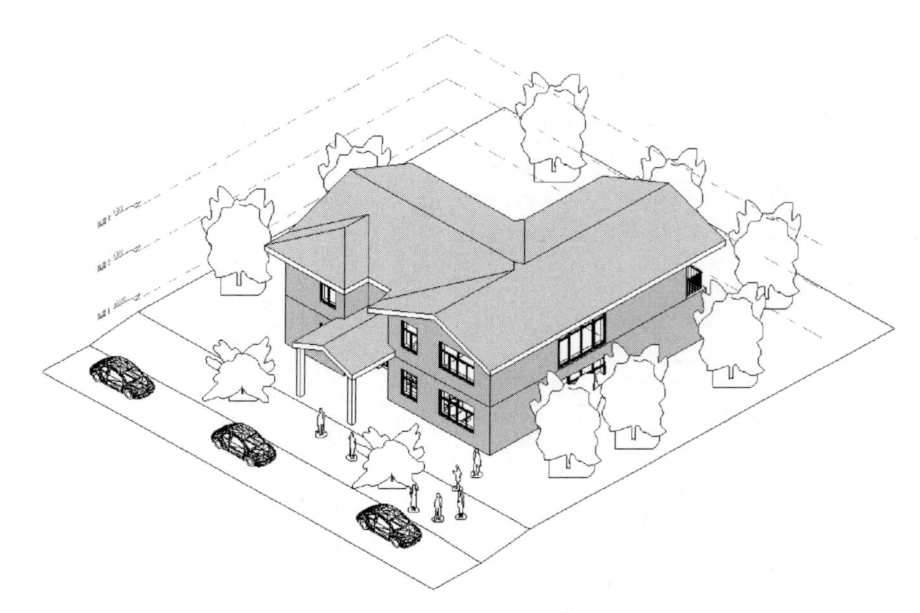

图 9.4.6　“隐藏线”模式

3）创建静态日光研究方案

（1）“图形显示选项”设置

单击“视图控制栏”中的“日光路径”，选择“日光设置”（图9.4.7），弹出“日光设置”面板。

新建日光研究方案：按照图 9.4.8 所示，先选择“静止”日光研究，从下面的“预设”栏中选择“夏至”，单击左下角的“复制”图标，输入日光研究方案名称为“青岛-20160911”，单击“确定”，回到“日光设置”对话框。

图 9.4.7　图形显示选项

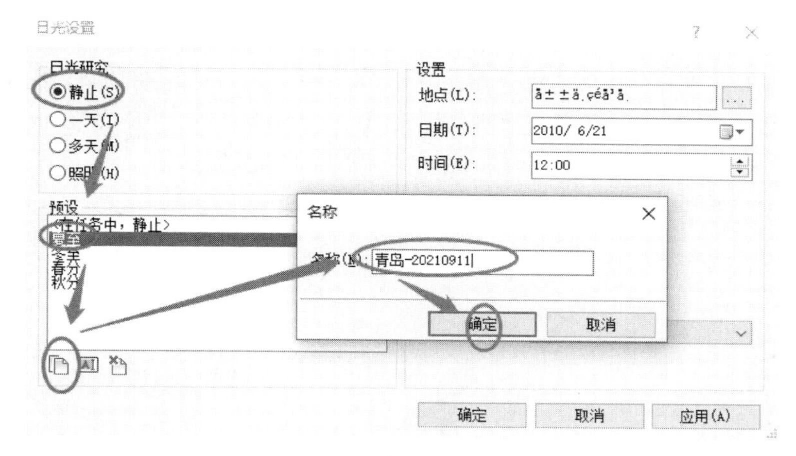

图 9.4.8 静态日光设置

按照图 9.4.9 所示，在“日光设置”对话框右侧设置“日期”为“2021\9\11”，设置“时间”为“11:00”，“地点”已经自动提取了前面“地点”中的设置，此处不需要设置。取消勾选“地平面的标高”选项。

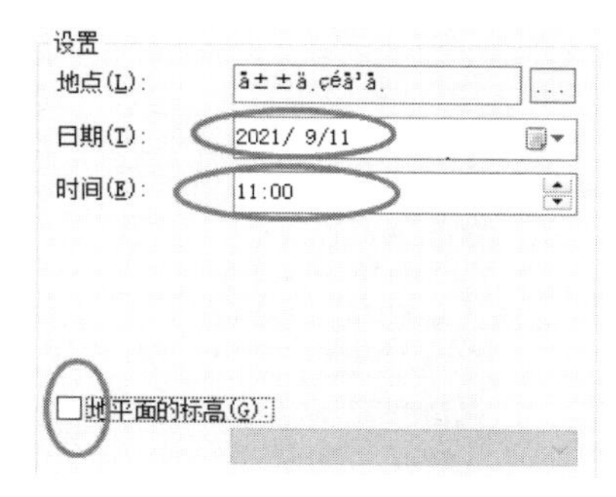

图 9.4.9 “设置”参数

【注】本例已经创建了地形表面，取消勾选“地平面的标高”选项，以在图中的地形表面上投射阴影；若没有设置地形表面，可以勾选“地平面的标高”，并选择一个标高名称，则将在该标高平面上投射阴影。

单击“确定”退出“日光设置”对话框。

（2）“关闭\打开阴影”设置

单击“视图选项卡”中的“关闭\打开阴影”（图 9.4.10），打开日光阴影。效果如图 9.4.11 所示。

图 9.4.10 关闭\打开阴影

图 9.4.11 静态日光研究效果

（3）保存日光研究图像

设置好的日光研究图像，可以存储在项目浏览器的“渲染”节点下，以备随时查看。

在项目浏览器中，在“01-静态日光研究”视图名称上右击，选择“作为图像保存到项目中”命令。在对话框中，“为视图命名”为“01-静态日光研究”，设置“图像尺寸”为“2000”像素，其他参数默认，单击“确定”（图 9.4.12）。即可在项目浏览器的“渲染”节点下创建一个“01-静态日光研究”图像视图。

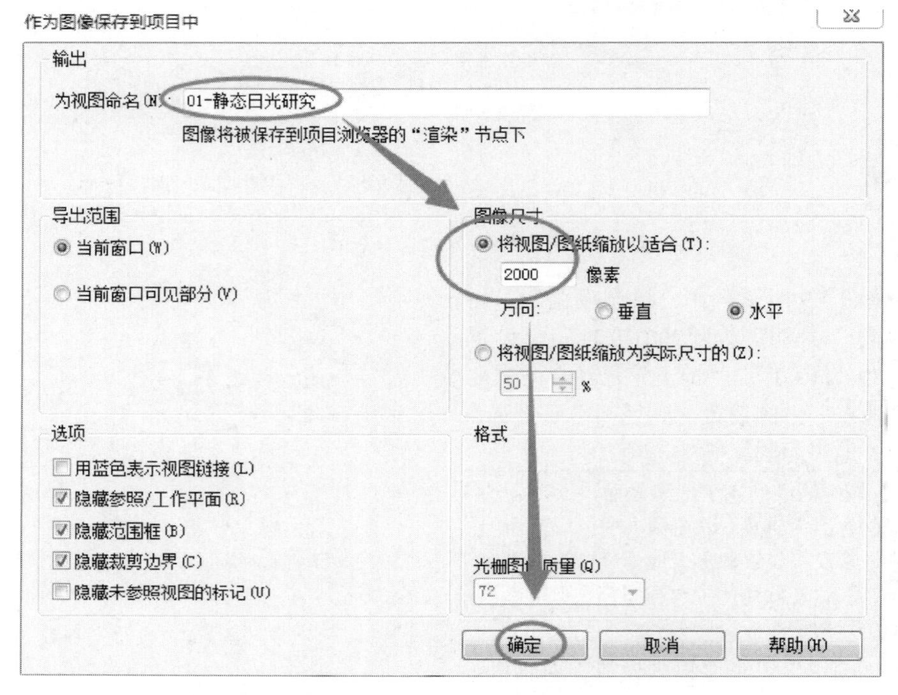

图 9.4.12　图像输出设置

创建完成的文件见“9.4 节\静态日光研究完成.rvt”。

9.4.2　一天日光研究

一天日光研究是指在特定某一天已定义的时间范围内自然光和阴影对建筑和场地的影响。例如，可以追踪 2021 年 9 月 11 日从日出到日落的阴影变化过程。一天日光研究的创建方法同静态日光研究的流程完全一样，不同之处在于“日光设置”中的设置略有区别，最后生成的是一个动态的日光动画，本节不再一一详述，仅重点介绍不同之处。

1）创建日光研究视图

打开文件“9.4 节\静态日光研究完成.rvt”。复制上节三维视图中的“01-静态日光研究”视图，重命名为“02-一天日光研究”。

2）创建一天日光研究视图

在“日光设置”中，按照图 9.4.13 所示，选择日光研究为“一天”，单击“一天日光研究”，选择下方的“复制”，定义名称为“一天日光研究-青岛”，单击“确定”。设置“日期”为“2021\9\11”；勾选“日出到日落”；设置“时间间隔”为“30 分钟”；取消勾选“地平面的标高”；单击“确定”，完成日光研究设置。阴影默认显示在日出时间的位置。

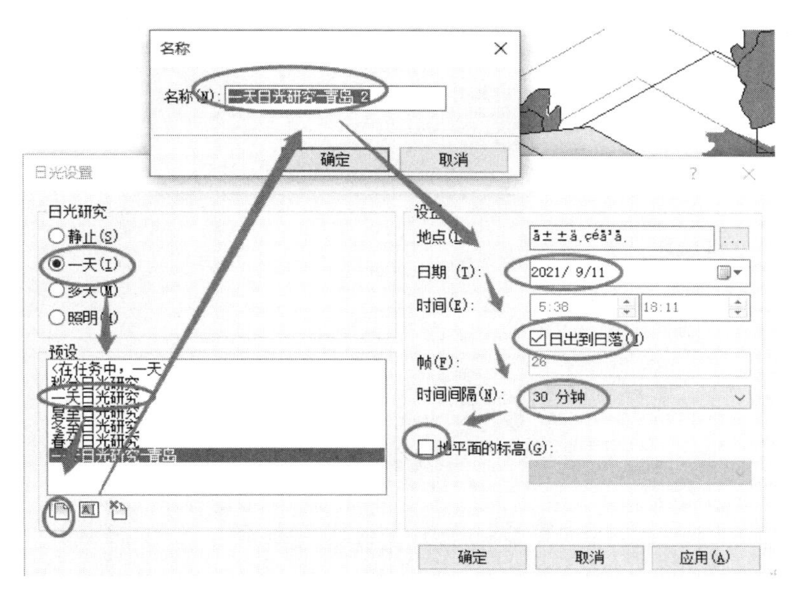

图 9.4.13　一天日光研究设置

3）查看一天日光研究

单击视图控制栏的“日光路径”，单击“打开日光路径”和“日光研究预览”（图 9.4.14）。

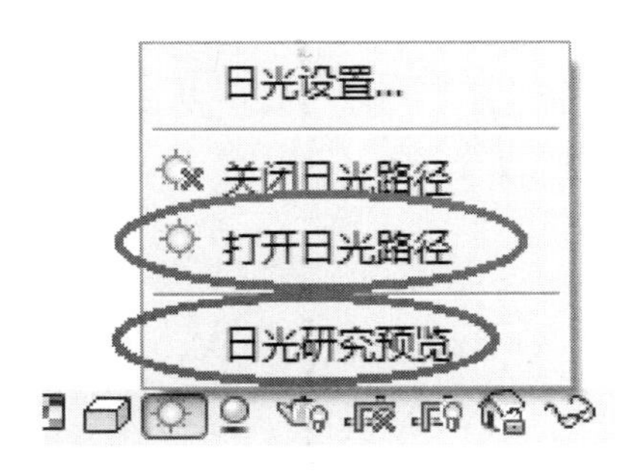

图 9.4.14　日光路径设置

日光研究预览：选项栏可设置预览起始“帧”；单击日期时间按钮可打开“日光设置”对话框；单击“下一帧”“下一关键帧”等可以手动控制播放进度；单击“播放”按钮在视图中自动播放日光动画预览（图 9.4.15）。

4）保存日光研究图像

单击“视图控制栏”中的“关闭日光路径”命令，隐藏日轨图案。单击“日光研究预览”命令，选项栏设置要保存图像的“帧”值为 10，先显示该帧画面。在“02-一天日光研究”视图名称上右击，选择“作为图像保存到项目中”命令，在弹出的“作为图像保存到项目中”对话框中，命名为“02-一天日光研究-第 10 帧”，单击“确定”。将当前帧图像保存到项目浏览器“渲染”节点下，名为“02-一天日光研究-第 10 帧”。

图 9.4.15　选项栏

5）导出日光研究动画

按照图 9.4.16 所示，单击左上角“文件”→“导出”→“图像和动画”→“日光研究”命令。

在弹出的“长度\格式”对话框设置中，设置“帧\秒”为 1（该值和总帧数决定了动画的“总时间”），勾选“包含时间和日期戳”（图 9.4.17）。

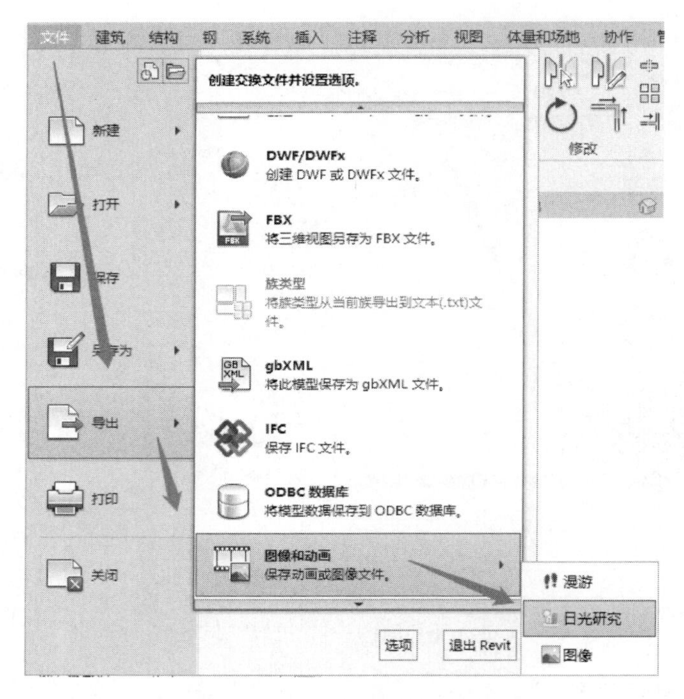

图 9.4.16　导出日光研究视频

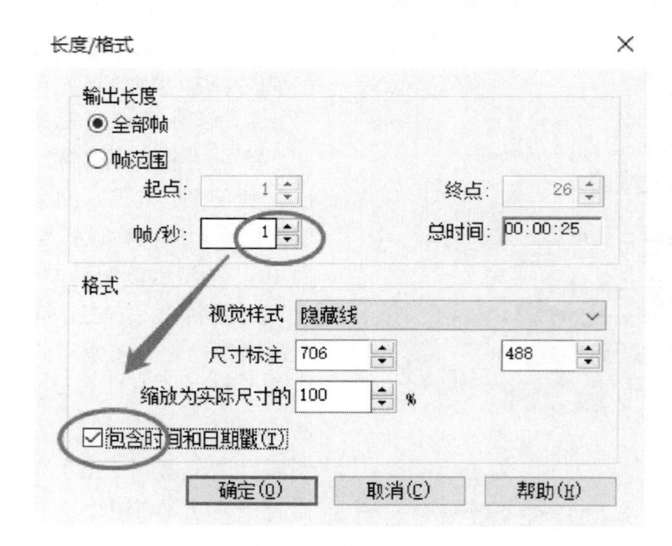

图 9.4.17　输出设置

单击“确定”，设置保存路径，文件名称为“一天日光研究.avi”，单击“保存”。

在弹出的“视频压缩”对话框中选择一种合适的视频压缩格式，本例选择“Microsoft Video1”，单击“确定”即可自动导出为外部动画文件或批量静帧图像。

创建完成的项目文件见“9.4 节\一天日光研究完成.rvt”，完成的视频文件见“一天日光研究.avi”。

9.4.3　多天日光研究

多天日光研究是指在特定日期范围内某时间点自然光和阴影对建筑和场地的影响。例如，可以追踪 2021 年 2 月 11 日至 9 月 11 日每天 10：00-11：00 阴影由长变短的过程。多天日光研究的创建方法同一天日光研究的流程完全一样，不同之处在于“日光设置”中的设置略有区别。

如图 9.4.18 所示，单击“多天”和下方的“多天日光研究”，新建“多天日光研究青岛”，设置日期、时间、时间间隔等。

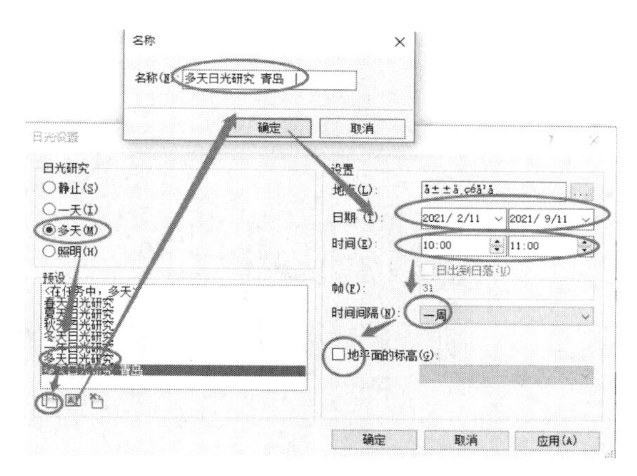

图 9.4.18　多天日光研究设置

创建完成的项目文件见“9.4 节\多天日光研究完成.rvt”。

9.5　渲染与漫游

9.5.1　创建相机视图

1）创建水平相机视图

在创建完模型、给构件赋材质之后，在渲染之前一般要先创建相机透视图，生成渲染场景。打开“9.4 节\多天日光研究完成.rvt”，进入到标高 1 楼层平面视图。单击“视图”选项卡中的“创建”面板“三维视图”下拉菜单中的“相机”命令，观察选项栏中“偏移量”为“1750.0”，即相机所处的高度为 F1 向上 1750mm 的高度。移动光标，在视图中右下角单击放置相机，光标向左上角移动，超过建筑物，单击放置视点（图 9.5.1）。

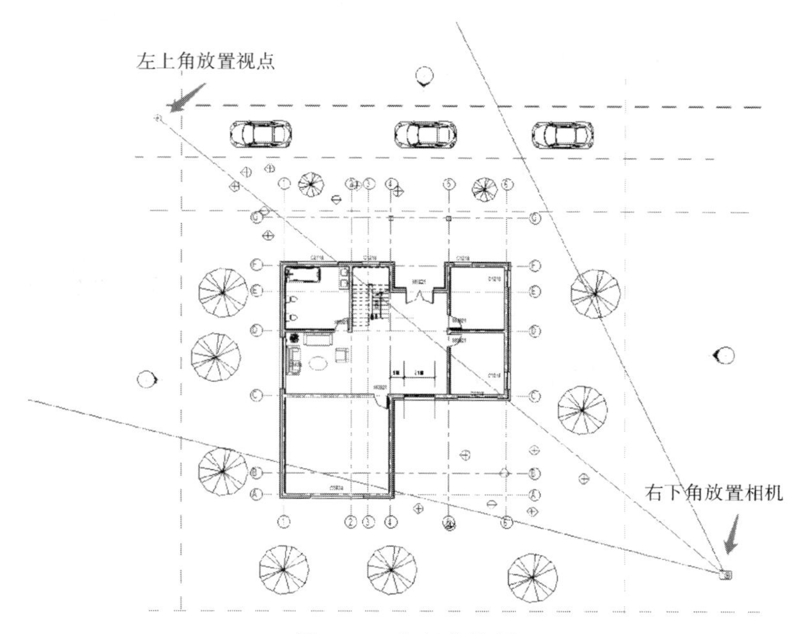

图 9.5.1　相机的放置

此时一张新创建的三维视图自动弹出。该三维视图位于项目浏览器“三维视图”节点下，名称为“三维视图 1”，将其重命名为“东南角水平相机视图”。

单击裁剪区域，向外拖拽边界，使整个建筑物及场地可见。如图 9.5.2 所示。

图 9.5.2　相机视图

2）创建鸟瞰相机视图

在项目浏览器的“东南角水平相机视图”中右击，选择“带细节复制”，将其重命名为“东南角鸟瞰相机视图”。

进入到南立面视图。单击“视图”选项卡中的“窗口”面板中的“平铺”命令，此时绘图区域将平铺显示所有打开过的视图。将除“东南角鸟瞰相机视图”和“南立面”视图外的其他视图都关掉，再进行一次平铺显示。此时，仅“东南角鸟瞰相机视图”和“南立面”视图平铺显示。

在“东南角鸟瞰相机视图”和“南立面”的绘图区域中分别右击，选择“缩放匹配”，使两视图放大到合适视口的大小。选择“东南角鸟瞰相机视图”的矩形视口，观察南立面视图中会出现相机、视线和视点。单击“南立面”中的相机，按住鼠标向上拖拽，观察到“东南角鸟瞰相机视图”会随着相机的升高而变为鸟瞰图。调整“东南角鸟瞰相机视图”各控制边，使视口足够显示整个建筑模型（图 9.5.3）。

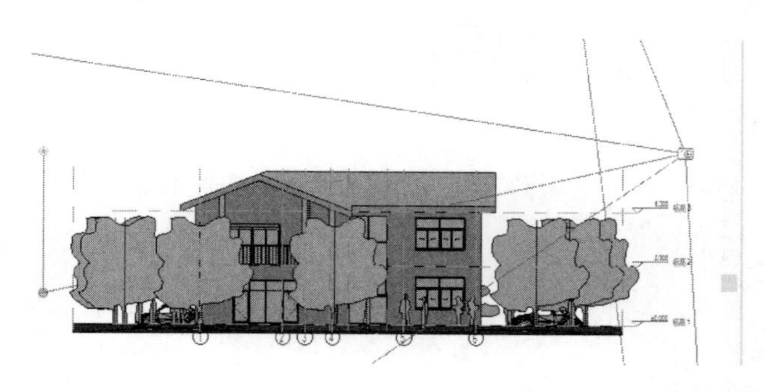

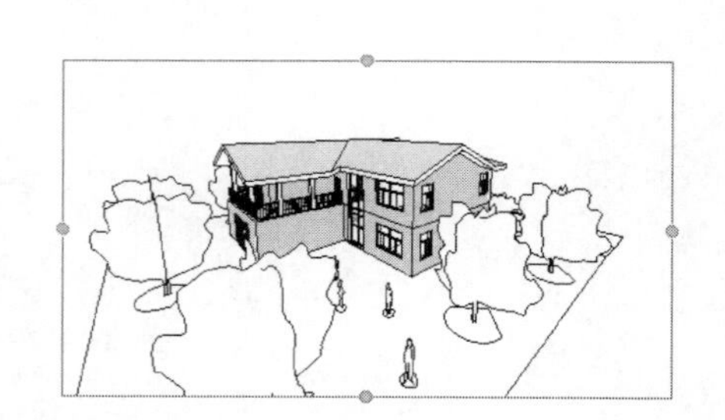

图 9.5.3　相机高度调整

至此模型的鸟瞰图创建完毕，保存文件。

3）创建室内相机视图

使用相同的方法在标高 1 创建如图 9.5.4 所示的室内相机视图，命名为“室内家居相机视图”。

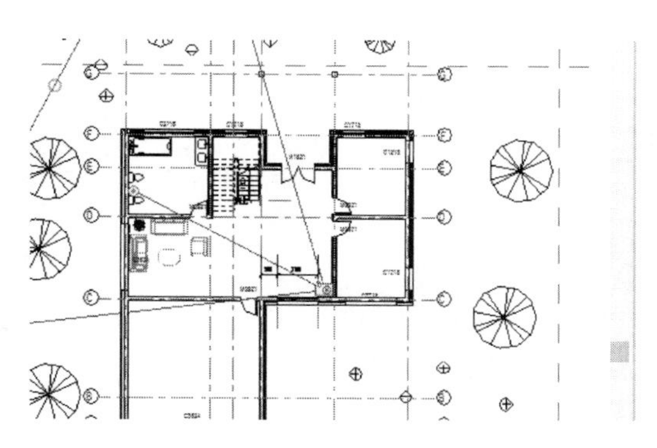

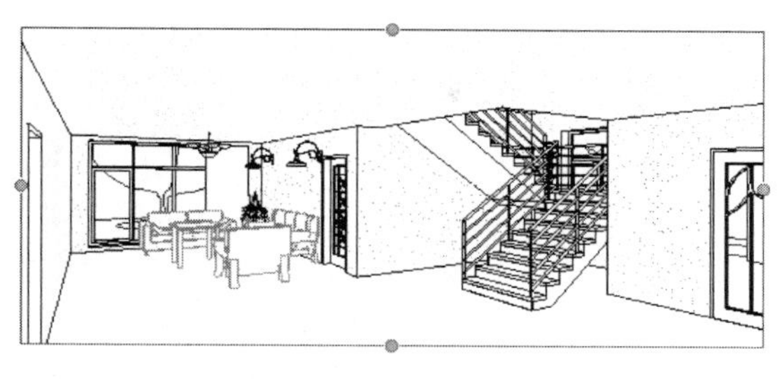

图 9.5.4　室内相机视图

创建完成的项目文件见“9.5 节\相机视图完成.rvt”。

9.5.2　进行图像渲染

1）室外太阳光渲染

打开“9.5 节\相机视图完成.rvt”，打开“东南角鸟瞰相机视图”。单击“视图”选项卡中的“图形”面板中的“渲染”命令，打开“渲染”对话框。

照明设置：从“方案”后的下拉列表中选择“室外：仅日光”。单击日光设置后的“...”按钮，在弹出的“日光设置对话框中选择“静止”“青岛-20210911”，单击“确定”，回到“渲染”对话框（图 9.5.5）。

若照明方案选择有关“人造光”的方案，则照明设置中的“人造灯光”按钮可用。单击“人造灯光”，可选择要在渲染中打开的灯光。

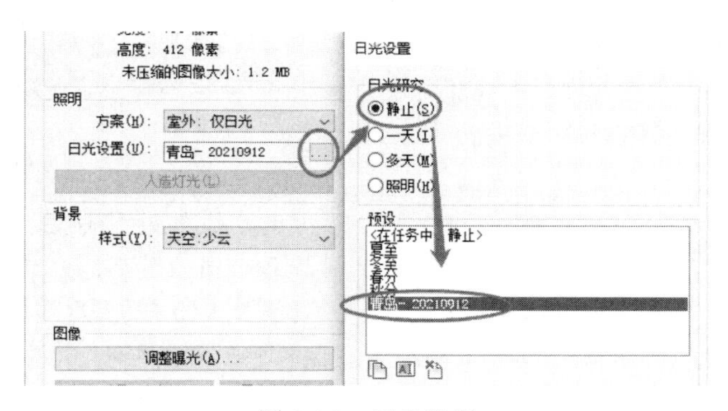

图 9.5.5　日光设置

背景设置：从“样式”后的下拉列表中选择“图像”，读取“9.5 节\天空.jpg”，单击“确定”。如图 9.5.6 所示。

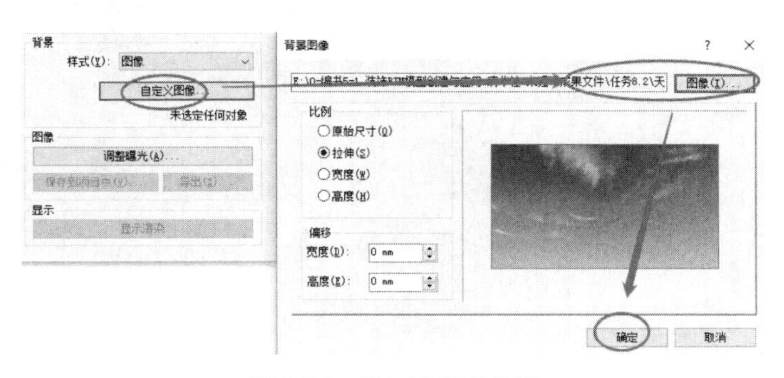

图 9.5.6　载入天空背景图

以上设置完成后，单击左上角的“渲染”　按钮，渲染效果如图 9.5.7 所示。

图 9.5.7　东南角鸟瞰图渲染完成

渲染完成后，单击“渲染”对话框下面的“显示模型”按钮可以显示渲染前的模型视图状态；再次进行单击会重新显示“渲染”。

单击渲染面板下方的“保存到项目中”（图 9.5.8），命名为“东南角鸟瞰图渲染”，单击“确定”，该视图将保存到项目浏览器的“渲染”视图中；单击渲染面板下方的“导出”（图 9.5.8），同样命名为“东南角鸟瞰图渲染”，单击“确定”，该图片将作为外部文件进行保存，将其保存在“任务 8.2”文件夹中。

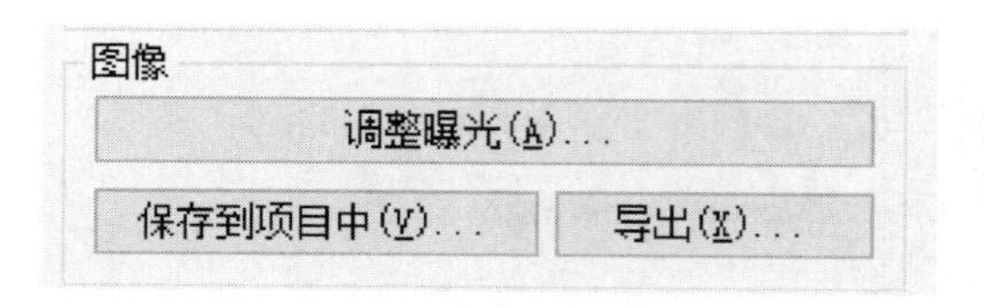

图 9.5.8　图像保存和导出命令

关闭渲染面板，结束渲染命令。

2）室内灯光渲染

打开“室内家居相机视图”。

单击“渲染”命令，照明“方案”选择“室内：仅人造光”（图 9.5.9）。

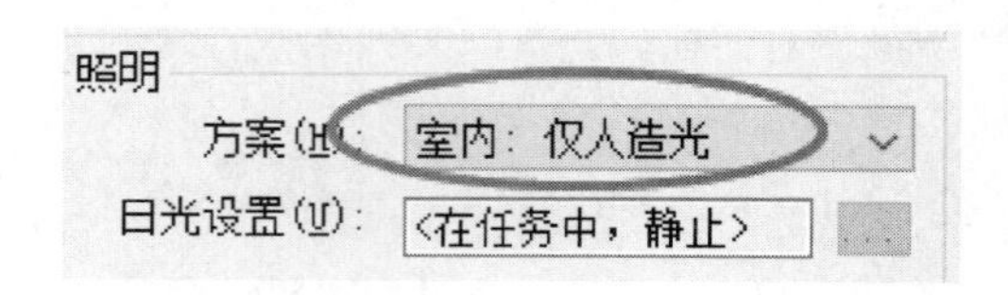

图 9.5.9　“室内：仅人造光”方案

若渲染效果不满意，可按照“装饰构件放置”章节再放置其他灯具。

图 9.5.10 是加设灯具后的渲染效果图。同样将渲染图保存到项目中，进行导出，命名为“室内家居灯光渲染”。

图 9.5.10　室内灯光渲染完成

3）室内太阳光渲染

打开“室内家居相机视图”。单击“渲染”命令，照明“方案”选择“室内：仅日光”，“日光设置”选择“青岛-20210912”（图 9.5.11）。

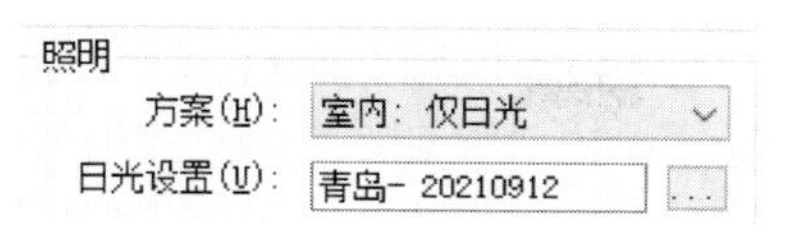

图 9.5.11 “室内：仅日光”方案

渲染效果图如图 9.5.12 所示。同样将渲染图保存到项目中和进行导出，命名为“室内家居太阳光渲染”。

图 9.5.12 室内太阳光渲染完成

4）导出 3ds MAX

可将 Revit 项目的三维视图导出为 FBX 文件，并可将该文件导入到 3ds Max 中。在 3ds Max 中可以为设计创建复杂的渲染效果，与客户分享。在 Revit 导出 FBX 文件过程中，会保留三维视图的光、渲染外观、天空设置以及材质指定等信息，该渲染信息将会传递给 3ds Max。

在 Revit 中打开“室内家居相机视图”三维视图，单击“文件”菜单→“导出”→“FBX”，如图 9.5.13 所示。

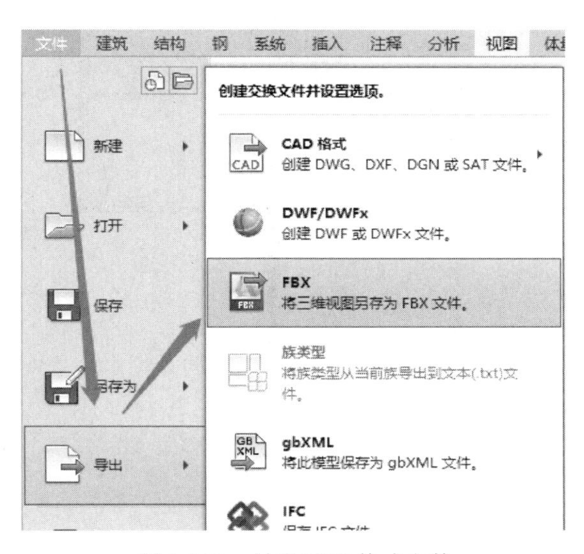

图 9.5.13 导出 FBX 格式文件

在“导出”对话框中设置导出文件的名称、路径，单击“保存”。

保存后的文件可直接导入到 3ds Max 中。

【注】Revit只将一个相机视图（对应于活动的三维视图）导出为FBX，即仅当前Revit三维视图或相机视图导入到3ds Max中作为三维相机视图。

创建完成的项目文件见“9.5 节\渲染完成.rvt”。

9.5.3 创建漫游

1）创建畅游

打开“9.5 节\渲染完成.rvt”，进入到标高 1 楼层平面视图。单击“视图”选项卡中的“创建”面板中的“三维视图”下拉菜单中的“漫游”命令（图 9.5.14）。

按照图 9.5.15 所示，光标移至绘图区域，在北入口位置单击，开始绘制路径（即漫游所要经过的路线）。光标每单击一个点，即创建一个关键帧，沿别墅外围逐个单击放置关键帧，路径围绕别墅一周后进入到别墅内部，到达客厅沙发，按 Esc 键完成漫游路径的绘制。

【注】选项栏中可以设置路径的高度，默认为1750，可单击1750修改其高度。

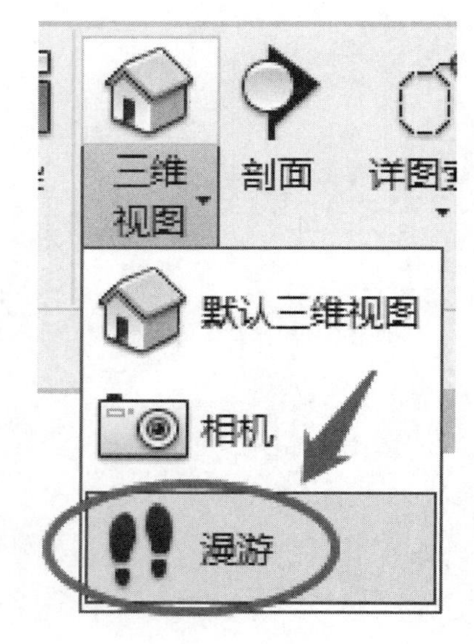

图 9.5.14 “漫游”命令

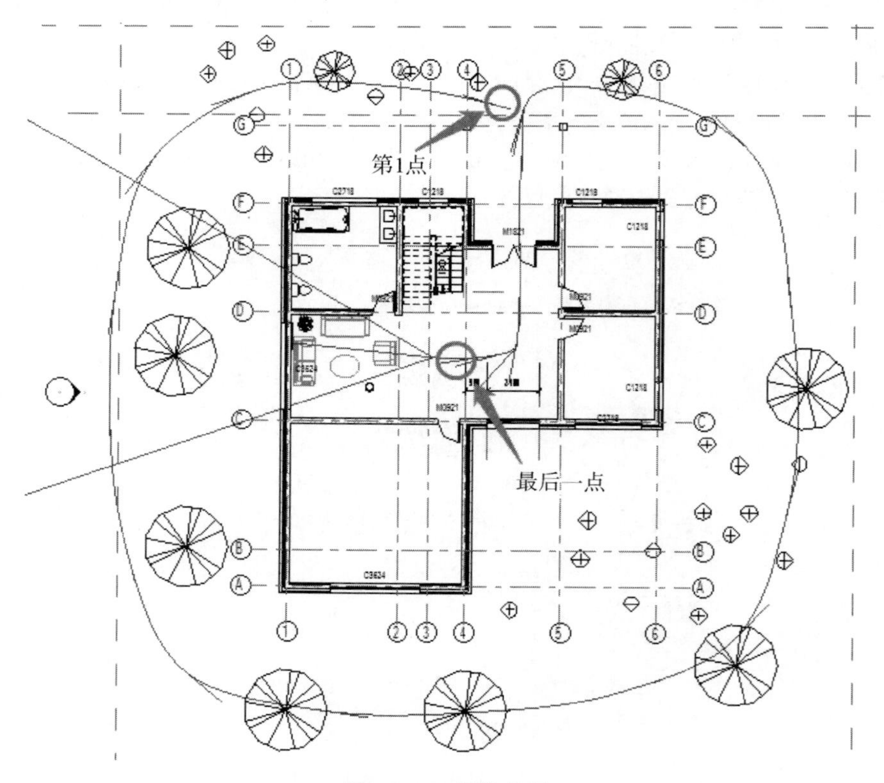

图 9.5.15 漫游路径

完成路径后，观察项目浏览器中出现“漫游”项，可以看到刚创建的漫游名称是“漫游1”，修改名称为“别墅室内外漫游”（图9.5.16），双击进入到漫游视图。

图 9.5.16　修改名称为“别墅室内外漫游”

打开标高 1 楼层平面视图，单击“视图”选项卡的“窗口”面板中的“平铺”命令，关闭其他视图，仅平铺“标高 1”视图和“别墅室内外漫游”视图。

2）编辑与预览漫游

在“别墅室内外漫游”视图，单击裁剪区域边界，出现上下文选项卡，单击上下文选项卡中的“编辑漫游”命令。在“标高 1”视图中，相机为可编辑状态。执行“上一关键帧”或“下一关键帧”（图 9.5.17），并拖拽“相机视点”使所有关键帧的相机均朝向建筑物，如图 9.5.18 所示。

默认相机视点的朝向是漫游路径的切线方向，需更改为朝向建筑物方向。

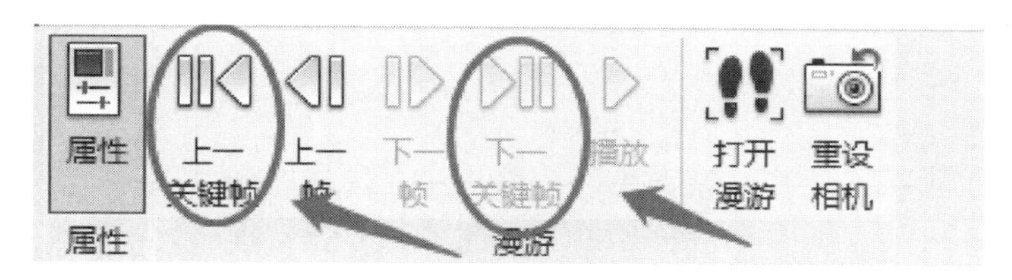

图 9.5.17　“上一关键帧”或“下一关键帧”

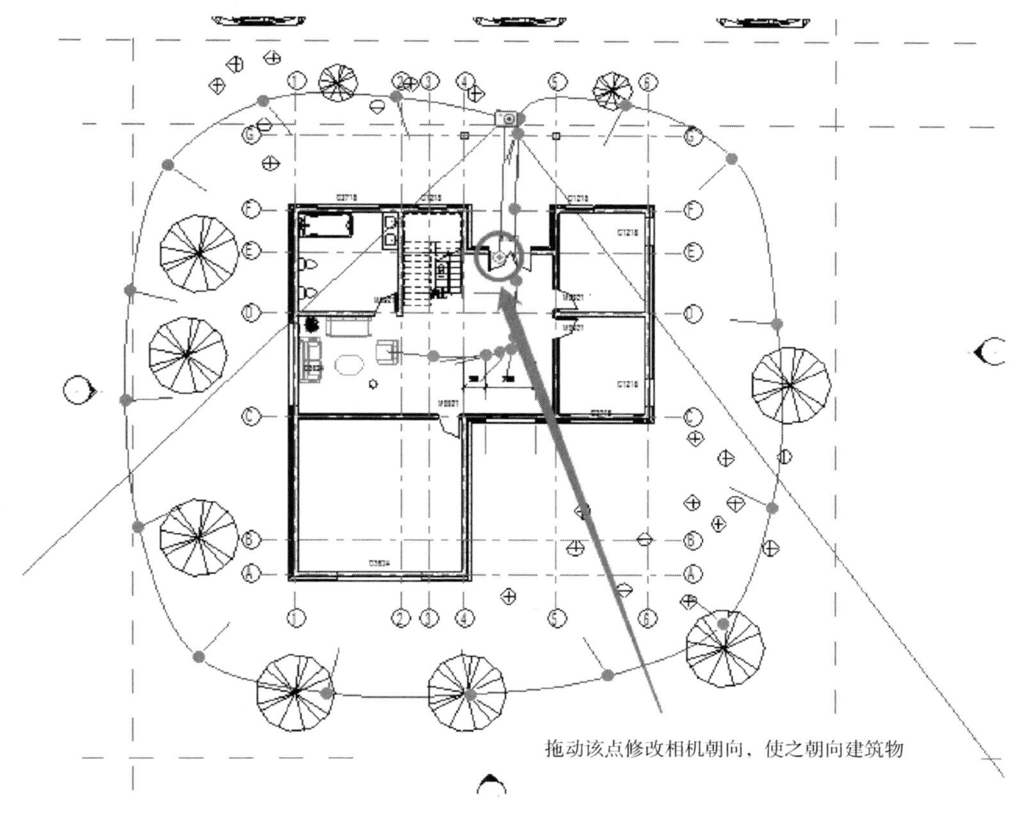

图 9.5.18　各关键帧的相机均朝向建筑物

按照图 9.5.19 所示，将“帧”设置为“1”，回到第 1 帧。

拖动裁剪区域边界控制点放大视口，使建筑物全部可见，如图 9.5.20 所示。

图 9.5.19　进入到第 1 帧视图

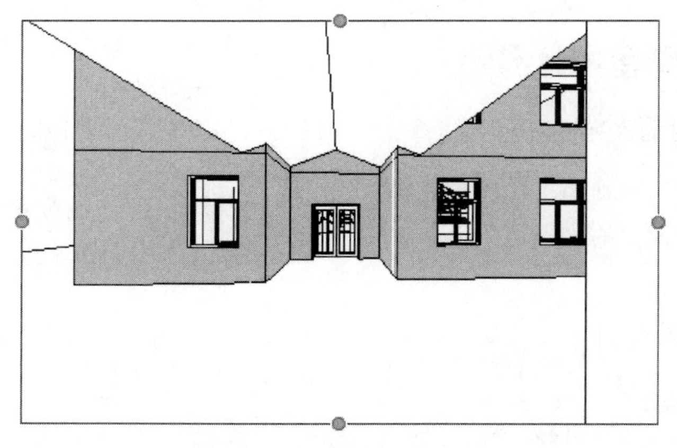

图 9.5.20　建筑物全部可见

单击“编辑漫游”上下文选项卡，单击“漫游”面板中的“播放”命令（图 9.5.21），播放完成的漫游。

若观察到某一关键帧运动速度过快，尤其是在转角处转动太快，可通过修改关键帧加速度的方法进行调整：按照图 9.5.22 所示“漫游帧”对话框，取消“匀速”的勾选，将这一关键帧的加速器值修改为小于 1 的值，单击“确定”退出“漫游帧”对话框。

图 9.5.21　播放命令

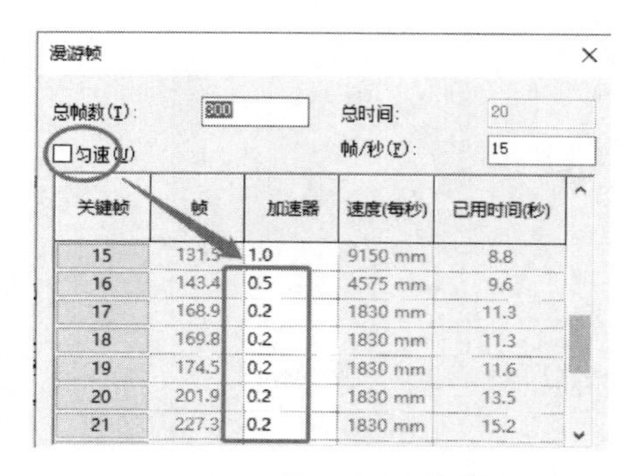

图 9.5.22　漫游帧速度的修改

3）漫游的导出

在“别墅室内外漫游”漫游视图中，单击图 9.5.23 视图控制栏中的相关命令，设置“视觉样式”为“真实”，日光设置为“静止”“青岛-20210912”，并打开阴影。

图 9.5.23　视图控制栏中的相关命令

单击左上角“文件”菜单→“导出”→“图像和动画”→“漫游”命令（图 9.5.24），弹出“长度\格式”面板。

在弹出的“长度\格式”面板中修改“帧\秒”为 3 帧，按确定后弹出“导出漫游”对话框。输入文件名“别墅室内外漫游”，选择路径单击“保存”，弹出“视频压缩”对话框，默认为“全帧（非压缩的）”，该压缩模式下产生的文件会非常大，本例选择压缩模式为“Microsoft Video 1”，该模式为大部分系统可以读取的模式，同时可以减少文件大小，单击“确定”将漫游文件导出为外部 AVI 文件。

完成的项目文件见“9.5 节\别墅室内外漫游完成.rvt”，完成的漫游视频文件见“9.5 节\别墅室内外漫游.avi”。

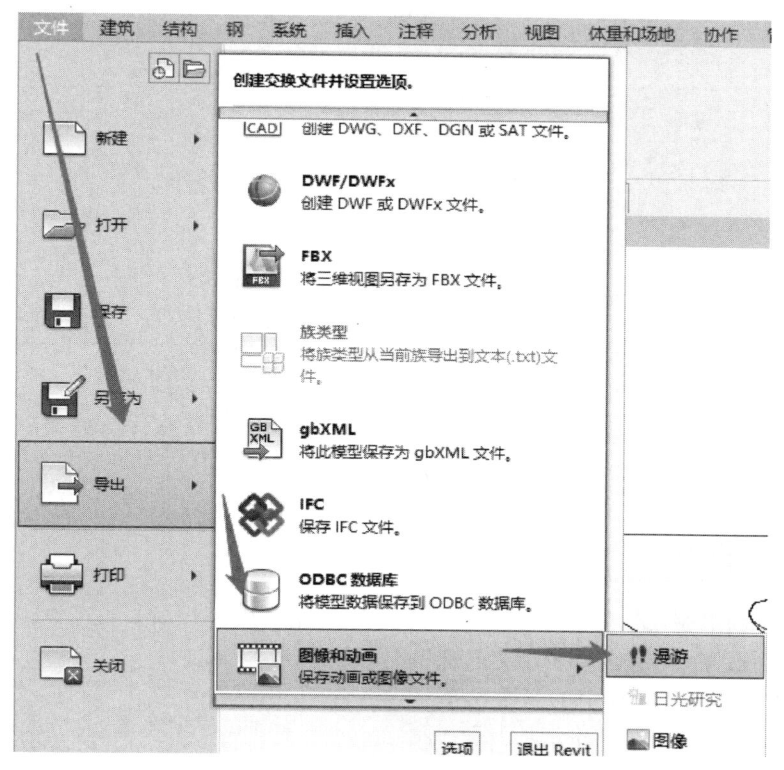

图 9.5.24　导出漫游视频

9.6　设计选项

9.6.1　创建多种设计方案

1）创建设计选项

打开“9.5 节\别墅室内外漫游完成.rvt”。单击“管理”选项卡的“设计选项”面板的“设计选项”命令，打开“设计选项”面板。

如图 9.6.1 所示，单击右侧“选项集”下的“新建”按钮，在左侧栏中自动创建“选项集 1”及其“选项 1(主选项）”。再单击“选项”下的“新建”按钮，在左侧栏中“选项集 1”下创建“选项 2”。

按照图 9.6.2 所示，选择左侧栏的“选项集 1”，再单击右侧“选项集”下的“重命名”按钮，将其命名为“餐桌形式”，单击“确定”。单击选择“选项 1(主选项）”，再单击“选项”下的“重命名”按钮，将其命名为“圆形餐桌”，单击“确定”。同理，将“选项 2”重命名为“方形餐桌”。

采用同样方法，再创建一个选项集及其两个选项。将选项集重命名为“沙发形式”，将两个选项分别命名为“双人沙发”和“三人沙发”，见图 9.6.3 所示。单击“关闭”。

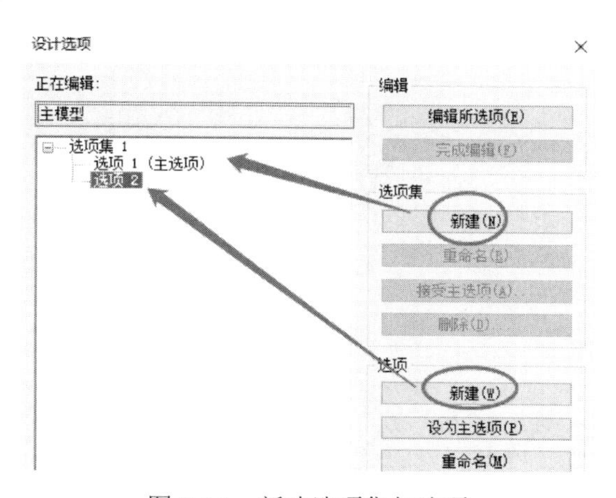

图 9.6.1　新建选项集与选项

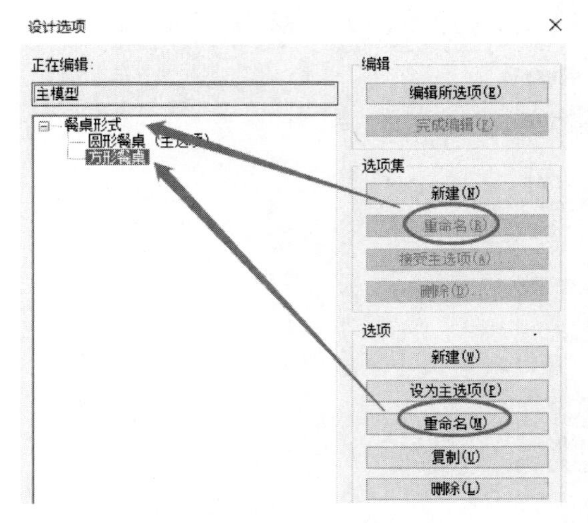

图 9.6.2　选项重命名

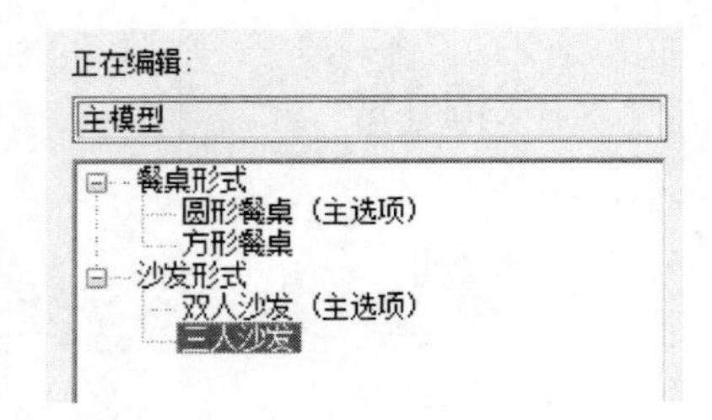

图 9.6.3　新创建的一个选项集及其两个选项

2）创建各设计选项下的模型

（1）创建“圆形餐桌”方案

进入到“圆形餐桌”方案，单击“管理”选项卡中“设计选项”面板中的“主模型”选项，将其改为“圆形餐桌（主选项）”（图 9.6.4）。

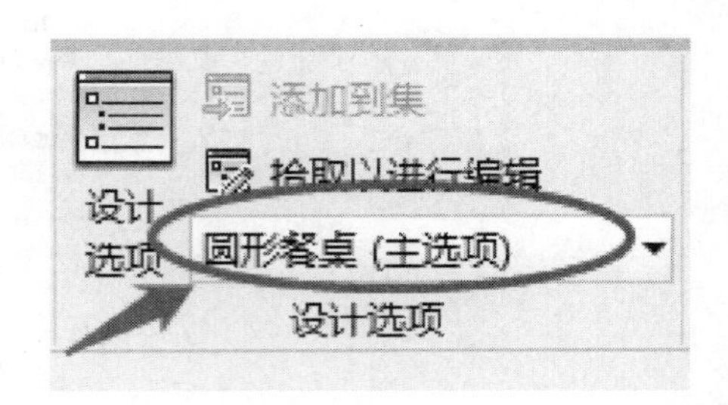

图 9.6.4　进入到“圆形餐桌”方案

创建“圆形餐桌”方案下的模型：进入到标高 1 楼层平面视图。单击“建筑”选项卡中的“构件”中的“放置构件”命令，载入“家具”文件夹中的“餐桌-圆形带餐椅”构件，在图 9.6.5 所示的位置进行放置。

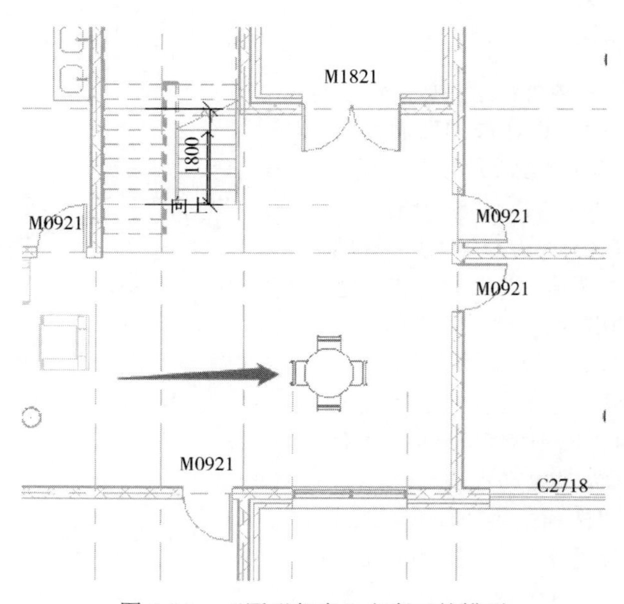

图 9.6.5　“圆形餐桌”方案下的模型

（2）创建“方形方桌”方案

进入到“方形餐桌”方案，将“设计选项”面板中的“圆形餐桌（主选项）”改为“方形餐桌”，如图9.6.6所示。此时，“圆形餐桌”方案下的模型会隐藏。

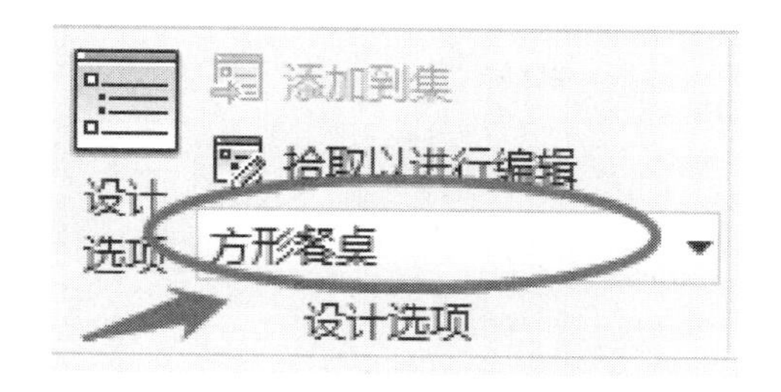

图9.6.6　改为“方形餐桌”方案

创建“方形餐桌”方案下的模型：执行“放置构件”命令，载入“家具”文件夹中的“西餐桌椅组合”构件，在图9.6.7所示的位置进行放置。

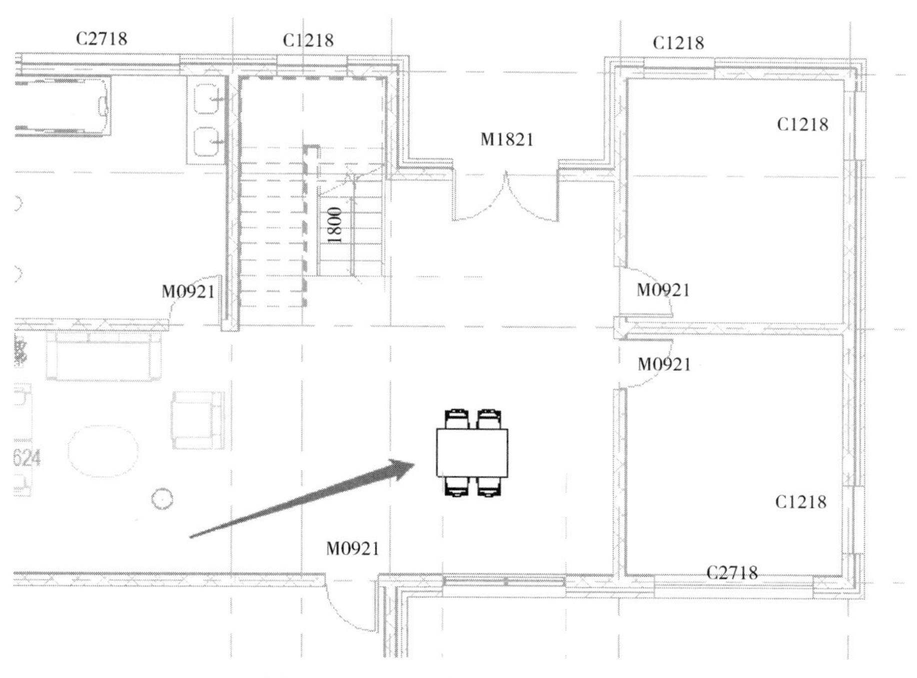

图9.6.7　“方形餐桌”方案下的模型

（3）创建“双人沙发”方案

进入到“方形餐桌”方案，将“设计选项”面板中的“方形餐桌”改为“双人沙发（主选项）”，如图9.6.8所示。

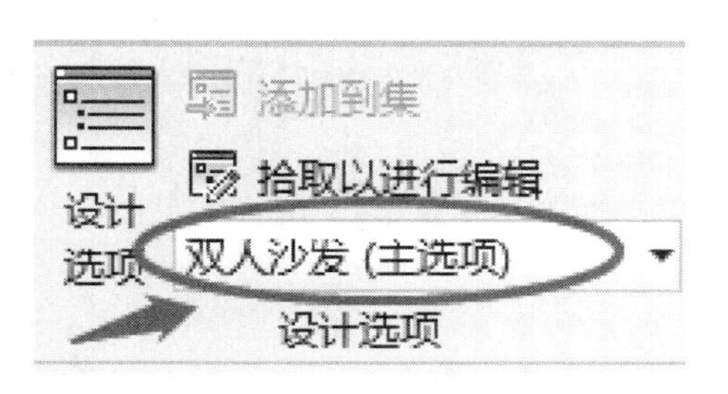

图9.6.8　改为“双人沙发”方案

此时，“方形餐桌”方案下的模型会隐藏；因为“圆形餐桌”是主选项，所以“圆形餐桌”方案下的模型会淡显显示，即会看到淡显显示的圆形餐桌。

创建“双人沙发”方案下的模型：执行“放置构件”命令，载入“家具”文件夹中的“双人沙发”构件，在图9.6.9所示的位置进行放置。

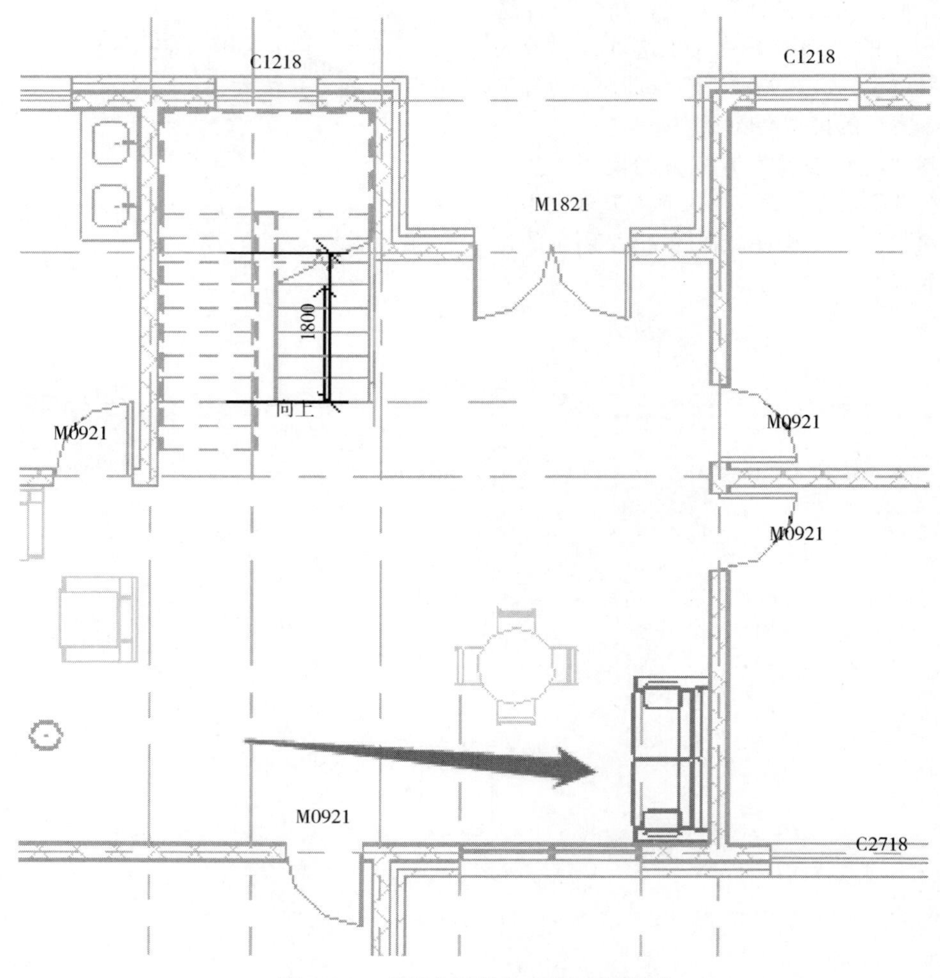

图 9.6.9 “双人沙发”方案下的模型

（4）创建“三人沙发”方案

进入到“三人沙发”方案，将“设计选项”面板中的“双人沙发（主选项）”改为“三人沙发”，如图 9.6.10 所示。

此时，“双人沙发（主选项）”方案下的模型会隐藏，“圆形餐桌”方案下的模型仍然会淡显显示。

创建“三人沙发”方案下的模型：执行“放置构件”命令，载入“家具”文件夹中的“三人沙发”构件，在图 9.6.11 所示的位置进行放置。

将“设计选项”面板中的“三人沙发”改为“主模型”。此时，显示的是主模型和两个主选项［圆形餐桌（主选项）、双人沙发（主选项）］下的模型。如图 9.6.12 所示。

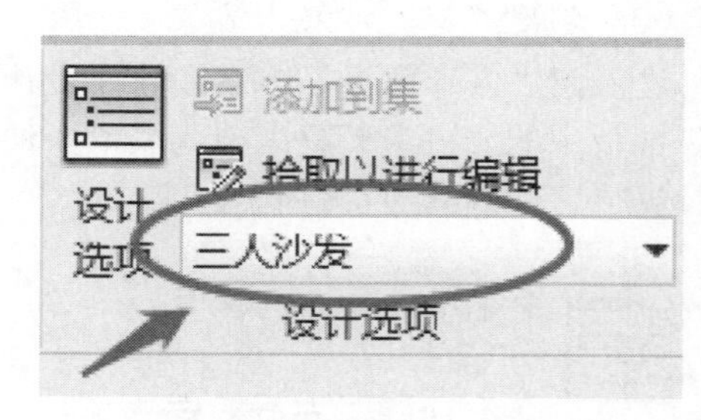

图 9.6.10 改为“三人沙发”方案

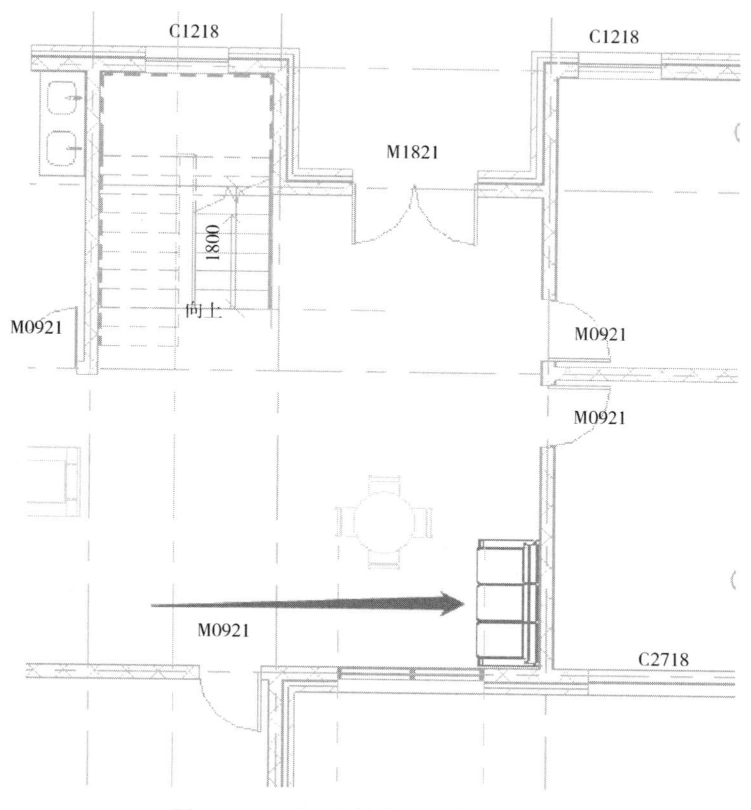

图 9.6.11 “三人沙发”方案下的模型

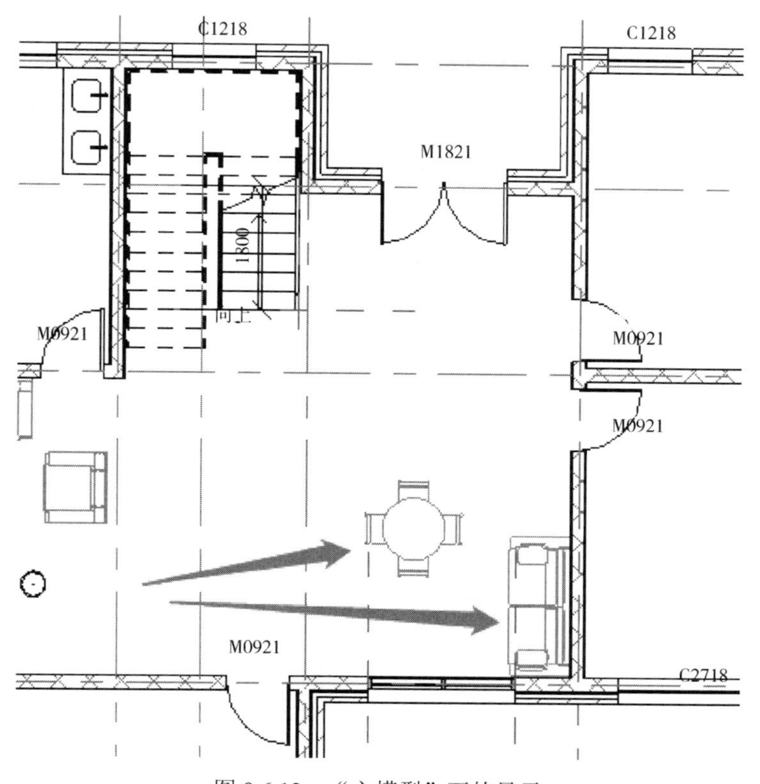

图 9.6.12 “主模型”下的显示

完成的项目文件见“9.6 节\创建各设计选项下的模型完成.rvt”

9.6.2　主设计方案的选定

1）多方案视图设置

在标高 1 楼层平面视图，在图 9.6.13 所示的位置创建相机，该相机视图命名为“餐厅相机视图”。

在餐厅相机视图的基础上带细节复制出一个三维视图，命名为“方案 1：圆形餐桌+双人沙发”。

执行“VV”快捷命令，如图 9.6.14 所示，在“设计选项”中，设置餐桌形式为“圆形餐桌(主选项)”，设置沙发形式为“双人沙发(主选项）”，单击“确定”。

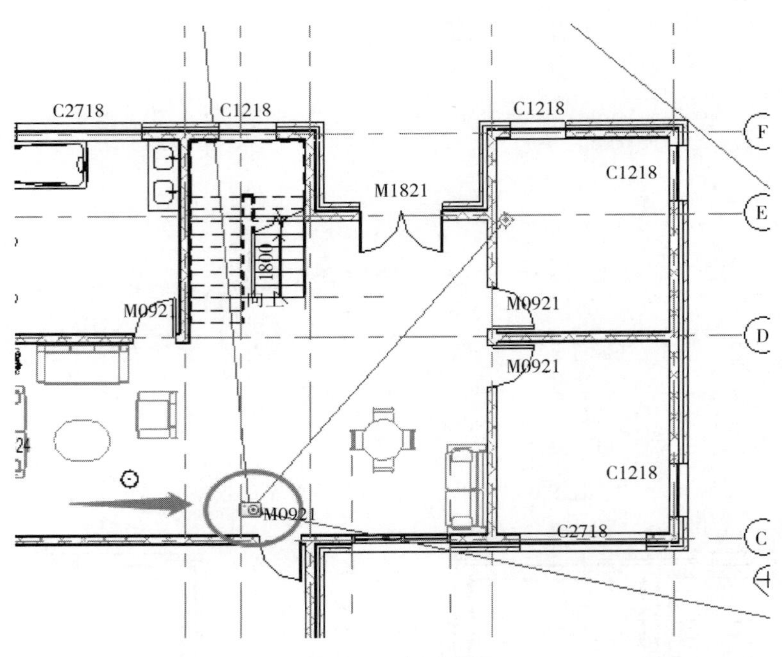

图 9.6.13　创建相机

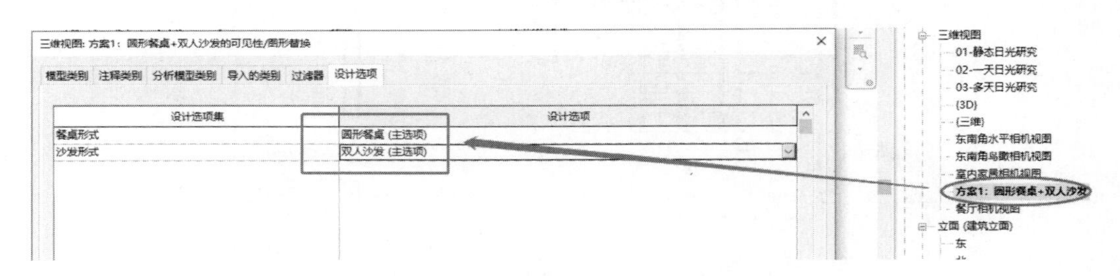

图 9.6.14　可见性设置中的设计选项

采用相同的方法，复制出“方案 2：方形餐桌+双人沙发”三维视图。执行可见性命令，设置“设计选项”中的餐桌形式为“方形餐桌”，沙发形式为“双人沙发（主选项）”保持不变，单击“确定”。

此时会在“方案 2：方形餐桌+双人沙发”三维视图中看到方形餐桌与双人沙发的组合。如图 9.6.15 所示。

图 9.6.15　方案 2 的三维视图

同理，复制出“方案 3：圆形餐桌+三人沙发”三维视图。执行可见性命令，设置“设计选项”中的餐桌形式为“圆形餐桌”，沙发形式为“三人沙发（主选项）”，单击“确定”。

继续复制出“方案 4：方形餐桌+三人沙发”三维视图。执行可见性命令，设置“设计选项”中的餐桌形式为“方形餐桌”，沙发形式为“三人沙发（主选项）”，单击“确定”。

图 9.6.16 为项目浏览器中四种设计方案的三维视图。

2）多方案探讨

“平铺”显示 4 个视图，即可在同一个项目文件中同时显示 4 种方案，如图 9.6.17 所示。

此时，可在此视图中进行设计方案的探讨。

3）确定主方案

经多方探讨，确定“方案 3：圆形餐桌+三人沙发”为主方案，确定主方案的方法如下。进入到“方案 3：圆形餐桌+三人沙发”三维视图中，单击“管理”选项卡的“设计选项”面板中的“设计选项”命令，弹出“设计选项”对话框。如图 9.6.18 所示，选择“三人沙发”，单击右侧“选项”下的“设为主选项”按钮，可将“三人沙发”设置为主方案。

三维视图
01-静态日光研究
02-一天日光研究
03-多天日光研究
{3D}
{三维}
东南角水平相机视图
东南角鸟瞰相机视图
室内家居相机视图
方案1：圆形餐桌+双人沙发
方案2：方形餐桌+双人沙发
方案3：圆形餐桌+三人沙发
方案4：方形餐桌+三人沙发
餐厅相机视图

图 9.6.16　项目浏览器中四种设计方案的三维视图

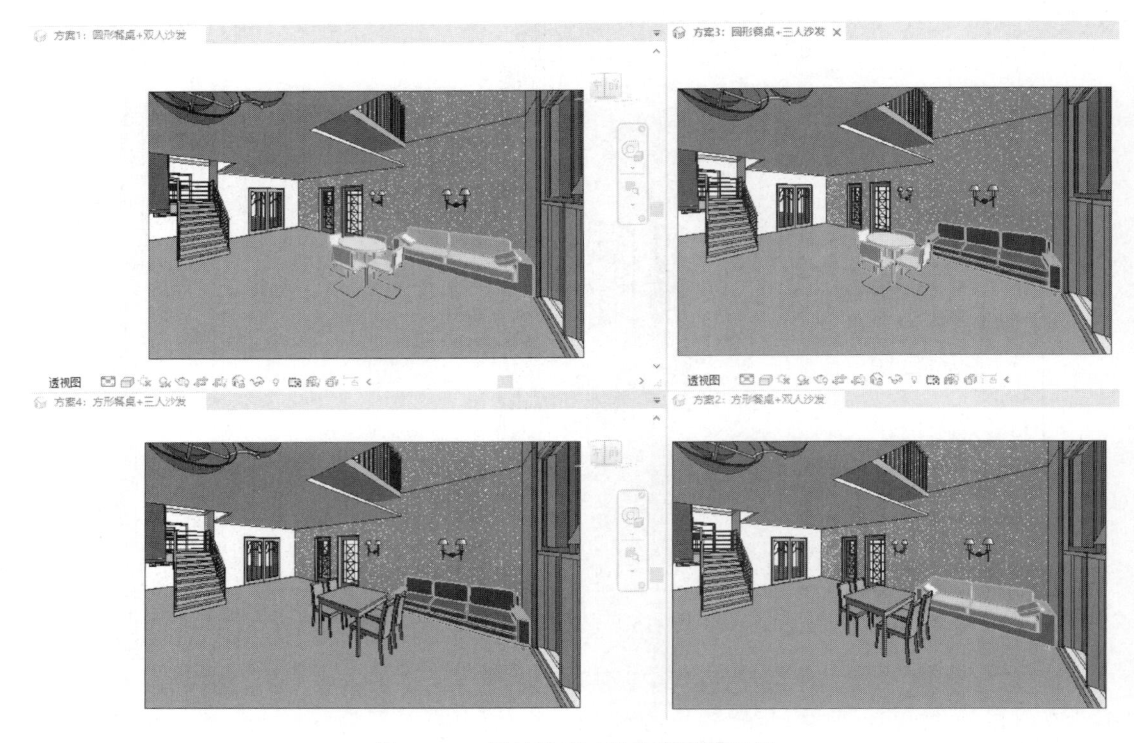

图 9.6.17 设计选项 4 种方案平铺显示

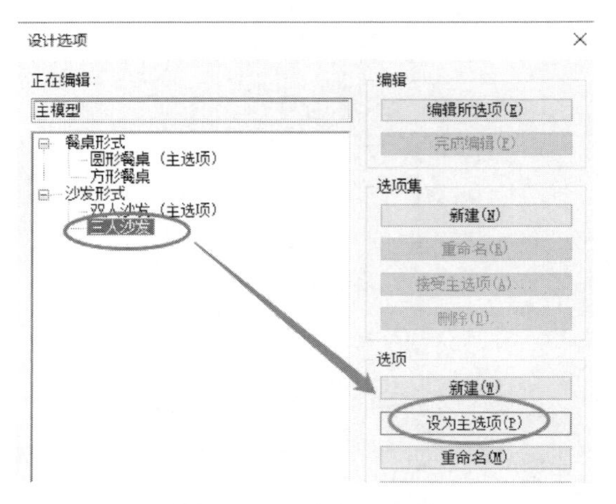

图 9.6.18 确定主选项

单击选择“餐桌形式”，单击右侧“选项集”下的“接受主选项”按钮（图 9.6.19），在弹出的“删除选项集”提示对话框中单击“是”，在弹出的“删除专用选项视图”对话框中单击“删除”，即可删除“餐桌形式”非主选项下的所有模型与视图。

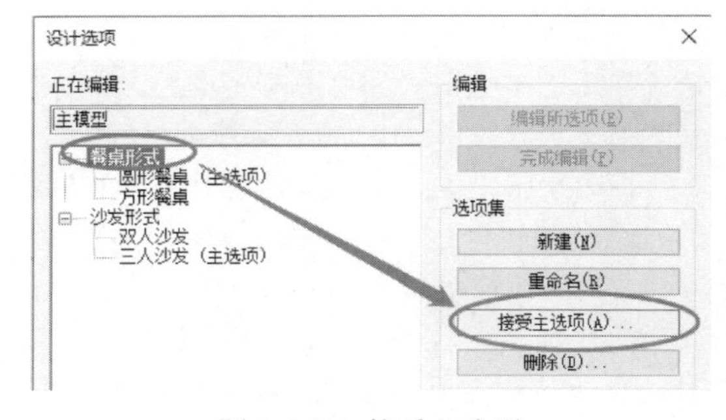

图 9.6.19 接受主选项

采用相同的方法，单击“沙发形式”，单击“接受该主选项”。此时，项目浏览器只剩下“方案 3：圆形餐桌+三人沙发”三维视图，其余的三个方案均被删除。

完成的项目文件见“9.6 节\主方案选定完成.rvt”。

9.7 DWG 底图建模与链接 Revit 协同设计

9.7.1 以 CAD 为底图创建 Revit 模型

以 DWG 文件为底图的建模方法是：“导入”或“链接”DWG 文件，再用“拾取线”的方法以快速创建 BIM 模型。本章以轴网创建为例进行说明。

1）DWG 图形处理

使用 CAD 软件打开“9.7 节\楼层平面图.dwg”。隔离出轴网：单击“格式”选项卡→“图层工具”→“图层隔离”命令（图 9.7.1），选择任意一根轴线、轴线编号和编号圆圈，回车。则轴线图层、轴线编号图层、编号圆圈图层被隔离，结果如图 9.7.2 所示。

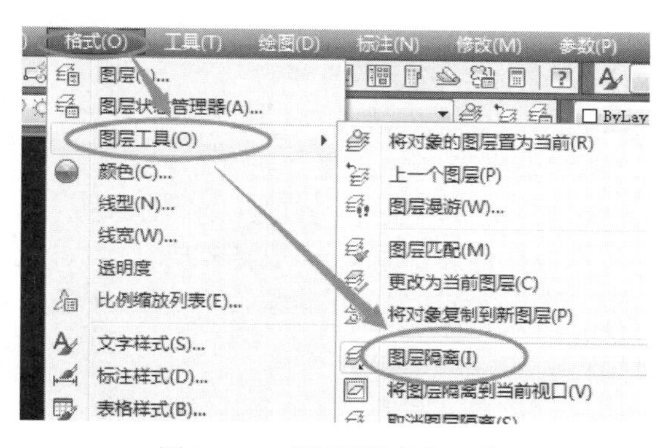

图 9.7.1 “图层隔离”工具

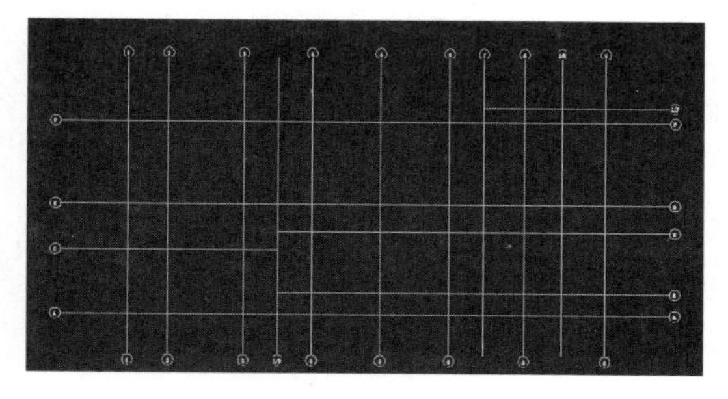

图 9.7.2 轴网隔离

将该 dwg 文件另存为“轴网隔离.dwg”。结果文件见“9.7 节\轴网隔离.dwg”。

【提示】执行轴网隔离命令时，要注意“[设置（S）]”（图 9.7.3），确保设置为“关闭”，而不是“锁定和淡入”。

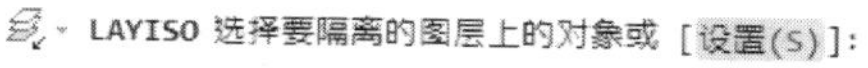

LAYISO 选择要隔离的图层上的对象或 [设置(S)]:

图 9.7.3 执行隔离命令的“设置”选项

2）导入和链接 DWG 格式文件

“导入”的 DWG 文件和原始 DWG 文件之间没有关联关系，不能随原始文件的更新而自动更新。“链接”的 DWG 文件能够和原始的 DWG 文件保持关联更新关系，能够随原始文件的更新而自动更新。

（1）导入 DWG 底图

新建一个 Revit 项目文件，单击“插入”选项卡中“导入”面板的“导入 CAD”命令（图 9.7.4），打开“导入 CAD 格式”对话框。

图 9.7.4 “导入 CAD”命令

定位到“9.7 节\轴网隔离.dwg”，勾选“仅当前视图”，设置“颜色”为“黑白”，“导入单位”为“毫米”，“定位”方式为“自动-中心到中心”，“放置于”默认为当前平面视图“标高 1”，单击“打开”（图 9.7.5）。

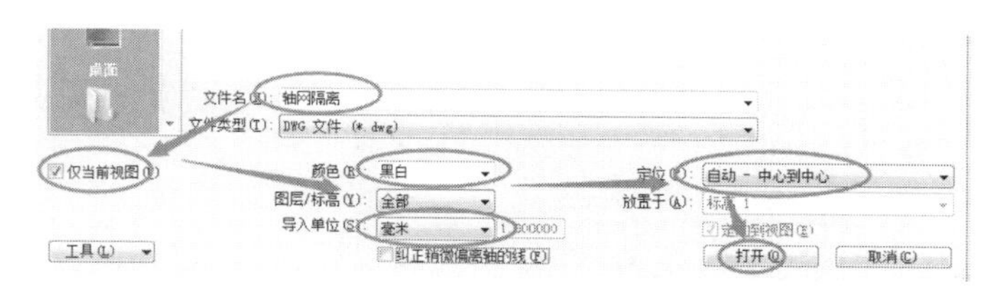

图 9.7.5 导入 CAD 文件

单击导入的 CAD 底图，可进行如下编辑：①属性面板中，绘制图层可设置为“背景”或“前景”，本例保持“背景”不变。②上下文选项卡中，单击“删除图层”命令，勾选要删除的图层名称，单击“确定”，可删除不需要的图层。本例不执行“删除图层”命令。③上下文选项卡中，单击“分解”下拉菜单，含“部分分解”和“完全分解”。其中“部分分解”可将 DWG 分解为文字、线和嵌套的 DWG 符号（图块）等图元，“完全分解”可将 DWG 分解为文字、线和图案填充等 AutoCAD 基础图元。本例不执行“分解”命令。单击导入的 CAD 底图，单击上下文选项卡“修改”面板中的“锁定”（图 9.7.6）。

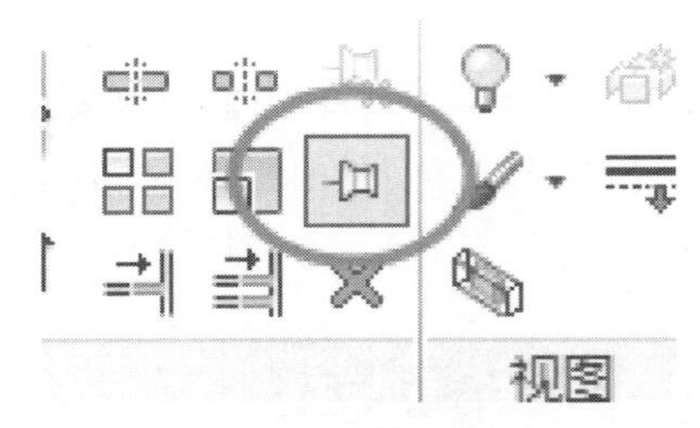

图 9.7.6　锁定底图

分别选择东西南北四个立面标记，将这四个立面标记移动到 DWG 文件之外。创建完成的项目文件见“9.7 节\导入 DWG 文件完成.rvt”。

（2）链接 DWG 格式文件

新建一个 Revit 项目文件，单击“插入”选项卡中的“链接”面板的“链接 CAD”命令（图 9.7.7），打开“链接 CAD 格式”对话框。

图 9.7.7　“链接 CAD”命令

定位到“9.7 节\轴网隔离.dwg”，同导入设置一样进行设置，单击“打开”。链接的 DWG 文件可以同导入的 DWG 文件一样，设置“属性”选项板参数以及“删除图层”“查询”图元信息等，但不能“分解”。单击“插入”选项卡的“链接”面板的“管理链接”命令，打开“管理链接”对话框，单击“CAD 格式”选项卡，选择链接的 DWG 文件，可以进行卸载、重新载入、删除等操作，单击“导入”可以将链接文件导入 DWG 模式（图 9.7.8）。

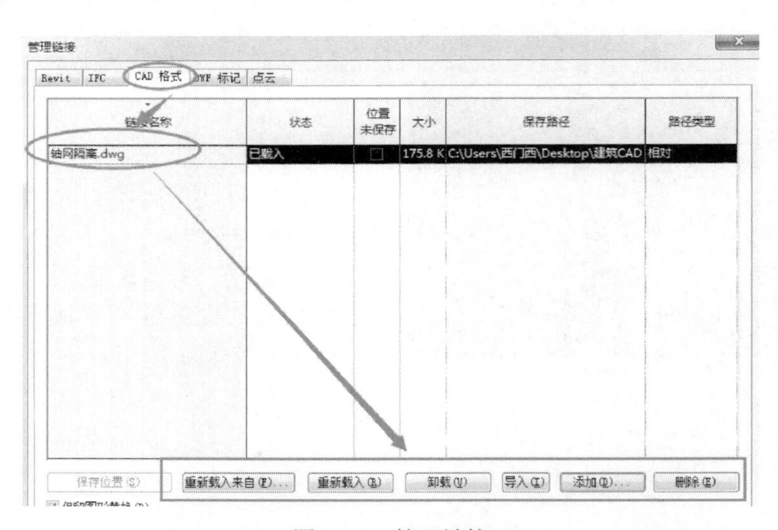

图 9.7.8　管理链接

同导入中的操作，对 DWG 文件进行锁定，将东、西、南、北四个立面标记移到 DWG 文件之外。创建完成的项目文件见“9.7 节\链接 DWG 文件完成.rvt”。

3）拾取线建模

以 CAD 做底图创建 Revit 图元的步骤与直接创建 Revit 图元的步骤相同，只是在创建图元的过程中，多使用“拾取线”命令创建模型。

打开“9.7 节\链接 DWG 文件完成.rvt”，进入到标高 1 楼层平面视图。执行“VV”快捷命令，打开“可见性/图形替换”对话框，单击“导入的类别”选项卡，勾选“半色调”（图 9.7.9），单击“确定”退出。

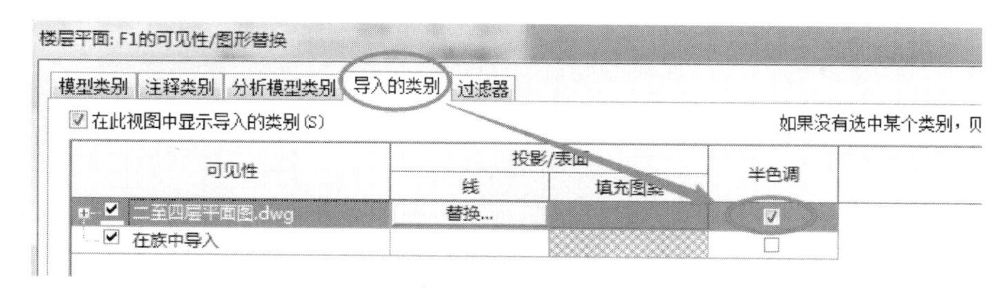

图 9.7.9　半色调

以创建轴线为例：执行“轴网”命令（快捷方式为“GR”），采用“拾取线”的方法（图 9.7.10）拾取 CAD 底图上的线，快速创建相应的图元。

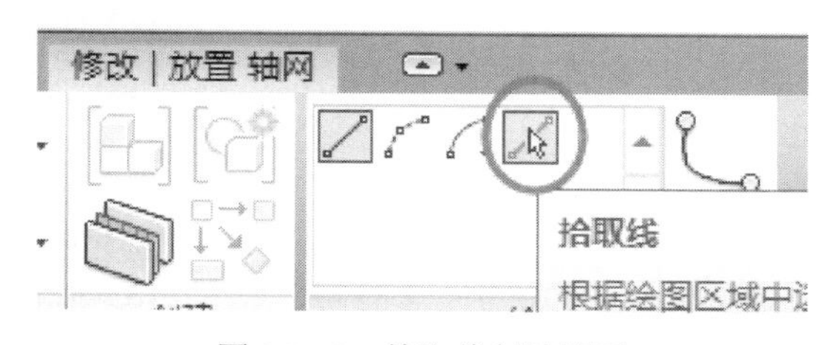

图 9.7.10　拾取线创建图元

墙体、门窗等其他图元的创建与轴线的创建类似，均为导入或链接 DWG 图纸，以 DWG 文件为底图，利用“拾取线”的方式建模。

9.7.2　链接 Revit 模型

1）确定链接 Revit 模型的基点

打开“9.7 节\链接文件-F1.rvt”，进入到 F1 楼层平面视图。执行“VV”命令，在弹出的“可见性\图形替换”对话框的“模型类别”选项卡中，展开“场地”，勾选“项目基点”（图 9.7.11），单击“确定”。绘图区域会显示项目基点符号“⊗”。

采用相同的方法，打开“9.7 节\链接文件-F2.rvt”，进入到 F1 平面视图中，打开“项目基点”的可见性。可以发现两个 Revit 模型的项目基点位置相同，因此链接时可以自动使用“自动-原点到原点”方式自动定位。

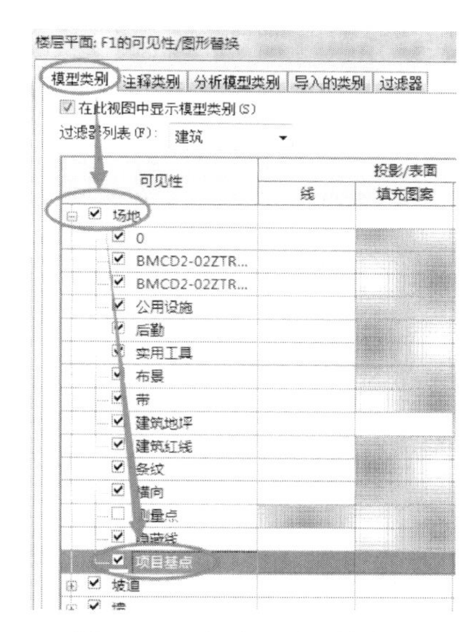

图 9.7.11　勾选“项目基点”

2）链接 Revit 模型

关闭“链接文件-F2.rvt”文件，在“链接文件-F1.rvt”文件的 F1 平面视图中，单击“插入”选项卡的“链接”面板的“链接 Revit”命令，弹出“导入\链接 RVT”对话框。

定位到“9.7 节\链接文件-F2.rvt”，链接模型的“定位”方式保持“自动-原点到原点”不变，单击“打开”（图 9.7.12），即可将“链接文件-F2.rvt”模型自动定位链接到当前的建筑模型中。

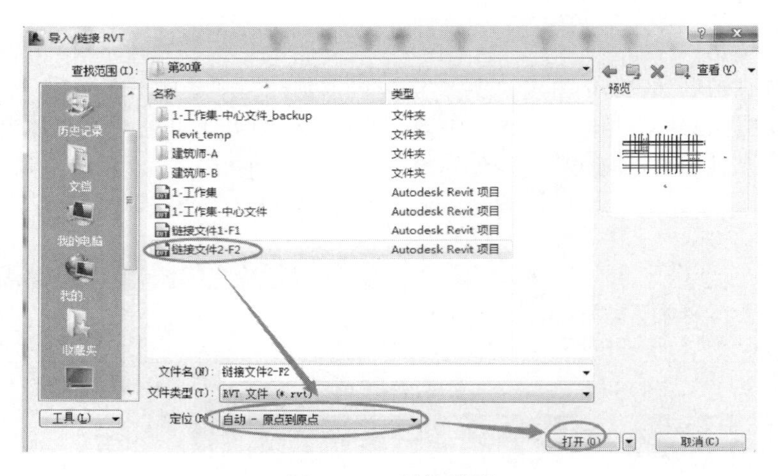

图 9.7.12　链接模型

链接模型时的“定位”有六种方式：

① 自动-中心到中心：自动对齐两个 Revit 模型的图形中心位置。

② 自动-原点到原点：自动对齐两个 Revit 模型的项目基点。

③ 自动-通过共享坐标：自动通过共享坐标定位。

④ 手动-原点：被链接文件的原点位于光标中心，移动光标单击放置定位。

⑤ 手动-基点：被链接文件基点位于光标中心，移动光标单击放置定位（该选项只用于带有已定义基点的 AutoCAD 文件）。

⑥ 手动-中心。被链接文件的图形中心位于光标中心，移动光标单击放置定位。

3）编辑链接的 Revit 模型

（1）竖向定位链接的 Revit 模型

进入到某一立面视图，查看链接模型的标高在垂直方向上是否和当前项目文件的标高一致。若链接模型位置不对，可单击选择链接模型，用“修改”选项卡的“对齐”或“移动”命令，以轴网、参照平面、标高或其他图元边线为定位参考线，精确定位模型位置。本例的模型已经自动对齐，不再设置。

【注】可对链接模型进行复制、镜像等操作，以创建多个链接模型，而不需要链接多个项目文件。

（2）RVT 链接显示设置

执行“VV”快捷命令，打开“可见性\图形链接”对话框，单击“Revit 链接”选项卡，勾选“半色调”，可以将链接模型灰色显示；单击选择“按主体视图”，打开“RVT 链接显示设置”对话框，链接模型的显示有“按主体视图”“按链接视图”“自定义”三种方式，单击“自定义”（图 9.7.13），在后面“模型类别”“注释类别”“分析模型类别”或“导入类别”选项卡中，将类别调为“自定义”（图 9.7.14），可自定义图元的可见性。

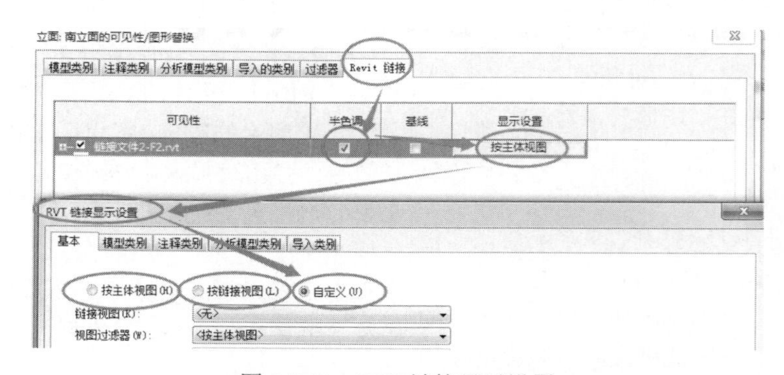

图 9.7.13　RVT 链接显示设置

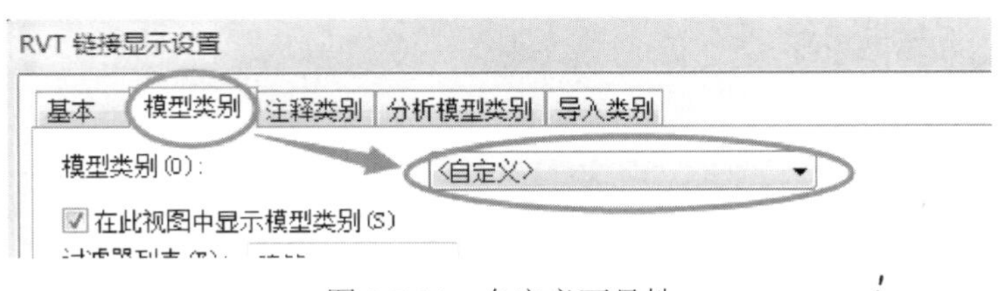

图 9.7.14　自定义可见性

（3）管理链接

单击“插入”选项卡的“链接”面板中的“管理链接”命令，弹出“管理链接”对话框单击“链接文件”，可执行“重新载入来自”“重新载入”“卸载”“删除”命令（图 9.7.15）。

“重新载入来自”用来对选中的链接文件进行重新选择，替换当前链接的文件。“重新载入”用来重新从当前文件位置载入选中的链接文件，以重现链接卸载的文件。“卸载”用来删除所有链接文件在当前项目文件中的实例，但保存其位置信息。“删除”用于在删除了链接文件在当前项目文件中的实例的同时，也从“链接管理”对话框的文件列表中删除选中的文件。

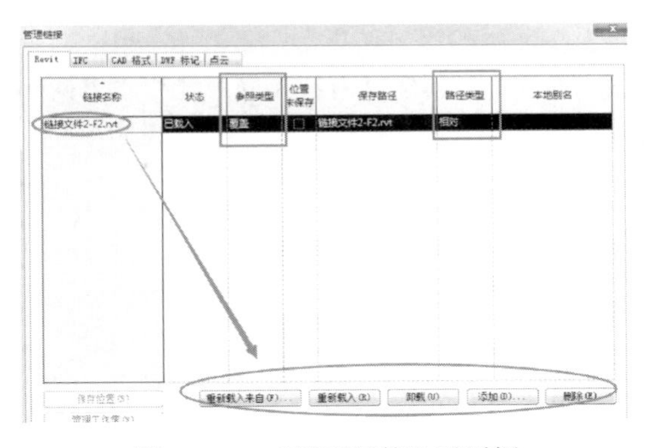

图 9.7.15　“管理链接”对话框

单击参照类型，将“覆盖”改为“附着”。“覆盖”与“附着”的不同之处在于：“覆盖”不载入嵌套链接模型，“附着”则显示嵌套链接模型。如项目 A 被链接到项目 B，项目 B 被链接到项目 C，当项目 A 在项目 B 中的参照类型为“覆盖”时，项目 A 在项目 C 中不显示，项目 C 链接项目 B 时系统会提示项目 A 不可见，当项目 A 在项目 B 中的参照类型为“附着”时，项目 A 在项目 C 中显示。

路径类型的值有“相对”“绝对”两种，保持默认值“相对”不动。

使用相对路径将项目文件和链接文件一起移至新目录中时，链接保持不变。使用绝对路径将项目文件和链接文件一起移至新目录时，链接将被破坏，需要重新链接模型。

单击“确定”退出“管理链接”对话框。

（4）绑定链接

若不绑定链接，链接的 Revit 模型原始文件发生变更后，再次打开主体文件或“重新载入”链接文件，链接的模型可以自动更新。若绑定链接，则链接的 Revit 模型将绑定到主体文件中，切断了其与原始文件之间的关联更新关系。

在绘图区域，单击选择链接的“链接文件-F2.rvt”文件，再单击上下文选项卡的“链接”面板中的“绑定链接”命令，打开“绑定链接选项”对话框，单击“确定”（图 9.7.16）。若遇到错误提示，单击“确定”，系统即可将链接模型转换为组。

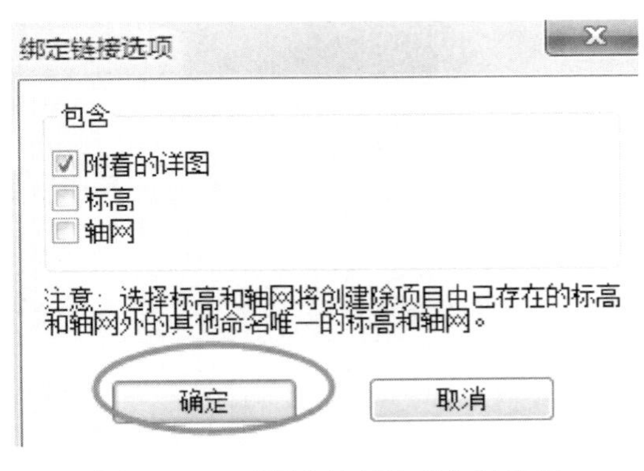

图 9.7.16　“绑定链接选项”对话框

完成的项目文件见“9.7 节\链接文件-完成.rvt”。

9.8 工作集协同与互交

下面以“9.8 节\工作集\工作集.rvt”项目文件为例，讲解“建筑师 A”和“建筑师 B”两位建筑师利用工作集进行协同设计的方法。其中，“建筑师 A”负责“内部布局设计”“外立面设计”，“建筑师 B”负责“电梯布置”，两位建筑师在“中心文件”中进行协同设计。在本节的操作中，不要提前对“建筑师 A”文件进行保存或执行其他操作，因为“工作集”的创建和使用过程中，“返回上一步操作”可能不可用。

9.8.1 启用工作集

1）创建工作集

打开“9.8 节\工作集\工作集.rvt”。单击左上角应用程序按钮进入到“选项”面板，单击“常规”进入到“常规”选项栏，观察“常规”选项栏中“用户名”已经设置为“建筑师 A”，见图 9.8.1。

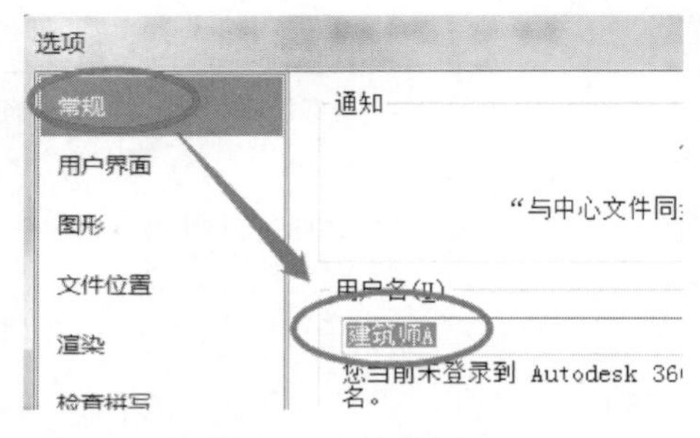

图 9.8.1 建筑师 A

单击“协作”选项卡的“管理协作”面板中的“工作集”工具，在弹出的“工作共享”对话框中“将剩余图元移动到工作集”的值改为“外立面设计”（图 9.8.2），单击“确定”。

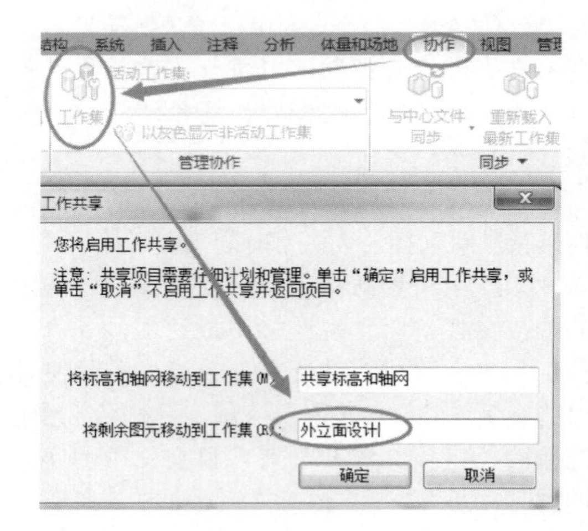

图 9.8.2 工作集启用

在弹出的“工作集”对话框中，单击右侧的“新建”，新建“内部布局设计”“电梯布置”工作集（图 9.8.3），单击“确定”。

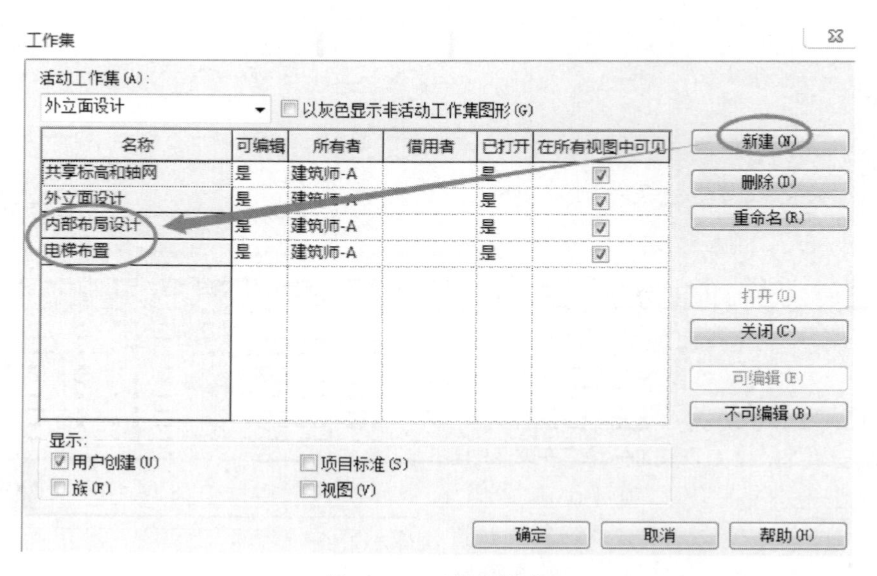

图 9.8.3 工作集新建

2）为工作集指定图元

进入到“标高 1”楼层平面视图，选择“电梯”，在属性面板将“工作集”由原先的“外立面设计”改为“电梯布置”（图 9.8.4）。

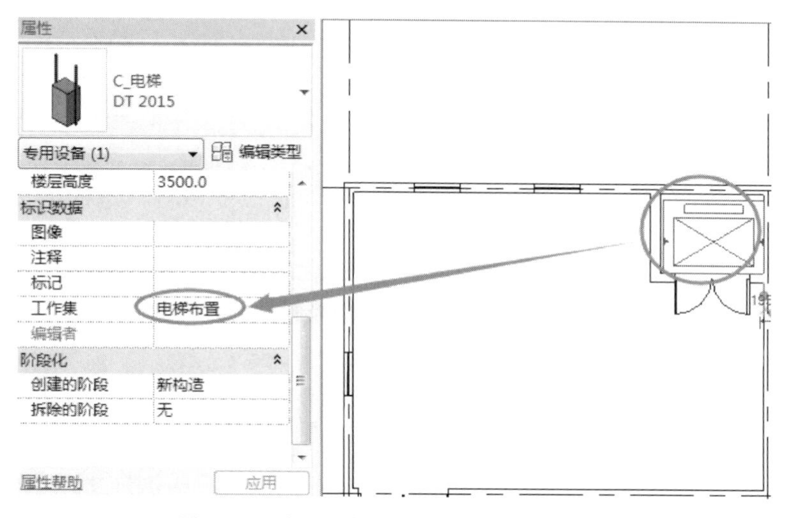

图 9.8.4　为“电梯布置”工作集指定图元

同理，选择建筑物内部的墙体和门，在属性面板将“工作集”由原先的“外立面设计”改为“内部布局设计”（图 9.8.5）。

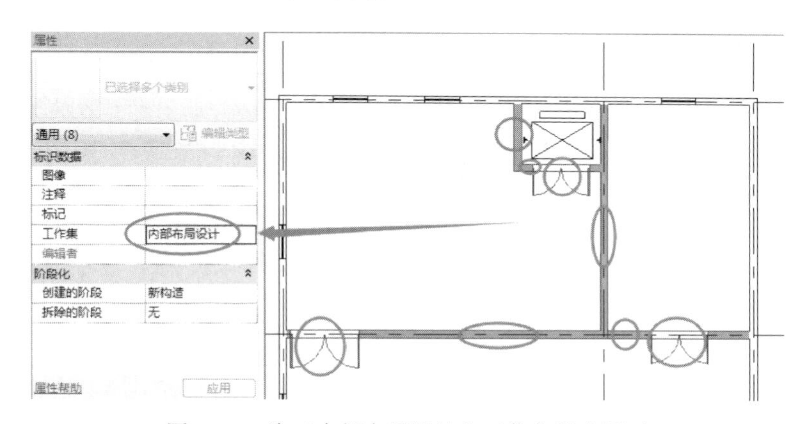

图 9.8.5　为“内部布局设计”工作集指定图元

观察“协作”选项卡的“管理协作”面板中“活动工作集”为“外立面设计”，单击下方的“以灰色显示非活动工作集”，观察轴线、电梯、内部墙体和门等非“外立面设计”工作集中的图元以灰色显示（图 9.8.6）。

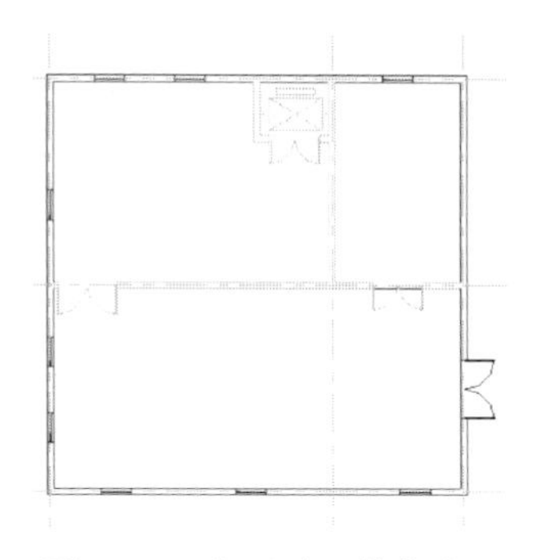

图 9.8.6　非活动工作集灰显

3）创建中心文件

将项目文件另存为“工作集中心文件.rvt”，此时会看到文件夹中除了自动生成“工作集中心文件.rvt”项目文件外，还生成“Revit_temp”和“工作集中心文件_backup”文件夹。

4）释放工作集编辑权限

单击“协作”选项卡的“管理协作”面板中“工作集”，将所有工作集的“可编辑”改为“否”，注意到此时“所有者”列变为空（图9.8.7），单击“确定”。

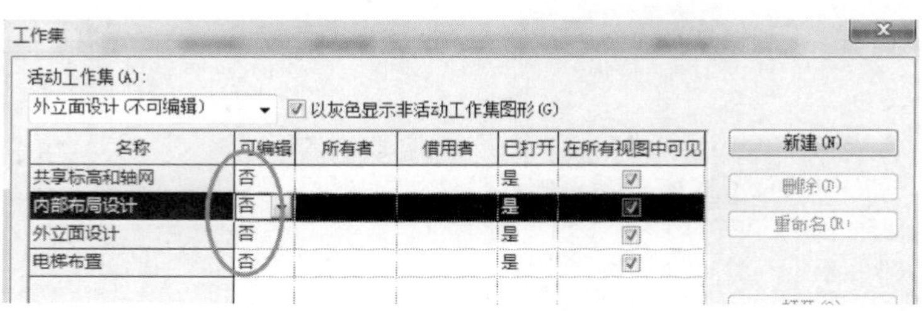

图 9.8.7　释放工作集编辑权限

【小贴士】该步的目的是所有的图元没有“所有者”，为下一步对各建筑师指定工作任务做准备。

关闭中心文件。完成的项目文件见“9.8节\工作集\工作集中心文件.rvt”。

9.8.2　签出工作集

在上节操作中，已经创建了“中心文件”。下一步，各建筑师通过局域网打开中心文件，创建各自的本地文件。操作如下。

1）各设计师读取中心文件创建各自的本地文件

建筑师A建立本地文件夹，文件夹命名为“建筑师A”（图9.8.8），打开该中心文件，将中心文件另存到本地文件夹“建筑师A”中，命名项目文件为“建筑师A”。

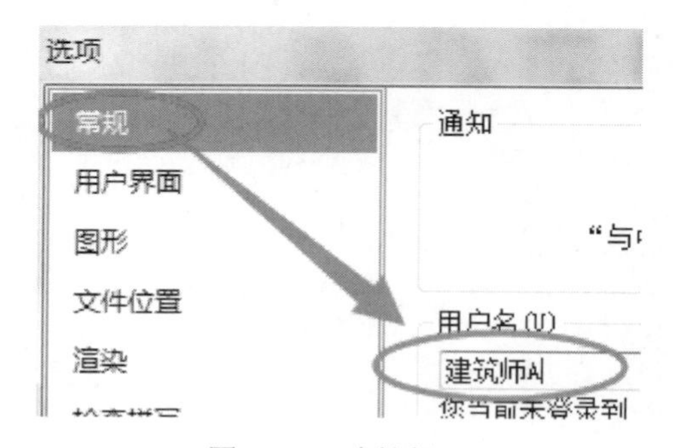

图 9.8.8　建筑师A

同样，建筑师B打开中心文件，另存到本地文件夹“建筑师B”中，命名项目文件为“建筑师B”。

【提示】若在同一台电脑上操作，应采取双击桌面Revit20xx图标的方式新建一个Revit项目文件，单击应用程序按钮进入到“选项”中，将“用户名”设定为“建筑师B”；再打开“中心文件”，另存到本地文件夹“建筑师B”中，命名为“建筑师B”。

2）签出工作集编辑权限

建筑师A单击“协作”选项卡下“管理协作”面板中的“工作集”工具，将“内部布局设计”“外立面设计”的“可编辑”改为“是”（图9.8.9）。此时，“所有者”变为“建筑师A”。单击“确定”。

同理，建筑师B单击“协作”选项卡下“管理协作”面板中的“工作集”工具（注意此时“内部布局设计”“外立面设计”的“所有者”已为“建筑师A”），将“电梯布置”的“可编辑”改为“是”（图9.8.10）。此时，“所有者”变为“建筑师B”。单击“确定”。

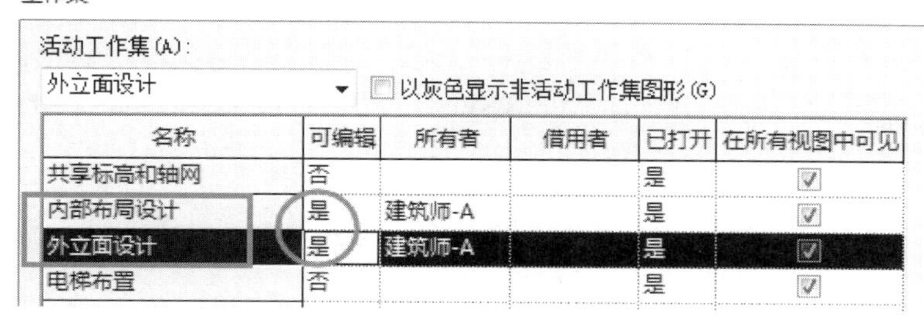

工作集

活动工作集(A):

外立面设计 ▾ □以灰色显示非活动工作集图形(G)

名称	可编辑	所有者	借用者	已打开	在所有视图中可见
共享标高和轴网	否			是	☑
内部布局设计	是	建筑师-A		是	☑
外立面设计	是	建筑师-A		是	☑
电梯布置	否			是	☑

图 9.8.9 “建筑师 A”工作集的签出

工作集

活动工作集(A):

外立面设计(不可编辑) ▾ □以灰色显示非活动工作集图形(G)

名称	可编辑	所有者	借用者	已打开	在所有视图中可见
共享标高和轴网	否			是	☑
内部布局设计	否	建筑师A		是	☑
外立面设计	否	建筑师A		是	☑
电梯布置	是	建筑师B		是	☑

图 9.8.10 “建筑师 B”工作集的签出

9.8.3 协同与互交

① 保存修改。若要与中心文件同步，可在“协作”选项卡的“同步”面板中的“与中心文件同步”下拉列表中选择“立即同步”选项。如果要在与中心文件同步之前修改“与中心文件同步”设置，可在“协作”选项卡的“同步”面板中的“与中心文件同步”下拉列表中选择“同步并修改设置”选项。此时，弹出“与中心文件同步”对话框，单击“确定”。

【小贴士】建议项目小组成员每隔1~2小时将工作保存到中心一次，以便于项目小组成员间及时交流设计内容。

② 重新载入最新工作集。项目小组成员间协同设计时，如果要查看别人的设计修改，只需要单击“协作”选项卡的“同步”面板中的“重新载入最新工作集”即可。

③ 图元借用。默认情况下，没有签出编辑权的工作集的图元只能查看，不能选择和编辑。如果需要编辑这些图元，可单击该图元，单击弹出的“使图元可编辑”按钮（图9.8.11）。

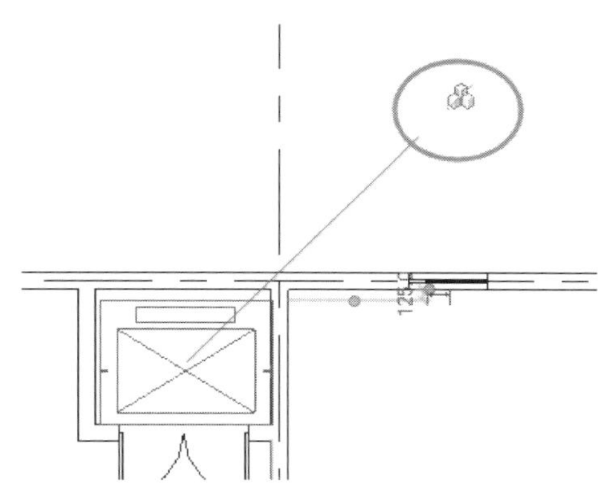

图 9.8.11 使图元可编辑

如果该图元没有被别的小组成员签出，则Revit会批准请求，可编辑修改该图元。如果图元已经被别的小组成员签出，将显示错误，单击“放置请求”向所有者请求编辑权限，此时该图元的所有者会收到“已收到编辑请求”

提示，单击“批准”，可赋予用户编辑权。小组成员也可单击“协作”选项卡的“通信”面板中的“正在编辑请求”工具，弹出“编辑请求”对话框，里面显示来往的请求信息，单击某一条请求信息，可“授权”或“拒绝”他人进行图元编辑，或“撤销”自己提出的编辑请求。

图元借用被批准后，修改完借用图元，单击“与中心文件同步”下拉菜单中的“同步并修改设置”，弹出“与中心文件同步”对话框，对话框内的“借用的图元”默认值是勾选状态（图 9.8.12），单击“确定”后可返回借用图元，即借用图元返回到不可编辑状态。

9.8.4 管理工作集

① 工作集备份。单击“协作”选项卡的“管理模型”面板中的“恢复备份”工具，选择要恢复的版本，进行备份。

② 工作集的记录修改。单击“协作”选项卡的“管理模型”面板中的“显示历史记录”工具，选择中心文件，单击“打开”，弹出“历史记录”对话框。单击“导出”按钮，可将历史记录导出为 txt 文件。

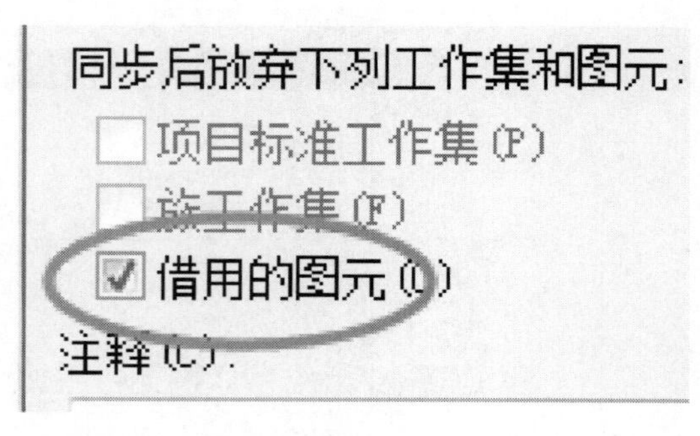

图 9.8.12 “借用的图元”处于勾选状态

第 10 章　其他 BIM 软件的建筑装饰解决方案

10.1　建模大师（精装）装饰 BIM 解决方案

本节操作视频

建模大师（精装）是一款基于 Revit 开发的应用于精装修专业 BIM 深化设计的插件。Revit 作为国内主流的 BIM 软件，可以实现三维可视化的建模。其丰富的族库和参数化的建模功能给用户的建模工作带来了很大便利。Revit 可以与 Lumion、Tekla 等软件进行数据互通，实现三维建模、施工出图、效果图制作、漫游动画展示等全面装饰装修 BIM 技术应用。建模大师（精装）在 Revit 原生功能的基础上开发，可以快速创建地面铺装、吊顶龙骨、干挂墙面等复杂的模型，实现高效建模。建模大师（精装）功能界面如图 10.1.1 所示。

图 10.1.1　建模大师（精装）功能界面

建模大师（精装）具有以下特点：

① 依据装饰专业对构件进行整合，可快速查找和创建装饰专业分类下的各类构件。

② 快速切换到选定面的剖面视图。

③ 具有灵活的贴面功能，可一键贴面，支持自定义厚度和材质，自动扣减门窗洞口，合并相邻面，识别构件相交范围，自动处理阴角、阳角、连接等。

④ 一键铺排，支持连续直铺、错位直铺、旋转直铺、人字铺等多种铺排方式，可设置铺砖规格，选择任意铺排角度，支持波打线铺排，创建贴砖模型，可以对铺排构件一键编号。

⑤ 设定干挂区域，在区域内生成精细墙面干挂模型，包括饰面板、干挂件、立柱、横梁及主体连接件，可自主设置模型参数，对建立的干挂模型可创建统计报表。

⑥ 可绘制任意形状的吊顶平面，可创建吊顶跌级；吊顶铺排包括连续直铺、条形格栅、井字格栅多种形式；可创建吊顶龙骨，并设置相关参数，如龙骨类型、龙骨规格、吊杆直径、龙骨间距等。

⑦ 快速提取装饰图纸中的节点轮廓，也可手动绘制轮廓，快速创建复杂的装饰线条。

⑧ 自由设置工程量统计规则，按照规则展示工程量统计报表。

⑨ 可创建并导出任一视图的 CAD 图纸，可自定义图纸标准，支持标准的导入导出。

建模大师（精装）包含总体、造型、铺排、吊顶、干挂、图纸报表六大功能板块。首先在 Revit 中创建建筑结构模型，然后通过建模大师（精装）完成精装部分模型创建。完成装饰模型后可进行工程量统计，生成报表，创建并导出精装 CAD 图纸。操作流程如图 10.1.2 所示。

图 10.1.3 所示为装饰装修 BIM 工程实例中已创建好的样板房结构模型，配有楼地面工程图纸、平面布置图、踢脚线图纸，依据图纸在结构模型的基础上创建精装部分模型。

① 地面铺排。如图 10.1.4，以卧室 1 为例，从楼地面工程图纸得知卧室 1 地面铺排地砖尺寸为 1755mm×120mm，铺排方式为错位直铺。

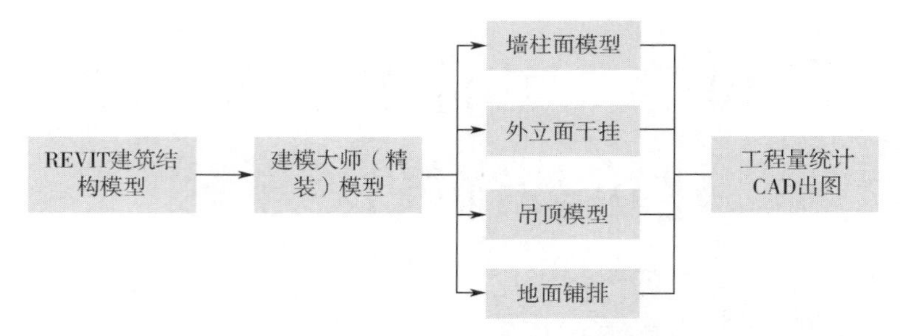

图 10.1.2　建模大师（精装）操作流程

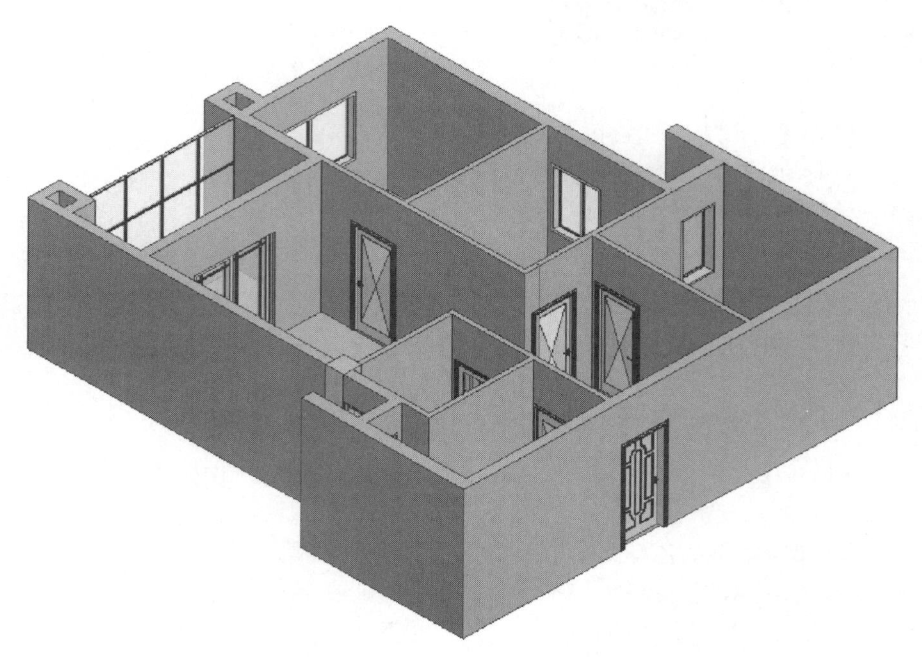

图 10.1.3　样板房结构模型

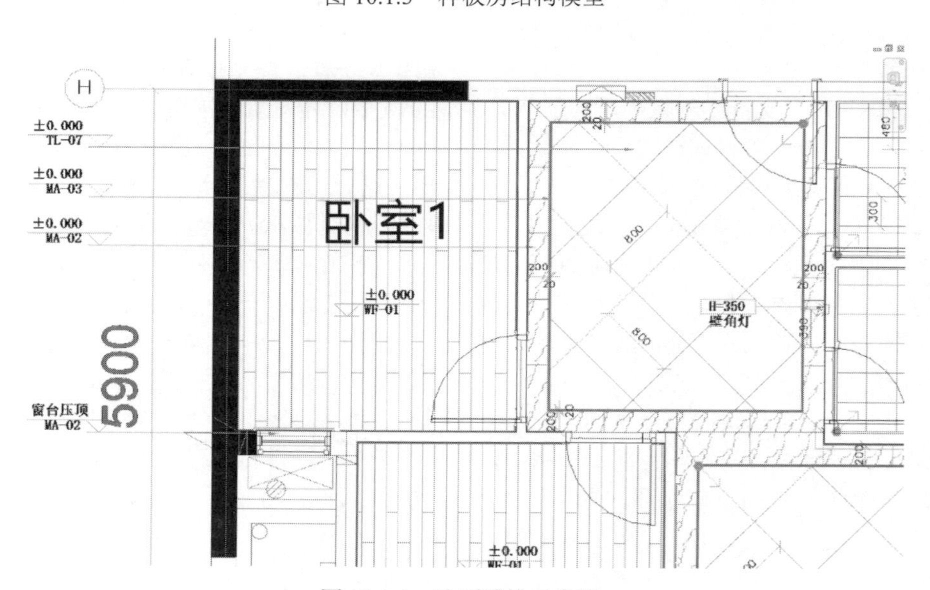

图 10.1.4　地面铺排示意图

进入标高1平面视图，选择铺排功能中的一键铺排，分类设置为楼地面/楼地面，铺排方式选择错位直铺，材质选择木质/木材-樱桃木，规格中添加尺寸1755×120，旋转角度为0，单击右下角设置，砖缝宽度为5mm，灰缝选择常规/HW-水泥砂浆，错位搭接长度依据图纸设置为50%砖长，饰面类型选择系统墙&板族（拆分零件）。如图10.1.5。

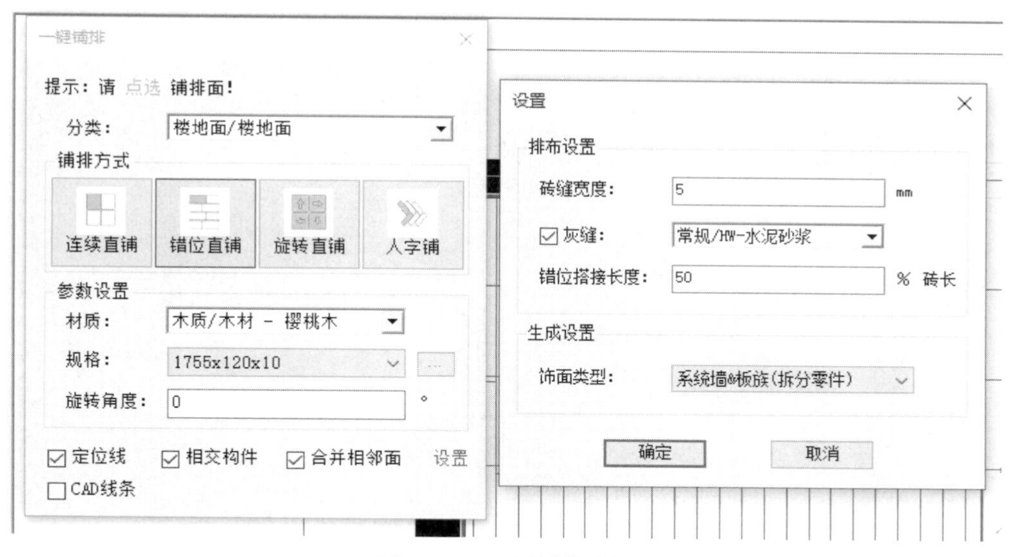

图10.1.5 一键铺排功能

单击卧室1作为铺排面，选择铺排起始点和方向点。单击“确定”，如图10.1.6，卧室1地面铺排完成，对于客厅较大，铺排面内有多重地砖的情况，可使用总体板块绘制定位线的功能，对铺排面划分区域。

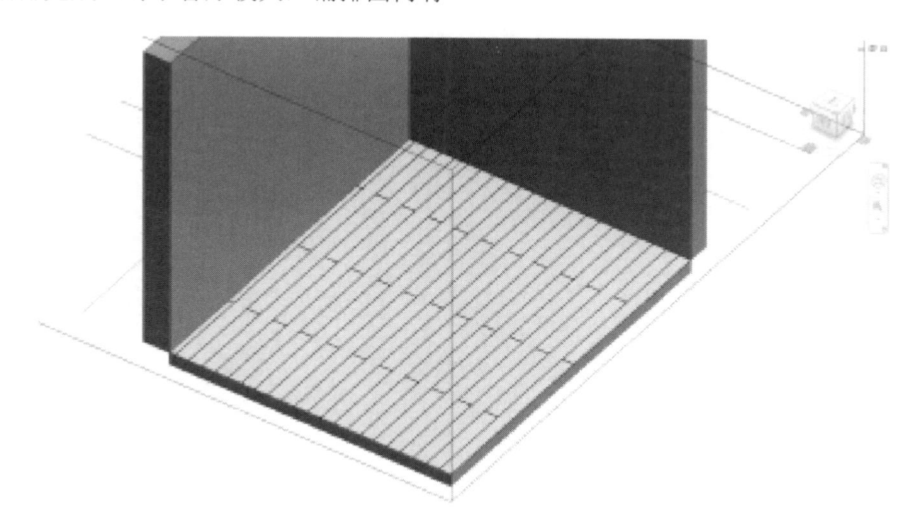

图10.1.6 卧室1地面铺排

对于波打线区域，可以通过绘制定位线功能创建定位区域，之后使用波打线功能，设置波打线参数，材质为常规/地砖-波打线，砖长600mm，一键单击创建波打线模型，如图10.1.7。

最终，地面铺排完成效果如图10.1.8。

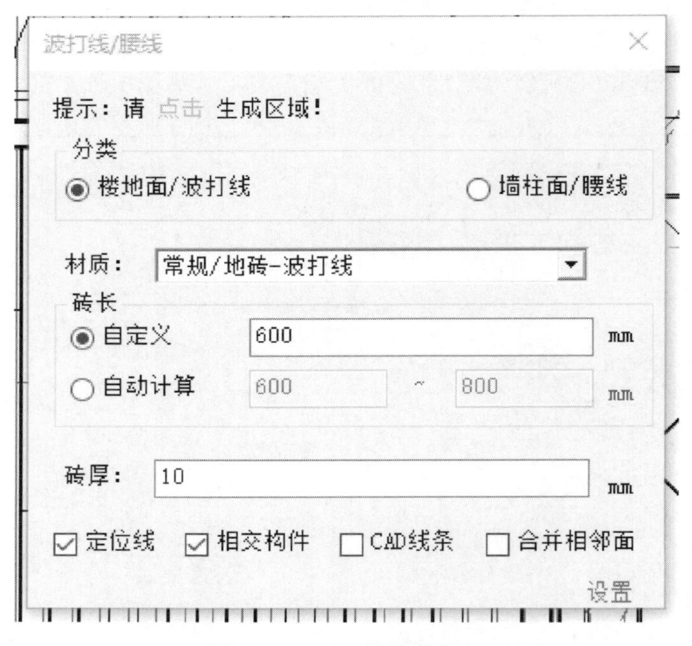

图 10.1.7　波打线参数设置

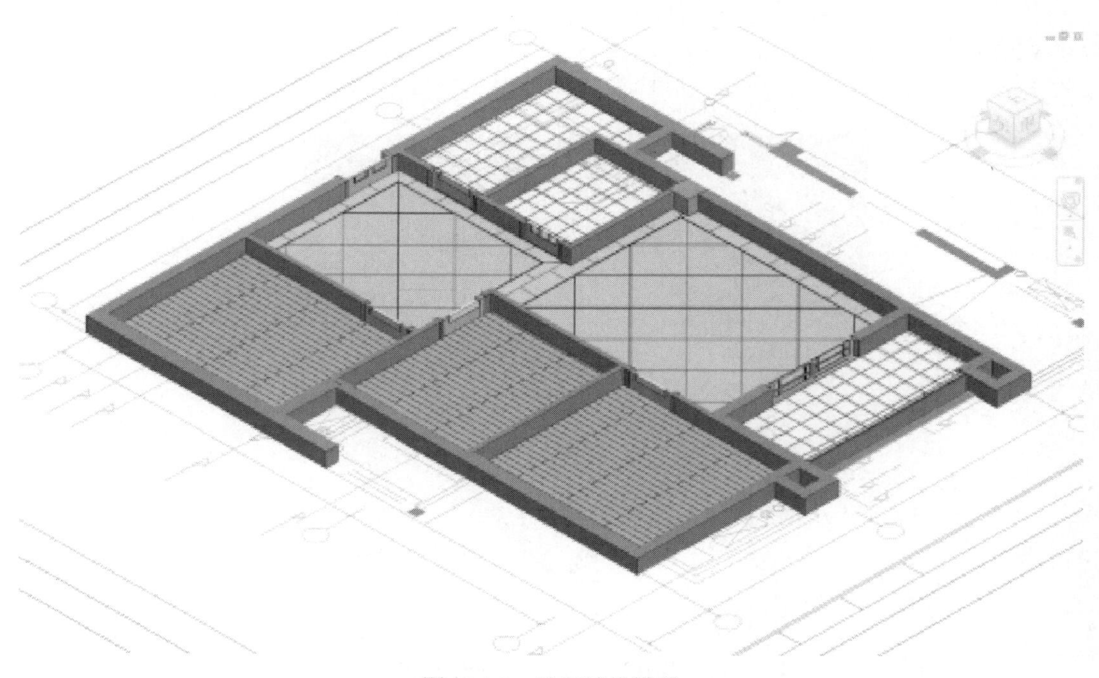

图 10.1.8　地面铺排模型

② 内墙饰面创建。以卧室 1 为例。在分类中选择墙柱面/墙面层，面层厚设置为 10mm，附着距离为 0mm，材质选择“常规/卧室墙面-维多利亚风格”，直接单击墙面即可在墙面生成装饰面模型，当墙面有门窗时会自动扣减，如图 10.1.9。

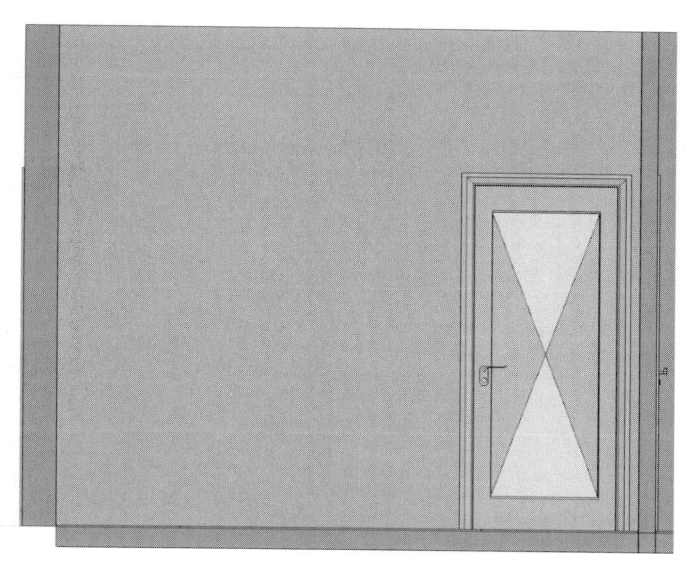

图 10.1.9　卧室 1 墙面贴面

创建屋面墙面模型后，将客厅墙面材料布置为“客厅墙面-白色刻花”，卧室 2 墙面材料布置为“卧室墙面-黄花”，卧室 3 同卧室 1，卫生间墙面材料布置为“卫生间-蓝色马赛克”，阳台墙面材料布置为“阳台-白色饰面”，厨房墙面材料布置为“厨房-灰色马赛克”。最终效果如图 10.1.10 所示。

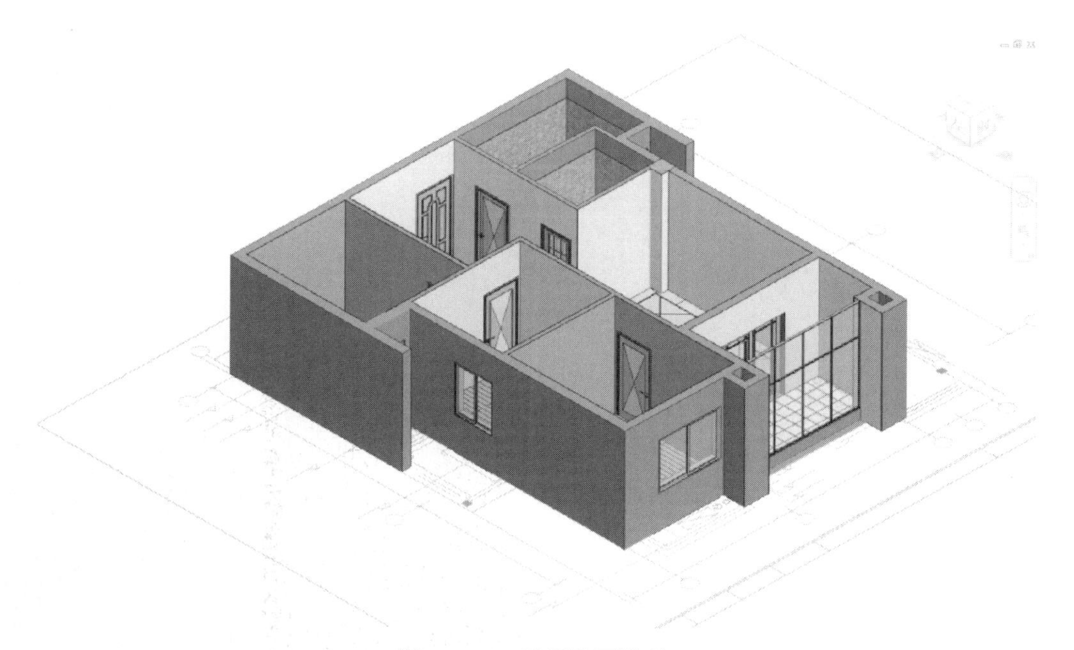

图 10.1.10　墙面贴面模型

除了一键生成墙面装饰面模型，还可通过绘制贴面功能，选择墙面作为工作面，使用绘制线条的方式绘制任意形状图案，如图 10.1.11。

③ 踢脚线模型创建。如图 10.1.12，使用快捷装饰线在结构模型中确认踢脚线轮廓生成路径，调整踢脚线轮廓模型位置，快速创建踢脚线模型，如图 10.1.13。

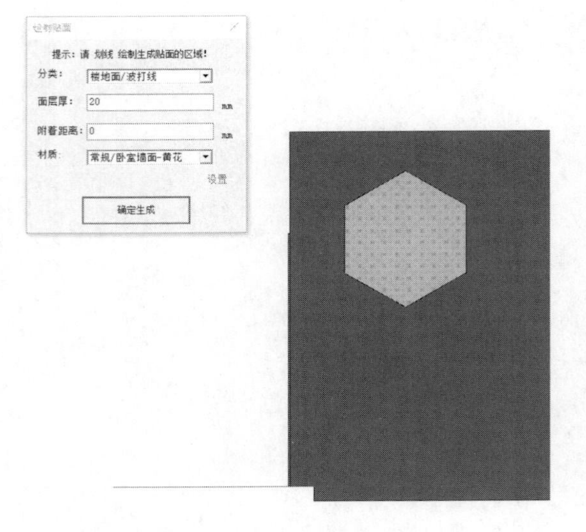

图 10.1.11　绘制贴面功能

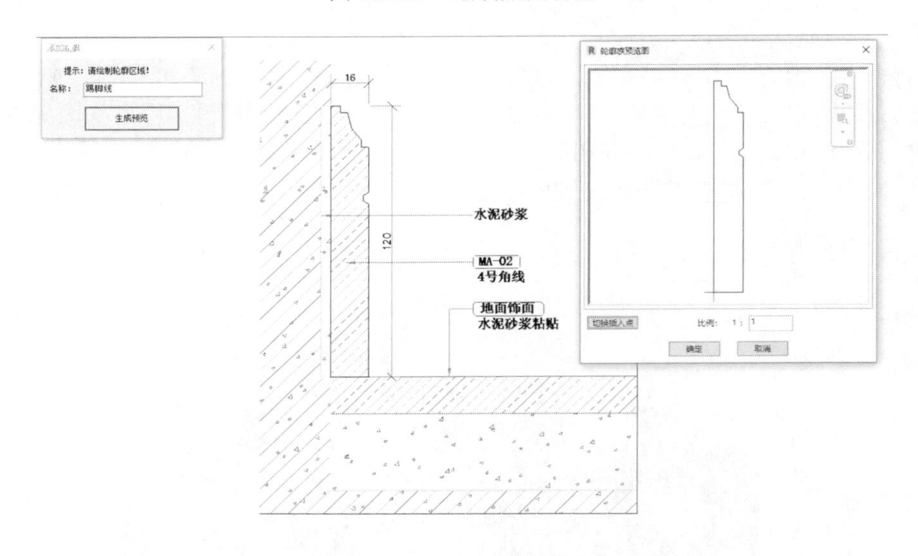

图 10.1.12　装饰线轮廓绘制

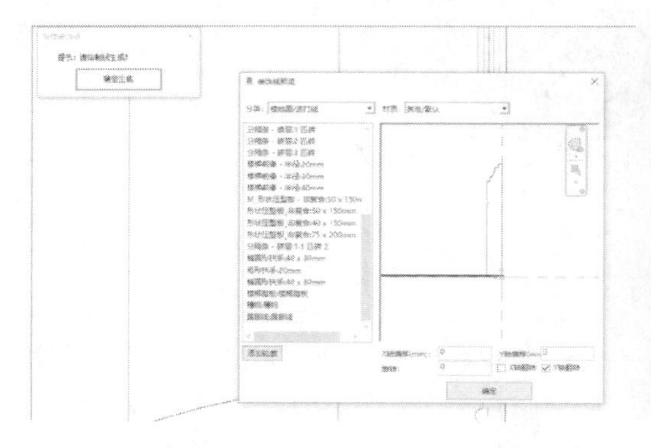

图 10.1.13　创建房间踢脚线模型

卫生间、厨房阳台使用截面尺寸为120mm×16mm的黑色瓷砖。踢脚线模型如图10.1.14。

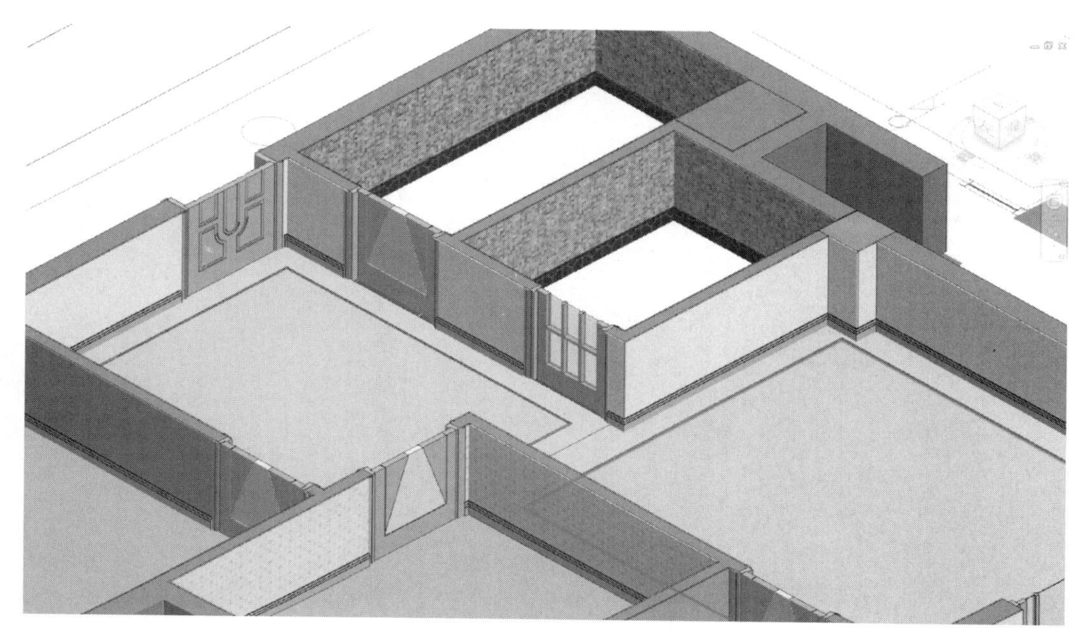

图 10.1.14　创建卫生间踢脚线模型

④ 石膏线。通过快捷装饰线功能可以快速创建石膏线。以石膏线左上角定点为插入点，在快捷装饰线功能中选取客厅作为工作平面，沿墙面绘制生成线，材质设置为石膏板。因为拾取的工作平面为地面饰面，因此需要设置Y轴偏移值2700。如图10.1.15。

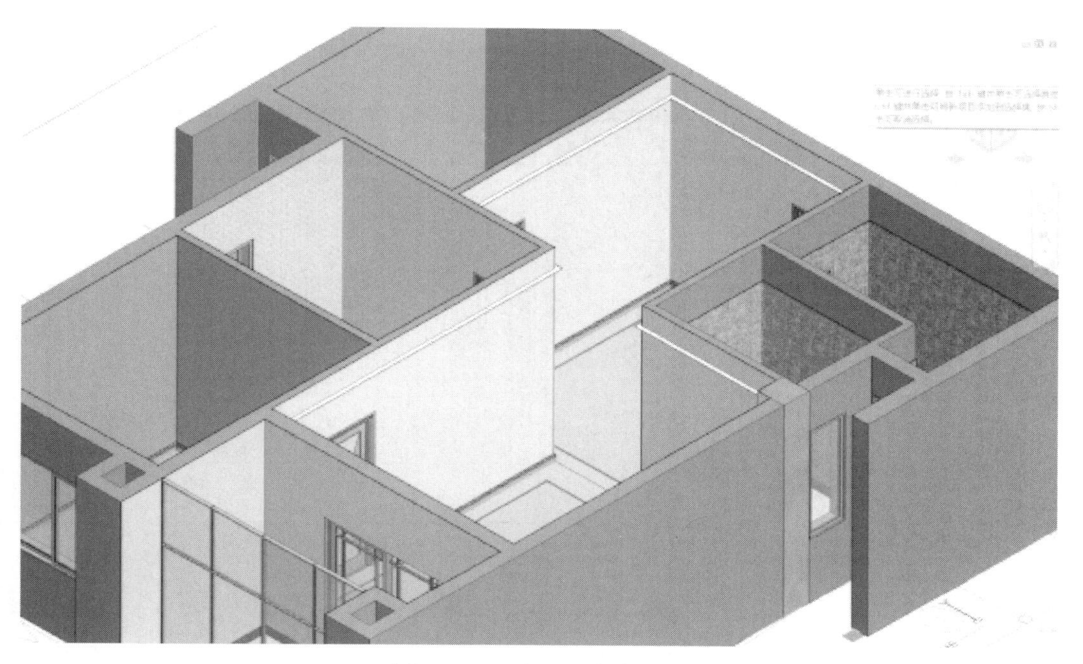

图 10.1.15　客厅石膏线模型

⑤ 吊顶模型。先通过吊顶平面在卫生间、厨房创建吊顶饰面。进入标高 1 视图平面，材质设置为常规/石膏墙板，厚度 50mm，底部偏移量为 2500，沿墙面轮廓绘制吊顶轮廓线，一键创建吊顶模型。如图 10.1.16。

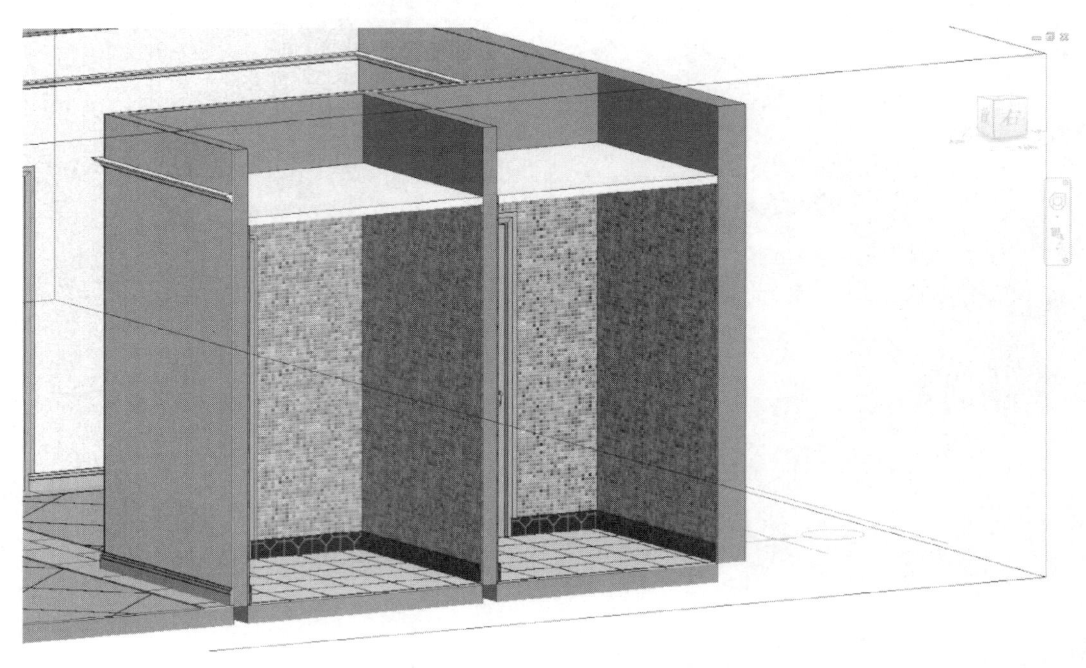

图 10.1.16　卫生间吊顶模型

在吊顶饰面的基础上，可以添加吊顶铺排与吊顶龙骨。通过吊顶铺排功能选择铺排方式为条形格栅，材质设置为木质/硬木，尺寸规格 1000×50×10，在三维视图中单击卫生间吊顶饰面为铺排面，点选铺排起始点及铺排方向，如图 10.1.17，吊顶铺排模型创建完成。

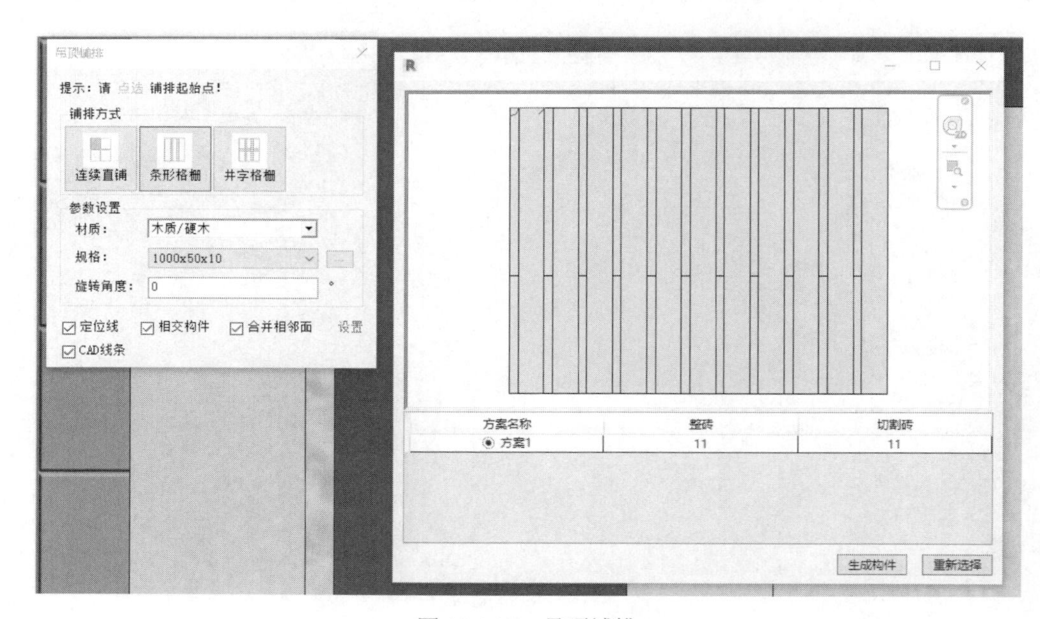

图 10.1.17　吊顶铺排

通过龙骨铺排功能在龙骨铺排界面中设置参数，包括龙骨类型、吊杆直径、龙骨间距，如图 10.1.18。单击厨房吊顶饰面，点选面边线为承载龙骨铺排方向，生成龙骨模型。

吊顶模型最终效果如图 10.1.19。

⑥ 干挂饰面。通过创建干挂区域功能，在三维视图中单击外墙立面，干挂区域呈蓝色高亮显示，支持合并相邻面，如图 10.1.20。

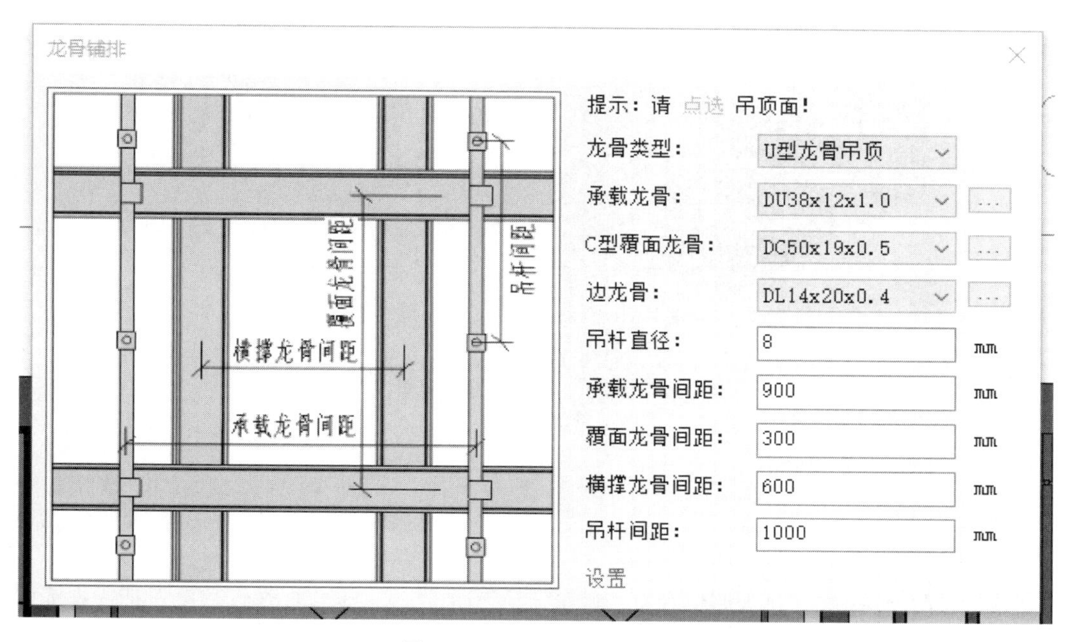

图 10.1.18　吊顶龙骨铺排

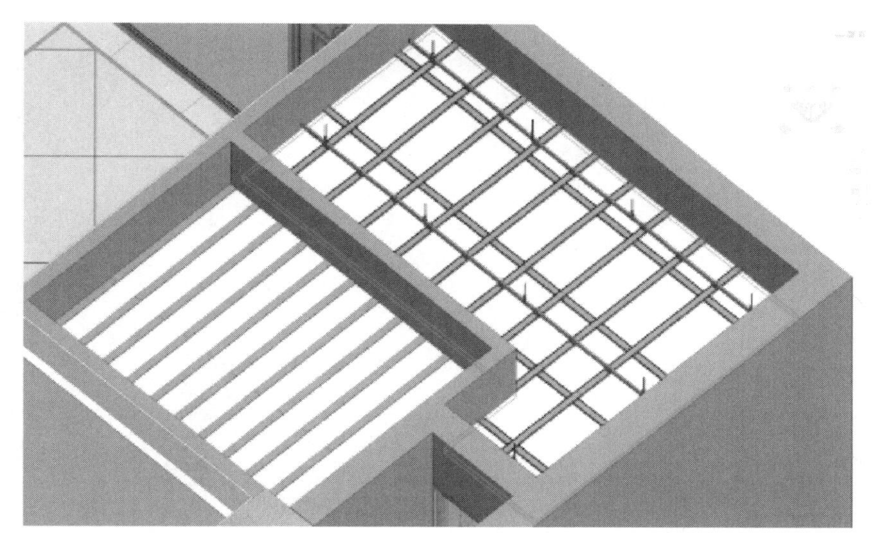

图 10.1.19　吊顶模型

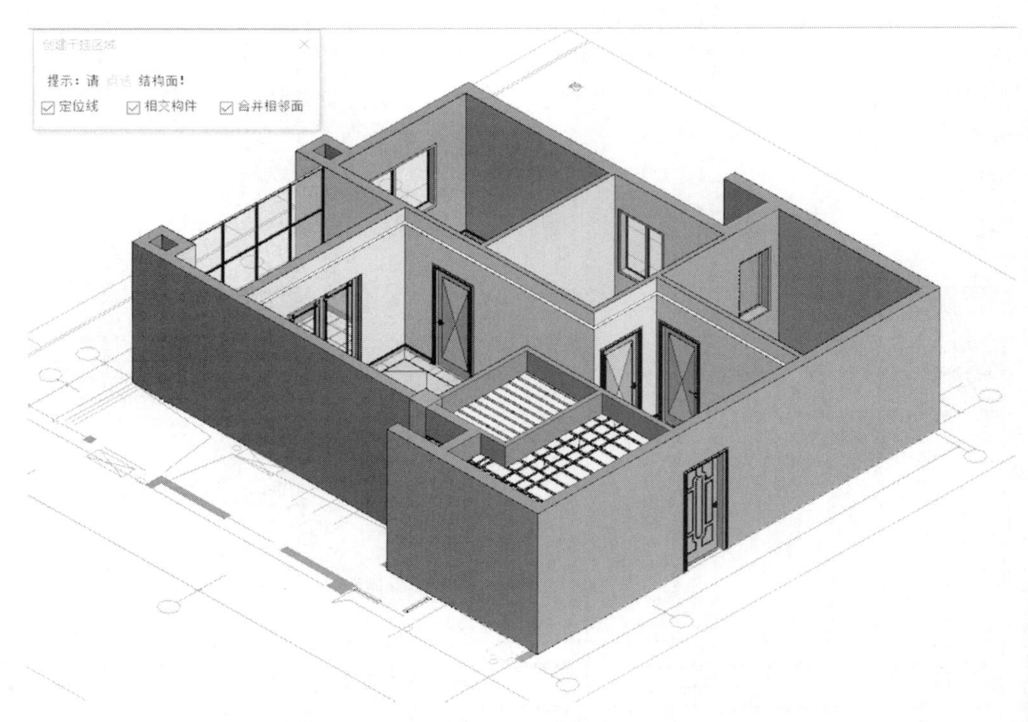

图 10.1.20 创建干挂区域

通过墙面干挂功能设置饰面板参数，材质为常规/干挂饰面，饰面板规格为 800×800×20，饰面板起布位置为左下角。分别设置干挂件、立柱、横梁、主体连接件构造参数，点选创建好的干挂区域，一键生成干挂模型，如图 10.1.21。

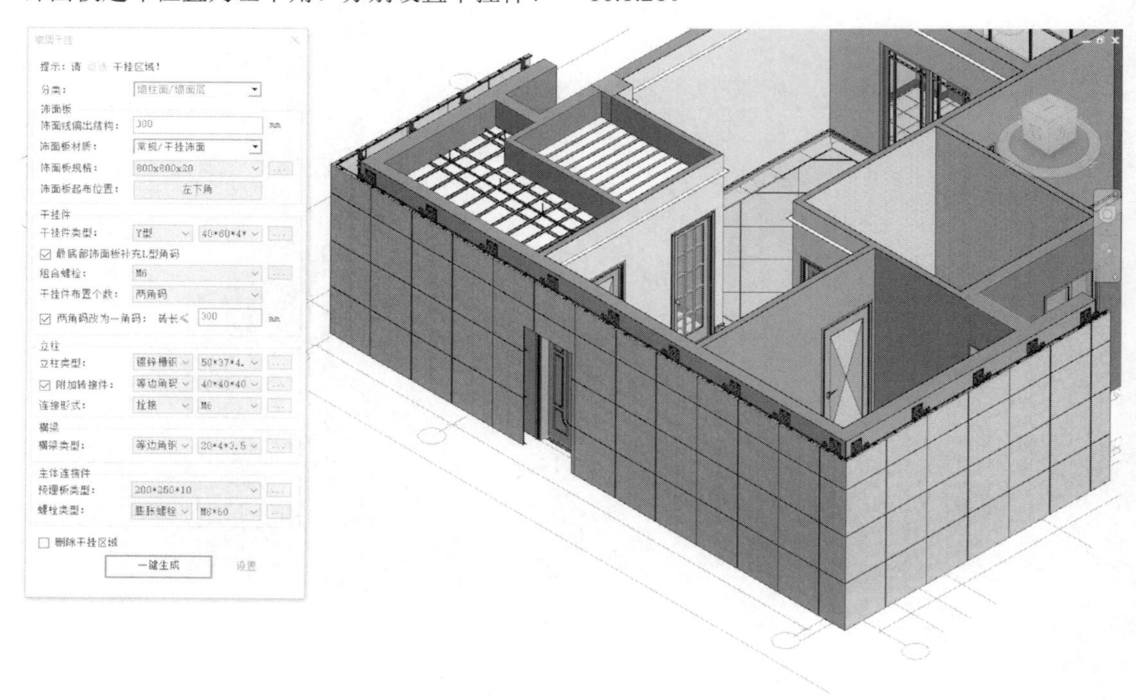

图 10.1.21　墙面干挂模型

⑦ 室内家具布置。依据 Revit 强大的族库模型可实现室内家具布置，模型最终如图 10.1.22。

⑧ 工程量统计与出图。可自由设置工程量统计规则，生成工作量报表，可导出 Excel 表格，如图 10.1.23。

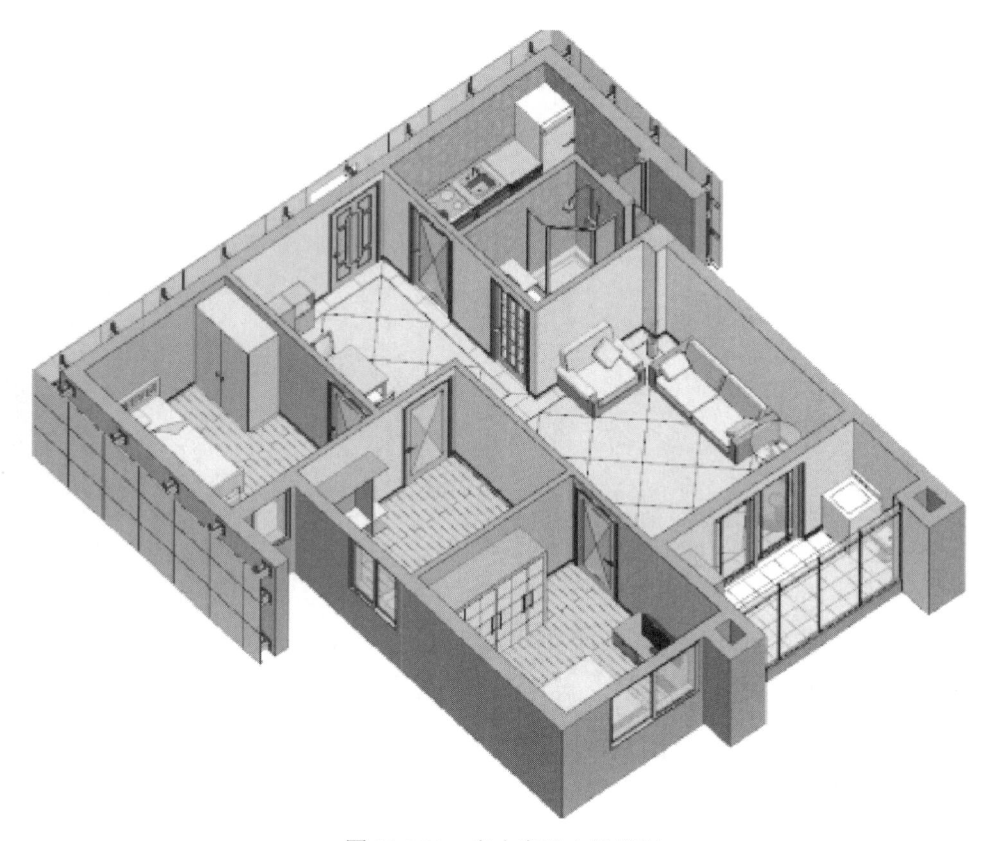

图 10.1.22　室内家具布置模型

小类	材料	单位	工程量
天棚吊顶			
吊顶龙骨	HW-C型覆面龙骨:DC50x19x0.5-0.175	个	7个
	HW-C型覆面龙骨:DC50x19x0.5-0.238	个	6个
	HW-C型覆面龙骨:DC50x19x0.5-0.250	个	23个
	HW-C型覆面龙骨:DC50x19x0.5-1.600	个	8个
	HW-C型覆面龙骨:DC50x19x0.5-2.200	个	2个
	HW-U型承载龙骨:DU38x12x1.0-0.075	个	2个
	HW-U型承载龙骨:DU38x12x1.0-0.775	个	1个
	HW-U型承载龙骨:DU38x12x1.0-3.000	个	2个
	HW-边龙骨:DL14x20x0.4-0.600	个	1个
	HW-边龙骨:DL14x20x0.4-0.775	个	1个
	HW-边龙骨:DL14x20x0.4-1.600	个	1个
	HW-边龙骨:DL14x20x0.4-2.200	个	1个
	HW-边龙骨:DL14x20x0.4-2.300	个	1个
	HW-边龙骨:DL14x20x0.4-3.075	个	1个
	HW-承载龙骨连接件:38x1.5	个	2个
	HW-螺纹吊杆:8	个	9个
	HW-平板式挂件:38x50x18x0.5	个	22个
	HW-普通吊件:58x12x18x2.0	个	9个
吊顶面	石膏墙板	m2	9.125m2
	硬木	m2	0.935m2
墙柱面			
其他	软木，木料-13:软木，木料-13	个	1个
墙龙骨	HW-横梁-等边角钢:20*4*3.5	个	40个
	HW-立柱-镀锌槽钢:50*37*4.5*7*3.5	个	18个
墙面层	厨房-灰色马赛克	m2	9.225m2
	干挂饰面	m2	53.248m2
	客厅墙面-白色刻花	m2	54.594m2
	卫生间-蓝色马赛克	m2	21.378m2
	卧室墙面-黄花	m2	33.655m2
	卧室墙面-维多利亚风格	m2	75.249m2
	阳台-白色	m2	22.542m2

工程量计算设置

楼地面
墙柱面
天棚吊顶
门窗
零星装修

类别	计算设置
楼地面	面积
波打线	面积
过门石	面积
楼梯	面积
其他	个数

开始计算

图 10.1.23　工程量统计

选择任意 Revit 视图，从视图导出 CAD 图纸，可依据企业行业标准设置投影图层名称、投影颜色等，如图 10.1.24。

批量导出CAD

建筑
建筑注释
结构
结构注释
给排水
给排水注释
暖通
暖通注释
电气
电气注释
其他
其他注释

类别	投影图层名称	投影颜色	投影图层设置	截面图层名称	截面颜色	截面图层设置
墙	WALL	7	添加/编辑	WALL	7	添加/编辑
墙/内部	WALL	7	添加/编辑	WALL	7	添加/编辑
墙/外部	WALL	7	添加/编辑	WALL	7	添加/编辑
墙/基础墙	基础墙	180	添加/编辑	基础墙	180	添加/编辑
墙/挡土墙	基础墙	180	添加/编辑	基础墙	180	添加/编辑
幕墙系统	CURTWALL	4	添加/编辑	CURTWALL	4	添加/编辑
幕墙嵌板	CURTW CURTWALL	4	添加/编辑	CURTWALL	4	添加/编辑
幕墙竖梃	CURTWALL	4	添加/编辑	CURTWALL	4	添加/编辑
门	WINDOW	4	添加/编辑	WINDOW	4	添加/编辑
窗	WINDOW	4	添加/编辑	WINDOW	4	添加/编辑
柱	COLUMN	2	添加/编辑	COLUMN	2	添加/编辑
楼梯	STAIR	7	添加/编辑	STAIR_截面	3	添加/编辑
坡道	STAIR	2	添加/编辑	STAIR	2	添加/编辑
栏杆扶手	RAIL	163	添加/编辑	RAIL	163	添加/编辑
楼板	SLAB	2	添加/编辑	SLAB_截面	7	添加/编辑
天花板	CLNG	13	添加/编辑	CLNG	13	添加/编辑
屋顶	ROOF	4	添加/编辑	ROOF	4	添加/编辑
房间	SPACE	7	添加/编辑		0	
面积	A-AREA	32	添加/编辑		0	
空间	M-AREA	32	添加/编辑		0	
家具	I-FURN	30	添加/编辑		0	
家具系统	I-FURN-PNLS	30	添加/编辑		0	
橱柜	Q-CASE	31	添加/编辑	Q-CASE	31	添加/编辑

设置　导出标准　导入标准　上一步　导出CAD

图 10.1.24　导出 CAD 图纸

10.2　班筑装饰装修 BIM 解决方案

本节操作视频

10.2.1　班筑家装设计软件 Remiz 概述

班筑家装设计软件 Remiz 是基于 BIM 技术的一款软件，可进行三维高效建模，支持效果图生成、工程量计算、预算报价，可根据 BIM 模型自动生成平面图和剖面图，提高家装设计师和预算员的工作效率。班筑家装设计软件 Remiz 包含专业齐全，模型能够直观显示三维效果，如图 10.2.1 所示。其构件库可直接调用，实现高效建模，如图 10.2.2 所示。

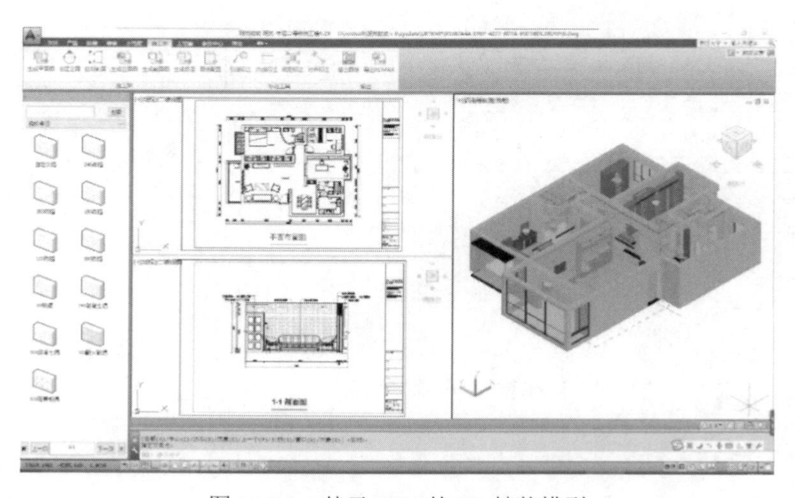

图 10.2.1　基于 BIM 的 3D 精装模型

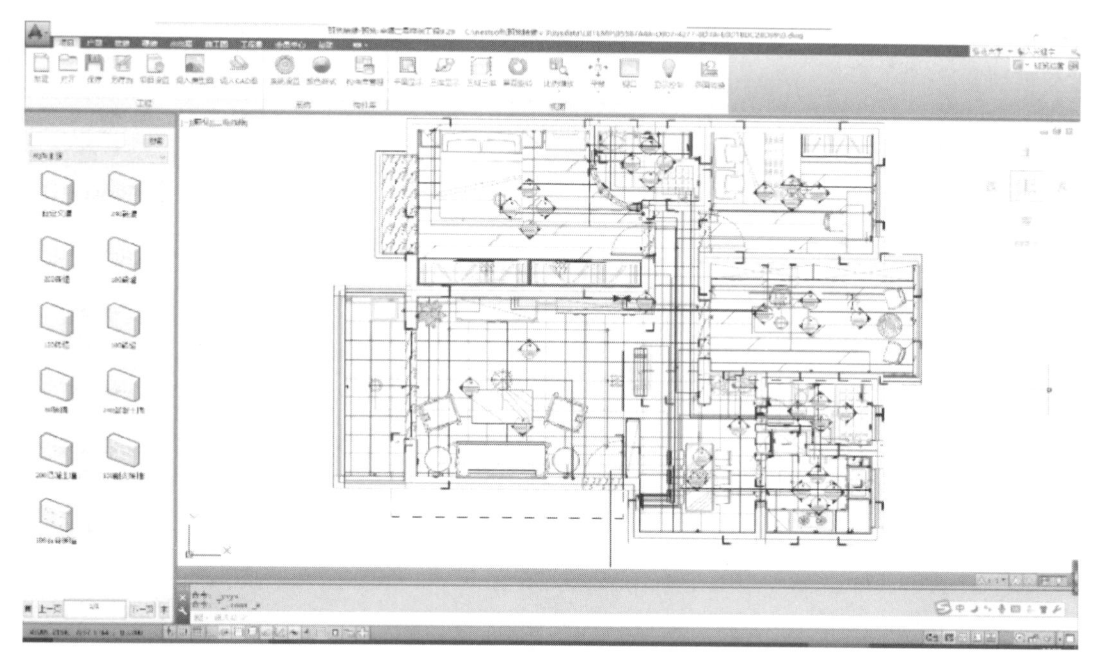

图 10.2.2　高效建模技术

Remiz 能根据 BIM 模型自动生产施工图等相关图纸，减少反复修改。如图 10.2.3 所示。

通过连接云服务器，BIM 模型能够自动生成效果图，快速获取精美展示效果。云端生成的效果图可以一键分享，随时随地查看。如图 10.2.4 所示

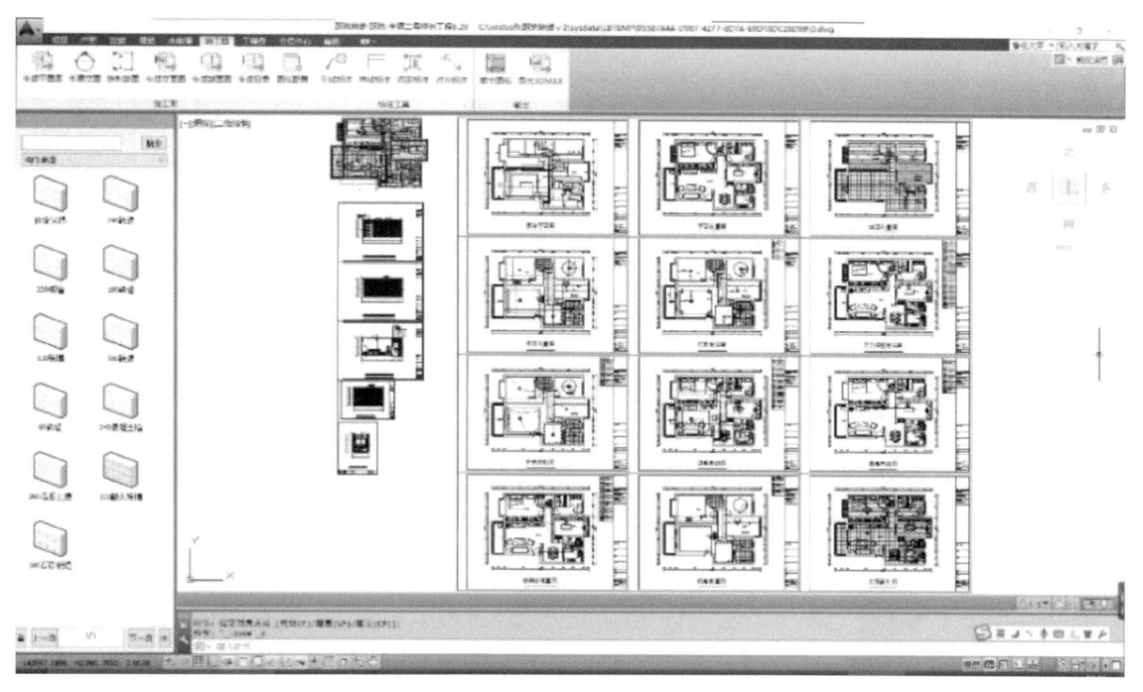

图 10.2.3　生成施工图

。

图 10.2.4　云端生成效果图

Remiz 采用高精度运算，精准计算工程量，智能匹配工程量与企业定额，可一键计算工作量。如图 10.2.5 所示。

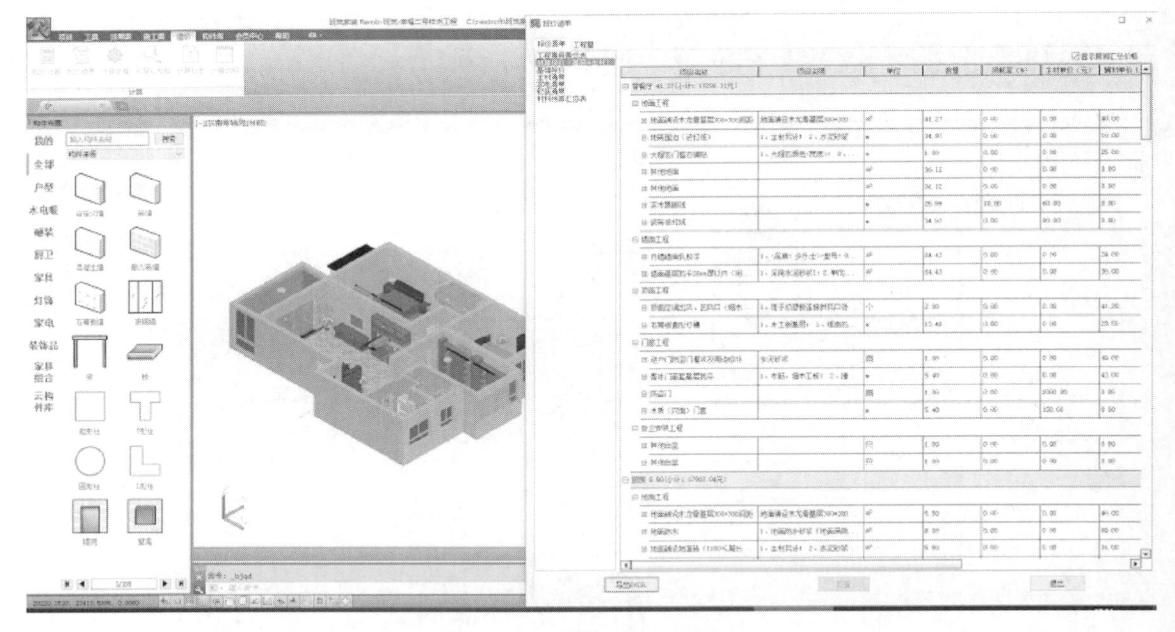

图 10.2.5　一键计算工程量

Remiz 支持多种面砖排布方式，铺贴造型丰富，自动计算铺贴损耗，一目了然。生成面砖统计报表，自动生成面砖编码，方便现场铺贴。如图 10.2.6 所示。

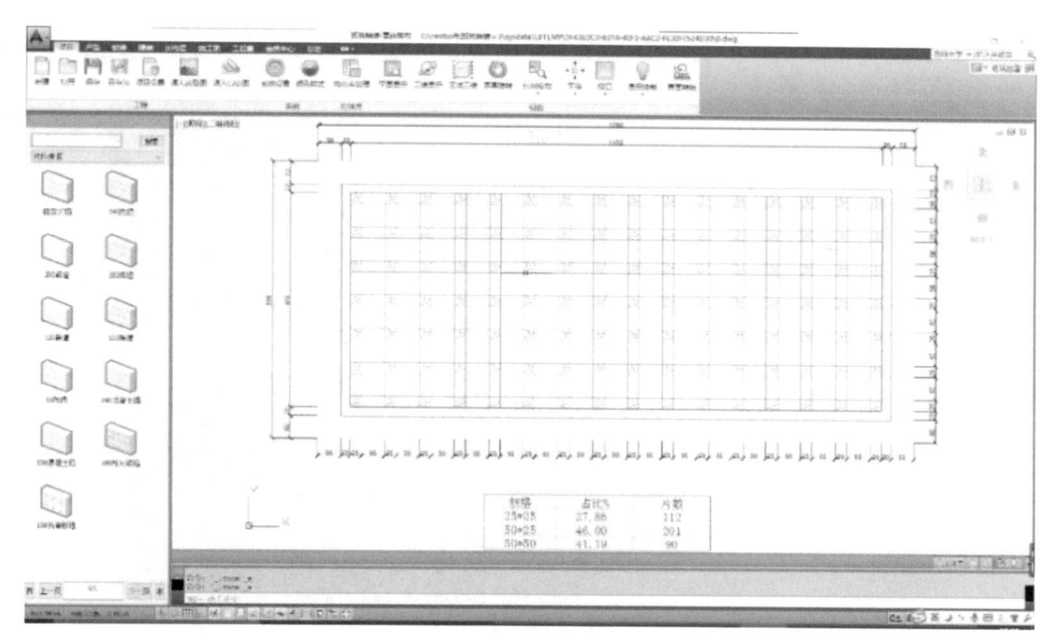

图 10.2.6　面砖排布

Remiz 包含了家装中全专业模块，满足设计师深化设计的需求。如图 10.2.7 所示。

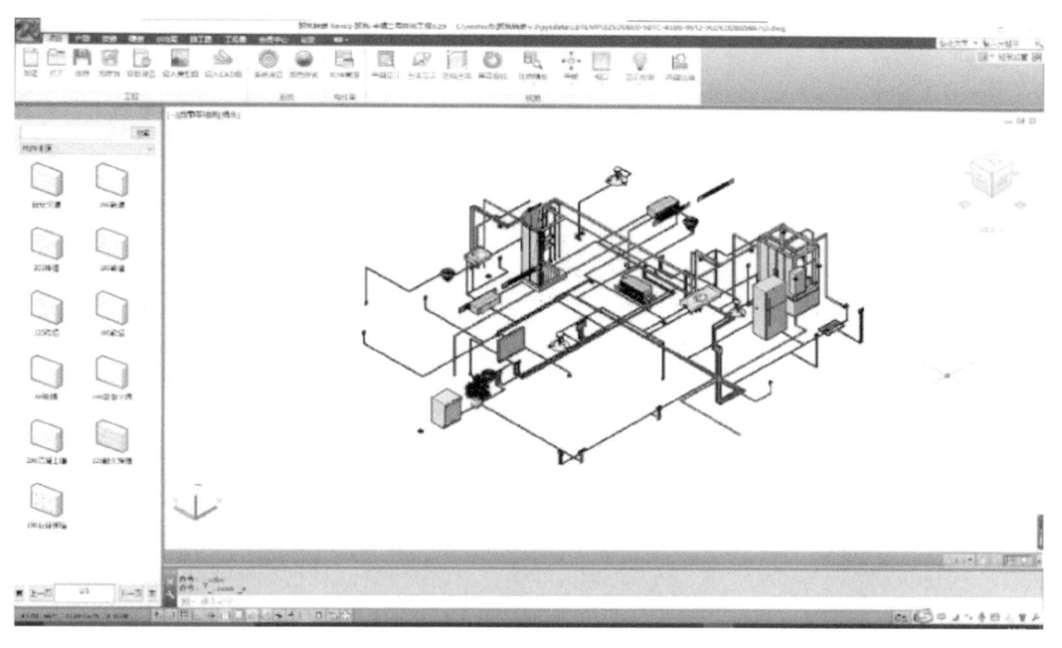

图 10.2.7　全专业设计

Remiz 可以任意剖切精装 BIM 模型，采用后台算法生成立面图纸。如图 10.2.8 所示。

班筑 BIM 系统管理平台以 BIM 技术为依托，将 BIM 技术应用到装修接单、设计、施工、成本管理和装后服务当中，同时将海量的数据进行分类和整理，形成一个多维度、多层次、包含三维图形的 BIM 数据库，系统将各种处理后的数据发送到不同的应用岗位。如图 10.2.9 所示。

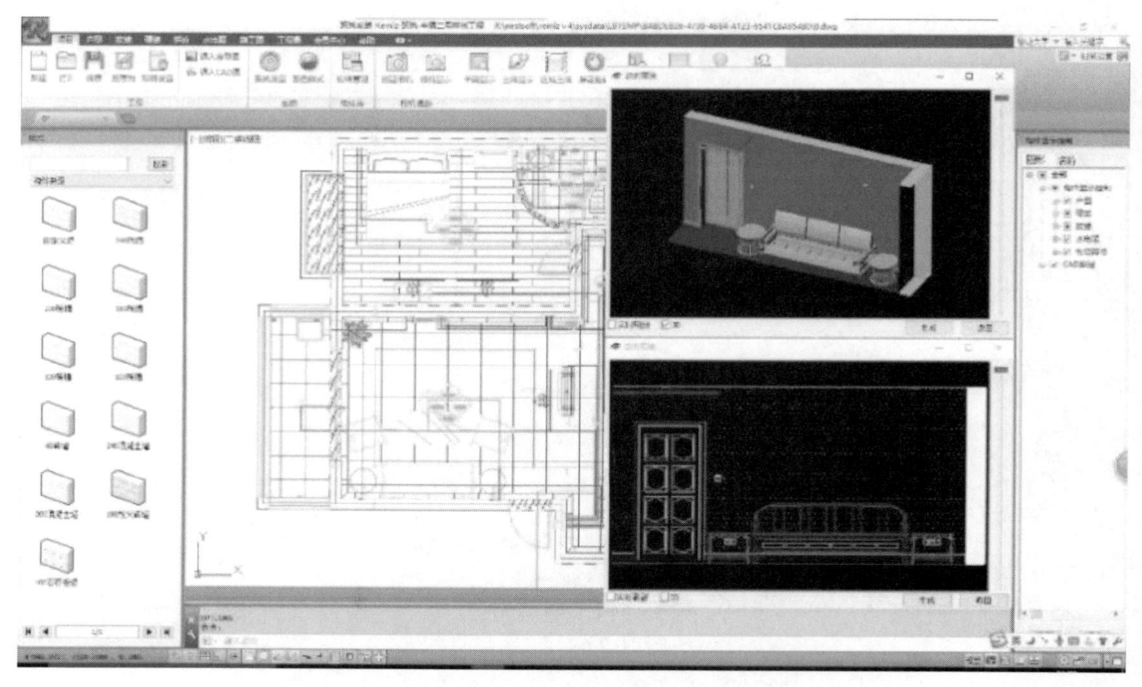

图 10.2.8　任意剖切精装 BIM 模型生成立面图纸

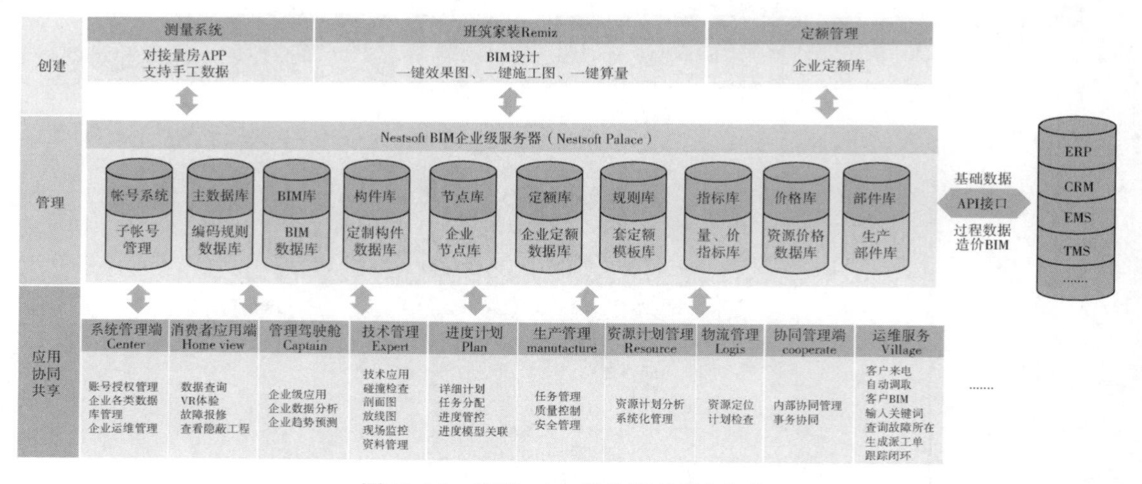

图 10.2.9　班筑 BIM 系统管理平台架构

10.2.2　班筑软件在实际装饰装修项目中的 BIM 应用

以某小区两室两厅工程为例，如图 10.2.10 所示，运用 Remiz 软件将该户型设计成现代中式风格。

安装好 Remiz 之后，通过双击快捷图标启动 Remiz，或者从 Windows 开始菜单栏中启动班筑家装程序，如图 10.2.11 所示。

启动 Remiz 之后，可以看到 Remiz 的启动界面，如图 10.2.12 所示。

新建一个项目，先进行项目设置，对项目的编码、名称、地址等进行编辑，再根据图纸要求设置楼层净高，如图 10.2.13、图 10.2.14 所示。

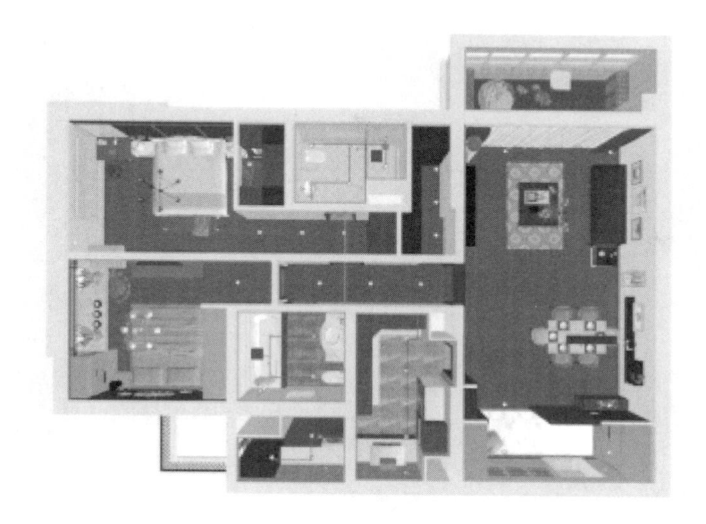

图 10.2.10　三维图

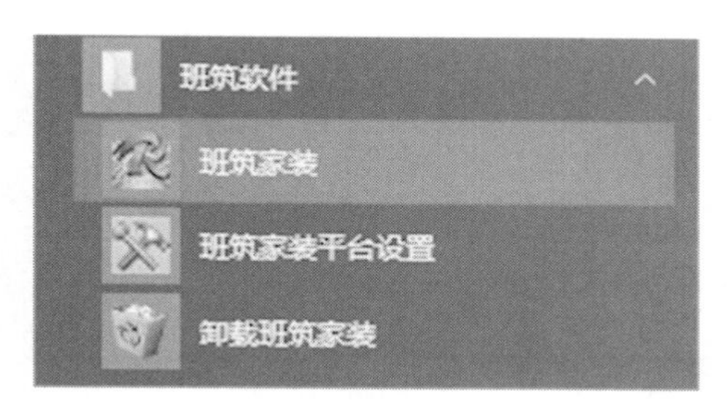

图 10.2.11　启动 Remiz

图 10.2.12　启动界面

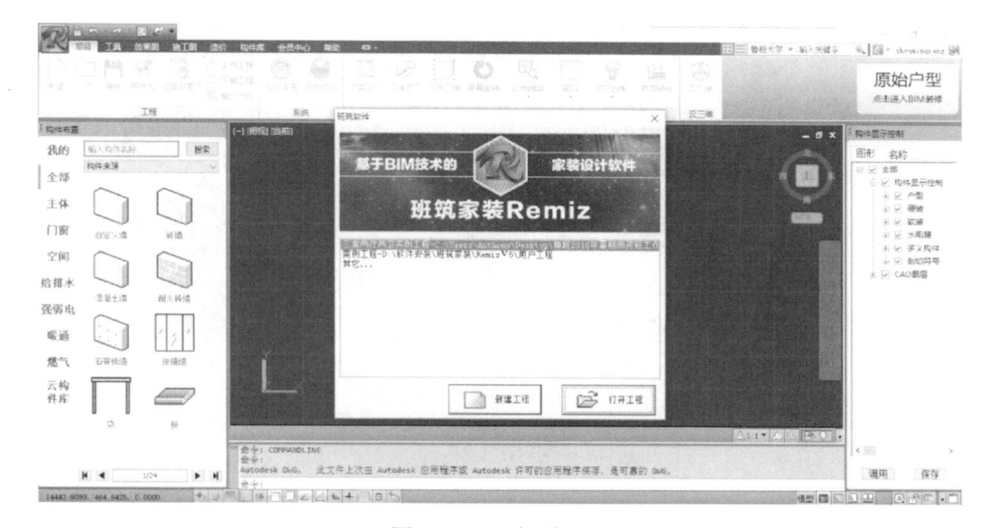

图 10.2.13　初始界面

图 10.2.14　项目设置

Remiz 界面和 AutoCAD 界面之间可一键转换，图 10.2.15 为 Remiz 操作界面，图 10.2.16 为转换至 AutoCAD 的操作界面。

单击“工具”菜单栏下的“调入 CAD 图”，选择要调入的图纸，进行基础建模，如图 10.2.17、图 10.2.18 所示。

在导入的图的基础上进行布置。布置墙体：在右边构件布置的工具栏中，单击“户型”，选择“墙”构件，选择对应属性的墙体（以砖墙为例）。选择“砖墙”之后，修改砖墙参数：墙厚、墙高、底标高等。如图 10.2.19 所示。

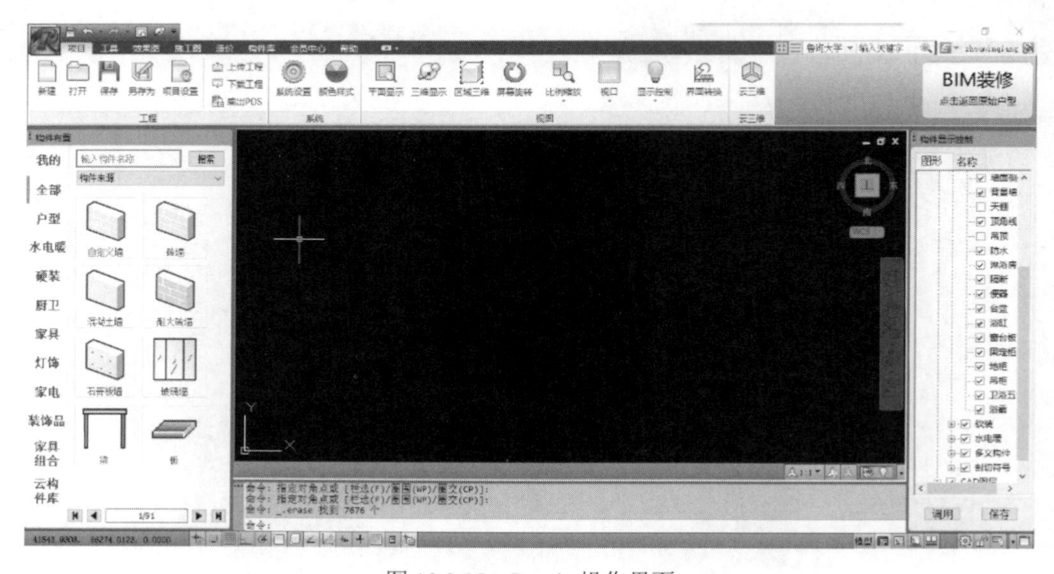

图 10.2.15　Remiz 操作界面

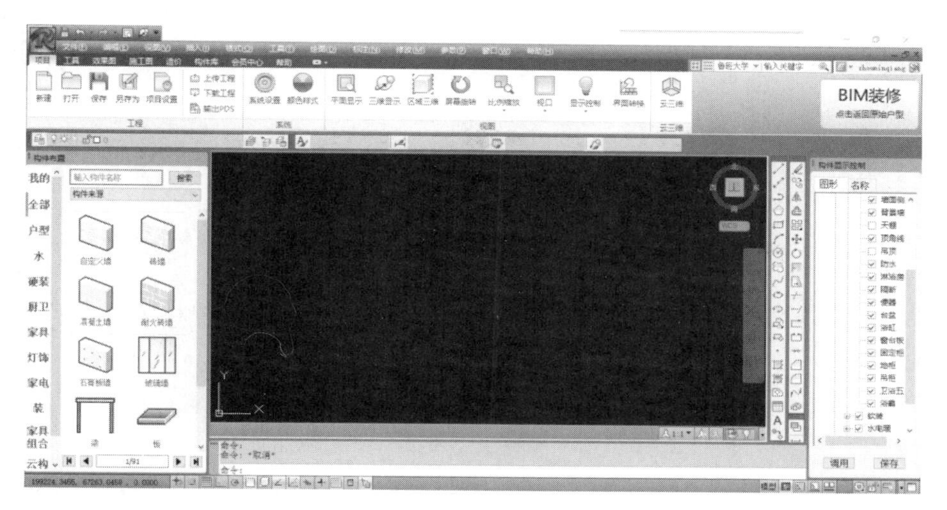

图 10.2.16　转换至 AutoCAD 的操作界面

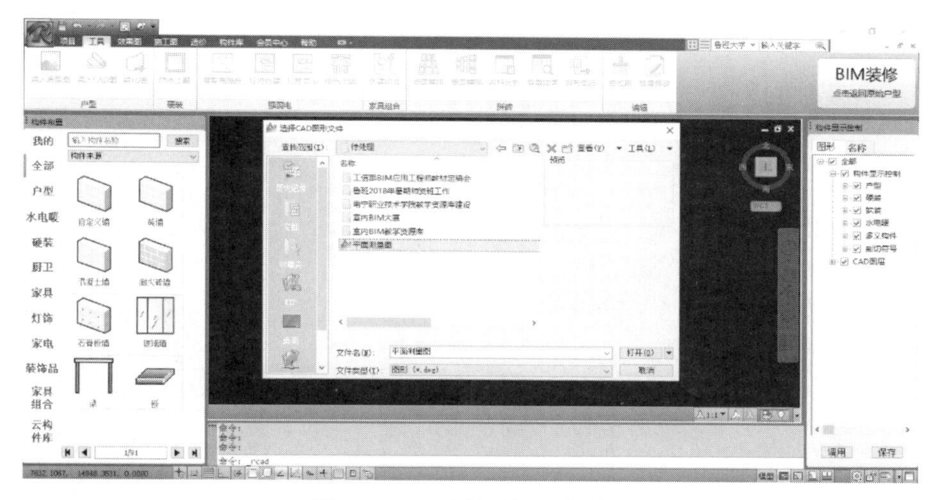

图 10.2.17　选择要调入的图纸

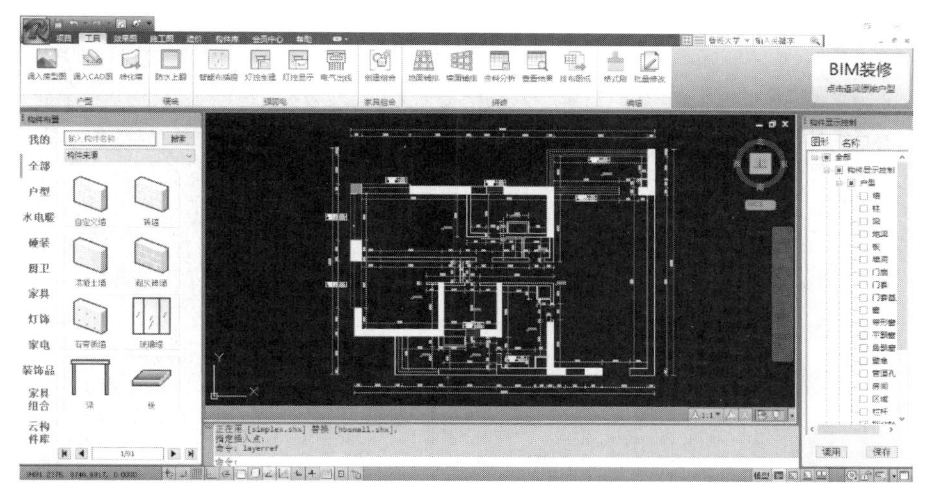

图 10.2.18　基础建模

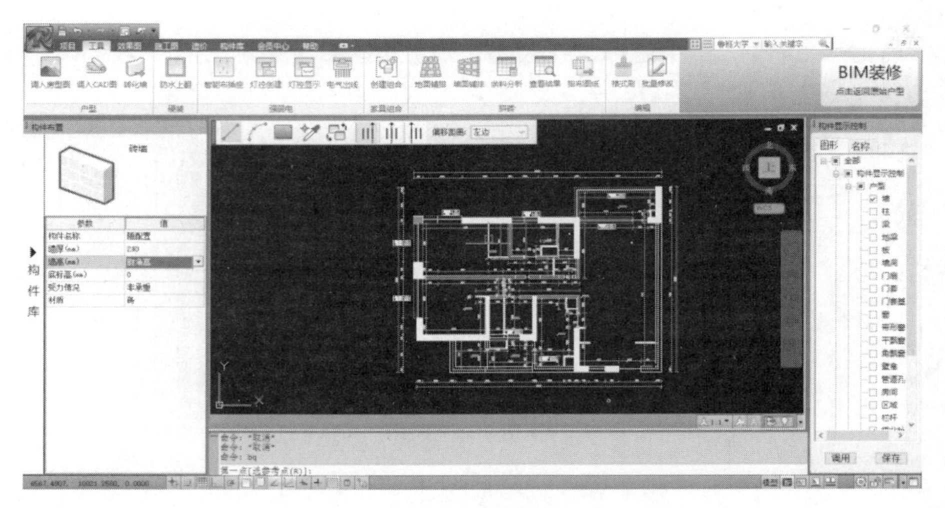

图 10.2.19　墙体布置

在工具栏中单击“户型”，选择“套装门”，再选择现代中式风格的类型，选择完成之后，进行参数设置，可以对门套的外框高度、外框宽度、门套宽度、门套厚度、门套线宽度、门套线厚度、底标高、材质等参数进行设置，如图 10.2.20。设置完成之后，选择墙体，单击要生成门套的位置，或者手动输入距离墙中线距离，即可生成门套或者门，如图 10.2.21 所示。

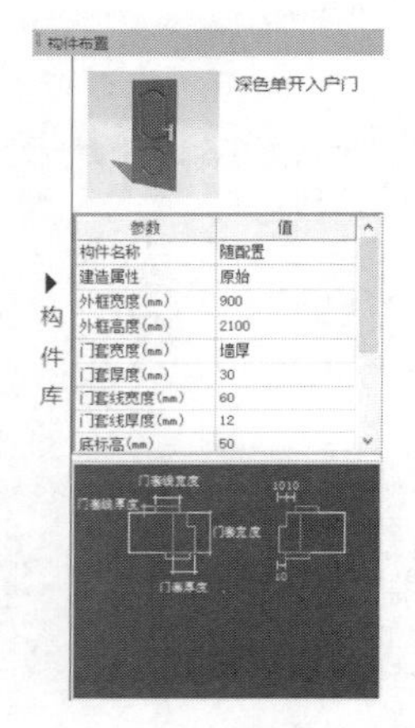

图 10.2.20　门构件布置

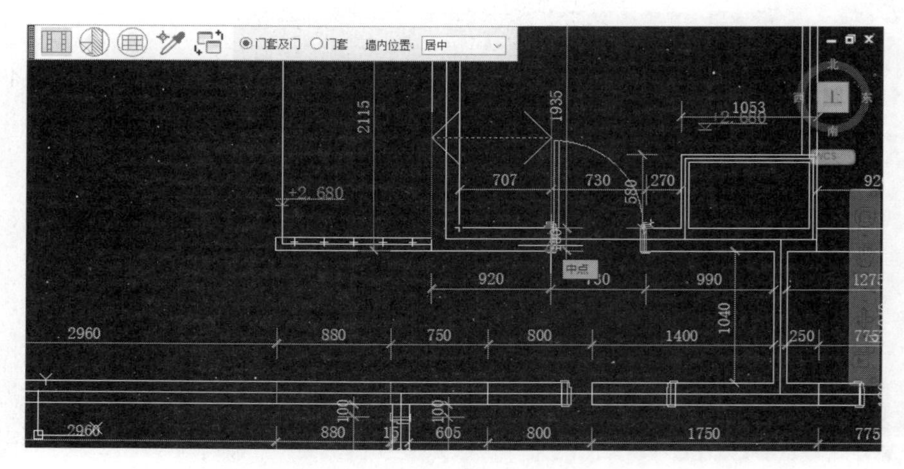

图 10.2.21　位置调整

单击“户型”，找到“房间”，选择对应的房间属性进行布置，方便接下来布置墙砖、地砖等硬装时以房间为单位布置。如图 10.2.22 所示。

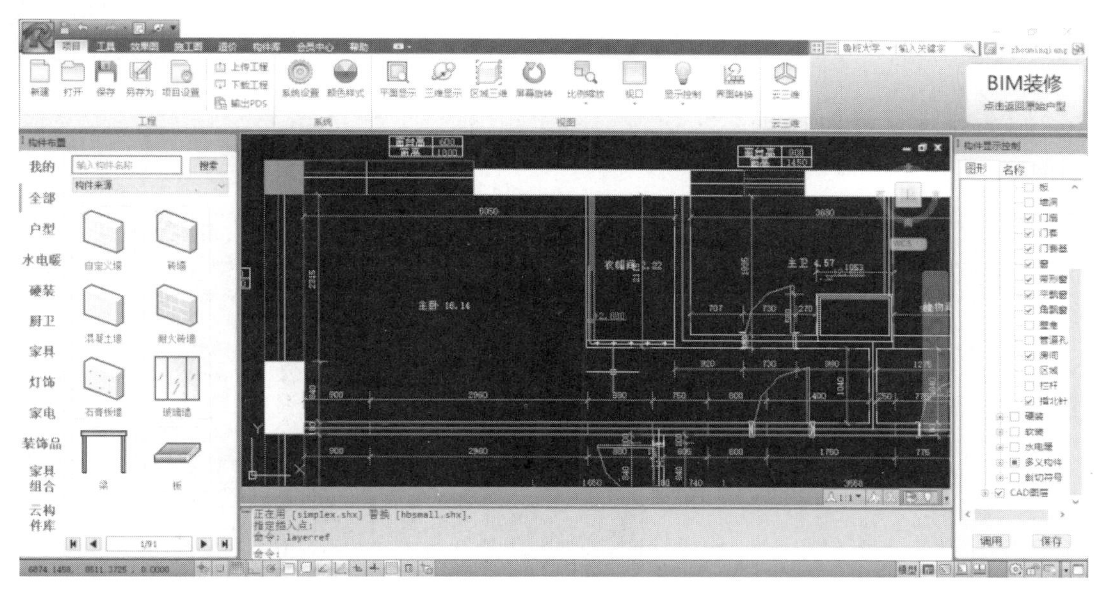

图 10.2.22　房间布置

在工具栏中，选择“硬装”，选择对应中式风格材质的地面，例如“地砖”“木质地板”“满铺地毯”“石材/大理石”等。定义地面的部分属性，包括构件名称、厚度、底标高、材质、品牌、规格、型号、类型、铺设方向等。设置完成之后，选择定义好的房间，软件会默认选择房间的左上角为默认起铺点，瓷砖与石材默认为连续直铺，地板默认为错位铺排，如图 10.2.23 所示。

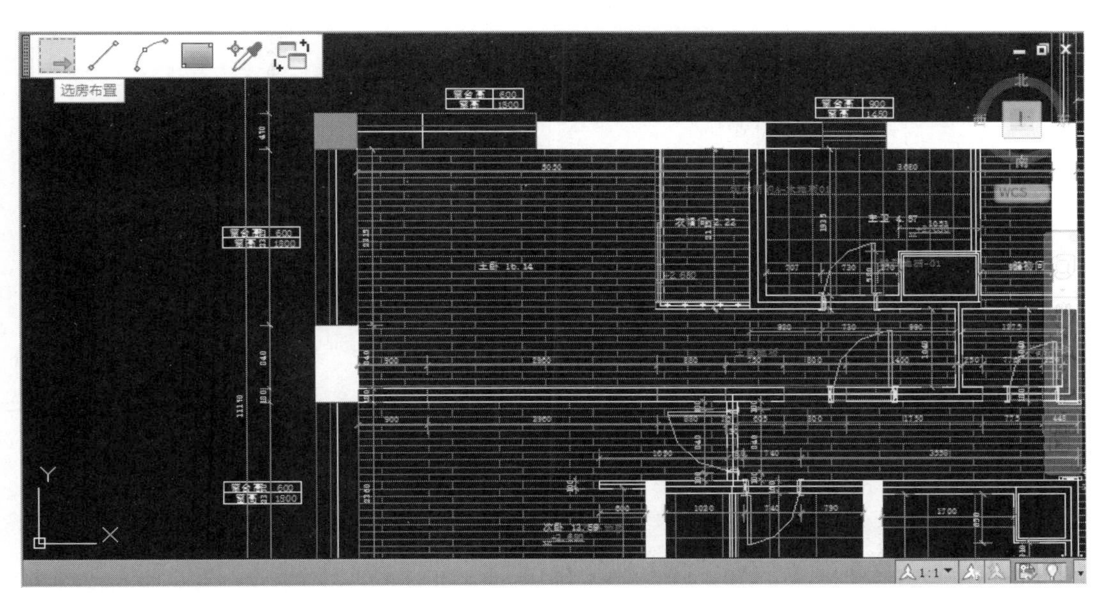

图 10.2.23　地面铺排

单击菜单栏中的“地面铺排”进入铺排模式，选择需要应用的拼砖样式（连续直铺、错位直铺、工字铺排、旋转直铺、人字铺）；对砖的尺寸、旋转角度、砖缝颜色及宽度进行设置，选择需要应用拼砖模板的区域，选择起铺点，完成模板应用。同时也可以布置波打线、水刀拼花、花砖等。布置完成，退出铺排。如图 10.2.24 所示。

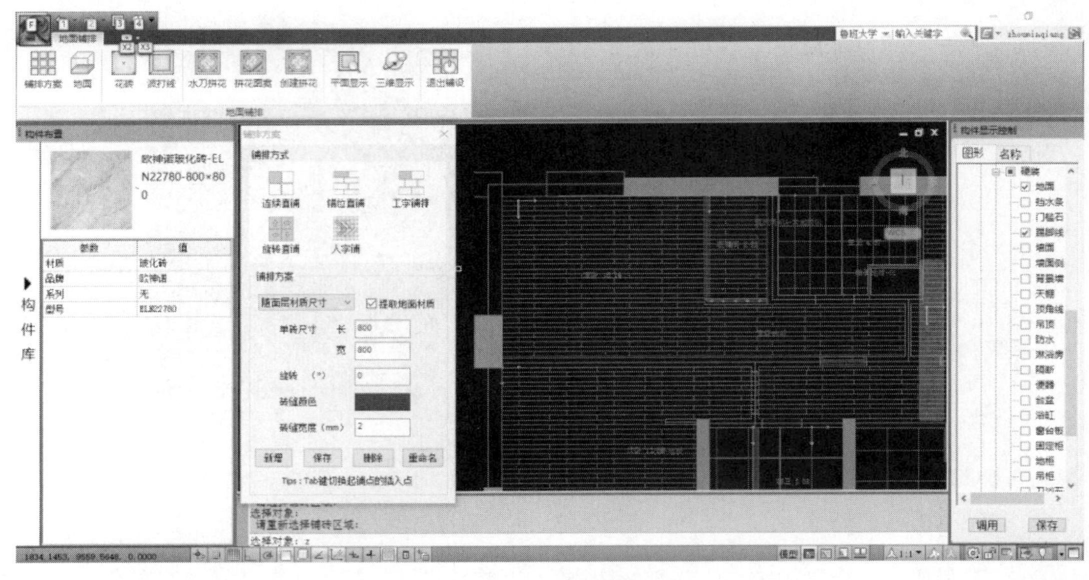

图 10.2.24　地面铺排设置

在工具栏中选择“防水”，再选择防水的样式。在参数设置中对防水厚度、底标高、材质进行设置。设置完成之后，选择已经定义好的房间，双击“防水”，可以对防水属性进行修改。

选择现代中式风格的踢脚线断面，在踢脚线布置前，在属性参数栏中对踢脚线属性参数进行设置。踢脚线选房布置：单击功能按钮，选择需要布置踢脚线的房间，按 Enter 键确认，完成整个房间踢脚线的布置。踢脚线选边生成：单击功能按钮，选择需要布置踢脚线的房间边线，按 Enter 键确认，完成房间一条边的踢脚线布置。

选择对应风格墙面材质，包括“乳胶漆”“墙砖”“墙纸”“石材”，再进行参数设置：“厚度”“顶标高”“底标高”，如图 10.2.25 所示。设置完成之后，选房布置：单击功能按钮，选择已经定义好的房间，按 Enter 键确定选择，软件会默认选择房间墙面左下角为默认起铺点，默认为连续直铺。

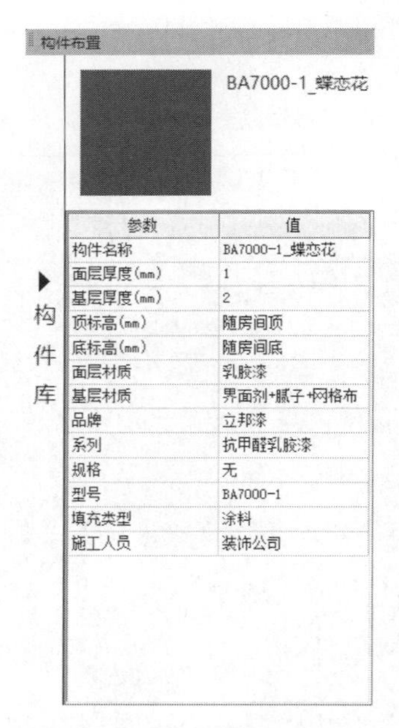

图 10.2.25　参数设置

同理布置完其余硬装。接下来布置软装部分，如图 10.2.26 所示，

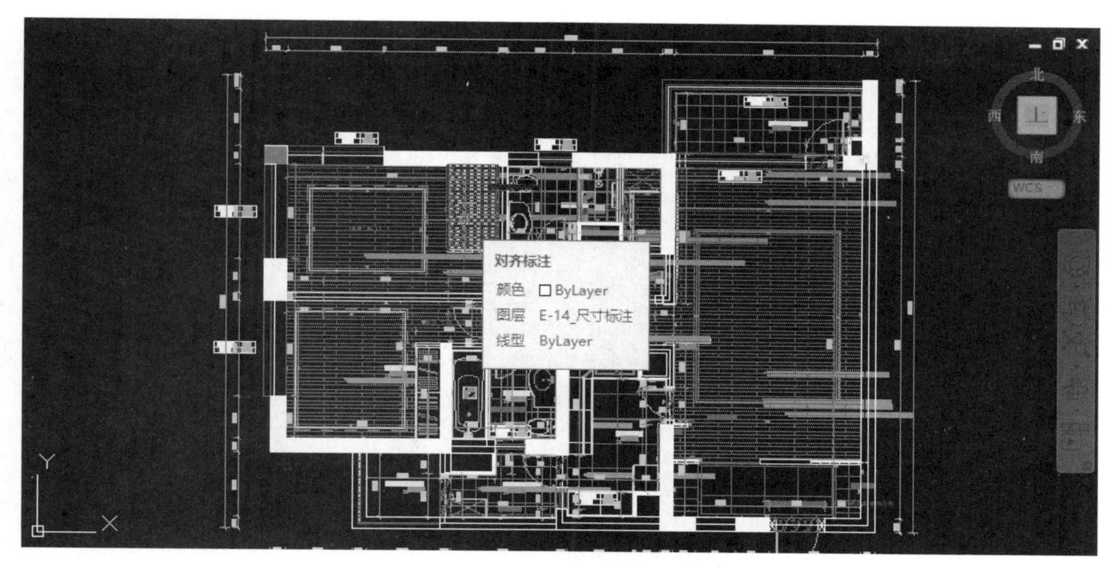

图 10.2.26　软装布置

以沙发为例，选择现代中式风格的沙发样式，所选沙发随十字光标进入屏幕，通过“x 镜像”“y 镜像”“切换插入点”“角度”等工具对所需要布置的沙发进行调整；桌椅、床、家电等构件也是以同样操作布置，如图 10.2.27 所示。

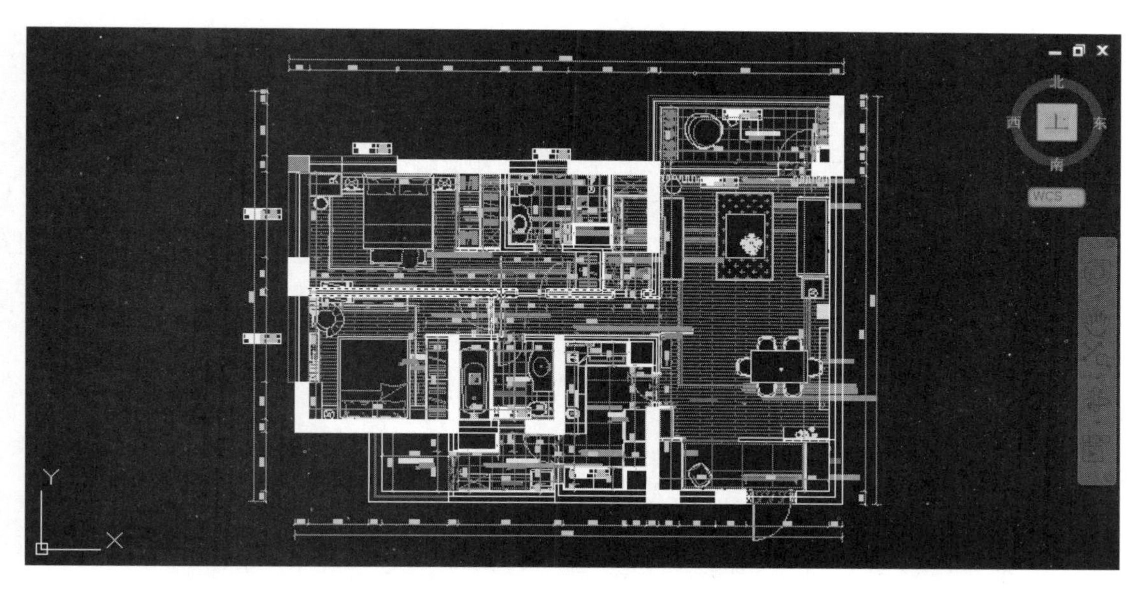

图 10.2.27　软装设置

水、电、暖布置：以给水管为例，选择水管类型，包括冷水管、热水管、排水管等，进行绘制，绘制方式有直线绘制、弧线绘制、布置立管。如图 10.2.28 所示。

打开班筑公共云构件库页面，可下载云构件至本地使用。有企业权限的用户可以建立企业私有云构件库，供企业内部账号下载使用。同时支持用户上传自定义的构件至云端。如图 10.2.29 所示。

单击菜单栏中“生成效果图”，可查看效果图，如图 10.2.30，还可以生成 3D 全景效果图，效果图能以二维码的形式分享给好友，如图 10.2.31。

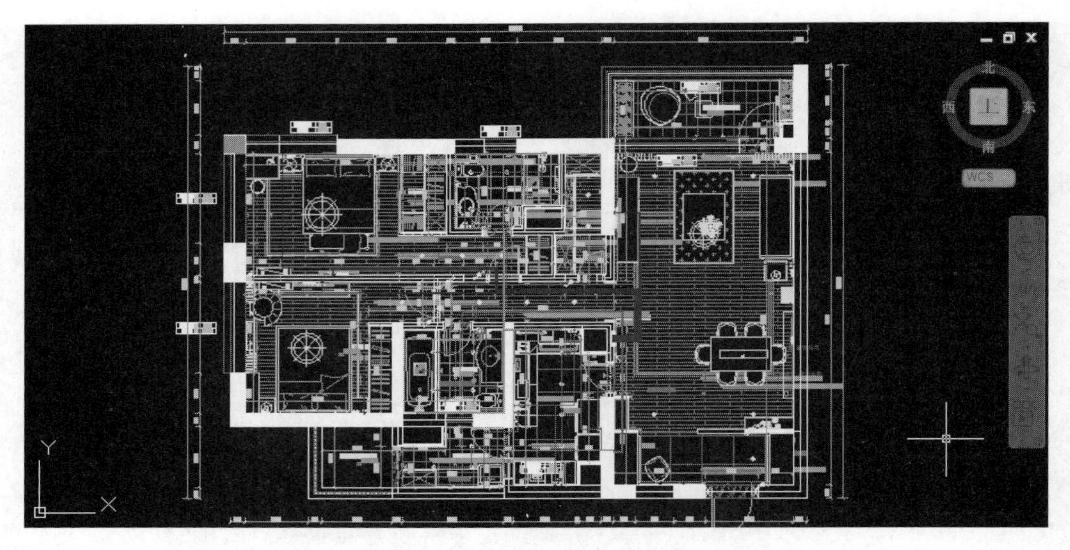

图 10.2.28　水、电、暖布置

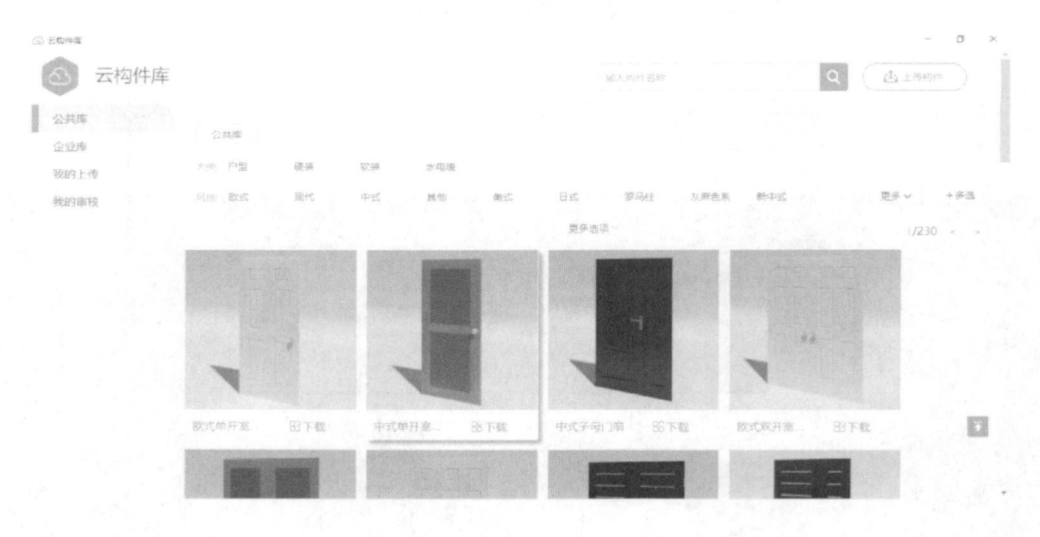

图 10.2.29　云构件库

图 10.2.30　效果图

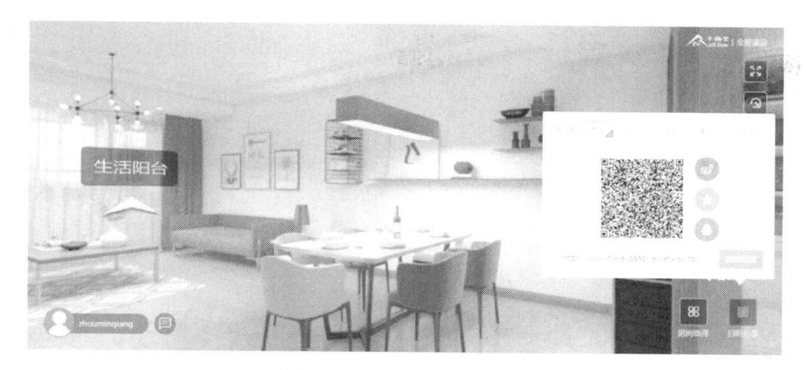

图 10.2.31　全景效果图

单击菜单栏中“一键出图”，能以 dwg、pdf 格式导出图纸，如图 10.2.32。

单击菜单栏中“报价计算”，可查看工程费用汇总和报价清单等，如图 10.2.33 所示。

图 10.2.32　施工图

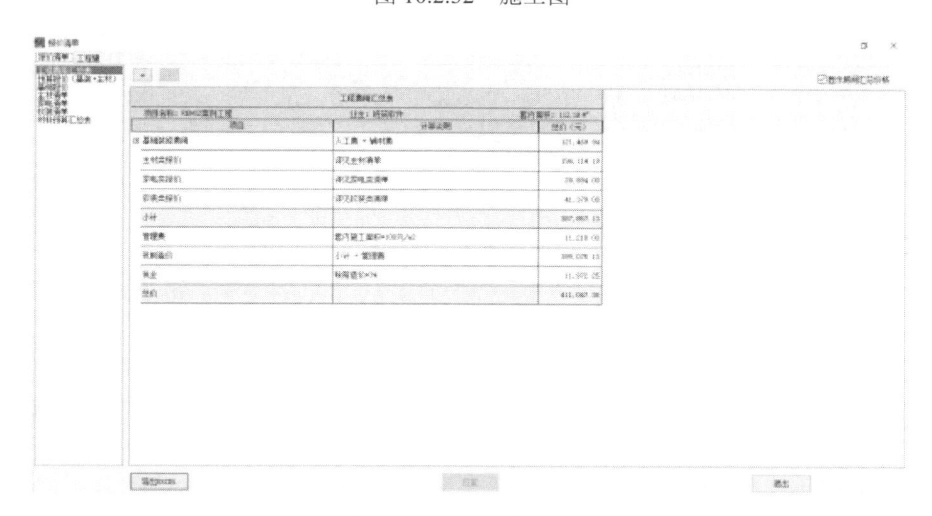

图 10.2.33　工程费用汇总

10.3 达索装饰 BIM 解决方案

10.3.1 简介

达索系统公司（Dassault Systémes）是 PLM（Product Lifecycle Management，产品生命周期管理）解决方案的主要提供者，与达索宇航公司（Dassault Aviation）同属于法国达索集团。达索系统专注于产品生命周期管理（PLM）解决方案有 30 余年历史，行业跨度从飞机、汽车、船舶直到工业装备和建筑工程。达索系统提供多款针对建筑工程行业的软件工具产品，如图 10.3.1 所示。

图 10.3.1 达索系统软件工具产品

1）CATIA　3D 建模工具软件

CATIA 是达索系统推出的 3D 建模软件，如图 10.3.2 所示。其被广泛应用于汽车、航空航天、轮船、军工、仪器仪表、建筑工程、电气管道、通信等行业。针对建筑工程行业，CATIA 能够提供土木工程设计、建筑设计、幕墙设计、结构设计、水暖电系统设计等 3D 建模设计功能。CATIA 拥有强大的曲面设计模块，特别适用于复杂的曲面造型 3D 设计建模。

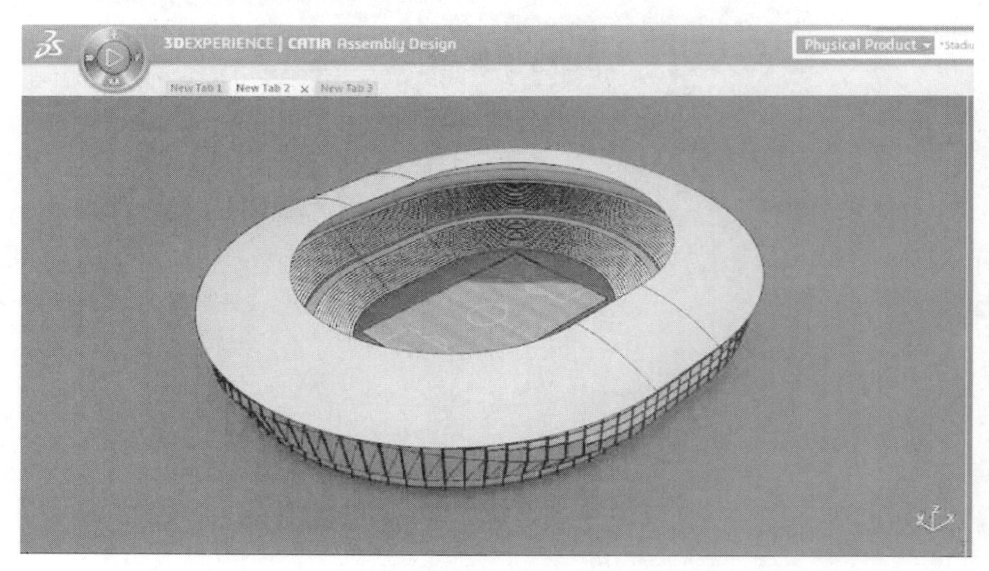

图 10.3.2　CATIA 软件界面

2）DELMIA 仿真模拟工具软件

DELMIA 是达索系统开发的仿真模拟工具软件，如图 10.3.3 所示。DELMIA 能从工序级别（显示每个对象施工的起止时间，但不显示具体施工过程）、工艺级别（通过对象运动、设备运转演示施工过程及资源效率）甚至人机交互级别（显示施工人员的具体操作过程，并分析操作可行性）来帮助用户优化施工方案，以减少错误，提高效率。

3）SIMULIA 有限元分析工具

SIMULIA 支持前沿仿真技术和广泛的仿真领域，为真实世界的模拟提供了开放的多物理场分析平台，如图 10.3.4 所示。SIMULIA 支持预应力钢筋建模（局部非线性）、桥梁施工过程（动态边界）、模态分析（整体结构）、自重变形（线性分析）、车载和风载的影响（静态、动态分析）、地震的影响（时域分析）等，全部由统一的 FEA 模型分析完成。如图 10.3.5 所示。

图 10.3.3　DELMIA　软件

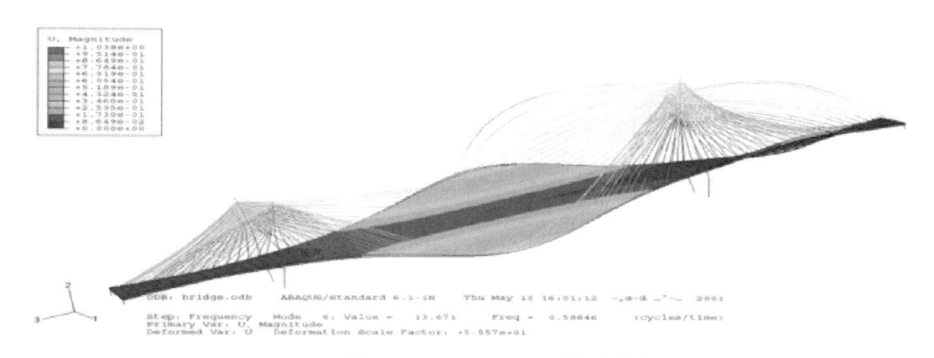

图 10.3.4　SIMULIA 模型仿真

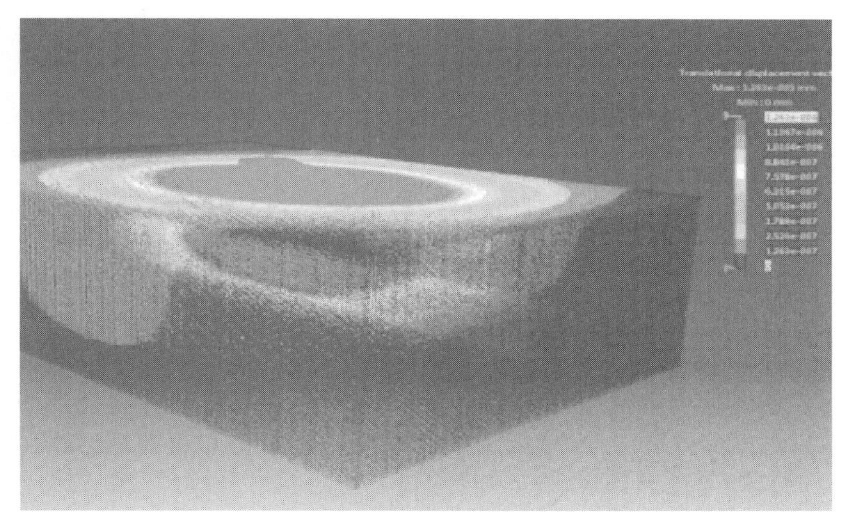

图 10.3.5　FEA 模型分析

4）3D EXCITE 高质量图形/图像输出工具

3D EXCITE 是一个支持 VR 的高质量图形/图像输出工具，允许用户在整个创作过程中持续检查几何图形、材料和设计，从一开始就吸引消费者和决策者，带来高度逼真的产品体验。决策者和客户可使用 3D EXCITE 评估复杂的方案。如图 10.3.6 所示。

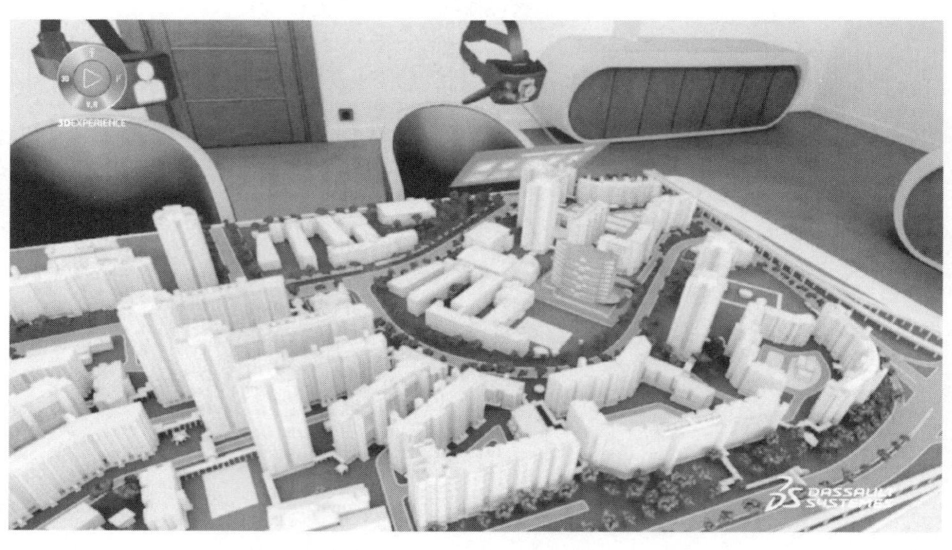

图 10.3.6　3D EXCITE 模型

5）ENOVIA 产品生命周期管理平台

ENOVIA 把人员、流程、内容和系统联系在一起，给企业带来巨大的竞争优势。从小型开发团队到大型企业，都可进行部署。如图 10.3.7 所示。

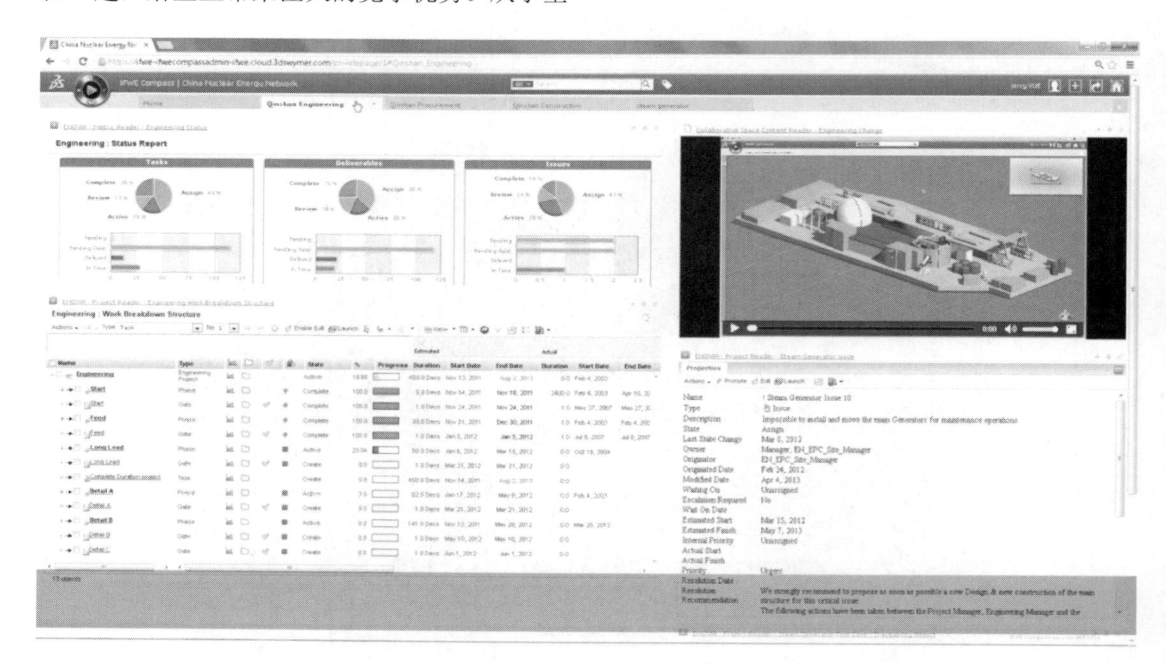

图 10.3.7　ENOVIA　软件

10.3.2　装饰专业应用

1）从 LOD100 到 400 的全流程

CATIA 不仅能从概念设计无缝过渡到详细设计，还可深入到加工制造级别的深化设计（LOD400），例如装饰的节点设计、硬装设计等各种细节，输出的结果可满足制造加工需求，并可驱动数控机床直接进行生产。如图 10.3.8、图 10.3.9 所示。

图 10.3.8　LOD100-300 展示

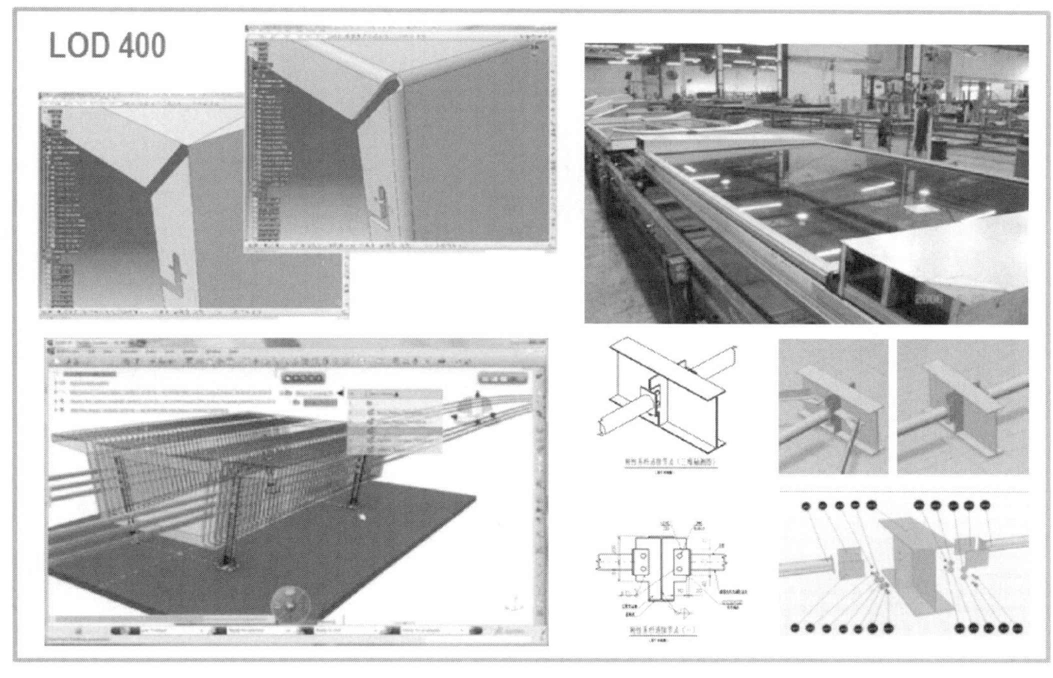

图 10.3.9　LOD400 展示

2）参数化建模技术

设计师只需通过骨架线定义模型的基本形态，再通过构件模板来生成模型细节。一旦调整骨架线，所有构件的尺寸可自动重新计算生成，极大地提高了效率。具有在整个项目生命期内的强大修改能力，在设计的最后阶段也能顺利进行重大变更。如图 10.3.10、图 10.3.11 所示。

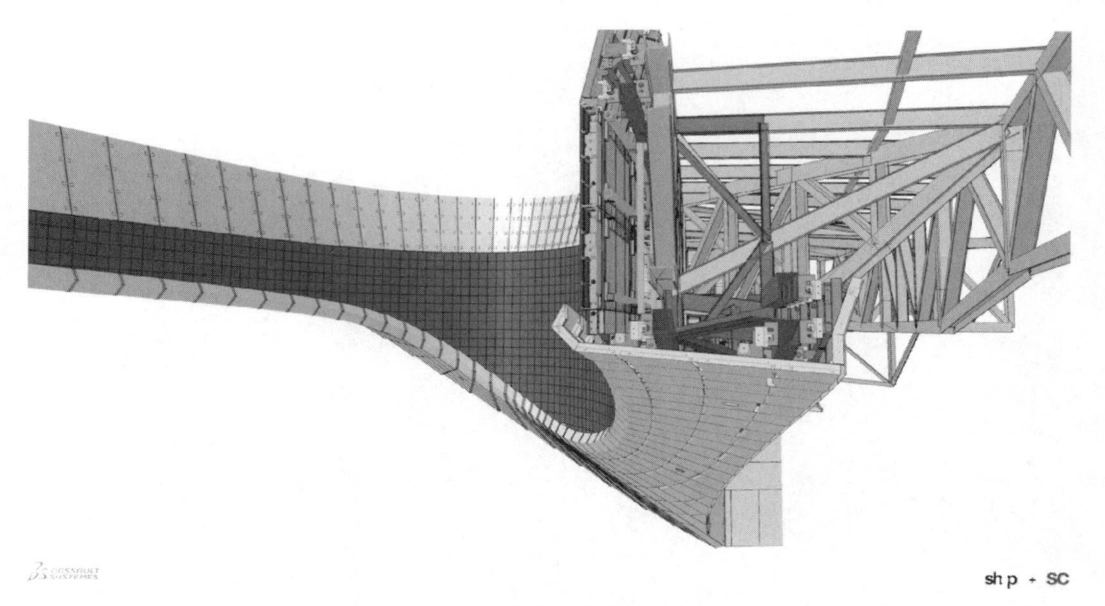

图 10.3.10　CATIA 模型展示

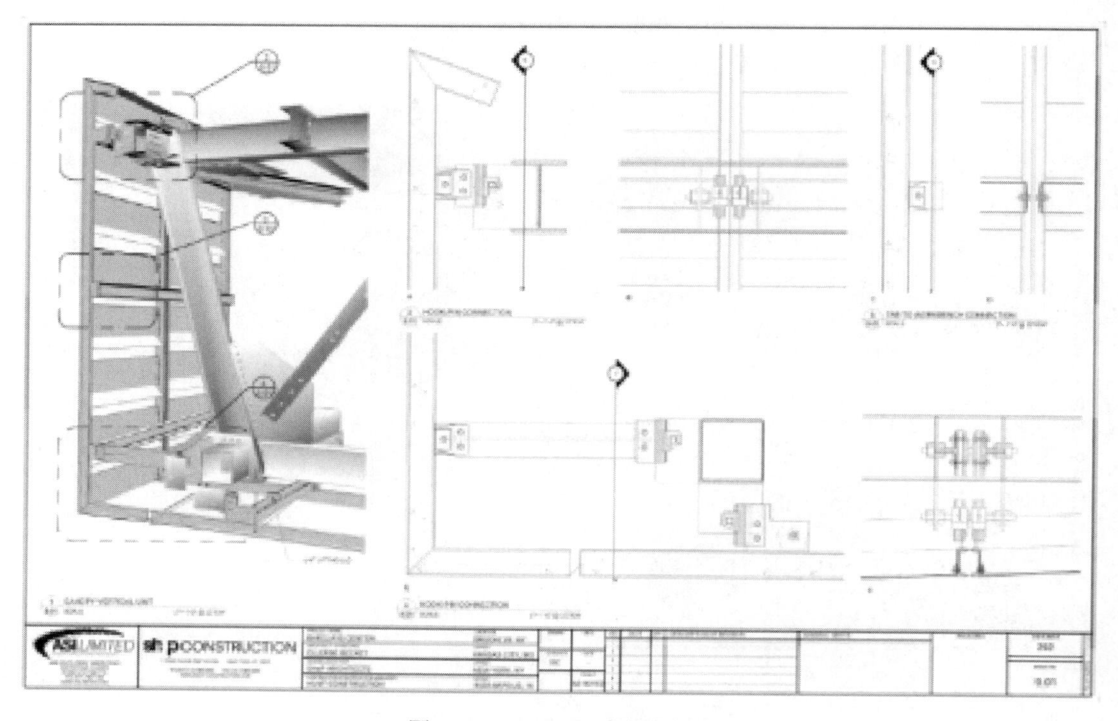

图 10.3.11　CATIA 图纸展示

3）标准化、模块化的知识重用体系

在 CATIA 应用的前期，通过建立一定数量的参数化模板库和逻辑脚本，把企业的专业内容固化下来，在规模化项目设计中，设计师只需调用现成的装饰模型模板和脚本，就可按照企业的设计规范高效完成设计。如图 10.3.12 所示。

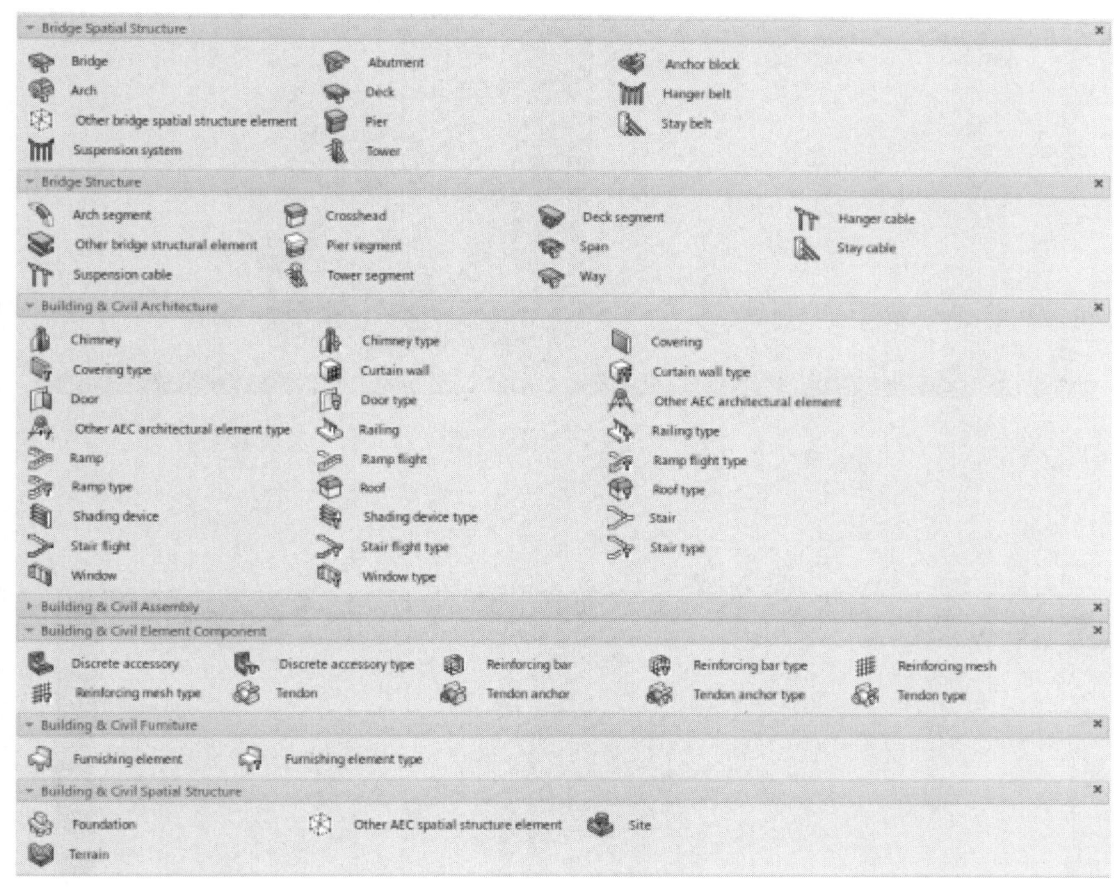

图 10.3.12　CATIA 模板库

10.3.3　重要插件

1）Revit Connector

此插件是达索系统全球合作伙伴 IMPARARIA 开发的基于 Revit 的模型数据转换与协同设计工具。它不改变 Revit 现有的设计功能和文件格式，以及 Revit 现有的链接/工作集协同机制，增加了设计文件安全管理及历史版本维护功能，同时增加了基于广域网的协作功能，可将 Revit 构件明细表导入 ENOVIA 进行管理。如图 10.3.13、图 10.3.14 所示。

2）ASD

ASD 是达索系统全球合作伙伴 AITAC 开发的基于 CATIA 的 3D 到 2D 的出图工具，如图 10.3.15、图 10.3.16 所示。

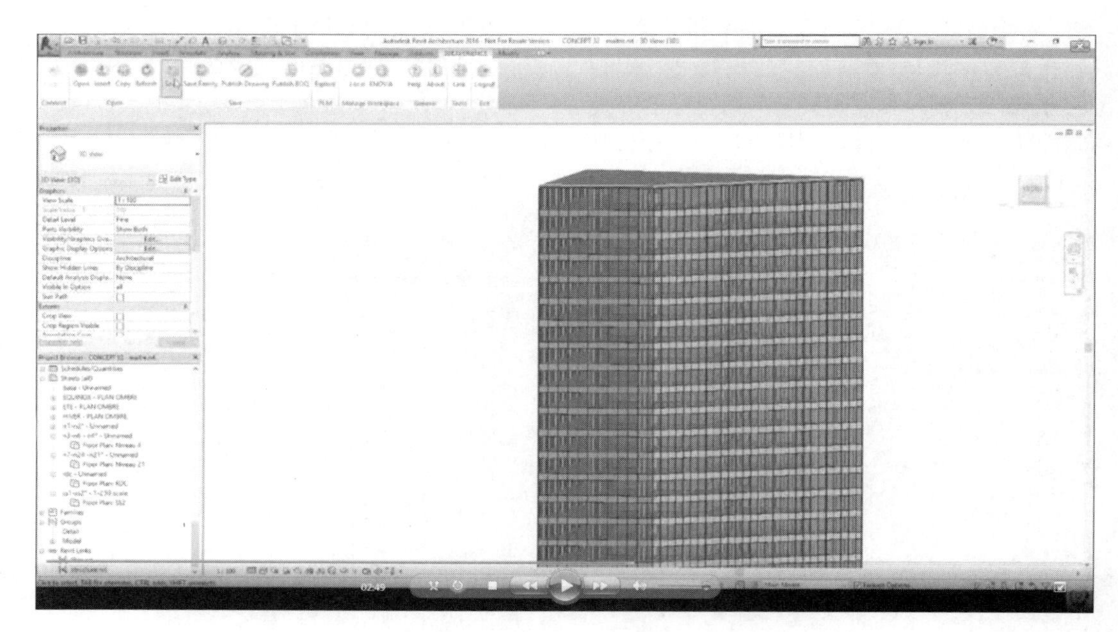

图 10.3.13　Revit Connector

图 10.3.14　Revit 信息导入

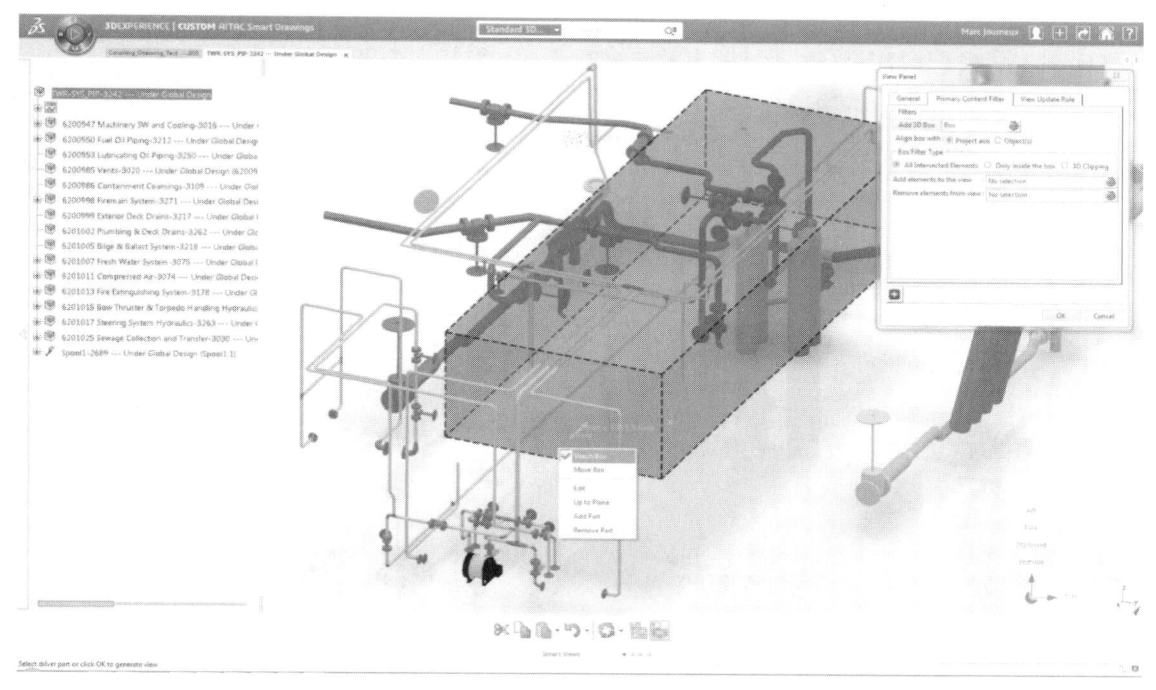

图 10.3.15 CATIA 3D 出图

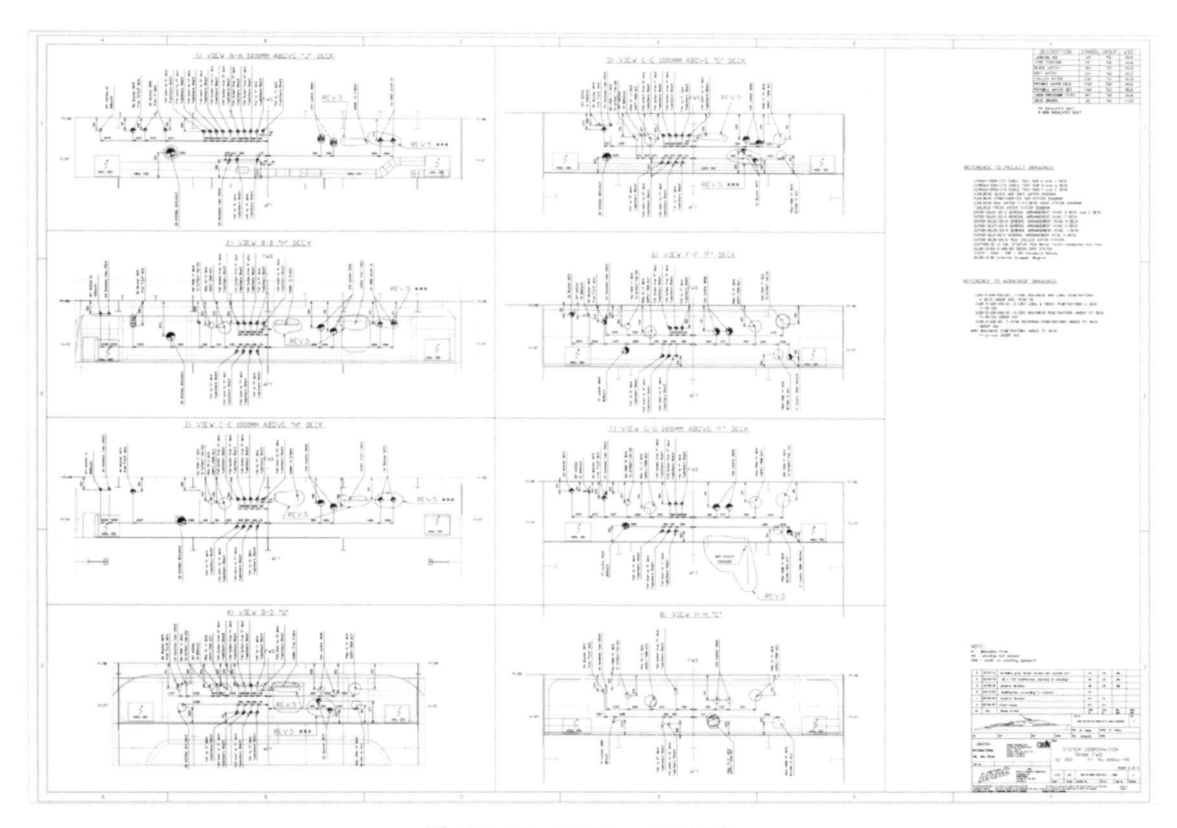

图 10.3.16 CATIA 2D 出图

10.4 ARCHICAD 装饰 BIM 解决方案

10.4.1 概述

ARCHICAD 是 GRAPHISOFT 公司（图软公司）在 1984 年开发出的一个软件，主要优势是通过中央“虚拟”建筑信息模型得到更多信息，并从模型生成相关文档。图软公司的 BIM 软件产品主要有以下几种：

- ARCHICAD：建模与出图工具；

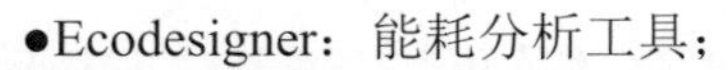

- Ecodesigner：能耗分析工具；
- MEP Modeler：建模碰撞分析工具；
- BIMx：提供即时交互功能的工具，输出高质量图形图像，支持 VR；
- BIMcloud basic：基于模型的团队协同解决方案；
- BIMcloud：全周期管理平台。

ARCHICAD 的理念是模型、图纸和工程量都出自一个中央数据模型，可轻松创建和修改复杂形体元素。ARCHICAD 通过新的变形体工具来增强直接建模功能，并提供云服务，帮助设计者创建和查找自定义对象、组件和建筑构件。图 10.4.1 所示为 ARCHICAD 的出图。

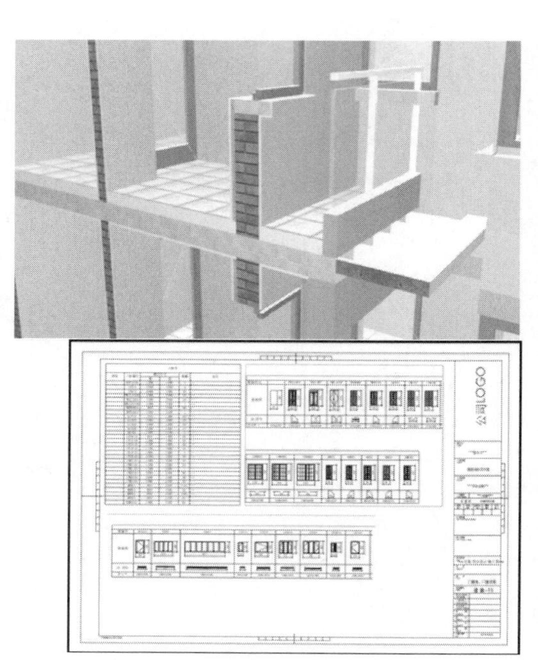

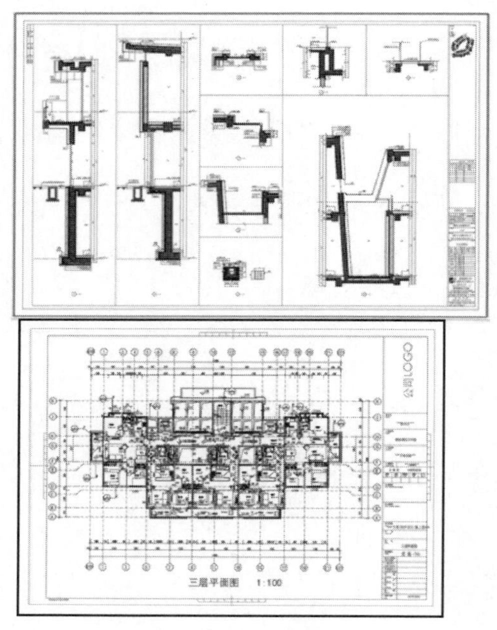

图 10.4.1 GRAPHISOFT 的出图

Ecodesigner（图 10.4.2）是一款能耗分析工具，可以帮助建筑师在早期阶段进行建筑能耗分析，做出更好的设计。Ecodesigner 针对建筑材料提供多重热属性块功能，可在建筑材料设置中预填写导热性、密度、热容量等。

MEP Modeler 是建模碰撞分析提高效率的工具，是 ARCHICAD 的一个插件。使用 ARCHICAD 的建筑公司和部门可以使用 MEP Modeler 来创建、编辑和导入三维 MEP 水电暖通管网，通过 ARCHICAD 碰撞分析提高效率，并在虚拟建筑里协调它们。

MEP 系统与建筑模型之间，以及 MEP 系统元素之间的碰撞检测功能可使建筑师快速得到准确反馈，使工程师团队之间实现无缝协调工作。MEP 碰撞检测可在平面图和 3D 窗口里标示出碰撞的准确位置，所有碰撞的栏目都自动添加到 ARCHICAD 标记工具面板里，通过简单的 ID 就可以查看所有的碰撞。如图 10.4.3 所示。

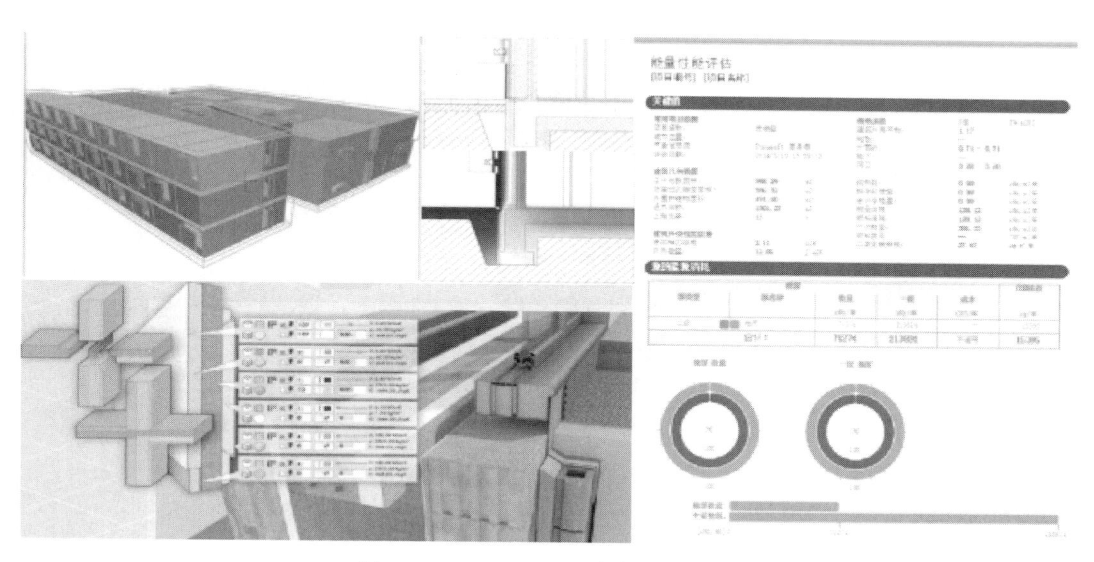

图 10.4.2 Ecodesigner 能耗分析工具

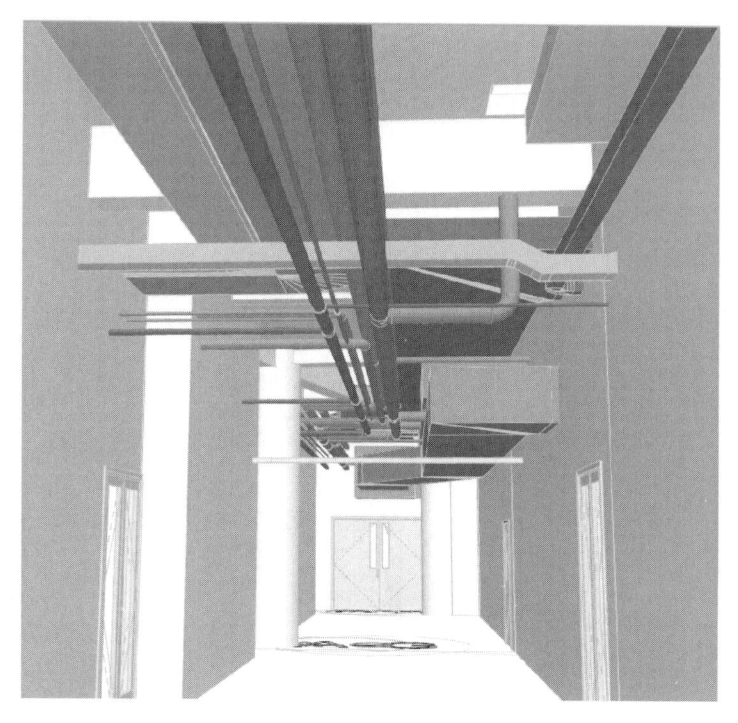

图 10.4.3 MEP Modeler 碰撞检测

BIMx 超级模型提供了丰富的浏览功能，用户可以在多平台终端上浏览轻量化的三维设计成果，包括可浏览的三维模型和完整的设计图纸，可以在图纸和模型之间切换。如图 10.4.4 所示。

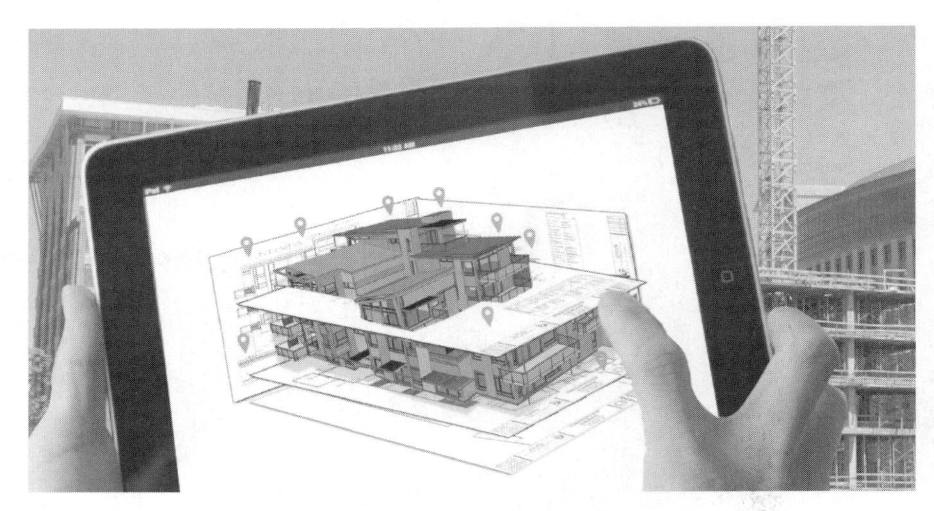

图 10.4.4 BIMx 超级模型

BIMx 提供即时交互功能，可以使远在施工现场的设计师实时反馈变更修改信息，与设计师进行交流，提高工程沟通效率。用户不仅可以对模型进行浏览漫游，更可以随意查看各个角度、视点对应的图纸文档，自由进行剖切，并且可以将移动端的批注、意见等通过网络发回到 ARCHICAD，真正实现无缝沟通。如图 10.4.5 所示。

iPad 在施工现场能做什么?

On-Site Inspection

Site Office Meeting

iPad 在施工现场使用，指导施工

图纸和模型集成

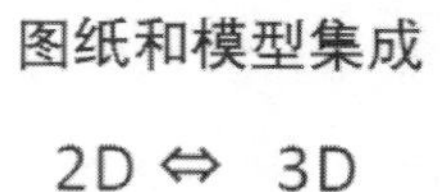

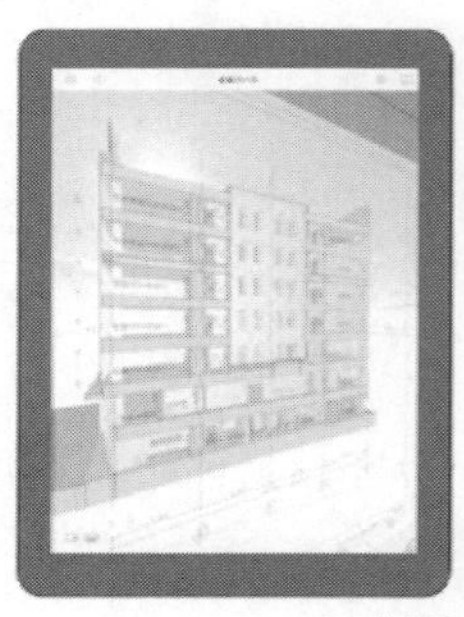

BIMx Docs

图 10.4.5 BIMx 交互展示

ARCHICAD 的 GRAPHISOFT BIM 服务器使得团队成员可以在 BIM 模型上实时协同工作，提高了工作效率。如图 10.4.6 所示。

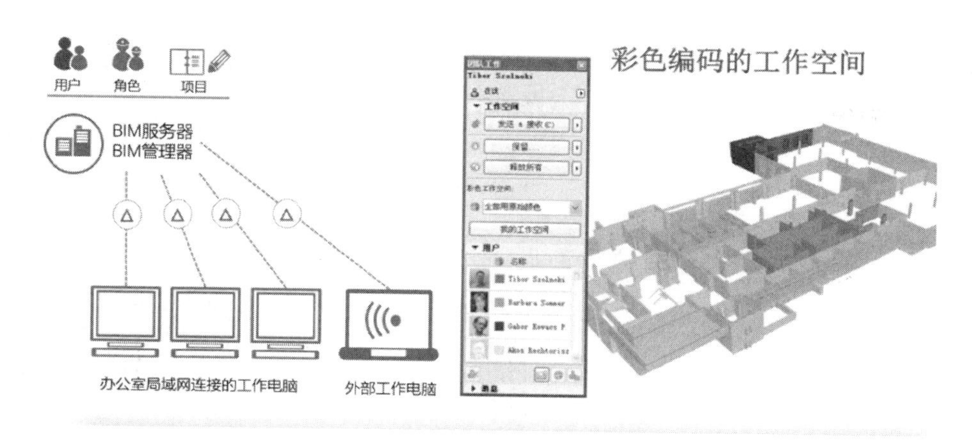

图 10.4.6　GRAPHISOFT BIM 服务器

BIMcloud 全周期平台由一个中心 BIMcloud 管理器、若干 BIMcloud 服务器、若干 BIMcloud 客户端组成，可以安装在现有私人或公共云平台上，且可以与公司的 IT 系统整合。如图 10.4.7 所示。

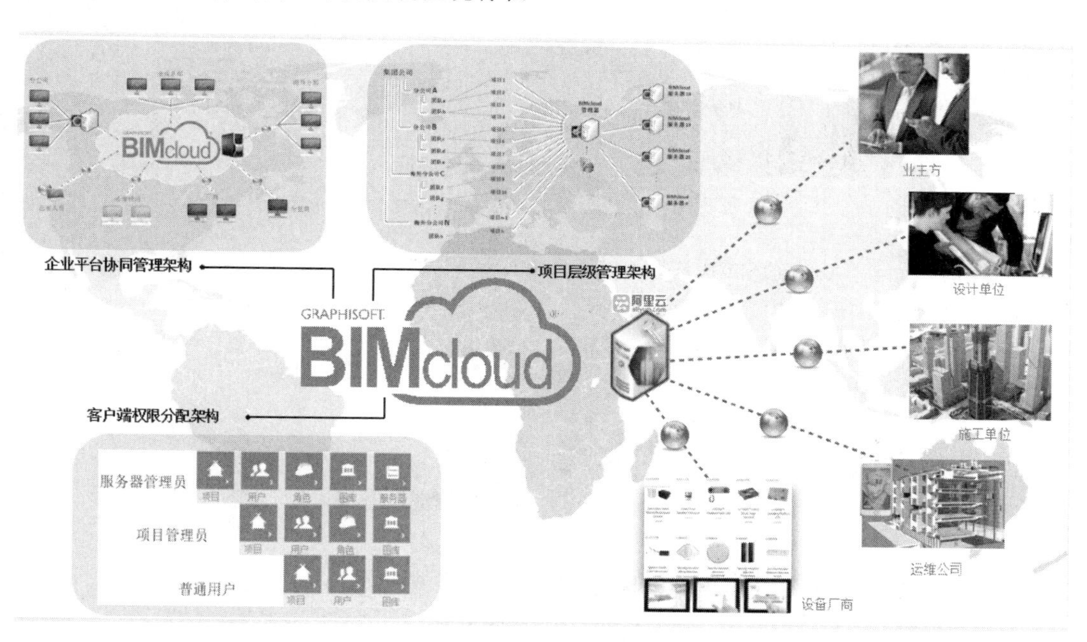

图 10.4.7　BIMcloud 全周期平台

10.4.2　装饰装修 BIM 工程实例

ARCHICAD 是建筑设计、室内设计、景观设计的著名软件，已经有比较标准的应用流程。它支持多种数据格式导入，通过三维方式进行方案设计和创作，通过简单的推拉建模和放样工具快速生成三维模型（如龙骨图、天花细部构件图）。如图 10.4.8 所示。

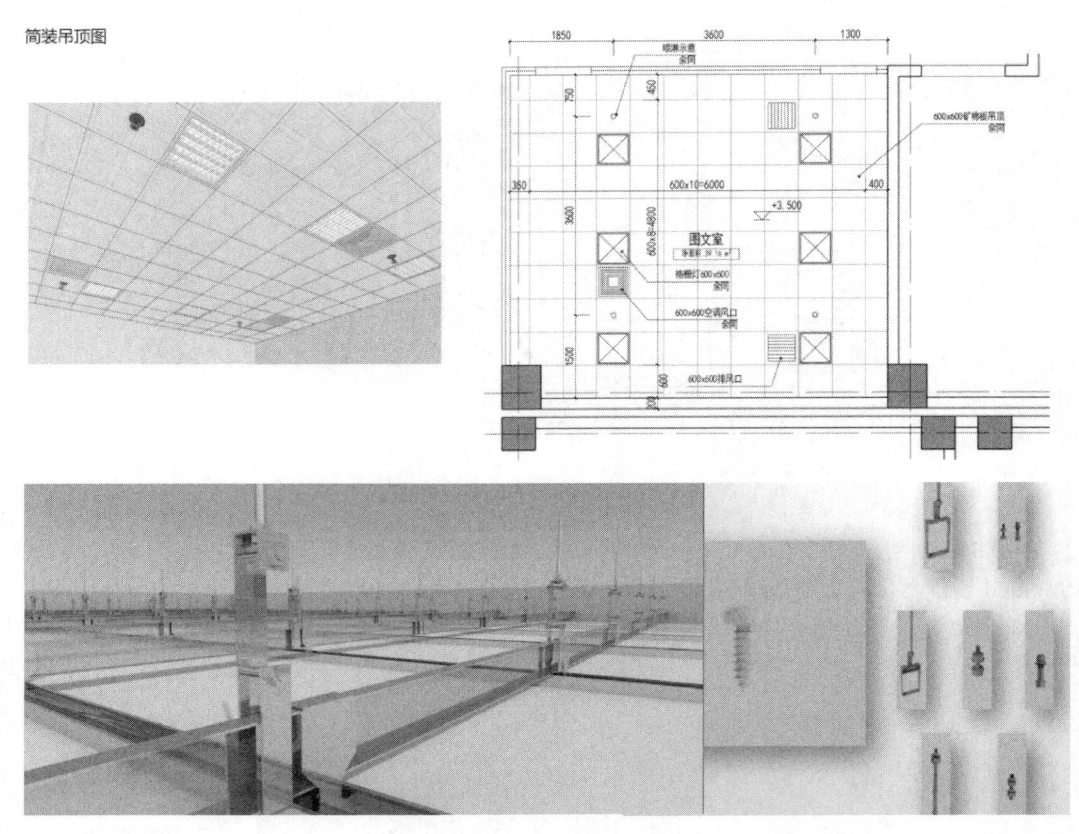

图 10.4.8　ARCHICAD 出图

对于改造项目，ArchiCAD 推出了翻新过滤器功能，在现有建筑图的基础上可以进行拆除、新建，并在二维图纸及三维模型中进行展示，配合清单功能，生成拆除工作清单及新建工程清单。如图 10.4.9 所示。

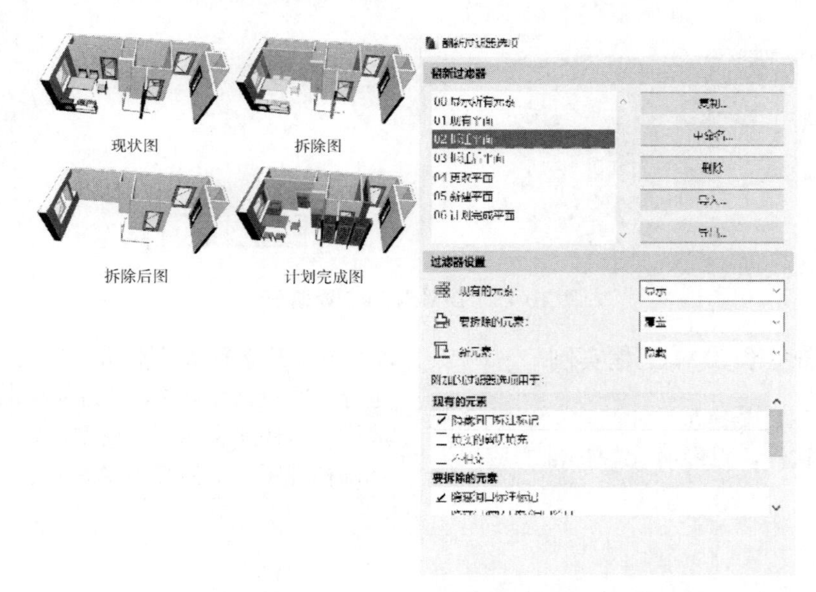

图 10.4.9　ARCHICAD 翻新过滤器功能

使用 ARCHICAD 创建 3D 建筑信息模型，所有的图纸文档和图像将会自动创建。3D 文档功能使您可以将任意视点的 3D 模型作为创建图纸文档的基础，并可添加标注尺寸甚至额外的 2D 绘图元素。很多发达国家的扩建改造和翻新项目数量等同于新建建筑项目，因此 ARCHICAD 为改造和翻新项目提供了内置的 BIM 文档和新的工作方式，以便更好地完成扩建改造和翻新项目。ARCHICAD 强大的视图设置能力与独一无二的图形处理能力以及整合的发布功能，确保了打印或保存项目的图纸集不需要花费额外的时间，而这些成果都来自同一个 BIM—建筑信息模型。如图 10.4.10 所示。

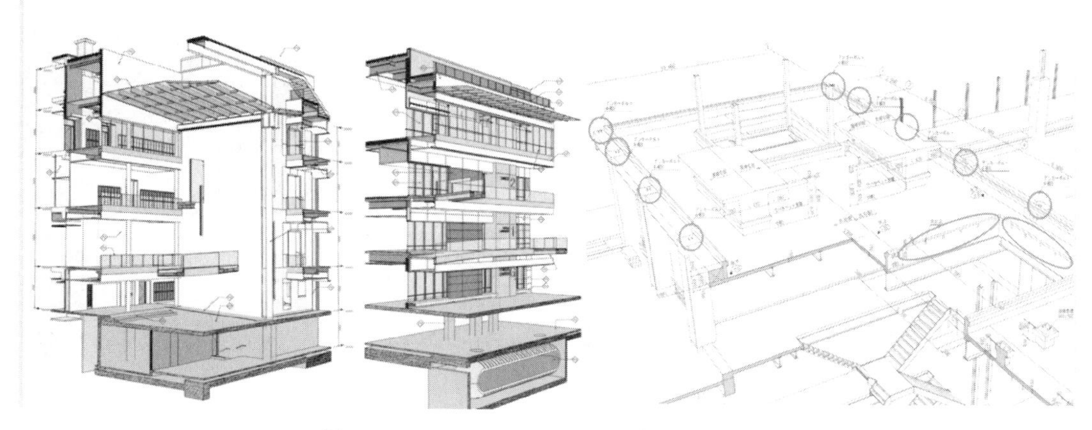

图 10.4.10　ARCHICAD　3D 建筑信息模型

在 ARCHICAD 中可以利用点云技术对已有模型进行二次室内改造设计。ARCHICAD 支持非常大的点云数据，根据测试，在 ARCHICAD19 版可以完美运行包含 1 亿个点的模型文件，如图 10.4.11、图 10.4.12 所示。

图 10.4.11　ARCHICAD 云点技术模型

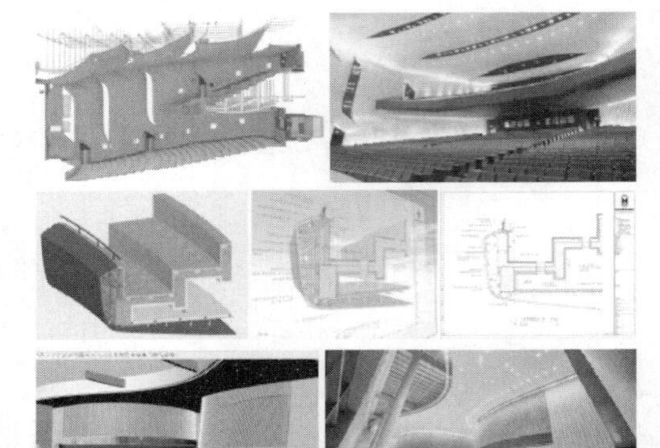
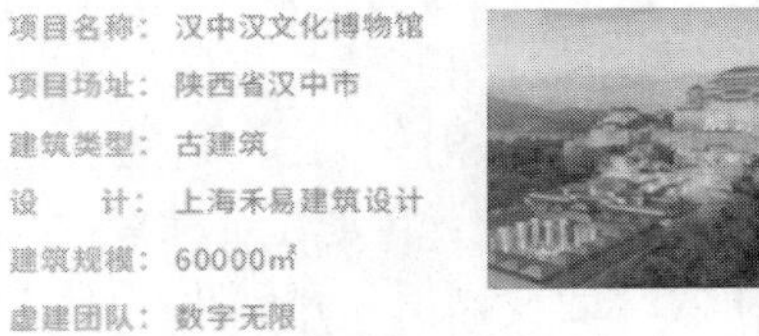

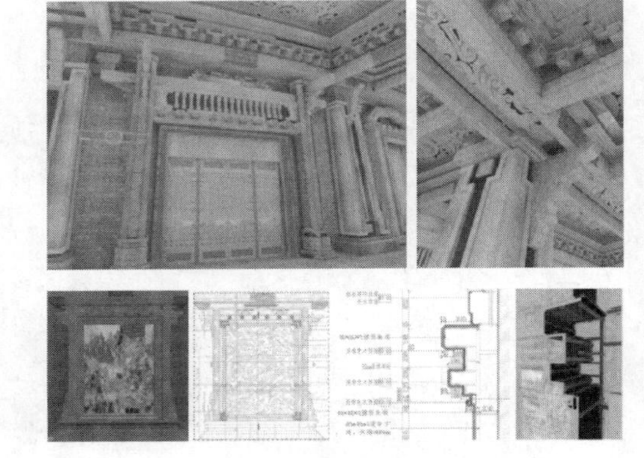

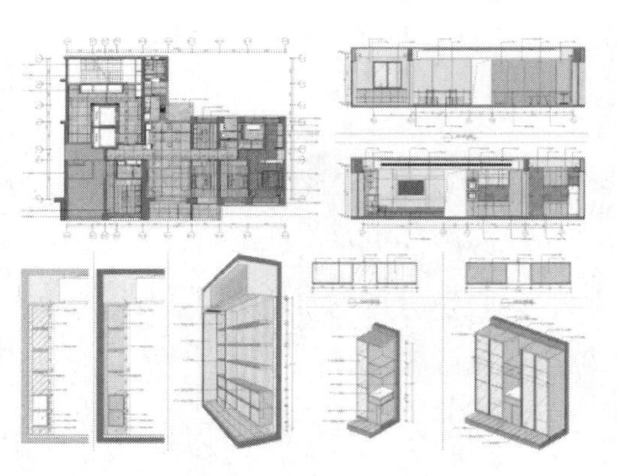
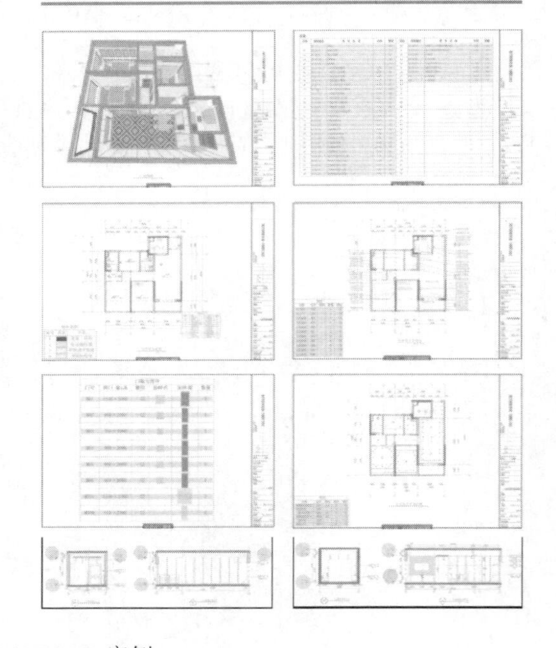

图 10.4.12　ARCHICAD 案例

ARCHICAD 可导出的文件格式见表 10.4.1。

表 10.4.1　ARCHICAD 导出文件

编号	格式	后缀名	简介
1	PDF	*.pdf	文档阅读器（装饰专业相关）

续表

编号	格式	后缀名	简介
2	Windows Enhanced Metafile	*.emf	设备独立性的一种格式可以始终保持着图形的精度（装饰专业相关）
3	Windows Metafile	*.wmf	是 Microsoft Windows 操作平台所支持的一种图形格式文件（装饰专业相关）
4	BMP	*.bmp	图片格式（装饰专业相关）
5	GIF	*.gif	图片格式（装饰专业相关）
6	JPEG	*.jpg	图片格式（装饰专业相关）
7	PNG	*.png	图片格式（装饰专业相关）
8	TIFF	*.tiff	图片格式（装饰专业相关）
9	DWF	*.dwf	一种开放的矢量可转换的 CAD 数据格式（装饰专业相关）
10	DXF	*.dxf	一种开放的矢量可转换的 CAD 数据格式（装饰专业相关）
11	DWG	*dwg	CAD 数据格式（装饰专业相关）
12	MicroStation	*.dgn	是奔特力（Bentley）工程软件系统有限公司的 MicroStation 和 Intergraph 公司的 Interactive Graphics Design System(IGDS)CAD 程序所支持的文件格式
13	IFC	*.ifc	buildingSMART 制定的国际 BIM 标准数据格式（装饰专业相关）
14	IFC	*.ifcxml	buildingSMART 制定的国际 BIM 标准数据格式（装饰专业相关）
15	IFC	*.ifczip	buildingSMART 制定的国际 BIM 标准数据格式（装饰专业相关）
16	IFC XML	*.ifczip	buildingSMART 制定的国际 BIM 标准数据格式（装饰专业相关）
17	SketchUP	*.skp	软件工具的常用 3D 数据格式（装饰专业相关）
18	Google Earth	*.kmz	软件工具的常用 3D 数据格式（装饰专业相关）
19	Rhino 3D	*.3ds	软件工具的常用 3D 数据格式（装饰专业相关）
20	Wavefront	*.obj	软件工具的常用 3D 数据格式（装饰专业相关）
21	3DStudio	*.3ds	软件工具的常用 3D 数据格式（装饰专业相关）
22	Stereo Lithography	*.stl	软件工具的常用 3D 数据格式（装饰专业相关）
23	Piranesi	*.epx	软件工具的常用 3D 数据格式（装饰专业相关）
24	Electric Image	*.fact	软件工具的常用 3D 数据格式（装饰专业相关）
25	VRML	*.wrl	软件工具的常用 3D 数据格式（装饰专业相关）
26	Lighescape	*.lp	软件工具的常用 3D 数据格式（装饰专业相关）
27	U3D	*.u3d	软件工具的常用 3D 数据格式（装饰专业相关）
28	Artlantis Studio5	*.atl	软件工具的常用 3D 数据格式（装饰专业相关）
29	Artlantis Studio6	*.atl	软件工具的常用 3D 数据格式（装饰专业相关）

ARCHICAD 可导入文件格式见表 10.4.2。

表 10.4.2　ARCHICAD 可导入文件格式

编号	格式	后缀名	简介
1	3DXML for review	*.3dxml	软件工具的常用 3D 数据格式（装饰专业相关）
2	3DXML with authoring	*.3dxml	软件工具的常用 3D 数据格式（装饰专业相关）
3	Excel XLSX	*.xlsx	利用各种图表进行方法分析、数据管理和共享信息（装饰专业相关）
4	Excel XLS	*.xls	利用各种图表进行方法分析、数据管理和共享信息（装饰专业相关）
5	TXT 文本	*.txt	一种典型的顺序文件，其文件的逻辑结构又属于流式文件（装饰专业相关）
6	e57 点云	*.e57	同一空间参考系下表达目标空间分布和目标表面特性的海量点集合（装饰专业相关）
7	xyz 点云	*.xyz	同一空间参考系下表达目标空间分布和目标表面特性的海量点集合（装饰专业相关）
8	PMK 图形	*.pmk	凌霄 PhotoMark 系列软件产生的元文件（装饰专业相关）
9	绘图仪文件	*.plt	由 Hewlett Packard 开发。在 AutoCAD R14 版及 CorlDraw 软件中可以见到（装饰专业相关）
10	Windows Enhanced Metafile	*.emf	可以始终保持着图形的精度（装饰专业相关）
11	Windows Metafile	*.wmf	Microsoft Windows 操作平台所支持的一种图形格式文件（装饰专业相关）
12	PDF	*.pdf	文档阅读器（装饰专业相关）
13	MicroStation	*.dgn	Bentley 工程软件系统有限公司的 MicroStation 设计文件（装饰专业相关）
14	HPGL	*.plt	绘图格式文件（装饰专业相关）
15	DWG2D	*.dwg	2D CAD 数据格式（装饰专业相关）
16	DWG3D	*.dwg	3D CAD 数据格式（装饰专业相关）
17	DXF2D	*.dxf	矢量可转换的 2D CAD 数据格式（装饰专业相关）
18	DXF3D	*.dxf	矢量可转换的 3D CAD 数据格式（装饰专业相关）
19	IFC	*.ife	buildingSMART 制定的国际 BIM 标准数据格式（装饰专业相关）
20	IFC	*.ifcxml	buildingSMART 制定的国际 BIM 标准数据格式（装饰专业相关）
21	IFC	*.ifcZIP	buildingSMART 制定的国际 BIM 标准数据格式（装饰专业相关）
22	各种图形文件	*.bmp,*.dib,*.rle,*.gif,*.jpg,*.jpeg,*.jfif,*.exif,*.png,*.tiff,*.tif,*.hdr,*.lwi	装饰专业相关
23	SketchUP	*.skp	软件工具的常用 3D 数据格式（装饰专业相关）
24	Rhino 3D	*.3ds	软件工具的常用 3D 数据格式（装饰专业相关）

10.4.3 ARCHICAD 的特点

1）智能化

在 ARCHICAD 中，所有的建筑构件都是智能物体，是包含了建筑构件的属性、尺寸、材料性能、造价等综合信息的智能化三维物体。如图 10.4.13 所示。

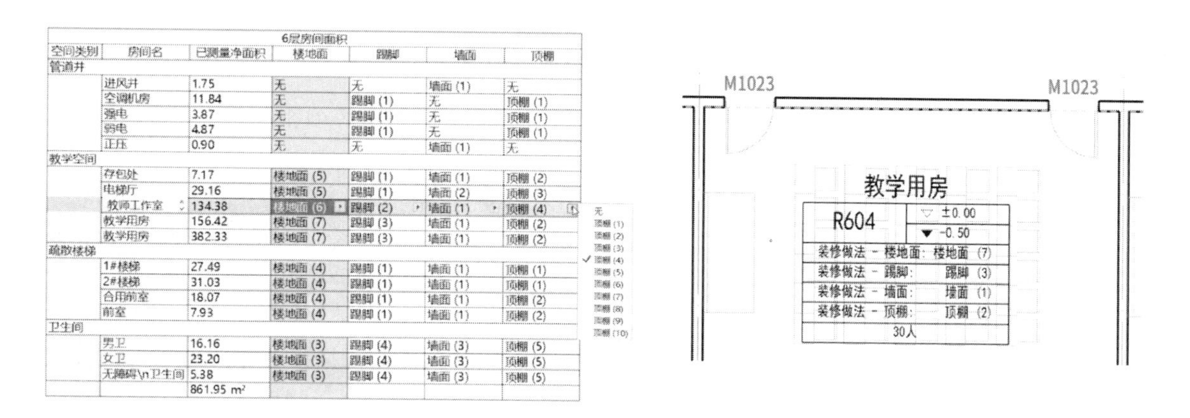

6层房间面积						
空间类别	房间名	已测量净面积	楼地面	踢脚	墙面	顶棚
管道井						
	进风井	1.75	无	无	墙面 (1)	无
	空调机房	11.84	无	踢脚 (1)	无	顶棚 (1)
	强电	3.87	无	踢脚 (1)	无	顶棚 (1)
	弱电	4.87	无	踢脚 (1)	无	顶棚 (1)
	正压	0.90	无	无	墙面 (1)	无
教学空间						
	存包处	7.17	楼地面 (5)	踢脚 (1)	墙面 (1)	顶棚 (2)
	电梯厅	29.16	楼地面 (5)	踢脚 (1)	墙面 (2)	顶棚 (3)
	教师工作室	134.38	楼地面 (6)	踢脚 (2)	墙面 (1)	顶棚 (4)
	教学用房	156.42	楼地面 (7)	踢脚 (3)	墙面 (1)	顶棚 (2)
	教学用房	382.33	楼地面 (7)	踢脚 (3)	墙面 (1)	顶棚 (2)
疏散楼梯						
	1#楼梯	27.49	楼地面 (4)	踢脚 (1)	墙面 (1)	顶棚 (1)
	2#楼梯	31.03	楼地面 (4)	踢脚 (1)	墙面 (1)	顶棚 (1)
	合用前室	18.07	楼地面 (4)	踢脚 (1)	墙面 (1)	顶棚 (2)
	前室	7.93	楼地面 (4)	踢脚 (1)	墙面 (1)	顶棚 (2)
卫生间						
	男卫	16.16	楼地面 (3)	踢脚 (4)	墙面 (3)	顶棚 (5)
	女卫	23.20	楼地面 (3)	踢脚 (4)	墙面 (3)	顶棚 (5)
	无障碍\n卫生间	5.38	楼地面 (3)	踢脚 (4)	墙面 (3)	顶棚 (5)
		861.95 m²				

图 10.4.13　ARCHICAD 包含信息

通过模型，装饰设计师和业主可以直观地从各个角度浏览建筑空间，进行方案优选和设计评价。ARCHICAD 能自动生成进度表、工程量、估价等；与其他配套软件相结合，可以进行结构工程分析、建筑性能分析、管道碰撞分析、能效分析等。

2）自动化

ARCHICAD 的三维模型与平面、立面、剖面保持一致，只要改动其中的一个构件，其他图纸也会自动改动。ARCHICAD 在创建 3D 建筑信息模型时，自动生成所有的图纸和清单列表，快速自动生成文档，自动修改，极大提高了设计效率和准确性。如图 10.4.14 所示。

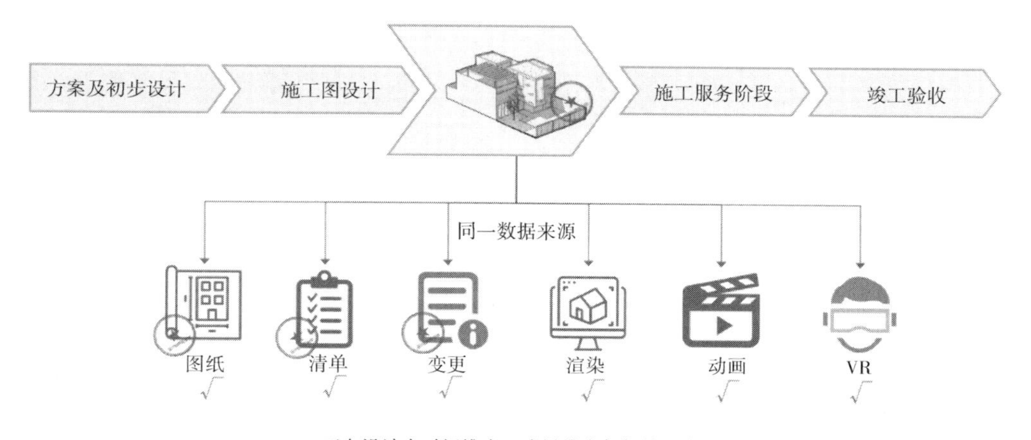

图 10.4.14　ARCHICAD 自动化

3）信息化

包含了所有建筑信息的建筑信息模型可将数据导入到相关的分析软件中，获得真实可信的数据分析成果。现有的分析包含有绿色建筑能量分析、热量分析、管道碰撞分析以及安全分析等，如图 10.4.15 所示，根据不同项目的需求，用户可以同时为建筑元素赋予某些信息，如传热系数、防火等级、隔音等级、价格、产品信息等等，同时对应不同的等级可以进行相应的分类，这些分类可以直接体现在建筑模型或 Excel 表格中，并且在 BIM 模型中快速识别出来。

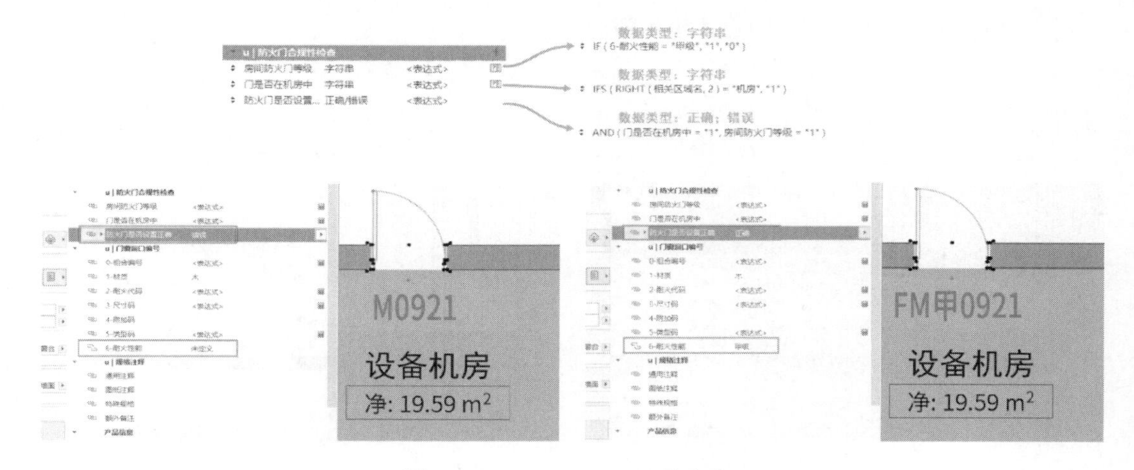

图 10.4.15　ARCHICAD 信息化

4）完善的项目运维流

BIM 软件的联动机制可最大限度地发挥三维设计工作流程的优势；在各个设计阶段，这种联动机制是可以继承下来的，模型和信息在设计全流程传递。如图 10.4.16 所示。

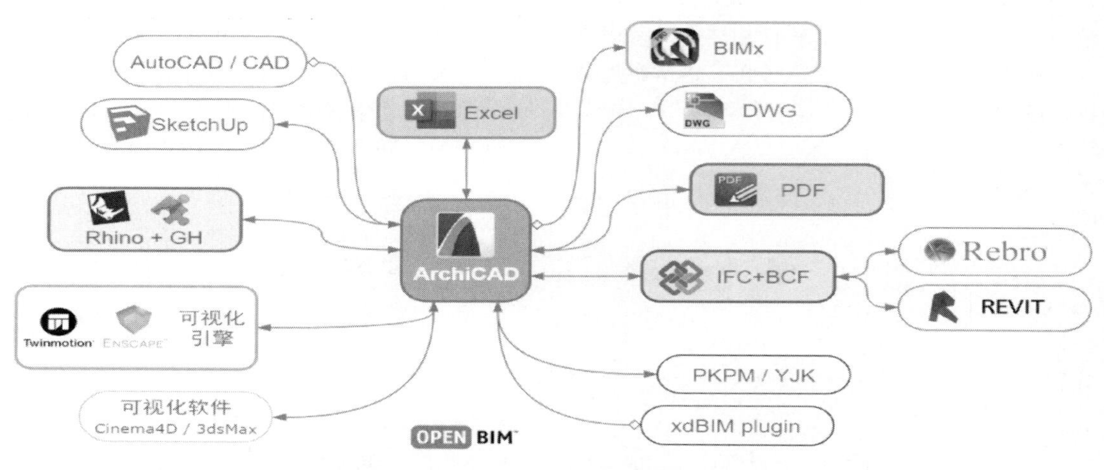

图 10.4.16　ARCHICAD 项目运维流

5）信息共享

在外部协作上，通过 IFC 文件标准，ARCHICAD 可以实现建筑装饰与结构、设备、施工、物业管理等的数据交换，方便快捷地进行数据分析管理、能量分析、成本估算、项目管理等等。ARCHICAD 是 IFC 的先行者，推行开放的设计协同理念，完善与各学科的协同，实现信息共享。如图 10.4.17 所示。

ARCHICAD 对于不同绘图格式能提供对应的转换器，进行数据的读取与跨平台使用；ARCHICAD 提供了广泛的应用集成途径，无论是结构、设备设计还是能量分析、安全分析，都可以有效集成在一起，从而进行 ARCHICAD 模型的多专业一体化设计。如图 10.4.18 所示。

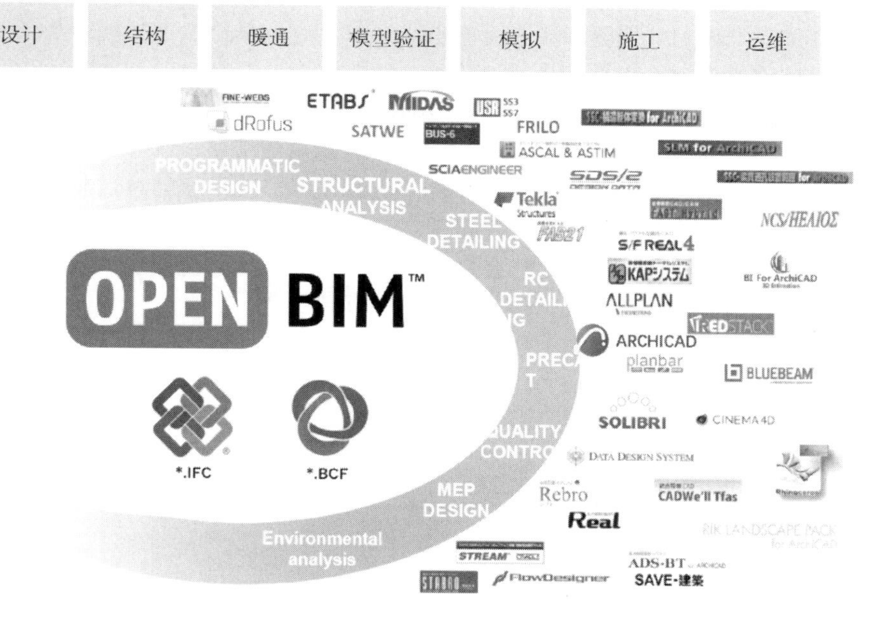

图 10.4.17　ARCHICAD 信息共享

图 10.4.18　ARCHICAD 集成化

10.5　橄榄山装饰装修 BIM 解决方案

本节操作视频

10.5.1　概述

橄榄山装饰装修 BIM 提供了多种面层创建工具，可多构件、多角度、全方位快速创建房间面层；其面层工具丰富，砌体墙装饰面层、柱子装饰面层、天花板、地板、门窗洞口边框、梁板表面抹灰、踢脚等都可以批量自动化创建，且支持链接模型；它支持多种铺贴方式，铺贴完成后可一键统计用砖数量，同时支持链接模型。它可创建横向和竖向贯穿龙骨，可统计各种材料用量；可创建跌级吊顶、局部吊顶，提供快速创建装饰条的工具，省去做族的时间；可快速创建房间各墙面施工图，快捷标注房间立面瓷砖装饰尺寸，快捷标注地板瓷砖的定位尺寸，高效率创建精装施工图。

1）房间粗装

切换到楼层平面视图中，在【GLS 精装】选项卡中的【面层装修】面板中启动【房间粗装】工具。选择需要进行装修的房间，选择完成后单击选项栏中的【完成】，此时会弹出图 10.5.1 所示的对话框。

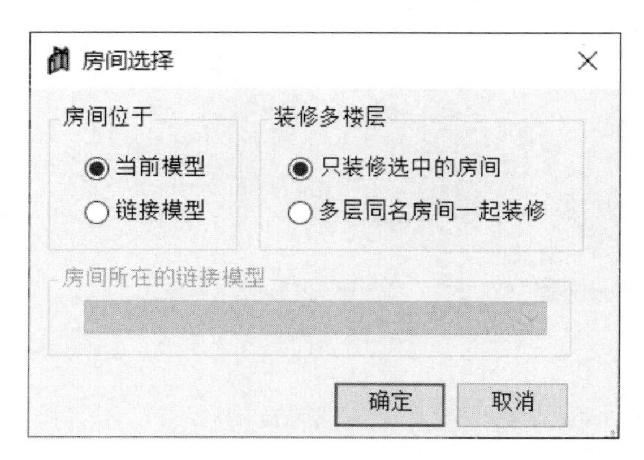

图 10.5.1 “房间选择”对话框

在图 10.5.1 的【房间位于】选项中，按实际项目选择房间位于当前模型还是链接模型；在【装修多楼层】选项中，若选择“多层同名房间一起装修”，则会继续弹出图 10.5.2 对话框，对话框左侧列表中显示房间名字，对选择的房间进行楼层筛选，对话框右侧勾选需要进行筛选的楼层，选择完毕后单击【确定】，弹出图 10.5.3 所示的对话框，用户可以根据需要进行设置。

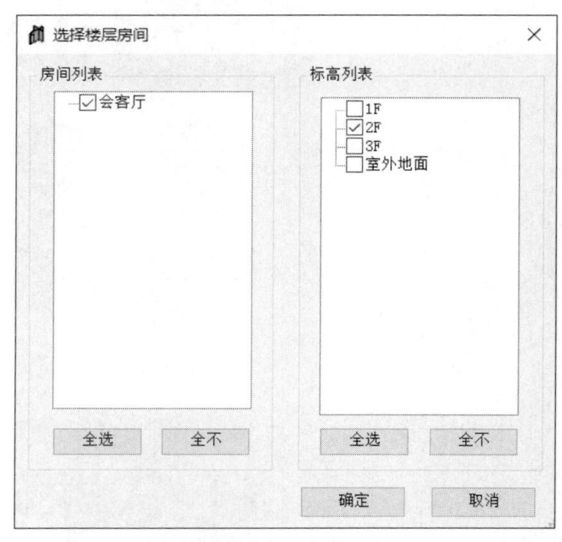

图 10.5.2 选择楼层房间

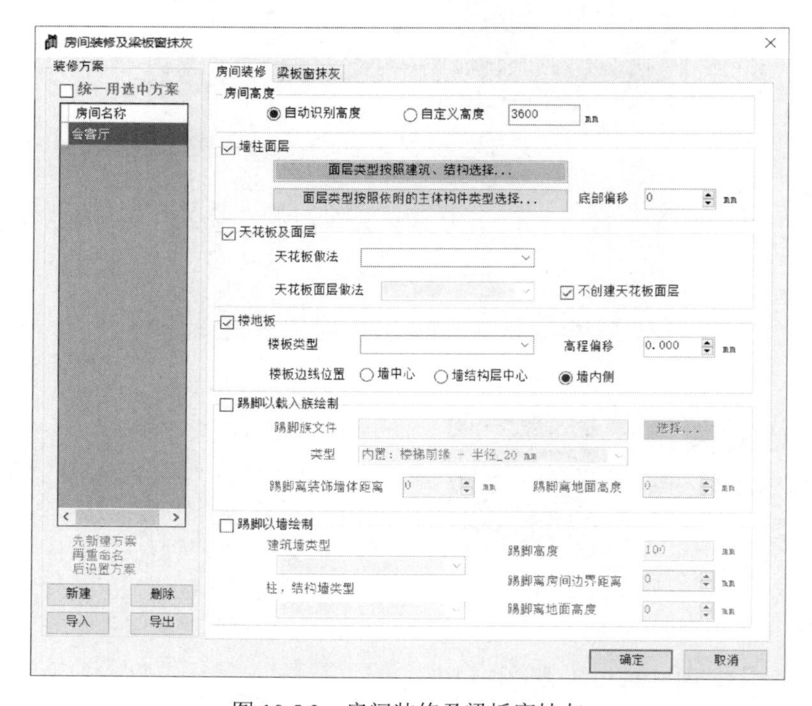

图 10.5.3 房间装修及梁板窗抹灰

【墙柱面层】中，可按照建筑、结构选择面层类型，或者按依附的主体构件类型选择，并可设置主体结构的底部偏移值。所有可用类型均基于当前样板文件，用户需要提前准备好所需面层类型墙体。

【天花板及面层】中选择天花板做法，若同时需要生成天花板面层，则不勾选【不创建天花板面层】，同时指定需要使用的天花板面层做法。

【楼地板】指定需要使用的楼板类型并指定其偏移值，选择楼板需要生成的边界。

【踢脚】选择并制定所使用的踢脚族（轮廓），选择踢脚类型，指定踢脚的离墙距离以及离地高度。

图 10.5.4 为装修前的楼板、墙体面层，图 10.5.5 为墙体、楼板装修后的效果，图 10.5.6 为墙体、天花板装修后的效果。

2）墙砖正铺

墙砖铺贴是精装模型中必不可少的一个环节，不但模型绘制繁杂，工作量大，而且统计瓷砖和灰缝的量也非常耗时耗力，为解决这些问题，橄榄山软件提供了铺砖工具，解决了建模工程师的一大难点。在【GLS 精装】选项卡的【墙砖铺贴】面板中启动【墙砖正铺】命令，弹出图 10.5.7 所示的设置对话框。在【铺砖基于】中选择铺砖的方式；【墙砖材质】支持自定义选择瓷砖的材质。在材质库中，橄榄山提供了部分材质，也支持自定义添加其他的材质；在【自定义材质图片目录】里选择材质文件存放的路径，进行材质的提取，若需要用项目中的材质，可直接输入该材质名称。在【规格】中自定义输入瓷砖大小，这里支持勾选交换数值方式。

需要生成砖缝时，在【砖缝】中设置砖缝的宽度，可直接输入数值。勾选是否生成实体砖缝（不勾选时，墙砖与墙砖之间是空心砖缝）并勾选是否选择构件剪切砖。在【墙砖厚度】中设置墙砖的厚度并支持设置偏移量。在【优化方式】中选择优化方式并设置错缝比例。优化方式分为四种：【无均分】以选择的点为起铺点，按照正常的铺砖规律铺设。【左右均分】命令会选择平行于起铺点较近边界线的方向，在该方向上进行均分铺设。【上下均分】命令选择垂直于起铺点较近边界线的方向，在该方向上进行均分铺设。【两端均分】同时都具有以上（左右均分、上下均分）两种性质的均分，在该方向上进行均分。（起铺点为第二次选择的点，使用该命令会在左下角进行提示）。

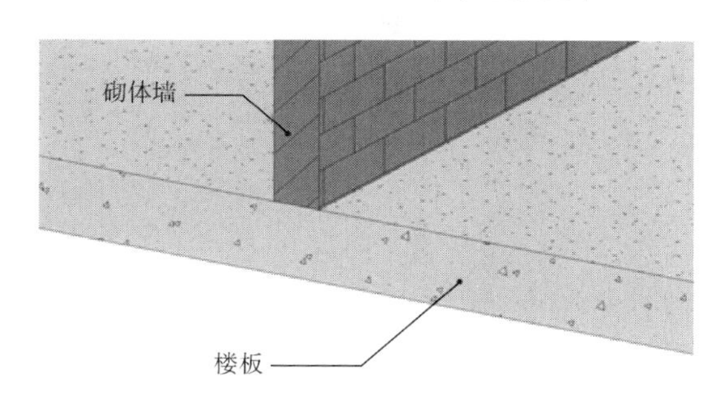

图 10.5.4　装修前的楼板、墙体面层

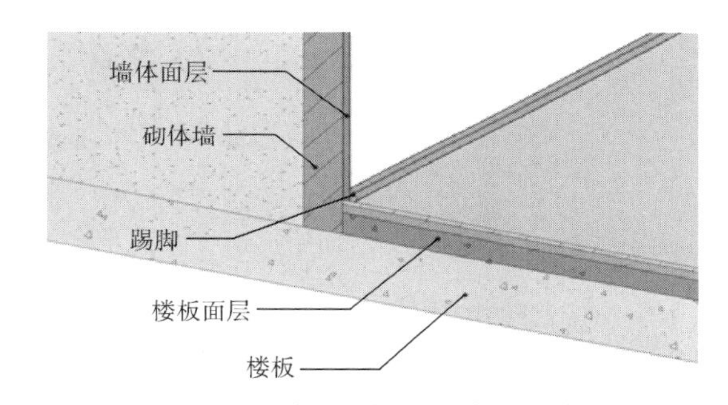

图 10.5.5　墙体、楼板装修后的效果

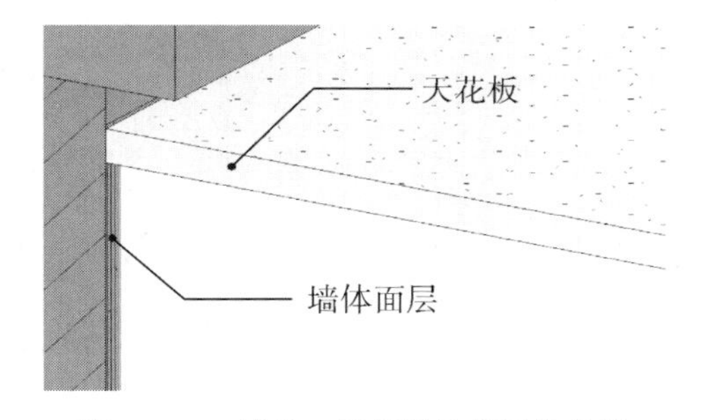

图 10.5.6　墙体、天花板装修后的效果

勾选【连续铺装】，设置界面会继续弹出，继续设置后铺装。这里以构件面的方式做铺砖，单击【开始铺砖】，根据提示选择需要铺设的面，单击任意点成为起铺点，系统会根据选择的均分方式和设置的墙砖大小生成一个铺砖完成后的预览框，如图 10.5.8 所示。

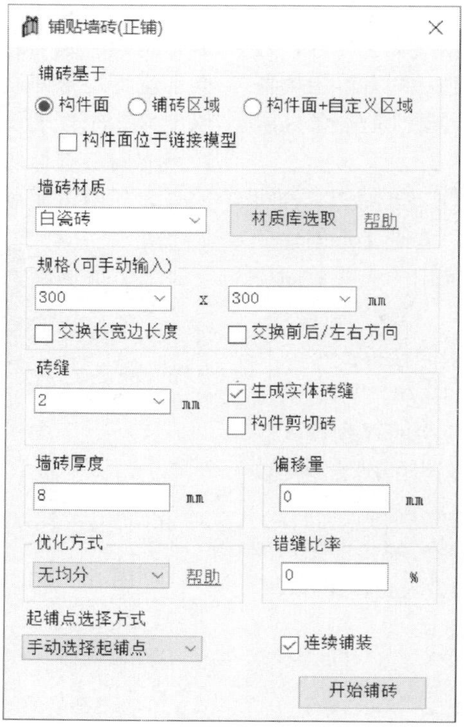

铺贴墙砖(正铺)
铺砖基于
构件面
铺砖区域
构件面+自定义区域
构件面位于链接模型
墙砖材质
白瓷砖
材质库选取
帮助
规格(可手动输入)
300
x
300
mm
交换长宽边长度
交换前后/左右方向
砖缝
2
mm
生成实体砖缝
构件剪切砖
墙砖厚度
8
mm
偏移量
0
mm
优化方式
无均分
帮助
错缝比率
0
%
起铺点选择方式
手动选择起铺点
连续铺装
开始铺砖

图 10.5.7 铺贴墙砖（正铺）

是否继续
注：点击行查看对应预览效果
整砖数为智能拼砖计算得到，异型砖多时可能有误差，可以根据需要人工校核
怎么算出来的？
比较方案
方案编号
用砖数目
损耗率
1
330
0.0124
生成构件类型：
可编辑族
重选起铺点
生成
退出

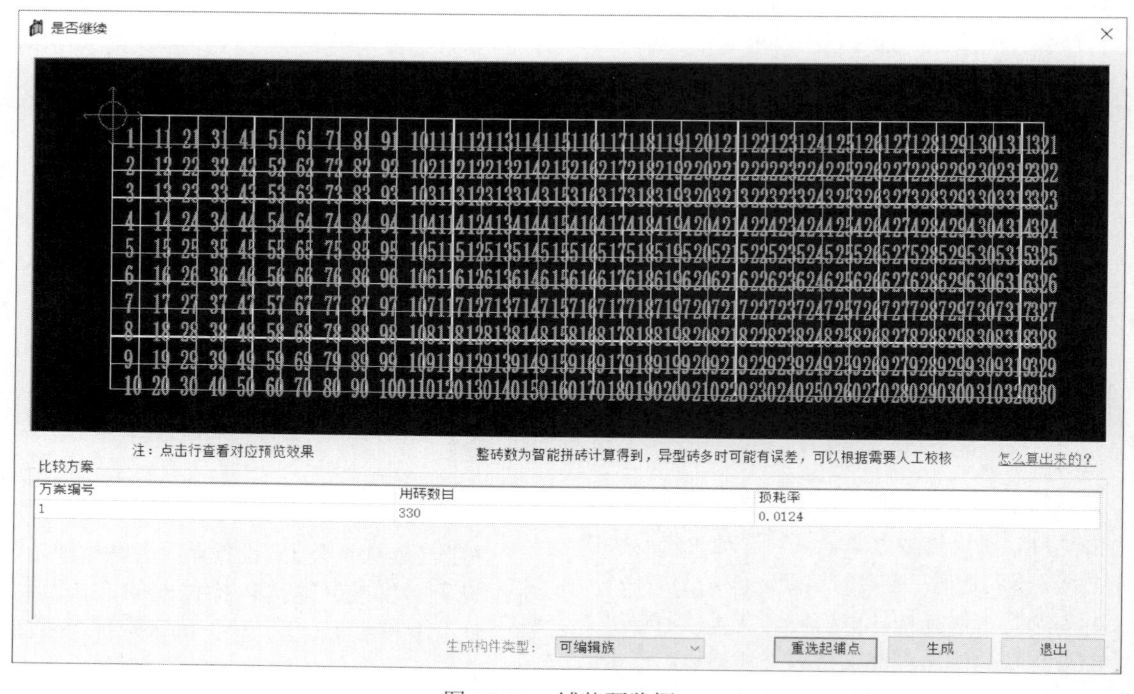

图 10.5.8 铺装预览框

默认用【系统族常规模型】生成，优点是生成速度快，缺点是不能再单独修改。此界面可以设置【生成结果为可编辑族】，优点：生成后可对单个砖块进行修改它的参数，缺点：

生成速度慢。

【重选起铺点】重新选择起铺点和区域点进行生成。（起铺点位置不同，砖块数量与损耗率会随之变化，可对比图 10.5.9）。单击【生成】，墙砖会按照设置进行自动铺砖，如图 10.5.10 所示。

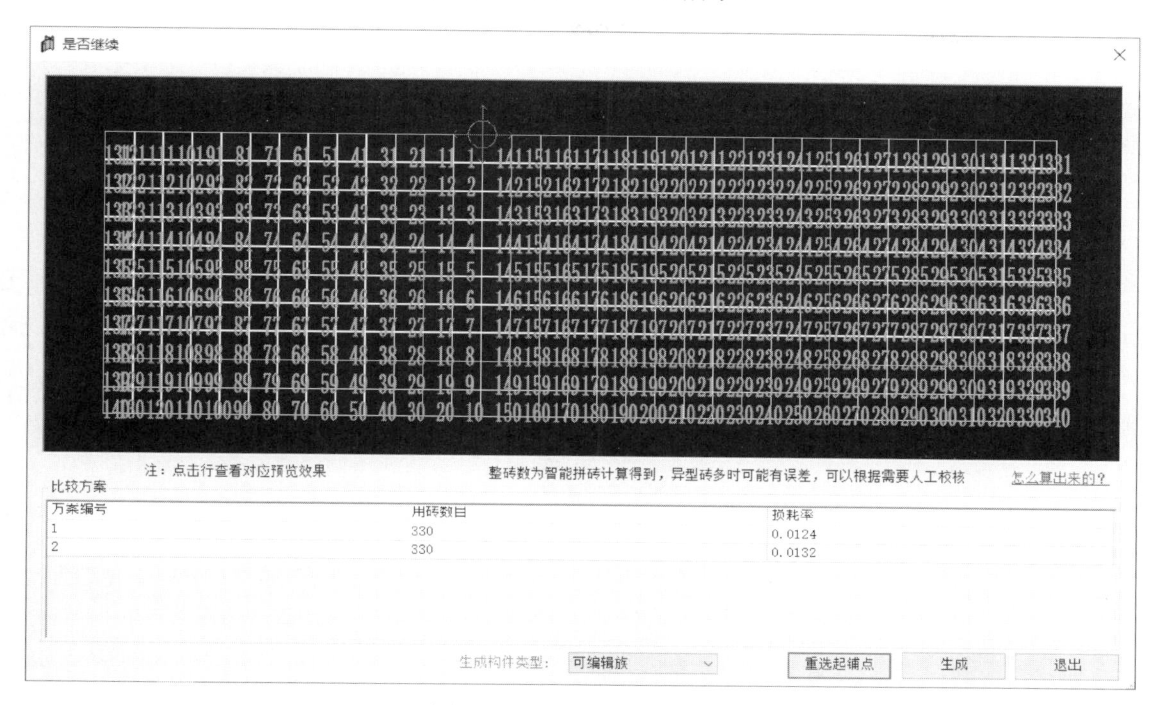

图 10.5.9　重选起铺点预览

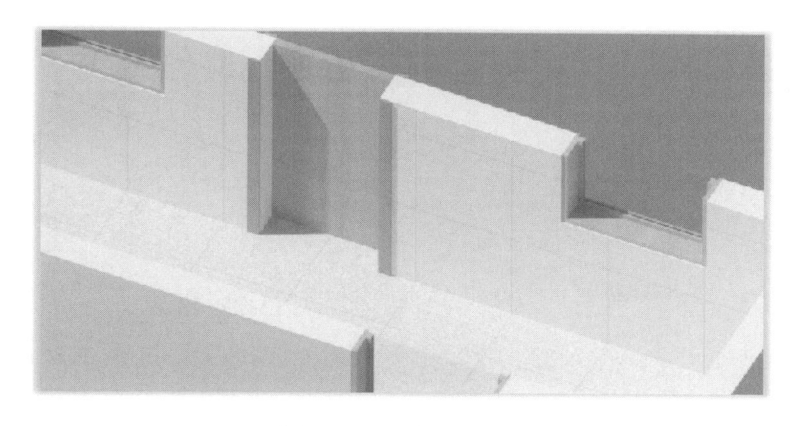

图 10.5.10　铺砖效果图

3）创建吊顶

支持快速创建石膏方板吊顶、跌级吊顶、局部吊顶。支持多项自定义的参数设置，例如自定义主龙骨参数、次龙骨参数、横撑龙骨参数、挂件参数、吊顶板参数等。跌级吊顶支持二级吊顶设置、灯槽设置。通过绘制吊顶边界的方式来创建局部吊顶以及窗帘盒。

在 Revit 平面视图中，启动【GLS 精装】选项卡下【吊顶】面板中的【吊顶区域线】工具；进行房间选择或通过区域线手绘完成后，再启动【生成吊顶】弹出图 10.5.11 所示对话框。

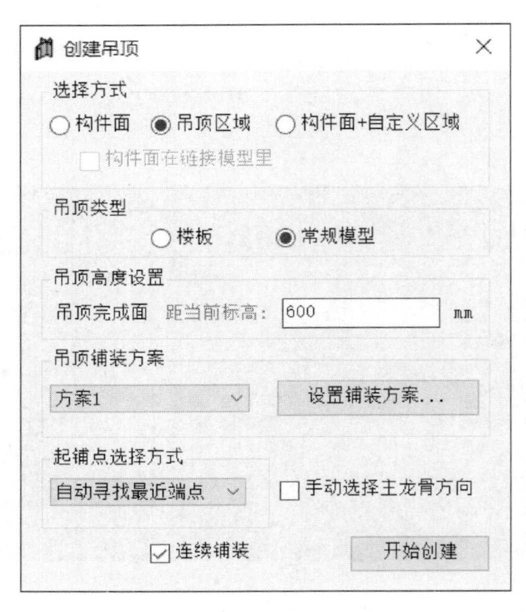

图 10.5.11　创建吊顶

选择【吊顶类型】为常规模型。【吊顶高度设置】设置吊顶完成面距当前标高。【吊顶铺装方案】默认选择方案一，单击【设置铺装方案】，弹出图 10.5.12 所示对话框。

图 10.5.12　吊顶设置

吊顶板提供多种铺设均分方式，可勾选“板旋转 90 度”以及“交换错缝边”选项。可新建龙骨排布方案，程序会自动记录每个方案的参数设置，方便后续调用。界面提供多种龙骨的参数设置；可选择使用自己创建的族，单击【族设置】，弹出图 10.5.13 所示对话框，每个龙骨都可使用自己的族。

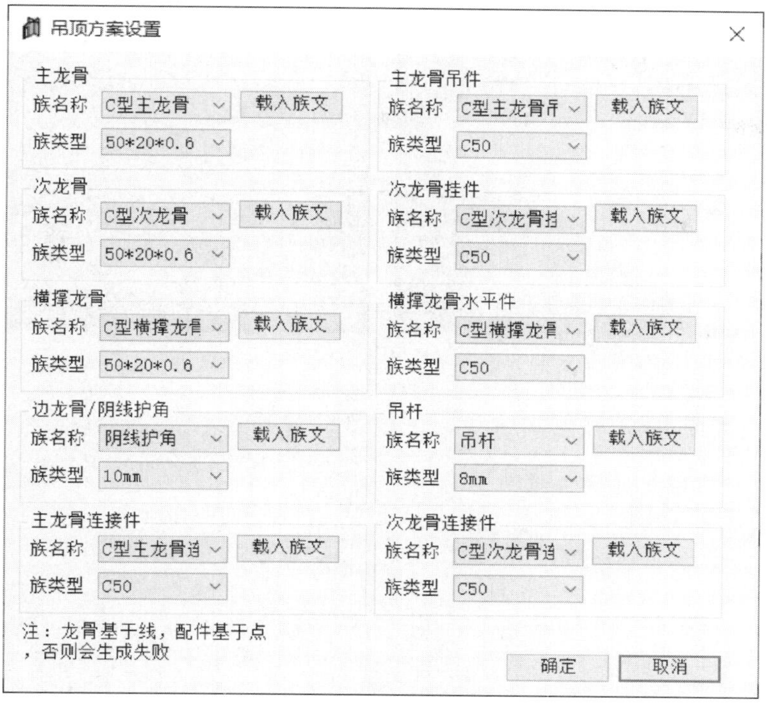

图 10.5.13　吊顶方案设置

在设置起铺点选择方式时，可勾选【手动选择主龙骨方向】以及【连续铺装】，然后单击【开始创建】，具体操作与墙地砖铺贴相同，选择区域后再选择边线定义主龙骨方向，弹出设置界面后，单击【生成】，如图 10.5.14～图 10.5.16 所示。

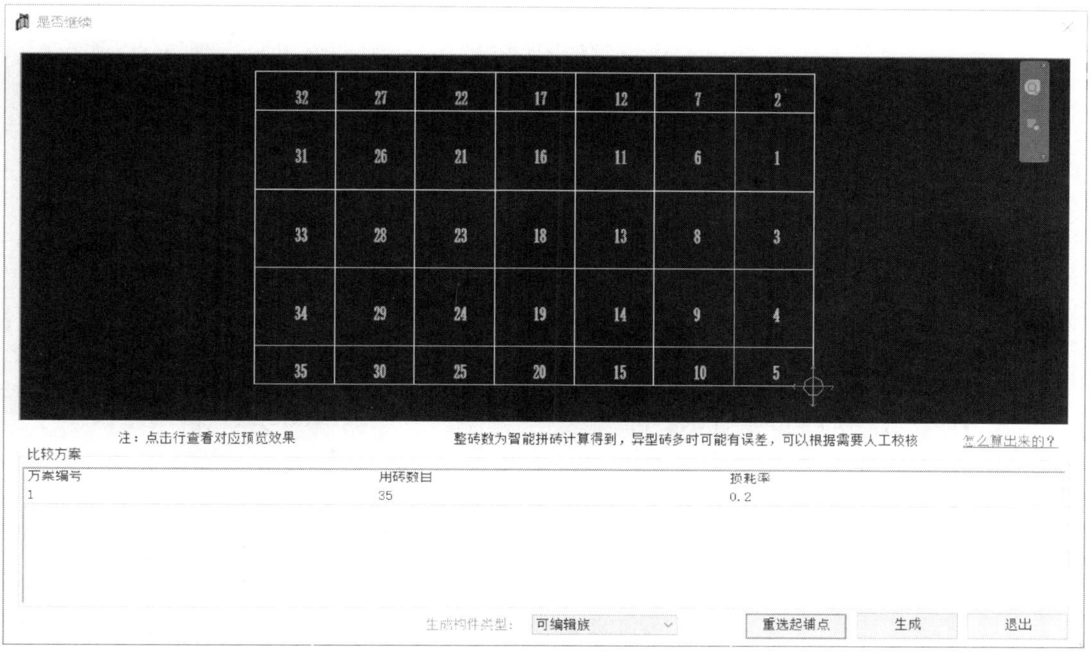

图 10.5.14　龙骨生成

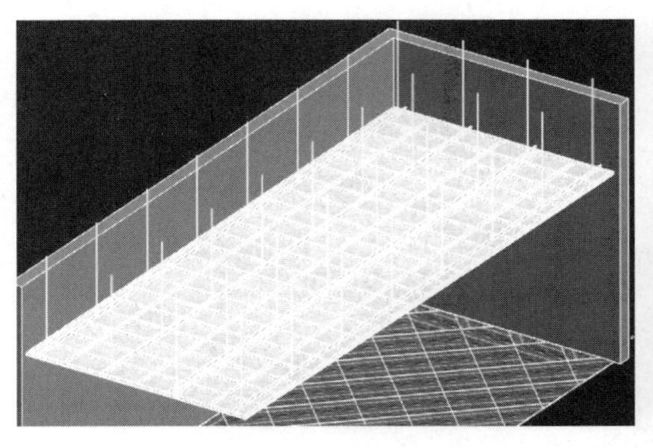

图 10.5.15　龙骨三维视图

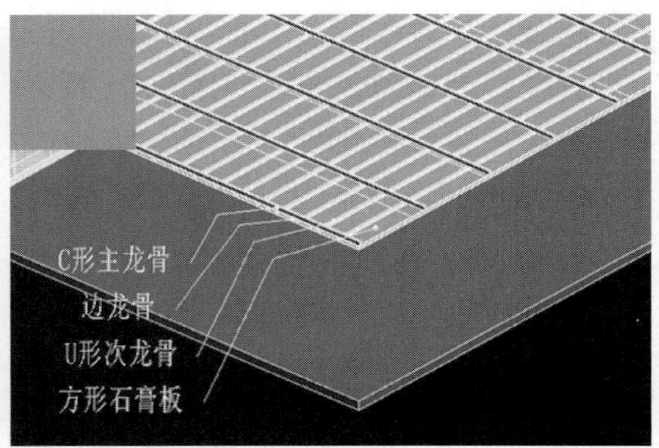

图 10.5.16　龙骨细部

10.5.2　橄榄山快模 BIM 精装实例

1）北京大兴国际机场项目案例

北京大兴国际机场大平面体系的 BIM 架构分为主平面系统和专项系统两部分，应用框架如图 10.5.17 所示。Revit 模型如图 10.5.18 所示。

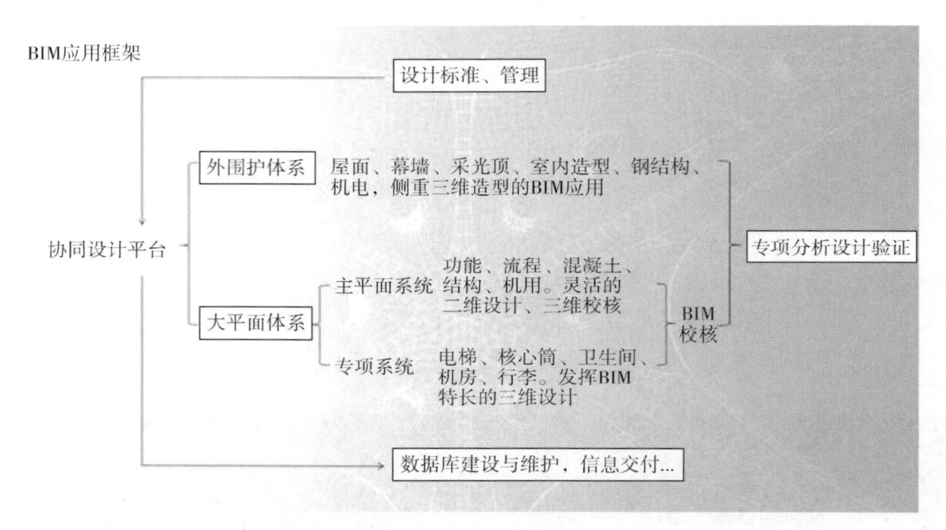

图 10.5.17　BIM 应用框架

图 10.5.18　Revit 模型

2）万达广场案例

在设计阶段完成建筑、结构、给排水、暖通、电气、智能化、内装、幕墙、采光顶、景观、夜景照明、导向标识十二大专业的模型，与设计图纸保持一致，满足一键算量、施工后续深化的要求。BIM 模型设计流程见图 10.5.19 所示。

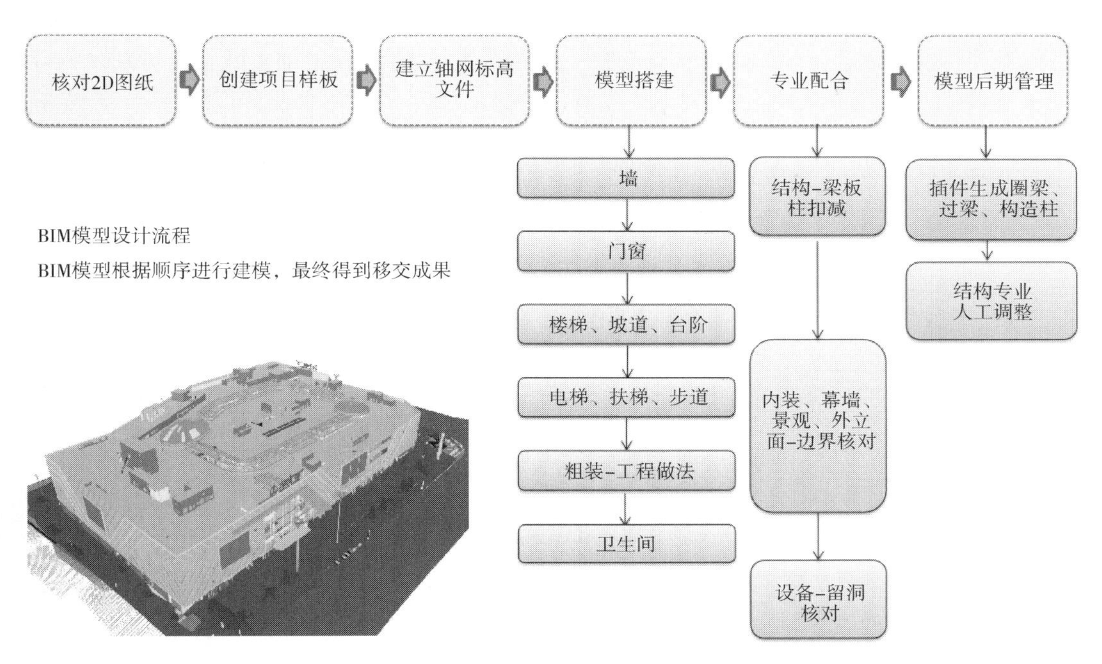

图 10.5.19　BIM 模型设计流程

将各专业工作任务拆解后，根据各专业具体工作量确定采用何种方式和配合插件完成建模工作。考虑到本项目时间紧、精度高，项目组在综合考量市面上现有 Revit 插件的前提下，选择以橄榄山为主的插件进行辅助建模。在项目具体实施过程中，各专业在各阶段工作中都使用了橄榄山软件进行建模、调整等。BIM 模型如图 10.5.20 所示。

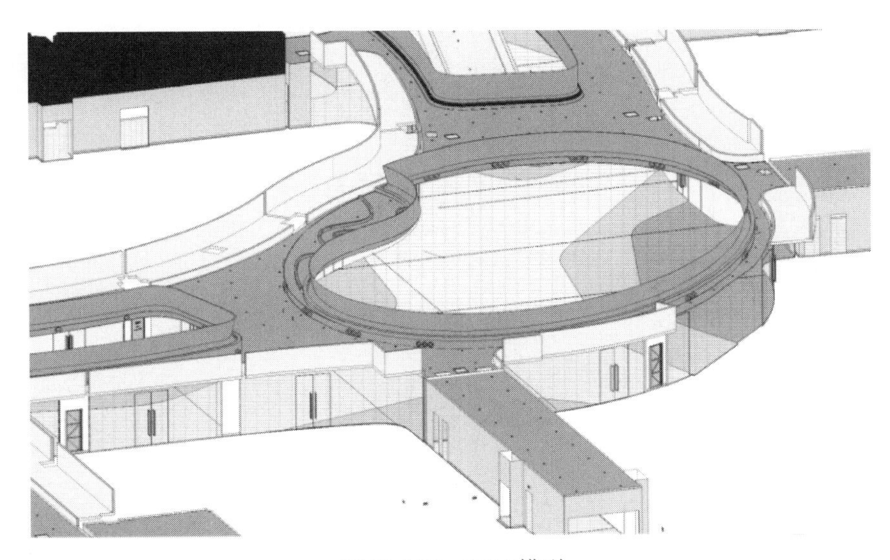

图 10.5.20　BIM 模型

在前期单专业建模阶段、后期专业间配合阶段以及深化处理阶段，橄榄山软件起到了非常重要的作用。大量重复性的工作通过橄榄山软件完成，节省了大量工时，使得项目组有更多余力在其他方面来提升模型质量。装饰行业关联点众多，需要兼顾建筑物内水管、电缆、电线、地暖、土建、开关、插座、灯具、吊顶构件等，采用 BIM 模型能全面兼顾上述各方面之间的关系，实时预览装饰视觉美观效果。

采用 Revit 自带功能徒手创建房间的精装模型，每一个构件和图元均需要工程师来定位和放置，一个房间的建模和出图可能需要一天时间，而如果采用橄榄山精装软件，可大幅度提高精装 BIM 模型创建效率，特别是构件量大的瓷砖、地板的创建和标注，工作效率可提高 10 倍。

参考文献

[1] 中国建筑装饰协会. 建筑装饰装修工程 BIM 实施标准：T/CBDA 3—2016[S]. 北京：中国建筑工业出版社, 2016.

[2] 中华人民共和国住房和城乡建设部. 建筑工程设计信息模型制图标准：JGJ/T448—2018[S]. 北京：中国建筑工业出版社, 2018.

[3] 中华人民共和国住房和城乡建设部. 建筑信息模型设计交付标准：GB/T51301—2018[S]. 北京：中国建筑工业出版社, 2018.

[4] 中华人民共和国住房和城乡建设部. 建筑信息模型应用统一标准：GB/T51212—2016[S]. 北京：中国建筑工业出版社, 2017.

[5] 中华人民共和国住房和城乡建设部. 建筑信息模型施工应用标准：GB/T 51235—2017[S]. 北京：中国建筑工业出版社, 2017.

[6] 刘占省. BIM 基本理论[M]. 北京：机械工业出版社, 2020.

[7] 中国中建地产有限公司. 业主方怎样用 BIM[M]. 北京：中国建筑工业出版社, 2016.

[8] 刘辉. 水利 BIM 从 0 到 1[M]. 北京：中国水利水电出版社, 2018.

[9] 陆泽荣, 刘占省. BIM应用与项目管理 [M]. 2版. 北京：中国建筑工业出版社, 2018.

[10] 李云贵. 建筑工程设计BIM应用指南[M]. 北京：中国建筑工业出版社, 2014.

[11] 李云贵. 建筑工程施工BIM应用指南[M]. 北京：中国建筑工业出版社, 2014.

[12] 杜修力, 刘占省, 赵研. 智能建造概论[M]. 北京：中国建筑工业出版社, 2021.

[13] 张磊, 杨琳. BIM技术室内设计[M]. 北京：中国水利水电出版社, 2016.

[14] Autodesk Inc. Autodesk Revit Architecture 2019官方标准教程[M]. 北京：电子工业出版社, 2019.

[15] 欧特克软件（中国）有限公司. Autodesk Revit 2013 族达人速成[M]. 上海：同济大学出版社, 2013.

[16] 秦军. Autodesk Revit Architecture 201x 建筑设计全攻略[M]. 北京：中国水利水电出版社, 2010.

[17] 刘占省. BIM 案例分析[M]. 北京：机械工业出版社, 2019.

[18] 刘占省. BIM 基本理论[M]. 北京：机械工业出版社, 2018.

[19] 胡煜超. Revit建筑建模与室内设计基础[M]. 北京：机械工业出版社, 2017.

[20] 罗兰, 卢志宏. BIM装饰专业基础实务[M]. 北京：中国建筑工业出版社, 2018.

[21] 郭志强, 张倩. BIM装饰专业操作实务[M]. 北京：中国建筑工业出版社, 2018.

[22] 工业和信息化部教育与考试中心. 装饰BIM应用工程师教程[M]. 北京：机械工业出版社, 2019.

[23] 刘占省, 孟凡贵. BIM 项目管理[M]. 北京：机械工业出版社, 2019.

[24] 陆泽荣, 刘占省. BIM技术概论[M]. 2版. 北京：中国建筑工业出版社, 2018.

[25] 赵雪锋, 刘占省. BIM导论[M]. 武汉：武汉大学出版社, 2017.

[26] 刘占省, 赵雪锋. BIM 技术与施工项目管理[M]. 北京：中国电力出版社, 2015.

[27] 李云贵, 何关培, 邱奎宁, 等. 建筑工程设计BIM应用指南 [M]. 2版. 北京：中国建筑工业出版社, 2017.

[28] 黄强. 论BIM[M]. 北京：中国建筑工业出版社, 2016.

[29] 刘占省, 赵雪锋, 周君, 等. BIM技术概论[M]. 北京：中国建筑工业出版社, 2015.

[30] 杨永生, 贾斯民, 孔凯, 等. BIM设计施工综合技能与实务[M]. 北京：中国建筑工业出版社, 2015.

[31] 赵雪锋, 李月, 郑晓磊. BIM基于装饰装修工程中的应用[C]. 全国现代结构工程学术研讨会, 2016：363.

[32] 宋强, 赵研, 王昌玉. Revit2016 建筑建模：Revit Architecture\Structure 建模应用管理及协同[M]. 北京：机械工业出版社, 2019.

[33] 宋强, 黄巍林. Autodesk Navisworks 建筑虚拟仿真技术应用全攻略[M]. 北京：高等教育出版社, 2018.

[34] 宋强. Revit 建筑结构模型创建与应用协同[M]. 北京：高等教育出版社, 2021.

[35] 宋强, 赵炜, 郭敏. BIM 建模与实时渲染技术[M]. 北京：北京理工大学出版社, 2021.